Kurt Kugeler · Rudolf Schulten

Hochtemperatur-reaktortechnik

Mit 389 Abbildungen

SPRINGER-VERLAG BERLIN HEIDELBERG GMBH

Prof. Dr.-Ing. Kurt Kugeler
Lehrstuhl für Energietechnik
Universität Duisburg Gesamthochschule
Lotharstraße 1-21
4100 Duisburg

Prof. Dr. rer. nat. Rudolf Schulten
Lehrstuhl für Reaktortechnik
Rheinisch Westfälische Technische Hochschule Aachen
und
Institut für Reaktorentwicklung der Kernforschungsanlage Jülich
Postfach 1913
5170 Jülich

CIP-Titelaufnahme der Deutschen Bibliothek
Kugeler, Kurt:
Hochtemperaturreaktortechnik / Kurt Kugeler ; Rudolf Schulten.
Berlin ; Heidelberg ; NewYork ; London ; Paris ; Tokyo ; Hong Kong : Springer, 1989

NE: Schulten, Rudolf:

ISBN 978-3-540-51535-7   ISBN 978-3-642-52333-5 (eBook)
DOI 10.1007/978-3-642-52333-5

2160/3020-543210 - Gedruckt auf säurefreiem Papier

VORWORT

Dieses Buch wurde im wesentlichen für Ingenieure geschrieben, die sich in das Gebiet der Hochtemperaturreaktortechnik einarbeiten wollen. Vorausgesetzt werden Grundkenntnisse der Reaktorphysik und der Kraftwerkstechnik. Auch für Studenten der Reaktortechnik sollte das Buch begleitend neben den Vorlesungen von Nutzen sein.

Es wurde hier die Zielsetzung verfolgt, nicht nur technische Fakten zu vermitteln, sondern auch , soweit dies mit einfachen Hilfsmitteln möglich ist, die physikalischen und technischen Grundprinzipien der Reaktorauslegung zu erläutern und dem Leser durch Beispiele nahezubringen. Das Buch gibt eine Übersicht über gebaute und geplante HTR-Anlagen und vermittelt einen Einblick in die Besonderheiten der physikalischen und wärmetechnischen Auslegung dieses Reaktortyps. Hierbei erfolgt eine Beschränkung auf das System des Kugelhaufenreaktors. Ein ausführliches Kapitel ist der Darstellung der Technik der wichtigsten Reaktorkomponenten gewidmet. Dies wurde als besonders notwendig angesehen, da sich im Vergleich zu Leichtwasserreaktoren, die in mehreren bereits vohandenen Büchern dargestellt werden, doch erhebliche Unterschiede in der Auslegung und Gestaltung von Reaktorsystemen und Komponenten ergeben. Auf Darstellungen der Sicherheitseigenschaften sowie des Störfallverhaltens von Kugelhaufenreaktoren wird hier großer Wert gelegt, da diese Aspekte in besonderer Weise die Weiterentwicklung des Hochtemperaturreaktors begründen. Da auch die Entsorgungsfrage in der Diskussion um die Akzeptanz der Kernenergie eine große Rolle spielt, werden hier die Vorstellungen, die auf diesem Gebiet beim HTR bestehen, wiedergegeben. In einem recht umfangreichen Kapitel werden ergänzend die vielfältigen in der Zukunft möglichen Anwendungen von Hochtemperaturreaktoren in der Wärmewirtschaft erklärt. Auch Bewertungsverfahren für die wirtschaftlichen Bedingungen beim Einsatz von HTR-Anlagen werden dargelegt.

Nach der Lektüre dieses Buches sollte der Leser mit den wichtigsten Grundsätzen, die bei der Gestaltung von Hochtemperaturreaktoren zu beachten sind, vertraut sein. Eine Vertiefung in einzelnen Teilgebieten dürfte mit Hilfe der angeführten umfangreichen Literatur möglich sein.

Insgesamt wurden bei der Abfassung dieses Buches Arbeiten und Ergebnisse von langjährigen Entwicklungen vieler Stellen benutzt und wiedergegeben. Da es unmöglich ist, allen Beteiligten einzeln zu danken, sei hier stellvertretend einigen Organisationen herzlicher Dank ausgesprochen, unter anderem auch dafür, daß technische Unterlagen in großzügiger Weise zur Verfügung gestellt wurden. Wesentliche Beiträge wurden von den Firmen AVR, HRB/BBC, HKG, IA/SIEMENS, NUKEM sowie von der KFA Jülich geleistet.

VI

Für den unermüdlichen Einsatz bei der Erstellung eines druckfähigen Manuskriptes
danken die Autoren darüberhinaus Frau M. Knobloch und Frau C. Scholzen, Herrn
Dipl.-Ing. Ch. Epping und Herrn Dipl.-Ing. R. Swatoch. Herrn Dr.-Ing. M. Kugeler
und Dr.-Ing. P. W. Phlippen ist Dank zu sagen für die Durchführung der umfangreichen Korrekturarbeiten. Dem Springer-Verlag sei für seine Geduld sowie für die gute
Ausstattung des Buches Dank ausgesprochen.

Jülich, April 1989   Die Verfasser.

Inhaltsverzeichnis

1 Allgemeines zu Hochtemperaturreaktoren

1.1 Einordnung

Aus der Vielzahl der Möglichkeiten der Gestaltung von Kernreaktorsystemen haben sich in den letzten Jahrzehnten die in Tab. 1.1 aufgeführten Lösungen als technisch ausführbar und wirtschaftlich attraktiv herausgestellt. Im einzelnen sind dies folgende Reaktortypen:

DWR: Hierbei handelt es sich um Druckwasserreaktoren, bei denen leichtes Wasser sowohl als Moderator als auch als Kühlmittel eingesetzt wird. Die maximal erreichbaren Kühlmitteltemperaturen sind durch die Dampfdruckkurve des Wassers begrenzt. Heute ist die Erzeugung von Sattdampf mit einem Zustand von etwa 70 bar/285 °C möglich und üblich, wodurch eine Begrenzung des Wirkungsgrades für die Stromerzeugung auf rund 33% bedingt ist [1.1 bis 1.5].

SWR: In Siedewasserreaktoren wird leichtes Wasser verdampft und sowohl als Moderator als auch als Kühlmittel verwendet. Da die Verdampfung direkt im Kern stattfindet, entfällt ein Dampferzeuger als Bindeglied zwischen Primär- und Sekundärkreislauf, wie dies beim Druckwasserreaktor der Fall ist. Die thermodynamischen Bedingungen entsprechen in etwa denen beim DWR [1.6 bis 1.10].

CANDU: Bei diesen Schwerwasserreaktoren kanadischer Bauart wird schweres Wasser zur Moderation und zur Kühlung eingesetzt. Die Brennelemente sind in Druckröhren untergebracht, die einzeln gekühlt werden. Aus einer Vielzahl von Druckröhren wird ein Core großer Leistung zusammengesetzt. Der Candu-Reaktor kann als einzige der heute kommerziell verfügbaren Baulinien mit Natururan betrieben werden. Dies wird durch die Verwendung von Schwerwasser, welches praktisch keine Neutronenabsorption bewirkt, erreicht [1.11 bis 1.13].

RBMK: Dies sind graphitmoderierte Druckröhrenreaktoren, bei denen leichtes Wasser in Druckröhren, in denen sich die Brennelemente befinden, verdampft wird. Viele derartige Druckröhren werden in einem großen Graphitblock zu einem Reaktorsystem zusammengesetzt. Die Moderation erfolgt durch Wasser und Graphit. Dieser Reaktortyp wurde nur in der UdSSR gebaut [1.14 bis 1.18].

SNR: Natriumgekühlte schnelle Brutreaktoren werden mit Plutoniumbrennelementen und Brutelementen aus abgereichertem Uran betrieben. Eine vergleichsweise

hohe Kühlmitteltemperatur von rund 550 °C gestattet es, konventionelle Dampfzustände zu erreichen. Das Neutronenspektrum ist schnell und unter geeigneten
Bedingungen kann in diesem System ein Brutfaktor größer als 1 realisiert werden,
d. h. es kann mehr Spaltstoff hergestellt als verbraucht werden [1.19 bis 1.25].

AGR: Hier handelt es sich um fortschrittliche gasgekühlte Reaktoren mit CO_2 als
Kühlmittel, Graphit als Moderator und Stahl als Canningmaterial. Auch bei diesen
Reaktoren können wegen der hohen erreichbaren Temperatur im Kühlgas von rund
650 °C konventionelle Dampfzustände verbunden mit relativ hohen Wirkungsgraden realisiert werden [1.26 bis 1.30].

HTR: In Hochtemperaturreaktoren dient Helium als Kühlmittel, Graphit als Strukturmaterial sowie als Moderator. Der Brennstoff wird in feinverteilter Form mit
speziellen dichten Beschichtungen im Graphit der Brennelemente untergebracht.
Entwickelt sind Blöcke und Kugeln als Brennelementtypen. Wegen der hohen Kühlmitteltemperaturen von 750 °C und falls notwendig auch höher werden konventionelle Heißdampfzustände ermöglicht [1.31 bis 1.36].

Tab. 1.1:   Wichtige Merkmale von heute eingeführten Reaktortypen

Reaktortyp	DWR	SWR	Candu	RBMK	SNR	AGR	HTR
Brennstoff, Brutstoff	UO_2	UO_2	UO_2	UO_2	UO_2, PuO_2	UO_2	UO_2, ThO_2
Anreicherung	3%	3%	0,7%	1,8%	10%	2%	8-93%
Moderator	H_2O	H_2O	D_2O	H_2O, C	—	C	C
Spektrum	therm.	therm.	therm.	therm.	schnell	therm.	therm.
Brenn-element-form	Stäbe	Stäbe	Stäbe	Stäbe	Stäbe	Stäbe	Kugeln, Blöcke
Brennstoff-hüllen	Zr, Stahl	Zr, Stahl	Zr	Zr, Stahl	Stahl	Stahl	SiC, C
Kühlmittel	H_2O	H_2O	D_2O	H_2O	Na	CO_2	He
max. Kühl-mittel-temperatur	320 °C	285 °C	300 °C	285 °C	550 °C	650 °C	750 °C
Kühlmittel-druck	160 bar	70 bar	110 bar	70 bar	5 bar	40 bar	40 bar
Dampf-parameter	280 °C, 70 bar	285 °C, 70 bar	255 °C, 40 bar	285 °C, 70 bar	500 °C, 170 bar	530 °C, 180 bar	530 °C, 180 bar
Wirkungsgrad	33%	33%	30%	33%	40%	40%	40%

Der heutige Stand der Entwicklung der Kerntechnik ist dadurch gekennzeichnet, daß
Leichtwasserreaktoren in der Anwendung weltweit dominierend sind. Etwa 84% der
insgesamt installierten nuklearen Kraftwerkskapazität basieren auf diesem Reaktortyp. Trotzdem gibt es eine Reihe von Aspekten, die für zukünftige Anwendungen

Chancen und eventuell Vorteile für andere Reaktortypen bedeuten können. Im einzelnen sind z. B. folgende Gesichtspunkte von Interesse:

- Verbesserung des thermodynamischen Wirkungsgrades, verbunden mit der Reduktion der Mengen an radioaktiven Abfallstoffen und der Abwärmemengen,

- bessere Uranausnutzung durch Erhöhung von Konversions- oder Brutraten,

- Verwendung von Natururan,

- Verbesserungen in der Sicherheitstechnik, Einführung umfassender Inhärenzprinzipien, die auch in hypothetischen Störfällen wirksam sind,

- Realisierung von nuklearen Anlagen unter wirtschaftlichen Bedingungen auch in kleinen Leistungsgrößen,

- Anwendungen der Nuklearenergie auf dem Wärmemarkt,

- Möglichkeiten der Langzeitzwischenlagerung oder der direkten Endlagerung von abgebrannten Brennelementen,

- Notwendigkeit der Wiederaufarbeitung oder möglicher Verzicht auf diesen Schritt des Brennstoffkreislaufs,

- Proliferationsresistenz der Brennstoffzyklen.

Etliche dieser Gesichtspunkte sind offenbar beim Hochtemperaturreaktor in besonderer Weise erfüllt und begründen das weltweite Interesse an diesem Reaktortyp für eine zukünftige Nutzung. Die in diesem Buch enthaltenen Darstellungen beziehen sich im wesentlichen auf HTR-Anlagen, und auch hier speziell auf technische Einzelheiten der deutschen Entwicklung des Kugelhaufenreaktors.

1.2 Charakteristische Eigenschaften

Der Hochtemperaturreaktor wird als fortgeschrittener Reaktortyp zur Erzeugung von elektrischer Energie sowie zur Bereitstellung von Wärme entwickelt und in den Markt eingeführt. Ursprünglich stand sicher die Zielsetzung, mit Hilfe hoher Kühlgastemperaturen auch hohe Dampftemperaturen und damit hohe thermodynamische Wirkungsgrade erreichen zu können zusammen mit der Aussicht, eine besonders günstige Spaltstoffausnutzung realisieren zu können, im Vordergrund des Interesses. Im Laufe der Weiterentwicklung der Kerntechnik sind Gesichtspunkte wie die Prozeßwärmenutzung oder die Verwirklichung von Systemen mit besonders günstigen Sicherheitseigenschaften äußerst wichtig für diese Reaktorlinie geworden.

Grundsätzlich sind die Verwendung von Graphit als Moderator und Strukturmaterial im Kern, die Verwendung von beschichteten Brennstoffteilchen in kugelförmigen

Graphit-Brennelementen und der Einsatz von Helium als Kühlmittel als wesentliche
Charakteristika dieses Reaktortyps anzusehen. Das Neutronenspektrum ist thermisch;
wegen des Coreaufbaus aus Graphit, der nur geringe Neutronenabsorption bewirkt,
sind relativ niedrige Anreicherungsgrade für den Spaltstoff ausreichend. Im einzelnen
ergeben sich folgende technische Aspekte, die anhand von Abb. 1.1 näher erläutert
werden sollen.

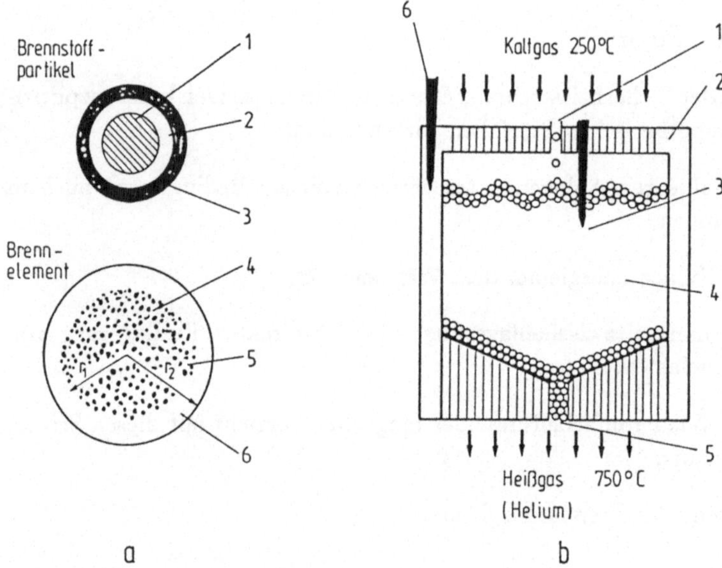

Abb. 1.1: Brennelemente **a.** und Coreaufbau **b.** des Kugelhaufen- Hochtemperaturreaktors:
a. Brennelement: *1.* Partikelkern (UO_2 + ThO_2), *2.* Pufferschicht (Graphit), *3.* Äußere
Schicht (Pyrolyt. Graphit), *4.* Partikel in Graphitmatrix, *5.* Graphitmatrix, *6.* Äußere brennstofffreie Graphitschicht
b. HTR-Kern: *1.* Brennelementzugabe, *2.* Reflektor (Graphit) *3.* Abschaltstab (Core), *4.*
statistische Kugelschüttung, *5.* Kugelabzug, *6.* Abschaltstab (Reflektor)

Genannt sind hier Daten von Brennelementen, die im THTR-Reaktor derzeit im Einsatz sind. Als Spaltstoff wird ein Gemisch aus UO_2 und ThO_2 verwendet, wobei das
Uran bis auf 93% angereichert ist. Die Brennstoffpartikel haben einen Durchmesser
von 400μm. Sie sind mit einer relativ weichen Pufferschicht aus Graphit (Dicke: 80μm)
umhüllt. Diese Pufferschicht hat die Aufgabe, Spaltprodukte aufnehmen zu können.
Als äußere Schicht des Partikels fungiert eine harte Schicht aus pyrolytischem Graphit, (Dicke 110μm), die als Druckkessel für den Einschluß der Spaltprodukte wirkt.
Dieser Partikeltyp wird auch als BISO-Partikel bezeichnet. Diese beschichteten Teilchen besitzen nach den jahrelangen Erfahrungen aus dem AVR-Betrieb, aus Test-
Programmen mit großen Stückzahlen von Brennelementen und nun auch aus dem
THTR-Betrieb die Eigenschaft, daß die durch Spaltung entstehenden radioaktiven
Spaltprodukte praktisch vollständig im Brennstoffkern zurückgehalten werden. Gesi-
cherte Erfahrung ist, daß im Normalbetrieb über die gesamte Betriebszeit nur etwa 1

von 10^6 Spaltprodukten diesen kleinen Druckkessel verlassen kann. Die beschichteten Teilchen sind in einer gepreßten Graphitmatrix, die ihrerseits von einer brennstofffreien, etwa 5 mm dicken Graphitschale umgeben ist, angeordnet.

In einem frischen Brennelement befinden sich beim THTR-Reaktor rund 1 g U ^{235} und 10 g Thorium. Dies bedeutet, daß etwa 30 000 kleine Partikel in der Graphitmatrix fein dispergiert sind. Diese Anordnung führt in thermodynamischer Hinsicht dazu, daß die Wärmeleitfähigkeit des Brennelementes gleich der des Graphits ist und daß damit trotz hoher Kühlmitteltemperaturen nur vergleichsweise niedrige Brennstofftemperaturen im Betrieb auftreten. Die kugelförmigen aus Graphit bestehenden Brennelemente haben insgesamt einen Durchmesser von 6 cm. Diese Elemente werden in loser Schüttung im Reaktorkern angeordnet und befinden sich in einem Graphitreflektor.

Ergänzend zum Konzept der beschichteten Teilchen, oft auch als Coated Particles bezeichnet, sei hier bemerkt, daß inzwischen auch andere Zusammensetzungen und Beschichtungen im Einsatz und insbesondere auch für Nachfolgeanlagen vorgesehen sind. Zum einen sind auch niedrige Anreicherungen des Urans (bis herunter zu etwa 8% U^{235}) üblich, zum anderen werden noch weiter entwickelte Partikelkonzepte benutzt. Ein besonders im Hinblick auf die Spaltproduktrückhaltung bei sehr hohen Temperaturen weiterentwickeltes Konzept stellen die TRISO-Partikel dar. Hier wird ein UO_2-Kern von etwa 500 μm Durchmesser mit 4 Schichten umhüllt. Die erste Schicht (95 μm Dicke) ist wiederum eine Pufferschicht aus relativ porösem Graphit, die zweite ist eine solche aus pyrolytischem Graphit (40 μm dick). Die dritte Schicht besteht aus Siliziumcarbid (SiC, 35 μm), während die äußere Schicht nochmals als pyrolytische Kohlenstoffschicht (40 μm) aufgebracht ist. Wie später noch ausführlicher dargelegt wird, können für unterschiedliche Brennstoffzyklen auch unterschiedlich hohe Schwermetallbeladungen zum Einsatz kommen. Schon jetzt sei darauf hingewiesen, daß das hier beschriebene Brennelementkonzept sehr hohe Abbrände und weitgehend kontaminationsfreie Kühlkreisläufe zuläßt. Auch für extreme hypothetische Störfälle erweisen sich insbesondere die Partikelschichten als ausgezeichnete Spaltproduktbarrieren. Gekühlt wird die Schüttung der Brennelemente durch Helium unter Druck, welches im Gleichstrom oder bei einigen Anlagen auch im Gegenstrom mit den Kugeln, welche sich im Betrieb unter Schwerkraft nach unten bewegen (Geschwindigkeit rund 2 cm/h), strömt. Aufgrund der im Vergleich zu anderen Reaktortypen niedrigen Kernleistungsdichte (2 bis 6 MW/m^3) sowie wegen der dispergierten Anordnung des Brennstoffs in einem sehr gut leitenden Material (Graphit) treten im Normalbetrieb trotz hoher Kühlmitteltemperaturen (700 bis 950 °C) nur relativ niedrige Brennstofftemperaturen auf. Beim AVR- oder THTR-Reaktor liegen die maximalen Temperaturen der Brennstoffpartikeln im Normalbetrieb unterhalb von 1 100 °C.

Grundsätzlich besteht der Heliumkreislauf aus dem Reaktorkern mit Boden- und Deckenreflektorstrukturen, die den Durchtritt von Kühlgas erlauben, sowie aus den Gebläsen und Wärmeaustauschern, die bei den bislang gebauten Anlagen als Dampferzeuger ausgeführt sind. Die Gasführungen zwischen diesen Hauptkomponenten des Kühlkreislaufs werden teils durch Reaktoreinbauten gebildet, teils handelt es sich um spezielle gasführende Leitungen. Abb. 1.2 zeigt das Prinzipschema des Kühlkreislaufs.

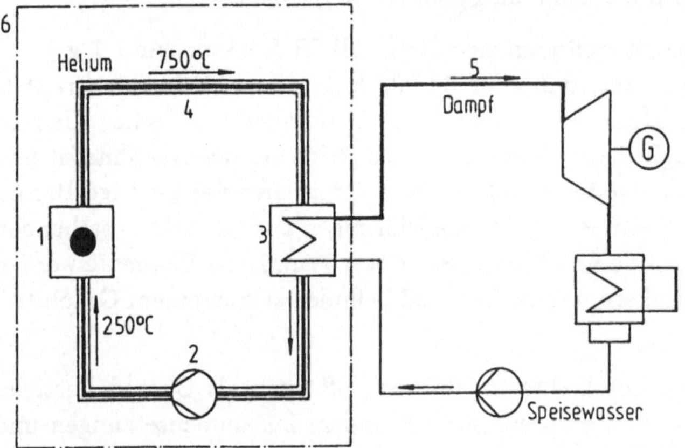

Abb. 1.2: Prinzip des Kühlkreislaufs eines Hochtemperaturreaktors:
1. Kernreaktor, *2.* Gebläse, *3.* Wärmeaustauscher (Dampferzeuger), *4.* Gasführungen, *5.* Sekundärkreislauf, *6.* Reaktorgebäude

Regelung und Abschaltung bei Kugelhaufenreaktoren werden durch Reflektorelemente und bei einigen Anlagen auch durch Stäbe, die frei in die Kugelschüttung einfahren, bewirkt. Der Temperaturkoeffizient der Reaktivität ist bei diesem Reaktortyp für alle Brennstoffzyklen stark negativ, so daß eine inhärente Abschaltsicherheit bei Temperaturerhöhung gegeben ist. Die Entladung der Brennelemente erfolgt kontinuierlich während des Betriebes. Es werden Zyklen unterschieden, bei denen ein Mehrfachdurchlauf durch das Core erfolgt (MEDUL=MEhrfachDUrchLauf) und solche, bei denen die Brennelemente nur einmal das Core durchlaufen und dann vollständig abgebrannt entnommen werden (OTTO=Once Through Then Out). Wegen des bei diesem Reaktortyp gewählten Brennelement- und Brennelementhandhabungskonzeptes sind sehr flexible Brennstoffzyklen fahrbar. Sogar eine Umstellung während des Reaktorbetriebes ist, wie die Erfahrungen beim AVR belegen, möglich.

Die relativ niedrige Kernleistungsdichte sowie die große Menge an Graphit im Corebereich und die Stabilität der Graphitstrukturen verleihen dem Reaktor ein außerordentlich träges Verhalten gegenüber thermischen Transienten, die sich z. B. aus Schäden am Nachwärmeabfuhrsystem ergeben können. Es ist bei geeigneter Auslegung des Reaktors sogar ein passiv inhärentes Nachwärmeabfuhrsystem realisierbar, bei dem die Nachwärme ohne Einsatz von Maschinen nur durch physikalisch bedingte Wärmetransportmechanismen wie Wärmeleitung und Wärmestrahlung aus dem Reaktorkern abgeleitet wird. Es wird so ein unzulässiges Aufwärmen oder gar ein Schmelzen des Reaktorkerns physikalisch unmöglich gemacht. Bei Anlagen kleiner Leistung (derzeit bis 250 MW) ist die Aufheizung des Brennstoffs auf maximal 1 600 °C bei hypothetischen Störfällen (Druckverlust und Ausfall jeglicher aktiver Nachwärmeabfuhr) begrenzt. Bei diesen Temperaturen bleiben die Partikeln intakt und nur rund 10^{-3} % der Spaltprodukte treten aus dem Reaktorschutzgebäude aus [1.34, 1.35]. Für Anlagen großer Leistung, bei denen, wie später noch näher ausgeführt wird, höhere Störfalltemperaturen auftreten, welche zu größeren Spaltproduktfreisetzungen aus den Brennelementen führen können, werden berstsichere Primärkreiseinschlüsse (Spannbetonbehälter) verwendet. Durch geeignete Auslegung der Einbauten und der Behälterabschlüsse wird die teilweise Ablagerung der Spaltprodukte nach Eintritt der erwähnten hypothetischen Störfälle im Innern dieser Behälter bewirkt, so daß eine ähnlich geringe Freisetzung ins Reaktorschutzgebäude wie bei den vorher erwähnten HTR-Anlagen kleiner Leistung erwartet wird. Eine weitere Reduktion der Austrittsraten von Spaltprodukten in die Umgebung wird durch das Reaktorgebäude evtl. in Verbindung mit einem angeschlossenen Filter erreicht. Das Reaktorgebäude wird bei neuen zukünftigen Anlagen, ähnlich wie heute bei Kernkraftwerken anderer Typen üblich, gegen äußere Einwirkungen geschützt ausgelegt.

Der in Abb. 1.2 stark vereinfacht dargestellte Sekundärkreislauf wird bei HTR-Anlagen zur Stromerzeugung wie im Falle von konventionellen Kraftwerksanlagen als Heißdampfprozeß ausgeführt.

1.3 Anwendungen

Hochtemperaturreaktoren sind nicht nur als Anlagen zur Erzeugung von elektrischer Energie mit Hilfe von Dampfturbinenprozessen geeignet, sondern können zur Steigerung des Wirkungsgrades auch mit Gasturbinenanlagen oder mit kombinierten Gasturbinen-/Dampfturbinenprozessen, gekoppelt werden. Abb. 1.3 gibt zunächst das Prinzipschaltbild eines Heißdampfprozesses mit Zwischenüberhitzung wieder. Dieses Verfahren kommt beim THTR-Reaktor zum Einsatz.

Wegen der hohen Heliumtemperatur von 750 °C ist die Erzeugung von konventionell üblichen Heißdampf- und ZÜ-Dampf-Zuständen möglich. Die Anlage erreicht einen Nettowirkungsgrad von rund 40 %. Die Abfuhr der Abwärme erfolgt über einen Trockenkühlturm. Auch Gasturbinen können mit HTR-Anlagen als Wärmequellen kombiniert werden und in einem Kreislauf entsprechend Abb. 1.4 betrieben werden. Alternativ zur direkten Einschaltung der Gasturbine in den Primärkreislauf kann auch ein Zwischenkreislauf-Wärmetauscher eingesetzt werden, der für eine eindeutige Trennung von Primärkreislauf und Sekundärkreislauf sorgt.

Schließlich wird sich noch eine Verbesserung des Wirkungsgrades erreichen lassen, wenn Kombiprozesse, d.h. kombinierte Dampfturbinen-/Gasturbinenprozesse, zum Einsatz kommen (siehe Abb. 1.5). Auch bei dieser Lösung ist ein Zwischenkreislaufwärmetauscher eingezeichnet, der für eine Trennung von Primär- und Sekundärkreislauf sorgt. Im nachgeschalteten Dampferzeuger hinter der Gasturbine ist die Heliumtemperatur noch hoch genug, um die Erzeugung von Heißdampf von etwa 350 bis 400 °C realisieren zu können.

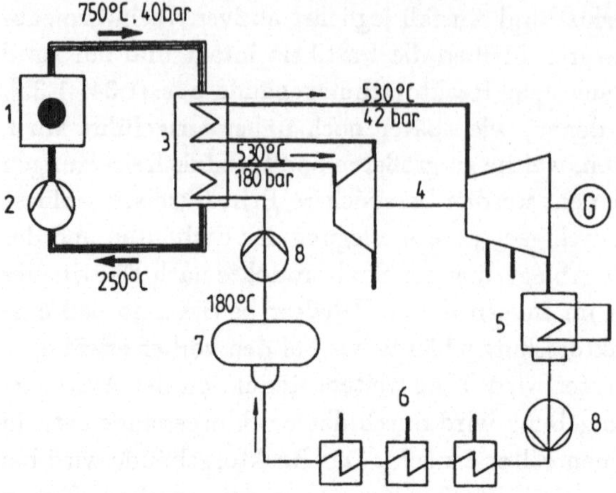

Abb. 1.3: Prinzipschema eines Heißdampfprozesses mit Zwischenüberhitzung des Dampfes im Kühlgaskreislauf des Kernreaktors:

1. Kernreaktor, 2. Gebläse, 3. Dampferzeuger mit Zwischenüberhitzer, 4. Dampfturbosatz, 5. Kondensator, 6. Speisewasservorwärmer, 7. Speisewasserbehälter, 8. Speisewasserpumpe

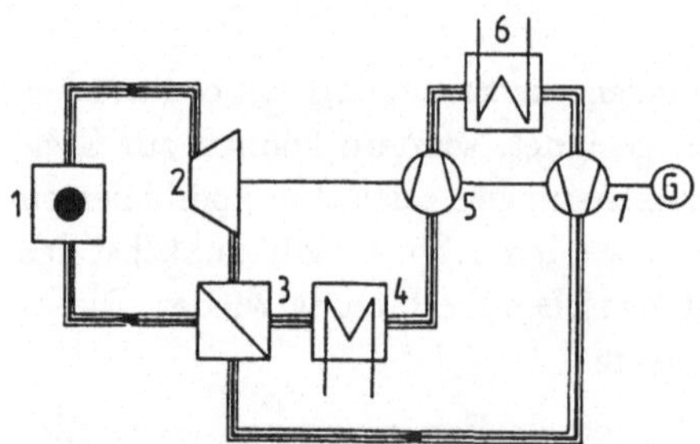

Abb. 1.4: Prinzipschema eines Gasturbinenprozesses:

1. Kernreaktor, 2. Gasturbine, 3. Rekuperator, 4. Vorkühler, 5. Niederdruckverdichter, 6. Zwischenkühler, 7. Hochdruckverdichter

Einzelheiten zu den entsprechenden Prozeßführungen, insbesondere Aussagen zu den erreichbaren Wirkungsgraden und den technischen Besonderheiten, werden in Kapitel 7 dargelegt.

Neben der Gewinnung von elektrischer Energie wird in Zukunft die Kernenergie auch dazu beitragen, den Bedarf an Wärme weltweit zu decken [1.37 bis 1.42]. Möglich sind hier der Einsatz der Kraft/Wärme-Kopplung zur Abgabe von Wärme für Fernwärmesysteme, zum Einsatz in der Energieversorgung von Chemiebetrieben, Raffinerien oder für die Meerwasserentsalzung. Auch auf den Einsatz großer Dampfmengen für die tertiäre Ölförderung sei hier bereits hingewiesen. Grundsätzlich ist bei Modifizierung aller vorher angeführten Schaltungen zur Erzeugung von elektrischer Energie die Abgabe von Niedertemperatur-Prozeßwärme möglich. Gezeigt wird hier das Grundprinzip der kombinierten Strom- und Wärmeerzeugung bei Dampfturbinenanlagen in Gegendruck- oder Entnahmeanlagen (siehe Abb. 1.6). Auch zu diesen Prozessen werden in Kapitel 8 nähere Erläuterungen gegeben.

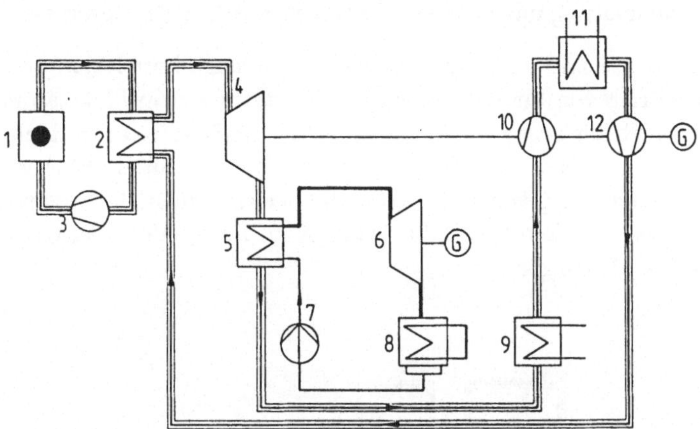

Abb. 1.5: Prinzipschema eines kombinierten Dampfturbinen-/Gasturbinenprozesses:
1. Kernreaktor, *2.* Heliumzwischenwärmeaustauscher, *3.* Gebläse, *4.* Gasturbine, *5.* Dampferzeuger, *6.* Dampfturbine, *7* Speisewasserpumpe, *8.* Kondensator, *9.* Vorkühler, *10.* Niederdruckverdichter, *11.* Zwischenkühler, *12.* Hochdruckverdichter

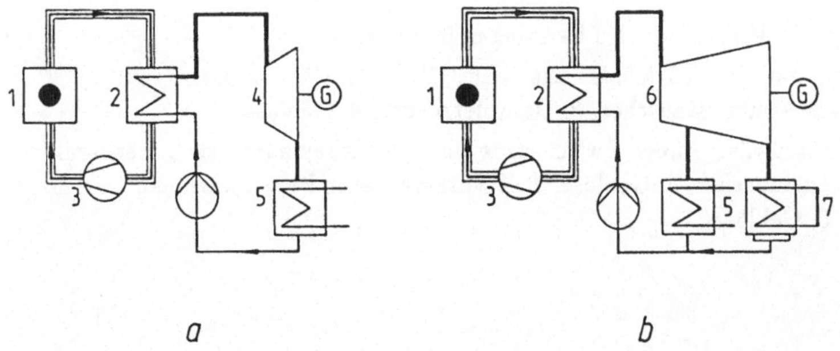

Abb. 1.6: Dampfturbinenanlagen zur kombinierten Erzeugung von elektrischer Energie und Wärme: *1.* Kernreaktor, *2.* Dampferzeuger, *3.* Gebläse
a. Gegendruckanlage: *4.* Gegendruckturbine, *5.* Nutzwärmeaustauscher
b. Entnahmeanlage: *5.* Nutzwärmeaustauscher, *6.* Entnahmeturbine, *7.* Kondensator

Hohe Kühlgastemperaturen oberhalb von 750 °C (bis etwa 950 °C) erlauben die Durchführung von endothermen Prozessen zur Umwandlung von fossilen Rohstoffen:

So kann Methan mit Wasserdampf in endothermer Reaktion zu Wasserstoff oder Synthesegas umgesetzt werden. Dieser sogenannte Steam-Reforming-Prozeß ist ein Schlüsselverfahren zur Durchführung von Folgeprozessen wie hydrierende Kohlevergasung, Kohlehydrierung, Hydrocracken von schweren Ölrückständen, Direktreduktion von Eisenerz oder Ferntransport von Energie mit Hilfe von Methanisierungsanlagen. Auch die direkte Kohlevergasung mit Wasserdampf wird bei Verfügbarkeit von Heliumtemperaturen von 950 °C technisch möglich. Hingewiesen sei auch auf die zukünftige Möglichkeit der Wasserspaltung mit Hilfe von thermochemischen Kreisprozessen.

Alle hier geschilderten Prozesse sind durch umfangreiche jahrelange Entwicklungsarbeiten sowie durch den Betrieb von Versuchsanlagen in halbtechnischem Maßstab in den Bereich der technischen Realisierung gerückt. Das technische Potential von Hochtemperaturreaktoren für den Einsatz auf dem Wärmemarkt ist damit fundiert belegt. Im einzelnen kann die Bereitstellung von Wärme für die verschiedenen Hochtemperaturprozesse entweder direkt aus dem Heliumkreislauf (Abb. 1.7 a) oder über einen Zwischenkreislauf (Abb. 1.7 b) erfolgen.

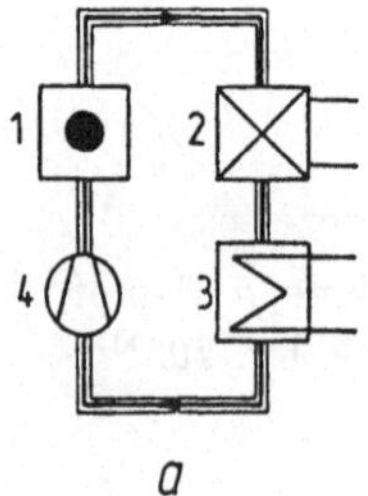
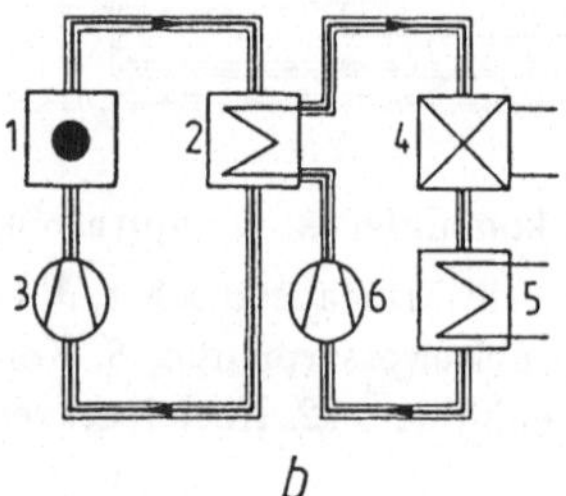

Abb. 1.7: Einkopplung von Wärme aus HTR-Anlagen in Prozesse :

a. Direkteinkopplung von Prozeßwärme aus dem Primärkreis: *1.* Kernreaktor, *2.* Hochtemperatur-Prozeßwärmeaustauscher, *3.* Dampferzeuger, *4.* Gebläse

b. Einkopplung der Prozeßwärme über Zwischenkreislaufwärmeaustauscher: *1.* Kernreaktor, *2.* Zwischenwärmeaustauscher, *3.* Gebläse, *4.* Hochtemperatur-Prozeßwärmeaustauscher, *5.* Dampferzeuger, *6.* Gebläse

Einzelheiten zu der Technik der nuklearen Wärmequelle zur Bereitstellung hoher Temperaturen, zu den neuartigen Hochtemperatur-Wärmeaustauschern, zu Kopplungsfragen und zu den angeschlossenen Verfahren sind in Kapitel 8 zu finden. Generell bleibt festzustellen, daß in Zukunft Hochtemperaturreaktoren grundsätzlich in allen Sektoren des Energiemarktes Anwendung finden können. Insbesondere die Möglichkeit, HTR-Anlagen in vergleichsweise kleinen Leistungsgrößen wirtschaftlich realisieren zu können und die vorteilhaften sicherheitstechnischen Eigenschaften dieser Anlagen sind Voraussetzung für die in Kap. 8 geschilderten Prozeßwärmeverfahren.

1.4   Anmerkungen zum Brennstoffkreislauf

Der Brennstoffkreislauf beim Kugelhaufenreaktor [1.43 bis 1.48] umfaßt die Bereitstellung des angereicherten Urans und der Ausgangsstoffe für die Brennelemente, die Herstellung der Brennstoffpartikeln und der Brennelemente, den Abbrand im Reaktor, den Transport und die Zwischenlagerung der abgebrannten Brennelemente sowie die Endlagerung (Abb. 1.8).

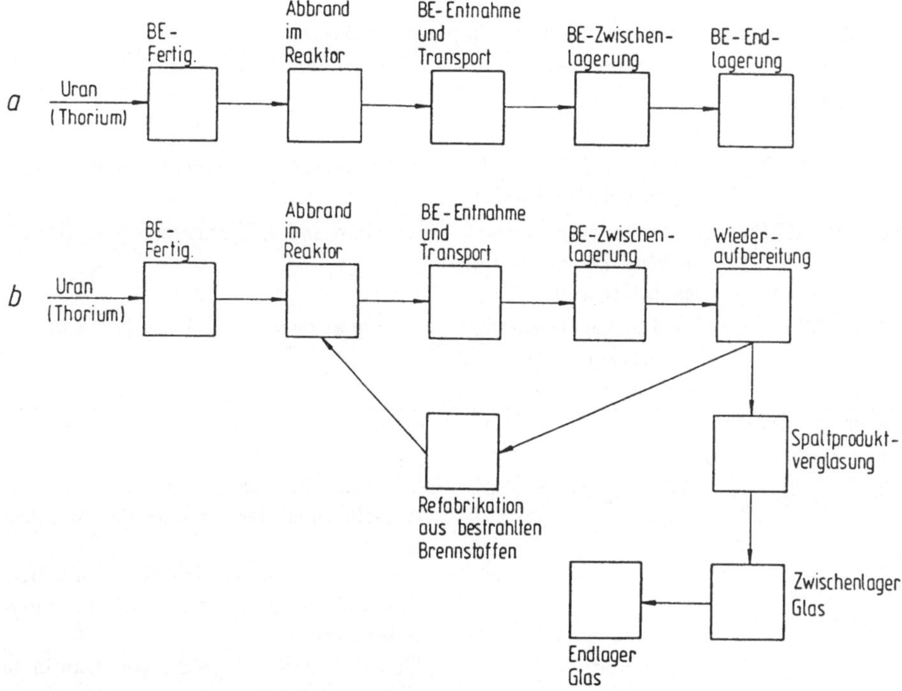

Abb. 1.8: Brennstoff "Kreislauf" beim Hochtemperaturreaktor:
a. ohne Wiederaufarbeitung (offene Zyklen)
b. mit Wiederaufarbeitung (geschlossene Zyklen)

Gegebenenfalls kommen auch Wiederaufarbeitung des abgebrannten Brennstoffs sowie anschließende Refabrikation von Brennelementen aus bestrahltem Brennstoff in Frage. Bei den sogenannten offenen Brennstoffzyklen schließt sich nach hinreichend langer Zwischenlagerungszeit (30 bis 50 Jahre) eine direkte Endlagerung an, die nach heutiger Vorstellung in der Einlagerung in tiefen Salzformationen besteht. Falls erforderlich, kann vor diesem endgültigen Schritt noch eine Konditionierung der abgebrannten Brennelemente, z. B. ein weiteres Einbetten in keramische Strukturen vorgenommen werden. Bei den geschlossenen Zyklen schließt sich an die Wiederaufarbeitung, bei der in der Eingangsstufe die keramischen Schutzhüllen um die Spaltprodukte bewußt zerstört werden, die Verglasung der Spaltprodukte sowie das Einbringen in Edelstahlkokillen zur Herstellung endlagerfähiger Gebinde an. Diese Gebinde werden, wie auch bei anderen Reaktorkonzepten vorgesehen, in Salzformationen endgelagert. Unter den heutigen wirtschaftlichen Bedingungen sowie unter Berücksichtigung der derzeit bekannten Situation der Spaltstoffversorgung wird sicher der ersten Variante, d. h. dem offenen System, für einen Zeitraum von mehreren Jahrzehnten der Vorzug zu geben sein.

Tab. 1.2:   Brennstoffzyklen des Hochtemperaturreaktors

Kennzeichnung	Kurzbezeichnung	Brennstoffbeschickung
Offene Zyklen		
Th/U 93% (HEU)	Thoriumzyklus (High Enriched Uranium)	Thorium und 93%-angereichertes Uran
Th/U 20% (MEU)	mittel-angereicherter Zyklus (Medium Enriched Uranium)	Thorium und 20%-angereichertes Uran
U 8,6% (LEU)	niedrig-angereicherter Uranzyklus (Low Enriched Uranium)	niedrig angereichertes Uran (ca. 8,6%)
Geschlossene Zyklen		
Th/U	Thoriumzyklus	Thorium, 93%-angereichertes Uran, aus Aufarbeitung der entladenen Brennelemente
Th/denat.U	denaturierter Zyklus	Thorium, 20%-angereichertes Uran, Uran aus Aufarbeitung mit Anreicherungsgrad unter 15%
VB	Vorbrüter	Thorium, 93%-angereichertes Uran in separaten Brennelementen
NB	Nettobrüter	Thorium, Uran der entladenen Brennelemente (vorwiegend U^{233})

Die Brennelemente werden entsprechend Abb. 1.8 zunächst möglichst weitgehend im Reaktor abgebrannt und dann mit einfachen Techniken sehr sicher zwischengelagert. Nach heutiger Einschätzung macht dann auch eine spätere Endlagerung wegen der äußerst geringen Nachwärme der Brennelemente ($< 0,001$ W/BE) sowie wegen der ausgezeichneten Langzeitbeständigkeit von keramischen Stoffen keinerlei Schwierigkeiten. Auf spezielle Aspekte, wie etwa die Art der Lagertechniken, wird noch in Abschnitt 9.3 näher eingegangen. Zur Vervollständigung des Bildes sei hier noch kurz auf die verschiedenen, heute beim HTR entwickelten Brennstoff-Zyklen hingewiesen (Tab.1.2). Der Brennstoff des Reaktors setzt sich zusammen aus Spaltstoffen (das sind die Nuklide U^{233}, U^{235}, Pu^{239}, Pu^{241}) und Brutstoffen (Th^{232}, U^{234}, U^{238}, Pu^{240}).

Im Kugelhaufenreaktor können diese gemischt oder auch getrennt in verschiedenen Brennelementen eingegeben werden. Durch die Wahl der Spalt- und Brutstoffe und durch ihr Mischungsverhältnis werden die verschiedenen möglichen Brennstoffzyklen charakterisiert. So können Zyklen mit hochangereichertem Uran (sog. HEU-Zyklen) unter Einsatz von Thorium als Brutstoff Verwendung finden. Im THTR ist derzeit dieser Brennstoff eingesetzt. Es ist jedoch auch möglich, HTR-Anlagen mit niedrig angereichertem Uran (sog. LEU-Zyklus) zu betreiben. Diese Art von Brennstoff ist für die geplanten HTR-Anlagen vorgesehen. Speziell unter dem Gesichtspunkt der Proliferationsresistenz wurde ein Zyklus mit mittlerer Anreicherung (sog. MEU-Zyklus) entwickelt. Es konnte gezeigt werden, daß bei Verwendung dieses Brennstoffzyklusses im gesamten Verfahrensablauf kein bombenfähiges Material entsteht. Mit Einzelheiten dieses für eine spätere weltweite Nutzung der Kernenergie bedeutsamen Gesichtspunktes befaßt sich Abschnitt 9.6.

Brennelemente mit den in Tab. 1.2 genannten verschiedenen Anreicherungsgraden sind in den vergangenen Jahren in großer Stückzahl erfolgreich im AVR-Reaktor einem Dauerbetriebstest unterzogen worden. Bei Verwendung des Thoriumzyklus sind hochkonvertierende Systeme oder gar Nahe-Brüter möglich, Einzelheiten zu diesen Problemstellungen finden sich in Kap. 9.

Voraussetzung für die zuletzt genannten Reaktorkonzepte ist dann natürlich die Schließung des Brennstoffkreislaufs einschließlich Wiederaufarbeitung und Refabrikation von zurückgewonnenen Spaltstoffen. Wie schon erwähnt wird diese Lösung als langfristige Option für den HTR angesehen.

1.5   Anmerkungen zur Sicherheit

Hochtemperaturreaktoren sind mit den heute in der Kerntechnik üblichen aktiven Sicherheitseinrichtungen ausgestattet. So werden zwei diversitäre Abschaltsysteme eingesetzt und für die Abfuhr der Nachzerfallswärme sind diversitär und redundant ausgeführte Wärmeabfuhrsysteme vorhanden. Auch für die bauliche Gestaltung der Anlagen werden die aus der Leichtwasserreaktortechnik vorhandenen Vorschriften sinngemäß übertragen. Ein gestaffeltes sehr zuverlässiges Barrierenkonzept sorgt für eine Zurückhaltung der radioaktiven Spaltprodukte in den Brennelementen bzw. in der Reaktoranlage. Darüber hinaus weisen HTR-Anlagen, bedingt durch das gewählte Reaktorkonzept, einige Besonderheiten in sicherheitstechnischer Hinsicht auf. Im einzelnen sind folgende Merkmale, die insbesondere in Kap. 6 noch ausführlicher behandelt werden, erwähnenswert:

- Aufgrund der niedrigen Kernleistungsdichte (2 bis 6 MW/m^3), der Verwendung sehr kleiner Partikeln als Brennstoff und der guten Wärmeleitfähigkeit von Graphit ergeben sich im Betrieb relativ niedrige Brennstofftemperaturen.

- Die Wärmekapazität des Reaktorkerns ist sehr groß und wird vor allen Dingen bei Kühlmittelverluststörfällen nicht beeinträchtigt. Auch die sehr großen Mengen

an Reflektorgraphit sind nach Störfällen relativ schnell an der Wärmespeicherung
beteiligt.

- Das System Helium-Graphit ist chemisch inert. Bis auf die Wirkung von Verunreinigungen im ppm-Bereich treten keine Korrosionen im Primärsystem auf.

- Das Kühlmittel Helium unterliegt keinem Phasenwechsel, es ist somit eine gleichmäßige Kühlung des Reaktorkerns gewährleistet.

- Aufgrund des guten Rückhaltevermögens der beschichteten Teilchen für Spaltprodukte und wegen der relativ niedrigen Brennstofftemperaturen ist die Kühlmittelkontamination im Normalbetrieb äußerst niedrig.

- Wegen der kontinuierlichen Beschickung des Kugelhaufenreaktors ist keine Überschußreaktivität zur Kompensation des Abbrandes notwendig.

- Durch den Einsatz großer Mengen von Th^{232} oder U^{238} im Reaktorkern ergibt sich ein stark negativer Temperaturkoeffizient der Reaktivität, der bei Leistungsexkursionen für eine inhärente Stabilisierung der Leistung sorgt.

- Einzelne frisch zugeladene Brennelemente stellen nur einen differentiellen Beitrag zur Reaktivität des Reaktors dar. Daher sind Beladefehler relativ unbedeutend und leicht zu korrigieren.

- Bei hypothetischen Störfällen, die durch Ausfall aller aktiven Kühlsysteme und durch totalen Kühlmittelverlust charakterisiert sind, verhalten sich HTR-Kerne äußerst träge. Bei Wahl einer hinreichend niedrigen Kernleistungsdichte (≈ 6 MW/m^3) tritt kein Schmelzen des Kerns auf. Bei Wahl noch kleinerer Leistungsdichten (rund 3 MW/m^3) und geeigneter Gestaltung des Reaktoraufbaus bleiben die maximalen Brennstofftemperaturen sogar auf unkritische Werte beschränkt (heute: $T_B \approx 1\,600$ °C). Die Abfuhr der Nachwärme erfolgt bei diesen Reaktorkonzepten inhärent sicher, d. h. allein durch physikalische Prinzipien und nicht durch Kühlkreisläufe.

- Bei Verwendung von vorgespannten Behältern für die Aufnahme des Reaktors oder des gesamten Primärkreislaufs wird Berstsicherheit erreicht. Damit sind ein plötzlicher Kühlmittelverlust sowie das schnelle Eindringen großer Luftmengen in den Primärkreis konstruktiv ausgeschlossen.

Die hier erwähnten Sicherheitseigenschaften von Hochtemperaturreaktoren sind durch
den zwanzigjährigen Betrieb des AVR-Reaktors und umfangreiche an dieser Anlage
durchgeführte Sicherheitsexperimente voll bestätigt worden. Auch der THTR- Betrieb
und Erkenntnisse aus den langjährigen Entwicklungsprogrammen für den Hochtemperaturreaktor stützen die hier wiedergegebenen Einschätzungen. In Kap. 6 finden
sich ausführlichere Darstellungen zu den einzelnen Aspekten.

2 Überblick über HTR-Anlagen

2.1 Allgemeine Übersicht

Die Entwicklung des heliumgekühlten Hochtemperaturreaktors mit kugelförmigen Brennelementen begann in der Bundesrepublik Deutschland mit dem AVR-Reaktor. Als direktes Folgeprojekt wurde Anfang der siebziger Jahre mit dem Bau des THTR-300 begonnen. Inzwischen ist diese Anlage fertiggestellt und am Netz. Als Nachfolgeprojekt wurde von BBC/HRB der HTR-500 mit einer thermischen Leistung von 1 390 MW konzipiert. Direkt aufbauend auf dem Konzept und den Erfahrungen des AVR bieten die KWU einen Modulreaktor mit 200 MW_{th} und die BBC/HRB einen Industriereaktor mit 250 MW_{th} (HTR-100) an. Diese Anlagen werden in den folgenden Abschnitten ausführlicher vorgestellt. Abbildung 2.1 zeigt eine Übersicht.

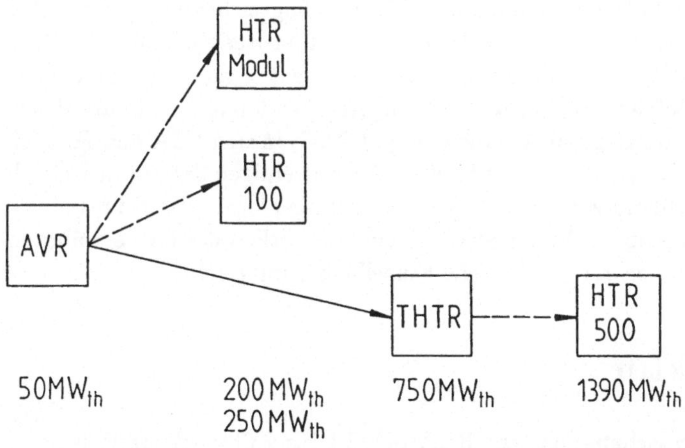

Abb. 2.1: Übersicht über die HTR-Entwicklung in der Bundesrepublik Deutschland

Daneben wurden in den Vereinigten Staaten sowie in Großbritanien Hochtemperaturreaktoren entwickelt und in Versuchsanlagen gebaut und betrieben (Abb. 2.2). Während die deutsche Entwicklung sich auf das kugelförmige Brennelement stützt, wurden in diesen Ländern von Anbeginn an prismatische Brennelemente vorgesehen.

Die Verwendung von beschichteten Brennstoffpartikeln sorgte auch in diesen Reaktoren für eine ausgezeichnete Rückhaltung der Spaltprodukte.

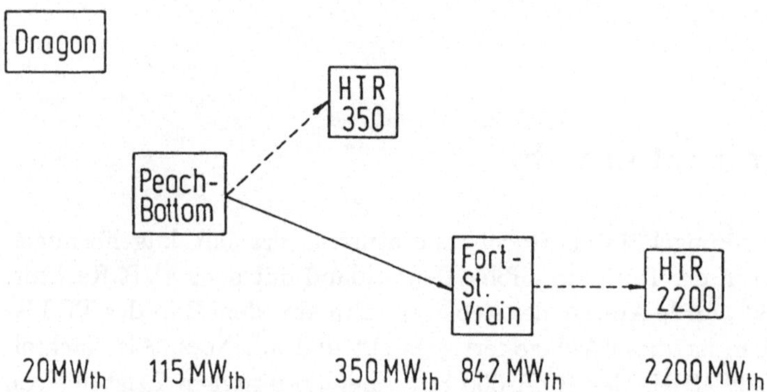

Abb. 2.2: HTR-Entwicklung in den USA und in Großbritannien

In Großbritanien wurde als OECD-Projekt der DRAGON-Reaktor mit einer thermischen Leistung von 20 MW über viele Jahre als sehr erfolgreicher Versuchsreaktor betrieben. Parallel dazu wurde in den USA der Peach-Bottom-Reaktor mit 115 MW$_{th}$ Leistung unter Verwendung von stabförmigen Brennelementen aus Graphit gebaut und ebenfalls mit guten Betriebsergebnissen erprobt. Als Nachfolgeprojekt zum Peach Bottom errichtete die Firma General Atomic Comp. (GAC) in den USA den Fort St. Vrain-Reaktor mit einer Leistung von 842 MW$_{th}$, der seit einigen Jahren in Betrieb ist. Ähnlich wie in Deutschland werden von GAC Nachfolgeanlagen, der HTR 350 sowie der HTR 2200 (siehe Abb. 2.2) angeboten. Auch hinsichtlich der hier erwähnten Anlagen werden im folgenden noch technische Einzelheiten mitgeteilt.

2.2   AVR-Reaktor

Beim AVR (Arbeitsgemeinschaft-Versuchs-Reaktor) [2.1 bis 2.6] wird zur Wärmeerzeugung ein graphitmoderierter und heliumgekühlter Kern, der, wie in Kapitel 1 schon prinzipiell dargestellt wurde, aus einer losen Schüttung von kugelförmigen Brennelementen besteht, eingesetzt. Die Abb. 2.3 und 2.5 zeigen das Anordnungsschema; die wichtigsten Auslegungsdaten können der Tab. 2.1 entnommen werden. Die Kugelschüttung des Reaktorkerns weist eine annähernd zylindrische Form mit 3 m Durchmesser und 3 m mittlerer Höhe auf. Diese Schüttung wird von einem Reflektor aus Graphit (0,5 m dick) sowie einem äußeren Kohlesteinmantel umgeben. Der trichterförmige Boden des Reaktors ist ebenfalls aus Graphit gefertigt. Durch eine zentrale Öffnung von 0,5 m Durchmesser können die Brennelemente kontinuierlich im Betrieb abgezogen werden. Die Brennelemente werden während des Betriebes kontinuierlich oberhalb des Cores durch fünf Beschickungsrohre zugegeben (siehe Abb. 2.4). Somit entfällt eine Abschaltung der Anlage zum Brennelementwechsel. Die Kugeln durchlaufen den Reaktorkern im Mittel in einem halben Jahr. Nach Abzug der Brennelemente durch das sogenannte Kugelabzugsrohr werden die entnommenen Elemente auf ihren Abbrandzustand hin überprüft. Brennelemente, welche ihren Zielabbrand erreicht haben, werden aus dem System ausgeschleust und einer Zwischenlagerung zugeführt. Brennelemente, welche noch ausreichend Spaltstoff enthalten, werden in den Reaktor von oben wieder eingeladen. Im Mittel durchläuft ein Brennelement rund 10 mal den Reaktorkern des AVR.

Die Brennelementkugeln produzieren im Kern eine thermische Reaktorleistung von 46 MW bei einer mittleren Kernleistungsdichte von 2,2 MW/m^3. Das Kühlmittel Helium strömt im Gegenstrom zu den Brennelementen von unten in den Kern mit rund 270 °C ein und verläßt die Kugelschüttung mit einer Temperatur von etwa 950 °C. Der Kühlmitteldruck beträgt rund 11 bar. Das Heißgas strömt durch Schlitze im Deckenreflektor in den Dampferzeuger ein, welcher oberhalb des Reaktorkerns angeordnet ist. Hier wird Frischdampf von 500 °C/73 bar in einem aus evolventenförmig gebogenen Rohren aufgebauten Zwangsdurchlaufkessel erzeugt. Der Frischdampf wird zur Versorgung einer konventionellen Heißdampfturbinenanlage mit 15 MW elektrischer Leistung (ohne Zwischenüberhitzung) genutzt. Das im Dampferzeuger abgekühlte Helium strömt in einem Ringspalt zwischen Reaktorschalung und innerem Reaktordruckbehälter zu zwei Gebläsen, die sich am unteren Ende des Reaktordruckbehälters befinden. Die Abschaltung des Reaktors erfolgt durch 4 Absorberstäbe, welche in Graphitnasen, die ins Core hineinragen, geführt werden. Alle Komponenten des Primärkreises befinden sich innerhalb eines doppelt ausgeführten gasdichten Reaktordruckbehälters aus Stahl. Im Raum zwischen den beiden Behältern befindet sich Reinhelium unter etwas erhöhtem Druck, damit bei evtl. auftretenden Leckagen kein Kühlgas nach außen gelangen kann. Seit Ende 1967 ist dieser Reaktor in Jülich erfolgreich in Betrieb.

Bis 1974 wurde der Reaktor mit einer Austrittstemperatur von 850 °C, seitdem überwiegend mit 950 °C gefahren. Die maximalen Brennstofftemperaturen liegen dabei unterhalb 1100 °C.

Eines der herausragenden Ergebnisse des AVR-Betriebes ist seine hohe Verfügbarkeit (Abb. 2.6). Sie liegt über den nunmehr 20jährigen Betrieb gemittelt bei rund 72%. Im Jahre 1976 wurde mit 92% Zeitverfügbarkeit und 91% Arbeitsverfügbarkeit das bislang beste Betriebsergebnis erreicht. Bemerkenswert niedrig ist auch die Kühlgasaktivität, sie ist im Mittel heute kleiner als $3{,}7 \cdot 10^{10}$ Bq/MW$_{th}$(1 Ci/MW$_{th}$). Seit Betriebsbeginn ist dieser Wert laufend zurückgegangen. Der geringe Wert ist eine Folge der guten Spaltproduktrückhaltung in den Brennstoffpartikeln der Brennelemente. Dies erklärt sowohl die außerordentlich geringe integrale Strahlenbelastung des AVR- und des Fremdpersonals wie auch die niedrige Aktivitätsabgabe an die Atmosphäre, die im Mittel bei ca. $7{,}4 \cdot 10^{11}$ Bq/a (20 Ci/a) an Edelgasen liegt.

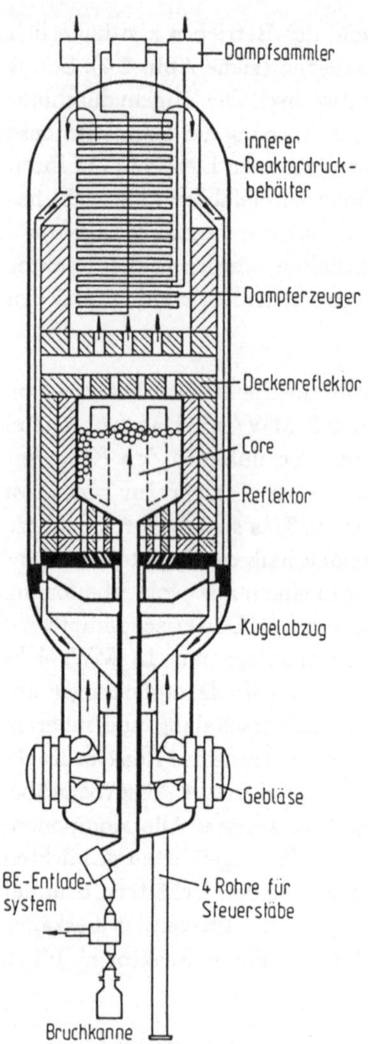

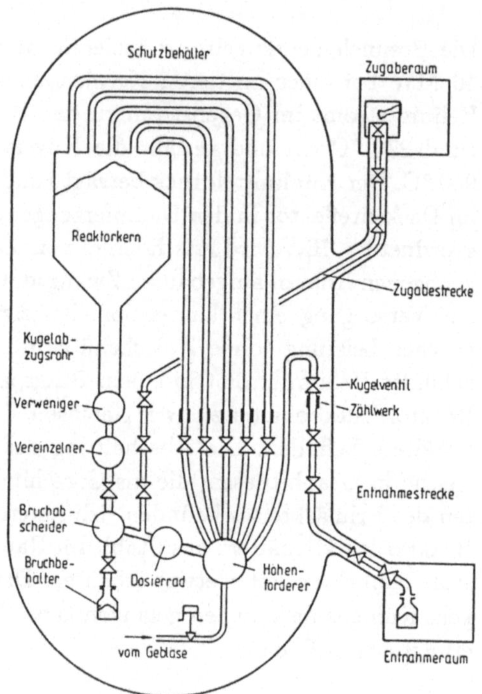

Abb. 2.3: Übersicht über den AVR- Reaktor (Vertikalschnitt durch Primärteil)

Abb. 2.4: Brennelementhandhabung beim AVR-Reaktor

Die Ergebnisse der Brennelementerprobung sind sehr gut. Seit Betriebsbeginn sind mehr als 1,5 Mio. Kugeln umgewälzt worden, wobei die Bruchrate mit einer Kugel je 10 000 umgewälzte Kugeln sehr niedrig ist. Abbrände von über 180 000 MWd/t Schwermetall sind erreicht worden; dies ist der höchste jemals in einem Reaktor erzielte Abbrand. Auch für andere Komponenten wie Dampferzeuger, Gebläse, Beschickungsanlage und deren Zusammenwirken in der Gesamtanlage sind wertvolle Erfahrungen gesammelt worden, vor allem über das Materialverhalten bei hoher Temperatur und Dosis, über die Aktivierung von Komponenten, über Spaltproduktablagerung, sowie über Verschleiß und Korrosion in Helium-Atmosphäre.

Die Kühlmitteltemperatur von 950 °C stellt den höchsten Wert dar, der je in einem Kernkraftwerk erreicht wurde. Der mehrjährige Betrieb auf diesem hohen Temperaturniveau demonstriert die prinzipielle Eignung des HTR mit kugelförmigen Brennelementen für Hochtemperatur-Prozeßwärmebereitstellung.

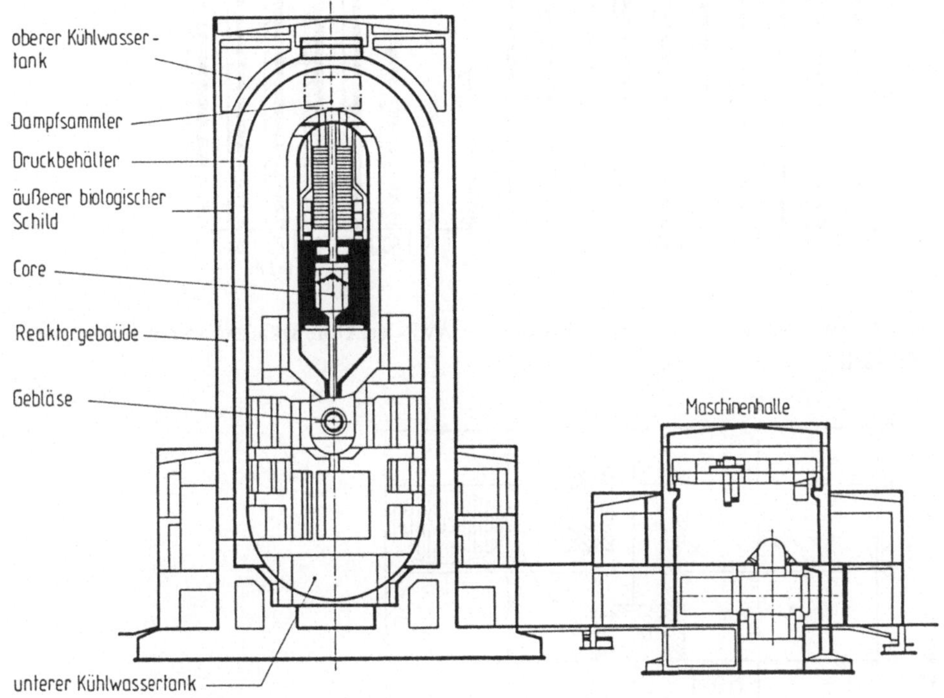

Abb. 2.5: Vertikalschnitt durch Gesamtanlage

Im April 1978 wurde die Anlage nach einem Dampferzeugerschaden abgeschaltet. Die gesamte, hauptsächlich nach dem Abschalten in den Primärkreis eingedrungene Wassermenge betrug 25 m^3. Nach Reparatur dieses Schadens konnte der Reaktor im August 1979 ohne Auswechseln von Brennelementen wieder in Betrieb gehen.

Der erfolgreiche Einsatz des AVR-Reaktors als Testbett für kugelförmige Brennelemente für Folgeanlagen ist aus Abb. 2.7 zu ersehen. Man erkennt, daß weitaus höhere Abbrände und höhere schnelle Neutronendosen erreicht wurden, als sie zum Teil für neue Reaktorprojekte erforderlich sind. Auf Einzelheiten wird in Kap. 4 noch näher hingewiesen. Auch die Abgabe von Aktivität an die Umgebung (hier im wesentlichen Edelgase) war im bisherigen Betriebsablauf des AVR ausgesprochen niedrig, wie Abb. 2.8 ausweist.

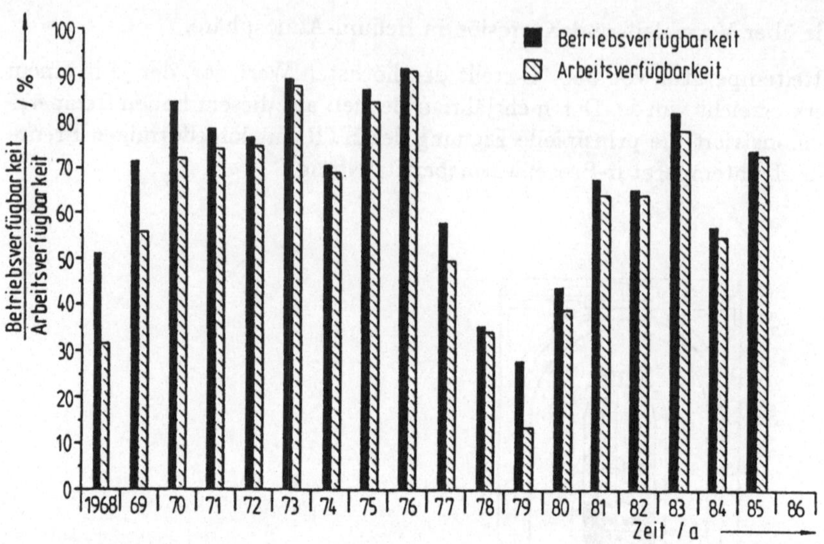

Abb. 2.6: Betriebs- und Arbeitsverfügbarkeit des AVR-Reaktors während seiner bisherigen Betriebszeit

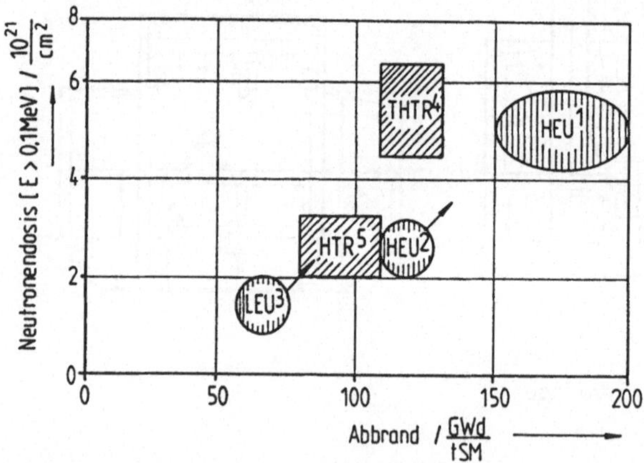

Abb. 2.7: Maximal erreichte Auslegungsparameter (schnelle Dosis, Abbrand) der im AVR eingesetzten Brennelementtypen (Stand 86):

1. Hochangereicherter Brennstoff (HEU), mit Pyrokohlenstoff beschichtet, 2. Hochangereicherter Brennstoff, zusätzlich mit Siliziumcarbid beschichtet, 3. Niedrigangereicherter Brennstoff (LEU), zusätzlich mit Siliziumcarbid beschichtet, 4. Zielwerte des THTR-Reaktors, 5. Zielwerte von HTR-Nachfolgeanlagen (z. B. Modulreaktor)

Die günstigen Sicherheitsmerkmale des HTR sind am AVR grundsätzlich demonstriert worden. In einem Versuch wurden die Absorberstäbe am Einfahren gehindert und der Kühlgasstrom bei voller Leistung unterbrochen. Dieser simulierte Störfall wird üblicherweise durch sorgfältige Anlagenauslegung vermieden und als hypothetisch angesehen.

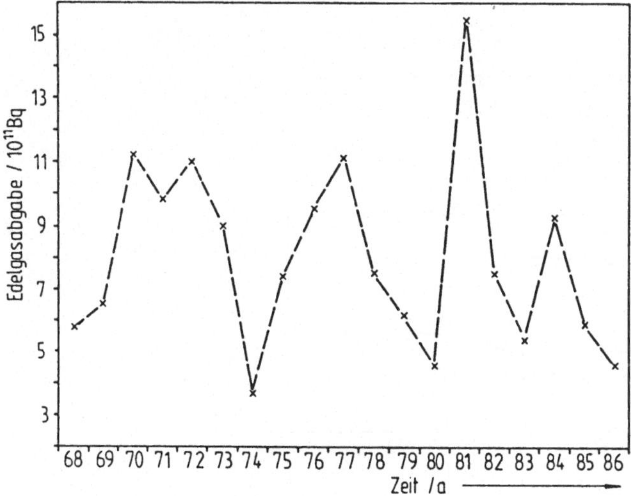

Abb. 2.8: Jährliche Abgabe von Aktivität beim AVR mit der Abluft (1Ci $\hat{=}$ $3,7 \cdot 10^{10}$ Bq)

Der AVR schaltete sich bei diesem sogenannten 4-Stab-Klemmversuch aufgrund seines stark negativen Temperaturkoeffizienten selbständig ab, verblieb etwa einen Tag unterkritisch und pendelte sich danach auf eine niedrige Leistung im kW-Bereich ein. Abb. 2.9 und 2.10 zeigen die Verhältnisse bei diesem simulierten Störfall sowie die in einzelnen Komponenten auftretenden völlig unkritischen Temperaturwerte.

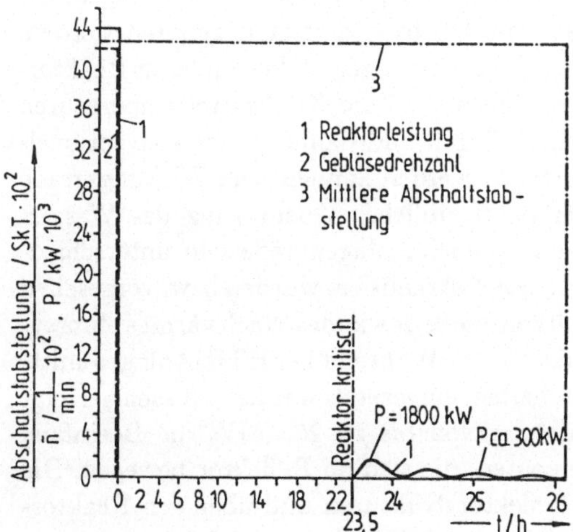

Abb. 2.9: Leistungsverlauf des AVR-Reaktos beim 4-Stab-Klemmversuch (Kühlung abgeschaltet und Stäbe blockiert)

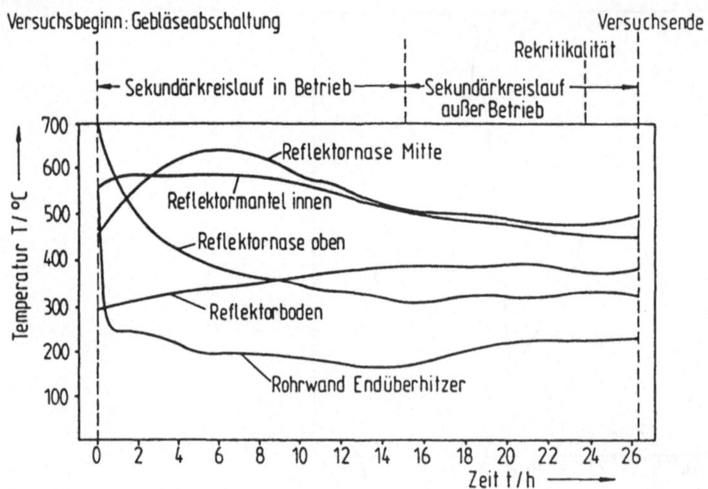

Abb. 2.10: Temperaturverläufe im AVR-Reaktor beim 4-Stab-Klemmversuch

Das später noch näher erläuterte Prinzip der passiv inhärenten Sicherheit (siehe Kapitel 6), welches als Auslegungsprinzip für neue Anlagen vorgesehen ist, wurde hier realitätsnah und sehr erfolgreich demonstriert. Insgesamt hat der AVR die Machbarkeit des Kugelhaufenreaktors sowie das erwartete ausgezeichnete Betriebsverhalten eines heliumgekühlten, graphitmoderierten Kernreaktors bestätigt. Der AVR und seine Komponententechnik sind Basis insbesondere für die Weiterentwicklung der HTR-Kleinreaktoren (KWU-Modul 200 MW_{th} sowie BBC-Industriereaktor 250 MW_{th}).

Wichtige Einzelheiten zum Konzept sowie zu den Auslegungsdaten der Anlagen, die in der Bundesrepublik Deutschland gebaut wurden bzw. derzeit angeboten werden, finden sich in Tab. 2.1. Als ein wesentlicher Unterschied gegenüber anderen Reaktortypen ist aus dieser Tabelle direkt zu entnehmen, daß die Kühlmitteltemperaturen bei allen Hochtemperaturreaktoren sehr hoch liegen und damit in der konventionellen Technik übliche Heißdampfzustände erreicht werden können. Die Wirkungsgrade für die Stromerzeugung betragen bei der heute üblichen Ausführung des Wasser-Dampfkreislaufs rund 40 %. Auffällig ist, daß je nach Anlagengröße sehr unterschiedliche Behälterkonzepte für den Primärkreiseinschluß realisiert wurden bzw. vorgesehen sind. Auch die Ausführungen des Abschaltkonzeptes sowie des Nachwärmeabfuhrsystems sind je nach Leistungsgröße verschiedenartig. Während bei HTR-Anlagen mittlerer Leistungsgröße Corestäbe zum Abschalten eingesetzt werden müssen, erfolgt bei Reaktoren mit einer thermischen Leistung von bis zu 250 MW die Beeinflussung der Reaktivität nur mit Abschaltelementen, die sich im Reflektor bewegen. Die Abgabe der Nachzerfallswärme über die Reflektorstrukturen und über den Reaktordruckbehälter erfolgt ebenfalls am günstigsten bei HTR- Anlagen kleiner Leistung. Lösungen für dieses passive Wärmeabfuhrkonzept sind aber auch für Anlagen großer Leistung möglich.

Tab. 2.1:   Wichtige Konzept- und Auslegungsdaten von HTR-Anlagen, die in der Bundesrepublik gebaut wurden bzw. die angeboten werden

Reaktor	AVR	THTR	Modul	HTR-100	HTR-500
Thermische Leistung	50MW	750MW	200MW	250MW	1390MW
Elektrische Leistung	15MW	300MW	80MW	100MW	550MW
Mittlere Leistungsdichte	$2,2MW/m^3$	$6MW/m^3$	$3MW/m^3$	$4,2MW/m^3$	$6,6MW/m^3$
Reaktorkern Höhe/Durchmesser	3m/3m	5,1m/5,6m	9,4m/3m	8m/3,45m	5,4m/7,1m
Abbrand	140 000 MWd/t	100 000 MWd/t	70 000 MWd/t	100 000 MWd/t	100 000 MWd/t
Kühlgasaufheizung	270 → 950 °C	250 → 750 °C	250 → 700 °C	255 → 740 °C	266 → 723 °C
Kühlgasdruck	11bar	40bar	60bar	70bar	55bar
Kühlgasströmung	aufwärts	abwärts	abwärts	aufwärts	abwärts
Brennelement-Zyklus	MEDUL alle mögl.	MEDUL hoch angereichert Thorium/U	MEDUL niedrig angereichert Uran	MEDUL niedrig angereichert Uran	OTTO niedrig angereichert Uran
Dampfzustand	505 °C 73bar	530 °C 180bar	530 °C 180bar	530 °C 180bar	530 °C 180bar
ZÜ-Zustand	-	530°C/42bar	-	-	-
Reaktordruckbehälter	Stahl (2 Behälter)	SBB (Großkav.)	Stahl (1 Behälter)	Stahl (1 Behälter)	SBB (Großkav.)
Abschaltung	Stäbe in Nasen	Reflektorstäbe und Corestäbe	Reflektorstäbe und KLAK im Reflektor	Stäbe im Reflektor und KLAK in Nasen	Reflektorstäbe und Corestäbe
Nachwärmeabfuhr	DE und Abgabe über RDB	DE und Liner	DE und Abgabe über RDB	DE und Abgabe über RDB	DE, NWA-Loops und Liner
Status	in Betrieb seit 1967	in Betrieb seit 1985	Planung	Planung	Planung

2.3 THTR-Reaktor

Als Prototyp der Kugelhaufenreaktor-Entwicklung ist nach dem Beweis der Funktionsfähigkeit dieser Technik durch den AVR der THTR-300 (Thorium-Hochtemperatur-Reaktor, 750 MW_{th}, 300 MW_{el}) [2.7 bis 2.12] in Uentrop-Schmehausen von 1972 bis 1984 gebaut worden und inzwischen erfolgreich in Betrieb genommen worden. Ende 1985 wurde die Auslegungsleistung von 300 MW_{el} erreicht. Die Abb. 2.11, 2.12 zeigen den grundsätzlichen Aufbau dieser Anlage, Tab. 2.1 gibt die wichtigsten Auslegungsdaten wieder. Auch bei dieser Anlage bildet eine lose Schüttung von ca. 675 000 kugelförmigen Brennelementen den Reaktorkern mit 5,6 m Durchmesser und einer mittleren Schütthöhe von 5,1 m. Ein allseitiger Reflektor aus Graphit umgibt den aktiven Reaktorkern, der eine mittlere Leistungsdichte von 6 MW/m^3 aufweist. Um eine kontinuierliche Entnahme von Brennelementen am Boden des Reaktors durchführen zu können, ist auch bei dieser Anlage der Boden unter 30 °C geneigt und mit einem Abzugsrohr (Nennweite 800 mm) für die Brennelemente versehen. Der Graphitreflektor ist allseitig von einem thermischen Schild aus Gußeisen umgeben. Das Kühlgas Helium tritt mit 250 °C und 40 bar von oben in die Kugelschüttung ein und wird im Gleichstrom mit den Brennelementen bis auf 750 °C im Mittel aufgewärmt. In sechs um den Reaktorkern herum angeordneten Dampferzeugern, die aus helixförmig ausgeführten Rohrbündeln bestehen, wird die Wärme des Heliums zur Dampferzeugung genutzt. Die Frischdampfparameter sind 530 °C/180 bar, die Zwischenüberhitzung auf 530 °C/42 bar erfolgt ebenfalls mit Wärme aus dem Heliumkreislauf. Jedem Dampferzeuger ist ein Kühlgasgebläse, welches in der Wand des Spannbetonbehälters angeordnet ist, zugeordnet. Die Regelung und Abschaltung der Anlage erfolgt über 36 Reflektorstäbe und 42 Kernstäbe, welche direkt in die Kugelschüttung eingefahren werden. Nur zum Langzeit-kalt-unterkritisch-halten des Kerns sind große Einfahrtiefen der Corestäbe in die Schüttung notwendig.

Die Zugabe der Brennelemente erfolgt kontinuierlich durch sieben obere Zugabepositionen, die Kugelentnahme aus dem Kern durch das Kugelabzugsrohr und eine Brennelemententnahmeeinrichtung. Auch bei dieser Anlage wird nach Feststellung des Abbrandzustandes wie beim AVR verfahren. Abgebrannte Brennelemente werden ausgeschleust und der Zwischenlagerung zugeführt. Noch nicht ganz abgebrannte Elemente werden in das Core zurückgegeben. Im Mittel durchlaufen so die Brennelemente in drei Jahren 6 mal den Reaktor bis sie ihren Zielabbrand von 100 000 MWd/t erreicht haben.

Alle Komponenten des Primärkreises befinden sich in einem Spannbetonbehälter (Innendurchmesser 15,9 m, Innenhöhe 15,3 m), welcher von außen durch radiale und axiale Spannkabel so vorgespannt wird, daß die Innendruckkräfte mehr als kompensiert werden und die Wandungen des Druckbehälters praktisch nur mit Druckspannungen beaufschlagt werden. Innen ist der Behälter mit einem gasdichten Linerblech, welches zur Betonseite hin eine Wasserkühlung aufweist und zur Kaltgasseite hin eine Isolation (Metallfolien) besitzt, ausgekleidet. Der Behälter weist nur Anschlüsse von 65 mm Durchmesser auf, alle übrigen Durchbrüche und Abschlüsse sind doppelt abgesichert. Aufgrund der Aufnahme der Kräfte durch Kabelsysteme und wegen des geschilderten Beanspruchungszustandes gilt der Behälter als berstsicher. Die bis zu 5 m dicken Betonwandungen stellen darüber hinaus eine äußerst wirksame Abschirmung gegen Neutronenstrahlung aus dem Inneren des Kerns dar. Der Spannbetonbehälter sowie Hilfsanlagen (Komponenten der Beschickungsanlage, Gasreinigung, Gaskreisläufe und sonstige Kühlkreisläufe) sind in einer Reaktorhalle untergebracht (Abb.2.13).

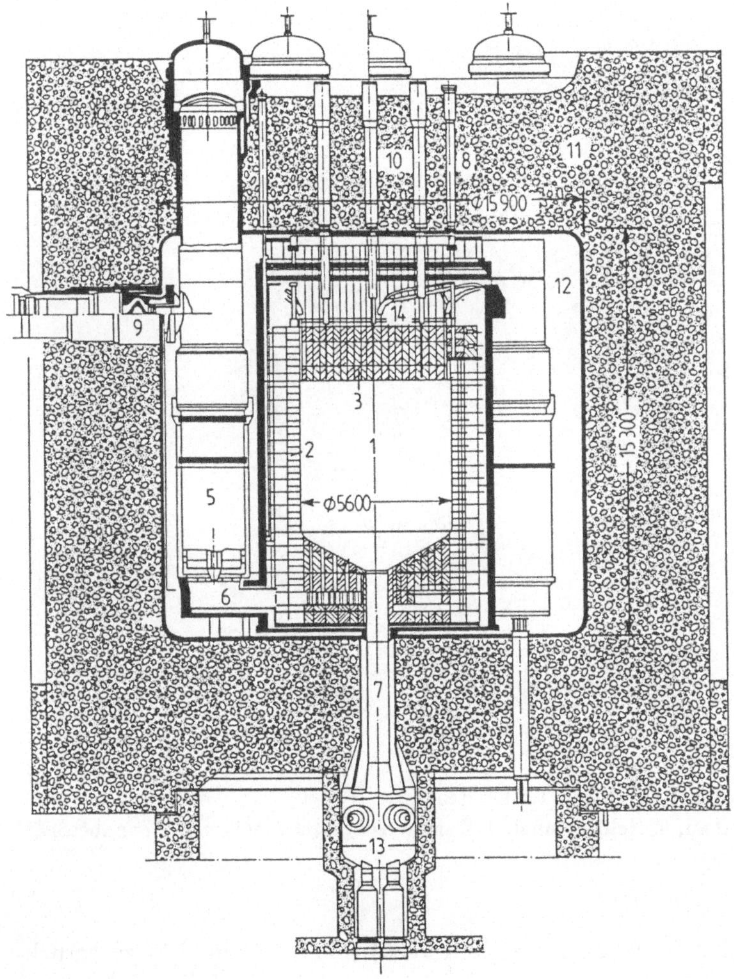

Abb. 2.11: Vertikalschnitt durch den THTR-Reaktor:
1. Core, *2*. Seitenreflektor, *3*. Deckenreflektor, *4*. Bodenreflektor, *5*. Dampferzeuger, *6*. Heißgaskanal, *7*. Kugelabzugsrohr, *8*. Reflektorstäbe, *9*. Gebläse, *10*. Corestäbe, *11*. Spannbetonbehälter, *12*. Liner mit Isolierung und Kühlung, *13*. Brennelemententnahmeeinrichtung, *14*. Brennelementzugabe

Wegen der hier gewählten Daten des Frischdampfes bzw. des ZÜ-Dampfes konnte
eine konventionelle 300-MW-Turbinenanlage mit entsprechenden Komponenten des
Wasser/Dampf-Kreislaufs Verwendung finden. Abb. 1.13 zeigte bereits das prinzipielle
Kreislaufschema, die Abfuhr der Kondensationswärme erfolgt über einen Trockenkühlturm. Einzelheiten zu den Komponenten, zu den betrieblichen sowie zu den Sicherheitsaspekten dieser Anlage finden sich in späteren Kapiteln (Kapitel 4, 5 und 6).

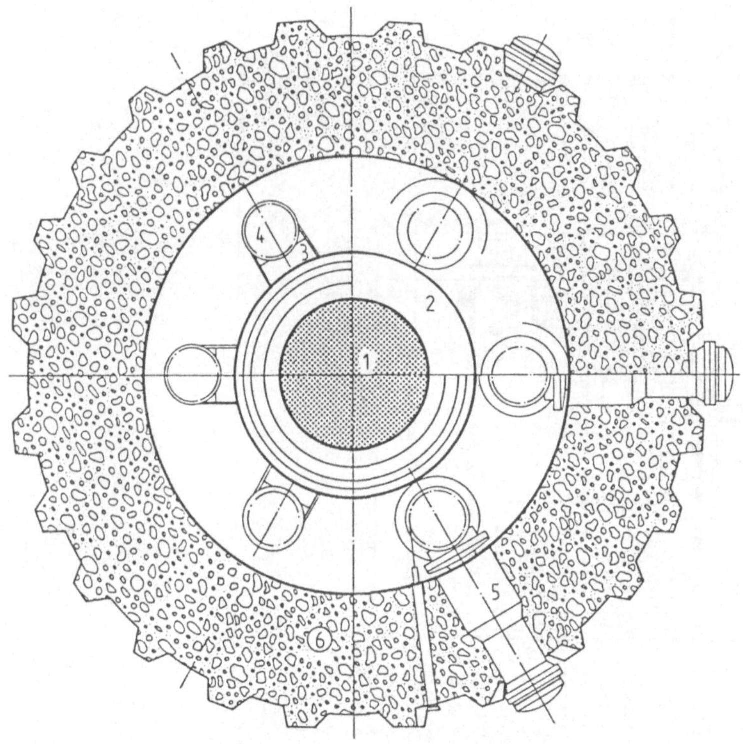

Abb. 2.12: Horizontalschnitt durch den THTR-Reaktor:
1. Core, *2.* Reflektoraufbau, *3.* Heißgaskanal, *4.* Dampferzeuger, *5.* Gebläse, *6.* Spannbetonbehälter

Die Resultate der Inbetriebnahmephase (Jahr 1986) sind aus Abb. 2.14 zu entnehmen und belegen, daß die Anlage nach Behebung von Anfangsschwierigkeiten, mit
denen jede neue Entwicklung am Anfang zu kämpfen hat, ihre geforderten Auslegungswerte erreicht hat. Die aus Abb. 2.14 ablesbare Leistungsreduktion auf 40 %
an Wochenenden hatte ihren Grund in Schwierigkeiten der Brennelemententnahme
bei voller Leistung. Inzwischen wurde durch eine Nachbesserung an der Entnahmeanlage diese Schwierigkeit behoben, so daß ständig volle Leistung gefahren werden kann.
Alle Auslegungswerte des Gas- und Dampfkreislaufs und insbesondere auch die Daten
der Abschaltsysteme sind im Rahmen der Inbetriebnahmeversuche voll erreicht und

bestätigt worden. Hinzuweisen ist insbesondere auf die bislang hohe Verfügbarkeit dieser Prototypanlage.

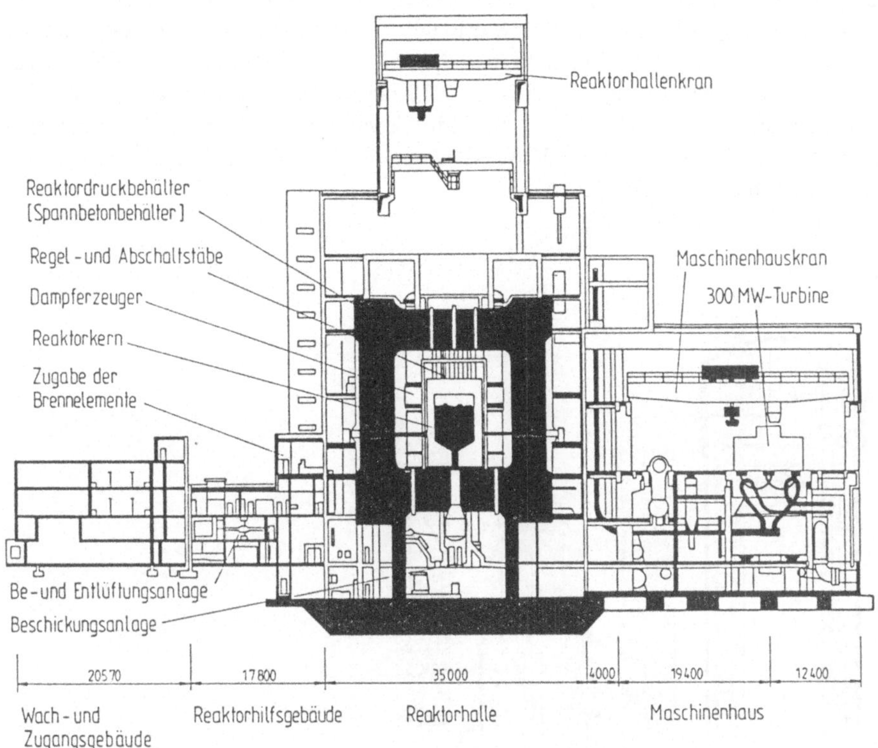

Abb. 2.13: THTR-Gesamtanlage (Schnitt durch das Reaktorgebäude)

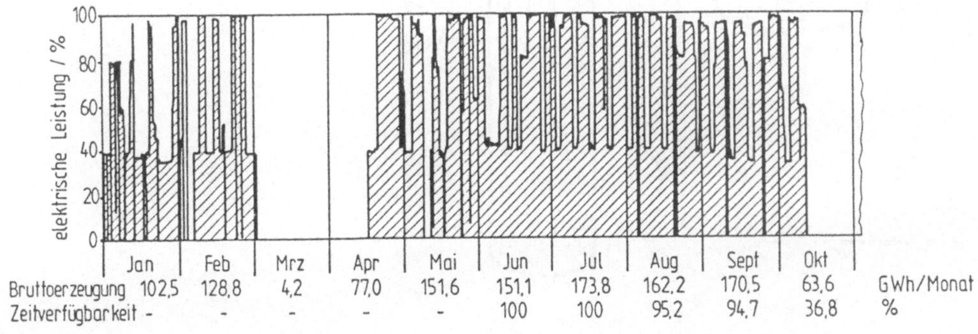

	Jan	Feb	Mrz	Apr	Mai	Jun	Jul	Aug	Sept	Okt	
Bruttoerzeugung	102,5	128,8	4,2	77,0	151,6	151,1	173,8	162,2	170,5	63,6	GWh/Monat
Zeitverfügbarkeit	-	-	-	-	-	100	100	95,2	94,7	36,8	%

Abb. 2.14: Bisherige Betriebsergebnisse beim THTR (Verlauf der abgegebenen elektrischen Leistung für das Betriebsjahr 1986)

2.4 HTR-Modulreaktor

Der Modul-Reaktor [2.13 bis 2.18] ist alternativ für die Erzeugung von Heißdampf
(530 °C/180 bar, 200 MW$_{th}$) mit einer Heliumaustrittstemperatur von 700 °C und
für die Bereitstellung von Prozeßwärme mit 950 °C Heliumaustrittstemperatur für
eine thermische Leistung von 170 MW konzipiert. Das grundsätzliche Anordnungsschema eines Modulreaktors geht aus Abb. 2.15 hervor. Der Reaktorkern sowie der
Dampferzeuger sind in zwei getrennten Stahldruckbehältern, die durch einen Verbin-
dungskanal für die Aufnahme einer Koaxialleitung für die Heliumführung verbunden
sind, untergebracht.

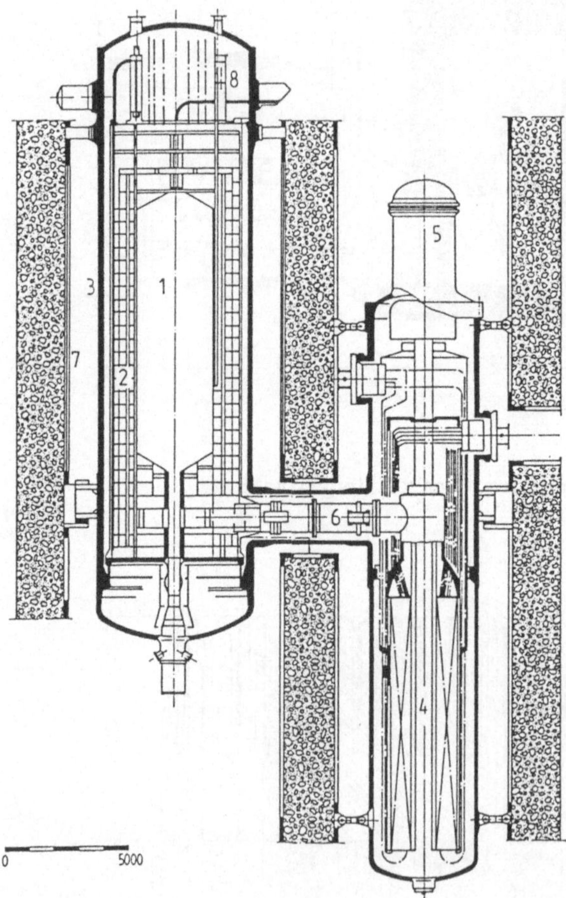

Abb. 2.15: Modul-Reaktor (Vertikalschnitt):

1. Core, 2. Coreeinbauten, 3. Reaktordruckbehälter, 4. Dampferzeuger, 5. Gebläse, 6. Koaxialleitung, 7. Flächenkühlsystem, 8. Abschaltstabantrieb

Das Gebläse zur Umwälzung des Heliummassenstroms im Primärkreis ist am oberen
Ende des Dampferzeugers angeordnet. Der Reaktorkern wird abweichend von allen
bislang üblichen Reaktordimensionierungen mit einem Höhe/Durchmesser-Verhältnis
von $\approx$ 3/1 ausgeführt und enthält wie alle Kugelhaufenreaktorkonzepte die Brennelemente in loser Schüttung. Die mittlere Kernleistungsdichte beträgt 3 MW/m^3. Durch
diese spezielle Form der Kerngestaltung und Auslegung wird zum einen erreicht, daß
die Abschaltung allein durch Reflektorelemente erfolgen kann, zum anderen wird dafür
Sorge getragen, daß die Nachzerfallswärme nach Druckentlastung und Ausfall aller
aktiven NWA-Systeme durch Naturvorgänge aus dem Kern abfließt und daß damit
keine Brennstofftemperaturen als Folge dieses Störfalls erreicht werden, bei denen unzulässig hohe Spaltproduktaustrittsraten aus den Brennelementen zu erwarten sind.
Als Grenze wird heute eine Temperatur der Brennstoffpartikeln von 1 600 °C angesehen. Einzelheiten zu diesem Problemkreis finden sich in Kapitel 6 im Zusammenhang
mit der Analyse von Störfällen. Die Beschickung des Reaktors erfolgt mit kugelförmigen Brennelementen (7 g Schwermetall/Brennelement) mit TRISO-Partikeln, d. h.
Partikeln mit drei Beschichtungen (unter anderem Siliciumkarbid) unter Verwendung
von niedrig angereichertem Uranoxyd (8,6 % Anreicherung) im MEDUL-Zyklus.

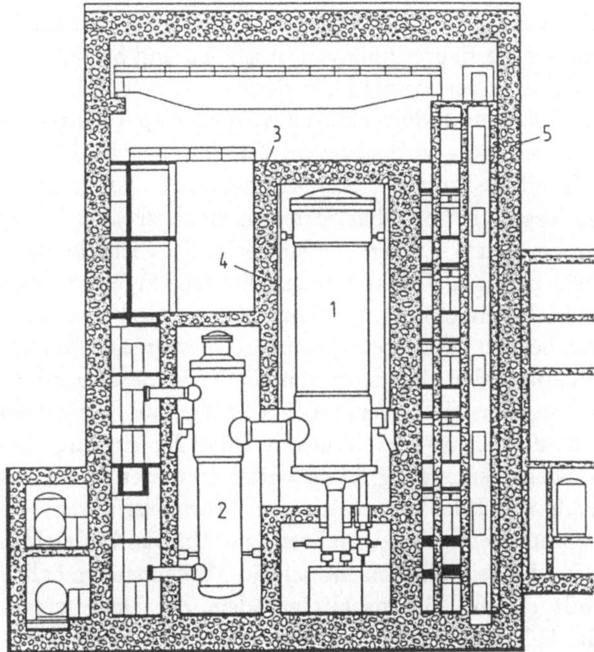

Abb. 2.16: Vertikalschnitt durch die Reaktorhalle des Modul-Reaktors:
1. Kernreaktor, *2.* Dampferzeuger, *3.* innere Betonzelle, *4.* Flächenkühler, *5.* Reaktorschutzgebäude

Regelung und Heißabschaltung erfolgen bei diesem Reaktortyp durch sechs Reflektorstäbe, zum Kaltabschalten werden achtzehn Reflektorbohrungen mit kleinen Ab-

sorberkugeln (sogenanntes Kleinkugel-Absorbersystem) gefüllt. Der Dampferzeuger ist strömungstechnisch so angeordnet, daß bei Ausfall dieses Loops keine Überhitzung und Beschädigung der Komponente auftritt.

Der modulare Aufbau größerer Reaktorleistungen aus einzelnen Reaktoren bringt es mit sich, daß jeder HTR-Modul in einer separaten Beton-Primärzelle angeordnet ist. Diese Betonzellen zur Aufnahme der Reaktordruckbehälter sind zur Abfuhr der Nachwärme in den Störfällen, bei denen der Dampferzeugerloop ausfällt, mit Flächenkühlsystemen ausgerüstet. Diese Flächenkühler sind ständig in Betrieb. Alle Modul-Systeme befinden sich zusammen mit den jeweiligen Betonabschirmungen in einem gegen äußere Einwirkungen ausgelegten Reaktorgebäude, das ohne Innenliner ausgeführt werden kann (Abb. 2.16). Für die Beurteilung des sicherheitstechnischen Verhaltens und der Wirtschaftlichkeit dieses Reaktortyps ist es wichtig, festzuhalten, daß die Betriebsloops sowie deren Versorgungseinrichtungen keine sicherheitstechnische Bedeutung haben. Alle außerhalb der Primärzellen befindlichen Systeme und Komponenten der Gesamtanlage können in konventioneller Technik ausgeführt werden. Dies ist eine wesentliche Voraussetzung dafür, daß auch bei nuklearen Anlagen kleiner Leistung vertretbare Investitionskosten erreicht werden können.

Wegen der inhärenten Begrenzung der maximalen Brennelementtemperaturen und damit auch der Spaltproduktfreisetzungen in hypothetischen Störfällen ist der HTR-Modul relativ einfach im Hinblick auf die Beurteilung von Störfällen und Sicherheitseigenschaften zu behandeln. Wesentliche Auslegungsdaten finden sich in Tab. 2.1, auf die speziellen Sicherheitseigenschaften von Modulreaktoren wird im Kap. 6 eingegangen. Nach bisherigen Angaben des Anbieters wird schon bei Einsatz von zwei Modulreaktoren derzeit Konkurrenzfähigkeit zu deutscher Steinkohle erreicht. Bei größeren Anlagen mit z. B. acht Modulen lassen sich offenbar Stromerzeugungskosten in der Größenordnung derjenigen von großen Kernkraftwerken realisieren. Ein Sicherheitsbericht für diese Anlage wurde erstellt und den Genehmigungsbehörden vorgelegt. Beim Einsatz der Modulreaktoren für die Bereitstellung von Prozeßwärme sind zwei Varianten zu unterscheiden. Die Abgabe von Niedertemperaturprozeßwärme, d. h. von Dampf für die Chemie, für Raffinerien oder aber auch von Niedertemperaturwärme für Fernwärmesysteme oder andere industrielle Verbraucher erfolgt aus geeigneten Dampfturbinenschaltungen zur Kraft-Wärme-Kopplung mit Hilfe der eingangs beschriebenen Modulanlage zur Heißdampferzeugung. Einzelheiten zu diesen Verfahren sind in Kap. 8 aufgeführt. Im Falle von Hochtemperaturprozeßwärmeverfahren, wie sie etwa zur Durchführung des Steam-Reforming-Verfahrens zur Umwandlung eines Methan-Wasserdampfgemisches in Wasserstoff-Kohlenmonoxid-Mischungen möglich sind, wird der Modulreaktor mit einem Röhrenspaltofen, dem ein Dampferzeuger nachgeschaltet ist, gekoppelt. Falls ein Kohlevergasungsprozeß mit Wärme versorgt werden soll, ist die Auskopplung der Wärme aus dem Reaktor über einen Helium/Helium-Wärmeaustauscher vorgesehen. In beiden Fällen ist die nukleare Wärmequelle identisch mit dem Reaktor, der für die Heißdampferzeugung eingesetzt werden soll, ausgeführt. Auch zu diesen Verfahren der Hochtemperatur-Prozeßwärmebereitstellung finden sich technische Details in Kap. 8. Modulare Reaktoren stellen insgesamt eine universell verwendbare Wärmequelle für ein weites Anwendungsfeld dar.

2.5 HTR-100-Reaktor

Das Konzept des nuklearen Wärmeerzeugungssystems dieser Anlage [2.19 bis 2.23] mit einer thermischen Leistung von 250 MW basiert direkt auf dem Vorbild des AVR-Reaktors. Der Reaktor ist für die Abgabe von elektrischer Energie und Prozeßwärme konzipiert. Dampferzeuger und drei Gebläse sind oberhalb des Cores in einem gemeinsamen Reaktordruckbehälter angeordnet (siehe Abb. 2.17). Als Core wird eine Kugelschüttung mit 3,45 m Durchmesser und 8 m mittlerer Höhe verwendet. Die mittlere Kernleistungsdichte beträgt 4,2 MW/m^3. Der Brennstoffzyklus ist auch hier niedrig angereichertes Uran unter Verwendung der MEDUL-Beschickung. Kühlgas und Brennelemente werden wegen der geschilderten Anordnung der Primärkreiskomponenten im Gegenstrom geführt. Die Regelung des Reaktors erfolgt mit acht Stäben im Seitenreflektor. Weitere sechzehn Absorberstäbe im Seitenreflektor dienen der Reaktorschnellabschaltung. Für das Langzeit-Kaltabschalten werden kleine Absorberkugeln, die in vier Bohrungen in Graphitnasen, welche weit ins Core hineinragen, einfallen können, eingesetzt.

Die Zugabe der Brennelemente erfolgt kontinuierlich im Betrieb durch fünf Zugaberohre im Deckenreflektor, der Abzug am Boden durch vier Kugelabzugsrohre. Die wesentlichen Auslegungsdaten dieser Anlagen können Tab. 2.1 entnommen werden. Ähnlich dem beim zuvor beschriebenen Modulreaktorkonzept werden zwei Reaktoren in einem gegen die üblichen äußeren Einwirkungen ausgelegten Reaktorschutzgebäude angeordnet. Die Abfuhr der Nachwärme erfolgt mit zwei voneinander unabhängigen und diversitären Systemen. Zum einen ist dies das betriebliche Kühlsystem, welches wegen der hier gewählten Anordnung des Dampferzeugers auch nach Gebläseausfall unter Ausnutzung der Naturkonvektion funktioniert, zum anderen wird ähnlich wie beim HTR-Modul-System bereits ausgeführt, ein einfaches Betonzellen-Flächenkühlsystem zum Abführen der Nachwärme eingesetzt. Das Sicherheitskonzept sieht bei dieser Anlage vor, daß im hypothetischen Störfall, der auch hier im Ausfall der Nachwärmeabfuhr sowie der Druckentlastung des Primärkreises besteht, keine Brennstofftemperaturen höher als rund 1700 °C erreicht werden. Bei einer derartigen Störfalltemperatur, die im übrigen nur in relativ wenigen Brennelementen auftritt, bleiben die Freisetzungen an Spaltprodukten ebenfalls relativ beschränkt. Die radiologischen Auswirkungen auf die Umgebung werden dann auch bei dieser Anlage gering sein. Bei diesem Reaktorkonzept wurden viele spezielle Merkmale des AVR-Reaktors wie z. B. Aufwärtsströmung des Heliums im Core, Heißgasführung durch den Deckenreflektor sowie Anordnung des Dampferzeugers über dem Core übernommen. Auch die Verwendung von Graphitnasen im Kernaufbau kann durch den AVR- Betrieb als abgesichert angesehen werden. Kesselstahlbehälter der hier benötigten Abmessungen und Drucke sind vom Siedewasserreaktor her bekannt und erprobt. Wegen des hier gewählten Konzeptes der Nachwärmeabfuhr kann auch bei dieser Anlage der Sekundärkreislauf in konventioneller Technik ausgeführt werden. Planungen für die hier dargestellte und kommerziell angebotene Anlage liegen vor. Die Wirtschaftlichkeit stellt sich ähnlich wie im Falle des HTR-Moduls dar; Haupteinsatzgebiete werden bei der Koppelproduktion von elektrischer Energie und Niedertemperatur-Prozeßwärme gesehen.

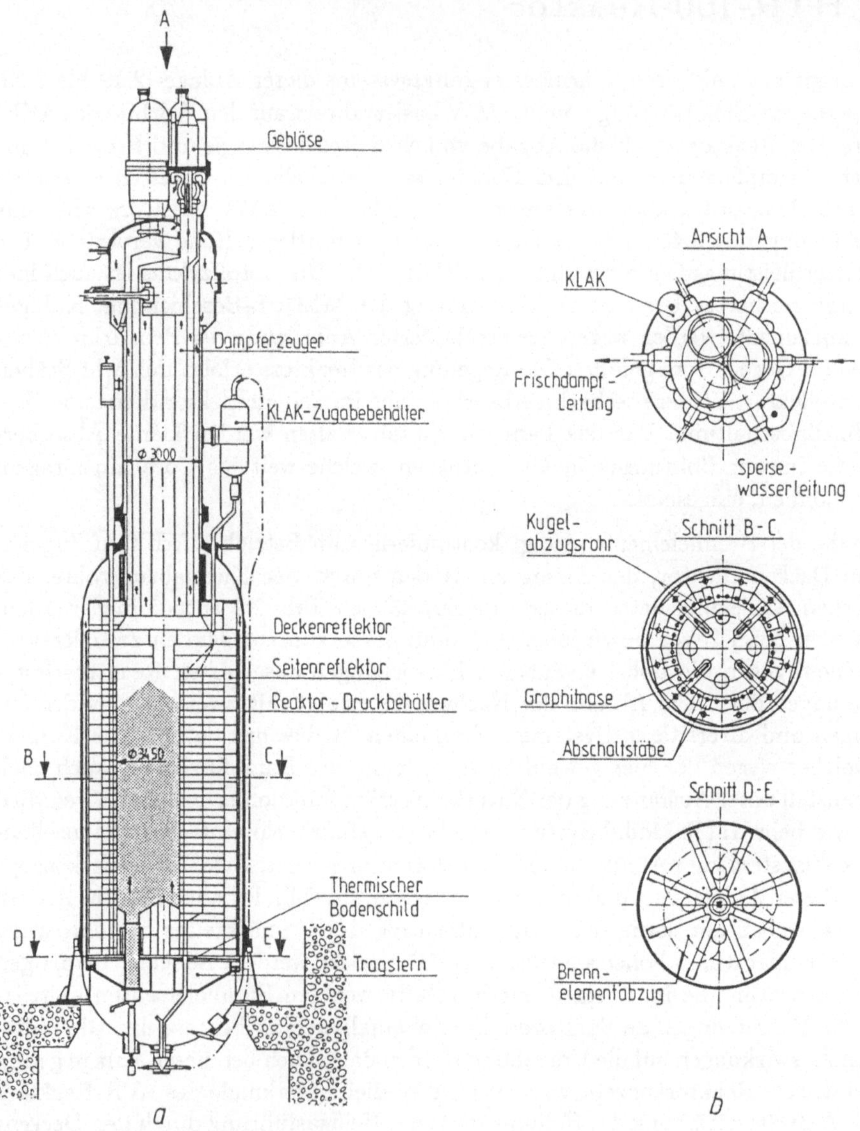

Abb. 2.17: HTR-100-Reaktor:
a. Vertikalschnitt durch das Reaktorsystem,
b. Horizontalschnitte durch das Reaktorsystem in verschiedenen Höhenpositionen

2.6 HTR-500-Reaktor

Der HTR-500 [2.24 bis 2.28] ist die Nachfolgeanlage zum THTR-300. Diese Anlage wurde unter dem Gesichtspunkt konzipiert, auf dem geänderten Markt für Kernkraftwerke konkurrenzfähig zum Leichtwasserreaktor größerer Leistung angeboten werden zu können. In Weiterführung des THTR-Konzeptes ist der gesamte Primärkreis in einem Spannbetondruckbehälter in Großkavernenbauweise untergebracht (siehe Abb. 2.18). Der Reaktorkern besteht hier aus einer Schüttung von 1,2 x 10^6 kugelförmigen Elementen, von denen 50% Brennelemente und 50% Graphitelemente ohne Brennstoff sind. Der Brennstoff wird in niedrig angereicherter Form verwendet, die Brennelemente durchlaufen nur einmal den Reaktor und werden dann abgebrannt entnommen (OTTO-Zyklus). Im Ringraum zwischen Reaktor und SBB-Wand sind 6 Dampferzeuger in Helix-Bauweise, denen jeweils ein Gebläse zugeordnet ist, angeordnet. Es wird Frischdampf von 530 °C/180 bar produziert. Ein zusätzliches zweisträngiges Nachwärmeabfuhrsystem, heliumseitig aus Wärmetauscher und Gebläse bestehend, ist ebenfalls im Ringraum untergebracht. Durch geeignete Anordnung dieser Wärmetauscher soll erreicht werden, daß auch bei Naturkonvektion ausreichende Nachwärmeabfuhr garantiert wird. Regelung und Abschaltung erfolgen bei diesem Reaktor durch 48 Reflektor- und 72 Kernstäbe. Für die automatische Schnellabschaltung werden nur die Reflektorstäbe eingesetzt. Kernstäbe finden für den vergleichsweise seltenen Fall der Langzeitabschaltung Verwendung. In diesem Fall werden sie von Hand gefahren. Bei dieser Anlage wurde eine strikte Trennung von Betriebs- und Sicherheitssystemen angestrebt. Aus diesem Grund wird der Wasser-Dampf- Kreislauf außerhalb des Reaktorschutzgebäudes rein konventionell ausgelegt. Dies ist einer der Gründe, weshalb relativ günstige Wirtschaftlichkeitsdaten für erreichbar gehalten werden. Ein weiterer wesentlicher Punkt für eine wirtschaftliche Auslegung wird darin gesehen, daß wesentliche Komponenten, die beim THTR verwendet und erprobt sind, von dort zuverlässig abgeleitet werden können. Damit kann auf der Basis einer praktisch erprobten HTR-Technik kalkuliert werden. Das Aktivitätseinschlußkonzept sieht bei dieser Anlage vor, daß durch ein System von Barrieren (Brennstoffpartikel, Brennelement, Liner und Spannbetonbehälter, Reaktorschutzgebäude) der unzulässige Austritt von Spaltprodukten in die Umgebung verhindert wird.

Reaktordruckbehälter und primärgasführende Komponenten sind in einem Reaktorschutzgebäude angeordnet, welches sie gegen Einwirkung von außen schützt. Auf einen Innenliner wird bei diesem Gebäude verzichtet. Abb. 2.19 gibt die Gebäudeanordnung wieder.

Primärgasleckagen bis zu einem Leckquerschnitt von 2 cm² werden über Filter und Kamin an die Umgebung abgegeben. Wie beim THTR wird durch Gestaltung der Behälterabschlüsse erreicht, daß nur maximale Leckagequerschnitte von 33 cm² Fläche für Druckentlastungsstörfälle zu unterstellen sind. Wegen der geringen zu erwartenden Kühlgasaktivität des Primärkreises im Normalbetrieb ist eine Abgabe des Heliums über den Kamin offensichtlich ohne Probleme möglich. Umgebungsbelastungen, die sich durch diesen Störfall ergeben, bleiben weit unterhalb von Grenzwerten der Strahlenschutzverordnung (siehe Kap. 6). Beim Abschaltkonzept wird beim HTR-500 voll auf die Erfahrungen des THTR-Genehmigungsverfahrens zurückgegriffen. Beim

Nachwärmeabfuhrkonzept wird in der Regel das betriebliche sechs mal vorhandene Hauptwärmeabfuhrsystem eingesetzt. Das vom Hauptwärmeabfuhrsystem getrennte zweifach vorhandene Nachwärmeabfuhrsystem soll, wie schon erwähnt, auch ohne Gebläseunterstützung mit Hilfe von Naturkonvektionsvorgängen betrieben werden können.

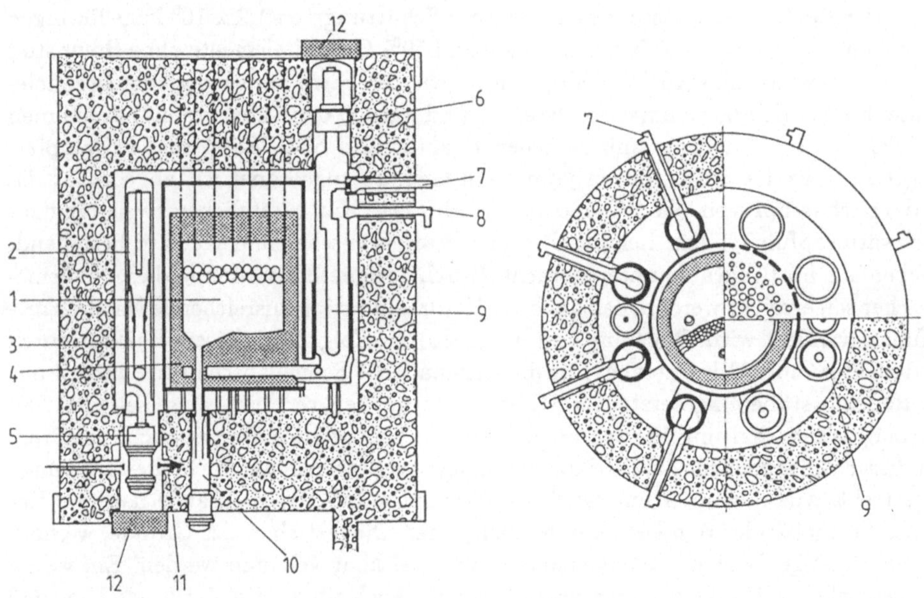

Abb. 2.18: Nukleares Wärmeerzeugungssystem des HTR-500:

1. Core, *2.* NWA-Kühler, *3.* Thermischer Schild, *4.* Graphitreflektor, *5.* NWA-Gebläse, *6.* Gebläse, *7.* Frischdampfaustritt, *8.* Speisewassereintritt, *9.* Dampferzeuger, *10.* Kugelabzugsrohr, *11.* Spannbetonbehälter, *12.* Abschlußstopfen

Auch nach einem längerfristigen Ausfall dieses Systems über zehn Stunden kann eine Wiederinbetriebnahme mit Hilfe von Handmaßnahmen vorgenommen werden. Schäden an Komponenten durch Überhitzung sind dabei noch nicht zu erwarten. Nach totalem Ausfall der erwähnten Systeme kann nach hinreichend langer Zeit die Nachwärme über das mehrfach redundant vorhandene Linerkühlsystem des Spannbetonbehälters abgeführt werden. Konsequenzen dieses hypothetischen Störfalles werden in Kap. 6 diskutiert. Der HTR-500 kann nicht nur zur Erzeugung von elektrischer Energie, sondern auch zur Durchführung der Kraft-Wärmekopplung zur Abgabe von Prozeßdampf oder von Fernwärme eingesetzt werden. Abb. 2.20 zeigt eine entsprechende Schaltung zur Auskopplung von Prozeßdampf. Tab. 2.1 gibt wesentliche Auslegungsdaten für diese Anlage wieder, bezüglich spezieller Details hinsichtlich der Komponenten sei auf Kap. 4 verwiesen.

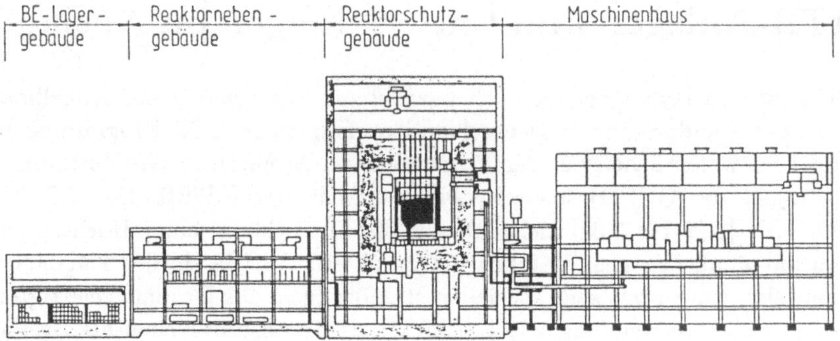

Abb. 2.19: Gebäudeanordnung beim HTR-500 (Vertikalschnitt)

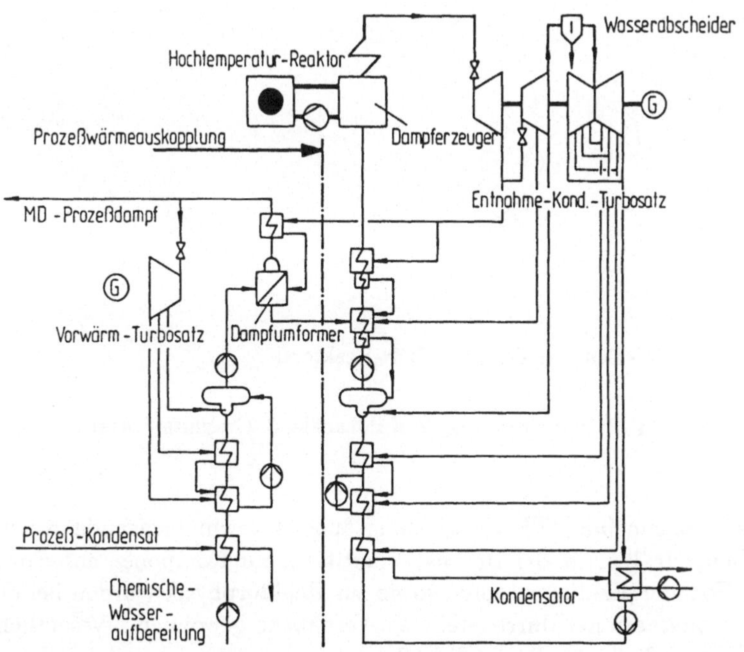

Abb. 2.20: Schaltung des HTR-500 zur Durchführung der Kraft-Wärmekopplung (hier ist die Abgabe von Mitteldruckprozeßdampf dargestellt)

2.7 HTR-Anlagen und Entwicklungen im Ausland

Bekanntlich liefen und laufen derzeit noch parallel zur Entwicklung des Kugelhaufenreaktors in der Bundesrepublik Deutschland umfangreiche HTR-Programme in
den USA (dort im wesentlichen bei der Firma General Atomic), in Großbritannien
(DRAGON-Projekt der OECD) sowie in Japan und in der UdSSR. Das OECD-
Projekt DRAGON [2.29 bis 2.33] zielte ab auf die Entwicklung eines Hochtemperaturreaktors mit ähnlichen grundsätzlichen Charakteristika wie sie der Kugelhaufenreaktor aufweist, jedoch mit sehr speziellen stabförmigen, aus Graphit gefertigten
Brennelementen unter Verwendung von beschichteten Brennstoffteilchen als Brennstoff (siehe Abb. 2.21). Der DRAGON-Reaktor ist nach langjährigem erfolgreichen
Betrieb vor einigen Jahren außer Betrieb genommen worden.

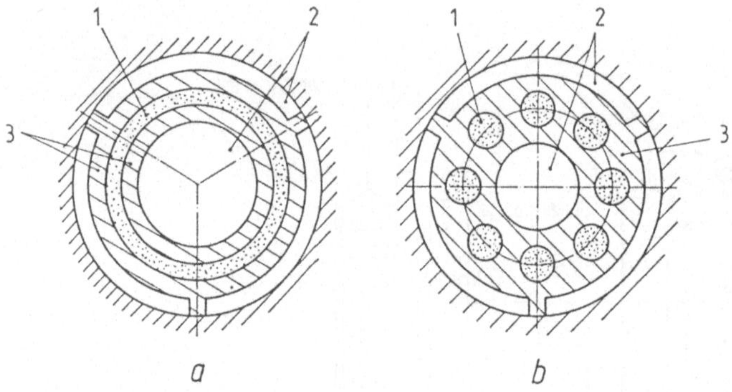

Abb. 2.21: Stabförmige Brennelemente des DRAGON-Reaktors:
a. Tubularelement,
b. Telefonscheibenelement: *1.* Brennstoffmatrix, *2.* Kühlkanäle, *3.* Graphitstrukturen

Wesentliche für die allgemeine HTR-Entwicklung äußerst gewinnbringende Kenntnisse zu Materialien, zur Technik der Brennstoffpartikeln, zur Komponententechnik,
zum Betrieb von Hochtemperaturreaktoren sowie zur Reaktorphysik wurden bei der
Abwicklung dieses international durchgeführten Vorhabens gewonnen. Wesentliche
Auslegungsdaten dieses Reaktors sind in Tab. 2.2 vermerkt.

Die in den USA durchgeführte HTR-Entwicklung basiert ebenfalls auf der Verwendung von stabförmigen Brennelementen bzw. auf der Weiterentwicklung von hexago-
nalen blockförmigen Brennelementen. Im Rahmen der Entwicklung in diesem Land
wurden bislang zwei Reaktoranlagen, der Peach-Bottom-Reaktor [2.34 bis 2.36] sowie die Fort St. Vrain-Anlage [2.37 bis 2.40] gebaut und betrieben. Darüber hinaus
werden auch in den USA seit Jahren ähnliche Überlegungen wie in der Bundesrepublik Deutschland für den HTR bezüglich seiner Nutzung für die Bereitstellung von
nuklearer Prozeßwärme und hinsichtlich seiner günstigen Sicherheitseigenschaften angestellt. Auch Reaktoren mit relativ niedriger Leistung (350 MW$_{th}$) für die Erzeugung

von elektrischer Energie und von Prozeßwärme wurden analog zu den Projekten hier in der Bundesrepublik auf der Basis des blockförmigen Brennelementes entwickelt. Besonders unter dem Hinweis auf inhärente Sicherheitseigenschaften des HTR bezüglich Nachwärmeabfuhr werden auch in den USA gute Chancen für derartige Systeme erwartet. Beim Peach-Bottom-System, dessen wesentliche Auslegungsdaten ebenfalls in Tab. 2.2 vermerkt sind, wurde ein Core, aus stabförmigen Brennelementen bestehend, in einem Kesselstahlbehälter angeordnet. Über zwei Koaxialleitungen wurden Dampferzeuger mit dem Reaktordruckbehälter verbunden. Es wurde Heißdampf mit den Dampfparametern 540 °C/100 bar erzeugt. Der Reaktor war etwa 7 Jahre mit guter Verfügbarkeit in Betrieb und lieferte wertvolle Beiträge zur allgemeinen HTR-Technik. Beim Fort St. Vrain-Reaktor kommen blockförmige Brennelemente zum Einsatz, die auch Basis für alle weitergehenden Planungen in den USA sind. In einem hexagonal geformten Block (siehe Abb. 2.22) befinden sich Bohrungen zur Aufnahme von Brennstoffelementen, welche aus beschichteten Brennstoffteilchen eingebettet in Matrixmaterial bestehen, sowie zur Durchleitung des Kühlgases. Das Core wird aus diesen Brennelementblöcken in der in Abb. 2.23 gezeigten Weise aufgebaut. Geregelt wird der Reaktor durch Stäbe, die in spezielle Bohrungen in die Blöcke eintauchen, sowie durch Reflektorstäbe. Als Besonderheit sei angemerkt, daß die Gebläse mit Dampfturbinen angetrieben werden. Wichtige Daten des Fort St. Vrain-Reaktors gehen aus Tab. 2.2 hervor.

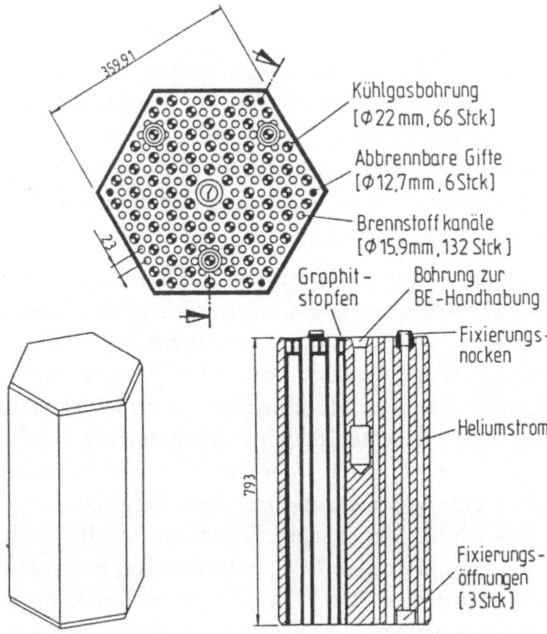

Abb. 2.22: Brennelement des Fort St. Vrain-Reaktors

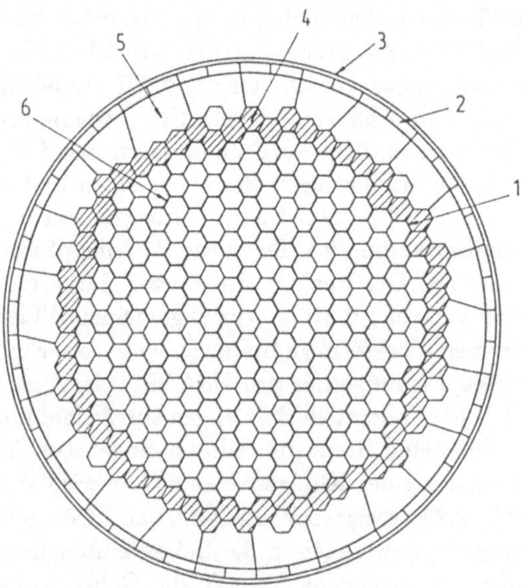

Abb. 2.23: Coreanordnung beim Fort-St.-Vrain-Reaktor:
1. Grenze des aktiven Cores, *2.* borierte Abstandsblöcke, *3.* Kernbehälter, *4.* auswechselbarer Graphitreflektor, *5.* permanenter Graphitreflektor, *6.* Brennelemente

Core, Dampferzeuger und Gebläse sind in der in Abb. 2.24 gezeigten Form in einem Spannbetonbehälter untergebracht. Bemerkenswert ist die Anordnung der Dampferzeuger sowie der Gebläse unterhalb des Cores. Die Entladung abgebrannter blockförmiger Brennelemente erfolgt jährlich während eines Stillstandes bzw. während einer Revisionspause. Nach mehrjährigem Einsatz kann dabei auch der dem Core zugewandte Teil des Reflektors mit ausgewechselt werden.

Wie schon erwähnt, wird auch in den USA das Konzept von HTR-Anlagen, bei denen nach hypothetischen Störfällen (Druckentlastung und Ausfall aller aktiven Nachwärmeabfuhrsysteme) die Ableitung der Nachzerfallswärme aus dem Core nur über Wärmeleitung und Wärmestrahlung erfolgt, intensiv bearbeitet [2.41 bis 2.43]. Abb. 2.25 weist aus, daß für Coreanordnungen mit blockförmigen Brennelementen hierfür ein Ringcore vorgesehen ist, um die erwünschte Temperaturbegrenzung für die Brennstoffpartikeln zu erreichen. Der Reaktor ist, wie bei der Modulanlage ebenfalls vorgesehen, in einem Kesselstahlbehälter untergebracht und mit dem Dampferzeuger über eine Koaxialleitung verbunden. Die Abfuhr der Nachzerfallswärme erfolgt auch bei diesem System zum einen durch den Dampferzeugerloop, zum anderen durch ein Flächenkühlsystem außerhalb des Reaktordruckbehälters. Dies kann ein Luftkühlsystem oder ein wasserbetriebenes Flächenkühlsystem sein. Als Leistungsgröße für diese Anlage sind 350 MW$_{th}$ vorgesehen, die Grenze ergibt sich hier durch die Verwendung von Stahldruckgefäßen für die Aufnahme des Reaktors.

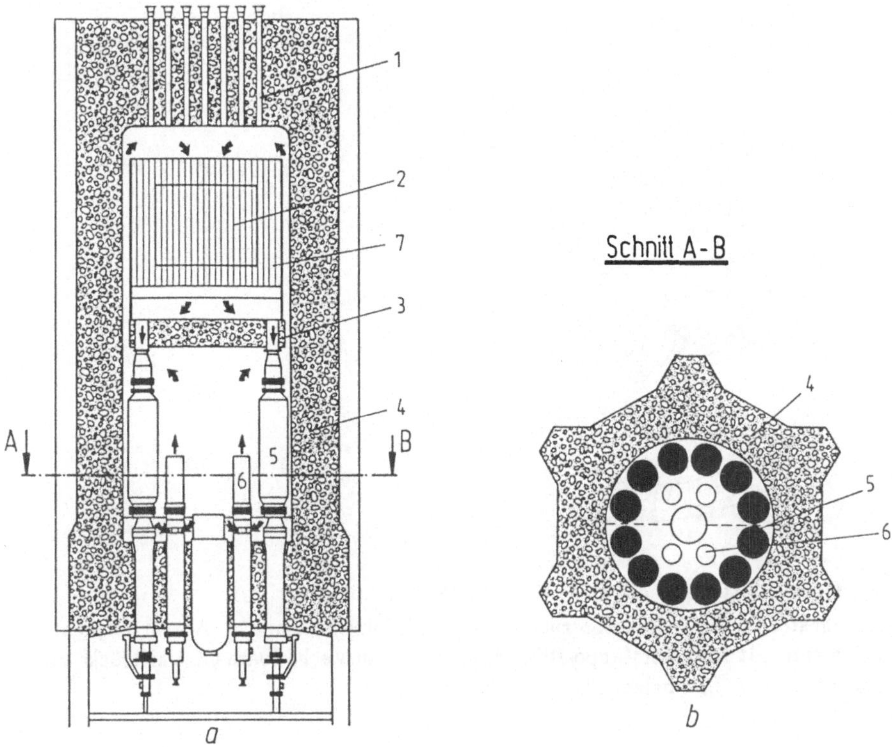

Abb. 2.24: Fort St. Vrain-Reaktor:
a. Vertikalschnitt, b. Horizontalschnitt: *1.* Abschaltstäbe, *2.* Core, *3.* Heißgasführung, *4.* Spannbetonbehälter, *5.* Dampferzeuger, *6.* Gebläse, *7.* Graphitreflektor

Für HTR-Anlagen großer Leistung mit blockförmigen Brennelementen sind Spannbetonbehältersysteme nach dem sogenannten Podboilerkonzept vorgesehen [2.44 bis 2.46]. Hierbei sind die Wärmetauscher in separaten Kavernen in der Spannbetonbehälterwand angeordnet. Die Verbindung zum Core erfolgt durch Einfachleitungen. Auch für Kugelhaufenreaktoren großer Leistung sind derartige Behälter in Systemstudien früherer Jahre untersucht worden. Praktisch erprobt sind die Podboilerbehälter durch den Betrieb der AGR-Anlagen in Großbritanien. In Hartlepool z.B. ist ein Behälter mit vergleichbaren Daten seit Jahren erfolgreich im Einsatz.

Eine derartige Anordnung des Primärkreises ist vom sicherheitstechnischen Standpunkt besonders attraktiv, da der gesamte Heliumkreislauf mit seinen Komponenten berstsicher eingeschlossen ist. Das Eindringen von großen Luftmassenströmen ist praktisch ausgeschlossen. Nachteilig ist, daß Freiheitsgrade bei der Gestaltung der Komponenten verloren gehen. Insbesondere müssen die Wärmetauscher sehr kompakt konzipiert werden, dies ist oft nur unter Inkaufnahme großer Druckverluste möglich. Auch die Zugänglichkeit zu den Komponenten bereitet Schwierigkeiten.

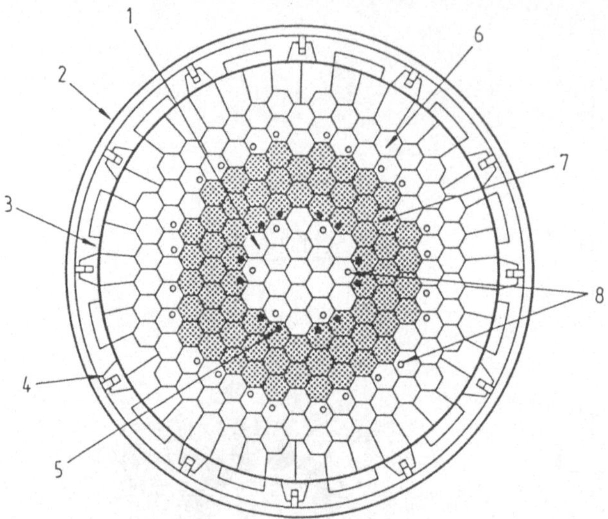

Abb. 2.25: Querschnitt durch das Core einer 350 MW_{th}-Anlage:
1. innere Reflektorblöcke, *2.* Reaktordruckbehälter, *3.* Coreeinfassung, *4.* Abstützelemente,
5. Brennelemente mit Abschaltstabpositionen, *6.* äußere auswechselbare Graphitblöcke mit
Abschaltpositionen, *7.* Brennelemente, *8.* Abschaltstäbe

In Japan standen von Anfang an bei der HTR-Entwicklung [2.47] die prozeßtech-
nischen Anwendungen für die Öl- und für die Stahlindustrie im Vordergrund des
Interesses. In umfangreichen Werkstoff- und Komponententestprogrammen wurden
Grundlagen für einen späteren industriellen Einsatz dieser HTR-Anwendungen geschaffen. Umfangreiche Planungen für eine nukleare Versuchsanlage mit 50 MW_{th}
Leistung zur Erprobung von speziellen Hochtemperaturwärmeaustauschern liegen vor.
Basis für diese Anlage ist das blockförmige Brennelement. In den letzten Jahren ist
bekannt geworden, daß in der UdSSR [2.48] und seit kurzem auch in der VR China
ein starkes Interesse an der Nutzung des Hochtemperaturreaktors insbesondere auch
zur Veredelung von fossilen Rohstoffen besteht. In der UdSSR wird in diesem Zusammenhang der Möglichkeit, Erdgas mit Hilfe von nuklearer Wärme in Ammoniak
oder Methanol umzuwandeln, große Bedeutung beigemessen. Auch der Einsatz von
HTR-Anlagen für die Kraft-Wärme-Kopplung und für die petrochemische Industrie
wird offenbar ausführlich untersucht. Planungsarbeiten für eine 1 000 MW_{th}-HTR-
Kugelhaufenreaktor-Anlage mit angeschlossenen Loops für Zwischenkreisläufe und für
den Einsatz von Röhrenspaltöfen sind in jüngster Zeit bekannt geworden. Besonders
dem Gesichtspunkt eines hohen Sicherheitsstandes wird dabei ein hoher Stellenwert
eingeräumt. Abb. 2.27 zeigt einen Entwurf für einen HTR mit 250 MW_{th} Leistung,
der den Planungen in der UdSSR zugrunde liegt. Bemerkenswert an diesem Entwurf,
der sich eng an das Konzept des Modul-Reaktors anlehnt, ist die Einplanung eines separaten Nachwärmeloops. Auch die Antriebe für die Abschaltstäbe befinden sich im
Gegensatz zum Modulreaktor außerhalb des Reaktordruckbehälters. Dadurch kann
dessen Bauhöhe etwas reduziert werden.

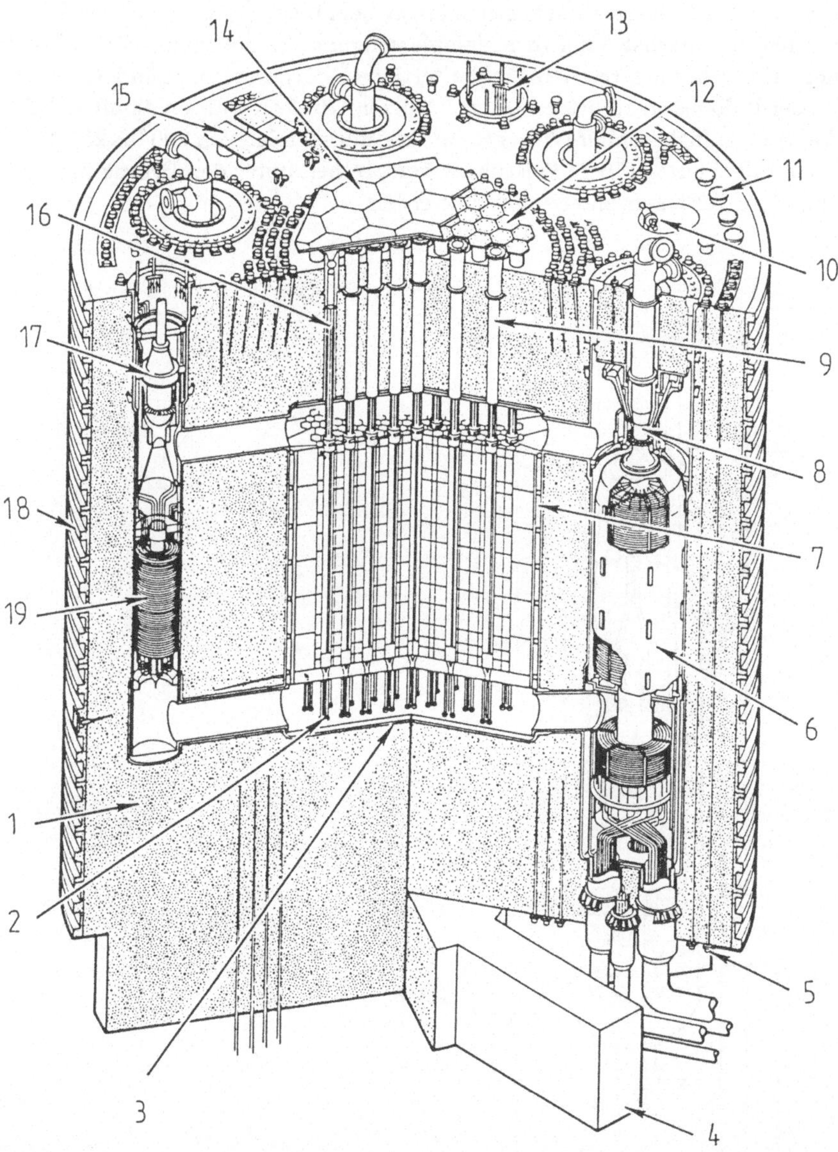

Abb. 2.26: Ansicht eines HTR großer Leistung mit blockförmigen Brennelementen:
1. Vorgespannter Spannbetondruckbehälter (SBB), *2.* Coretragstruktur, *3.* Liner mit Isolation und Kühlung, *4.* Tragstruktur für SBB, *5.* axiale Verspannung des SBB, *6.* Dampferzeuger, *7.* Reaktoreinbauten, *8.* Gebläse, *9.* Durchführung für Beladung, *10.* SBB-Sicherheitsventil, *11.* Anschlüsse für Gasreinigung, *12.* Abschlüsse für SBB-Durchführungen, *13.* Hilfsloopgebläse, *14.* Niederhalteplatten, *15.* Speicherpositionen für Abschaltstäbe, *16.* Instrumentierung, *17.* Gebläse für Hilfsloops, *18.* Umfangsverspannung, *19.* Kühler für Hilfsloops

Es ist bekannt, daß sich die Reaktorfirmen intensiv bemühen, den industriellen Einsatz von HTR-Anlagen zunächst zur Prozeßdampferzeugung für die chemische Industrie, für Raffinerien und besonders auch für die tertiäre Ölförderung in Ländern wie der VR China oder Indonesien zu prüfen. Auch in diesen Ländern wurden damit Arbeiten zum HTR angeregt. Insbesondere Anlagen im Leistungsbereich von 200 bis 250 MW_{th}, oder modular aufgebaute größere Leistungen versprechen unter den Bedingungen, die in diesen Ländern vorliegen, interessant zu werden.

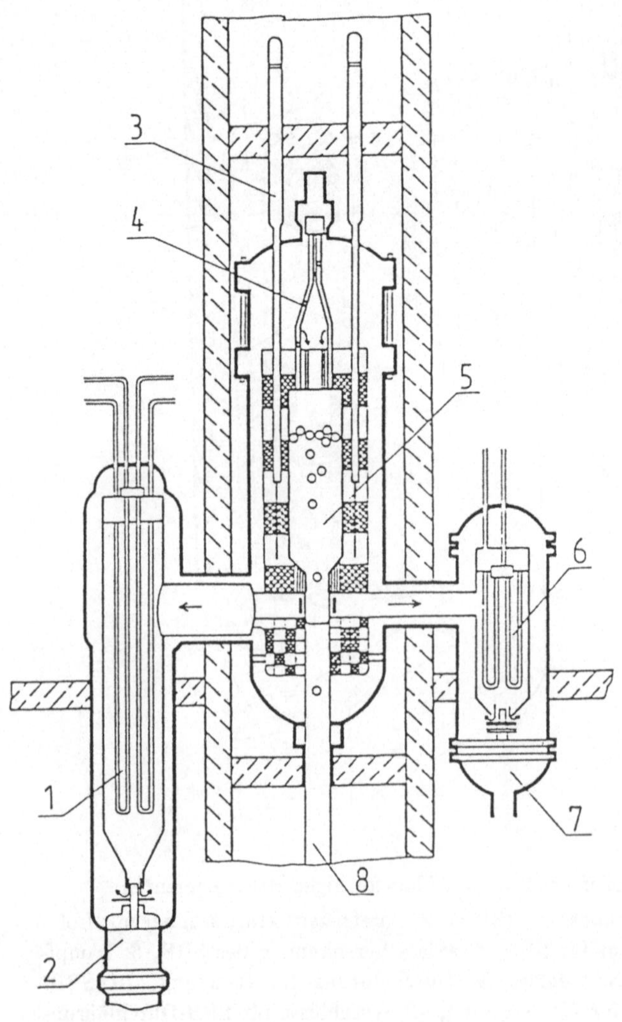

Abb. 2.27: Entwurf für 250 MW_{th}-Reaktor in den UdSSR:

1. Dampferzeuger, *2.* Gebläse, *3.* Abschaltstab, *4.* Beladeeinrichtung, *5.* Core, *6.* Nachwärmeabfuhrkühler, *7.* Nachwärmeabfuhrgebläse, *8.* Entladung

Tab. 2.2 :   Wesentliche Auslegungsdaten von gebauten HTR - Anlagen im Ausland

Reaktor	DRAGON	PEACH BOTTOM	FORT ST.VRAIN
Zweck	Reaktorexperiment	Versuchsreaktor zur Stromerzeugung	Prototypreaktor
Baubeginn	1960	1962	1968
erste Stromerzeugung / planmäßig stillgelegt	1964(krit.) /76	1967/74	1976/ -
El.Leistung, netto	—	40MW	330MW
Thermische Leistung	20MW	115,5MW	842MW
Mittlere Leistungsdichte	$14MW/m^3$	$8,3MW/m^3$	$6,3MW/m^3$
Coredurchmesser	1,07m	2,8m	5,9m
Corehöhe	2,54m	2,3m	4,7m
Primärdruck	20 bar	24 bar	49,2 bar
Kühlgasaufheizung	350 °C→ 750 °C	344 °C→ 770 °C	400 °C→ 770 °C
Strömungsrichtung im Core	aufwärts	aufwärts	abwärts
Brennelement	Bündel	Stab	Block
Brennelemente-Anzahl	37	804	1482
Brennelemente-Anordnung	7 hexagonale Stäbe je Bündel	Einzelaufstellung	247 Säulen mit je 6 Blöcken
max. BE-Temperatur Oberfläche/Brennstoff	1350 °C/1580 °C	1046 °C/1330 °C	830 °C/1260 °C
mittlerer Abbrand	300 000 MWd/t SM	62 000 MWd/t SM	100 000 MWd/t SM
Abschaltstäbe	von oben	von unten	von oben
Primärkreisläufe	6	2	2
Anzahl Dampferzeuger pro Kreislauf	1	1	1 (6 Module)
Bauart Dampferzeuger	Helix mit mittlerem Bypaßrohr	U-Rohr , Zwangsdurchlauf	Helix , Zwangsdurchlauf mit Zwischenüberhitzer
Dampfzustand	200 °C / 16 bar	540 °C / 100 bar	538 °C / 170 bar
Anzahl Gebläse	1	1	2
Bauart Gebläse	Radialgebläse	Radialgebläse	Axialgebläse
Reaktordruckbehälter	Stahlbehälter, oben verjüngt	Stahlbehälter	Spannbetonbehälter
Abmaße innen Durchmesser / Höhe	3,5m/17,7m	4,2m/10,8m	9,4m/23m

3 Gesichtspunkte der HTR-Kernauslegung

3.1 Physikalische Aspekte der HTR-Kernauslegung

3.1.1 Übersicht

Bedingt durch die Verwendung von speziellen Materialien im Core sowie durch das besondere Brennelementkonzept von Hochtemperaturreaktoren ergeben sich Gesichtspunkte, die stark von denen abweichen, die aus der Reaktortechnik allgemein bekannt sind. Die Verwendung von Graphit und beschichteten Teilchen, die Anordnung des Brennstoffs in fein dispergierter Form in kugelförmigen Brennelementen, die in statistisch angeordneter Schüttung das Core bilden, werfen Fragestellungen auf, die im folgenden schwerpunktmäßig behandelt werden. Hierzu gehört auch die kontinuierliche Beschickung des Reaktors und das Kugelfließen durch das Core. Bezüglich ausführlicher Darstellungen der Neutronen- und Reaktorphysik, die nicht Gegenstand dieses Buches sind, sei auf eine Reihe von ausgezeichneten Lehrbüchern hingewiesen [3.1 bis 3.20]. Als wesentliches Strukturmaterial kommt im Kern sowie im Reflektor von HTR-Anlagen nuklearreiner Graphit zum Einsatz. Als Spaltstoffe sind U^{235}, U^{233} und Pu^{239} bzw. Pu^{241} zu berücksichtigen. Brutstoffe sind je nach Brennstoffzyklus Th^{232} oder U^{238}. Das Kühlmittel Helium spielt in den Neutronenbilanzen von HTR-Anlagen keine Rolle. Als Absorbermaterialien werden bei diesem Reaktortyp insbesondere Bor und Stahl verwandt.

Zur Durchführung genauer Berechnungen zur Corephysik sind neben den bislang aufgeführten Isotopen höhere Uran- und Plutoniumisotope sowie eine Vielzahl von Spaltprodukten zu berücksichtigen. Tab. 3.1 zeigt in einer Übersicht die wichtigsten Stoffe, die in einem HTR-Core vorhanden sind. Im Rahmen reaktorphysikalischer Berechnungen werden heute bei der Kernauslegung eine Vielzahl von Informationen erarbeitet. Im einzelnen sind dies z. B. folgende Kenntnisse:

- Zusammensetzung der Nuklidmischungen,
- Notwendige Anreicherungen für bestimmte Reaktorgrößen,
- Verlauf des Spaltstoffabbrandes und Aufbau höherer Isotope,
- Ermittlung der Flußverteilungen (energetischer und räumlicher Verlauf),
- Leistungsverteilungen im Core in den verschiedenen Betriebszuständen,
- Temperaturverteilungen im Kühlgas, an den Brennstoffoberflächen sowie in den

Brennstoffpartikeln,
- Reaktivitätsbedarf,
- Wirksamkeit von Stabsystemen,
- Dosisbelastungen der Brennelemente und der Reflektoren,
- Aufbau von Spaltprodukten und Freisetzungen im Betrieb,
- Spezifikationen von abgebrannten Brennelementen,
- Überprüfung der Brennstoffzyklen auf Proliferationsresistenz,
- Untersuchungen des dynamischen Verhaltens des Cores bei Betriebstransienten (kurzzeitigen und längerandauernden),
- Erarbeitung von Beschickungsplänen,
- Untersuchungen zu verschiedenen Störfallsituationen (Reaktivitäts-, Leistungs-, Temperaturänderungen, Ermittlung von Korrosionsdaten, Spaltproduktfreisetzungen usw.).

Man erkennt, daß heute eine starke Ausweitung der Berechnungsmethoden von der eigentlichen Reaktorphysik auf betriebs- und sicherheitsrelevante Fragestellungen erfolgt ist. In diesem Zusammenhang sei auf Ansätze zu einzelnen dieser Punkte in Kap. 4, 5 und 6 verwiesen.

Tab. 3.1: Liste einiger neutronenphysikalisch bedeutsamer Isotope im HTR - Core

Funktion	Stoffe
Spaltstoffe	$U^{235}, U^{233}, Pu^{239}, Pu^{241}$ als Oxide
Brutstoffe	U^{238}, Th^{232} als Oxide
Moderator	Graphit (C^{12})
Strukturmaterial	Graphit, Siliciumcarbid (SiC)
Abschaltelemente	Stahl, Borcarbid (B_4C)
Spaltprodukte	$Xe^{135}, Sm^{147}, Mo^{95}, Cs^{133}, Tc^{99},$ $Nd^{145}, Xe^{131}, Rh^{103}, Pm^{147}, Eu^{153}$
höhere Isotope im Brennstoff	$Pa^{233}, U^{234}, U^{236}, Np^{239}, Pu^{240}, Pu^{242}$

3.1.2 Neutronenreaktionen und Wirkungsquerschnitte von HTR - Materialien

Bei der Wechselwirkung der verschiedenen in Abschn. 3.1.1 genannten Isotope mit Neutronen sind je nach Isotop die Reaktionen Kernspaltung, elastische Streuung, inelastische Streuung, Neutroneneinfang (mit anschließender γ-Emission oder p-bzw. α-Emission) sowie neutronenvermehrende Reaktionen möglich. Tab. 3.2 gibt die Kennzeichnung der Reaktionen sowie wichtige Beispiele wieder. Die erwünschte Hauptreaktion im Core eines Kernreaktors, die Kernspaltung, erfolgt bei den Isotopen U^{235}, U^{233}, Pu^{239}, Pu^{241}. Nur das Isotop U^{235} kommt in der Natur vor, die übrigen Kernarten werden künstlich erzeugt. Abb. 3.1 bis 3.4 geben einige wichtige Zusammenhänge von Kernspaltprozessen wieder.

Tab. 3.2:   Neutronenreaktionen und wichtige Beispiele

Reaktion	Reaktionskennzeichen	Beispiel
Kernspaltung	(n,f)	$U^{235} + n \rightarrow Ba^{137} + Kr^{97} + 2n$
Neutroneneinfang	(n,γ), (n,p), (n,α)	$U^{235} + n \rightarrow U^{236} + \gamma$
		$B^{10} + n \rightarrow Li^{7} + He^{4}$
Streuung elastisch	(n,n)	$C^{12} + n \rightarrow C^{12} + n$, $\Delta E = 0$
Streuung inelastisch	(n,n')	$U^{238} + n \rightarrow U^{238} + n$, $\Delta E > 0$
Neutronenvermehrende Reaktionen	(n,2n), (n,3n)	$U^{238} + n \rightarrow U^{237} + 2n$

Zunächst entstehen in Abhängigkeit von der Energie des die Spaltung auslösenden
Neutrons neue Neutronen, die zum Erhalt der gewünschten Kettenreaktion notwendig sind (Abb. 3.1). Diese Neutronen weisen eine Energieverteilung entsprechend Abb.
3.2 auf. Der Schwerpunkt der Neutronenenergie liegt im schnellen Energiebereich, so
daß eine Moderation der Neutronen erforderlich wird, um Spaltungen im thermischen Energiebereich durchführen zu können. Bei der Spaltung entstehen neben den
erwünschten Produkten Energie und neue Neutronen Spaltprodukte, die in der Regel
radioaktiv sind und bekanntlich das sicherheitstechnische Problem bei der Nutzung
der Kernenergie darstellen. Rund 200 verschiedene Spaltprodukte sind bekannt und
werden bei Analysen berücksichtigt. Abb. 3.3 zeigt die Massenausbeute bei der Spaltung von U^{235} in Abhängigkeit von der Massenzahl mit Maxima im Bereich $A \approx 95$
bzw. 140. Der Energiegewinn bei der Spaltung verteilt sich nach Tab. 3.3 auf die kinetische Energie der Spaltprodukte und der Neutronen sowie auf γ- und β-Strahlung.
Rund 200 MeV $(\hat{=}3,2 \cdot 10^{-11}$ J) sind als Energie pro Spaltereignis gewinnbar. Von den
Spaltprodukten zerfallen einige unter Aussendung eines verzögerten Neutrons und
bilden damit die Quellen der verzögerten Neutronen, die für die Reaktorregelung un-
abdingbar sind (siehe Kap. 5). Ein charakteristisches Zerfallsschema für eines dieser
Isotope ist als Beispiel in Abb. 3.4 wiedergegeben.

Tab. 3.3:   Energie bei der Spaltung von U^{235} und Aufteilung auf die Reaktionspartner

Energieträger	Emittierte Energie (MeV)	Nutzbare Energie (MeV)
Spaltprodukte	168	168
Spaltneutronen	5	5
Prompte γ-Strahlung	7	7
Verzögerte $\gamma + \beta$-Strahlung	15	15
Neutrinos	12	0
n,γ-Reaktionen	0	5
gesamt	207	200

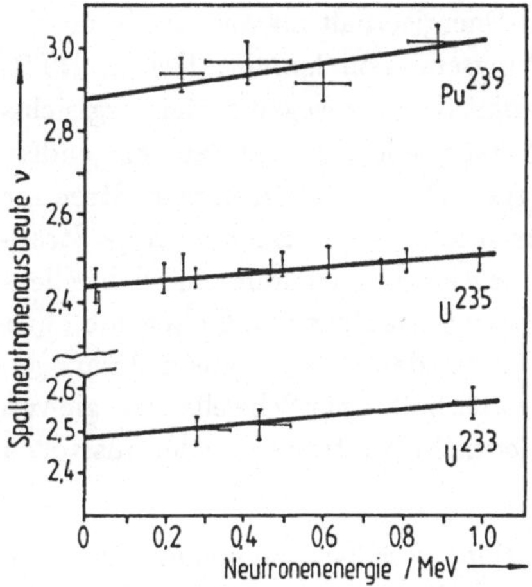

Abb. 3.1: Spaltneutronenausbeute für die Spaltstoffe in Abhängigkeit von der Neutronenenergie

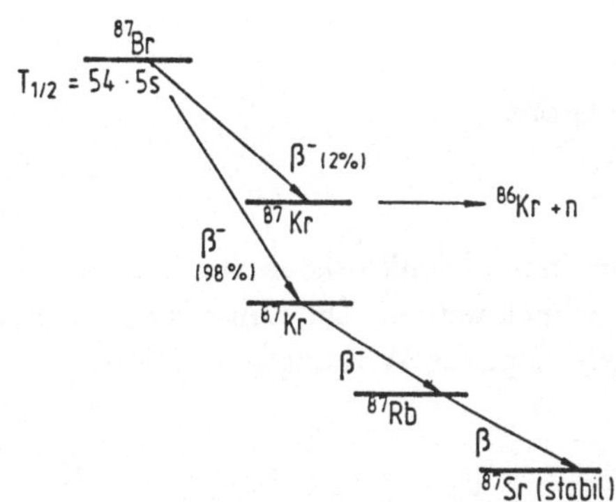

Abb. 3.2: Spektrum der Spaltneutronen

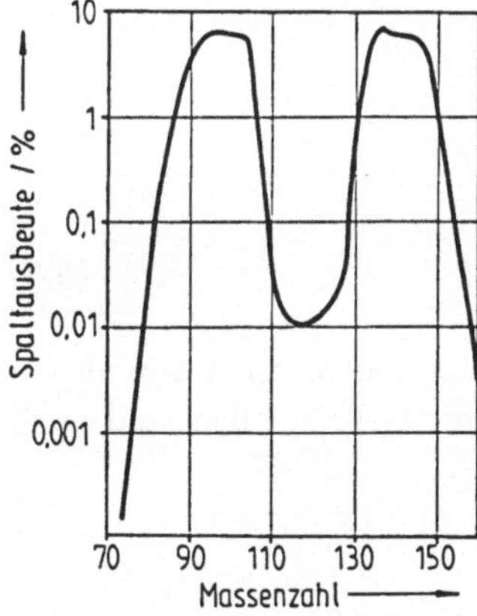

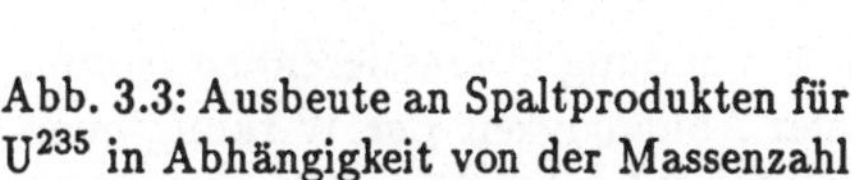

Abb. 3.3: Ausbeute an Spaltprodukten für U^{235} in Abhängigkeit von der Massenzahl

Abb. 3.4: Reaktionsschema zur Entstehung von verzögerten Neutronen

Bei Neutroneneinfangreaktionen wird ein Neutron vom Kern absorbiert. Der dabei entstandene neue Kern befindet sich im angeregten Zustand. Einige Kernreaktionen dieser Art verlaufen über γ-Emission bis zum Grundzustand ((n, γ)- Reaktion), bei anderen Reaktionsabläufen wird ein Proton ((n, p)- Reaktion) oder ein Heliumkern ((n, α)-Reaktion) emittiert. Für thermische Reaktoren besonders wichtig sind Streuprozesse, die für die Abbremsung der schnellen Neutronen bis in den thermischen Energiebereich hinein verantwortlich sind.

Bei der elastischen Streuung gelten Impuls- und Energieerhaltungssatz im Sinne der klassischen Mechanik, ohne daß es zur Strahlungsemission kommt. Der in HTR-Anlagen zum Einsatz kommende Moderator Graphit ist zwar wegen seiner vergleichsweise hohen Massenzahl nicht so wirksam wie Wasser, jedoch noch in ausreichendem Maße für die Abbremsung der Neutronen geeignet. Bei der inelastischen Streuung wird ein Bruchteil der im Streuprozeß involvierten kinetischen Energie in γ- Strahlungsenergie umgesetzt. Im allgemeinen ist die inelastische Streuung eine Schwellenreaktion, d.h. die kinetische Energie des eingefangenen Neutrons muß oberhalb einer bestimmten Energie (meist oberhalb 100 keV) liegen, damit es zu einem derartigen Prozeß kommt. Einige Isotope (z. B. U^{238}) können oberhalb einer Schwellenenergie von rund 1 MeV ein Neutron aufnehmen und zwei oder mehr Neutronen wieder ausstoßen ((n,2n)-Reaktion, (n,3n)-Reaktion).

Um zu einer quantitativen Beschreibung des Reaktionsgeschehens zu kommen, wurden in der Reaktortechnik die Begriffe Wirkungsquerschnitt, Neutronenfluß und Reaktionsrate eingeführt. Insbesondere der Begriff des Wirkungsquerschnitts ist geeignet, Reaktionsraten von Neutronen mit Atomkernen quantitativ zu erfassen.

Aus einer einfachen Betrachtung zur Transmission eines Neutronenstroms durch ein Target der Dicke d und der Atomkernanzahl pro Volumeneinheit N folgt für die Abnahme der Intensität I_0 auf I ein exponentielles Gesetz

$$I = I_0\, e^{-\sigma \cdot N \cdot d} \quad . \tag{3.1}$$

Die Größe

$$\sigma = \frac{\ln(I_0/I)}{N \cdot d} \tag{3.2}$$

kann dann als mikroskopischer Wirkungsquerschnitt für die Neutronen-Kernreaktion bezeichnet werden. Die Dimension ist 1 barn = 10^{-24}cm^2. Gebräuchlich sind auch makroskopische Wirkungsquerschnitte

$$\Sigma = N \cdot \sigma \tag{3.3}$$

mit der Dimension cm^{-1}. Die für die praktische Anwendung interessierenden Isotope im HTR- Core sind hinsichtlich der energetischen Abhängigkeit der Wirkungsquerschnitte aus Experimenten relativ gut bekannt. Abb. 3.5 gibt einige Wirkungsquerschnitte für Spaltung in verschiedenen Energiebereichen wieder.

(n,γ)-Reaktionen laufen z. B. an den Kernen U^{235}, U^{238}, Th^{232} ab, deren Querschnittsverläufe in Abb. 3.6 in Abhängigkeit von der Neutronenenergie dargestellt sind. Bemerkenswert sind besonders die Resonanzabsorptionen im epithermischen Bereich bei diesen Isotopen, die bei der Bilanzierung des Neutronengeschehens eine wichtige Rolle spielen und für das Sicherheitsverhalten des Reaktors von entscheidender Bedeutung sind (siehe Abschn. 6.10). Schließlich sei noch auf einige Eigenschaften des Moderatormaterials Graphit hingewiesen, die in Tab. 3.4 aufgelistet sind.

Tab. 3.4:   Daten des Moderators Graphit

Atomgewicht	A	$= 12$ g/mol
Dichte	ϱ	$= 1{,}6$ g/cm^3
Teilchendichte	N	$= 8 \cdot 10^{22}$ cm^{-3}
Streuquerschnitt	σ_s	$= 4{,}7$ barn
Absorptionsquerschnitt	σ_a	$= 0{,}0045$ barn

Graphit dient im Hochtemperaturreaktor zur Abbremsung der Neutronen auf thermische Energien. Als ein geeignetes Maß zur Beschreibung des Energieverlustes der Neutronen bei Stößen mit Graphitkernen hat sich der mittlere logarithmische Energieverlust beim Stoß ξ erwiesen.

$$\xi = \overline{\ln \frac{E}{E'}} \tag{3.4}$$

Dabei bedeutet E die Neutronenenergie vor dem Stoß, E' diejenige nach dem Stoß. Mit dem Querstrich über dem Ausdruck ln (E/E') wird eine Integration über eine Wahrscheinlichkeitsverteilung für die Energie der Neutronen nach dem Stoß angedeutet. Durch Anwendung der Stoßgesetze für den elastischen Stoß sowie bei Annahme einer isotropen Streuung im Schwerpunktsystem bei diesem Stoßvorgang kann die Größe ξ näherungsweise zu

$$\xi = \frac{2}{A + 2/3} \tag{3.5}$$

bestimmt werden. Damit kann die Zahl n der Stöße für die Abbremsung eines Neutrons von der Energie E_0 auf die Energie E_u zu

$$n = \frac{1}{\xi} \cdot \ln \frac{E_0}{E_u} \tag{3.6}$$

ermittelt werden. Ein Zahlenbeispiel für ein Graphitsystem möge diese Zusammenhänge erläutern. Spaltneutronen der mittleren Spaltenergie $E_0 = 2$ MeV werden auf thermische Energien $E_u = 0{,}0253$ eV bei einem Wert von $\xi = 0{,}1589$ mit Hilfe von 114 Stößen abgebremst.

Diese Moderationswirkung von Graphit, die im Verhältnis zum Wasser erheblich geringer ist, ist für die praktische Realisierung eines thermischen, graphitmoderierten Reaktors ausreichend. Insbesondere die sehr geringe parasitäre Absorption des Graphits ermöglicht günstige Neutronenbilanzen im Reaktorkern. Die Abmessungen von HTR-Kernen sind wegen der Wahl einer niedrigen mittleren Kernleistungsdichte vergleichsweise groß. Daher wird immer eine ausreichende Thermalisierung erreicht. Der Ausfluß schneller und thermischer Neutronen aus dem Reaktorkern wird durch Einsatz eines ausreichend dicken und wenig absorbierenden Graphitreflektors gering gehalten. Eine Stärke von 1 m reicht in der Regel aus. Speziell bei nicht zu großen Kerndurchmessern (D < 3 m) können alle Regel- und Abschaltvorgänge vom Reflektor aus durchgeführt werden. Dies ist im Hinblick auf eine Reduzierung der mechanischen Belastung der kugelförmigen Brennelemente von besonderem Vorteil.

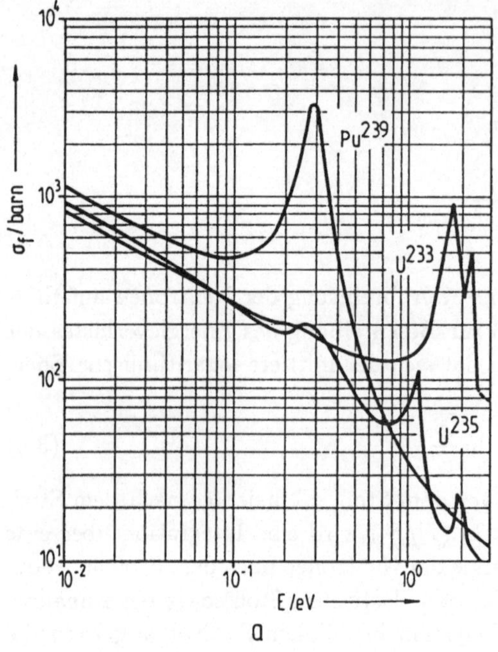

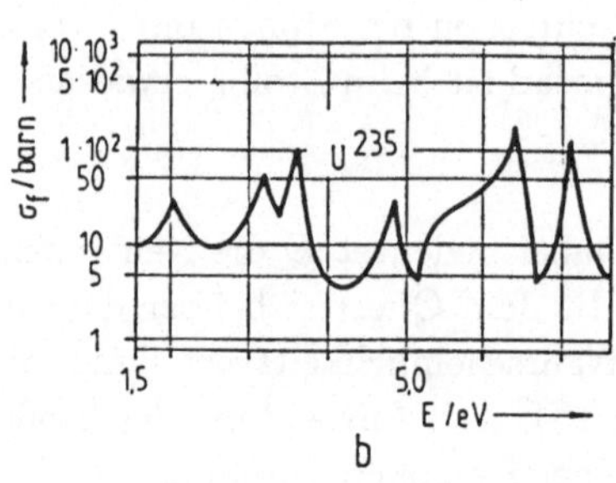

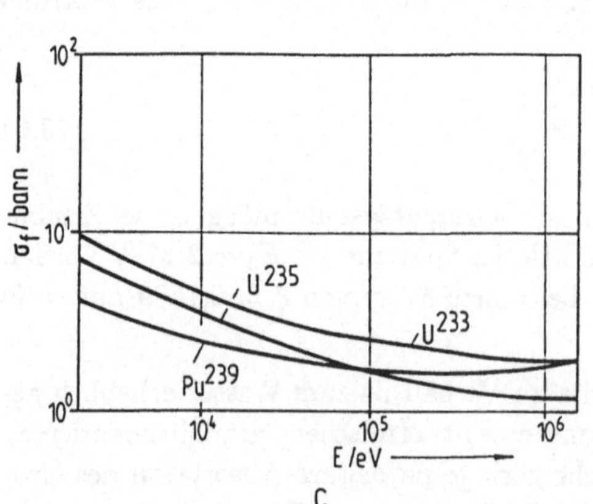

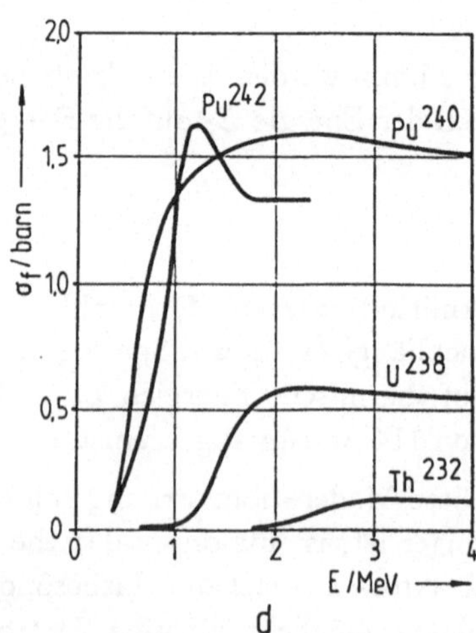

Abb. 3.5: Übersicht über einige wichtige Spaltquerschnitte

a. Spaltquerschnitte von U^{235}, U^{233}, Pu^{239} im thermischen Energiebereich,

b. Spaltquerschnitt von U^{235} im epithermischen Energiebereich,

c. Spaltquerschnitte von U^{235}, U^{233}, Pu^{239} im schnellen Energiebereich,

d. Spaltquerschnitte von Pu^{240}, U^{238}, Th^{232} im schnellen Energiebereich,

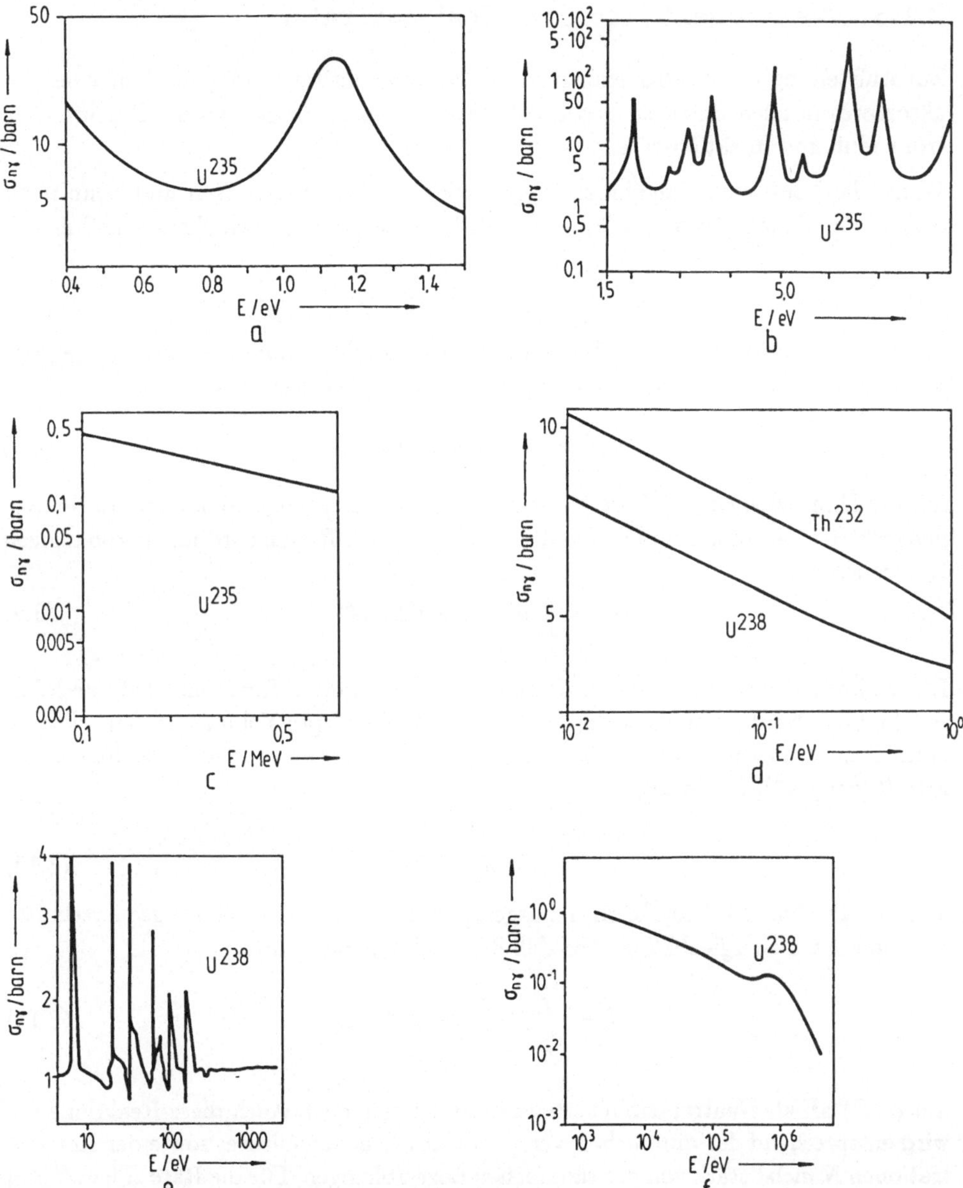

Abb. 3.6: Wirkungsquerschnitte für (n,γ)-Reaktionen

a. (n, γ)- Querschnitt von U^{235} im thermischen Bereich

b. (n, γ)- Querschnitt von U^{235} im epithermischen Bereich

c. (n, γ)- Querschnitt von U^{235} im schnellen Bereich

d. (n, γ)- Querschnitt von U^{238} und Th^{232} im thermischen Bereich

e. (n, γ)- Querschnitt von U^{238} im epithermischen Bereich

f. (n, γ)- Querschnitt von U^{238} im schnellen Bereich

3.1.3 Neutronenflüsse und Reaktionsraten

Zur Aufstellung von Neutronenbilanzen sowie zur quantitativen Behandlung eines Reaktorcores in allen Betriebs- und Störfallsituationen benötigt man die Begriffe Neutronenfluß und Reaktionsrate.

Wenn alle Neutronen eine einheitliche Geschwindigkeit v aufweisen und wenn n die Anzahl der Neutronen pro Volumeneinheit bedeutet, gilt für den Neutronenfluß

$$\phi = n \cdot v \quad , \tag{3.7}$$

mit der Dimension $\mathrm{cm^{-2}\ s^{-1}}$. Falls die Neutronen eine räumliche und energetische Verteilung $n\,(\vec{r}, E)$ aufweisen, gilt für den Fluß pro Energieeinheit

$$\phi(\vec{r}, E) = n(\vec{r}, E) \cdot v(E) \quad , \tag{3.8}$$

mit der Dimension $\mathrm{cm^{-2}\ s^{-1}\ eV^{-1}}$ mit $v = (2E/m)^{\frac{1}{2}}$. Bei Integration über ein Neutronenspektrum gewinnt man für den dann nur noch von Raumkoordinaten abhängigen Neutronenfluß:

$$\phi(\vec{r}) = \int\limits_{(E)} n(\vec{r}, E) \cdot v(E)\,\mathrm{d}E \quad . \tag{3.9}$$

Die Wahrscheinlichkeit für das Auftreten einer bestimmten Reaktion wird durch das Produkt aus Neutronenfluß ϕ $[\mathrm{cm^{-2}\ s^{-1}}]$, Atomkernzahl pro Volumen N $[\mathrm{cm^{-3}}]$ sowie einer Proportionalitätskonstanten, dem Wirkungsquerschnitt $\sigma\,[\mathrm{cm^2}]$ als Reaktionsrate R $[\mathrm{cm^{-3}\ s^{-1}}]$ bestimmt:

$$R = \phi \cdot \sigma \cdot N \tag{3.10}$$

Wie in Abschn. 3.1.2 ausführlich dargelegt wurde, sind die Wirkungsquerschnitte mitunter stark energieabhängig, so daß die Reaktionsrate durch

$$R = \int\limits_{(E)} \phi(E) \cdot \sigma(E)\, N\,\mathrm{d}E \tag{3.11}$$

mit $\phi\,(E)\,\mathrm{d}E$ als Neutronenflußverteilung zu definieren ist. Auch diese Reaktionsrate wird entsprechend der räumlichen Verteilung des Neutronenflusses sowie der Konzentrationen N meist stark von der räumlichen Lage abhängen. Für die Rate R $[\mathrm{cm^{-3}\ s^{-1}}]$ gilt:

$$R(\vec{r}) = \int\limits_{(E)} \phi(\vec{r}, E) \cdot \sigma(E) \cdot N(\vec{r})\,\mathrm{d}E \quad . \tag{3.12}$$

Die genaue Ermittlung von Neutronenflüssen $\phi\,(E, \vec{r})$ und Reaktionsraten $R\,(\vec{r})$ ist Aufgabe von Diffusions- und Transportrechnungen. Auch hier sei auf ausführliche Darstellungen in Lehrbüchern zur Reaktorphysik verwiesen [3.1 bis 3.20]. Zur Veranschaulichung seien hier einige Ergebnisse umfangreicher Rechnungen mitgeteilt. Abb. 3.7 zeigt das energieabhängige Spektrum in einem HTR-Core [3.21].

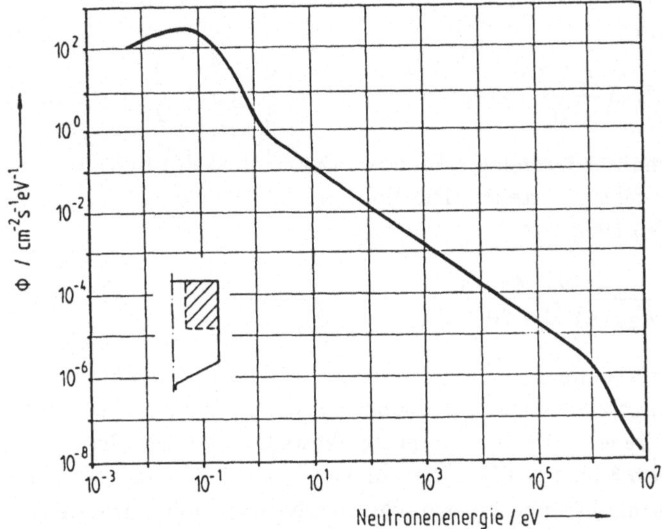

Abb. 3.7: Energieabhängigkeit der Neutronenflußverteilung in einem HTR-Core

Man kann hier deutlich drei Bereiche unterscheiden, den thermischen, den epithermischen sowie den schnellen Energiebereich. Näherungsweise gelten in diesen Bereichen folgende Energieabhängigkeiten, die aus der Theorie der Neutronenbremsung sowie der Neutronenthermalisierung unschwer hergeleitet werden können [z. B. 3.5]:

Schnelles Spektrum ($10^5 < E < 10^7$ eV)

$$\phi(E)\,\mathrm{d}E \sim C_1 \cdot \sqrt{E} \cdot \mathrm{e}^{-C_2 E}\,\mathrm{d}E \quad , \tag{3.13}$$

epithermisches Spektrum ($1 < E < 10^5$ eV)

$$\phi(E)\,\mathrm{d}E \sim \frac{C_3}{E}\,\mathrm{d}E \quad , \tag{3.14}$$

thermisches Spektrum ($10^{-3} < E < 1$eV)

$$\phi(E)\,\mathrm{d}E \sim C_4 \cdot E \cdot \mathrm{e}^{-C_5 E}\,\mathrm{d}E \quad . \tag{3.15}$$

Im thermischen Gleichgewicht von Moderator und Neutronen besagt die hier angeführte Beziehung (Gl. 3.15), daß annähernd eine Maxwell-Verteilung der Energien vorliegt.

Die räumliche Abhängigkeit des Neutronenflusses ist beispielhaft für das AVR-Core in Abb. 3.8 und Abb. 3.9 für die radiale bzw. axiale Richtung im Core wiedergegeben [3.21].

Hier sind deutlich die aus der Diffusionsgleichung für zylindrische Systeme ableitbaren Verläufe des Neutronenflusses

$$\phi(r,z) = \phi_0 \cdot J_0 \cdot \left(\frac{2,405\,r}{R}\right) \cdot \cos\left(\frac{\pi\,z}{H}\right) \quad , \quad -\frac{H}{2} \leq z \leq \frac{H}{2} \qquad (3.16)$$

mit J_0 als Besselfunktion nullter Ordnung erkennbar. Der Einfluß des Reflektors ist beim radialen Verlauf ebenfalls zu ersehen. Die Höhe ϕ_0 des Neutronenflusses wird über die Reaktorleistung N_R festgelegt.

$$\phi_0 = \frac{2,405 \cdot \pi \cdot N_R}{\bar{E}_{Sp} \cdot 4V\bar{\Sigma}_f \cdot J_1(2,405)} = \frac{3,63 \cdot N_R}{V \cdot \bar{E}_{Sp} \cdot \bar{\Sigma}_f} \qquad (3.17)$$

$V = \pi\,R^{\,2}H$ ist das Reaktorvolumen, $\bar{\Sigma}_f$ der gemittelte, makroskopische Spaltquerschnitt im Reaktor, J_1 die Besselfunktion 1. Ordnung, $\bar{E}_{Sp}$ die Spaltenergie. Die Höhe des Neutronenflusses im Core eines Hochtemperaturreaktors liegt bei den charakteristischen Leistungsgrößen von 3 bis 6 $\mathrm{MW/m^3}$ bei rund 5 bis $10 \cdot 10^{13}\mathrm{n\,cm^{-2}\,s^{-1}}$. Dies gilt annähernd für den thermischen und für den schnellen Neutronenfluß. Die Bedeutung einer guten Reflexionswirkung der Coreberandung für die Vergleichsmäßigung der Leistungsverteilung ist bereits aus Abb. 3.8 erkennbar. Falls erforderlich, wird eine Vergleichmäßigung des Flusses in radialer Richtung durch eine Zweizonenbeschickung angestrebt.

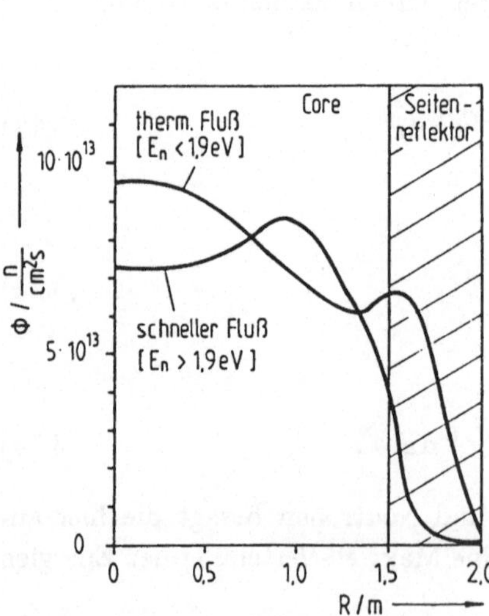

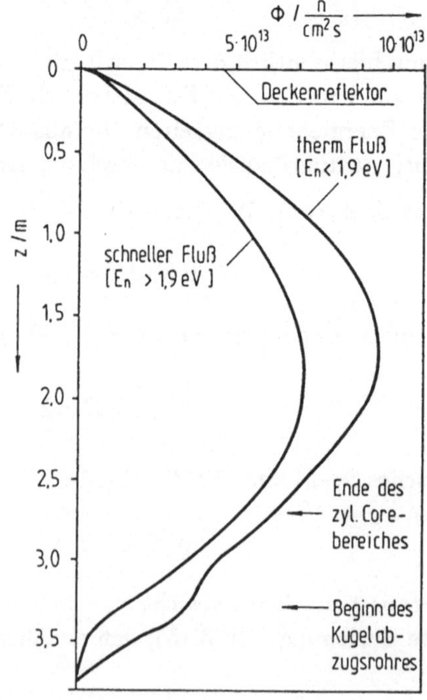

Abb. 3.8: Radiale Abhängigkeit des Neutronenflusses im AVR-Reaktor ($N_R =$ 46 MW, $z = 1{,}85$ m unter Schüttungsoberfläche) [3.21]

Abb. 3.9: Axiale Abhängigkeit des Neutronenflusses im AVR-Reaktor ($N_R =$ 46 MW, auf Coreachse) [3.21]

Isoflußlinien, d. h. Linien gleicher Höhe des thermischen Neutronenflusses (wobei ein integraler Wert über den thermischen Energiebereich gebildet wurde) sind in Abb. 3.10 zu erkennen. Diese Verteilung kann als direktes Maß für das Reaktionsgeschehen, z. B. für Spaltungen oder für Absorptionen in Spaltprodukten angesehen werden. Auch für die Belastung der Reflektoren durch Bestrahlung mit schnellen Neutronen lassen sich aus derartigen Isoflußlinien für den schnellen Neutronenfluß Informationen gewinnen (siehe Abschnitt 3.1.8). Demnach sind z. B. beim THTR-Reaktor die Deckenreflektoren sowie der obere Teil des Seitenreflektors vergleichsweise wesentlich höher als der Bodenreflektor durch Bestrahlung mit schnellen Neutronen belastet. Beim OTTO-Zyklus mit starker Überhöhung der Leistung und des Neutronenflusses im oberen Corebereich werden die Belastungen dieses Bereichs des Graphitreflektors noch weiter erhöht.

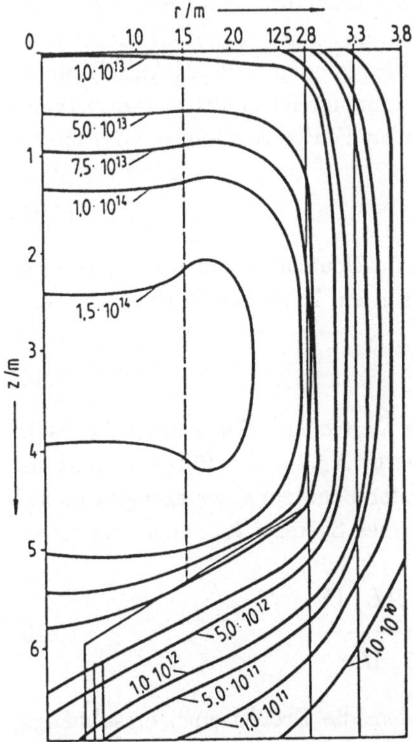

Abb. 3.10: Isoflußlinien für den thermischen Neutronenfluß $[\mathrm{cm^{-2} \cdot s^{-1}}]$ im Core des THTR [1.34]

Die räumliche Verteilung der Leistungsdichte in einem thermischen Reaktor stellt sich annähernd entsprechend der thermischen Flußverteilung ein. Der genaue Verlauf der Isoleistungslinien wird in Abschn. 3.2 im Zusammenhang mit der thermodynamischen Auslegung des Reaktorcores wiedergegeben.

3.1.4 Kritikalitätsfragen und Neutronenbilanz

Grundsätzlich wird bei der physikalischen Auslegung eines Reaktorcores das Ziel verfolgt, eine Kettenreaktion von Kernspaltungen kontrolliert aufrecht zu erhalten. Dies läßt sich dann erreichen, wenn eine beliebige Neutronengeneration im Core eine Folgegeneration von Neutronen mit einer gleich hohen Anzahl erzeugt. Im stationären Leistungsbetrieb muß also die Zahl der Neutronen über einen längeren Zeitraum konstant bleiben. Zur Charakterisierung der Kettenreaktion und der Multiplikationseigenschaften eines Reaktorsystems sind oft, neben der Anwendung umfangreicher und aufwendiger Rechenprogramme, einfache Betrachtungen zum Verhalten der Neutronen nützlich, um wichtige Zusammenhänge verstehen zu können. Eine derartige Methode steht z. B. mit der Modellbildung eines homogenen Reaktors zur Verfügung. Bekanntlich wird hierbei zunächst die Multiplikationskonstante K_∞ eines unendlich ausgedehnten Mediums ermittelt und sodann die erforderliche kritische Größe eines Reaktors durch Aussagen über Neutronenausflüsse aus dem System im schnellen und im thermischen Energiebereich bestimmt. Die so gewonnenen Größen können auch als Anhalt für die Eingabedaten bei detaillierten Rechnungen mit umfangreichen Programmsystemen dienen. In dem hier erwähnten Sinn kann die Multiplikationskonstante eines unendlich ausgedehnten Systems durch

$$K_\infty = \frac{P}{A} \qquad (3.18)$$

bestimmt werden, wobei P alle Produktionsraten für Neutronen und A alle Absorptionsraten umfaßt. In einem endlichen System, wie es ein kritischer Reaktor darstellt, gilt:

$$K_{eff} = \frac{P}{A + L} \cdot \qquad (3.19)$$

In diesem Ausdruck werden mit dem Term L alle Neutronenverluste durch Leckagen erfaßt. Während für einen gerade kritischen Reaktor $K_{eff} = 1$ erfüllt sein muß, ist naturgemäß K_∞ immer größer als 1. Oft wird, unter Benutzung des energieabhängigen Neutronenflusses für ein unendliches homogenes System, K_∞ auch durch den Ausdruck

$$K_\infty = \frac{\int\limits_0^\infty \nu(E) \cdot \Sigma_f(E)\, \phi(E)\, \mathrm{d}E}{\int\limits_0^\infty \Sigma_a(E)\, \phi(E)\, \mathrm{d}E} \qquad (3.20)$$

definiert, während für ein endliches System, in dem die Größen auch ortsabhängig sein können,

$$K_\infty = \frac{\int\limits_{(E)} \int\limits_{(V)} \nu(E) \cdot \Sigma_f(\vec{r}, E)\, \phi(\vec{r}, E)\, \mathrm{d}E\, \mathrm{d}V}{\int\limits_{(E)} \int\limits_{(V)} \Sigma_a(\vec{r}, E)\, \phi(\vec{r}, E)\, \mathrm{d}E\, \mathrm{d}V} \qquad (3.21)$$

anzusetzen ist. Zur Vereinfachung der Darstellung sei hier zunächst ein unendlich homogenes Medium betrachtet. Üblicherweise wird die sogenannte Vierfaktorenformel

$$K_\infty = \varepsilon \cdot p \cdot f \cdot \eta \qquad (3.22)$$

verwendet, um Einflüsse der Isotope auf die Neutronenbilanz zu diskutieren. Dabei
haben die Größen im einzelnen folgende Bedeutung:

ε = Schnellspaltfaktor (Spaltungen von U^{238} bzw. Th^{232} im schnellen
Energiebereich),

p = Resonanzentkommwahrscheinlichkeit (Resonanzen des U^{238} bzw.
Th^{232} im epithermischen Energiebereich),

f = Thermische Nutzung (Verhältnis der thermischen Absorption im
Spaltstoff zu allen Absorptionen im thermischen Energiebereich),

η = Neutronenausbeute bei der Spaltung (Zahl der Neutronen pro Ab-
sorptionsereignis im Spaltstoff).

Einschränkungen bei der Anwendung einer solchen Näherungsbetrachtung auf HTR-
Cores können der Literatur entnommen werden [3.8].

Die einzelnen Größen sind stark von der Neutronenenergie und in der Praxis auch vom
Brennelement sowie vom Coredesign abhängig. Bleibt man bei der Näherung einer
homogenen, unendlich ausgedehnten Anordnung der Isotope, so können die einzelnen
hier angeführten Parameter in folgender Weise aus den Wirkungsquerschnitten sowie
den Atomkonzentrationen berechnet werden. Es gilt:

$$\eta = \nu \cdot \frac{\Sigma_f}{\Sigma_a} \quad , \tag{3.23}$$

wobei über Σ_f die Spaltquerschnitte aller Spaltisotope U^{235}, U^{233}, Pu^{239}, Pu^{241} und
über Σ_a die Summe aus Spaltungen und parasitären Einfängen bei diesen Isotopen erfaßt werden. Der energieabhängige Verlauf der Größe η ist in Abb. 3.11 wiedergegeben
und weist aus, daß U^{233} im thermischen Bereich und Pu^{239} im schnellen Energiebereich
die höchsten Werte für diese Größe liefern.

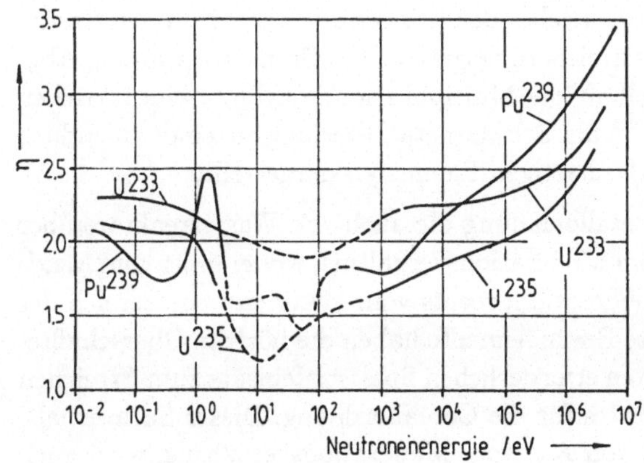

Abb. 3.11: Energieabhängigkeit der Größe η für die Spaltstoffe U^{233}, U^{235}, Pu^{239} [1.19]

Die thermische Nutzung f ist durch

$$f = \frac{N_B \cdot \sigma_{aB}}{N_B \cdot \sigma_{aB} + N_M \cdot \sigma_{aM} + N_X \cdot \sigma_{aX}} \quad , \tag{3.24}$$

bestimmt. Der Index B kennzeichnet den Brennstoff, M den Moderator und X sonstige im Core befindliche Materialien. ε kann aus der Beziehung

$$\varepsilon = \frac{\int\limits_0^\infty \nu(E) \cdot \Sigma_f(E)\, \phi(E)\, \mathrm{d}E}{\int\limits_0^{E_{th}} \nu(E) \cdot \Sigma_f(E)\, \phi(E)\, \mathrm{d}E} \tag{3.25}$$

berechnet werden, wenn mit E_{th} die obere Grenze des thermischen Neutronenspektrums bezeichnet wird. ε liegt in der Regel zwischen 1 und 1,1, d. h. maximal 10 % der Spaltneutronen stammen aus Spaltungen im schnellen Energiebereich. Für die Resonanzentkommwahrscheinlichkeit p gewinnt man aus der Theorie der Neutronenbremsung [z. B. 3.10] den Ausdruck

$$p = \exp\left(-\int\limits_{E_1}^{E_2} \frac{\Sigma_a(E)}{\xi \Sigma_s(E)} \cdot \frac{\mathrm{d}E}{E}\right) \quad , \tag{3.26}$$

in den die Resonanzabsorptionen σ_a der Isotope U^{238} bzw. Th^{232} im epithermischen Energiebereich und der Streuquerschnitt des Moderators σ_s maßgeblich eingehen. ξ bedeutet das mittlere logarithmische Energiedekrement bei der Abbremsung ($\xi \approx 2/(A + 2/3)$), während E_1, E_2 die Grenzen des für die Resonanzabsorption relevanten Energiebereiches kennzeichnen. Wie aus den hier sehr verkürzt wiedergegebenen Ausführungen zu ersehen ist, wird der Wert der Größe K_∞ stark von der Anreicherung des Brennstoffs sowie vom Verhältnis Brennstoff zu Moderator abhängen. Bei verfeinerter Betrachtung ist auch das Brennelementdesign in die Berechnung einzubeziehen. Charakteristische Verläufe von K_∞ in Abhängigkeit vom Moderationsverhältnis $M_V = N_C/N_U$, welches den Schwermetallgehalt in den Brennelementen kennzeichnet, sowie vom Anreicherungsgrad a_0 des Brennstoffs sind in Abb. 3.12 wiedergegeben. Hier ist beispielhaft die Multiplikationskonstante eines frischen Brennelementes mit Pu^{239} und Th^{232} als Schwermetallbeladung in einer unendlich ausgedehnten Kugelschüttung von gleichartigen Elementen dargestellt.

Es ergeben sich für gleiche Schwermetallbeladung die auch von Wasserreaktoren her bekannten Verläufe von K_∞ über dem Moderationsverhältnis, wobei links vom Maximum jeweils ein Bereich der Untermoderation, rechts vom Maximum ein Bereich der Übermoderation liegt. Gutmoderierte Brennelemente haben die höchste Überschußreaktivität, d. h. sie haben den geringsten erforderlichen Spaltstoffeinsatz zum Erreichen eines gewünschten Multiplikationswertes für die Coreanordnung. Dieser Sachverhalt, die starke Abhängigkeit des Wertes von K_∞ vom Moderationsverhältnis, wird auch nochmals für ein Graphit/Uran^{235}-System in Abb. 3.13 verdeutlicht. Man erkennt, daß mit zunehmendem Volumenanteil des Graphits die notwendige kritische Masse bis zu einem Minimalwert von etwa $V_U/V_C \approx 5 \cdot 10^{-5}$ abnimmt und danach wieder bei noch weiterer Moderation ansteigt.

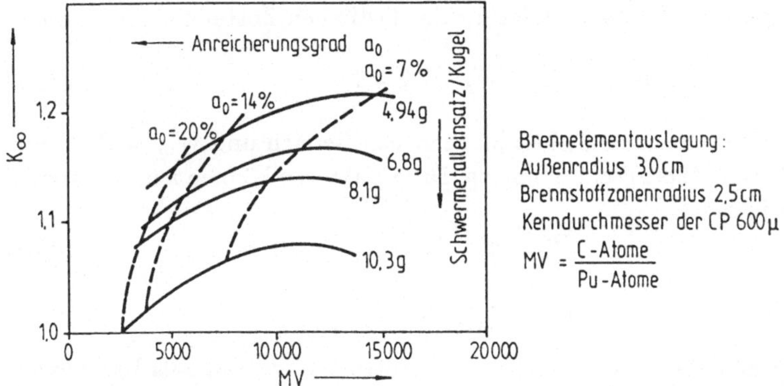

Abb. 3.12: K_∞ für frische Pu/Th-Elemente in unendlicher Anordnung; Variable ist das C/Pu-Atomverhältnis [3.22]

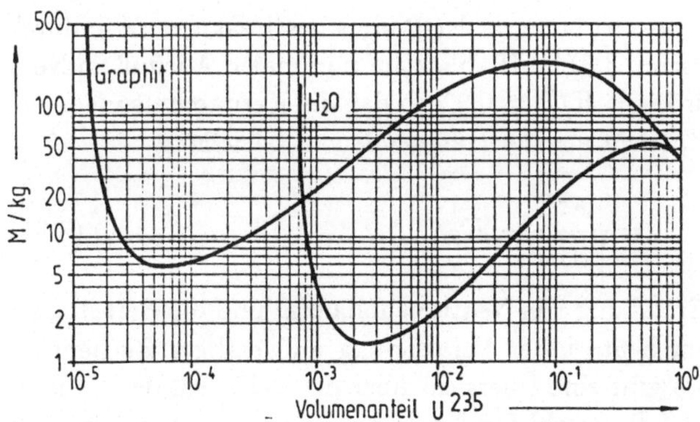

Abb. 3.13: Kritische Masse nackter U^{235}-Kugeln (Moderatoren Graphit bzw. Wasser) in Abhängigkeit vom Volumenanteil des U^{235}. Uran ist zu 93 % angereichert [3.11]

Praktische Auslegungen von HTR-Anlagen liegen bei etwa 1 g U^{235}/Brennelement (z. B. THTR) und damit bei $V_U/V_C \approx 9 \cdot 10^{-4}$. Demnach ist bei Änderung des Moderationsverhältnisses, z. B. durch Eindringen von Wasser ins Core bei Störfällen oder durch Abbrand von Graphit durch Luft bei extremen Lufteinbruchstörfällen, eine Änderung von K_∞ zu erwarten. Betrachtungen zu diesen Ereignissen finden sich in Kap. 6, die hier gezeigte Kurve dient zum Verständnis derartiger Effekte.

Wenn aus Spektralrechnungen, im allgemeinen aus Diffusions- und Transportrechnungen, die Energie- und Ortsabhängigkeit des Neutronenflusses bekannt und K_∞ bestimmt ist, kann durch Anwendung einer einfachen Theorie zur Berechnung der Neutronenverluste eine Grobdimensionierung des HTR-Kerns vorgenommen werden. Unter Berücksichtigung von Leckagen folgt für den kritischen Zustand eines Reaktors

$$K_{eff} = K_\infty \cdot W_s \cdot W_{th} = 1 \tag{3.27}$$

mit W_s = Nichtausflußwahrscheinlichkeit im schnellen Bereich und W_{th} = Nichtausflußwahrscheinlichkeit im thermischen Bereich. Diese Faktoren können aus der Brems- und Diffusionstheorie zu

$$W_s = e^{-B^2 \tau} \tag{3.28}$$

$$W_{th} = \frac{1}{1 + L^2 B^2} \tag{3.29}$$

bestimmt werden. τ ist dabei das Fermialter der Neutronen, $\sqrt{\tau}$ kann als Bremslänge im Graphit angesehen werden. Die Größe L ist die Diffusionslänge der thermischen Neutronen im Graphit, während B^2 als geometrische Flußwölbung der Diffusionsgleichung für zylindrische Reaktorsysteme, die meist praktische Verwendung finden, zu

$$B^2 = \left(\frac{\pi}{H}\right)^2 + \left(\frac{2,405}{R}\right)^2 \tag{3.30}$$

bestimmt wird. H ist dabei die Reaktorhöhe, R der Radius des Reaktors. Wie durch einfache Optimierung (siehe Abschn. 3.3) im Hinblick auf minimalen Ausfluß an Neutronen aus dem Core gezeigt wird, gilt $H/D \approx 0{,}92$, so daß die Kernabmessungen bei Kenntnis der Größen K_∞, τ, L^2, leicht aus der transzendenten Gleichung

$$1 = \frac{e^{-B^2 \tau}}{1 + L^2 B^2} K_\infty \tag{3.31}$$

bestimmt werden können. Die Erstellung von Neutronenbilanzen und die Berechnung des kritischen Zustandes werden heute unter Verwendung aufwendiger Rechenprogrammme durchgeführt. Tab. 3.5 gibt eine Übersicht über das Schicksal der Neutronen in einem geradē kritischen HTR sowohl für den Uran/Thorium-Zyklus als auch für einen niedrig angereicherten Zyklus wieder [3.23]. Diese Werte gelten nach einer Einbrennphase von 3 Jahren für den Gleichgewichtszustand. Danach werden in einem Uran/Thorium-Zyklus (HEU), wie er auch im THTR Verwendung findet, rund 41 % der entstehenden Neutronen im Uran mit der Folge einer weiteren Spaltung absorbiert. Knapp 7 % der Neutronen werden im Spaltstoff parasitär absorbiert, führen zur γ-Emission sowie zum Aufbau höherer Uranisotope. Rund 30% der Neutronen werden im Brutstoff Th^{232} absorbiert, wodurch nach Bildung und Zerfall von Protactinium^{233} neuer Spaltstoff U^{233} entsteht. Fast 10% der Neutronen verschwinden durch parasitäre Absorption in den Spaltprodukten. Weitere knapp 8% der Neutronen gehen durch Leckage in axialer und -radialer Richtung verloren. Absorptionen im Kühlmittel Helium treten nicht auf. Auch die Absorption im Moderator Graphit ist im Vergleich zu anderen Reaktoren, bei denen teils der Moderator in erheblichem Maße die

Neutronenbilanz beeinflußt, gering. Abbrennbare Neutronengifte werden beim Kugelhaufenreaktor wegen der kontinuierlichen Be- und Entladung nicht eingesetzt. Dieser Reaktor wird daher mit minimal möglicher Überschußreaktivität betrieben. Reaktivitätsänderungen, die sich im Zusammenhang mit dem Aufbau und Zerfall stark neutronenabsorbierender Spaltprodukte wie Xenon oder Samarium ergeben, werden in Kap. 5 ausführlicher diskutiert.

Tab. 3.5:   Neutronenbilanz eines HTR im Gleichgewicht für den HEU- und LEU - Zyklus (bezogen auf 100 Neutronen)

	offener HEU-Zyklus Thorium und 93 % anger. Uran	offener LEU-Zyklus 8,6 % anger. Uran
$\bar{\eta}$	2,10	1,92
Spaltung in Spaltstoffen	40,84	37,93
Einfang in Spaltstoffen	6,78	14,07
Einfang in Pa^{233}	1,24	-
Einfang in Np^{239}	-	0,06
Einfang in anderen Aktiniden	1,40	1,31
Einfang in Spaltprodukten	9,62	7,69
Einfang im Moderator	2,86	1,66
Leckage	7,63	7,09
Einfang in Brutstoffen U^{238} bzw. Th^{232}	29,57	29,97
	≈ 100	≈ 100

3.1.5 Kugelfließen im Core

Die Brennelemente eines Kugelhaufenreaktors bewegen sich im Betrieb langsam unter Schwerkrafteinfluß durch das Core hindurch. Beim THTR beträgt so die mittlere Durchlaufgeschwindigkeit etwa 1,4 mm/h bei einer Corehöhe von 5,6 m und einer mittleren Zeit für einen vollständigen Durchlauf eines Brennelementes in einem zentralen Kanal des Reaktors von etwa 4000 h. Allerdings wird das Fließverhalten der Kugeln, bedingt durch den konischen Coreboden und einen zentralen Kugelabzug, nicht in allen Bereichen des Reaktorkerns gleichmäßig sein. Um neutronenphysikalische Rechnungen zur Coreauslegung durchführen zu können, müssen die Einzelheiten des Kugelfließens möglichst genau bekannt sein. Auf der Basis von vereinfachten theoretischen Vorstellungen und umfangreichen Experimenten ist heute eine Beschreibung der Bewegung der Brennelemente durch das Core hindurch möglich [3.24 bis 3.28]. Generell wird diese Bewegung als laminare Strömung eines inkompressiblen Mediums betrachtet. Für das Geschwindigkeitsfeld wird

$$\mathrm{div}\,\vec{v} = 0 \qquad\qquad (3.32)$$

angesetzt. Bei Berücksichtigung zunächst nur einer Abhängigkeit von z in sogenannten
Stromröhren gilt dann:

$$\frac{\mathrm{d}v_z}{\mathrm{d}z} = 0 \quad .\tag{3.33}$$

Bei rotationssymmetrischer Anordnung fließen die Kugeln in rotationssymmetrischen
Stromröhren (siehe Abb.3.14).

Innerhalb einer Stromröhre wird die Geschwindigkeit der Kugeln als radial unabhängig angesehen. Unter Geschwindigkeit wird auch stets die für die praktische
Anwendung wichtige vertikale Komponente der Geschwindigkeit verstanden. Innerhalb jeder Stromröhre gilt die Kontinuitätsgleichung:

$$M(r,z) = Q(r,z) \cdot v(r,z) = M(r) \quad .\tag{3.34}$$

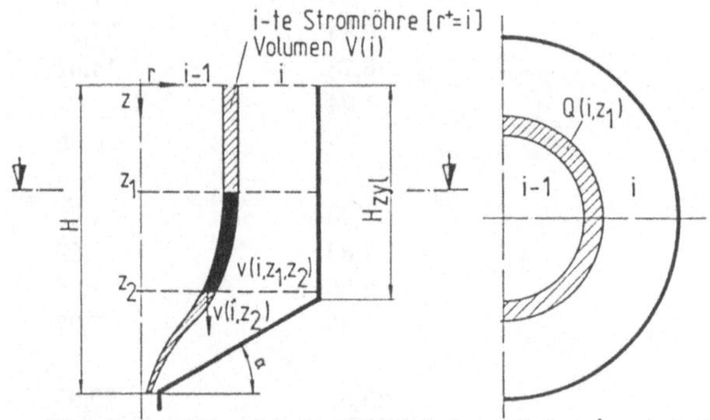

Abb. 3.14: Schema eines Stromröhrenmodells für das Kugelfließen im HTR-Core

Dabei ist M der Volumenstrom, Q die Querschnittsfläche und v die Vertikalkompo-
nente der Geschwindigkeit. Der Volumenstrom ist damit unabhängig von der Höhen-
position. Radialabhängige Funktionen $M(r)$, die Messungen zugänglich sind, werden damit zur Festlegung des Fließverhaltens des Kugelhaufens geeignet sein. Eine
geeignete Funktion ist die Durchlaufkurve. Sie gibt an, in welcher Zeit eine Kugel
in Abhängigkeit von ihrer radialen Ausgangsposition das Core durchläuft. Die Zeit
$t(r, z_1, z_2)$, die eine Kugel zum Durchlaufen eines Höhenintervalls (z_1, z_2) der durch r
charakterisierten Stromröhre (siehe Abb. 3.14) benötigt, folgt aus

$$\int_{z_1}^{z_2} Q(r,z)\,\mathrm{d}z = M(r) \cdot t(r, z_1, z_2) \quad .\tag{3.35}$$

Dabei wurde von den Beziehungen

$$v = \frac{\mathrm{d}z}{\mathrm{d}t}\tag{3.36}$$

und

$$Q(r,z)\,\mathrm{d}z = M(r) \cdot \mathrm{d}t\tag{3.37}$$

Gebrauch gemacht. Für die Durchlaufzeit ergibt sich damit:

$$t(r, z_1, z_2) = \frac{V(r, z_1, z_2)}{M(r)} \quad . \tag{3.38}$$

$V(r, z_1, z_2)$ ist hierbei das Volumen einer Stromröhre in der Position r im Höhenbereich (z_1, z_2):

$$V(r, z_1, z_2) = \int_{z_1}^{z_2} Q(r, z)\, \mathrm{d}z \quad . \tag{3.39}$$

Für einen Gesamtdurchlauf durch das Core gilt dann

$$t(r) = \frac{V(r)}{M(r)} \quad . \tag{3.40}$$

Die Geschwindigkeit $v(r, z)$ an einem beliebigen Punkt des Cores kann dann aus der Durchlaufzeit zu

$$v(r, z) = \frac{V(r)}{t(r) \cdot Q(r, z)} \tag{3.41}$$

bestimmt werden. Die Geschwindigkeitsverteilungen können aus den Verweilspektren der Kugeln im Core ermittelt werden. Bei der Spektrenmethode werden Testkugeln gleichmäßig über die eingeebnete Oberfläche der Kugelschüttung verteilt und mit einem Schüttkegel bedeckt. Gemessen wird dann die Anzahl oder das Gewicht der Testkugeln Δt_k pro uV_c-Intervall ΔuV, wobei uV_c das umgewälzte Corevolumen bedeutet. Es wird die Verteilungsfunktion bestimmt, entsprechend der die Testkugeln das Core verlassen. Die Verteilungsfunktion

$$\varepsilon = \varepsilon(uV_c) \tag{3.42}$$

wird als Verweilspektrum bezeichnet (siehe Abb. 3.15).

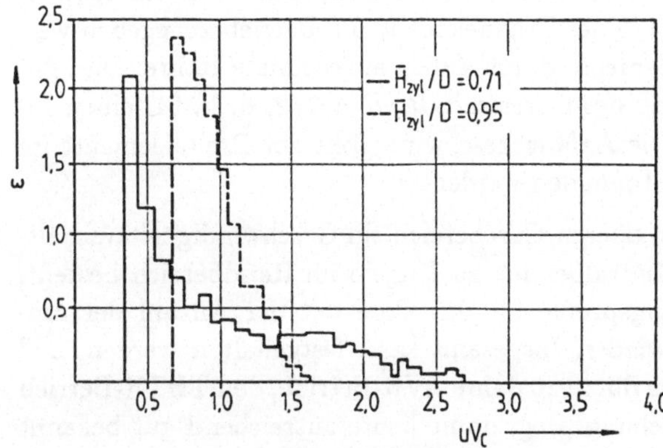

Abb. 3.15: Verweilspektrum (Untersuchung des Einflusses der Füllhöhe; Parameter H_{Zyl}/D. Material: Tonkugeln glasiert $D/d = 75$ (Core/Kugeldurchmesser))

Die Funktion ε ist definiert durch

$$\varepsilon(uV_c) = \frac{1}{\Sigma t_K} \cdot \frac{\Delta t_K(uV_c)}{\Delta uV_c} = \frac{1}{\Sigma t_K} \cdot \frac{\mathrm{d}\, t_K(uV_c)}{\mathrm{d}\,(uV_c)} \quad . \tag{3.43}$$

Σt_K steht für die Summe der insgesamt verwendeten Testkugeln und dient der Normierung. Es besteht nun ein eindeutiger Zusammenhang zwischen der prozentualen Anzahl von Testkugeln, die das Core zu einem bestimmten Zeitpunkt entsprechend uVc verlassen haben und der Kreisfläche der Horizontalschicht, in welcher sie sich ursprünglich befanden. Das Verweilspektrum ist durch

$$\int\limits_0^\infty \varepsilon(uV_c)\,\mathrm{d}(uV_c) = 1 \tag{3.44}$$

normiert, so daß

$$\int\limits_0^{nV_c} \varepsilon(\xi)\,\mathrm{d}\xi = \frac{r^2}{R^2} \tag{3.45}$$

gilt, mit R als Coreradius und r als Radius der Testkugelschicht. Somit kann r als Funktion von uV_c formuliert werden:

$$r(uV_r) = R\sqrt{\int\limits_0^{nV_c} \varepsilon(\xi)\mathrm{d}\xi} \quad . \tag{3.46}$$

Diese Funktion kann mit Gleichung 3.42 korreliert werden. Die Durchlaufkurven für Brennelemente im THTR-Core, die mit Hilfe derartiger Modelle gemessen wurden, gehen aus Abb. 3.16 hervor. [3.27]

Danach benötigt eine Randkugel rund die 4fache Zeit für einen Durchlauf im Verhältnis zu einer Kugel im zentralen Corebereich. Die radiale Volumenflußverteilung (Abb. 3.17) der Brennelemente ist eine wichtige Grundlage für die Aufstellung von Beschickungsplänen. So läßt sich aus diesen Kurven ablesen, daß durch das zentrale Beschickungsrohr des THTR etwa 1/3 der Brennelemente im Betrieb zugegeben werden muß und der Rest der Brennelemente durch außen angeordnete Rohre. Dies gilt z. B. für eine Zweizonenbeschickung des Cores mit $R_i/R = 1/2$, d. h. für einen Innenzonendurchmesser von 2,8 m. Die Anfangsgeschwindigkeit der Brennelemente im THTR-Core kann aus Abb. 3.18 entnommen werden.

Die Kurve weist aus, daß bereits im oberen Corebereich ein Geschwindigkeitsverhältnis von rund 2/1 für Kugeln im Zentralbereich zu Kugeln im Randbereich besteht. Abb. 3.19 schließlich gibt Strömungsprofile für das Core mit der Anzahl der umgewälzten Kugeln als Parameter wieder. Insgesamt kann festgehalten werden, daß das Fließverhalten des Kugelhaufens durch 20 Jahre AVR-Betrieb, den THTR-Betrieb sowie durch umfangreiche Untersuchungsprogramme heute ausreichend gut bekannt ist. Bei größerem Coredurchmesser werden mehrere Kugelabzüge verwendet, um ein gleichmäßiges Kugelfließen zu erreichen. So werden bei einem Coredurchmesser von 8 m drei Brennelementabzüge notwendig.

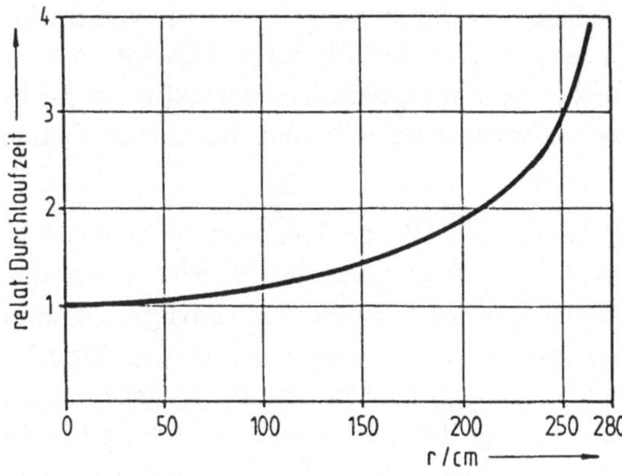

Abb. 3.16: Radialabhängigkeit der Durchlaufzeit der Brennelemente im THTR-Core bezogen auf den zentralen Kanal

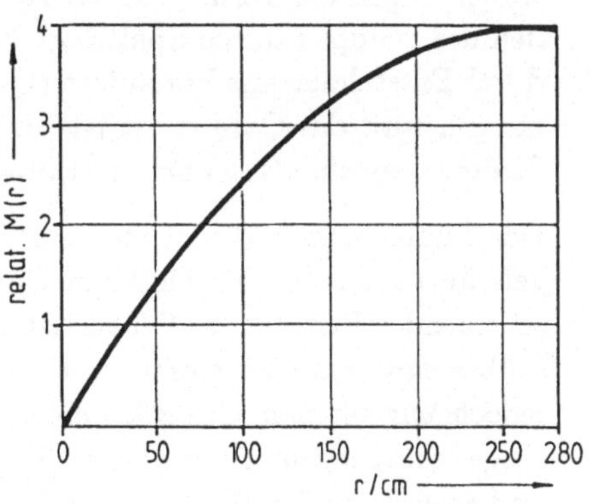

Abb. 3.17: Radialabhängigkeit der Volumenflußverteilung im THTR-Core (Verlauf bezogen dargestellt)

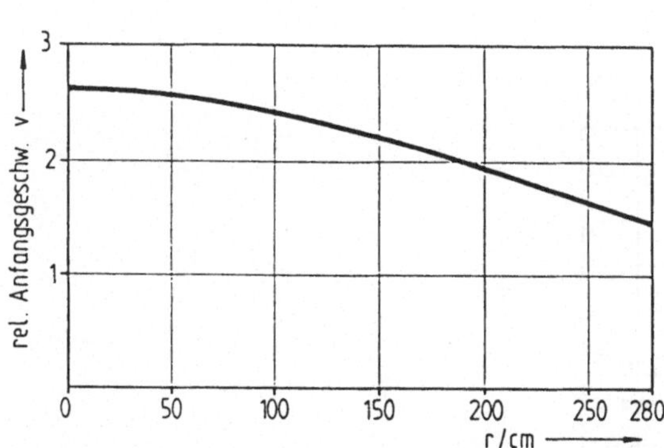

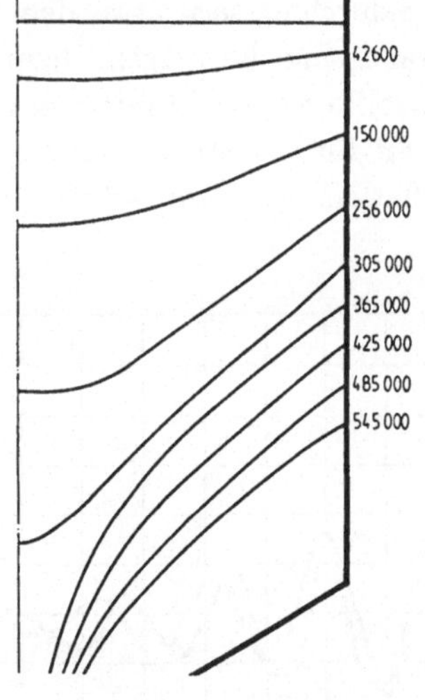

Abb. 3.18: Anfangsgeschwindigkeit der Kugeln im THTR-Core. ($D/d = 93,4$, $D = 560$ cm, $H_{Zyl}/D = 0,8$, $\mu = 0,3$, $\gamma = 3,2$ g/cm^3)

Abb. 3.19: Strömungsprofile im THTR-Core ($D = 560$ cm, $H_{Zyl}/D = 0,8$ $D/d = 93,4$, $\mu = 0,3$, $\gamma = 3,2$ g/cm^3; Parameter: Anzahl umgewälzter Kugeln)

Die Strömungsgeschwindigkeiten finden in einfacher Weise Eingang in Abbrandrechnungen. Für die Konzentration eines Isotopes i gilt dann die Bilanz:

$$\frac{\partial N_i}{\partial t} + v \cdot \frac{\partial N_i}{\partial z} = \sum_j \phi\, N_j\, \sigma_{tj}\, \gamma_{ji} - \lambda_i\, N_i - \phi\, N_i\, \sigma_{ai} + \dot{Q}_i \quad . \qquad (3.47)$$

Dabei tragen die Terme auf der rechten Seite der Entstehung bzw. dem Verschwinden des Isotops i durch Spaltung, durch radioaktiven Zerfall, durch Absorption bzw. durch Entstehung aus Vorläufern (Q_i) Rechnung. Zur Durchführung praktischer Rechnungen wird das Core in radiale und axiale Zonen eingeteilt und das entsprechende Strömungsprofil $v(r,z)$ berücksichtigt.

Der Lückengrad ε der Kugelschüttung ist für die Wärmeübertragung in der Kugelschüttung sowie für die beim Durchströmen auftretenden Druckverluste von entscheidender Bedeutung. Bei statistisch gleichmäßiger Verteilung aller Kugeln könnte ε über den gesamten Corequerschnitt als unveränderlich angesehen werden. Dies ist jedoch nur für den Grenzfall einer unendlich ausgedehnten Schüttung gegeben. In Kugelschüttungen mit endlicher Abmessung steigt der Lückengrad zum Rand hin an und erreicht an der Wand den Wert 1. Untersuchungen der radialen Verteilungen von ε bei ungeordneten Kugelschüttungen haben das in Abb. 3.20 wiedergegebene Verhalten gezeigt. Hier ist der örtliche Verlauf von ε als Funktion des bezogenen Abstandes von der Wand y/d_k aufgetragen. Zusätzlich ist das Verhältnis d_k/D mit $D =$ Coredurchmesser und $d_k =$ Kugeldurchmesser variiert. ε erreicht Höchst- und Tiefstwerte. Die Ordnung nimmt mit steigendem Abstand von der Wand ab und erreicht nach 5 Kugeldurchmessern etwa den Wert der ungeordneten Schüttung. Unmittelbar an der Wand sind die Kugeln demnach geordnet. Durch konstruktive Maßnahmen wie die Ausbildung von Mulden an den Reflektorsteinen wird im praktischen Betrieb eines HTR für die Störung dieser Ordnung in Wandnähe, die sich ungünstig auf das Kugelfließen auswirken würde, gesorgt.

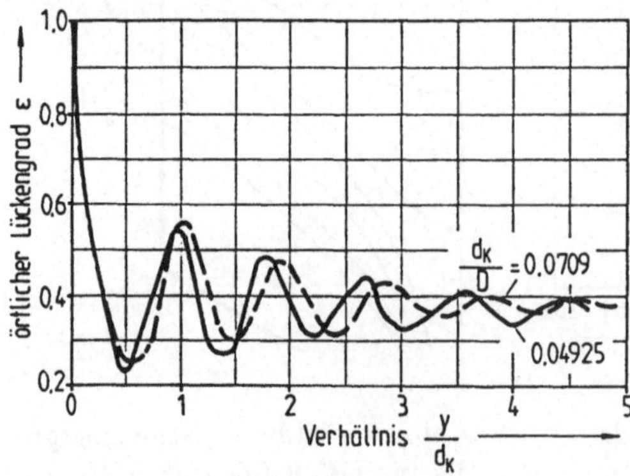

Abb. 3.20: Radiale Verteilung des örtlichen Lückengrades ε über dem bezogenen Wandabstand (Parameter ist das Verhältnis Kugeldurchmesser/Coredurchmesser) [3.29]

Der Lückengrad in einer statistischen Kugelschüttung hängt in größerem Wandabstand praktisch nur noch vom Verhältnis d_k/D ab, wie umfangreiche Messungen ergeben haben. Wichtig ist hier noch eine Unterscheidung hinsichtlich dichtester und lockerster Packungen. In Abb. 3.21 sind Ergebnisse von Untersuchungen an unterschiedlichen Kugelschüttungen wiedergegeben. Der Einfluß der Packung ist deutlich zu erkennen. Eine für praktische Bedürfnisse gut geeignete Näherung für die Abhängigkeit von ε kann mit

$$\varepsilon = 0,375 + 0,34 \cdot d_k/D \tag{3.48}$$

gewonnen werden. [3.29]

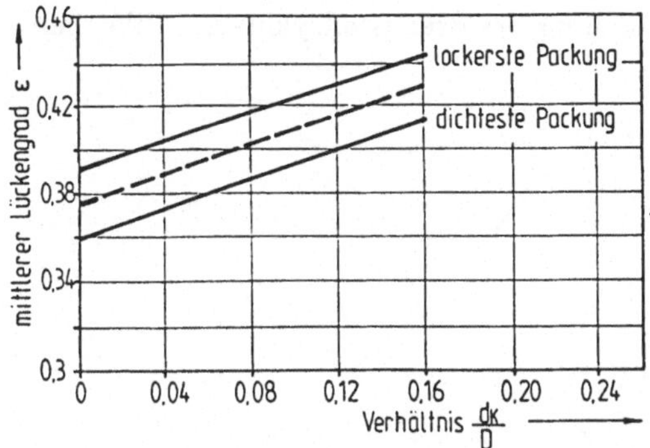

Abb. 3.21: Mittlerer Lückengrad ε in Abhängigkeit vom Verhältnis Kugeldurchmesser zu Coredurchmesser (gestrichelt eingetragen ist ein Mittelwert für die praktische Anwendung)

Für HTR-Cores wird das Verhältnis d_k/D bei rund 0,01...0,02 und somit ε bei rund 0,39 liegen, wenn ein Mittelwert zwischen lockerster und dichtester Packung unterstellt wird.

In diesem Zusammenhang sind Verdichtungseffekte durch mehrfach einfahrende Stäbe von Bedeutung. Durch Entnahme und Wiederzugabe von Brennelementen bei Cores mit MEDUL-Beschickung kann durch Umwälzen immer wieder für eine Auflockerung des Kugelhaufens gesorgt werden. Dieser Effekt wurde beim AVR sowie beim THTR schon mehrfach ausgenutzt. Die neuen Reaktorkonzepte MODUL und HTR 100 sehen die Verwendung von stabfreien Cores vor, so daß Verdichtungseffekte des Kugelhaufens nicht zu erwarten sind. Die Coreböden von HTR-Anlagen weisen im allgemeinen einen Neigungswinkel von 30 ° auf, um ein gutes Abflußverhalten der Kugeln am Boden zu gewährleisten. Der Durchmesser des Kugelabzugsrohres D_A sollte wenigstens entsprechend $D_A/d_k \approx (10...13)/1$ gewählt werden, um Brückenbildungen im Kugelhaufen oberhalb und im Abzugsrohr zuverlässig zu vermeiden. Die Zahl der Brennelementzugaberohre für die Beladung des Reaktors wird so gewählt, daß eine möglichst gleichmäßige Höhe der Kugelschüttung im gesamten Kern erreicht wird, da auch die Schüttkegel auf der Coreoberfläche einen Böschungswinkel von 30 ° aufweisen. Bei großen Durchmessern des Reaktors (oberhalb rund 6 m Durchmesser) müssen mehrere Kugelabzugsrohre eingesetzt werden, um ein hinreichend gleichmäßiges Fließen des Kugelhaufens zu erreichen. Auch hierbei wird zweckmäßig für jeden Abzug eine Corebodenneigung von 30 ° vorgesehen.

3.1.6 Rechenprogramme zur Kernauslegung

Für die Auslegung des Kerns von HTR-Anlagen sowie für die Behandlung der vielfältigen Detailprobleme des Betriebsablaufs stehen heute umfangreiche gut getestete Rechenprogramme zur Verfügung. Ein umfassendes Programmsystem ist unter der Bezeichnung VSOP (Very Superior Old Programms) [3.30 bis 3.31] in Gebrauch. Der Ablauf der Kernauslegung sowie der Behandlung des Brennstoffzyklus mit Hilfe dieses Systems ist in Abb. 3.22 wiedergegeben.

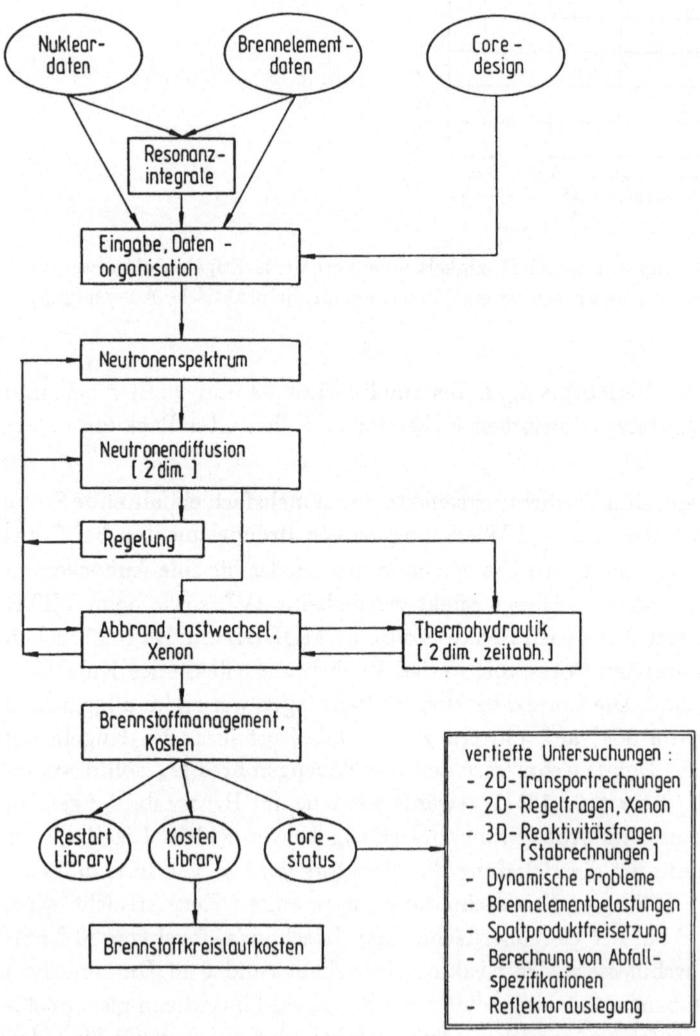

Abb. 3.22: Ablaufschema des Rechenprogramms VSOP zur Auslegung von HTR-Cores

Ausgehend von einem aus der Erfahrung abgeleiteten ersten Brennelement- und Core-design und einer umfangreichen Bibliothek für die im HTR-Core verwandten Materialien werden zunächst temperatur- und geometrieabhängige Resonanzintegrale berechnet. Im nächsten Schritt erfolgt eine Zusammenstellung aller erforderlichen Eingabewerte sowie eine umfangreiche Datenorganisation. Sodann wird das Neutronenspektrum im Core, in bis zu 36 Energiegruppen aufgelöst, berechnet.. In den nächsten Stationen des Programmablaufs werden Diffusions- und Abbrandrechnungen durchgeführt. Auch die Spaltprodukte sowie das Fließverhalten des Kugelhaufens werden bei diesen Rechnungen berücksichtigt. Ergänzend und parallel zu den neutronenphysikalischen Aspekten des Abbrandgeschehens erfolgt eine Berechnung der thermohydraulischen Verhältnisse im Core und in den Brennelementen. Die räumliche Verteilung des Neutronenflusses, die Leistungsverteilungen und das Neutronenspektrum werden iterativ behandelt und verbessert. Als Ergebnis des gesamten Berechnungsvorgangs stehen eine Restartlibrary, Datensätze als Momentaufnahmen des Cores sowie Ausgangsdaten für detaillierte Kostenanalysen zur Verfügung. Die Datensätze über den Corezustand sind Eingangswerte für weitere spezielle Rechenprogramme, in denen Detailuntersuchungen, wie in Abb. 3.22 aufgelistet, durchgeführt werden. Das VSOP-Programmsystem wird eingesetzt, um den Erstcorezustand, die Einbrennphase sowie den Gleichgewichtszyklus zu berechnen. Daneben ist es auch möglich, entladene Brennelementchargen außerhalb der Reaktoranlage zu verfolgen und in allen Stationen des Brennstoffkreislaufs zu bilanzieren. Anschauliche Darstellungen von Ergebnissen der Coreberechnung sind in den Abb. 3.23 bis Abb. 3.24 wiedergegeben. Gezeigt sind hier beispielhaft die räumlichen Verläufe des thermischen sowie des schnellen Neutronenflusses, der U^{235}-Konzentration sowie des für Regelungsfragen wichtigen Spaltproduktes Xe^{135} im Core einer Anlage mit OTTO-Zyklus.

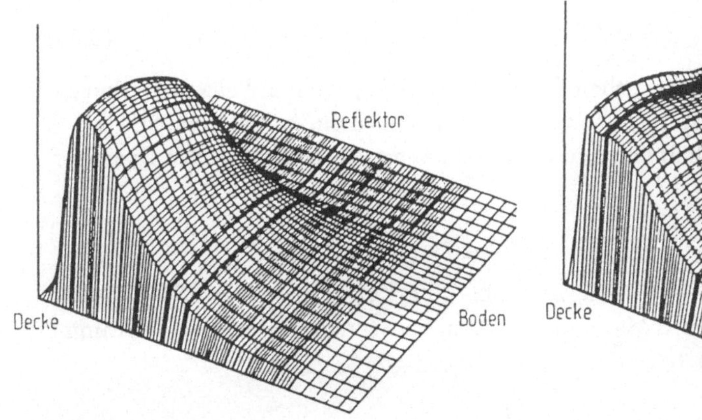

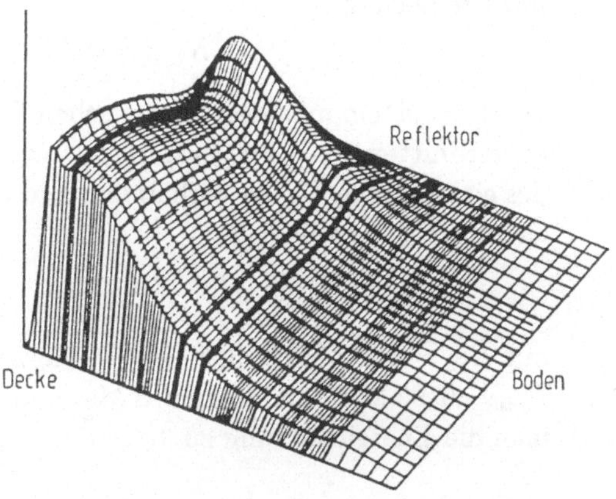

Abb. 3.23 a: Schneller Fluß (0,1 < E < 10 MeV) in einem 500 MW_{th}-OTTO-Core [3.54].

Abb. 3.23 b: Thermischer Fluß (0 < E < 1,85 eV) in einem 500 MW_{th}-OTTO-Core [3.54]

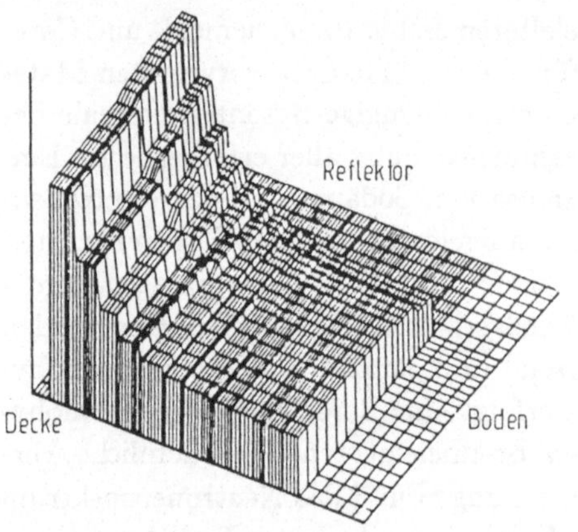

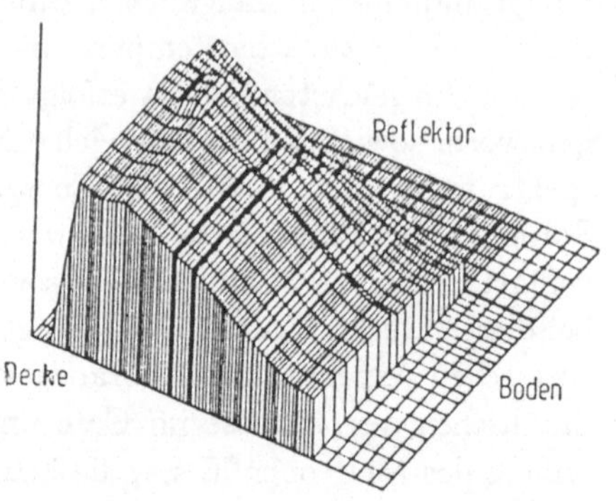

Abb. 3.24 a: U^{235} - Atomkonzentration in einem 500 MW_{th}-OTTO-Core [3.54]

Abb. 3.24 b: Xe^{135} - Atomkonzentration in einem 500 MW_{th}-OTTO-Core [3.54]

3.1.7   Brennstoffabbrand

Beim Spaltprozeß im Reaktor werden die anfangs eingesetzten Spaltisotope sowie die in situ erzeugten neuen Spaltisotope (z. B. U^{233}, Pu^{239}, Pu^{241}) teilweise im Laufe des Betriebs abgebrannt, wie dies für den U^{235}-Anteil beispielhaft erklärt sei. Es gilt

$$\frac{dN_{235}}{dt} = -\sigma_{a,235}\, N_{235}\, \phi \quad , \tag{3.49}$$

mit der Lösung

$$N_{235}(t) = N_{235}^0 \cdot \exp(-\sigma_{a,235}\, \phi\, t) \quad . \tag{3.50}$$

So ist bei einem mittleren thermischen Fluß $\phi = 8 \cdot 10^{13}$ $1/cm^2s$ und einem Wirkungsquerschnitt $\sigma_{a,235} = 400$ barn nach t = 3 Jahren nur noch ein Anteil von rund 4,8 % des eingesetzten Urans vorhanden. Die Energienutzung pro g eingesetzten Spaltstoff errechnet sich nach

$$E_{ges} = \bar{E}_{Sp} \cdot \frac{L}{A} \quad , \tag{3.51}$$

mit $\bar{E}_{Sp} = 200$ MeV $\doteq 3,2 \cdot 10^{-11}$ Ws, L$= 6,02 \cdot 10^{23}$ Kerne/mol, A = 235 g/mol zu $E_{ges} \sim 0,95$ MWd/g. Wenn das Material in der Anreicherung a (%) vorliegt, bestimmt man die Energienutzung zu

$$E_{ges}^* = \bar{E}_{Sp} \cdot \frac{L}{A} \cdot \frac{a}{100} \quad . \tag{3.52}$$

So erreicht z. B. der Spaltstoffeinsatz im THTR (≈ 1 g U^{235} + 10 g Th^{232} entsprechend einer Anreicherung a $\approx$ 10 %) einen Abbrand von rund 100 000 MWd/t Schwermetall.

Gebräuchlich ist auch die Bezeichnung *FIMA* (Fission per initial metal atoms) für den Abbrand, die durch

$$FIMA = \frac{\Sigma_f \cdot \phi \cdot t}{N_{SM}} \quad \text{mit} \quad N_{\mathrm{SM}} = \varrho \cdot \frac{L}{M} \tag{3.53}$$

definiert ist. Zwischen dem Abbrand B und dem *FIMA*-Wert besteht die Beziehung

$$FIMA = 1,1 \cdot 10^{-6} \cdot B \quad , \tag{3.54}$$

wenn B in MWd/t eingesetzt wird. Bezieht man die Zahl der Spaltungen auf den ursprünglich eingesetzten Spaltstoff, so resultiert

$$FIFA = FIMA \cdot \frac{N_{\mathrm{SM}}}{N_{Sp}^0} = \frac{FIMA}{a_0} \tag{3.55}$$

mit a_0 als der Ursprungsanreicherung. Für einen HTR-Brennstoffzyklus mit 10^5 MWd/t Abbrand und einer Anfangsanreicherung von rund 10 % erhält man so einen *FIFA*-Wert von 110 % und einen *FIMA*-Wert von 11 %.

3.1.8 Schnelle Neutronendosis und Graphitschädigung

Reflektorstrukturen in HTR-Anlagen sind für eine Vollastlebensdauer von 30 Jahren ausgelegt und im allgemeinen nur unter großem Aufwand austauschbar. Es ist bekannt, daß schnelle Neutronen, deren Energie größer als etwa 0,1 MeV ist, durch Wechselwirkung im Graphitgitter Schäden bewirken können. Bedenkt man, daß in der angegebenen Zeit von 30 Jahren bei einem schnellen Neutronenfluß von rund $3,0 \cdot 10^{13}$ n/(cm^2 s) eine Dosis in Höhe von

$$D = \int\limits_0^{30\,a} \phi(t)\,\mathrm{d}t \approx 2,5 \cdot 10^{22}\,\frac{\mathrm{n}}{\mathrm{cm}^2} \tag{3.56}$$

vom Graphit ertragen werden muß, so erkennt man, daß in den dem Core zugewandten Randschichten fast jeder Graphit-Kern einmal getroffen wird. Die Zahl der Graphit-Kerne beträgt rund $8 \cdot 10^{22}$ cm^{-3}. Strahlenschäden im graphitischen Material äußern sich in einem typischen Dimensionsänderungsprozeß, bei dem das Material in Abhängigkeit von der Dosis zunächst schrumpft und dann nach Erreichen eines Extremwertes wieder expandiert (siehe auch Kap. 4). Auch sonstige Eigenschaften des Reflektormaterials wie Leitfähigkeit, E-Modul, Ausdehnungskoeffizient und Festigkeit werden unter Bestrahlung geändert (siehe Kap. 4). Diese Werte und ihre Dosisabhängigkeit werden heute mit Hilfe von aufwendigen Werkstoffprogrammen bestimmt und sind für die für den Einsatz wichtigen Graphitsorten bekannt. Die Schädigung ist vom Reaktorspektrum abhängig, hier soll eine einfache Beziehung, die diesen Zusammenhang kennzeichnet, angegeben werden. Als Schädigungsrate des Graphits kann ein Ausdruck der Form [3.32, 3.33]

$$S = \frac{\partial Z}{\partial t} = \int\limits_{E_1}^{E_2} \phi(E) \cdot \sigma_S(E) \cdot g(E)\,\mathrm{d}E \tag{3.57}$$

definiert werden. Dabei bedeuten

Z = Zahl der umgeordneten Atome pro Volumeneinheit

$\sigma_s(E)$ = Streuquerschnitt von Graphit

$g(E)$ = Zahl der Atomkernumordnungen bei einem Stoß eines Neutrons mit der Energie E

Die Funktion $g(E)$ ist aus vielen Experimenten bekannt. Der für die Graphitschädigungen relevante Teil des Neutronenflußspektrums wird dabei oft zwischen den Grenzen $E_1 = 0{,}1$ MeV und $E_2 \to \infty$ gewählt. Um zu quantitativen Aussagen gelangen zu können, wird ein Spaltfluß ϕ^S über

$$\phi^S = \frac{1}{\sigma^S} \int\limits_0^\infty \phi(E)\, \mathrm{d}E \qquad (3.58)$$

definiert. Mit Hilfe des Spektrums der Spaltneutronen $S(E)$ folgt:

$$\sigma^S = \frac{\int\limits_0^\infty \sigma(E) \cdot S(E)\, \mathrm{d}E}{\int\limits_0^\infty S(E)\, \mathrm{d}E} \qquad . \qquad (3.59)$$

Da oft Nickeldetektoren benutzt werden, läßt sich ein Nickel-Spaltfluß

$$\phi_{Ni} = \frac{1}{\sigma_{Ni}^S} \int\limits_0^\infty \sigma_{Ni}^S \cdot \phi(E)\, \mathrm{d}E \qquad (3.60)$$

berechnen. Viele Bestrahlungsexperimente an Graphit sind im DIDO-Reaktor in Harwell durchgeführt worden und es hat sich eingebürgert, in diesem Zusammenhang einen Equivalent-Dido-Nickel-Fluß (EDN), oft auch im folgenden als EDN abgekürzt, zu benutzen. Es gilt dann für die Umrechnung auf zu erwartende Schadensraten

$$EDN = \frac{S}{(S\,/\,\phi_{Ni})_{DIDO}} \qquad , \qquad (3.61)$$

wobei die Größe $(S/\phi_{Ni})_{DIDO}$ zu $1260 \cdot 10^{-24}$ bestimmt wurde.

3.2 Wärme- und strömungstechnische Gesichtspunkte der Kernauslegung

3.2.1 Wärmeproduktion im Core

Die Wärmeproduktion beim Kugelhaufenreaktor erfolgt in einer statistisch angeordneten Kugelschüttung, welche den Corebereich bildet. Die Brennelementkugeln wandern entsprechend den schon in Abschn. 3.1.5 genannten Bedingungen mit einer relativ geringen Geschwindigkeit unter dem Einfluß der Erdanziehung durch das Core von oben nach unten hindurch. Je nach Brennstoffzyklus durchlaufen die Brennelemente das Core bis zum Erreichen ihres vollständigen Abbrandes mehrfach (MEDUL = MEhrfachDUrchLauf) oder nur einmal (OTTO - Once Through Then Out). Das Kühlgas Helium strömt durch die Brennelementanordnung hindurch und wird dabei entsprechend der räumlichen Leistungsdichteverteilung aufgewärmt. Während im AVR ein Gegenstrom von Brennelementfluß und Kühlgas realisiert wurde, kam im THTR das Gleichstromprinzip zum Einsatz. Neue HTR-Konzepte benutzen die in Tab. 3.6 vermerkten Prinzipien.

Tab. 3.6:   Thermohydraulische Auslegungsgesichtspunkte von Kugelhaufen-HTR-Anlagen

Parameter	AVR	THTR	Modul-Reaktor	HTR-100	HTR-500
Brennelement-handhabung	MEDUL	MEDUL	MEDUL	MEDUL	OTTO
Stromprinzip Kühlgas-Brennelemente	Gegen	Gleich	Gleich	Gegen	Gleich
mittlere Kern-leistungsdichte	2,2 MW/m^3	6 MW/m^3	3 MW/m^3	4,2 MW/m^3	5,5 MW/m^3
Kühlgas-aufheizung	270 °C → 950 °C	250 °C → 750 °C	250 °C → 700 °C	250 °C → 730 °C	250 °C → 730 °C

Die Behandlung und Beschreibung der thermofluiddynamischen Phänomene [3.34 bis 3.50] geht von der Leistungsverteilung im Reaktorkern aus. Basis dafür sind die räumlichen und energetischen Verteilungen von Neutronenfluß, Spaltstoffverteilungen sowie energieabhängige Wirkungsquerschnitte. Die ortsabhängige Leistungsdichte kann zu

$$L(r, z, \phi) = \int\limits_0^\infty \Phi(r, z, \phi, E) N_{Sp}(r, z, \phi, E) \sigma_{Sp}(E) \bar{E}_{Sp} dE \qquad (3.62)$$

bestimmt werden. Dabei ist $\bar{E}_{Sp}$ die mittlere Energiefreisetzung pro Spaltereignis.

Die thermische Reaktorleistung wird aus der Kernleistungsdichte entsprechend der Beziehung

$$N_R = \int\limits_{(V)} L(r, z, \phi) dV \qquad (3.63)$$

abgeleitet.

Für ein zylindrisches Core mit der Höhe H kann eine mittlere Leistungsdichte $\bar{L}$

$$\bar{L} = N_R/V, \quad \text{mit} \quad V = \pi R^2 H \qquad (3.64)$$

angegeben werden. Im Verlaufe der thermodynamischen Analyse sind oft sogenannte Peakfaktoren der Leistungsdichte hilfreich zur Charakterisierung der Verhältnisse. Ein derartiger integraler Peakfaktor f kann z. B. durch

$$f = \frac{L_{max}}{\bar{L}} \tag{3.65}$$

definiert werden und ist als Maß für die räumliche Ungleichmäßigkeit der Leistungsverteilung anzusehen. Für den einfach analytisch zu handhabenden Fall einer Flußverteilung für einen unreflektierten Zylinderreaktor sowie für räumlich konstante Spaltnuklidkonzentration gewinnt man folgendes Resultat: Ausgehend von der Flußverteilung

$$\Phi(r,z) = \Phi_0 \cos\left(\frac{\pi z}{H}\right) J_0\left(2,405\frac{r}{R}\right) \tag{3.66}$$

gilt für die Reaktorleistung:

$$N_R = \bar{E}_{Sp} \int\limits_{-H/2}^{+H/2} \int\limits_0^R \sigma_{Sp}\, N_{Sp}\, \Phi_0 \cos\left(\frac{\pi z}{H}\right) J_0\left(2,405\frac{r}{R}\right) 2\pi r\, dr\, dz \tag{3.67}$$

$$N_R = \frac{L_{max} V}{f} = \bar{L}\pi R^2 H \quad . \tag{3.68}$$

Für den Peakfaktor f folgt mit Hilfe einer einfachen Integration ein Wert von

$$f = \frac{\pi}{2}\frac{1,2}{J_1(2,405)} = 3,63 \quad . \tag{3.69}$$

Durch die Einflüsse der Reflektoren sowie durch besondere Maßnahmen bei der Beladung wie etwa durch höheren Spaltstoffgehalt in den Randbezirken des Cores wird eine Reduktion dieser theoretischen Peakfaktoren auf praktische Werte von etwa $1,7$ erreicht.

Für den praktischen Gebrauch werden die Leistungsverteilungen auf der Basis der neutronenphysikalischen Auslegung mit Hilfe umfangreicher Rechenprogramme ermittelt. Dabei wird der Kern in hinreichend viele Zellen in axialer und radialer Richtung eingeteilt und das Neutronenspektrum in eine ausreichend große Anzahl von Neutronengruppen unterteilt.

In einem Raumelement, welches durch die Indizes i, j charakterisiert sein möge, gilt so bei Summation über das Neutronenspektrum

$$L_{ij} = \bar{E}_{Sp} \sum_k \Sigma_{Sp_k}^{ij}\, \Phi_k^{ij} \tag{3.70}$$

mit i = radiale Zonen, j = axiale Zonen.

Durch Summation über alle Volumenelemente im Reaktor kann unter Benutzung der entsprechenden Werte L_{ij} die thermische Reaktorleistung ermittelt werden. Abb. 3.25

zeigt den axialen Verlauf der Leistung einer frischen Brennelementkugel in verschiedenen Positionen des ersten Durchlaufs im "zentralen Kanal" des THTR-Cores, in Abb. 3.26 sind Isolinien der Leistungsdichte im gleichen Reaktor wiedergegeben [1.34].

Um einen Überblick über charakteristische Werte in einem HTR-Kern zu erhalten, sei hier anhand von geeignet gebildeten Mittelwerten die mittlere Leistungsdichte im THTR-Reaktor abgeschätzt. Es sei:

$$\bar{L} = \bar{\Phi} \cdot \bar{\sigma}_{Sp} \cdot \bar{N}_{Sp} \cdot \bar{E}_{Sp} \cdot \varepsilon \qquad (3.71)$$

Der Faktor ε berücksichtigt, daß sich im Core verschieden stark abgebrannte Brennelemente befinden. Mit den Werten $\bar{\Phi} = 7,4 \cdot 10^{13}$ cm^{-2}s^{-1}, $\bar{\sigma}_{Sp} = 4 \cdot 10^{-22}$ cm^2, $\bar{N}_{Sp} = Nu \cdot Vu/Vc = 1,28 \cdot 10^{19}$ cm^{-3}, $\bar{E}_{Sp} = 3,2 \cdot 10^{-11}$Ws und $\varepsilon = 0,5$ folgt für die mittlere Kernleistungsdichte ein Wert von 6 MW/m^3.

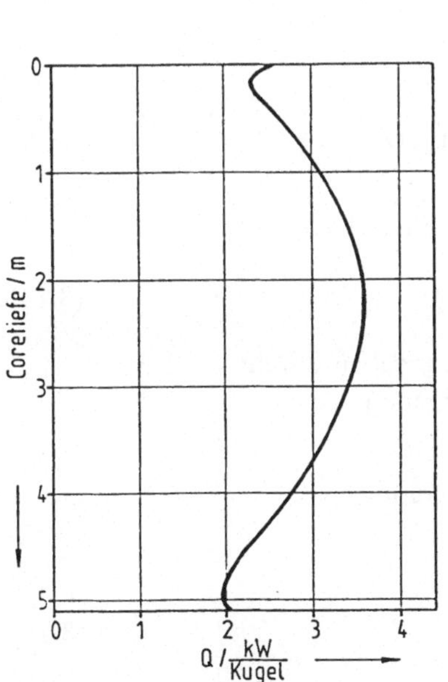

Abb. 3.25: Leistung einer frischen Brennelementkugel in verschiedenen Positionen des ersten Durchlaufes im "zentralen Kanal" des THTR

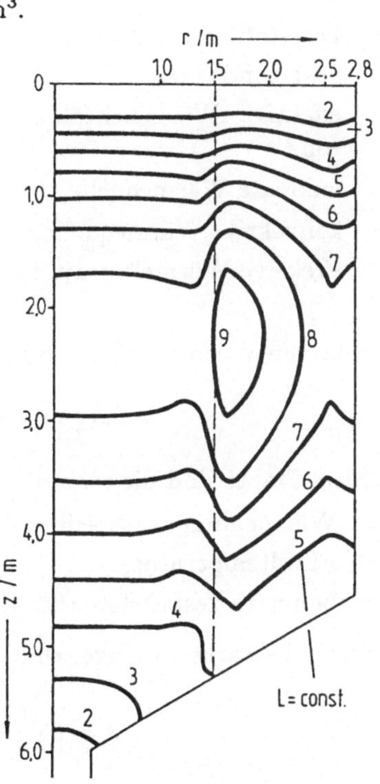

Abb. 3.26: Isoleistungslinien im THTR-Kern (Nennlastzustand)

In relativ kleinen heißen Bereichen des Reaktors treten nach Abb. 3.26 lokal Leistungsdichten von 9 MW/m^3 auf. Diese Leistungsüberhöhungen sind bei der Auslegung der Brennelemente sowie bei der Ermittlung der maximalen Beanspruchung in diesen Komponenten zu beachten (siehe Abschn. 4.1).

3.2.2 Bilanzgleichungen zur Beschreibung der thermofluiddynamischen Vorgänge im Core

Alle thermofluiddynamischen Vorgänge im Kern von HTR-Anlagen lassen sich mit Hilfe vereinfachter Grundgleichungen für die Erhaltung von Energie, Masse und Impuls sowie unter Benutzung einer Zustandsgleichung für ideale Gase.beschreiben.

Im einzelnen gilt für die Feststoffbereiche, die durch die kugelförmigen Brennelemente repräsentiert werden, die zeitabhängige Wärmeleitungsgleichung mit nuklearen Wärmequellen und konvektiven Wärmequellen bzw. Wärmesenken:

$$\varrho\, c_{eff} \frac{\partial T}{\partial t} = \nabla(\lambda_{eff}\nabla T) + \dot{Q}_N + \dot{Q}_K \quad , \tag{3.72}$$

$$
\begin{aligned}
T &= \text{Feststofftemperatur,} \\
\varrho &= \text{Feststoffdichte,} \\
\lambda_{eff} &= \text{effektive Wärmeleitfähigkeit der undurchströmten Festkörper-} \\
&\qquad \text{zone,} \\
\dot{Q}_N &= \text{nukleare Wärmequelle,} \\
\dot{Q}_K &= \text{konvektive Wärmequelle,} \\
c_{eff} &= \text{effektive Wärmekapazität der Festkörperzone.}
\end{aligned}
$$

Für die konvektiven Wärmequellen kann im allgemeinen der Ansatz

$$\dot{Q}_K = \alpha A(T - T_{Fl}) \tag{3.73}$$

gemacht werden. Dabei sind die relevanten Größen gegeben durch:

$$
\begin{aligned}
\alpha &= \text{Wärmeübergangskoeffizient Feststoff-Fluid,} \\
T_F &= \text{Fluidtemperatur,} \\
A/V &= \text{benetzte Feststoffoberfläche/Gesamtvolumen.}
\end{aligned}
$$

Für die hier stets betrachtete Kugelschüttung gilt

$$A = 6 \cdot \frac{(1 - \varepsilon)}{d_k} \cdot V \tag{3.74}$$

wobei d_k der Kugeldurchmesser ist und ε die Porosität der Kugelschüttung (speziell $\varepsilon = 0,39$) bedeutet. Auf der Fluidseite können bei Vernachlässigung von Änderungen der potentiellen und der kinetischen Energie sowie unter Annahme eines idealen Gasverhaltens Grundgleichungen für den stationären Zustand für den Erhalt von Energie, Masse und Impuls formuliert werden. Für die Energieerhaltung gilt:

$$c_f \nabla(T_F \cdot \vec{m}) + \nabla(\lambda_{eff,F}\nabla T_F) + \alpha\frac{A}{V}(T_F - T) = 0 \quad . \tag{3.75}$$

Bei Beschränkung auf eine Abhängigkeit von den Koordinaten r und z vereinfacht sich diese Gleichung zu:

$$c_F \left(\frac{1}{r} \frac{\partial}{\partial r}(r \cdot T_F \cdot m_r) + \frac{\partial}{\partial z}(T_F \cdot m_z) \right) + \frac{1}{r} \frac{\partial}{\partial r}(r \cdot \lambda_{eff,Fr} \frac{\partial T_F}{\partial r})$$
$$+ \frac{\partial}{\partial z}(\lambda_{eff,Fz} \frac{\partial T_F}{\partial z}) + \alpha \frac{A}{V}(T_F - T) = 0 \,. \tag{3.76}$$

Die Bedeutung der verwendeten Größen ist dabei folgende:

$\vec{m}$　　　$=$　Massenstromdichtevektor des Kühlgases,

m_r　　　$=$　radiale Komponente des Massenstromdichtevektors,

m_z　　　$=$　axiale Komponente des Massenstromdichtevektors,

c_F　　　$=$　spezifische Wärme des Fluids,

$\lambda_{eff,Fr}$　$=$　radiale effektive Wärmeleitfähigkeit des Fluids,

$\lambda_{eff,Fz}$　$=$　axiale effektive Wärmeleitfähigkeit des Fluids.

Die Kontinuitätsgleichung führt auf folgende Relation für die Komponenten des Kühlgasmassenstromes:

$$\frac{1}{r} \frac{\partial}{\partial r}(r \cdot m_r) + \frac{\partial m_z}{\partial z} = 0 \quad . \tag{3.77}$$

In der Impulsgleichung werden die Trägheitskräfte als vernachlässigbar gering gegenüber den Reibungskräften angesehen. Somit können aus diesem Erhaltungssatz die folgenden Beziehungen abgeleitet werden.

$$\frac{\partial p}{\partial z} + \beta \frac{|\vec{m}|}{2\varrho_F} m_z - \varrho_F \cdot g = 0 \tag{3.78}$$

$$\frac{\partial p}{\partial r} + \beta \frac{|\vec{m}|}{2\varrho_F} m_r = 0 \tag{3.79}$$

Der Beiwert β nimmt für Kugelschüttungen die Form

$$\beta = \frac{\psi}{d_k} \cdot \frac{1-\varepsilon}{\varepsilon^3} \tag{3.80}$$

an. Die ansonsten verwendeten Größen haben folgende Bedeutung:

ϱ_F　$=$　Dichte des Fluids,

g　$=$　Erdbeschleunigung,

ψ　$=$　Druckverlustbeiwert,

d_k　$=$　Kugeldurchmesser,

ε　$=$　Porosität der Kugelschüttung.

Das bislang formulierte System von Differentialgleichungen wird schließlich noch durch die Zustandsgleichung für das Fluid Helium in der Form

$$\varrho = \varrho(p, T) \tag{3.81}$$

ergänzt. Alle Fragen der thermohydraulischen Auslegung von HTR-Kernen im Normalbetrieb und in Störfällen lassen sich mit Hilfe der hier wiedergegebenen Grundgleichungen umfassend behandeln. Umfangreiche Rechenprogramme zur Lösung derartiger Aufgabenstellungen sind heute verfügbar [3.48 bis 3.50]. Einige kurzgefaßte analytische Beispiele mögen die Zusammenhänge verdeutlichen.

3.2.3 Temperaturverteilungen im Reaktorkern

Auf der Grundlage der bekannten Leistungsdichteverteilung im Kern lassen sich die Verteilungen der Kühlgastemperaturen, der Brennelementoberflächen- sowie der Brennstofftemperaturen ermitteln. Zur Vereinfachung werde hier ein "zentraler Kanal" im Kugelhaufenreaktor betrachet. Mit Hilfe eines vereinfachten Ansatzes

$$L(z) = L_0 \sin\left(\frac{\pi z}{H}\right) \tag{3.82}$$

für die axiale Verteilung der Leistungsdichte in diesem Kanal (Abb. 3.27) liefert eine Energiebilanz für das diesen Kanal durchströmende Kühlmittel folgendes Ergebnis:

$$\dot{m}^* c_p \left(T_F(z + \mathrm{d}z) - T_F(z)\right) = L(z)\,\mathrm{d}z \quad , \tag{3.83}$$

$\dot{m}^*$ ist dabei der Heliummassenstrom je Flächeneinheit (kg/(s m^2)).

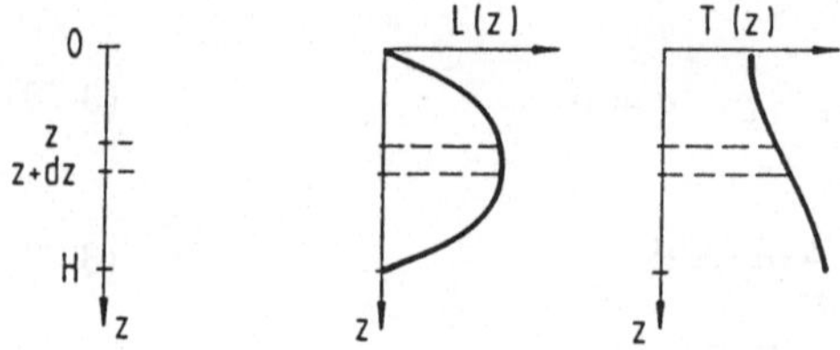

Abb. 3.27: Qualitativer Verlauf der axialen Leistungsdichte und der Fluidtemperatur im zentralen Kanal eines HTR

Nach Taylor-Entwicklung für den Ausdruck T_F(z+dz) und Berücksichtigung des linearen Gliedes folgt

$$\frac{\mathrm{d}T_F}{\mathrm{d}z} = \frac{1}{\dot{m}^* c_p} L(z) \tag{3.84}$$

bzw. nach Integration und unter Berücksichtigung eines Anfangswertes $T_F(0)$ für z=0 im Kühlkanal gewinnt man für den axialen Verlauf der Kühlgastemperatur:

$$T_F(z) = T_F(0) + \frac{1}{\dot{m}^* c_p} \int\limits_0^z L(z')\,\mathrm{d}z' \quad . \tag{3.85}$$

Unter Verwendung des analytischen Ausdrucks für die Leistungsverteilung folgt dann

$$T_F(z) \;=\; T_F(0) + \int\limits_0^z \frac{L_0}{\dot{m}^* \, c_p} \, \sin\left(\frac{\pi z'}{H}\right) \, \mathrm{d}z' \quad , \tag{3.86}$$

$$T_F(z) \;=\; T_F(0) + \frac{L_0 \cdot H}{\dot{m}^* \, c_p \, \pi} \cdot \left(1 - \cos\left(\frac{\pi z}{H}\right)\right) \quad . \tag{3.87}$$

Damit ergibt sich die Temperatur des Kühlgases am Austritt aus dem Kanal zu:

$$T_H(H) = T_F(0) + \frac{L_0 \cdot H}{\dot{m}^* \, c_p \, \pi} \cdot \frac{2}{\pi} \quad . \tag{3.88}$$

Die Aufheizspanne im Reaktor ist damit mit der Reaktorleistung über die Beziehung

$$T_F(H) - T_F(0) = \frac{N_R}{\dot{m} \, c_p} = \bar{L} \, \frac{\pi R^2 H}{\dot{m} \, c_p} \tag{3.89}$$

korreliert. Berücksichtigt man, daß offenbar für den gesamten Kühlgasstrom $\dot{m} = \dot{m}^* \, \pi R^2$ gesetzt werden kann, so folgt für die Abhängigkeit der Kühlgastemperatur in axialer Richtung:

$$T_F(z) = T_F(0) + \frac{N_R}{\dot{m} \, c_p} \cdot \frac{1}{2} \left(1 - \cos\left(\frac{\pi z}{H}\right)\right) \quad . \tag{3.90}$$

Die hier ermittelten Relationen seien durch Angabe einiger Werte beim THTR-Reaktor erläutert. Dort gilt $T_F(z = 0) = 250\ ^\circ\mathrm{C}$, $T_F(z = H) = 750\ ^\circ\mathrm{C}$, $N_R = 750\ \mathrm{MW}$, $\bar{L} = 6\ \mathrm{MW/m^3}$. Damit folgt für den Massenstrom ein Wert $\dot{m} = 289\ \mathrm{kg/s}$.

Die tatsächlichen Verhältnisse bei der Kühlgasaufheizung im Reaktorkern sind in Abb. 3.28 bis 3.30 wiedergegeben. Zunächst zeigt Abb. 3.28 die axialen Verläufe der Fluidtemperatur, sowie im Vorgriff auf spätere Betrachtungen diejenigen von Brennelementoberflächen- und Brennstofftemperatur. Wiedergegeben ist hier der Verlauf im "zentralen Kanal" im Core des THTR.

Aufgrund der schon zu Anfang dieses Kapitels diskutierten räumlichen Abhängigkeit der Leistungsdichte ergeben sich auch Kühlgastemperaturverteilungen, die nicht nur in axialer, sondern auch in radialer Richtung variabel sind. Abb. 3.29 zeigt diesen Effekt für das THTR-Core im gesamten Kernbereich anhand der Isolinien für die Kühlgastemperatur in radialer Richtung.

Eine der wesentlichen Aufgaben der physikalischen Kernauslegung ist es, dieses radiale Temperaturprofil besonders beim Austritt des Kühlgases aus dem Reaktor möglichst flach zu gestalten. Wichtigster Grund für diese Forderung ist es, die Heißgasführung sowie die Dampferzeuger gegen Heißgassträhnen, die lokal zu hohen Wandtemperaturen führen könnten, zu schützen.

Das hier formulierte Ziel wird oft durch Zweizonenbeschickung des Kerns, d. h. durch Verwendung einer höheren Anreicherung oder eines höheren Spaltstoffgehaltes der Brennelemente in einer äußeren Corezone annähernd erreicht, wie Abb. 3.30 für den THTR-Kern ausweist.

Aufbauend auf den bekannten Verteilungen für die Fluidtemperatur und für die Kernleistungsdichte lassen sich, über im folgenden (Abschn. 4.1) noch abzuleitende Beziehungen, die Verteilungen der Brennelementoberflächentemperatur T_O sowie der Brennstofftemperatur T_B ermitteln. Es gelten die Relationen:

$$T_O(r, z) = T_F(r, z) + L(r, z) \cdot F(x_i) \quad , \qquad (3.91)$$

$$T_B(r, z) = T_F(r, z) + L(r, z) \cdot G(x_i) \quad , \qquad (3.92)$$

wobei $F(x_i)$ und $G(x_i)$ Funktionen sind, die den Wärmetransport im Brennelement sowie vom Brennelement zum Kühlgas charakterisieren. Hier sei im Vorgriff auf die entsprechenden Ableitungen in Kap. 4 mitgeteilt, daß bei Beschränkung auf die axiale Abhängigkeit gilt:

$$T_O(z) = T_F(z) + \frac{Q_K(z)}{\alpha\, 4\pi r_2^2} \quad , \qquad (3.93)$$

$$T_O(z) = T_F(0) + \frac{N_R}{\dot{m}\, c_p} \cdot \frac{1}{2}\left(1 - \cos\left(\frac{\pi z}{H}\right)\right) + \frac{L_0\, \sin((\pi z)/H)}{\xi \cdot \alpha\, 4\pi r_2^2} \quad . \qquad (3.94)$$

Folgende Parameter sind hier berücksichtigt:

α = Wärmeübergangszahl Brennelementoberfläche-Kühlgas,

r_2 = Außenradius der Brennelemente,

ξ = Zahl der Brennelemente pro Reaktorvolumen,

Q_K = Kugelleistung.

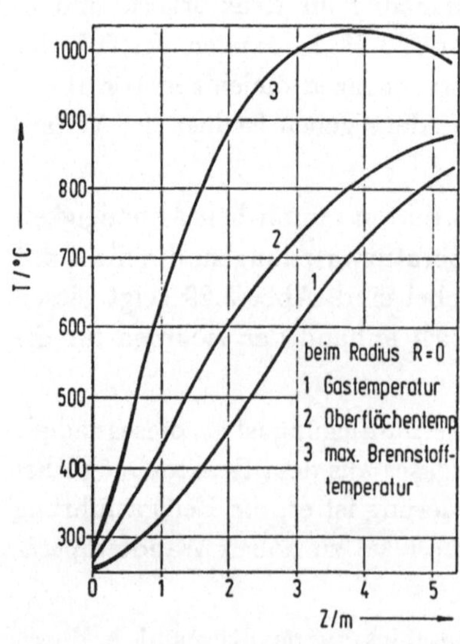

Abb. 3.28: Axialer Verlauf der Kühlgastemperatur, der Brennelementoberflächentemperatur sowie der Brennstofftemperatur im zentralen Kanal des THTR [1.34]

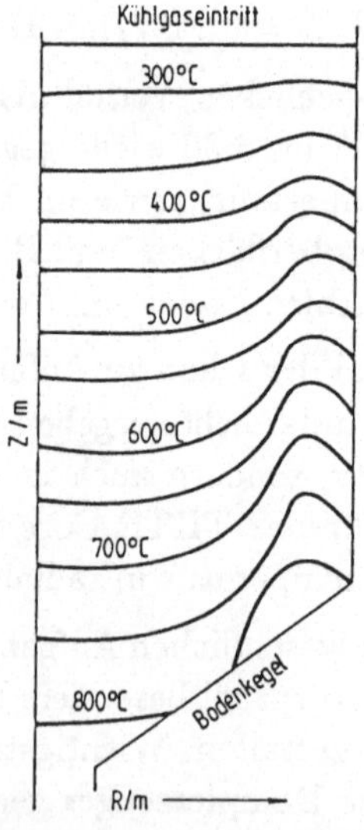

Abb. 3.29: Isolinien der Kühlgastemperatur im THTR - Core (Strömung des Kühlgases von oben nach unten) [1.34]

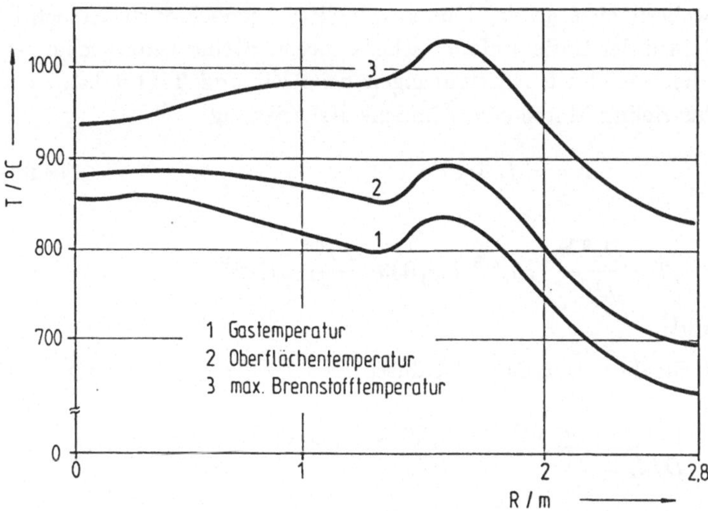

Abb. 3.30: Radiale Temperaturprofile am Kernende des THTR-Reaktors [1.34]

Die axiale Abhängigkeit der Brennstofftemperatur im Zentrum eines Brennelementes kann dagegen aus der Beziehung

$$T_B(z) = T_F(z) + Q_K(z)\left(\frac{1}{8\pi\lambda r_1} + \frac{1}{4\pi\lambda}\left(\frac{1}{r_1} - \frac{1}{r_2}\right) + \frac{1}{\alpha\, 4\pi r_2^2}\right) \quad , \qquad (3.95)$$

mit

$$Q_K(z) = \frac{L_0}{\xi}\,\sin\left(\frac{\pi z}{H}\right) \quad , \qquad (3.96)$$

ermittelt werden. Dabei wurden folgende neue Parameter benutzt:

λ = Wärmeleitfähigkeit der Graphitmatrix des Brennelementes,

r_1 = Radius der Brennstoffzone in den kugelförmigen Brennelementen.

3.2.4 Wärmeübergang in der Kugelschüttung

Unter Benutzung bekannter Beziehungen für ideale Gase ergibt sich die Heliumgeschwindigkeit im Reaktorcore zu

$$v_{He} = \frac{\bar{L}\cdot H}{\varrho_0\, p\, T_0\,/(p_0\, T)} \cdot \frac{1}{c_p\, \varepsilon\, (T_A - T_E)} \quad , \qquad (3.97)$$

$T_A - T_E$ ist dabei die Aufheizspanne im Reaktorkern, T die jeweilige Temperatur des Kühlgases im Corebereich. Für den THTR lassen sich z. B. Geschwindigkeiten von 8,2 m/s am Coreeintritt und 16 m/s am Kernaustritt ermitteln. Diese relativ hohen Kühlgasgeschwindigkeiten führen zu guten Wärmeübergangsverhältnissen von den Brennelementoberflächen an das Kühlgas, bedingen jedoch auch beträchtliche Coredruckverluste. Auf der Basis umfangreicher experimenteller Untersuchungen und bestätigt durch die betrieblichen Erfahrungen bei AVR und THTR kann der Wärmeübergang an das Helium durch eine Ähnlichkeitsbeziehung

$$Nu = f(Re, Pr, \varepsilon) \quad , \tag{3.98}$$

mit

$$Nu = 1,27 \cdot \frac{Pr^{0,33}}{\varepsilon^{1,18}} \cdot Re^{0,36} + 0,033 \cdot \frac{Pr^{0,5}}{\varepsilon^{1,07}} \cdot Re^{0,86} \quad , \tag{3.99}$$

beschrieben werden [3.51].

Der Gültigkeitsbereich für diese Beziehung ist durch

$$100 \leq Re \leq 10^5 \quad , \quad 0,36 \leq \varepsilon \leq 0,42 \quad ,$$
$$D/d_k \geq 20 \qquad , \quad H/d_k \geq 4$$

festgelegt. Die Ähnlichkeitszahlen sind wie bekannt durch

$$\text{Reynolds-Zahl}: \quad Re \; = \; \frac{\dot{m} \cdot d_k}{A \cdot \eta} \quad , \tag{3.100}$$

$$\text{Prandtl-Zahl} \; : \quad Pr \; = \; \frac{\eta \cdot c_p}{\lambda} \quad , \tag{3.101}$$

$$\text{Nusselt-Zahl} \; : \quad Nu \; = \; \frac{\alpha \cdot d_k}{\lambda} \quad , \tag{3.102}$$

definiert. Die einzelnen Größen haben in den Beziehungen folgende Bedeutung:

D = Coredurchmesser,
A = Corequerschnitt,
d_k = Kugeldurchmesser,
ε = Porosität der Kugelschüttung,
η = dynamische Viskosität des Gases,
λ = Wärmeleitfähigkeit des Gases,
c_p = spezifische Wärmekapazität des Gases
$\dot{m}$ = Heliummassenstrom,
α = Wärmeübergangszahl.

Entsprechend Gl. 3.99 ist in Abb. 3.31 die Abhängigkeit der Nusseltzahl von der Reynolds-Zahl für Helium sowie die in Kugelschüttungen vorliegenden Verhältnisse (ε=0,39) wiedergegeben. Abb. 3.21 zeigte die Abhängigkeit von ε als Funktion von d_k/D.

Auch hier sei wiederum das THTR-Core betrachtet, um zu einer Abschätzung der Größenordnung des Wärmeübergangs in der Kugelschüttung zu gelangen. Mit den Werten $\dot{m}$=289 kg/s, $A= \pi R^2$=24,63 m², d_k=0,06 m, ε=0,39, $\eta = 3,73 \cdot 10^{-5}$kg/(m s), λ=0,3 W/(m K), c_p=5,19 kJ/(kg K), folgt für eine mittlere Bezugstemperatur des Heliums von 500 °C im Core die Prandtlzahl zu Pr=0,646, die Reynolds-Zahl zu

Heliums von 500 °C im Core die Prandtlzahl zu $Pr=0,646$, die Reynolds-Zahl zu $Re=18874$, während für die Wärmeübergangszahl ein Wert von $\alpha= 2,3$ kW/(m² K) errechnet wird. Innerhalb der Kugelschüttung ist dieser Wert entsprechend der Verteilung der Temperatur des Kühlgases und damit auch der das Gas charakterisierenden Werte gewissen, allerdings recht geringen Schwankungen unterworfen. Die hier wiedergegebenen Zusammenhänge erlauben einen Schluß auf die Wärmestromdichten an der Oberfläche von HTR-Brennelementen. Als Mittelwert $\bar{q}''$ für die Wärmestromdichte kann berechnet werden:

$$q'' = \bar{\alpha}(\bar{T}_O - \bar{T}_F) \quad , \tag{3.103}$$

$$N_R = V_R \cdot Z \cdot \bar{\alpha} \cdot 4\pi r_2^2 \cdot (\bar{T}_O - \bar{T}_F) \quad . \tag{3.104}$$

Unter Benutzung der Werte $N_R=750$ MW, $V_R=125$ m³, $\bar{\alpha}= 2,3$ kW/(m² K), $r_2=0,03$ m, folgt die mittlere Temperaturdifferenz zwischen Brennelementoberfläche und Kühlgas zu $\bar{T}_O - \bar{T}_F = 42$ °C. Der mittlere Wärmefluß $\bar{q}''$ liegt dann bei rund 10 W/cm², ein Wert, der im Vergleich zu anderen Reaktorkonzepten als niedrig anzusehen ist. Diese niedrige Wärmestromdichte führt, wie in Abschnitt 4.1 noch näher ausgeführt wird, zu niedrigen Beanspruchungen der Brennelemente.

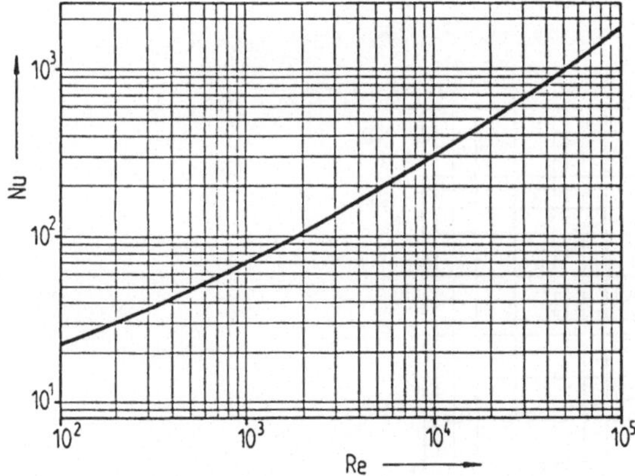

Abb. 3.31: Abhängigkeit der Nusseltzahl von der Reynolds-Zahl (Gl. 3.99, Helium, $\varepsilon = 0,39$)

3.2.5 Druckverlust in der Kugelschüttung

Beim Durchströmen der Brennelementschüttung des Kugelhaufenreaktors entsteht ein beträchtlicher Druckverlust im Kühlmittel, der sich aus drei Anteilen für Reibung, für statische Höhendifferenz und Beschleunigung zusammensetzt.

$$\Delta p_{ges} = \Delta p_{Reib} + \Delta p_{Stat} + \Delta p_{Beschl} \tag{3.105}$$

Der im praktischen Fall weitaus überwiegende Anteil ist der Reibungsdruckverlust. Aus umfangreichen experimentellen Untersuchungen sowie aus der praktischen Betriebserfahrung bei AVR und THTR haben sich folgende Gebrauchsformeln als gut zutreffend zur Beschreibung des Reibungsdruckverlustes herausgestellt:

$$\Delta p = \psi \cdot \frac{1-\varepsilon}{\varepsilon^3} \cdot \frac{H}{d_k} \cdot \frac{1}{2\,\varrho} \cdot \left(\frac{\dot{m}}{A}\right)^2 \quad , \tag{3.106}$$

$$\psi = \frac{320}{\frac{Re}{(1-\varepsilon)}} + \frac{6}{\left(\frac{Re}{(1-\varepsilon)}\right)^{0,1}} \quad , \tag{3.107}$$

$$Re = \frac{\dot{m} \cdot d_k}{A \cdot \eta} \quad . \tag{3.108}$$

Der Gültigkeitsbereich dieser Gebrauchsformel [3.52] ist durch

$$1 \le \frac{Re}{1-\varepsilon} \le 10^5 \quad , \tag{3.109}$$

$$0,36 \le \varepsilon \le 0,42 \tag{3.110}$$

abgesteckt. Es gilt die Nomenklatur, die schon bei der Erklärung der Wärmeübertragungsformeln verwendet wurde. Der Druckverlustbeiwert ist in Abb. 3.32 in Abhängigkeit von der Reynolds-Zahl dargestellt.

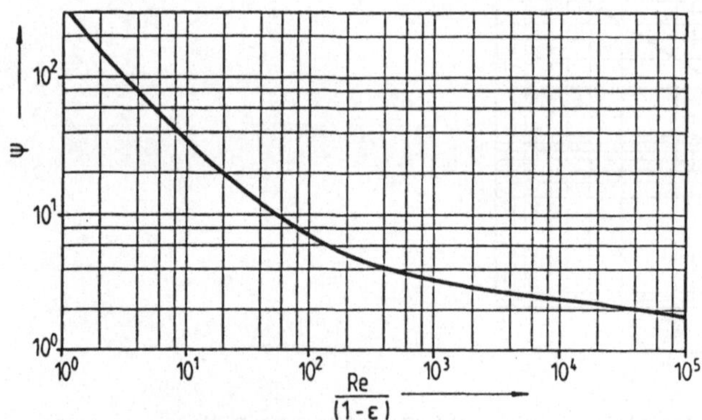

Abb. 3.32: Druckverlustbeiwert als Funktion der Reynolds-Zahl (Gültigkeitsbereich: $H/d_k > 5, D/d_k > 5$)

Im Falle des THTR-Reaktors führt die angegebene Beziehung bei Verwendung der Werte $\varepsilon = 0,39$, $H = 5,1$ m, $d_k = 0,06$ m, $\varrho = 2,48$ kg/m³, $\dot{m} = 289$ kg/s, $\eta = 3,73 \cdot 10^{-5}$ kg/(m s) (für 500 °C als Bezugstemperatur) zu einem Gesamtdruckverlust von $\Delta p = 0,59$ bar. Wie alle Gebrauchsformeln in der Technik, weist auch diese Beziehung gewisse Unsicherheiten auf, die mit rund 15 % veranschlagt werden können. Dies wird übrigens durch neuere Betriebsmessungen am THTR (siehe Abb. 3.33), bei denen der Coredruckverlust über dem variablen Kühlgasmassenstrom aufgetragen ist, verdeutlicht [3.53].

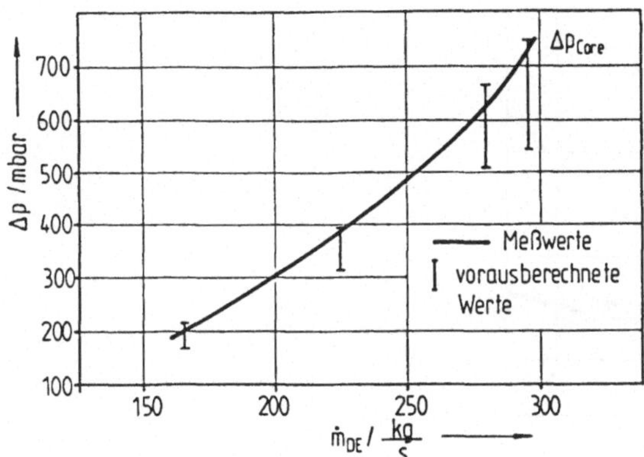

Abb. 3.33: Coredruckverlust beim THTR in Abhängigkeit vom Massenstrom (gerechnete und gemessene Werte)

Um genauere Rechnungen durchführen zu können, ist das Core in hinreichend viele Schichten zu unterteilen und die Abhängigkeit der Größen η und ϱ von der Temperatur $T(z)$ zu berücksichtigen. Mit Hilfe einer derartigen verfeinerten Betrachtung ergibt sich der gesamte Druckverlust der Kugelschüttung zu

$$\Delta p = \int\limits_0^H \frac{\partial p(z)}{\partial z} \cdot \mathrm{d}z \quad , \tag{3.111}$$

in der gewünschten Genauigkeit.

Der Coredruckverlust, der wie die Betrachtungen in Abschnitt 4.5 noch zeigen werden, ein wesentlicher Anteil des gesamten Kreislaufdruckverlustes des Reaktorsystems ist, wird durch einige wesentliche Reaktorparameter bestimmt. Es sind dies die mittlere Kernleistungsdichte, die Kernhöhe, die Aufheizspanne des Kühlgases im Kern sowie der Heliumdruck. Unter Benutzung der Beziehungen

$$\Delta p \sim \frac{H}{\varrho} \cdot \dot{m}^2 \tag{3.112}$$

und

$$\dot{m} = \frac{\bar{L} \cdot V_R}{c_p \cdot \Delta T} = \frac{\bar{L} \cdot H \cdot A}{c_p \cdot \Delta T} \quad , \tag{3.113}$$

mit ΔT als Aufheizspanne des Kühlgases im Kernreaktor läßt sich leicht der Zusammenhang

$$\Delta p \sim \frac{\bar{L}^2 \cdot H^3}{\Delta T^2} \cdot \frac{1}{\varrho} \tag{3.114}$$

herleiten. Eine quantitative Auswertung dieser Beziehung ist in Abb. 3.34 wiedergegeben. Sie zeigt die Abhängigkeit des Coredruckverlustes von der Leistungsdichte und von der Kernhöhe. Eingetragen ist der Auslegungspunkt für den THTR.

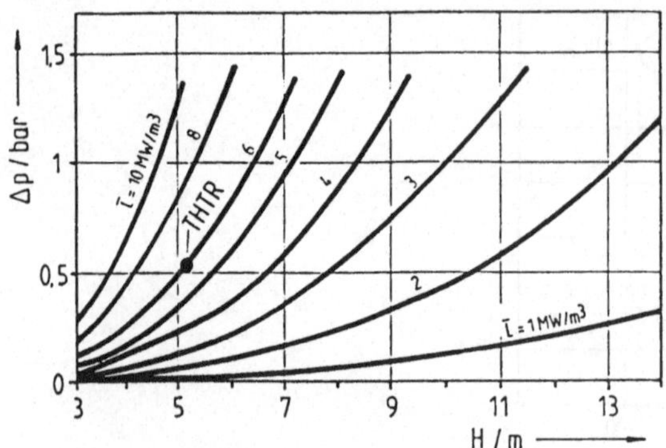

Abb. 3.34: Coredruckverlust als Funktion von Corehöhe und mittlerer Kernleistungsdichte ($\Delta T = 500\ °C$, $p_{He} = 40\ bar$)

Um die Gebläseleistung für den gesamten Kühlkreislauf des Reaktors sinnvoll im Verhältnis zur Nettoleistung des Kernkraftwerkes zu begrenzen - im allgemeinen werden 3 bis 5% als akzeptabler Wert angesehen - ist eine Begrenzung des Coredruckverlustes bei HTR-Anlagen auf unter etwa 0,8 bar üblich. Im allgemeinen wird beim Durchströmen des Dampferzeugers sowie aller Gasführungen auf der Heißgas- und der Kaltgasseite ein zusätzlicher Druckverlust von etwa 0,5 bar auftreten. Der gesamte maximale Kreislaufdruckverlust liegt dann bei etwa 1,3 bar. Dieser Wert darf auch im Hinblick auf die technische Anforderung, möglichst einstufige Radialverdichter zur Kompensation der Kreislaufdruckverluste einsetzen zu können, im allgemeinen nicht überschritten werden. Aus den oben bereits angeführten Beziehungen für den Druckverlust läßt sich weiterhin das Verhältnis Pumpenergie zu elektrischer Nettoleistung zu

$$\frac{N_p}{N_{el}} \sim \frac{\bar{L}^2 \cdot H^3}{\varrho^2 \Delta T^3} \cdot \frac{1}{\eta_{ges}} \cdot \frac{1}{d_k} \ , \tag{3.115}$$

bestimmen und der günstige Einfluß eines möglichst hohen Primärkreisdrucks sowie einer hohen Aufheizspanne im Kern erkennen.

Für das THTR-Core läßt sich mit Hilfe der Werte $\Delta p = 0,59$ bar, $\dot{m} = 289$ kg/s, $\varrho = 3,76$kg/m³ (250 °C/ 40 bar), $\eta_{ges} = 0,4$ für das Verhältnis N_p/N_{el} ein Wert von etwa 0,016 für das Core bestimmen.

Der Gesamtdruckverlust des Heliumkreislaufs beträgt für den THTR 1,12 bar (siehe Kap. 4), so daß das Verhältnis Pumpleistung/elektrische Nettoleistung für diesen Reaktor etwa 3,6 % beträgt, was in Übereinstimmung mit den vorher erwähnten Forderungen ist. Im Sinne einer wirtschaftlichen Optimierung einer HTR-Anlage sollten insgesamt die Aufheizspanne im Kern und der Druck hoch gewählt werden, während Leistungsdichte und Kernhöhe nicht zu große Werte aufweisen sollen. Auf Einzelheiten zur optimalen Wahl von derartigen Werten und anderen Coreauslegungsgrößen wird in Abschnitt 3.3 hingewiesen.

3.2.6 OTTO-Zyklus

Wie bereits in Kap. 2 erwähnt, wird beim AVR, THTR und mehreren Nachfolgeprojekten der Mehrfachdurchlauf der Brennelemente durch das Reaktorcore (MEDUL-Zyklus) zugrundegelegt. Es besteht beim HTR darüberhinaus die Möglichkeit, die Brennelemente nur einmal durch das Core hindurch zu schicken und sie dann als abgebrannt zu entnehmen (OTTO-Zyklus) [3.54 bis 3.56]. Bei diesem Zyklus kommt es zu einer speziellen Form des axialen Verlaufs der Kernleistungsdichte und der Kühlgas- bzw. Brennstofftemperatur, wie die folgende stark vereinfachte Rechnung zeigen möge.

Für die Gastemperatur gelte, wie schon vorher abgeleitet:

$$T_F(z) = T_F(0) + \frac{1}{c_p \dot{m}} \int\limits_0^z Q(z')\mathrm{d}z' \quad . \tag{3.116}$$

Daraus folgt die Brennstofftemperatur (z. B. im Zentrum der Brennelemente) zu:

$$T_B(z) = T_F(z) + Q(z) \cdot \psi(\lambda, r_i, \alpha) \quad , \tag{3.117}$$

wobei die Funktion ψ alle Größen des Wärmetransports im Brennelement sowie vom Brennelement an das Kühlgas enthält.

Durch Kombination der Gleichungen 3.116 und 3.117 erhält man:

$$T_B(z) = T_F(0) + \frac{1}{c_p \dot{m}} \int\limits_0^z Q(z')\mathrm{d}z' + Q(z) \cdot \psi(\lambda, r_i, \alpha) \quad . \tag{3.118}$$

Für die praktische Anwendung eines Kernreaktors ist es eventuell wünschenswert, die Temperaturdifferenz zwischen Brennstofftemperatur und Kühlgastemperatur besonders im heißen Bereich des Reaktors klein zu halten. Dies kann ein Weg sein, um sehr hohe Kühlgastemperaturen bei technisch noch gut beherrschbaren Werten der Brennstofftemperatur zu erreichen. Wenn man fordert, daß im heißen Bereich und auch sonst im Core möglichst $T_B(z) = $ const., d. h. $\frac{\mathrm{d}T_B}{\mathrm{d}z} = 0$ gelten soll , reduziert sich (3.118) auf

$$\frac{\mathrm{d}Q}{\mathrm{d}z} + \frac{1}{\psi \cdot c_p \dot{m}} \cdot Q = 0 \quad , \tag{3.119}$$

mit der Lösung

$$Q(z) = Q(0) \cdot \exp(-z/(\psi \dot{m} c_p)) \quad . \tag{3.120}$$

Diese Leistungsverteilung erlaubt dann, wie etwa in Abb. 3.35 für einen praktischen Fall dargelegt, eine mittlere Gasaustrittstemperatur aus einem OTTO-Core von 985 °C, ohne daß Brennstofftemperaturen von 1050 °C überschritten werden.

Im Vergleich zur Leistungsdichte eines MEDUL-Cores ist ein OTTO-Zyklus allerdings durch eine starke axiale Unsymmetrie im Leistungsdichteprofil gekennzeichnet (siehe Abb. 3.36), was insbesondere Nachteile für die Dosisbelastung des Reflektors im oberen Kernbereich mit sich bringt. Vorteilhaft ist bei diesem Zyklus, wie noch in Abschnitt 4.4 näher ausgeführt wird, daß die Beschickungsanlage stark vereinfacht werden kann. Es ist jedoch schwierig, OTTO-Cores mit Höhen über 6 m zu realisieren. Bei hypothetischen Coreaufheizstörfällen, die in Kap. 6 noch näher erläutert werden, sind die hohen Peakfaktoren der Leistungsdichteverteilung beim OTTO-Zyklus nachteilig.

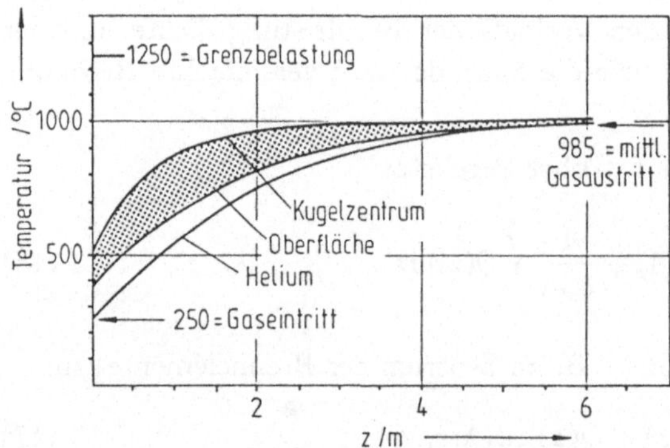

Abb. 3.35: Temperaturprofil in einem OTTO-Core (Leistungsdichte $= 5$ MW/m^3)

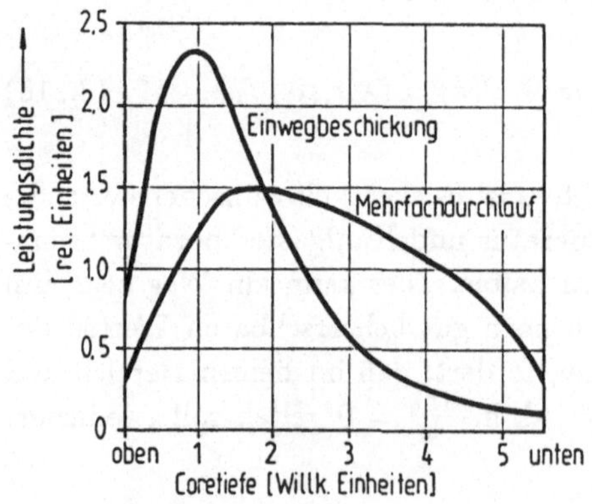

Abb. 3.36: Leistungsdichteverteilung eines MEDUL- und OTTO-Cores im Vergleich

3.2.7 Eigenschaften von Helium

Die für thermodynamische Auslegungsrechnungen wichtigen Eigenschaften des Kühlgases Helium sind im folgenden summarisch aufgeführt [3.57].

Im technisch wichtigen Bereich 1 bar $\leq$ p $\leq$ 100 bar, 293 K $\leq$ T $\leq$ 1773 K gelten folgende Beziehungen:

Dichte:

$$\varrho = 48,14 \cdot \frac{p}{T} \cdot \frac{1}{1 + 0,4446 \cdot p / T^{1,2}}$$ (3.121)

$\varrho(\text{kg/m}^3)$, $p(\text{bar})$, $T(\text{K})$

Spezifische Wärme:

$$c_p = 5195 \text{ J/(kg K)}, \ c_v = 3117 \text{ J/(kg K)}$$

Verhältnis der spezifischen Wärmen:

$$\kappa = c_p/c_v = 1,666$$

Dynamische Viskosität:

$$\eta = 3,674 \cdot 10^{-7} \cdot T^{0,7}$$ (3.122)

$\eta(\text{kg/(m s)})$, $T(\text{K})$

Wärmeleitfähigkeit:

$$\lambda = 2,682 \cdot 10^{-3} \cdot T^{0,71 \cdot (1 - 2 \cdot 10^{-4} \cdot p)} \cdot (1 + 1,123 \cdot 10^{-3} \cdot p)$$ (3.123)

$\lambda(\text{W/(m K)})$, $T(\text{K})$, $p(\text{bar})$

Unter Benutzung des spezifischen Volumens $v = 1 / \varrho$ folgt für die spezifische Enthalpie:

$$\mathrm{d}h = c_p \,\mathrm{d}T + \left((v - T\frac{\partial v}{\partial T})_p \right) \mathrm{d}p$$ (3.124)

$$h(T,p) = 5195 \cdot (T - 273,16) + \frac{1108,27}{T^{0,2}} \cdot (p - 1)$$ (3.125)

$h(\text{kJ/kg})$, $T(\text{K})$, $p(\text{bar})$

Für die spezifische Entropie ergibt sich mit dem Nullpunkt der Entropie bei $p_0 = 1\text{bar}$, $T_0 = 273,16\text{K}$:

$$\mathrm{d}s = c_p \frac{\mathrm{d}T}{T} - (\frac{\partial v}{\partial T})_p \,\mathrm{d}p$$ (3.126)

$$s(T,p) = 5195 \cdot \ln\left(\frac{T}{273,16} \right) + \frac{184,71}{T^{1,2}} \cdot (p - 1)$$ (3.127)

$s(\text{kJ/(kg K)})$, $T(\text{K})$, $p(\text{bar})$

Die Abhängigkeit der spezifischen Enthalpie h von der spezifischen Entropie s für jeweils konstante Werte von (T und p), die für die praktische Anwendung oft benötigt wird, ist in Abb. 3.37 wiedergegeben. Abb. 3.38 bzw. Abb. 3.39 geben die Wärmeleitfähigkeit bzw. die dynamische Zähigkeit in Abhängigkeit von der Temperatur wieder. Auf sonstige Eigenschaften des Kühlmittels Helium, die für den Reaktorbetrieb wichtig sind, wie etwa das Reibungsverhalten von Metallpaarungen im trockenen Kühlgas oder auf Wirkungen von Verunreinigungen im Helium auf die Reaktorkomponenten, wird in Kap. 4 eingegangen. Hier sei bereits auf die hohen Reibkoeffizienten in reinem Helium hingewiesen, die besondere konstruktive Maßnahmen sowie den Einsatz spezieller Metallpaarungen zur Verhinderung von Reibverschweißungen bedingen.

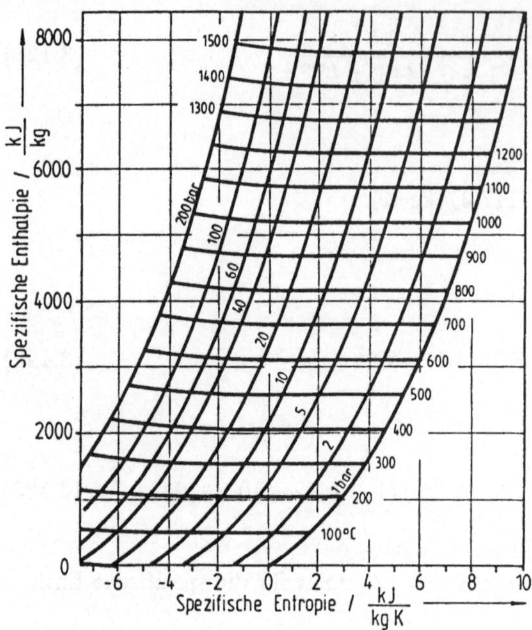

Abb. 3.37: Spezifische Enthalpie als Funktion der spezifischen Entropie für das Kühlgas Helium (Parameter sind Druck und Temperatur)

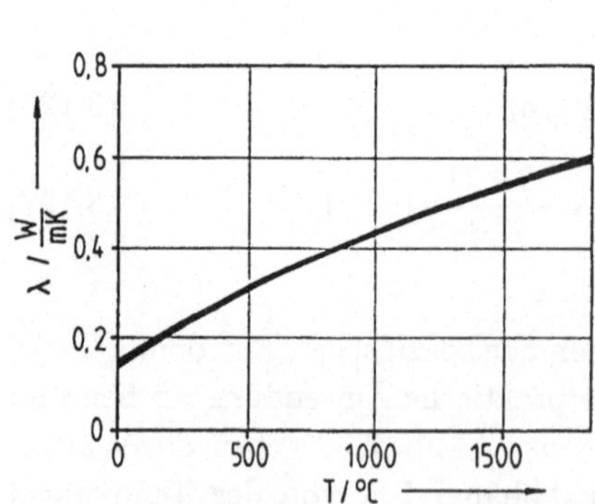

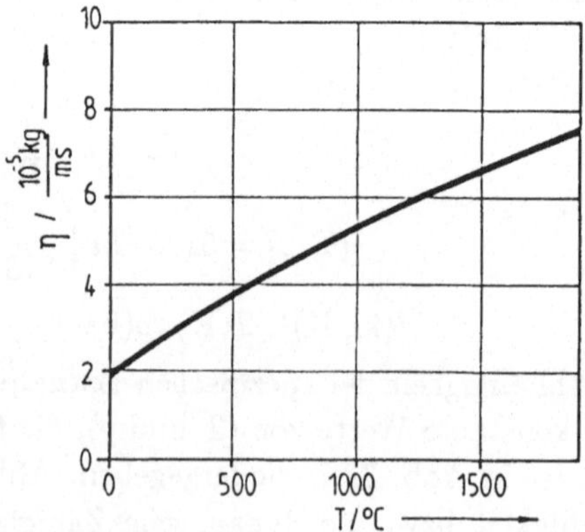

Abb. 3.38: Wärmeleitfähigkeit von Helium in Abhängigkeit von der Temperatur

Abb. 3.39: Dynamische Zähigkeit von Helium in Abhängigkeit von der Temperatur

3.3 Kernauslegungsdaten von HTR-Anlagen

3.3.1 Übersicht

Eine Vielzahl von Daten beeinflußt die Auslegung eines HTR-Cores. Hier sollen zu einigen wenigen qualitative Argumente aufgeführt werden, um die bei ausgeführten und geplanten HTR-Anlagen vorgesehenen Daten einschätzen zu können. Wesentliche Parameter sind die mittlere Kernleistungsdichte $\bar{L}$, die Heliumeintrittstemperatur T_E, die Heliumaustrittstemperatur T_A, der Heliumdruck p_{He}, das H/D-Verhältnis des Cores (Höhe/Durchmesser), der Brennstoffabbrand, die Schwermetallbeladung der Brennelemente, das Partikelkonzept sowie die Art des Brennelementmanagements (OTTO- oder MEDUL-Zyklus). In Tab 3.6 wurden Auslegungswerte für die bisher gebauten und die in Planung befindlichen Anlagen vermerkt. Im folgenden werden einige wichtige Gesichtspunkte, die bei der Festlegung dieser Daten bedacht werden müssen, diskutiert.

3.3.2 Kernleistungsdichte

Insbesondere die Kernleistungsdichte ist in HTR-Anlagen ein äußerst wichtiger Auslegungsparameter, der Auswirkungen auf sehr viele Anlageneigenschaften besitzt. Die Leistungsdichte hat entsprechend Abb. 3.40 Einfluß auf wichtige Reaktorkomponenten sowie charakteristische Eigenschaften von HTR-Anlagen.

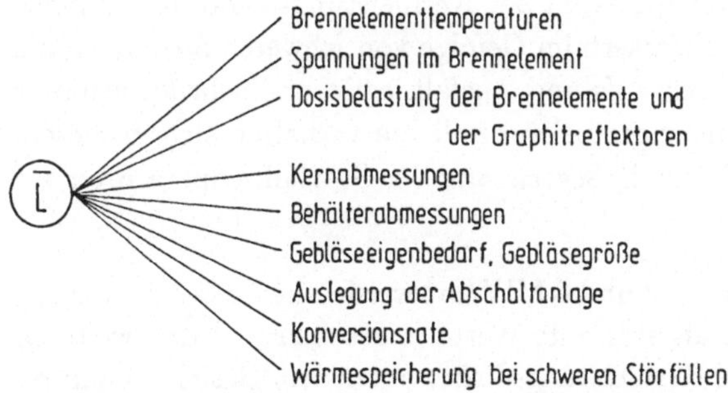

Abb. 3.40: Einflüsse bei der Wahl der Kernleistungsdichte

Bei der zweckmäßigen Wahl der Kernleistungsdichte sind folgende Gesichtspunkte zu beachten:

- Die Kernleistungsdichte sollte nicht zu hoch sein, um Brennstoff- und Oberflächentemperaturen der Brennelemente sowie die thermischen Spannungen in diesen Komponenten in Grenzen zu halten. Die zulässige Grenze liegt bei HTR-Elementen recht hoch, in Bestrahlungstests wurde gezeigt, daß eine mittlere Leistungsdichte von etwa 10 MW/m^3 durchaus wählbar wäre.

- Die Dosisbelastungen von Brennelementen und Reflektoren steigen mit der Leistungsdichte an und begrenzen insbesondere unter dem Gesichtspunkt einer Anlagenlebensdauer von 30 Jahren (Vollast), die im allgemeinen der Auslegung zugrunde gelegt wird, den Mittelwert auf unter 8 MW/m^3.

- Bei Wahl einer hohen Kernleistungsdichte und damit eines hohen Druckverlustes im Kühlkreislauf können evtl. keine einstufigen Radialgebläse mehr eingesetzt werden. Der technische Aufwand würde steigen. Eine Grenze für die Verwendung derartiger Maschinen wird bei einem Druckverlust von rund 1,3 bar gesehen.

- Im Interesse einer wirtschaftlichen Anlagenauslegung sollte das Verhältnis $N_{Gebläse}/N_{el}$ begrenzt bleiben. Werte von etwa 3 % bis 5 % gelten als vertretbar.

- Die Kern- und damit auch die Behälterabmessungen steigen mit fallender Kernleistungsdichte an. Damit steigen auch die Investkosten an. Auf Optimierungsüberlegungen, die in diesem Zusammenhang anzustellen sind, wird im folgenden noch hingewiesen.

- Die Anforderungen an die Abschaltanlage steigen mit erhöhter Kernleistungsdichte, etwa wegen erhöhter Reaktivitätsvorhaltungen für die Xenonkompensation (siehe Kap. 5).

- Die Konversionsrate bei Hochtemperaturreaktoren ist besonders günstig in Coreanordnungen mit niedriger Leistungsdichte, da dann der parasitäre Einfang von Neutronen im Protactinium vergleichsweise gering ist (siehe Kap. 9).

- Ganz besondere Bedeutung besitzt die Wahl der Kernleistungsdichte im Hinblick auf die Wärmespeicherung im Reaktorkern im Gefolge von schweren Störfällen, die durch Druckentlastung des Kühlkreislaufs und Ausfall jeglicher Nachwärmeabfuhr charakterisiert sind. Kerne mit niedriger Leistungsdichte verhalten sich in diesem Fall sehr träge und zeichnen sich durch Begrenzung der Störfalltemperaturen auf unkritische Werte aus (siehe Kap. 6).

Mittlere Kernleistungsdichten zwischen 3 und 6 MW/m^3 werden heute bei Abwägung der hier genannten Gesichtspunkte als sinnvolle Werte angesehen und den weiteren Planungen zugrunde gelegt. Daß die Kernleistungsdichte unter dem Gesichtspunkt einer wirtschaftlichen Optimierung von HTR-Anlagen eine wichtige Rolle spielt, möge anhand der im folgenden wiedergegebenen qualitativen Betrachtungen veranschaulicht werden.

Die Investitionskosten der gesamten Kraftwerksanlage können im Hinblick auf den Einfluß der Kernleistungsdichte durch einen Ausdruck der Form

$$K_{inv} = K_{inv}^0 + \frac{a_1}{\bar{L}} \tag{3.128}$$

approximiert werden. Die Betriebskosten, die insbesondere den Eigenbedarf für den Antrieb der Gebläse enthalten, seien durch

$$K_{Betr} = K_{Betr}^0 + N_{Gebl} \cdot x \cdot T = K_{Betr}^0 + a_2 \bar{L}^2 \cdot x \cdot T \tag{3.129}$$

angenähert wiedergegeben. T steht hierbei für die Vollastbetriebsstunden und x für den Strompreis. Die jährlichen Gesamtkosten für die Anlage errechnen sich dann zu

$$K_{ges} = K_{Betr} + K_{inv} \cdot \bar{a} \qquad (3.130)$$

wobei $\bar{a}$ ein Faktor ist, der den Kapitaldienst, Steuern, Versicherungen und Reparaturen umfaßt. Für die Abhängigkeit der Jahreskosten von der Kernleistungsdichte gewinnt man damit insgesamt den Ausdruck

$$K_{ges}(\bar{L}) = C_1 + \frac{C_2}{\bar{L}} + C_3 \cdot \bar{L}^2 \qquad (3.131)$$

mit $C_1 = K_{inv}^0 \cdot \bar{a} + K_{Betr}^0$, $C_2 = a_1 \cdot \bar{a}$, $C_3 = a_2 \cdot T \cdot x$. Die Bedingungen für ein Minimum der Jahreskosten lauten dann

$$\frac{\partial K_{ges}}{\partial \bar{L}} = 0 \quad , \quad \frac{\partial^2 K_{ges}}{\partial \bar{L}^2} > 0 \qquad (3.132)$$

Ein Optimalwert der Kernleistungsdichte in wirtschaftlicher Hinsicht hängt dann in der Form

$$\bar{L}_{opt} \sim \sqrt[3]{\frac{a_1 \cdot \bar{a}}{2\,a_2\,T\,x}} \qquad (3.133)$$

von den diskutierten Parametern ab. Man wird also die Leistungsdichte niedrig wählen, wenn der Wert $\bar{a}$ niedrig liegt (im wesentlichen bei niedrigem Zinssatz und langer Abschreibungszeit gegeben). Besonders bei hoher Auslastung und bei hohem Strompreis wird man sich ebenfalls für niedrige Leistungsdichten entscheiden. Sicherheitsüberlegungen, die in Kap. 6 noch konkretisiert werden, sprechen besonders für die Wahl niedriger Kernleistungsdichten. Die hier diskutierten Zusammenhänge hinsichtlich der Kosten sind in Abb. 3.41 qualitativ wiedergegeben.

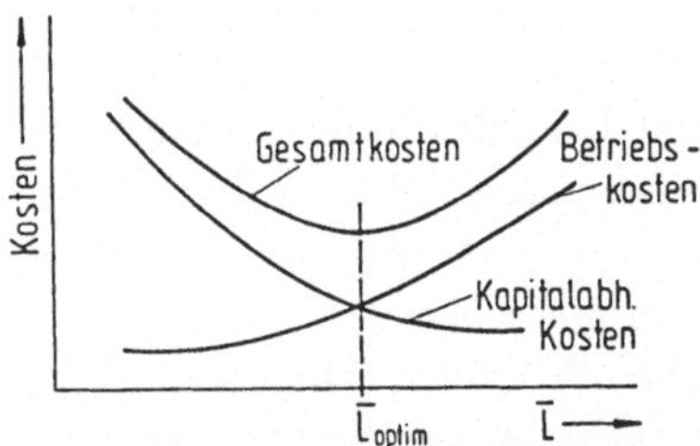

Abb. 3.41: Qualitative Zusammenhänge bei der Optimierung der Kernleistungsdichte

3.3.3 H/D-Verhältnis des Kerns

Die Wahl des Verhältnisses Höhe zu Durchmesser (H/D) bei einem Reaktorkern ist zunächst wichtig im Hinblick auf die Neutronenökonomie. Praktisch alle Reaktoren, die bislang gebaut wurden, streben ein H/D-Verhältnis nahe bei 1 an, um die kritische Masse und damit den Spaltstoffeinsatz so gering wie möglich zu halten. Die Neutronenverluste durch Leckage werden bei diesem Auslegungsprinzip vergleichsweise gering. Für zukünftige HTR-Anlagen wird das Prinzip der inhärent sicheren passiven Nachwärmeabfuhr über die Reaktoroberfläche wichtiger und damit ergibt sich ein völlig anderes H/D-Verhältnis. Zunächst einige Bemerkungen zur neutronenphysikalischen Optimierung. Ausgehend von der kritischen Bedingung für ein zylindrisches Core

$$B^2 = \left(\frac{\pi}{H}\right)^2 + \left(\frac{2,405}{R}\right)^2 \tag{3.134}$$

und der Beziehung

$$V = \pi R^2 H \tag{3.135}$$

läßt sich das Corevolumen zu

$$V(H) = \pi \cdot (2,405)^2 \cdot \frac{H}{B^2 - \left(\frac{\pi}{H}\right)^2} \tag{3.136}$$

formulieren. Die Forderung nach minimaler Coregröße bzw. nach minimalem Spaltstoffeinsatz führt auf Optimierungsbedingungen der Art:

$$\frac{\partial V}{\partial H} = 0 \quad , \quad \frac{\partial^2 V}{\partial H^2} > 0 \quad . \tag{3.137}$$

Im einzelnen ergibt sich als Bedingung für ein Minimum der Coregröße

$$H = \frac{\sqrt{3} \cdot \pi}{B} \quad , \quad R = \sqrt{\frac{3}{2}} \cdot \frac{2,405}{B} \quad , \quad V = \frac{148}{B^2} \tag{3.138}$$

oder das gewünschte Verhältnis

$$\frac{R}{H} = \frac{2,405}{\sqrt{2} \cdot \pi} = 0,55 \quad . \tag{3.139}$$

Damit liegt das H/D-Verhältnis theoretisch optimal bei 0,9 im Hinblick auf die Forderung nach minimalem Spaltstoffeinsatz. Soll eine passive Wärmeabfuhr über die Oberfläche erreicht werden, so müssen die Wärmetransportwege im Reaktorkern möglichst kurz gewählt werden, um bei vorgegebener Kernleistungsdichte die maximalen Brennstofftemperaturen im Kern bei hypothetischen Störfällen (Druckentlastung und Ausfall jeglicher aktiver Nachwärmeabfuhrsysteme) unterhalb bestimmter Temperaturen zu halten. Einzelheiten zu diesem Fragenkomplex finden sich in Abschnitt 6.8. Detaillierte Betrachtungen zu diesem Problem führen auf H/D-Verhältnisse im Bereich 2,5 bis 3 für HTR-Anlagen kleiner Leistung. Weiterhin sollte die Kernhöhe nicht zu groß gewählt werden, da entsprechend den Beziehungen

$$\Delta p \sim H^3 \tag{3.140}$$

$$N_p \sim H^3 \tag{3.141}$$

die in Kap. 3 schon näher erläutert wurden, Druckverluste und Pumpleistungen kubisch mit der Kernhöhe ansteigen. Aus diesen Gründen verbieten sich Reaktorkerne, die höher als rund 10 m sind. Eine sehr wichtige Forderung für neue Reaktorkonzepte ist, daß alle Regel- und Abschaltvorgänge möglichst vom Rand des Cores her erfolgen sollten, um die Abschaltsysteme einfach gestalten zu können. Aus neutronenphysikalischen Betrachtungen folgt, daß durch diese Bedingungen eine Obergrenze für den Kernradius bei zylindrischen Systemen von etwa 1,5 m gegeben ist. Durch Graphitnasen, die ins Core hineinragen und in denen Abschaltelemente angeordnet werden können, läßt sich dieser Radius auf etwa 1,75 m vergrößern. Ansonsten ist ein Übergang zu anderen Kerngeometrien als Zylindern möglich, um die Forderung nach Beeinflussung der Reaktivität vom Rand her zu erfüllen. Hohe Cores, d. h. große H/D-Verhältnisse wirken sich günstig im Hinblick auf ein gleichmäßiges Kugelfließen aus. Sollen Kesselstahlbehälter für die Aufnahme des Reaktorkerns eingesetzt werden, so wird wegen der Notwendigkeit, um den Kern herum einen Reflektor von rund 1 m Dicke anzuordnen und wegen der Begrenzung der Behälterdurchmesser auf Werte von unter 6 m ebenfalls ein Coredurchmesser von rund 3 m als sinnvolle Abmessung zu wählen sein.

3.3.4 Heliumdruck

Für die Festlegung des Heliumdruckes des Primärsystems p_{He} ergeben sich folgende Gesichtspunkte: Mit steigendem Druck wird der Wirkungsgrad der Gesamtanlage größer, da die Aufwendungen für die Pumpleistung sinken. Es gilt für das Verhältnis Gebläseleistung zu Reaktorleistung

$$\frac{N_{Gebläse}}{N_R} \approx \frac{1}{p_{He}} \tag{3.142}$$

oder für den Gesamtwirkungsgrad η_{ges} eines Kraftwerks näherungsweise

$$\eta_{ges} \approx \eta_{KP} - \frac{const}{p_{He}} \ , \tag{3.143}$$

wobei η_{KP} den Kreisprozeßwirkungsgrad bezeichnen möge. Die Wärmeübertragungsprozesse in den Wärmetauschern werden durch steigenden Druck begünstigt, d. h. es steigen die Wärmeflüsse durch die Rohrwände, die notwendigen Wärmeaustauscherflächen werden reduziert. Strömungsquerschnitte in den Anlagen können bei steigendem Systemdruck verkleinert werden oder auftretende Druckverluste in allen Bereichen von HTR-Anlagen verringert werden. Mit steigendem Systemdruck werden dagegen die Beanspruchungen des Primärkreiseinschlusses durch mechanische Belastungen erhöht. Bei Kesselstahlbehältern ist dadurch eine proportionale Erhöhung der Wandstärke bedingt. Eine Steigerung des Systemdruckes führt auch zu einer Vergrößerung des Heliuminventars. Beim Störfall Druckentlastung muß dann gegebenenfalls das Reaktorschutzgebäude auf diese größeren Mengen hin ausgelegt werden. Umfangreiche Analysen haben ergeben, daß eine Druckwahl zwischen 40 und 60 bar für Hochtemperaturreaktoranlagen sowohl bei Verwendung von Kesselstahlbehältern als auch von Spannbetonbehältern einen vernünftigen Kompromiß darstellt.

3.3.5   Heliumtemperaturen im Primärkreis

Die Wahl der Heliumeintrittstemperatur T_E in den Reaktorkern beeinflußt die Auslegung einer HTR-Anlage in folgender Weise: Die Eintrittstemperatur, die die Temperatur des Decken- bzw. Bodenreflektors je nach Stromführung festlegt, sollte in jedem Fall höher als 200 °C gewählt werden, um Probleme im Zusammenhang mit dem Wignereffekt zu vermeiden. Bekanntlich werden Energiebeträge, die infolge von Bestrahlungseinwirkungen auf den Graphit im Gitter gespeichert werden, nur bei Temperaturen oberhalb von 200 °C kontinuierlich freigesetzt. Bei sonst gleichen Auslegungswerten des Heliumkreislaufs steigt der Heliummassenstrom mit steigendem Wert von T_E. Als Folge muß eine höhere Gebläseleistung installiert werden. Mit Hilfe einer einfachen Abschätzung folgt für diese Abhängigkeit

$$N_{Gebläse} \sim \dot{m}^3 \tag{3.144}$$

Die Auslegung des Primärkreiseinschlusses gestaltet sich mit zunehmender Kühlgaseintrittstemperatur schwieriger. Bei Stahldruckbehältern sinken die zulässigen Werkstoffkennwerte mit steigender Temperatur, bei Spannbetonbehältern werden die Aufwendungen für die Linerisolierung ansteigen. Mit steigender Heliumeintrittstemperatur werden die Größen der Heizflächen im Dampferzeuger, vor allem im Speisewasservorwärmer verringert. Insbesondere der Effekt der Steigerung des Massenstroms bei erhöhter Heliumeintrittstemperatur wirkt sich auf alle Gasführungssysteme, insbesondere die Heißgaskanäle, nachteilig aus. Entweder steigen die Dimensionen an, oder es sind erhöhte Druckverluste in Kauf zu nehmen. Eine gewisse Grenze für die Ausführbarkeit von sensitiven Reaktorstrukturen ist etwa bei $T_E \approx 400$ °C zu erkennen. Bei Wertung aller Gesichtspunkte bietet sich die Wahl einer Reaktoreintrittstemperatur zwischen 220 und 300 °C als vernünftiger Kompromiß bei HTR-Anlagen an.

Für die Festlegung der Heliumaustrittstemperatur T_A aus dem Reaktorkern spielen folgende Gesichtspunkte eine Rolle: Mit steigender Temperatur T_A sinkt bei sonst festgehaltenen Werten der Massenstrom und es ergeben sich die schon diskutierten Vorteile wie Reduktion von Druckverlusten, Gebläseleistungen, Erhöhung des Anlagenwirkungsgrades sowie Vorteile bei der Gestaltung von Strömungswegen. Auf der anderen Seite ergibt sich insbesondere bei Dampferzeugern ohne heliumbeheizte Zwischenüberhitzung die Notwendigkeit, die Heliumtemperatur unterhalb von 750 °C zu halten, damit bei der Auslegung des Überhitzerbereichs keine Probleme wegen zu hoher Rohrwandtemperatur entstehen. Prozeßwärmeanwendungen, die in Kap. 8 noch näher erläutert werden, verlangen Spitzentemperaturen bis zu 1 000 °C im Heliumkreislauf.

Insbesondere bei Verwendung von Kernstäben ist der Höhe der Heliumaustrittstemperatur Beachtung zu schenken. Die Festigkeitswerte hochhitzebeständiger Werkstoffe lassen oberhalb einer Temperatur von etwa 700 °C deutlich nach. Brennelemente und Strukturgraphit sind als vollkeramische Bauteile zunächst unempfindlich im Hinblick auf die Temperaturwahl, jedoch werden natürlich die im Heliumkreislauf enthaltenen Verunreinigungen bei erhöhten Temperaturen schneller mit Graphitoberflächen reagieren. Wie die Erfahrungen beim AVR zeigen, ist auch die Höhe der Spaltprodukt-freisetzungen im Normalbetrieb von der Heißgastemperatur abhängig. Die Heizflächen in Dampferzeugern oder Prozeßwärmetauschern werden mit steigendem Wert von T_A kleiner. Heißgasleitungen können bis rund 850 °C Heißgastemperatur metallisch ausgeführt werden, darüber hinaus sollten keramische Stoffe Verwendung finden. Für stromerzeugende Anlagen stellen Werte zwischen 700 und 750 °C, für Prozeßwärme-anlagen dagegen Werte zwischen 900 und 950 °C vernünftige Kompromisse dar.

3.3.6 Schwermetallbeladung und Abbrand

Schwermetallbeladungen der Brennelemente sind in einem weiten Bereich zwischen 5 g/BE und 15 g/BE im AVR-Reaktor erfolgreich langzeiterprobt worden. Folgende Gesichtspunkte sind bei der Wahl dieses Parameters zu bedenken: Die Brennelement-fertigungskosten sinken bei steigender Schwermetallbeladung der Brennelemente, das gleiche gilt für die Entsorgungskosten, da diese Position proportional zum entsorgten Volumen an Brennelementen anzusetzen ist. Eine wichtige Rolle spielt die Schwerme-tallbeladung, die umgekehrt proportional zum Moderationsverhältnis ist, für die Neu-tronenphysik eines HTR-Cores. Moderationsverhältnisse zwischen 300 und 500 sind Werte, die zu akzeptablen Kernauslegungen und Brennstoffkosten führen. Für den Störfall Wassereinbruch spielt die Schwermetallbeladung insofern eine Rolle, als das Moderationsverhältnis durch eintretendes Wasser gesteigert werden kann und damit eine Reaktivitätserhöhung möglich ist. Geringe Schwermetallbeladungen der Brenn-elemente sind unter Beachtung dieses Gesichtspunktes von Vorteil. Es ist grundsätz-lich auch möglich, ein HTR-Core aus einem Gemisch aus Blindkugeln (Graphit) und Brennelementen aufzubauen und so Fertigungs- und Entsorgungskosten zu sparen. Bei der Wahl des mittleren Brennstoffabbrandes haben sich aufgrund der jahrzehnte-langen Erfahrungen aus dem AVR-Betrieb und aus Bestrahlungsprogrammen Werte von etwa 100 000 MWd/t Schwermetall als technisch-wirtschaftlich vernünftiger Kom-promiß herausgestellt. Gewisse Verschiebungen ergeben sich durch unterschiedliche Schwermetallbeladungen der Brennelemente oder durch unterschiedliche Brennstoff-zyklen. Insbesondere falls in Zukunft einmal eine Steigerung der Konversionsrate oder gar brutfähige Systeme erforderlich werden, wird die Tendenz in Richtung sinkender Abbrände gehen, um den Einfluß der parasitären Neutronenabsorption im Protac-tinium 233 bei Einsatz des Thoriumzyklus möglichst gering zu halten. Einzelheiten zu dieser Fragestellung finden sich in Kap. 9. Als Partikeltypen stehen heute BISO- und TRISO-Partikeln zur Verfügung. Die zunächst entwickelten und eingeführten BISO-Beschichtungen sind für die betrieblichen Belange der Spaltproduktrückhal-tung voll ausreichend, werden jedoch beim Verhalten unter hypothetischen Störfall-bedingungen (z. B. Coreaufheizungen über 1500 °C hinaus) von den TRISO-Partikeln übertroffen. Vorteile bei der Wiederaufarbeitung, die bei BISO-Partikeln gesehen wer-den, spielen für die nächsten Jahrzehnte wohl keine Rolle. Bei den Herstellungskosten von Brennelementen mit verschiedenen Partikeltypen sind heute keine gravierenden Unterschiede zu erkennen. Sowohl Brennelemente mit BISO- als auch mit TRISO-Partikeln sind aufgrund der Langzeitmassentests im AVR heute als voll erprobt und unter kommerziellen Bedingungen einsetzbar anzusehen.

3.3.7   Beschickungsprinzipien

Zwei verschiedenartige Beschickungssysteme für die Brennelemente stehen heute für
Kugelhaufenreaktoren zur Verfügung. Die beim AVR und THTR erprobte Umlauf-
beschickung, bei der die Brennelemente das Core mehrfach bis zum Erreichen ihres Zielabbrandes durchlaufen, gestattet es, die teilabgebrannten Brennelemente immer wieder zwischenzeitlich zu kontrollieren. Bedingt durch diese Fahrweise wird in
axialer Richtung eine relativ gleichmäßige Leistungsproduktion erreicht. Die Peakfaktoren der Leistungsdichteverteilung sind niedrig. Allerdings ist der Aufwand für
die Abbrandbestimmung, Verteilung und Wiedereingabe der Brennelemente erheblich. Einer der Gründe, die OTTO-Beschickung zu entwickeln, war es, die Zahl der
Komponenten in der Beschickungsanlage erheblich zu reduzieren. Gleichzeitig kann
mit Hilfe der OTTO-Beschickung die Temperaturdifferenz zwischen Kühlgas- und
Brennstofftemperatur am Kernaustritt sehr gering gehalten werden, so daß, soweit
die Brennelementbelastungen betrachtet werden, auch Kühlgastemperaturen oberhalb von 1000 °C technisch realisierbar werden. Allerdings steigt bei der OTTO-
Beschickung wegen der starken Flußüberhöhung im oberen Kernbereich auch die Dosisbelastung des Deckenreflektors und der oberen Bereiche des Seitenreflektors an. Bei
der Verwendung von Corestäben in Reaktoren mit OTTO-Zyklen muß auf Verdichtungseffekte bei wiederholtem Einfahren der Stäbe auf große Tiefe geachtet werden,
da die Möglichkeit der Auflockerung des Kugelhaufens durch Umwälzen der Kugeln
nicht gegeben ist. OTTO-Zyklen sind nicht vorteilhaft bei Corehöhen oberhalb von
6 m verwendbar, da dann der Peakfaktor der Leistungsdichte recht hoch würde, was
sich z. B. auf die Coreaufheizung im hypothetischen Störfall (siehe Abschnitt 6.8)
nachteilig auswirken würde.

3.3.8   Fragen der Anlagengestaltung

Ergänzend sei hier bemerkt, daß anders als es bei den seit langem etablierten Re-
aktorlinien wie Druck- und Siedewasserreaktoren der Fall ist, auch für die technische
Konzeption der Anlagengestaltung recht unterschiedliche Wege eingeschlagen wurden,
was auch schon aus der Beschreibung der Anlagen in Kap. 2 ersichtlich ist. Einige
wichtige Gesichtspunkte seien hier nur angemerkt. Hinweise zu einzelnen Komponenten, die auch im Zusammenhang mit Designfragen stehen, finden sich in Kap. 4. Aus
der Fülle der Möglichkeiten seien hier einige Varianten kurz erklärt:

Behälterkonzept: Hier sind zunächst als Grundprinzipien Kesselstahlbehälter, Spannbetonbehälter oder vorgespannte Behälter aus Sphäroguß oder Stahlguß einsetzbar.
Im Falle der Verwendung von Spannbetonbehältern können die Primärkreiskomponenten in einer Großkaverne untergebracht werden, wie dies beim THTR der Fall ist,
oder es kann das sog. Podboiler-Prinzip realisiert werden, bei dem das Reaktorcore

in einer zentralen Kaverne und die Wärmeaustauscher in der Behälterwand in separaten Kavernen angeordnet sind. Auch Primärkreisanordnungen, die sich an die beim Druckwasserreaktor verwendete Konzeption anlehnen, sind für den HTR entwickelt worden. Hier sei auf das Gestaltungsprinzip des Modulreaktors verwiesen, bei dem Reaktor und Wärmetauscher in separaten Kesselstahlbehältern, die über eine koaxiale Leitung in Verbindung stehen, angeordnet sind. Anstelle von Kesselstahlbehältern können in Zukunft auch zumindest für die Unterbringung des Reaktors vorgespannte Druckbehälter aus Sphäroguß, Stahlguß oder auch aus Beton Verwendung finden.

Heißgasleitungen: Diese Komponenten können als Koaxleitungen mit Innenisolation oder als einfache Leitungen mit entsprechender Innenisolation ausgeführt werden. Auch die Durchströmung keramischer Strukturen ist als Leitungsprinzip vorteilhaft einsetzbar. Dieses Prinzip ist seit zwei Jahrzehnten beim AVR erprobt im Einsatz, auch für den HTR 100-Reaktor ist dieses Konzept vorgesehen.

Nachwärmeabfuhr: Für die Abfuhr der Nachzerfallswärme kommen die Produktionsloops oder separate Nachwärmeabfuhrloops in Frage. Bei Spannbetonbehältern kann nach einer gewissen Zeitdauer auch das Linerkühlsystem die Nachwärmeabfuhr übernehmen. Für Reaktorsysteme mit weitestgehend inhärenten Sicherheitsmerkmalen sind Betonzellenkühler außerhalb des Reaktordruckbehälters vorgesehen, bzw. es dienen, wenn die Betonzellenkühler ausgefallen sein sollten, die Betonstrukturen selbst als Wärmesenke.

Loopzahl: Je nach Leistungsgröße der Anlage und teils auch entsprechend dem Verwendungszweck der nuklearen Wärmequelle sind Loopzahlen zwischen 1 und 8 vorgesehen bzw. ausgeführt.

Gebläseanordnung: Das jedem Loop zugeordnete Primärkreisgebläse kann oberhalb oder unterhalb des Dampferzeugers oder aber wie beim THTR seitlich angeordnet (in diesem Fall in der Spannbetonbehälterwand) werden.

Abschaltelemente: Einige Konzepte sehen die Verwendung von Corestäben und von Reflektorstäben vor. Insbesondere für Anlagen mittlerer Leistungsgröße ist diese diversitäre Ausführung der Abschaltanlage realisiert bzw. für neue Anlagen vorgesehen. Bei Anlagen kleiner Leistungen sollen alle Abschalt- und Regelvorgänge vom Corerand erfolgen. Hierfür sind dann Reflektorstäbe und ein Kleinkugelabsorbersystem, bei welchem die Abschaltkugeln in Reflektorbohrungen einfallen, einsetzbar.

Reaktorschutzgebäude: Je nach Auslegungsprinzip im Hinblick auf schwere Störfälle kann dieses Gebäude mit oder ohne Innenliner ausgeführt werden. Zudem ist eine ober- oder unterirdische oder aber auch teilabgesenkte Bauweise möglich.

Diese Auflistung von Gestaltungsprinzipien, die hier nur sehr unvollständig wiedergegeben werden kann, erlaubt je nach Anwendungsfall, Baugröße und gestellten Anforderungen unterschiedliche technische Lösungen für HTR-Anlagen. Ein Optimum ist immer unter Berücksichtigung der Sicherheitstechnik, der Wirtschaftlichkeit und des Standes der Technik zu finden.

4 Komponenten des HTR

4.1 Brennelemente

Der Reaktorkern eines HTR, hier sei speziell der des THTR-300 betrachtet, besteht aus einer statistischen Schüttung von Graphitkugeln mit 6 cm Durchmesser (siehe Abb. 4.1 und Abb. 4.2). Im THTR wird so in einem Reaktorvolumen von 125 m^3 (Durchmesser des Kerns = 5,6 m, mittlere Höhe des Kerns = 5,1 m) eine thermische Leistung von 750 MW bereitgestellt. Mit Hilfe von Helium unter Druck (40 bar) wird die Wärme abgeführt.

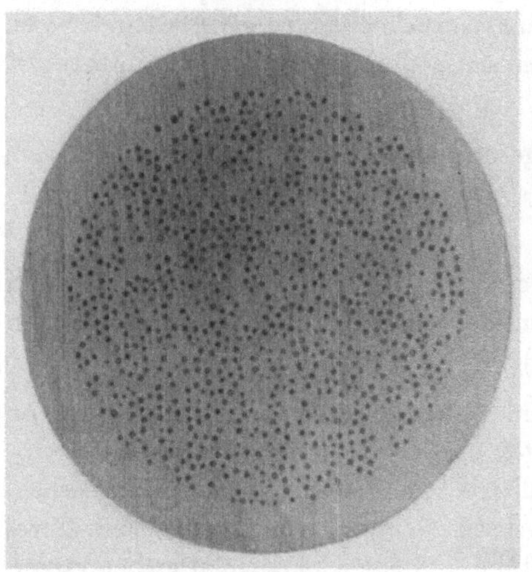

Abb. 4.1: Brennelemente für Kugelhaufen-reaktor (6 cm Durchmesser, Schnittbild)

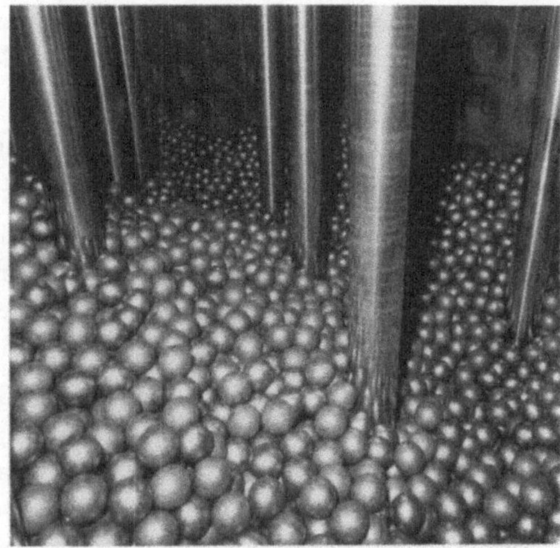

Abb. 4.2: Statistische Schüttung des Kugelhaufens (THTR) mit eingefahrenen Corestäben

Die Graphitkugeln enthalten, wie schon in Kap. 1 beschrieben, den Brennstoff in Form der sogenannten beschichteten Teilchen. Die Brennelemente müssen neben der eigentlichen Aufgabe, die spezifizierte Leistung abgeben zu können, eine Reihe weiterer Bedingungen erfüllen. So wird eine zuverlässige Zurückhaltung der Spaltprodukte in den Brennelementen im Normalbetrieb, bis zu einem gewissen Grade jedoch auch bei Störfällen, gefordert. Die Brennelemente sollen durch geringe Verunreinigungen im Helium nicht unzulässig korrodiert werden und sie müssen mechanisch sowohl im

Hinblick auf Wärmespannungen als auch auf äußere mechanische Belastungen, wie sie beim freien Fall, bei einem Stoß, sowie beim Auftreffen von Stäben auftreten, ausgelegt sein. Sie sollen auch im Hinblick auf extreme Belastungen mit hohen Sicherheitsreserven dimensioniert sein.

Es ist weiterhin selbstverständlich, daß solche Elemente im Betrieb leicht zu handhaben sein sollen und eine einfache und billige Fertigung erlauben müssen. Auch die Zwischenlagerung sowie die spätere Endlagerung derartiger Brennelemente soll problemlos durchführbar sein. Im Hinblick auf Entwicklungen auf dem Brennstoffmarkt sollen flexible Lösungen für die unterschiedlichsten Brennstoffkreisläufe verfügbar sein. All diesen Anforderungen genügt das für den THTR entwickelte Brennelement, dies gilt auch für weiterentwickelte Nachfolgetypen. Die wesentlichen Gesichtspunkte bei der Brennelementauslegung sind in Abb. 4.3 zusammengetragen und verdeutlichen noch einmal, welch unterschiedliche Anforderungen von dieser Komponente des Reaktors erfüllt werden müssen [siehe 4.1 bis 4.20].

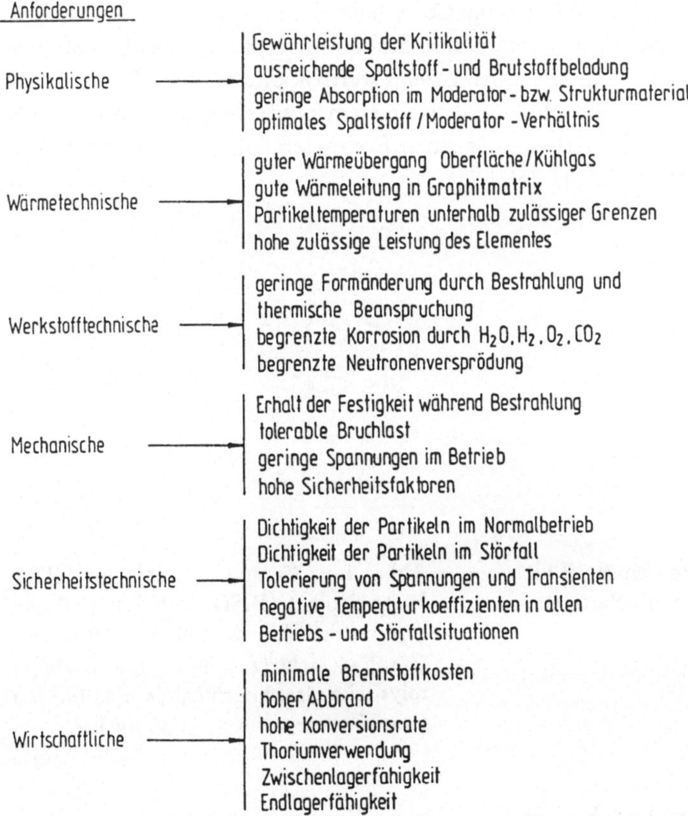

Abb. 4.3: Gesichtspunkte bei der Brennelementauslegung

Insgesamt müssen bestimmte festgelegte Auslegungsparameter eingehalten werden, um Beschädigungen der Brennelemente und damit gegebenenfalls die Freisetzung von radioaktiven Spaltprodukten ins Kühlgas auszuschließen. Einige wichtige Parameter dieser Art sind die maximale Kugelleistung, die maximale Brennstofftemperatur, die maximale Graphitoberflächentemperatur, Temperaturgradienten in der Matrix der Brennelemente, der Brennstoffabbrand, die schnelle Neutronendosis sowie die mechanischen Belastungen der Kugeln, die durch äußere Einwirkungen auf die Komponente verursacht werden. So könnten z. B. bei Überschreiten von zulässigen Kugelleistungen die Partikeltemperaturen sowie die Matrixtemperaturen zu hoch werden, erhöhte Spaltproduktfreisetzungen würden als Folge auftreten. Zu hohe Temperaturgradienten im Graphit könnten Anlaß zu überhöhten Spannungswerten geben. Im Zusammenhang mit der Neutronendosis ist die Frage der Dimensionsänderung der Brennelemente zu beachten. Ein Überschreiten des zulässigen Abbrandes könnte zum Aufbau eines zu hohen Innendrucks der Spaltgase in den beschichteten Partikeln führen und Anlaß für Partikelschäden sein. Das System Graphit/Helium ist zwar chemisch inert, jedoch könnten Verunreinigungen von H_2O, Luft usw., die in geringen Mengen im Kühlkreislauf vorhanden sind, bei Nichteinhalten von Grenzwerten Korrosionseffekte bewirken. Schließlich sind die vielfältigen mechanischen Beanspruchungen der Brennelemente im Betrieb, wie sie etwa beim Einfallen ins Core, beim Durchwandern des Cores, in der Beschickungsanlage oder durch einfahrende Stäbe auftreten, innerhalb zulässiger Grenzwerte zu halten. Es wird im folgenden gezeigt werden, daß all diese Forderungen heute erfüllt werden, was auch durch den jahrelangen erfolgreichen Betrieb von AVR und THTR belegt ist. Im THTR-Reaktor werden Brennelemente mit Spezifikationen entsprechend Tab. 4.1 eingesetzt. [1.34]

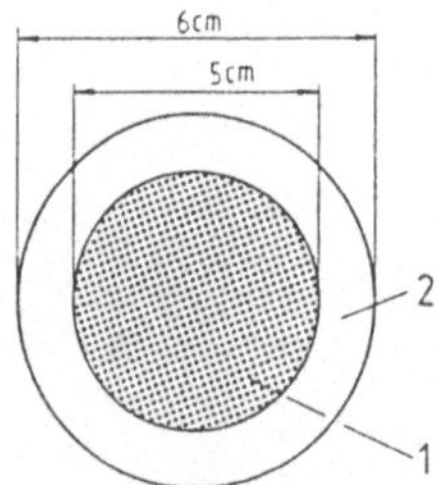

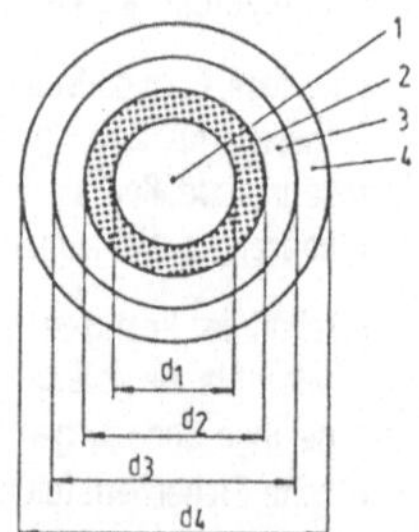

Abb. 4.4: Brennelemente eines HTR (THTR): *1*. Brennstoffzone mit Partikeln, *2*. brennstofffreie Zone.

Abb. 4.5: Coated Particle im HTR-Brennelement (BISO-Particle): *1*. Brennstoffpartikel ($d_1 \approx 400$ μm), *2*. poröse Graphitschicht ($s \approx 80$ μm), *3*. harte pyrolytische Graphitschicht ($s \approx 110\mu$m), *4*. Graphitovercoating ($s \approx 30$ μm).

In Kugelhaufenreaktoren bestehen einige einfache Zusammenhänge zwischen der Coreleistungsdichte, der Wärmestromdichte an den Brennelementoberflächen sowie

Tab. 4.1:   Parameter der Auslegung von HTR-Brennelementen (THTR)

Mittlere Kernleistungsdichte	MW/m^3	6
Heliumaufheizung im Kern	°C	250 → 750 °C
Brennstoff	-	(U,Th)O$_2$, BISO
Brennelementdurchmesser	cm	6
Brennstoffzonendurchmesser	cm	5
Schwermetallbeladung	g/BE	11,2
Urangehalt	g/BE	0,96 (93 % anger.)
Zahl der Partikeln im BE	-	30 000
Matrixgraphit	-	A 3
Zyklus	-	MEDUL (6 mal durchs Core)
mittlere Verweilzeit im Core	a	2,97 ($\approx$ 6 mal 0,5 a)
mittlere Kugelleistung	kW/BE	1,1
mittlerer Abbrand	MWd/t	109 000
maximale Graphitoberflächentemperatur	°C	1 000
maximale Partikeltemperatur	°C	1 150
maximale schnelle Neutronendosis	n/cm^2	6,3 $\cdot 10^{21}$

der auf den Brennstoff bezogenen Wärmeproduktion. Für die mittlere Kernleistungsdichte gilt:

$$\bar{L} = N_R / V_R \tag{4.1}$$

mit N_R = thermische Reaktorleistung, V_R = aktives Corevolumen, während die mittlere Kugelleistung aus

$$q_K = \bar{L} / Z \tag{4.2}$$

bestimmt wird. Dabei enthält eine Kugelschüttung aus Brennelementen mit 6 cm Durchmesser $Z = 5\,400$ Brennelemente pro m^3 Reaktorvolumen. Der Füllfaktor des Cores liegt bei 0,61. Die Wärmestromdichte an der Kugeloberfläche beträgt

$$q'' = q_K / (4\pi R^2) \tag{4.3}$$

mit $R = 3$ cm. Um Elemente mit Maximalbelastungen analysieren zu können, sind diese Werte jeweils mit den entsprechenden Peakfaktoren für die Leistungsüberhöhung im Kern (beim THTR z. B. im Bereich 1,75) zu multiplizieren. Im Falle des THTR folgen so für die entsprechende Kugelleistung ein Wert von etwa 2 kW/BE und für die zugeordnete Wärmestromdichte rund 18 W/cm^2. Der letztere Wert ist im Vergleich zu anderen Reaktorkonzepten sehr niedrig. Bezogen auf die in Graphit eingebetteten Brennstoffteilchen ergeben sich wesentlich höhere Werte, da alle Größen mit dem Verhältnis Volumen der Brennelement-Kugel/Volumen des Brennstoffs zu multiplizieren sind. Im Falle einer Kugel mit 11 g Schwermetall (THTR) liegt z. B. dieser Faktor bei rund 100. Der Reaktorkern des THTR ist unter speziellen kugelhaufenspezifischen Bedingungen wie Mehrfachdurchlauf der Brennelemente durchs Core (MEDUL), Zwei-Zonen-Anordnung der Brennelemente sowie kontinuierliche Beladung und Entladung im Betrieb konzipiert. Im Leistungsbetrieb werden die Brennelemente kontinuierlich nach Durchlaufen des Kerns mit Hilfe des Kugelabzugssystems entnommen und nach Feststellung ihres Abbrandzustandes von oben ins Core wieder zugegeben oder falls sie vollständig abgebrannt sind, aus dem Kreislauf entnommen. Für jeden Durchlauf benötigen die Kugeln im Mittel 0,5 Jahre, wobei zu beachten ist, daß am Kernrand die Durchlaufzeit der Kugeln etwa 4 mal so groß ist wie im Zentrum. Bei Verwendung des MEDUL-Zyklus wird im THTR jedes Element im Mittel 6 mal umgewälzt, bevor es seinen Zielabbrand erreicht hat. Dabei sorgt die MEDUL-Beschickung, wie schon in Abschnitt 3.2 näher erläutert wurde, für eine relativ gleichmäßige axiale Leistungsverteilung im Reaktorkern. Auch die gewünschte Zwei-Zonen-Beladung des Kerns, bei der zwecks Leistungsabflachung die äußere Zone eine höhere Spaltstoffdichte als die innere Zone aufweisen muß, läßt sich mit Hilfe der MEDUL-Beschickung unter Verwendung eines Kugeltyps realisieren. So wird eine ausgeglichenere Heißgastemperaturverteilung am Kernaustritt erreicht, eine Maßnahme, die sich bei der Auslegung des Dampferzeugers als äußerst vorteilhaft erweist. Abb. 3.30 zeigte das Kühlgastemperaturprofil am Boden des THTR, welches mit Hilfe einer Zwei-Zonen-Beschickung realisiert wird. Die maximalen Unterschiede zwischen Maximal- und Mittelwert betragen etwa 100 °C. Um zu vermeiden, daß sich in den Randzonen des Kerns eine Vorzugsströmung des Kühlgases einstellt, sind die Bohrungen im Bodenreflektor der variablen Schütthöhe des Kerns angepaßt. Bei der kontinuierlichen Beschickung werden pro Tag im Falle des THTR-Reaktors im Normalbetrieb 530 frische Brennelemente dem Kern zugeführt und eine entsprechende Anzahl vollständig abgebrannter Brennelemente entnommen. Die ersten BE-Durchläufe erfolgen dabei vorwiegend durch die Außenzone des Kerns, die letzten bevorzugt durch die Innenzone. Mit Hilfe der kontinuierlichen Beschickung können langfristige Reaktivitätsregelungen erfolgen, so kann z. B. die benötigte Überschußreaktivität des Kerns aufrecht erhalten werden, um einen 100 % - 40 % Teillastbetrieb fahren zu können. Das Erstcore wird aus rund 53 % Brennelementen und 41 % Graphitkugeln und 6 % Absorberkugeln aufgebaut. Letztere kompensieren die zunächst noch fehlenden Spaltprodukte. Nach etwa drei Jahren ist ein Gleichgewichtszustand erreicht und der Reaktorkern besteht nur noch aus einer Mischung von Brennelementen mit den unterschiedlichsten Abbrandzuständen. Die Belastungen der Brennelemente im Normalbetrieb sollen hier nun kurz erläutert werden. Es sind dies zunächst Belastungen durch die in den Partikeln sowie in der Brennelementmatrix auftretenden Temperaturen bzw. Temperaturgradienten. Abb. 3.26 zeigte Isolinien der Leistungsdichte im THTR-Core, die durch Anwendung mehrdimensionaler Rechenprogramme gewonnen werden. Aufgrund dieser Leistungsproduktion wird sich im kugelförmigen Brennelement das im folgenden hergeleitete Temperaturprofil einstellen. Für die drei für die Wärmeableitung aus einem kugelförmigen Brennelement wichtigen Gebiete - Brennstoffzone, Graphitschale, Kühlgas - lassen sich entsprechend der Kennzeichnung in Abb. 4.6 folgende Gleichungen für den stationären Zustand aufstellen:

$$\frac{1}{r^2} \cdot \frac{\mathrm{d}}{\mathrm{d}r}\left(r^2 \cdot \lambda \frac{\mathrm{d}T}{\mathrm{d}r}\right) + q \;=\; 0 \quad (\text{Bereich \ I}) \tag{4.4}$$

$$\frac{1}{r^2} \cdot \frac{\mathrm{d}}{\mathrm{d}r}\left(r^2 \cdot \lambda \frac{\mathrm{d}T}{\mathrm{d}r}\right) \;=\; 0 \quad (\text{Bereich \ II}) \tag{4.5}$$

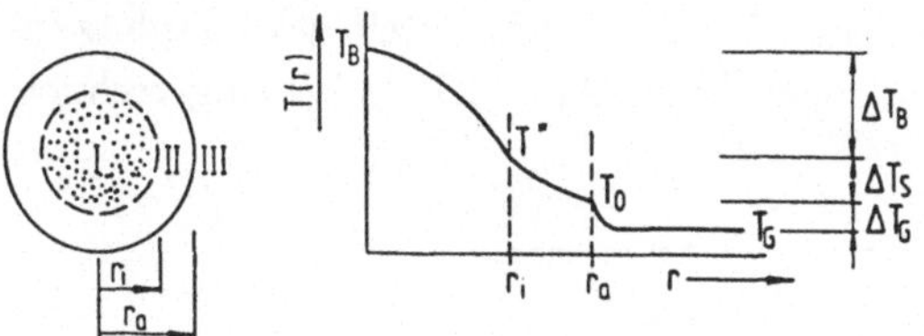

Abb. 4.6: Prinzipskizze zur Wärmeableitung aus dem kugelförmigen Brennelement

$$\alpha \cdot A(T_O - T_G) \;=\; q \cdot 4/3\pi \cdot r_i^3 \quad \text{(Bereich III)} \tag{4.6}$$

$$q \;=\; \frac{\overline{L}}{1-\varepsilon} \cdot \left(\frac{ra}{ri}\right)^3 \tag{4.7}$$

Dabei wird vereinfacht angenommen, daß die volumetrische Leistung in der Brennstoffzone mit

$$q = q_K \,/\, (\frac{4}{3}\pi r_i^3) \tag{4.8}$$

räumlich konstant ist. z steht für die Zahl der Brennelemente pro Volumeneinheit. Für die Leitfähigkeit in der Brennstoffzone bzw. in der äußeren Graphitschale kann in guter Näherung $\lambda = $ const. vorausgesetzt werden. Als Randbedingung dienen die Beziehungen:

$$T_I = T_{II} \qquad \text{für} \qquad r = r_i \tag{4.9}$$

$$\frac{\mathrm{d}T_I}{\mathrm{d}r} = \frac{\mathrm{d}T_{II}}{\mathrm{d}r} \qquad \text{für} \qquad r = r_i \tag{4.10}$$

$$\frac{\mathrm{d}T_I}{\mathrm{d}r} = 0 \qquad \text{für} \qquad r = 0 \tag{4.11}$$

$$T_{II} = T_0 \qquad \text{für} \qquad r = r_a \tag{4.12}$$

$$T_I = T_B \qquad \text{für} \qquad r = 0 \tag{4.13}$$

Nach kurzer Rechnung erhält man durch Integration der beiden Differentialgleichungen und Einsetzen der genannten Randbedingungen die Temperaturverläufe im Brennelement. Für die in Abb. 4.6 gekennzeichneten Temperaturdifferenzen gewinnt man:

$$\Delta T_B \;=\; \frac{q}{6\lambda} \cdot r_i^2 = \frac{q_K}{8\pi\lambda r_i} \;, \tag{4.14}$$

$$\Delta T_S \;=\; \frac{q}{3\lambda} \cdot r_i^2 \left(1 - \frac{r_i}{r_a}\right) = \frac{q_K}{4\pi\lambda}\left(\frac{1}{r_i} - \frac{1}{r_a}\right) \;, \tag{4.15}$$

$$\Delta T_G \;=\; \frac{q_K}{4\pi\alpha} \cdot \frac{1}{r_a^2} \;. \tag{4.16}$$

Zur Quantifizierung dieser Beziehungen seien die Verhältnisse für Brennelemente mit mittlerer Leistung im THTR betrachtet:

Mit $r_i = 2,5$ cm, $r_a = 3$ cm, $\alpha = 2\,300$ W/m²K, $\lambda = 6$ W/mK und $q_K = 1,1$kW/BE folgt: $\Delta T_B = 292\,K, \Delta T_s = 97\,K, \Delta T_G = 42\,K$, so daß näherungsweise bei einer Kühlgastemperatur von 750 °C eine maximale Brennstofftemperatur von $T_{max} = 1\,181$ °C zu erwarten ist. Hier wurde bereits eine Reduktion der Leitfähigkeit des Graphits infolge von Bestrahlung durch schnelle Neutronen (siehe Abb. 4.7) [4.12] eingerechnet.

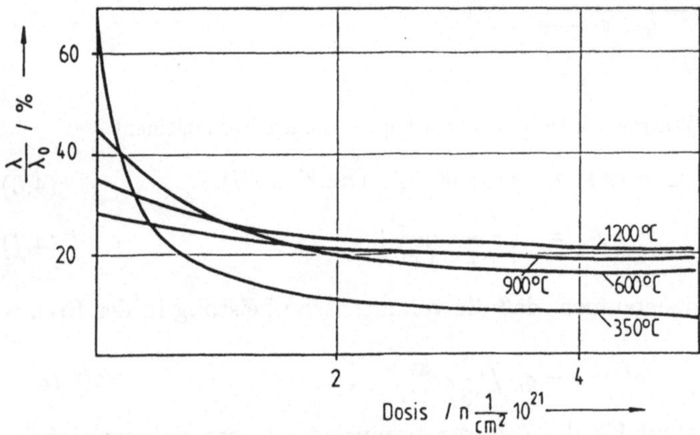

Abb. 4.7: Reduktion der Leitfähigkeit des Brennelementgraphits nach Bestrahlung durch schnelle Neutronen ($E > 0{,}1$ MeV), $\lambda_0 = 0{,}3$ W/cmK

Falls im Rahmen einer genaueren Rechnung die Temperaturabhängigkeit der Graphitwärmeleitfähigkeit sowie die räumliche Abhängigkeit der Wärmeerzeugung berücksichtigt werden sollen, ist die Differentialgleichung für den Wärmetransport in folgender Weise lösbar:

$$\frac{1}{r^2} \cdot \frac{\mathrm{d}}{\mathrm{d}r}\left(r^2 \cdot \lambda(T) \cdot \frac{\mathrm{d}T}{\mathrm{d}r}\right) + q = 0 \quad , \tag{4.17}$$

$$\int\limits_{T^\bullet}^{T} \lambda(T')\,\mathrm{d}T' = -\int\limits_{0}^{r} \frac{1}{r'^2} \int\limits_{0}^{r'} q(r'') \cdot r''^2\,\mathrm{d}r''\,\mathrm{d}r' + \int\limits_{0}^{r} \frac{C_1\,\mathrm{d}r'}{r'^2} + C_2 \quad . \tag{4.18}$$

Mit Hilfe von analytisch oder numerisch vorgegebenen Verläufen $\lambda(T)$ sowie $q(r)$ läßt sich die Differentialgleichung unter Einhaltung der genannten Randbedingungen in den jeweiligen Gebieten lösen. Entsprechend einem sechsmaligen Durchlauf durch den Reaktorkern ergeben sich dann die in Abb. 4.8 wiedergegebenen zeitlichen Verläufe von Brennelementoberflächentemperaturen und Brennelementzentraltemperaturen für einen zentralen Kanal im Reaktor. Allerdings sei darauf hingewiesen, daß die Brennelemente während ihrer Abbrandgeschichte nur für relativ kurze Zeiten in Bereiche hoher Temperaturen gelangen. Dies ist unmittelbar aus der Durchlaufcharakteristik eines Kugelhaufencores verständlich. Die für die THTR-Brennelemente errechnete nominale Brennstoffmaximaltemperatur von 1 200 °C wird im THTR-Core nur für rund 0,1 % der gesamten Einsatzdauer auftreten. Im zeitlichen Mittel liegen die Brennstofftemperaturen bei nur etwa 680 °C (siehe Abb. 4.9) [2.7].

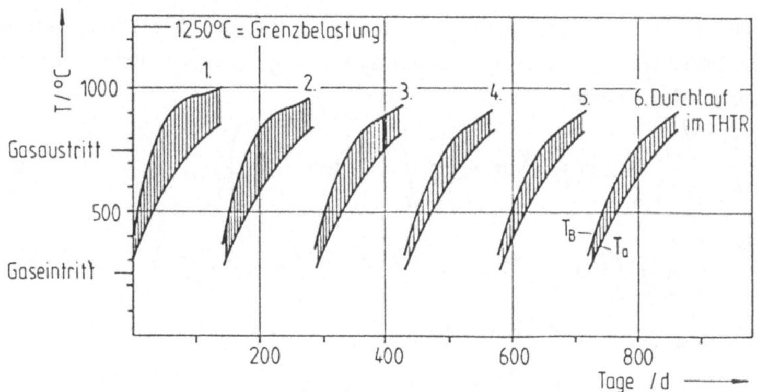

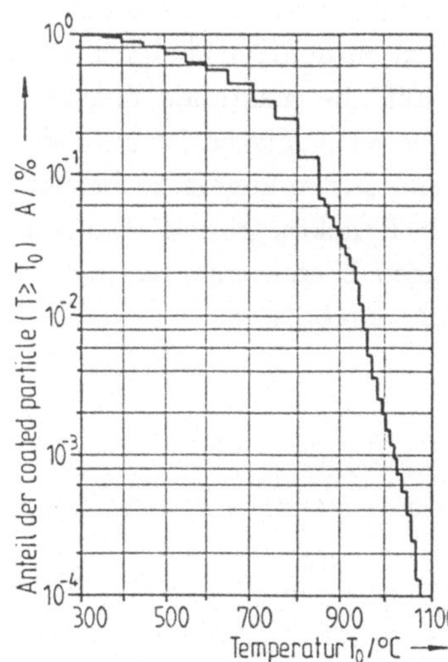

Abb. 4.8: Brennelementoberflächentemperatur und max. Brennstofftemperatur im zentralen Kanal des THTR bei sechsmaligem Durchlauf

Abb. 4.9: Anteil der Brennstoffpartikeln im THTR-Kern mit Temperaturen oberhalb T_0

Das Brennelement muß eine ausreichende Festigkeit aufweisen, um allen Beanspruchungen im Betrieb und in Störfällen sicher standhalten zu können. Neben den noch zu diskutierenden Kräften, die durch Einfahren der Corestäbe sowie in den einzelnen Stationen der Beschickungsanlage als Belastungen für die Brennelemente auftreten, sind thermische Spannungen in diesen Komponenten zu beachten. Der Gang einer Abschätzung für diese Belastungen ist im folgenden wiedergegeben und führt zu dem Ergebnis, daß eine hohe Sicherheit für diesen Belastungsfall vorhanden ist. Ausgangspunkt der Rechnung ist das vereinfachte Temperaturprofil in der Brennelement-Kugel:

$$T(r) = \frac{q}{6\lambda}(r_a^2 - r^2) \quad . \tag{4.19}$$

Dabei ist näherungsweise angenommen, daß die Wärmeproduktion über die gesamte Kugel verteilt ist. Für die radialen und tangentialen Spannungen ergibt sich dann aus den Gesetzen der Elastizitätstheorie:

$$\sigma_r = \frac{2\alpha \cdot E}{1-\nu}\left(\frac{1}{r_a^3}\int_0^{r_a} T(r)\cdot r^2\, dr - \frac{1}{r^3}\int_0^r T(r')\cdot r'^2\, dr'\right) \;, \qquad (4.20)$$

$$\sigma_t = \frac{\alpha \cdot E}{1-\nu}\left(\frac{2}{r_a^3}\int_0^{r_a} T(r)\cdot r^2\, dr + \frac{1}{r^3}\int_0^r T(r')\cdot r'^2\, dr' - T(r)\right) \;. \qquad (4.21)$$

Die elementare Ausführung der Integrationen liefert:

$$\sigma_r(r) = \frac{\alpha \cdot E \cdot q}{(1-\nu)\,15\,\lambda}\cdot(r^2 - r_a^2) \;, \qquad (4.22)$$

$$\sigma_t(r) = \frac{\alpha \cdot E \cdot q}{(1-\nu)\,15\,\lambda}\cdot(2r^2 - r_a^2) \;. \qquad (4.23)$$

Die neu eingeführten Größen sind α = thermische Ausdehnung, E = Elastizitätsmodul, ν = Querkontraktion. Die Spannungsverläufe in einer Vollkugel, die sich aufgrund dieser thermischen Effekte ergeben, sind der Abb. 4.10 zu entnehmen. Folglich tritt die maximale Druckspannung im Zentrum der Kugel auf, die maximale Zugspannung dagegen an der Brennelementoberfläche. Bei genaueren Analysen ist auch das Kriechen und strahlungsinduzierte Schrumpfen der Brennelementkugeln zu berücksichtigen. Ansätze hierzu finden sich in Abschn. 4.2 für Reflektorgraphit. Einfache Abschätzungen zu den Wärmespannungen in kugelförmigen Brennelementen auf der Basis der hier angeführten Näherung führen zu folgenden Ergebnissen:

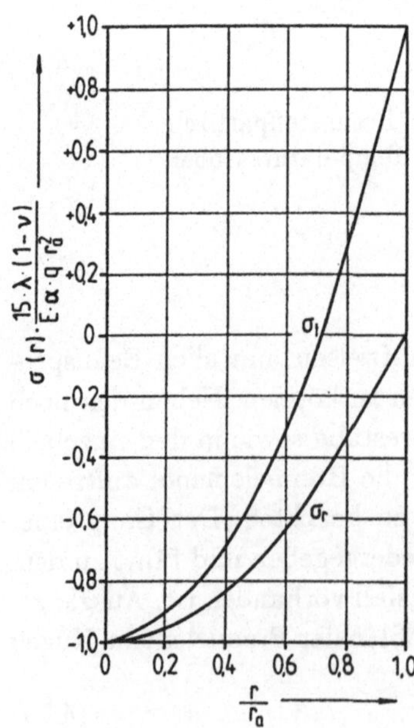

Abb. 4.10: Relative Spannungsverläufe (σ_t und σ_r) in Vollkugeln mit homogener Wärmeproduktion

Unter Benutzung der Werte $r_a = 0,03$ m, $\alpha = 4 \cdot 10^{-6}\ K^{-1}$, $E = 1,2 \cdot 10^4$ N/mm^2, $\nu = 0,3$, $\lambda = 1$ W/(mK), $q = 10$ MW/m^3 lassen sich die maximalen Tangentialspannungen (Zug) an der Brennelementoberfläche zu rund 4,1 N/mm^2, die maximalen Radial- bzw. Tangentialspannungen im Innern des Brennelements zu 4,1 N/mm^2 (Druckspannung) abschätzen. Zulässige Werte für Brennelementgraphit liegen bei rund 10 N/mm^2 (Zug) bzw. 35 N/mm^2 (Druck), so daß ein ausreichend hoher Sicherheitsfaktor gegenüber dieser Belastungsform besteht.

Die beschichteten Brennstoffteilchen nehmen annähernd die Temperaturen der Graphitmatrix an der jeweiligen Position im Brennelement an, wie die folgende kurze Abschätzung belegt, die hier für ein Brennelement mit maximaler Leistung durchgeführt wird. Die Partikelleistungsdichte betrage $q_P = q/Z$, wobei Z die Zahl der Brennstoffpartikeln in einem Brennelement bedeuten möge. Die Temperaturdifferenz zwischen Mitte und Rand in einem solchen Partikel beträgt nun nach einer ähnlichen Ableitung wie sie für das gesamte Brennelement durchgeführt wurde:

$$\Delta T_P = q_P / (8\pi \cdot \lambda_P \cdot r_P), \qquad \text{mit} \qquad q_P = q_K / Z \quad . \tag{4.24}$$

Die Wärmeleitfähigkeit des Partikels λ_p (Urandioxyd oder Thoriumdioxyd), ist erheblich· niedriger als die des Graphits. Mit praktischen Werten ($q_K = 2\,000$ W/BE, $Z = 30\,000$ Partikeln/BE, $\lambda_p = \lambda_{UO_2} = 2,5$ W/mK , $r_P = 2 \cdot 10^{-4}$ m) folgt für die Temperaturdifferenz im Partikelkern $\Delta T_P = 5$ K. Der Gradient im Partikel $\Delta T_P / \Delta r_P$ beträgt rund 25 K/mm. Diese Werte sind für die Integrität der Partikeln unkritisch. Bei sehr hohen Temperaturen und hohen Temperaturgradienten kann es zum sogenannten Amoebeneffekt kommen, d. h. zu einer Wanderung des Brennstoffkerns in die Coatingschichten hinein. Es handelt sich hierbei um einen Transport von Kohlenstoff aus der heißen Zone der Coatings zu kälteren Stellen, entsprechend der Boudouard-Reaktion

kältere Seite

$CO_2 + C \quad \overset{\longleftarrow}{\longrightarrow} \quad 2\ CO$

heißere Seite

und damit zu einer eventuellen Schwächung der Coatingschichten bis hin zur Zerstörung der Rückhalteeigenschaft. Auch freier Sauerstoff, welcher bei Spaltprozessen entsteht, begünstigt den Reaktionsablauf. In (U,Th)O$_2$-Kernen, wie sie im THTR zum Einsatz kommen, ist dieser Effekt unter den herrschenden Bedingungen von Temperatur, Abbrand und Temperaturgradienten praktisch nicht vorhanden. Eine weitere einfache Betrachtung zum Abbrand von Partikeln sowie dem sich dabei im Inneren dieses kleinen Druckkessels aufbauenden Innendruck durch die Spaltgase zeigt, daß die Partikelschichten eine erhebliche Sicherheit gegen Bersten besitzen. Der Rechnungsgang führt zu folgendem Ergebnis: Zwischen dem Abbrand der Partikeln und dem Spaltgasinnendruck kann über die Gesetze der Gaskinetik ein einfacher Zusammenhang hergestellt werden, wenn man annimmt, daß pro Spaltereignis zwei Spaltprodukte erzeugt werden und daß rund 50% der Spaltprodukte im Innern des Partikels als Gase vorliegen werden. Für den Spaltgasinnendruck p kann näherungsweise

$$p = \frac{B^* \cdot k \cdot T}{\bar{E}_{sp} \cdot m_{UO_2}} \cdot \frac{m_p}{V_G} \tag{4.25}$$

angesetzt werden, mit den Größen

B^* =   Abbrand pro Brennelement,

$\bar{E}_{Sp}$ =   mittlere Spaltenergie,

m_{UO_2} =   Schwermetallgehalt eines Brennelements,

m_p =   Masse eines Partikels,

k =   Boltzmannkonstante,

T =   Temperatur im Partikel,

V_G =   Gesamtvolumen im Partikel zur Gasaufnahme.

Betrachtet man ein Beispiel mit den Werten $B^* \approx 1$ MWd/BE, $\bar{E}_{sp} = 3,2 \cdot 10^{-11}$Ws, $m_{UO_2} = 11$ g, $m_p = 3,3 \cdot 10^{-4}$g, $k = 1,38 \cdot 10^{-23}$ J/K, $T = 1\,600$ K, $V_G = 8,8 \cdot 10^{-5}$ cm^3 so kann man einen Innendruck von $p \approx 200$ bar in den Partikeln ermitteln. Soll dann eine zulässige Spannung σ_{zul} in der druckbeaufschlagten Coatingschicht nicht überschritten werden, so muß eine Wandstärke des Coatings von mindestens

$$S_{min} = \frac{p \cdot d_i}{2 \cdot \sigma_{zul}} \tag{4.26}$$

vorgesehen werden. Mit $d_i = 0,6$ mm, $\sigma_{zul} = 100$ N/mm^2 berechnet man S_{min} zu $6 \cdot 10^{-2}$ mm. Tatsächlich werden die Partikel mit Pyrokohlenstoffschichten von 0,1 mm Wanddicke umhüllt, so daß selbst für diese extreme Betrachtung hinsichtlich der Beanspruchung durch Spaltgasinnendruck immer noch ein ausreichender Sicherheitsfaktor für die Integrität der Partikeln vorhanden ist.

Die auftretende Fluenz von schnellen Neutronen (beim THTR maximal $6,3 \cdot 10^{21}$ n/cm^2) führt zu Materialveränderungen in den Brennelementen. Der für die Matrix verwandte A3-Graphit erleidet im Laufe der Brennelementeinsatzzeit von drei Jahren eine Schrumpfung abhängig von der Temperatur von ein bis zwei Prozent. Die Abb. 4.11 und 4.12 zeigen das gemessene Bestrahlungsverhalten dieser Graphitqualität hinsichtlich der Dimensionsänderungen sowie der Änderung des Elastizitätsmoduls. Auf Änderungen der Wärmeleitfähigkeit wurde bereits in Abb. 4.7 hingewiesen. Diese Materialänderungen müssen bei Auslegung der Komponente berücksichtigt werden, sie führen jedoch nicht zu besonderen Problemen.

Auch das integrale Verhalten der Brennelemente nach Bestrahlung mit hohen Dosen im Reaktor ist heute gut bekannt und liefert z. B. die in Abb. 4.13 und 4.14 gegebenen Ergebnisse für das gesamte Schrumpfen eines Brennelementes sowie für die Änderung eines wichtigen integralen Parameters, wie der Zerdrückkraft, mit der Fluenz.

Alle Änderungen von Materialeigenschaften oder Spezifikationen der Brennelemente durch Bestrahlung bleiben beim heute erreichten Stand der Materialtechnik innerhalb zulässiger Grenzen.

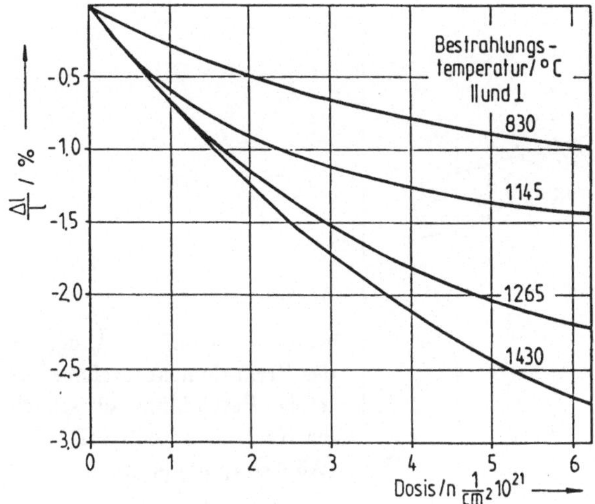

Abb. 4.11: Dimensionsänderungen des Matrixgraphits der Brennelemente durch Bestrahlung ($E > 0{,}1$ MeV) (A3-Graphit) (∥ bedeutet parallel, ⊥ bedeutet senkrecht zur Kornrichtung des Graphits) [4.12]

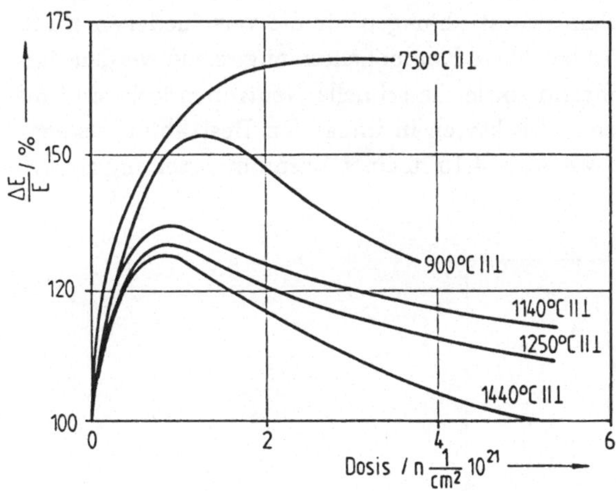

Abb. 4.12: Änderung des Elastizitätsmoduls durch Bestrahlung mit schnellen Neutronen ($E > 0{,}1$ MeV) (A3-Graphit) [4.12]

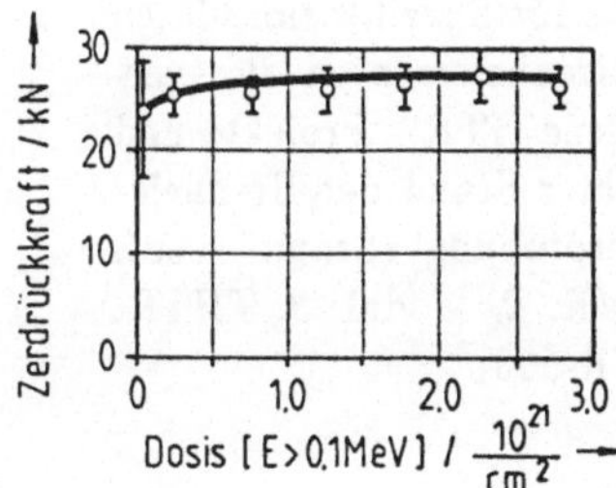

Abb. 4.13: Änderung der Zerdrückkraft von Brennelementen nach Bestrahlung mit schnellen Neutronen ($E > 0{,}1$ MeV) (A3-Graphit) [4.16]

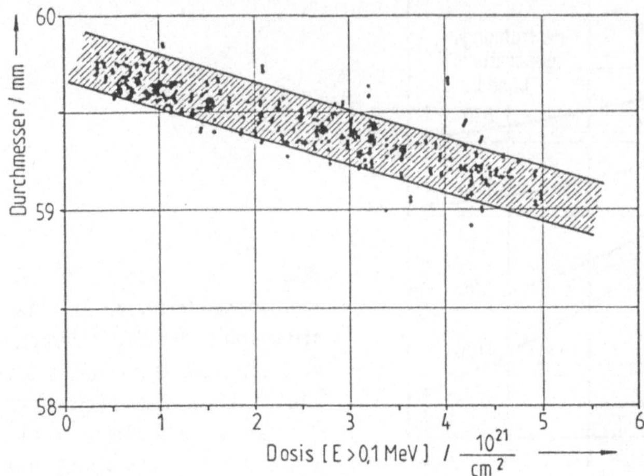

Abb. 4.14: Änderung des Brennelementdurchmessers infolge Bestrahlung mit schnellen Neutronen ($E > 0,1$ MeV) (A3 - Graphit) [4.16]

Kugelförmige Brennelemente mit recht unterschiedlichen Brennstoffbeladungen können heute durch den 20jährigen erfolgreichen Betrieb des AVR sowie auf der Basis der jahrzehntelangen Brennelementbestrahlungen für die verschiedenen HTR-Projekte als vollständig erprobte und bewährte Komponenten angesehen werden. Insbesondere im Hinblick auf den Abbrand sowie die schnelle Neutronendosis sind die Auslegungswerte für die verschiedenen Reaktoren in integralen Bestrahlungsexperimenten weit überschritten worden, wie Abb. 4.15 in einer Zusammenstellung zeigt.

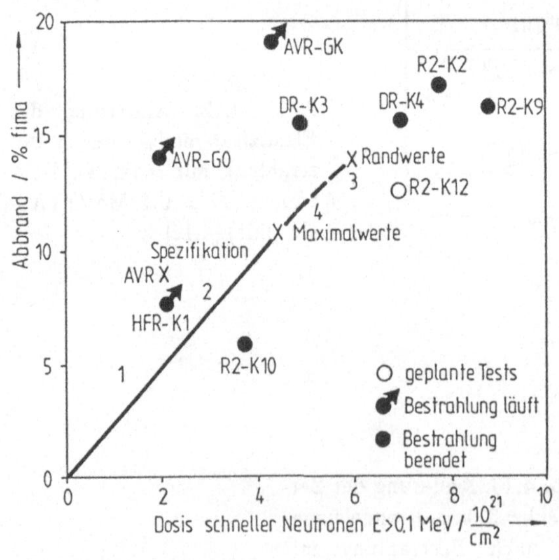

Abb. 4.15: Spezifikationsdaten von Brennelementen für verschiedene HTR - Projekte und erreichter Stand der Brennelementerprobung (Stand 1986): (1. AVR, 2. Modul, 3. THTR, 4. HTR-500)

Die Freisetzung von Spaltprodukten aus den Brennelementen in das Kühlgas soll möglichst gering sein. Bei der Brennelementerprobung wird nachgewiesen, daß im

Betrieb nur sehr geringe (einige 10^{-6}) Anteile der bei der Spaltung erzeugten Edelgase (hier z. B. Kr^{85m} für THTR-Brennelemente) im Normalbetrieb aus dem Brennelement freigesetzt werden (siehe Abb. 4.16). Dieses bedeutet anschaulich, daß der Spaltproduktinhalt bezogen auf Krypton von weitaus weniger als einem Partikel (von insgesamt 30 000) freigesetzt wird. Bei intakter Beschichtung der Brennstoffpartikel ist damit eine praktisch vollständige Rückhaltung der Spaltprodukte insbesondere für TRISO-Partikel erreicht. Eine noch vorhandene äußerst geringe Freisetzung ist erklärbar durch herstellungsbedingte (siehe Abb. 4.17) Kontamination der Graphitmatrix mit Uran und durch Partikelbruch bei der Herstellung. Auch für feste Spaltprodukte spielt die Kontamination von Partikelschichten und der Matrix eine ausschlaggebende Rolle; Abb. 4.18 zeigt für das sehr wichtige Isotop Xe^{133} die Freisetzungen in Abhängigkeit von der Temperatur unter Normalbetriebsbedingungen.

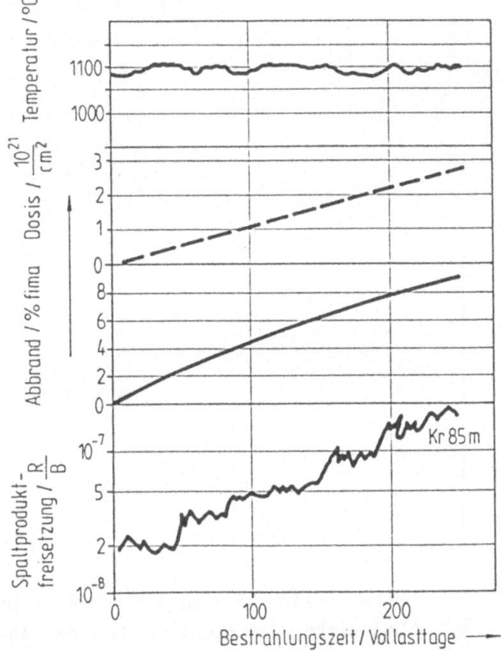

Abb.4.16: Verlauf der Spaltproduktfreisetzung für Kr^{85}, des Abbrandes sowie der schnellen Neutronendosis über der Bestrahlungszeit, Bestrahlungstemperatur rund 1 100 °C [4.16]

Bei Brennelementen mit stark abgesenkten herstellungsbedingten Kontaminationswerten (heute $\approx 3 \cdot 10^{-5}$) ist eine entsprechende niedrige Cäsiumfreisetzung zu erwarten. Bei hohen Temperaturen wird dann der Spaltproduktaustritt durch Diffusion bestimmend (siehe Kap. 6).

Wegen der sehr niedrigen Freisetzungswerte können die Kühlkreisläufe von HTR-Anlagen im Normalbetrieb mit geringem Aktivitätsinhalt betrieben werden; in Kap. 2 wurden im Zusammenhang mit dem AVR bereits nähere Ausführungen gemacht. Angaben zur Spaltproduktfreisetzung bei Störfalltemperaturen, die über die Spezifikationsgrenztemperaturen der Brennelemente von 1 250 °C (im Normalbetrieb) hinausgehen, sind in Kap. 6 zu finden.

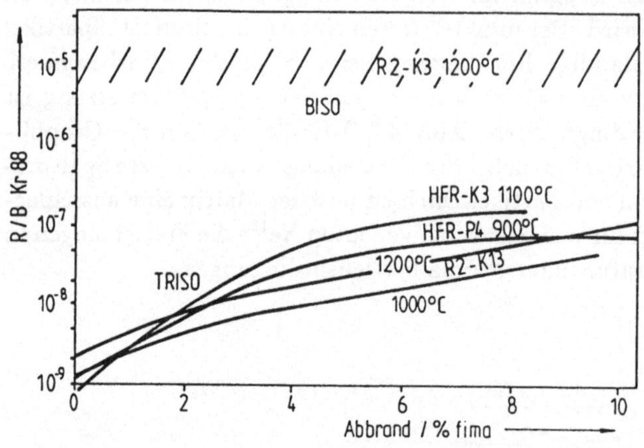

Abb.4.17: Gesamtfreisetzungsanteil von Kr^{88} über dem Schwermetallabbrand [9.11]

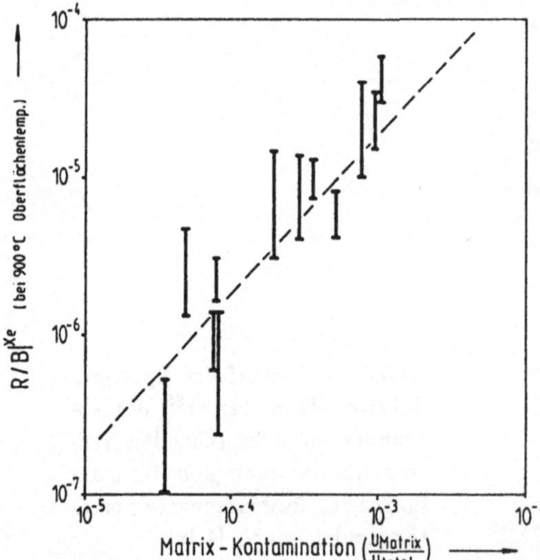

Abb. 4.18: Freisetzungsanteil von Xe^{133} in Abhängigkeit von Kontamination der Matrix mit Uran

Die Brennelemente müssen weiterhin beständig gegenüber Verunreinigungen im Kühlgas sein. Verunreinigungen des Heliums im Spurenbereich können über die folgenden Reaktionen korrodierend wirken:

$$C + H_2O \longrightarrow CO + H_2 \quad \text{(heterogene Wassergasreaktion)}$$
$$C + O_2 \longrightarrow CO_2 \quad \text{(Kohlenstoffverbrennung)}$$
$$C + 2H_2 \longrightarrow CH_4 \quad \text{(hydrierende Vergasung)}$$
$$C + CO_2 \longrightarrow 2CO \quad \text{(Boudouardreaktion)}$$
$$CO + H_2O \longrightarrow CO_2 + H_2 \quad \text{(homogene Wassergasreaktion)}$$

Die Reaktionsrate durch Wasserdampf ist stark vom graphitischen Material, von der Temperatur, vom Wasserdampfgehalt und vom Druck abhängig. Es muß z. B. in etwa mit einer Verdopplung der Reaktionsgeschwindigkeit pro 50 °C (im Bereich um 1 000 °C) gerechnet werden. Für den A3-Graphit des THTR ist zur Spezifikation des Materials die zulässige Korrosionsrate im Wasserdampf (1 Vol% H_2O in strömendem Helium bei 1 000 °C) standardmäßig auf 1,3 mg/cm²h festgelegt worden.

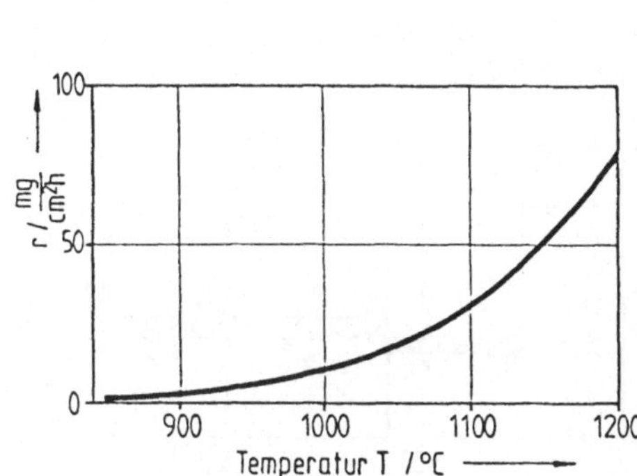

Abb. 4.19: Korrosionsrate durch Wasserdampf an A3-Graphit unter Standardbedingungen [6.35]

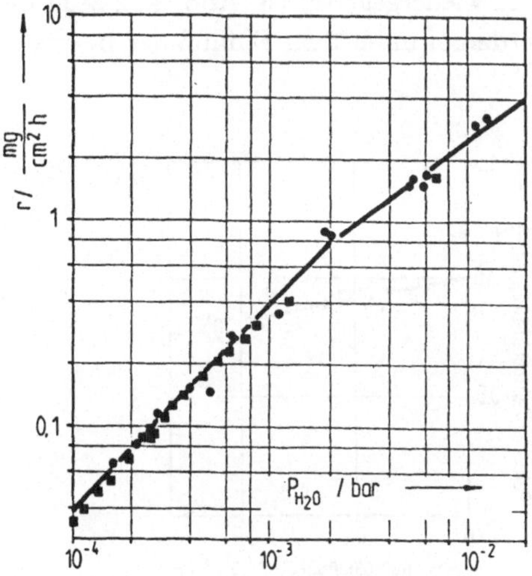

Abb. 4.20: Abhängigkeit der Korrosionsrate für A3-Graphit in Wasserdampf vom Partialdruck des Wasserdampfes (T = 950 °C) [6.35]

Dies bedeutet, daß im Normalbetrieb selbst mit dieser angenommen starken Verunreinigung des Kühlgases für eine längere Zeitdauer Leistung gefahren werden könnte, ehe unzulässige Abtragungen von der Oberfläche der Brennelemente aufträten. Für schwere Störfälle gelten andere Bedingungen, diese werden in Kapitel 6 dargelegt. Im einzelnen ergeben sich für A3-Graphit die in Abb. 4.19 und Abb. 4.20 wiedergegebenen Verläufe der Korrosionsraten in Abhängigkeit von der Temperatur sowie vom Wasserdampfpartialdruck.

Um die Wirkung korrodierender Verunreinigungen abzuschätzen, sei einmal angenommen, daß eine betriebsbedingte Leckage von 10 g H_2O/s, das ist ein sehr hoher Wert, auftrete und im heißen Corebereich über eine Dauer von 10 Stunden zu Korrosionen führe. Entsprechend der heterogenen Wassergasreaktion

$$C + H_2O \longrightarrow CO + H_2$$

entstehen aus 12 g C + 18 g H_2O insgesamt 28 g CO und 2 g H_2. Bei der hier angenommenen Leckagemenge von 10 g H_2O/s werden folglich rund 6,6 g C/s umgesetzt. Diese Korrosion läuft im wesentlichen an Brennelementoberflächen mit hohen Temperaturen ab. Hier seien 10 % der Brennelemente als involviert angenommen. Für eine Dauer der Korrosion von 10 Stunden ergibt sich so für den THTR als Ergebnis, daß die betroffenen Brennelemente etwa 0,2 mm Schichtdicke verlieren. Dieser Wert wäre noch völlig unproblematisch hinsichtlich der Integrität der Brennelemente, ihrer mechanischen Eigenschaften sowie im Hinblick auf die Spaltproduktrückhaltung. Der hier berechnete mittlere Materialverlust beträgt etwa 0,3 % und führt noch nicht zu einer unzulässigen Reduktion der Zerdrückfestigkeit der Brennelemente, wie in Abb. 4.21 wiedergegeben ist. Abb. 4.22 zeigt die Änderung der Korrosionsraten durch Wasserdampf unter dem Einfluß der Bestrahlung durch schnelle Neutronen.

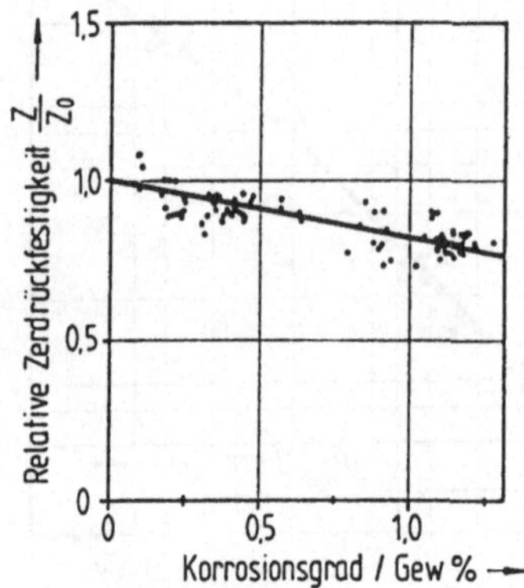

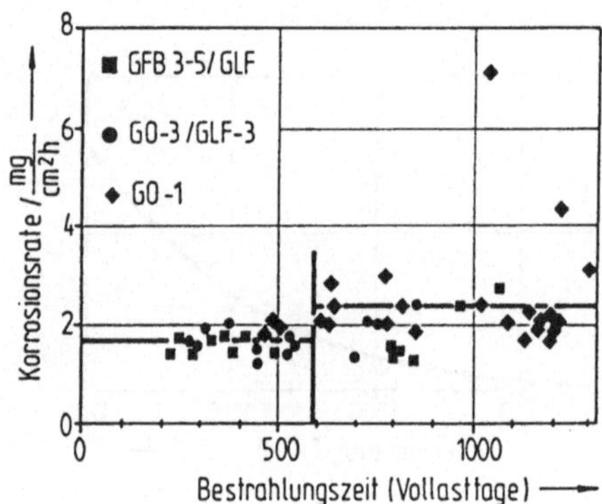

Abb. 4.21: Reduktion der Zerdrück-festigkeit der Brennelemente durch Wasserdampfkorrosion

Abb. 4.22: Änderung der Korrosionsrate durch Bestrahlung [4.16]

Die Korrosionsrate wird durch Bestrahlung nicht nennenswert modifiziert, wie aus den Ergebnissen von Versuchen in Abb. 4.22 ablesbar ist. In der Praxis würde nach Erkennen einer hohen Wasserleckage der Reaktor abgeschaltet und der Schaden (z. B. am Dampferzeuger) behoben. Durch die Auslegung der Gasreinigung (siehe Abschnitt. 4.9) wird über eine Begrenzung der Verunreinigungen auf sehr kleine Mengen im Primärkreis zuverlässig dafür Sorge getragen, daß die im Normalbetrieb durch Korrosion der hier geschilderten Art auftretenden Abtragungen von der Brennelementoberfläche weit unterhalb zulässiger Werte bleiben.

Für zukünftige HTR-Anlagen sind Brennelemente vorgesehen, deren Brennstoff niedrig angereichertes Uran ($\approx$ 10 %) ist. Man spricht von LEU-Zyklen (LEU = Low Enriched Uranium). Um die Spaltproduktfreisetzung möglichst noch weiter zu verringern, wird dabei der Brennstoff (UO_2) in Form von TRISO-beschichteten Partikeln verwandt. Diese TRISO-Partikel enthalten im Gegensatz zu BISO-Partikeln eine zusätzliche SiC-Schicht, die eine besonders wirksame weitere zusätzliche Barriere für die Spaltprodukte darstellt (siehe Abb. 4.23). Auch im Hinblick auf die herstellungsbedingte Kontamination werden heute recht hohe Anforderungen gestellt. Die Auslegungswerte dieser Brennelemente (Mindestabbrand 10 % FIMA, schnelle Dosis

$5 \cdot 10^{21}$ n/cm^2, Bestrahlungstemperatur: 1 000 °C, Kontamination $< 6 \cdot 10^{-6}$) sind inzwischen durch umfangreiche Tests dieser Brennelemente voll bestätigt. Insgesamt kann damit über ein noch weiter verbessertes, voll erprobtes, kugelförmiges Brennelement für Hochtemperaturreaktoren verfügt werden.

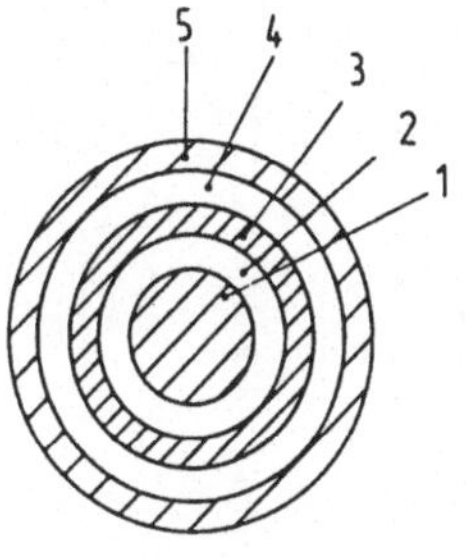

Position	char. Dicke (μm)	Material	Dichte (g/cm^3)
1. Kern	$d = 500$	UO$_2$	10,5
2. Pufferschicht	$s = 95$	C	1,2
3. 1. C-Schicht	$s = 40$	PyC	1,4
4. SiC Schicht	$s = 35$	SiC	3,18
5. 2. C-Schicht	$s = 40$	PyC	1,85

Abb. 4.23: TRISO-Partikel: *1. UO$_2$*-Kern, *2.* poröse Graphitschicht, *3.* pyrolytische Graphitschicht, *4.* Siliziumkarbidschicht, *5.* pyrolytische Graphitschicht

4.2 Reaktoreinbauten

Die Reaktoreinbauten eines Hochtemperaturreaktors [4.21 bis 4.30], hier sei zunächst der THTR als Ausführungsbeispiel herangezogen, bestehen aus keramischen sowie metallischen Komponenten. Die Graphiteinbauten, aufgebaut aus Bodenreflektor, Seitenreflektor und Deckenreflektor dienen zur Aufnahme der Brennelementschüttung. Auch das Kühlgas Helium, welches nach Durchtritt durch den Deckenreflektor die Kugelschüttung von oben nach unten durchströmt und danach durch Kanäle im Bodenreflektor den Kernbereich verläßt, wird durch den Graphitaufbau geführt.

Besondere Bedingungen für diese Graphiteinbauten ergeben sich durch die hohen betrieblichen Kühlgastemperaturen, beim THTR maximal 780 °C (in heißen Strähnen), durch mechanische Kräfte, bedingt durch die Kugelhaufenmechanik, sowie durch hohe Bestrahlungsdosen mit schnellen Neutronen, die zu Strukturschäden führen können. Im einzelnen sind konstruktive Details des Gesamtaufbaus des Graphitreflektors aus Abb. 4.24 zu ersehen. Die wichtigsten Daten des Kernaufbaus des THTR sind in Tab. 4.2 vermerkt, die Abb. 4.25, 4.26 zeigen Einzelheiten.

Der Deckenreflektor (Abb. 4.25 a) ist aus Graphitsteinen, welche an Zugankern am Deckenliner aufgehängt sind, aufgebaut. Durch Bohrungen tritt das Kühlgas Helium mit einer Temperatur von 250 °C in die Kugelschüttung ein. Die in der Reaktordecke durch γ-Heating entstandene Wärme wird gleichzeitig mit Hilfe dieser intensiven Kühlung abgeführt. Aus Abb. 4.26 a geht der strukturelle Aufbau des Seitenreflektorbereiches hervor. Es wird deutlich, daß Vorsorge gegen Neutronenstreamingeffekte getroffen ist und daß eine hinreichende Reduktion der schnellen Neutronendosis, die die Stahlstrukturen belastet, gewährleistet ist.

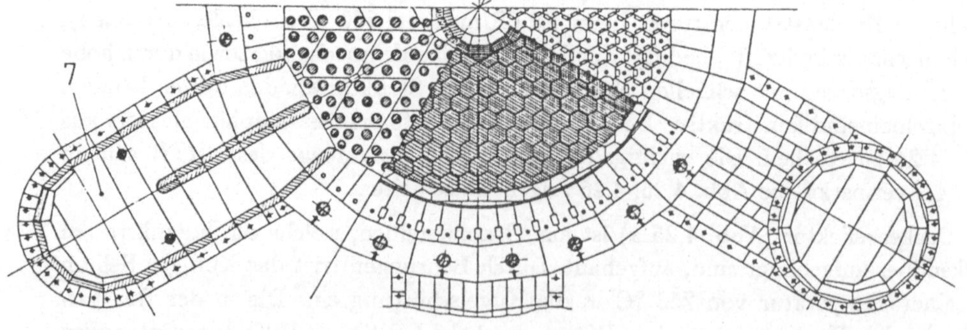

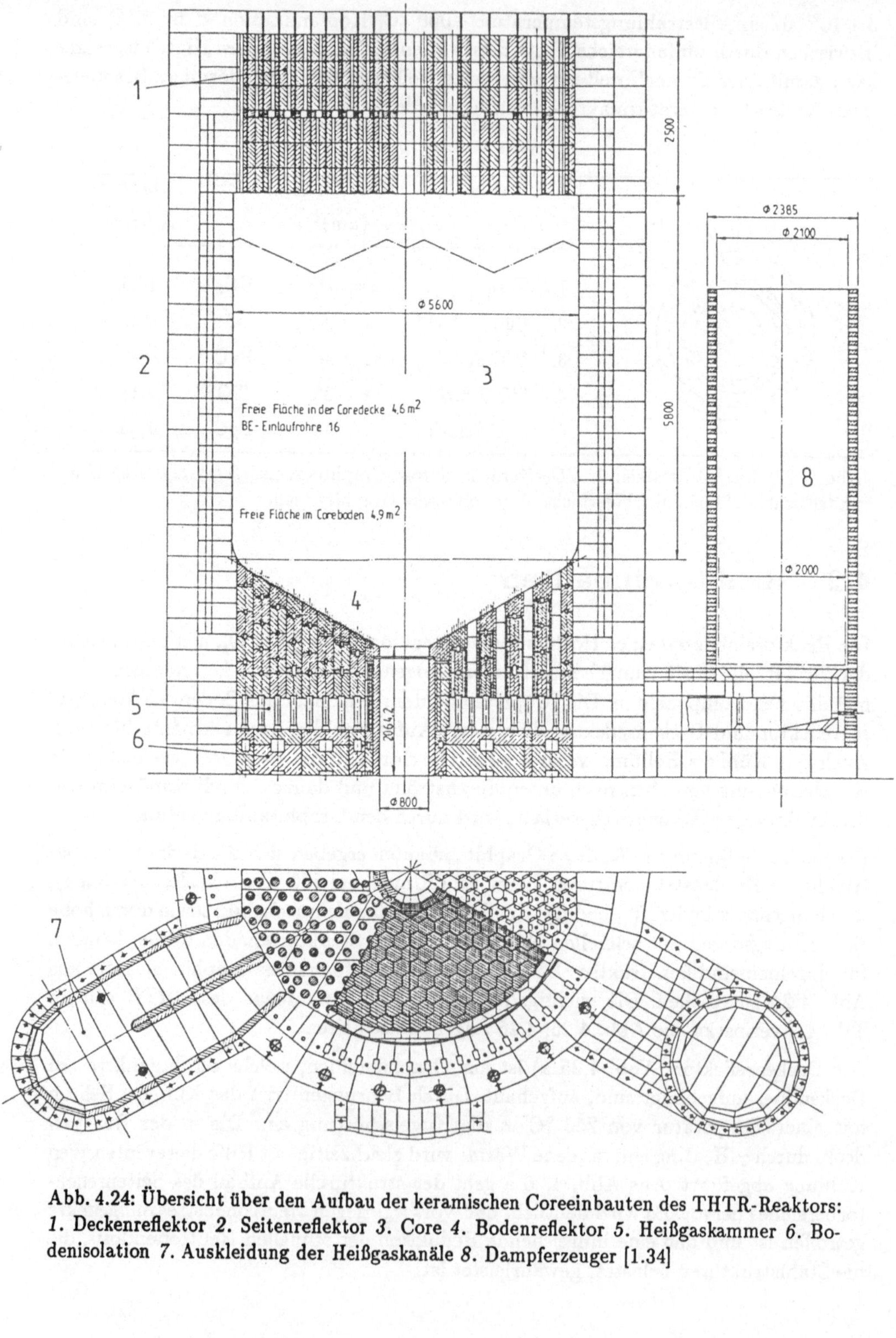

Abb. 4.24: Übersicht über den Aufbau der keramischen Coreeinbauten des THTR-Reaktors: *1.* Deckenreflektor *2.* Seitenreflektor *3.* Core *4.* Bodenreflektor *5.* Heißgaskammer *6.* Bodenisolation *7.* Auskleidung der Heißgaskanäle *8.* Dampferzeuger [1.34]

Tab. 4.2:   Auslegungsdaten der keramischen THTR-Coreeinbauten

Parameter	Wert
Coredurchmesser	5,6 m
Corehöhe (mittel)	5,1 m
Füllfaktor	0,61
Reflektordicke radial	1 m
Kohlesteindicke radial	0,5 m
Reflektordicke Decke	2 m
Reflektordicke Boden	$\approx$ 2 m
Gewicht Graphit	$\approx$ 540 t
Gewicht Kohlestein	$\approx$ 35 t

Der zylindrische Seitenreflektor ist ebenfalls aus Steinen aufgebaut, die untereinander durch Dübel verbunden und am umgebenden thermischen Schild durch Stützanker befestigt sind. Im vorderen dem Core zugewandten Bereich besteht der Seitenreflektor aus isotropem Graphit, der wie später noch ausführlicher dargelegt wird, besonders gute Bestrahlungseigenschaften aufweist. In diesen Steinen befinden sich Bohrungen zur Führung der Reflektorstäbe. Das im Reaktorkern auf im Mittel 750 °C aufgeheizte Kühlgas Helium wird durch Bohrungen im Bodenreflektor in einen unter dem Bodenreflektor liegenden Heißgassammelraum geführt (siehe Abb. 4.25 b). Dieser Heißgassammelraum ist als Graphitsäulenhalle gestaltet. Von hier aus wird das Heißgas zu den sechs Dampferzeugern durch sechs separate Heißgaskanäle geführt. Der Boden der Säulenhalle wird aus einer Graphitschicht sowie einer darunter liegenden Kohlesteinschicht, die aus Gründen der Wärmeisolation Verwendung findet, gebildet. Der Bodenreflektor besitzt eine konische Form mit einer Neigung von 30 °, um ein günstiges Abflußverhalten der Kugeln aus dem Core zu gewährleisten. In der Mitte des Corebodens befindet sich das Kugelabzugsrohr mit einer Nennweite von 800 mm. Dieses Maß wurde gewählt, um einen ungehinderten Abfluß der Kugeln aus dem Kugelhaufen ohne die Gefahr von Brückenbildung im Rohr oder oberhalb davon zu ermöglichen. Der Kernaufbau wurde so konzipiert, daß alle thermischen Dehnungen sowie Dimensionsänderungen durch Bestrahlungseffekte toleriert werden können. Auf diesbezügliche Einzelheiten wird noch näher eingegangen. Auch Korrosionseffekte am Strukturgraphit durch eingedrungene Verunreinigungen von Wasser und Luft werden noch zu diskutieren sein. Hinsichtlich Temperaturtransienten und dadurch verursachte Wärmespannungen ist Graphit ein äußerst gut geeigneter Werkstoff, da seine Wärmeleitfähigkeit hoch ist. Auch bei Störfällen wirken sich die gute Wärmespeicherfähigkeit sowie die große Menge an Graphit im Kernbereich günstig aus, wie noch ausführlich in Kapitel 6 erläutert wird. Konstruktive Einzelheiten des Seitenreflektoraufbaus sind aus Abb. 4.25 a, 4.25 b zu ersehen. Aus diesen Abbildungen ist der segmentierte Aufbau der Graphitstrukturen gut zu erkennen. Die Verbindungen zwischen den Reflektorsteinen werden durch Dübel und Paßfedern sichergestellt. Insbesondere am heißen Coreboden muß für eine Rückstellung der Blöcke und Säulen in ihre ursprüngliche Lage bei Temperaturwechseln gesorgt werden. Dieses wird relativ einfach bei Anlagen mit geringem Coredurchmesser (z. B. HTR-Modul) erfüllt.

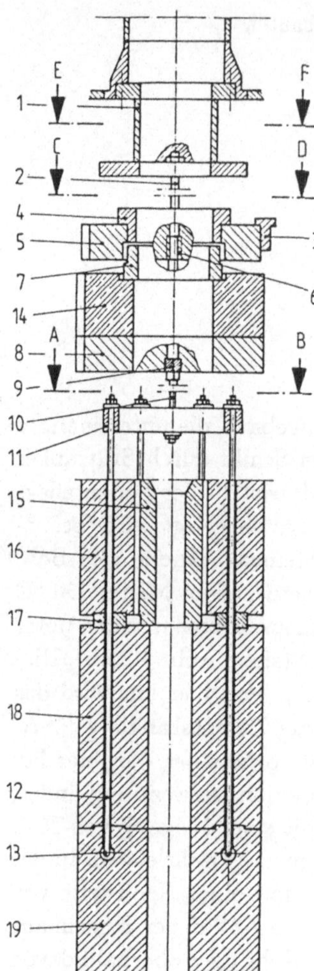

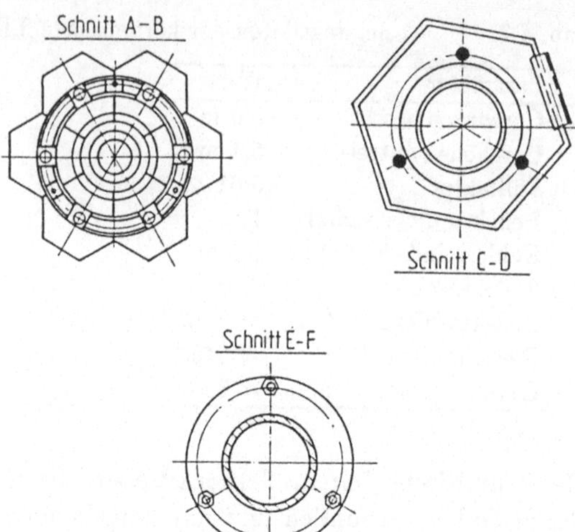

Abb. 4.25 a: Deckenreflektor des THTR *1*. Anschlußrohre zum Liner mit oberem Tragring, *2*. oberer Tragbolzen, *3*. Riegel, *4*. obere Paßbüchse, *5*. oberer therm. Deckenschild, *6*. oberer Haltering, *7*. untere Paßbüchse, *8*. Deckenschild, *9*. unterer Haltering, *10*. unterer Tragbolzen, *11*. unterer Tragring, *12*. Zuganker, *13*. Tragbolzen, *14*. Graphitstein, *15*. Abschirmhülse, *16*. oberer Deckenreflektor, *17*. oberer Graphit-Zwischenring, *18*. mittlerer Deckenrelektorstein, *19*. unterer Deckenreflektorstein [4.29]

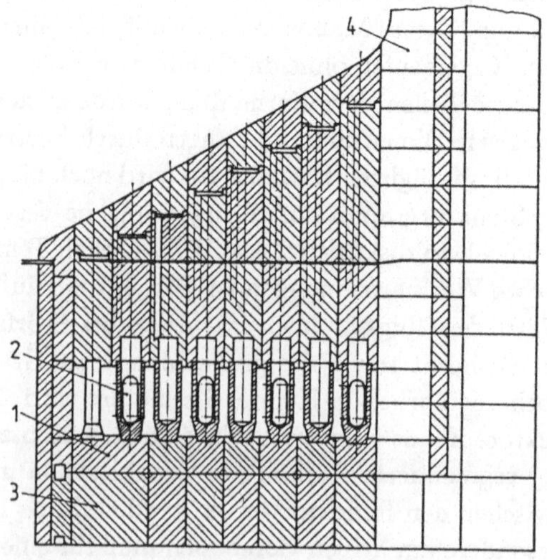

Abb. 4.25 b: Bodenreflektor des THTR *1*. Bodenreflektorsteine, *2*. Säulen der Heißgaskammer, *3*. Bodenisolierung, *4*. Seitenreflektor

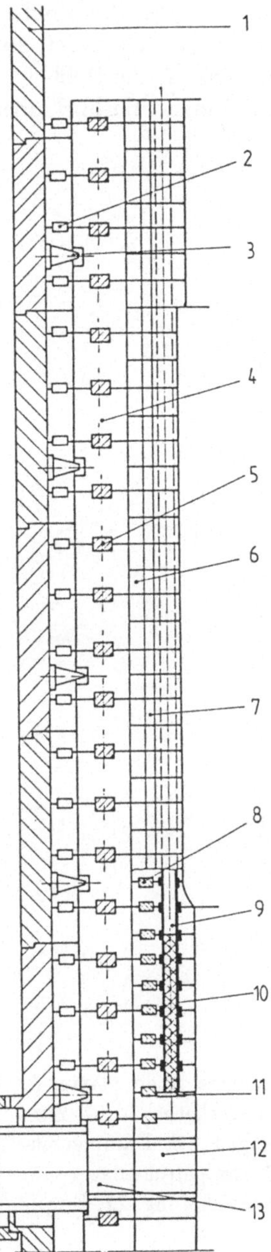

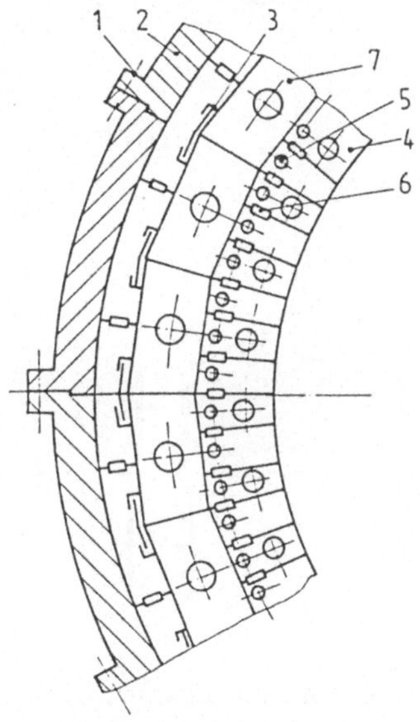

Abb. 4.26 a: Seitenreflektoraufbau beim THTR (Vertikalschnitt): *1*. Thermischer Seitenschild, *2*. Stützbolzen, *3*. Verdrehsicherung, *4*. äußerer Seitenreflektor, *5*. Dübel im äußeren Seitenreflektor, *6*. Innerer Seitenreflektor, *7*. Keil im inneren Seitenreflektor, *8*. Dübel im inneren Seitenreflektor, *9*. Führungsrohre für die Reflektorstäbe, *10*. Schockabsorber, *11*. Prallplatte, *12*. Heißgasdurchtritt im inneren Seitenreflektor, *13*. Heißgasdurchtritt im äußeren Seitenreflektor [4.29]

Abb. 4.26 b: Seitenreflektoraufbau beim THTR (Horizontalschnitt): *1*. Verschraubung, *2*. Thermischer Seitenschild, *3*. Reflektorabdichtung, *4*. Innerer Seitenreflektor, *5*. Dübel, *6*. Paßfeder, *7*. äußerer Seitenreflektor

Die metallischen Einbauten des THTR bestehen im wesentlichen aus dem thermischen
Schild, der sowohl im Decken-, Boden- und zylindrischen Bereich Einsatz findet, aus
den Zugankern für die Deckenaufhängung, aus den Komponenten für die Heiß- und
Kaltgasführung sowie aus einer Vielzahl von Abstützelementen. Einen Überblick über
die metallischen Kerneinbauten vermittelt Abb. 4.27 [4.21].

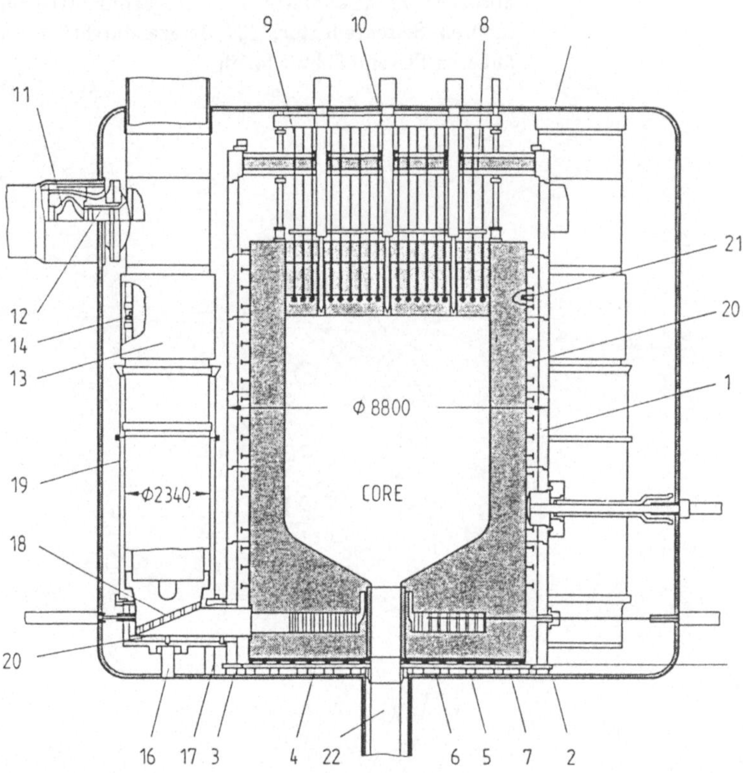

Abb. 4.27: Übersicht über die metallischen Coreeinbauten des THTR:
1. thermischer Schild, *2*. Bodenplatte, *3*. Doppelrollenlager, *4*. untere Bodenplatte, *5*.
Rollenlager, *6*. Bodenplatten, *7*. Doppelrollenlager, *8*. thermischer Deckenschild, *9*. Zugstangen, *10*. Tragringe, *11*. Gebläseabschirmungen, *12*. Saugleitungen, *13*. Dampferzeugermäntel, *14*. Dichtelemente, *15*. Heißgaskanal, *16*. Fixpunkt, *17*. Doppelrollenlager, *18*.
Lochplatte, *19*. Kaltgasführungsmäntel, *20*. Stützbolzen, *21*. Verdrehsicherung, *22*. Kugelabzugsrohr, *23*. Liner

Der thermische Seitenschild schützt die dahinter angeordneten Komponenten wie
Dampferzeuger und Gebläse vor zu hoher Neutronen- und γ-Strahlung. Auch die
Dosen, die den Behälterliner und die inneren Bereiche des Strukturbetons belasten,
werden so auf ein hinreichendes Maß reduziert. In Abb. 4.28 und 4.29 [1.34] sind die
typischen Verläufe von Neutronenflüssen und γ-Flüssen in den Kernstrukturen wiedergegeben. Die ausgeprägte Abschirmwirkung des thermischen Schildes für γ-Strahlung
ist hieraus deutlich ersichtlich. Weiterhin nimmt der thermische Schild Kräfte auf,
die auf die graphitischen Kerneinbauten durch die Wirkung der Kugelschüttung und
durch einfahrende Stäbe ausgeübt werden.

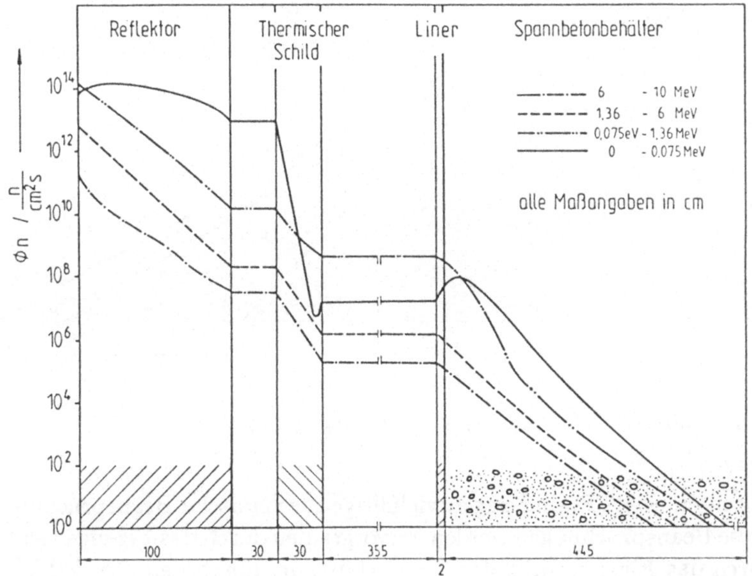

Abb. 4.28: Verläufe der Neutronenflüsse in den radialen Schichten des THTR

Der thermische Schild besteht aus Elementen, die in Umfangsrichtung verschraubt
sind und lose in Ringen übereinander gesetzt sind. Am Boden wird dieser Zylinder
auf Rollenlagern abgestützt. Alle Gewichtskräfte werden in die untere Bodenplatte
und von dort in den Spannbetonbehälter eingeleitet. Der thermische Deckenschild ist
aus Sechskantsteinen, die an Zugstangen am Deckenliner aufgehängt sind, aufgebaut.
Zu den metallischen Einbauten zählen auch die Gebläseabschirmungen, die jeweils
vor den Gebläseeinläufen angeordnet sind. Die Saugleitungen zwischen den Gebläsen
und den Dampferzeugern sind mit Hilfe von Gelenkkompensatoren beweglich gestaltet. Die sechs Dampferzeuger sind von gasdichten Strömungsmänteln umgeben, diese
Mäntel sind oben am Panzerrohr der Dampferzeugerposition und unten am Heißgaskanal befestigt. Die thermische Ausdehnung dieses Dampferzeugermantels wird durch
am unteren Ende angeordnete Kompensatoren ermöglicht. Im Heißgaskanal befindet
sich eine Stahlplatte mit Gasdurchgangsbohrungen, mit deren Hilfe ein gewisser Ausgleich von Heißgassträhnen im Kühlgas erreicht wird. Zur Führung des Kaltgases im

unteren Kernbereich befinden sich, konzentrisch um die Dampferzeugermäntel herum,
Führungsmäntel, die eine Kühlung der Heißgaskanäle ermöglichen.

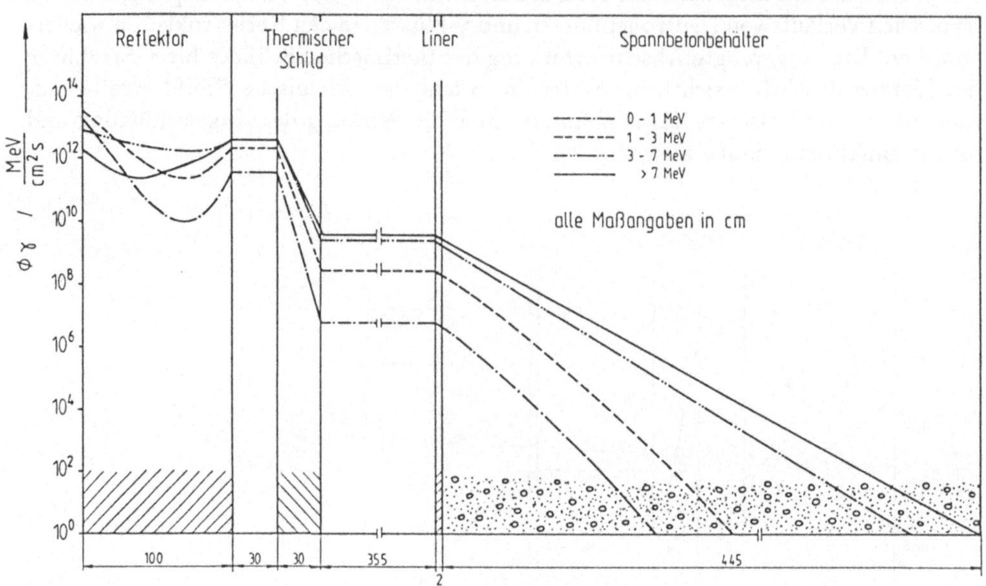

Abb. 4.29: Verläufe der γ-Flüsse in den radialen Schichten des THTR

Die Graphiteinbauten eines HTR sind gegen vielfältige mechanische Beanspruchungen auszulegen. Diese Beanspruchungen werden hervorgerufen durch das Eigengewicht
der Einbauten, durch das Eigengewicht der Kugelschüttung, durch den Druckabfall
bei der Durchströmung der Kugelschüttung, durch Differenzdehnungen zwischen Kugelschüttung und Seitenreflektor und bei Reaktoren mit frei in den Kugelhaufen einfahrenden Stäben durch Stabkräfte. Die maximalen Beanspruchungen treten beim
Einfahren der Absorberstäbe auf. Das Eigengewicht der Brennelementkugeln wird zu
rund 85 % auf den Coreboden übertragen, die restlichen 15 % werden durch Rei-
bungskräfte an der Corewand in vertikaler Richtung abgeleitet. Der Druckverlust bei
der Durchströmung der Kugelschüttung kommt einer scheinbaren Erhöhung des spezifischen Gewichtes der Kugeln gleich. Das wirksame spezifische Gewicht errechnet
sich nach

$$\gamma = \gamma_{Kugel} + \frac{\Delta p_{Core}}{H_{eff} \cdot f} \tag{4.27}$$

mit Δp_{core} = Druckabfall des Kühlgases im gesamten Core, H_{eff} = effektive Ku-
gelschütthöhe, f = Füllfaktor der Kugelschüttung.

Differenzdehnungen zwischen dem Kugelhaufen und der Corekonstruktion werden
durch Temperaturgradienten und durch Strukturveränderungen im Graphit hervorgerufen. Bei ruhendem Kugelhaufen können sie sich als mechanische Beanspruchungen auswirken. Wenn die Kugeln durch Umwälzen und Entnahme bewegt werden,

können auftretende Spannungen sofort wieder abgebaut werden. Zudem können die Graphitblöcke Relativbewegungen zueinander ausführen, wodurch Verspannungen in der Reflektorkonstruktion vermieden werden. Bei Langzeitabschaltung des Reaktors fahren beim THTR 42 Corestäbe ganz in die Kugelschüttung ein. Die Stabspitzen stehen in der Endstellung rund 0,5 m über dem Coreboden. Die Stäbe nehmen ein gewisses Corevolumen (THTR: 1,64 m³ entsprechend 1,3 % des Kugelschüttvolumens) ein. Dieses Volumen wird teils bereitgestellt durch Anheben der Kugelschüttung, teils wird es durch Verdichten des Kugelhaufens gewonnen. Durch diesen Verdichtungseffekt kommt es zu einer gewissen Verspannung des Kugelhaufens, die Kräfte müssen von den Graphiteinbauten des Seiten- und Bodenreflektors aufgenommen werden. Die in diesem Fall auftretenden Belastungen der Corewand bzw. des Corebodens sind in Abb. 4.30 [1.34] wiedergegeben.

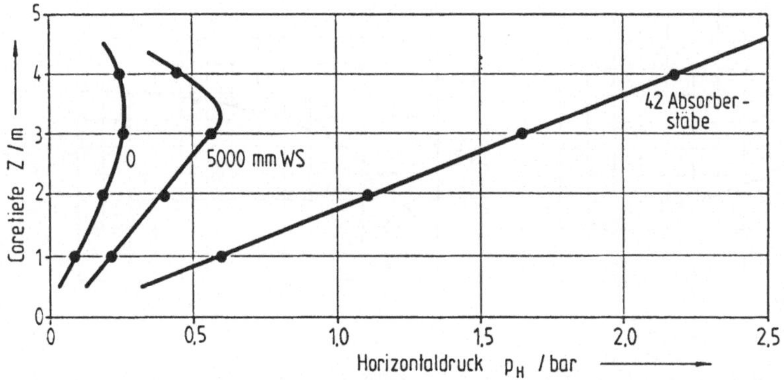

Abb. 4.30: Mittlerer Druck auf die Corewand des THTR-Reaktors als Funktion der Coretiefe mit und ohne eingefahrene Corestäbe

Die hier ausgewiesenen Belastungen sind sehr gering im Vergleich zu den zulässigen Festigkeitswerten des Werkstoffs Graphit. So beträgt die zulässige Zugspannung für dieses Material rund 10 N/mm², während die zulässige Druckspannung bei etwa 35 N/mm² liegt. Einige häufig für Abschätzungen zu benutzende Zahlenwerte für Reflektorgraphite sind aus Tab. 4.3 zu entnehmen, während in Abb. 4.31 die Abhängigkeit einiger Parameter von der Temperatur angedeutet ist. Insbesondere die Wärmeleitfähigkeit nimmt mit zunehmender Temperatur ab, während die spezifische Wärme sowie die thermische Rechnung mit steigender Temperatur zunehmen. Die Zugfestigkeit nimmt mit steigender Temperatur zu und fällt erst oberhalb einer Temperatur von 2000 °C wieder ab. Bei Bestrahlung mit schnellen Neutronen treten Änderungen dieser Werte auf, wie im folgenden noch näher ausgeführt wird. Es sei hier ausdrücklich darauf hingewiesen, daß die verschiedenen heute zur Verfügung stehenden Graphitqualitäten recht unterschiedliche Materialwerte aufweisen. Dies gilt sowohl für die thermischen Eigenschaften als auch für das Bestrahlungsverhalten.

Tab. 4.3:   Charakteristische Daten von Reflektorgraphit

Parameter	Wert	Bemerkung
Dichte	$1{,}74\ \mathrm{g/cm^3}$	20 °C
Wärmeausdehnung	$3\cdot 10^{-6}\ \mathrm{K^{-1}}$	20 °C bis 200 °C
Anisotropie der Wärmeausdehnung	1,1	
E-Modul	$1{,}2\cdot 10^4\ \mathrm{MN/m^2}$	dynamisch
Wärmeleitfähigkeit	30 W/(m K)	1000 °C
Spezifische Wärme	1,25 kJ/kgK	500 °C
Druckfestigkeit	$> 30\ \mathrm{MN/m^2}$	20 °C
Biegefestigkeit	$> 15\ \mathrm{MN/m^2}$	20 °C
Zugfestigkeit	$> 10\ \mathrm{MN/m^2}$	20 °C

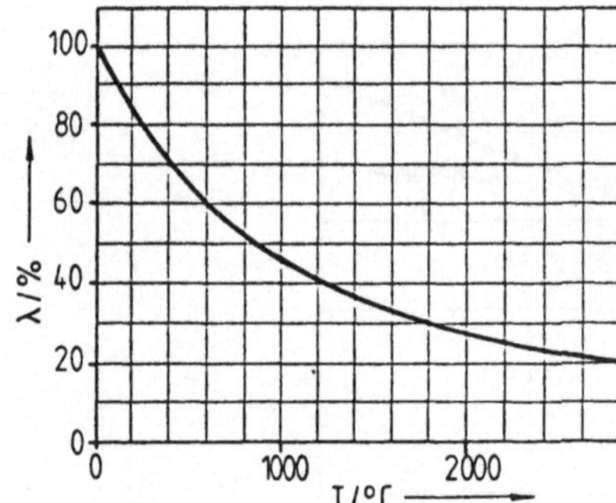

a.: Änderungen der Leitfähigkeit mit der Temperatur für Graphit

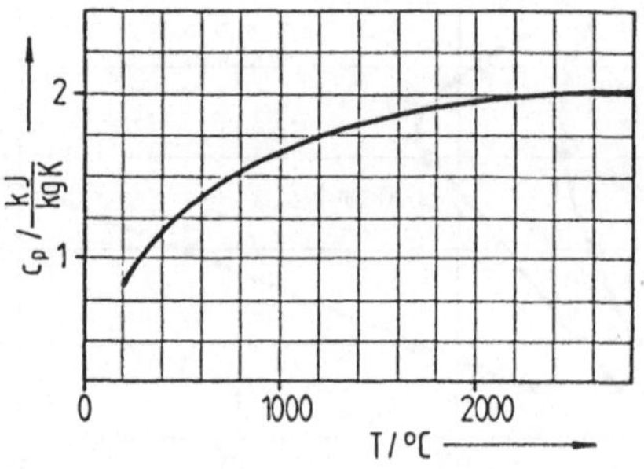

b.: spezifische Wärmekapazität in Abhängigkeit von der Temperatur

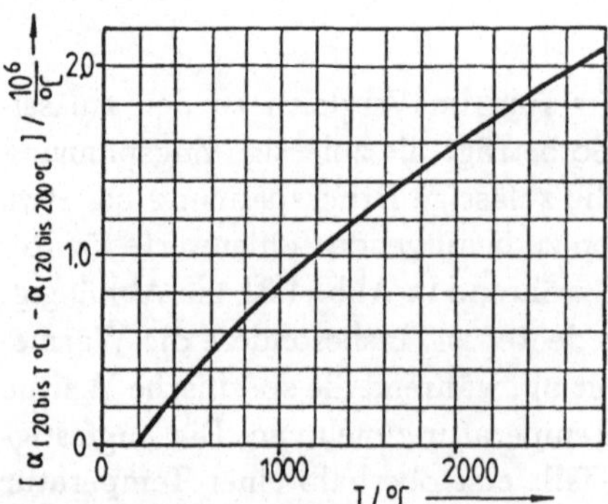

c.: Änderung der Wärmeausdehnung von Graphit in Abhängigkeit von der Temperatur

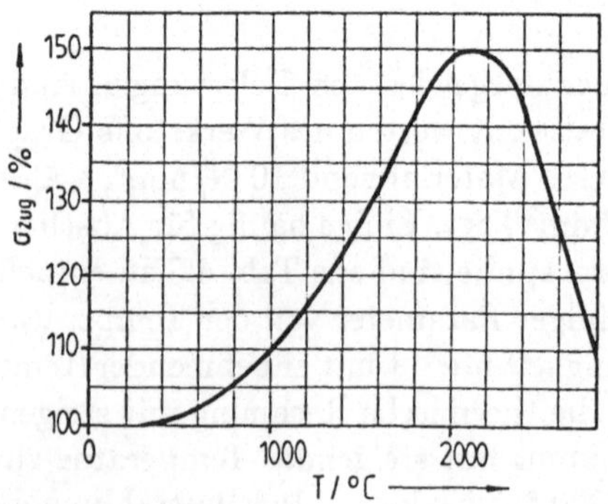

d.: Änderungen der Zugfestigkeit mit der Temperatur für Graphit bezogen auf Raumtemperatur

Abb. 4.31: Einige temperaturabhängige Eigenschaften von Reaktorgraphit

Der Reflektorgraphit dient auch als Moderator zur Thermalisierung der ausfließenden schnellen Neutronen. Weiterhin sorgt er für eine Reduktion der Neutronenverluste durch Ausfluß aus der Corezone. Es kommt zu Stoßprozessen zwischen Neutronen und Atomen des Graphitgitters. Dies führt zu Störungen im Graphitgitter und daraus resultierend zu Änderungen der Eigenschaften des Materials. Ein derartiger Effekt wurde bereits im Abschnitt 4.1 für die A3-Graphitmatrix der Brennelemente diskutiert. Bekanntlich stand hierbei früher der sogenannte Wigner-Effekt im Vordergrund des Interesses. Bei Bestrahlungstemperaturen unterhalb von 200 °C kann es zu einer Zunahme der inneren Energie im Graphit und bei spontanen Ausheilvorgängen zu plötzlichen Energiefreisetzungen und Temperaturerhöhungen kommen. Alle modernen HTR-Konzepte sehen daher Kaltgastemperaturen von mindestens 250 °C vor, so daß der Wigner-Effekt keine Rolle mehr spielt. Das Bestrahlungsverhalten des Graphits über rund 30 Betriebsjahre muß sehr gut bekannt sein, da ein Ausbau und Austausch der Graphitstrukturen im allgemeinen sehr schwierig oder sogar praktisch unmöglich ist.

In umfangreichen jahrelangen Tests erprobt sind heute Graphitqualitäten für den Einsatz über die gesamte Lebensdauer verfügbar. In den Abb. 4.32 bis 4.35 sind einige wesentliche Bestrahlungsergebnisse für derartige Strukturmaterialien wiedergegeben. Es sind dies die relativen Dimensionsänderungen in Abhängigkeit von der schnellen Neutronendosis mit der Bestrahlungstemperatur als Parameter. Es zeigt sich übrigens ein gewisser Unterschied senkrecht und parallel zur Kornausrichtung des Graphits. Typisch ist jeweils die Schrumpfung des Materials bis zu einem sogenannten Umkehrpunkt (Minimum der Kurve) und danach das Anschwellen wieder bis zur Ausgangsgröße. Bei weiterer Erhöhung der Dosis würde das Volumen eines Graphitsteins ansteigen und zu Verspannungen im Coreaufbau führen. Ein wesentliches Auslegungsprinzip des Graphits der Coreeinbauten eines HTR ist damit formuliert, daß die Gesamtdosis über die gesamte Betriebszeit für die jeweilige Materialtemperatur nicht so hoch werden darf, daß positive Dimensionsänderungen auftreten können.

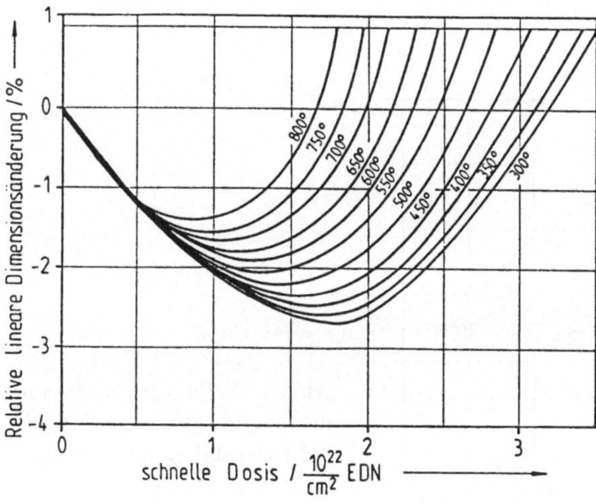

Abb. 4.32: Relative Dimensionsänderung von Graphit durch Bestrahlung (senkrecht zur Kornausrichtung) mit Neutronen, Dosisangabe in EDN-DIDO--Nickeläquivalent (siehe Abschnitt 3.1); Parameter ist die Bestrahlungstemperatur [4.22]

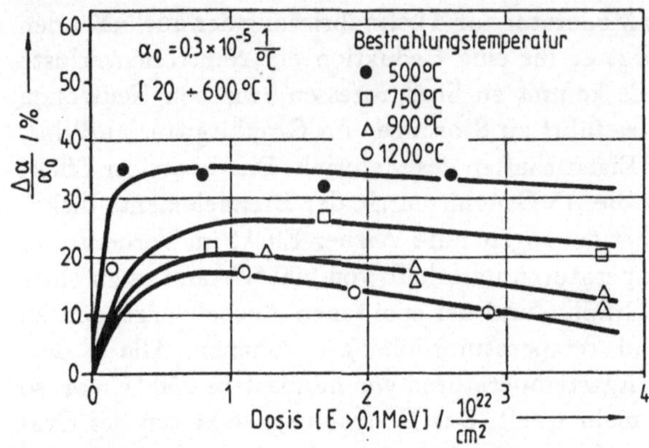

Abb. 4.33: Relative Änderung des Wärmeausdehnungskoeffizienten von Graphit durch Bestrahlung mit schnellen Neutronen [4.22]

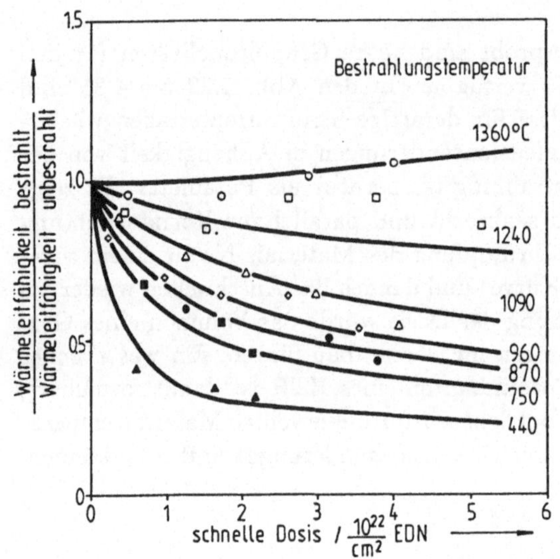

Abb. 4.34: Relative Änderung der Wärmeleitfähigkeit von Graphit bei Bestrahlung mit schnellen Neutronen [4.22]

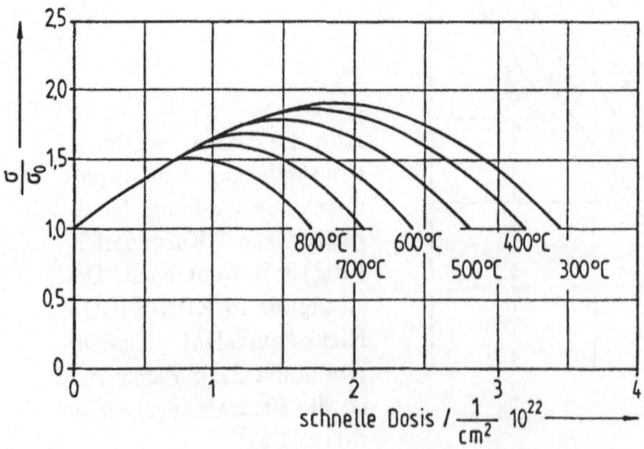

Abb. 4.35: Relative Änderung der Zugfestigkeit von Graphit bei Bestrahlung mit schnellen Neutronen [4.22]

Auch mechanische und thermische Eigenschaften des Graphits ändern sich unter Bestrahlung. Bezüglich Erklärungsansätzen für dieses Verhalten des Materials sei auf die Spezialliteratur [4.22] verwiesen. Bei der Auslegung der Reflektorstrukturen über die gesamte Lebensdauer müssen diese Effekte berücksichtigt werden. Es wird bei Bestrahlungstests weiterhin Kriechen des Graphits beobachtet (Abb. 4.36).

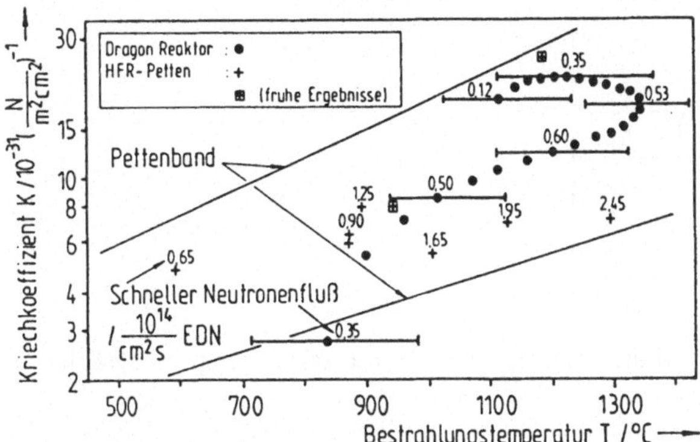

Abb. 4.36: Kriechkoeffizient für Graphit in Abhängigkeit von der Bestrahlungstemperatur sowie der Bestrahlungsdosis [4.26]

Es zeigt sich, daß zur Dehnung, die sich aufgrund üblicher Belastungseffekte einstellt, ein Anteil

$$\varepsilon = k \cdot \int_0^t \phi(t')\sigma \mathrm{d}t' \tag{4.28}$$

für die strahlenbedingte Rechnung hinzugefügt werden muß. Hierbei bedeutet σ die äußere angelegte Spannung, $\phi \cdot \mathrm{d}t$ eine differentielle Dosis, k eine Proportionalitätskonstante, die dem Kriechvorgang Rechnung trägt. Die gleichzeitige Wirkung von mechanischen Belastungen, strahlungsinduziertem Kriechen und Änderung der Materialparameter durch Bestrahlung erfordert insgesamt bei der Auslegung der Graphitstrukturen ein relativ aufwendiges Instrumentarium an mehrdimensionalen Rechenprogrammen. Eine recht einfache Approximation möge den Einfluß des Kriechens auf die Spannungsverläufe in Graphitstrukturen verdeutlichen. Ausgehend vom oben angegebenen Kriechansatz sowie unter Vorgabe einer linear mit der Zeit ansteigenden Spannung ergibt sich die Gesamtspannung zu:

$$\sigma(t) = \sigma_0 + \sigma_1 \cdot t - E \cdot k \int_0^t \phi\sigma \mathrm{d}t', \qquad \phi = \text{const} \quad . \tag{4.29}$$

Diese einfache Integralgleichung besitzt die Lösung

$$\sigma(t) = \sigma_0 \cdot e^{-Ek\phi t} + \frac{\sigma_1}{Ek\phi t} \cdot \left(1 - e^{-Ek\phi t}\right) \quad , \tag{4.30}$$

deren Verlauf in Abb. 4.37 wiedergegeben ist.

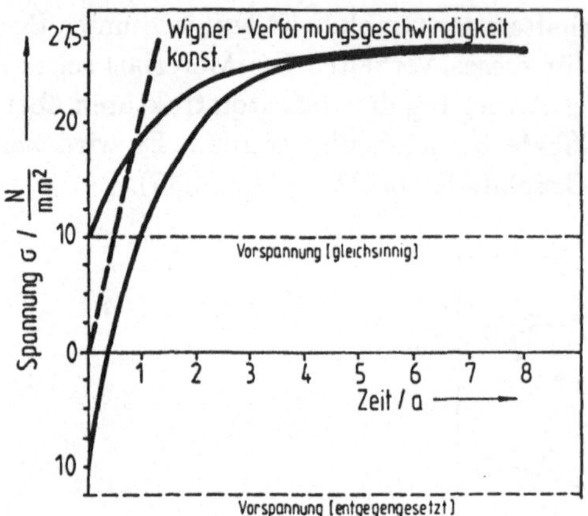

Abb. 4.37: Zeitabhängige Spannungsverläufe in Graphit mit Berücksichtigung des strahlen-induzierten Kriechens

Die Vorspannung klingt also durch strahlungsinduziertes Kriechen relativ schnell ab. Es wird somit frühzeitig eine Sättigungsspannung erreicht. Tatsächlich sind bei der Auslegung von Reflektorblöcken komplexe Belastungen, die aus thermischen, mechanischen und strahlungsinduzierten Anteilen zusammengesetzt sind, zu beurteilen. Nur aufwendige, mehrdimensionale Rechenprogramme, die auch die Erfassung zeitlicher Verläufe der Dehnungen und Spannungen ermöglichen, können ein vollständiges Bild der Abläufe vermitteln. Um einen Einblick in die Spannungsverläufe in den Reflektorblöcken im zylindrischen Bereich des Reflektors zu erlangen, seien in Abb. 4.38 die Spannungen in x- und y- Richtung eines Blockes in Abhängigkeit von der Betriebszeit wiedergegeben. [4.27] Auch hier ist die Vorzeichenänderung der Spannungen nach bestimmter Betriebszeit erkennbar. Die zulässigen Spannungen in Graphitreflektoren werden damit über die gesamte Lebensdauer des Reaktors unterhalb zulässiger Grenzwerte gehalten wie in Abb. 4.39 [4.28] gezeigt wird, wo berechnete Spannungsverläufe mit Festigkeitsgrenzen für Reflektorgraphit verglichen werden. Für die Korrosion des Reflektorgraphits durch Verunreinigungen im Kühlgas (H_2O, CO_2, H_2, CO, O_2) gelten Überlegungen, die bereits in Abschnitt 4.1 für die Brennelemente angestellt wurden. Neue Konzepte für HTR-Anlagen mittlerer Leistung (MODUL, HTR-100) verzichten auf Corestäbe, die gesamte Reaktivitätskontrolle wird durch Reflektorelemente gewährleistet. Dementsprechend entfallen Belastungen der Coreeinbauten durch Stabkräfte. Auch das Problem von Brennelementkugelbruch durch tief ins Core einfahrende Stäbe wird bei Reaktorkonzepten ohne Corestäbe vermieden.

Bei Cores mit großem Durchmesser, wie etwa im Falle des HTR-500 sind 3 Kugelabzüge vorgesehen, um ein gleichmäßiges Fließen der Brennelemente zu erreichen. Bedingt durch den OTTO-Zyklus werden bei dieser Anlage die oberen Bereiche des Seitenreflektors sowie der Deckenreflektor stärker durch Bestrahlung mit schnellen Neutronen beansprucht als bei Reaktoren mit MEDUL-Zyklus. Daher werden die dem Core zugewandten Seiten der Reflektorblöcke mit Schlitzen zur Kühlung ausgeführt. Unterschiedliche technische Lösungen sind zum Teil auch zur Beherrschung des Dehnungsverhaltens der Coreeinbauten bei thermischer Zyklierung eingeplant. Neben Federpaketen zum Zusammenspannen der Reflektoreinbauten sind besonders bei kleinen Kerndurchmessern Blockanordnungen mit selbsttätig wirkenden Mechanismen zur Rückstellung möglich und vorgesehen. Die Coreeinbauten von HTR-Anlagen werden im übrigen auch im Hinblick auf die üblichen Anforderungen hinsichtlich Erdbebenbelastung ausgelegt. Bei neuen Konzepten wird die Möglichkeit der Reparatur von keramischen Konzepten vorzusehen sein. So ist z. B. beim Modulreaktor ein Ausheben des Kernbehälters aus dem Reaktordruckbehälter vorgesehen. In einer speziellen Reparaturzelle kann der Graphitaufbau unter Einsatz von heute bekannten Fernbedienungstechniken erneuert werden. Strahlenschäden sind in den Graphitstrukturen nur in den ersten 15 cm zu erwarten, in größerer Entfernung sinken die schnellen Neutronenflüsse exponentiell ab.

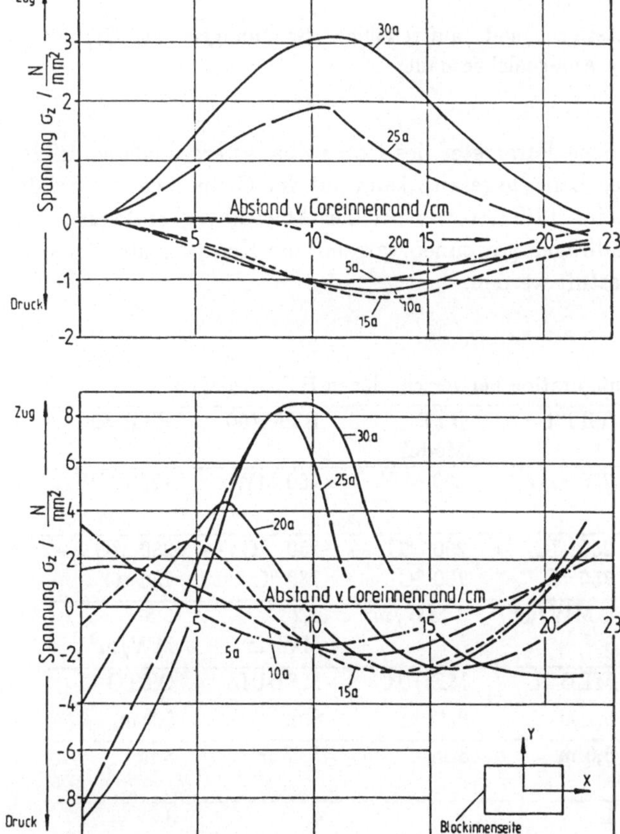

Abb. 4.38: Spannungsverläufe in einem Reflektorblock des THTR (Parameter ist die Betriebszeit) als Funktion des Abstandes vom Coreinnenrand sowie in Abhängigkeit von der Betriebszeit **a**. In x-Richtung, **b**. in y- Richtung [4.27]

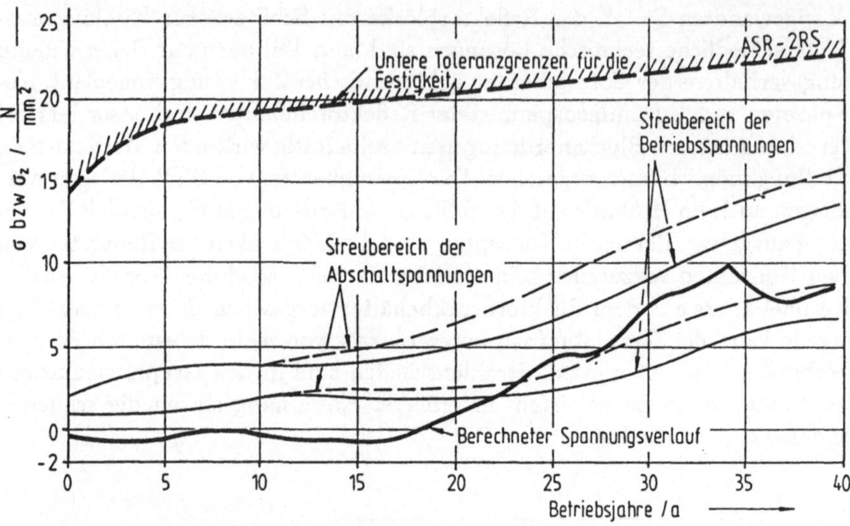

Abb. 4.39: Verläufe von zulässigen und auftretenden Spannungen in Graphit-Reflektorblöcken über die gesamte Anlagenlebensdauer

In Tab. 4.4 sind einige wesentliche Parameter des Coreaufbaus verschiedener HTR-Anlagen im Vergleich wiedergegeben. Insgesamt kann auf der Grundlage der Erfahrungen, die beim AVR und beim THTR sowie bei der Abwicklung umfangreicher Forschungsprogramme zu Detailfragen gewonnen wurden, die Komponente Coreeinbauten als voll entwickelt eingestuft werden.

Tab. 4.4: Daten der Corekonfiguration bei verschiedenen HTR-Anlagen

Parameter	AVR	THTR	HTR-Modul	HTR-100	HTR-500
Thermische Leistung	50 MW	750 MW	200 MW	250 MW	1250 MW
Kühlgas-aufheizung	200 °C → 950 °C	250 °C → 750 °C	250 °C → 700 °C	250 °C → 730 °C	250 °C → 730 °C
mittlere Kern-leistungsdichte	2,5 MW/m³	6 MW/m³	3 MW/m³	4,2 MW/m³	5,5 MW/m³
BE-Zyklus	MEDUL	MEDUL	MEDUL	MEDUL	OTTO
Kernhöhe	3 m	5,1 m	9,43 m	8 m	5,5 m
Kerndurch-messer	3 m	5,6 m	3 m	3,45 m	8 m
Kugelabzüge	1	1	1	4	3
Corestäbe	nein	ja	nein	nein	ja
Kühlgas-strömung	von unten nach oben	von oben nach unten	von oben nach unten	von unten nach oben	von oben nach unten

4.3   Abschalteinrichtungen

Die Abschaltanlage eines Reaktors muß in der Lage sein, die Anlage aus jedem Betriebs- und Störfallzustand heraus sicher abzuschalten und langfristig auch im abgeschalteten Zustand kaltunterkritisch zu halten. Weiterhin wird die Abschaltanlage zur Regelung und zum Teillastfahren der Anlage eingesetzt. Auch ein gewisser Ausgleich des radialen Leistungsprofils muß durch das Regelsystem erreicht werden können. Für Störfälle wie für den Wassereinbruch oder für den Fall von Stabunfällen (siehe Kap. 6) müssen ebenfalls gewisse Reaktivitätsreserven vorhanden sein. Die Abschaltung wird entsprechend den heute üblichen Anforderungen durch zwei voneinander unabhängig wirkende, diversitär aufgebaute Systeme gewährleistet. Darüber hinaus wird eine zusätzliche, über Naturgesetze wirkende Abschaltwirkung des Kerns bei Leistungssteigerung bzw. Temperaturerhöhung im Brennstoff gefordert. Diese ist beim Hochtemperaturreaktor, hier speziell beim THTR, durch einen stark negativen Temperaturkoeffizienten der Reaktivität, bedingt durch die Resonanzabsorption im Thorium^{232} bzw. im U^{238}, gegeben. Auf Einzelheiten zu diesem physikalischen Effekt wurde bereits in Kapitel 3 hingewiesen. Bedingt durch diese inhärente Eigenschaft des Kerns schaltet sich z. B. der Reaktor nach Unterbrechung der Wärmeabfuhr infolge Ausfalls der Produktionsloops ab. Hierzu reicht schon eine geringfügige Temperaturerhöhung des Kerns aus. Das Abschaltkonzept eines HTR [4.31 bis 4.40] sieht in der Regel vor, daß alle verfügbaren aktiven Abschaltelemente auf ein 1. sowie auf ein 2. System in geeigneter Weise aufgeteilt werden. Beim THTR wurde folgendes Prinzip verwirklicht (Abb. 4.40):

System	Aufgabe	Einzeleffekte	technische Ausführung
1. Abschaltsystem	Schnellabschaltung Leistungsregelung	Störfälle Temperaturausgleich Regelung (Temperaturreduktion)	Reflektorstäbe
2. Abschaltsystem	Langzeitabschaltung Trimmvorgänge	Temperaturabsenkung Xenon-,Protactiniumzerfall Störfälle Unterkritikalität	Corestäbe

Abb. 4.40: Abschaltsysteme beim THTR

Das 1. Abschaltsystem besteht aus 36 Absorberstäben, die in Bohrungen im Reflektor (siehe Abb. 4.41) frei verfahren werden können. Diese 36 Stäbe sind in 6 Gruppen mit je 6 rotationssymmetrisch angeordneten Elementen aufgeteilt. Der Antrieb dieser Stäbe erfolgt im Normalbetrieb durch eine Gliederkette und einen Elektromotor. Im Falle der Schnellabschaltung fallen die Stäbe entsprechend dem fail-safe-Prinzip nach Lösen einer Magnetkupplung (durch Stromausfall) frei in die Reflektorbohrungen ein. Mit Hilfe dieses 1. Systems werden alle betrieblich- und störfallbedingten Transienten beherrscht. Um eine ausreichende Schnellabschaltwirkung jederzeit garantieren zu können, werden 24 Reflektorstäbe, d.h. 4 Stabgruppen, stets in der oberen Endstellung belassen, es dürfen also für Regelaufgaben jeweils nur 2 Stabgruppen eingesetzt werden. Für das 2. Abschaltsystem finden 42 Corestäbe, die ohne Führungseinbauten frei in den Kugelhaufen eingefahren werden, Verwendung. Der Reaktivitätswert dieses Systems ist so hoch, daß der Reaktorkern damit langzeit-kaltunterkritisch gehalten werden kann. Langzeit-kaltunterkritisch bedeutet, daß eine Kompensation der Reaktivitätswerte aus dem Xenon- und Protactiniumzerfall möglich ist.

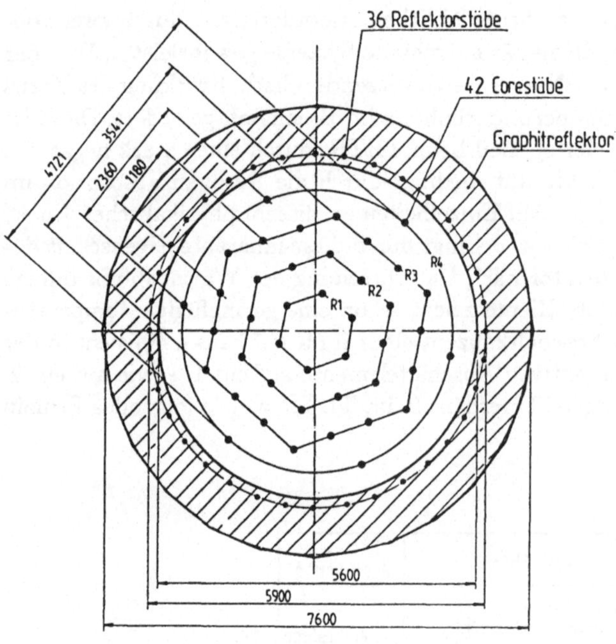

Abb. 4.41: Raster der Positionen für das 1. und 2. Abschaltsystem beim THTR [1.34]

Die Corestäbe können mit Hilfe von zwei unterschiedlichen Antrieben bewegt werden. Es sind dies ein Langhubkolbenantrieb, mit dessen Hilfe die Stäbe aus beliebiger Position bei Anforderung in volle Tiefe fast bis zum Reaktorboden gefahren werden können, sowie ein Kurzhubkolbenantrieb, der nur für betriebliche Belange, d.h. zum Normalabschalten und zum Trimmen des Reaktors Verwendung findet. Die Corestäbe können nur mit Hilfe des Kurzhubkolbenantriebes aus dem Reaktorkern ausgefahren werden. Das Einfahren von Corestäben in den Kugelhaufen führt aufgrund von Reibungskräften zu hohen Belastungen von Stäben und kugelförmigen Brennelementen. Das Anwachsen der Kräfte mit zunehmender Einfahrtiefe ist aus Abb. 4.42 zu ersehen.

Als Parameter ist hierbei die Anzahl der gleichzeitig einfahrenden Stäbe gewählt. Große Einfahrtiefen (z. B. über 3 m hinaus) sind nur im Rahmen von Vorgängen zum Kalt-Langzeit- Abschalten des Reaktors erforderlich.

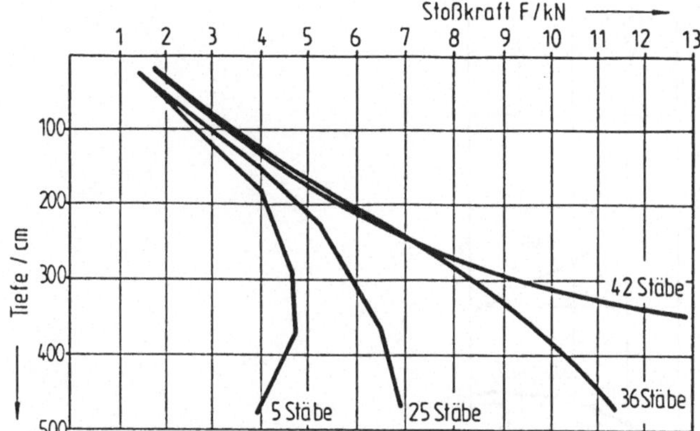

Abb. 4.42: Spitzenkräfte im Reaktorcore (ohne Druckabfall) beim gleichzeitigen Einfahren einer variablen Anzahl von Corestäben [1.34]

Bei Einspeisung von Ammoniak in den Primärkreislauf werden die Reibwerte erheblich reduziert, wie in Abb. 4.43 ausgewiesen wird. Folglich werden auch die Komponentenbelastungen stark verringert. Es ist daher ein NH_3-Einspeisesystem vorhanden, welches immer dann zum Einsatz kommt, wenn die Corestäbe auf volle Tiefe im Rahmen einer längeren Abschaltung der Anlage eingefahren werden sollen. Die 42 Corestäbe sind jedoch auch bei Ausfall dieses Hilfssystems zur Reduktion der Belastungen einfahrbar. Gesteuert über das Reaktorschutzsystem oder aber auch von Hand kann das 2. Abschaltsystem eingesetzt werden.

Die Anforderungen an die beiden Abschaltsysteme hinsichtlich des Reaktivitätsbedarfs können aus Tab. 4.5 [1.34], die die Verhältnisse beim THTR wiedergibt, entnommen werden. Reaktivitätsbeträge in dieser Höhe sind auch typisch für andere HTR-Anlagen. Mit Hilfe des 1. Abschaltsystems sind Reaktivitätsänderungen zu kompensieren, die sich z. B. beim Störfall Wassereinbruch ins Core ergeben. Auch ein Temperaturausgleich nach dem Abschalten, während der Kern noch heiß bleibt (sog. hot stand-by procedure) führt wegen des stark negativen Temperaturkoeffizienten des Reaktors zu einem gewissen Reaktivitätsbedarf. Ähnliches gilt für Temperaturreduktionen im Brennstoff im Rahmen von Regelvorgängen. Das 2. Abschaltsystem muß, da es ein Langzeit-Kaltunterkritischfahren der Anlage erlauben soll, die Reaktivitätseffekte bei Absenkung der Brennstofftemperatur von Betriebstemperatur auf Normaltemperatur kompensieren. Weiterhin muß die Absorption, die im Betrieb im wesentlichen durch die Nuklide Xenon und Protactinium bedingt ist, durch das Abschaltsystem ersetzt werden, wenn der Reaktor für längere Zeit kalt gefahren wird und diese Isotope während der Stillstandzeit zerfallen. Auch das 2. Abschaltsystem muß Störfallreaktivitäten beherrschen können und eine gewisse Unterkritikalität gewährleisten. Berechnungsunsicherheiten müssen durch einen Sicherheitszuschlag von 10 % auf die Gesamtanforderungen berücksichtigt werden.

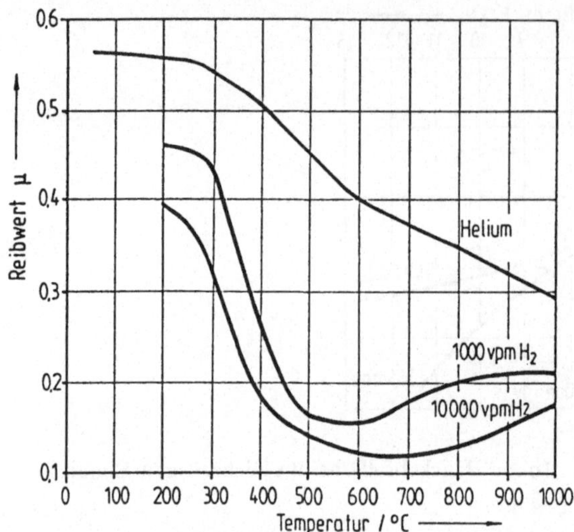

Abb. 4.43: Absenkung des Reibwertes μ an A3-Graphit bei Einspeisung von NH_3 in Abhängigkeit von der Temperatur [3.27]

Tab. 4.5:   Anforderungen an das 1. und 2. Abschaltsystem beim THTR

Reaktivitätsbedarf	Δk (%)
1. Abschaltsystem	
Kompensation von Störfallreaktivitäten, (z.B. Wassereinbruch)	1,0
Hot Stand by (Temperaturausgleich)	0,5
Temperaturreduktion für Regelung	1,0
10 % Unsicherheit	0,3
Gesamt	2,8
2. Abschaltsystem	
Temperaturabsenkung auf 300 K	2,4
Xenonzerfall	3,5
Protactiniumzerfall	3,5
Störfallreaktivität	1,0
Unterkritikalität	0,5
10 % Unsicherheit	1,5
Gesamt	12,4

Diesen Anforderungen stehen die folgenden Angebote von seiten der hier verwirklichten 1. und 2. Abschaltsysteme gegenüber: Die 42 Corestäbe erbringen voll eingefahren einen Reaktivitätswert von insgesamt 21 %. Dieser Wert wird mit Hilfe aufwendiger

Rechenprogramme ermittelt. Die Größenordnung kann erklärt werden, wenn man unterstellt, daß in der Umgebung eines Stabes auf eine Entfernung von etwa 4 Stabradien der Neutronenfluß sehr gering wird. Bei 42 voll eingefahrenen Corestäben entsprechend einem Stabvolumen von 1,3 % bezogen auf das Core führt dies auf einen Reaktivitätswert von etwa 20 %. Für die Wirksamkeit des 2. Abschaltsystems gilt die in Tab. 4.6 aufgestellte Bilanz:

Tab. 4.6:   Wirksamkeit des zweiten Abschaltsystems

Reaktivitätswerte	Δk (%)
Wert von 42 voll eingefahrenen Stäben	21,0
Korrektur für nicht vollständiges Einfahren	-2,6
Rechenungenauigkeit	-2,1
Ausfall von 2 Stäben	-1,5
Unsicherheiten bei Stabwechselwirkung	-0,8
Gesamt	14,0

Damit ist das System im Vergleich zur Anforderung (12,4 %) ausreichend bemessen. Diese Abschaltwirkungen werden nicht linear anwachsend mit der Einfahrtiefe erreicht, sondern entsprechend einer sogenannten S-Kurve, wie Abb. 4.44 zeigt.

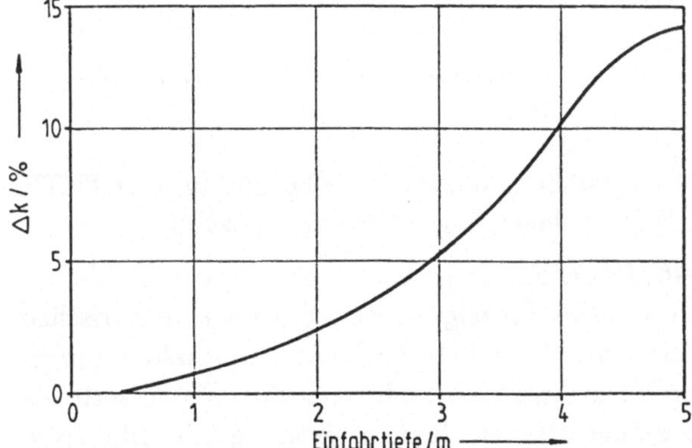

Abb. 4.44: Reaktivitätswerte des Corestabsystems als Funktion der Einfahrtiefe (30 innere Stäbe beim THTR) [1.34]

Für das erste Abschaltsystem, gebildet aus 36 Reflektorstäben, ist nach Tab. 4.7 die Wirksamkeit im Vergleich zu den Anforderungen (2,8 %) ausreichend hoch. Berechnungen der Wirksamkeit von Abschaltstäben oder Stabgruppen erfordern bekanntlich einen relativ hohen rechnerischen Aufwand. Daher wird hier auf die Spezialliteratur verwiesen [4.38]. Die Wirksamkeit des 1. Abschaltsystems wurde inzwischen beim THTR experimentell überprüft. Die sehr gute Übereinstimmung zwischen Vorausberechnung und Messung ist in Abb. 4.45 [2.11] wiedergegeben.

Tab. 4.7:   Wirksamkeit des ersten Abschaltsystems

Reaktivitätswerte	Δk (%)
Wert von 36 voll eingefahrenen Stäben	4,5
10% Rechenungenauigkeit	-0,5
Ausfall von 2 Stäben	-0,5
Gesamt	3,5

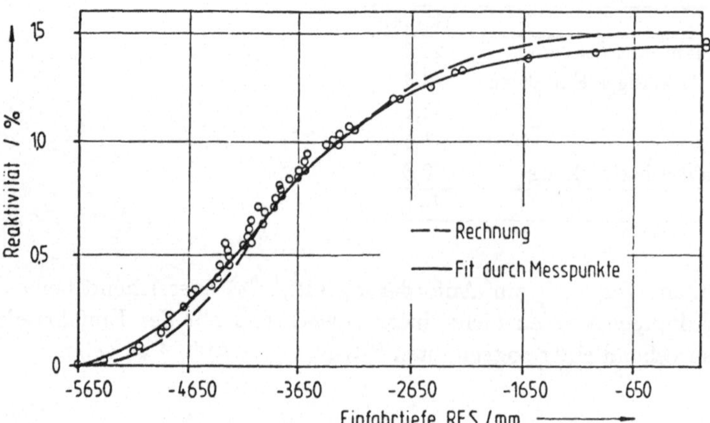

Abb. 4.45: Reaktivitätswerte für das 1. Abschaltsystem beim THTR (S-Kurve für 6 Stäbe)

Die technische Konzeption der Reflektorstäbe und der Corestäbe sind für den THTR und damit beispielhaft für andere HTR-Anlagen folgendermaßen gewählt:

Die Reflektorstäbe (siehe Abb. 4.46) bestehen aus jeweils 10 Einzelgliedern, die untereinander gelenkig verbunden sind. Jedes Einzelglied ist aus zwei konzentrischen Hüllrohren, die im Zwischenraum Borcarbid als Absorbermaterial enthalten, aufgebaut. Zwischen dem Stabsystem und dem Antrieb befindet sich eine Gliederkette als Verbindungselement. Der Antrieb erfolgt über ein Reduziergetriebe mit Hilfe eines Wechselstrommotors. Ein Schockabsorber, am Ende der Gliederkette angeordnet, ist für die Aufnahme der kinetischen Energie beim schnellen Einfahren am Ende des Fahrweges vorgesehen.

Bei Einsatz der Stäbe im Rahmen eines Schnellabschaltvorganges fährt der Stab mit einer Geschwindigkeit von 0,5 m/s bis in die Endposition ohne elektrische Energieversorgung ein. Im Rahmen von Aufgaben der Leistungsregelung wird der Stab mit einer Fahrgeschwindigkeit von 7 cm/s unter Einsatz des Elektroantriebs verstellt.

Die Stäbe und Antriebe sind in der Decke des Reaktordruckbehälters bzw. im Kernaufbau so angeordnet, daß Strahlenbelastungen über die gesamte Lebensdauer toleriert werden können. Der Antrieb kann mit speziellen Ausbauvorrichtungen bei vollem Reaktordruck ausgebaut werden.

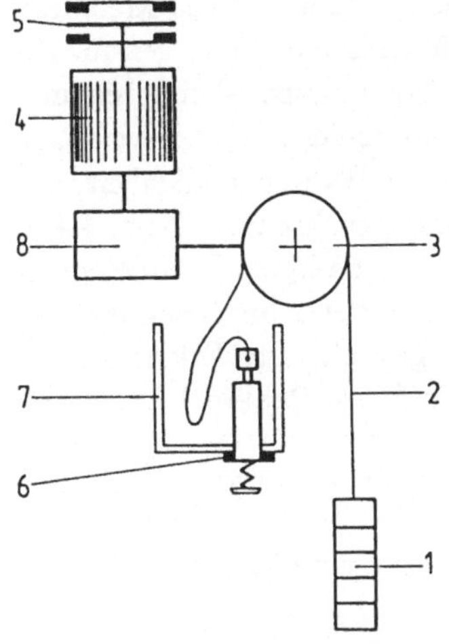

Abb. 4.46: Antrieb des Reflektorstabes beim THTR: *1*. Reflektorstab, *2*. Kette, *3*. Kettennuß, *4*. Elektromotor, *5*. Wirbelstrombremse, *6*. Scram-Schockabsorber, *7*. Kettenbehälter, *8*. Getriebe [1.34]

Die 42 Corestäbe des THTR sind in der folgenden Weise gestaltet: Der Stab selbst besteht ebenfalls aus einem Doppelrohr, welches mit Borcarbidringen im Zwischenraum zwischen den Rohren gefüllt ist. Um die Brennelementbelastung zu reduzieren, ist die Stabspitze konkav nach innen gewölbt ausgebildet. Beim Einfahren des Stabes wird so zunächst ein Brennelement eingefangen, und in der Folge wird es dann nur zu Wechselwirkungen zwischen diesem Brennelement und anderen Elementen der statistischen Kugelschüttung kommen. Die Wahrscheinlichkeit, daß ein Stab beim Tiefeinfahren in den Kugelhaufen Kugelbruch verursacht, läßt sich aus folgender Beziehung abschätzen:

$$w(z_1, z_2) = \int\limits_{z_1}^{z_2} \frac{1}{\lambda} \int\limits_{0}^{\infty} G_1(K, z) \cdot \int\limits_{0}^{K} G_2(x)\,\mathrm{d}x\,\mathrm{d}K\,\mathrm{d}z \qquad (4.31)$$

mit

z_1, z_2 =   Einfahrtiefen,

λ =   freie Weglänge der Stabspitze,

$G_1(K, z)$ =   Dichteverteilung für die Kugelbelastung,

$G_2(X)$ =   Dichteverteilung für die gemessene Bruchlast für Kugeln,

K =   Einfahrkraft des Stabes.

Aus dem Ansatz von Gaußverteilungen für G_1 und G_2 und empirischen Parametern für Mittelwerte und Standardabweichungen lassen sich die Bruchwahrscheinlichkeiten für Kugeln abschätzen. Insbesondere bei der schon erwähnten NH_3-Einspeisung sind diese sehr gering. Der in Abb. 4.8 bereits schon dargestellte Verlauf der Spitzenkräfte entspricht den Verhältnissen, die beim Kaltfahren des Reaktors zu erwarten sind. Die folgende Tab. 4.8, die aufgrund von Experimenten gewonnen wurde, bringt z. B. zum Ausdruck, daß von 10^6 Brennelementen bei Einfahrt mit einer maximalen Belastung von $\approx 1,65 \cdot 10^4$ N höchstens 1 Brennelement Schaden erleidet. Diese Meßfunktion entspricht der Verteilung G_2. Die beiden Wahrscheinlichkeitsverteilungen für die Bruchlast und für die Kugelbelastung sind aus diesen Ergebnissen abzuleiten und dann entsprechend der obigen Beziehung $W(z_1,z_2)$ zu überlagern. Der Bereich, in dem sich die Verteilungen überdecken, korrespondiert mit der Wahrscheinlichkeit, mit der Brennelemente bei der auftretenden Belastungsverteilung zerbrechen (Abb. 4.47). Aus umfangreichen Modellversuchen wurde auf etwa ein beschädigtes Brennelement beim Einfahren der 42 Corestäbe geschlossen. Während der Inbetriebnahmephase des THTR wurden bislang allerdings höhere Bruchraten festgestellt. Die Erklärung für diese Beobachtung ist wohl in anfänglichen Abweichungen beim Reaktorbetrieb von den spezifizierten Bedingungen zu suchen.

Tab. 4.8:   Wahrscheinlichkeit für das Zerbrechen von Kugeln unterhalb einer bestimmten Bruchlast K_B

K_B(N)	15600	16500	17000	17600	18200	18900
W	10^{-8}	10^{-6}	10^{-5}	10^{-4}	10^{-3}	10^{-2}

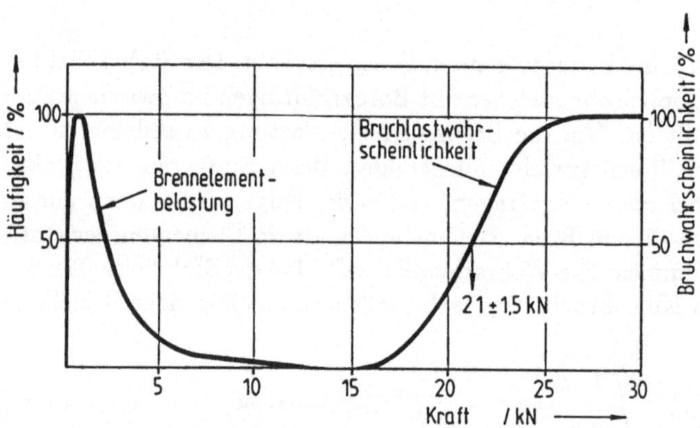

Abb. 4.47: Verteilung der Brennelementbelastungen und der Bruchlastwahrscheinlichkeit für Brennelemente im THTR-Core [3.27]

Die Antriebe der Corestäbe befinden sich in Panzerrohren in der Decke des Spannbetonbehälters. Eine Kupplung verbindet Antrieb und Stab. Der maximale Fahrweg der Stabspitzen beträgt 5,6 m. Der Antrieb der Corestäbe erfolgt pneumatisch mit Helium als Arbeitsmedium. Entsprechend den schon geschilderten Aufgaben des Corestabsystems, einmal als Sicherheitseinrichtung und zum anderen als Betriebssystem einsetzbar zu sein, sind zwei verschiedene Antriebe für jeden Stab vorhanden. Sie werden entweder im Falle der Anforderungen aus Sicherheitsgründen mit einem Langhubkolben kontinuierlich in den Kugelhaufen eingefahren oder aber für Regel- und Trimmaufgaben mit einem Kurzhubkolben schrittweise ein- oder ausgefahren. In Abb. 4.48 ist das Prinzip dieser beiden Antriebssysteme schematisch dargestellt.

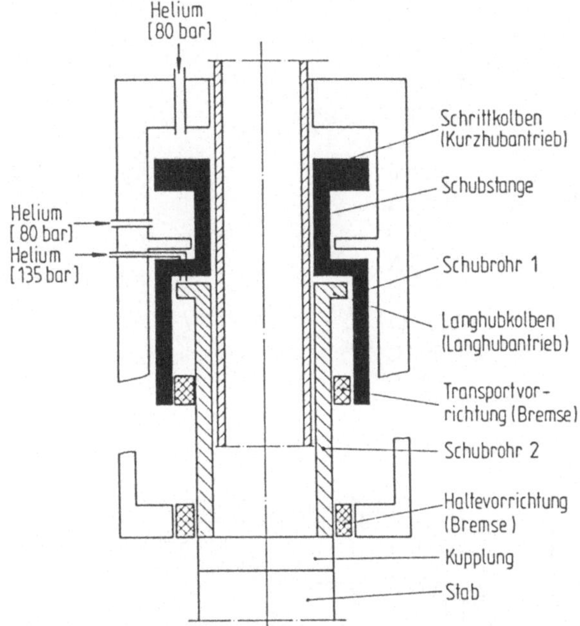

Abb. 4.48: Antrieb für Corestäbe des THTR (Prinzip)

Bei Betätigung des Schrittkolbens des Kurzhubantriebs mit Helium von 80 bar wird über eine Schubstange das Schubrohr 1 bewegt und nach Betätigung der Transportvorrichtung, die als Feststellbremse wirkt, die Axialkraft auf das innere Schubrohr 2 übertragen. Dieses Schubrohr 2 ist über eine Kupplung mit dem Abschaltstab verbunden.

Mit Hilfe dieses Systems wird der Stab in Schritten von jeweils 5 cm mit einer Taktzeit von 9 s aufwärts oder abwärts bewegt. Während der Zeiten, in denen keine Bewegung des Stabes erfolgt, wird er durch eine druckgasbetätigte Haltebremse in seiner jeweiligen Position festgehalten. Bei Störfällen werden die Corestäbe kontinuierlich mit Hilfe des Langhubkolbens in den Kugelhaufen eingefahren. Zu diesem Zweck wird die Haltevorrichtung druckentlastet und der Langhubkolben von oben mit Helium von 135 bar druckbeaufschlagt. Damit fährt bei gleichzeitiger NH_3-Einspeisung der Stab bis in die tiefste Position ein. Dies ist allerdings nur nach sehr langen Zeiträumen (Tagen) zur Langzeitkaltabschaltung notwendig. Das Ausfahren aus dieser Position erfolgt dann wieder mit dem Kurzhubschrittkolbensystem.

Die Stellung der Stäbe im Core wird für jeden Stab getrennt elektrisch angezeigt. Verschleißteile der Antriebe wie z. B. Steuerarmaturen können während des Reaktorbetriebes ausgewechselt werden. Wesentliche Daten der Corestäbe sind in Tabelle 4.9 wiedergegeben.

Tab. 4.9:   Daten der Corestäbe der THTR-Anlage

Stabdurchmesser (außen)	130 mm
Maximaler Hub des Stabes	5 600 mm
Schrittweite des Kurzhubkolbens	50 mm
Taktzeit des Kurzhubkolbens	9 s
Gasdruck des Kurzhubkolbens	80 bar
Gasdruck für Transport und Haltebremse	100 bar
Fahrzeit des Langhubkolbens	90 s
Maximale Querkraft an Stabspitze	1 300 N
Maximale Axialkraft	10^5 N
Gasdruck für Langhubkolben	135 bar
Temperaturen im Antriebsbereich	50 °C
Max. Stabtemperatur (Spitze)	650 °C

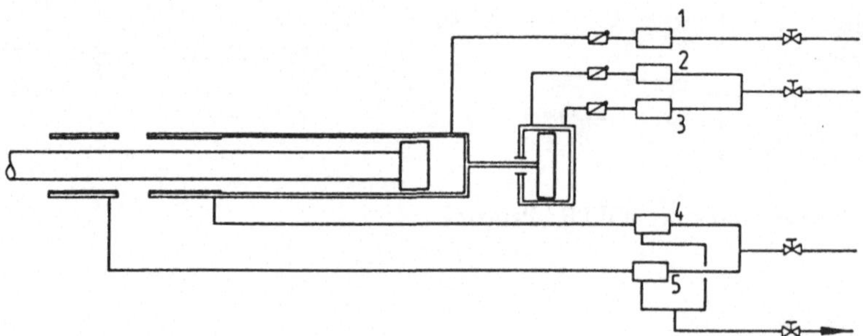

Abb. 4.49: Gasversorgung für die Corestäbe des THTR: *1.* Betätigung des Langhubkolbens,
2., *3.* Betätigung des Kurzhubkolbens *4.*, *5.* Betätigung der Transport- bzw. Haltebremsen
[1.34]

Das Steuergas für die Kurzhubantriebe wird aus zwei Reingaslagerbehältern entnommen, die Langhubantriebe werden aus zwei diversitär ausgelegten, räumlich getrennten Gaslagern (ein Flaschengaslager mit 200 bar Druck, ein vorgespannter Gußeisen-
Gasbehälter mit 200 bar Druck) versorgt. Das zur Reibwerterniedrigung einzuset-
zende NH_3 wird flüssig gelagert und zusammen mit Helium im Bedarfsfall über eine
Ringleitung in den Reaktordruckbehälter eingebracht (Abb. 4.49). Eine Prinzipskizze,
aus der die räumliche Anordnung der Komponenten des Corestabes im Spannbetonbehälter hervorgeht, ist in Abb. 4.50 wiedergegeben. Man erkennt, daß der Antrieb
voll integriert ist. Neue Reaktorkonzepte wie HTR-Modulanlagen oder die HTR-100-
Industriereaktoren verwenden als zweites Abschaltsystem kleine Kugeln, welche in
Bohrungen im Seitenreflektor einfallen. Dieses sogenannte KLAK-System (kleine Ab-
sorber Kugeln) läßt sich technisch einfach und zuverlässig realisieren. Im Bedarfsfall
gelangen die kleinen Absorberkugeln (Borcarbidkugeln mit 1 cm Durchmesser) nur
unter Schwerkraft in die vorgesehenen Positionen. Sie werden von dort durch Absau-
gung wieder entfernt.

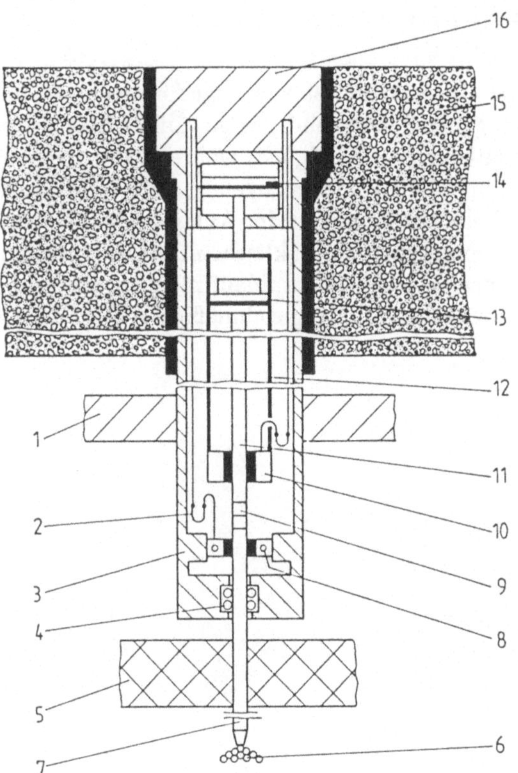

Abb. 4.50: Anordnung des Corestabantriebs im Spannbetonbehälter:
1. Thermischer Deckenschild, *2.* Schlauchleitung, *3.* Antriebsgehäuse, *4.* Führungslager, *5.*
Deckenreflektor, *6.* Kugelhaufen, *7.* Corestab, *8.* Haltevorrichtung, *9.* Kupplung, *10.* Transportvorrichtung, *11.* Schubstange, *12.* Schubrohr, *13.* Langhubkolben, *14.* Schrittkolben, *15.*
Reaktordruckbehälter, *16.* Ventilblock [4.32]

Die Wirksamkeit des Seitenreflektors reicht bei Beschränkung des Kerndurchmessers
auf rund 3 m und bei einer Kernleistung von 200 MW aus, um die Anforderungen eines zweiten Abschaltsystems mit etwa 12 % Reaktivitätsbedarf zu erfüllen. Das erste
System wird im Falle des HTR-Moduls durch Reflektorstäbe mit einer Wirksamkeit von rund 4 % realisiert. Mechanische Wechselwirkungen mit der Kugelschüttung
und damit Belastungen von Brennelementen und von Abschaltelementen im Kugelhaufen sind bei diesen HTR-Konzepten bewußt vermieden. Eine Verbesserung der
Abschaltwirkung kann, wie beim AVR durch jahrelangen erfolgreichen Betrieb erwiesen, durch Verwendung von Graphitnasen mit darin angeordneten Abschaltelementen
erreicht werden. Auch beim HTR-100-Reaktor wird diese Lösung eingeplant. Bei Cores mit OTTO-Beschickung erfolgt eine starke Flußerhöhung im oberen Drittel des
Cores. Damit wird die Wirksamkeit der Stäbe in diesem Bereich stark erhöht und die
notwendige Einfahrtiefe verringert.

4.4 Belade- und Entladeeinrichtungen

Der Kern eines Kugelhaufenhochtemperaturreaktors ist aus kugelförmigen Brenn-, Moderator- und Absorberelementen aufgebaut. Aufgrund des gewählten Konzeptes der Anordnung in einer regellosen Schüttung ist es möglich, während des Betriebs dem Kern kontinuierlich Elemente zu entnehmen und zuzugeben. Mit Hilfe dieser kontinuierlichen Beschickung wird eine hohe Verfügbarkeit der Anlage möglich. Auch lassen sich sehr unterschiedliche Brennelementtypen im praktischen Betrieb einsetzen. Ein Wechsel des Brennstoffzyklus ist jederzeit im Betriebsablauf möglich. Aufgrund der kontinuierlichen Beladung werden weiterhin relativ gleichmäßige Abbrände der Brennstoffkugeln realisiert.

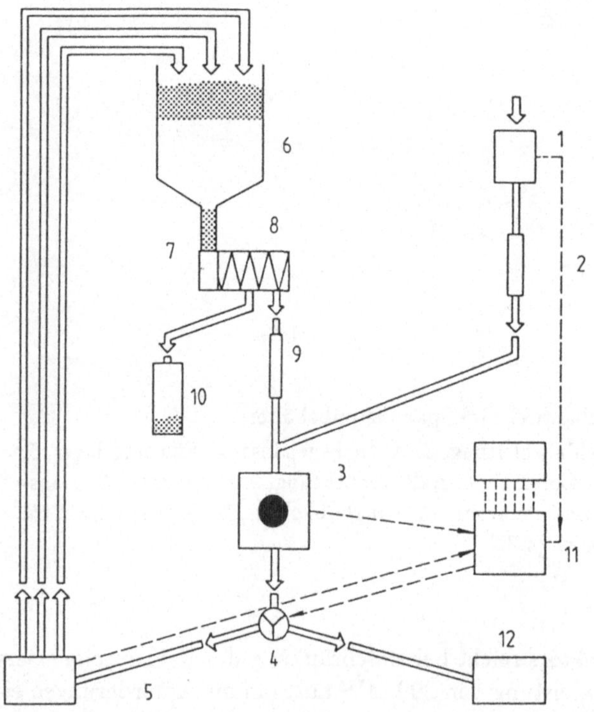

Abb. 4.51: Beschickungsanlage beim THTR (MEDUL-Prinzip):
1. Eingabesystem für frische Brennelemente, *2.* Pufferstrecke, *3.* Abbrandmeßreaktor, *4.* Weichensystem, *5.* Förderblock, *6.* Core, *7.* Kugelabzugsrohr mit Entnahmescheibe, *8.* Schrottabscheider, *9.* Zwischenspeicher für Brennelemente, *10.* Bruchkanne für beschädigte Brennelemente, *11.* Prozeßrechner, *12.* Behälter für abgebrannte Brennelemente

Der Reaktorbetrieb erfordert es, daß entsprechend den Beschickungsplänen Brennelement-, Absorber- und Moderatorkugeln zugeführt bzw. abgezogen werden. Weiterhin muß die Beschickungsanlage [4.41 bis 4.48] Einrichtungen enthalten, mit deren Hilfe nicht mehr maßhaltige Elemente (Kugelbruch) aus dem Kreislauf entfernt werden. Auch das Feststellen des Abbrands sowie die Unterscheidung, ob es sich um Moderator-, Abbrand- oder Absorberelemente handelt, muß möglich sein. Schließlich müssen Einrichtungen zum Einschleusen von frischen Brennelementen in den Brennelementkreislauf der Anlage sowie Komponenten zum Ausschleusen der Brennelemente, welche den Zielabbrand erreicht haben, vorhanden sein. Auch Lagerbehälter für vollständig abgebrannte Brennelemente und Kannen für die Aufnahme gebrochener, noch nicht vollständig abgebrannter Brennelemente gehören zum System.

Die THTR-Beschickungsanlage, die aus der beim AVR erprobten Anlage entwickelt wurde, erfüllt all diese Forderungen. Abb. 4.51 zeigt das Prinzipschema. [1.34]

Mit Hilfe einer Eingabeschleuse 1 werden frische Brennelemente in den Kreislauf eingegeben. Nach Durchlaufen einer Pufferstrecke (2) gelangen sie zusammen mit Elementen, die kontinuierlich dem Reaktor entnommen werden, in eine Abbrandmeßanlage (3). In dieser Anlage wird zunächst festgestellt, ob es sich bei einer durchrollenden Kugel um ein Brennelement, eine Graphitkugel oder um eine Absorberkugel handelt. Eine deutliche Beeinflussung der Reaktivität dieser Meßeinrichtung gestattet eine genaue Unterscheidung. Darüberhinaus wird der Abbrandzustand der Brennelemente festgestellt. Über einen Prozeßrechner (11), der mit einem speziellen Beschickungsprogramm gesteuert wird, erfolgt nunmehr die Stellung des Weichensystems (4). Vollständig abgebrannte Brennelemente werden ausgeschleust und in Transportbehälter für abgebrannte Brennelemente (12) verbracht, noch abbrandfähige Brennelemente (und natürlich auch Moderator- und Absorberelemente) werden dem Kugelfördersystem (5) zugeführt. Von hier aus werden die Elemente pneumatisch wieder nach oben zu den Eingabestellen in den Reaktorkern gefördert. Die Verteilung auf die beiden Corezonen, die beim THTR vorgesehen sind, geschieht nach Maßgabe des Beschickungsprogramms über die entsprechenden Beladerohre. Die Förderung wird mit Hilfe eines Fördergebläses bewerkstelligt. Die Verteilung auf die einzelnen Beladepositionen erfordert ein Weichensystem innerhalb des sogenannten Förderblocks, der als Position 5 enthalten ist. Am Ende dieser Förderleitungen werden die Kugeln vor dem Einfall in den Kugelhaufen pneumatisch abgebremst, um mechanische Beschädigungen durch zu hohe Fallgeschwindigkeiten beim Aufprall auf die Kugelhaufenoberfläche zu vermeiden. Diese Abbremsung wird technisch durch Anwendung eines der Kugelbewegung entgegengerichteten Gasstroms erreicht. Die Kugeln durchlaufen nun das Reaktorcore (6) in einer bestimmten Zeit - beim THTR im Mittel ein halbes Jahr - und werden dann nach Durchwandern des Kugelabzugsrohres über einen rotierenden Drehteller mit horizontaler Achse, der eine Öffnung der Nennweite 65 mm aufweist, einzeln aus dem Reaktorkern entnommen. Sie durchlaufen einen horizontal angeordneten Schrottabscheider (8), in dem Kugeln, deren Abmessung unzulässig reduziert worden ist, durch eine Wendel hindurchfallen. Die beschädigten Kugeln fallen in eine sogenannte Bruchkanne (10), die nach Füllung zur Zwischenlagerung abtransportiert wird. Nach Zwischenspeicherung in Position (9) werden die intakten Elemente dem Abbrandmeßreaktor (3) zugeführt. Damit ist der Kreislauf geschlossen.

Beim THTR durchlaufen, wie schon erwähnt, die Brennelemente sechsmal den Reaktor, bevor sie ihren Zielabbrand erreicht haben. An verschiedenen Stellen, so bei der Eingabe ins Core und vor der Entnahme, werden die Kugeln gezählt. Die räumliche Anordnung der Komponenten der Entnahmeeinrichtung ist in Abb. 4.52 wiedergegeben. Da abgebrannte Brennelemente aufgrund des Spaltproduktgehaltes eine hohe Aktivität aufweisen und damit starke Strahlungsfelder verursachen, sind die Komponenten hinter ausreichend dimensionierten Abschirmschichten angeordnet. Durch eine Decke aus Abschirmbeton ist der Ringraum, der sich unterhalb des Spannbetonbehälters befindet, in einen im Betrieb begehbaren Ausbauraum sowie in einen abgeschirmten Raum für die Komponenten der Beschickungsanlagen unterteilt. Die wartungsbedürftigen Komponenten sind vom Ausbauraum her zugänglich. Die Komponenten Vereinzelner und Schrottabscheider sind in Abb. 4.53 dargestellt. Diese Komponenten entsprechen im wesentlichen denen, die beim AVR-Betrieb durch nunmehr 20 Jahre Einsatz ihre Funktionsfähigkeit voll unter Beweis gestellt haben.

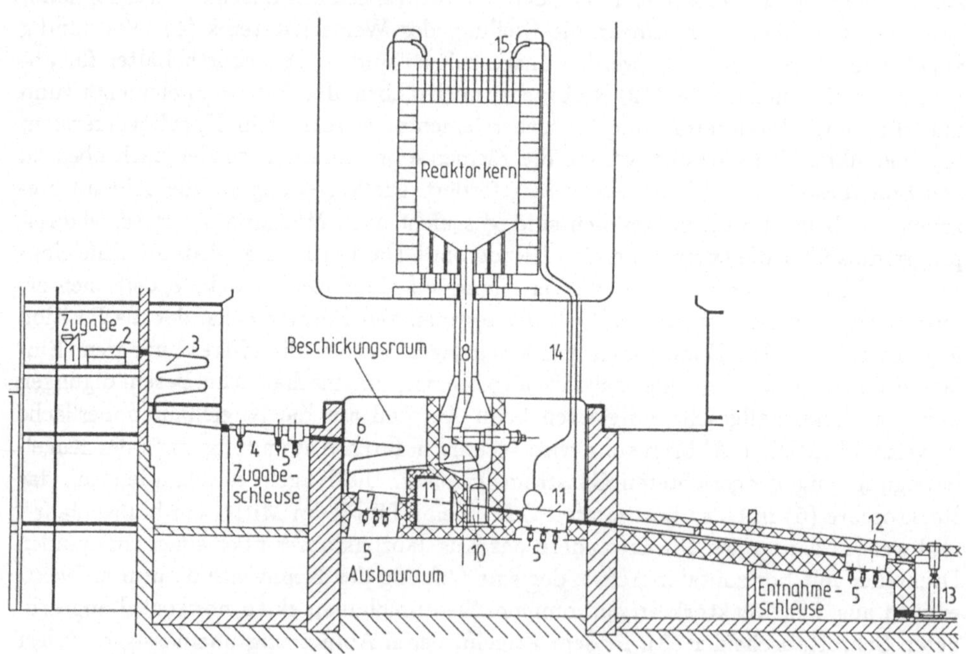

Abb. 4.52: Räumliche Anordnung der Beschickungsanlage beim THTR:
1. Brennelementeingabe, *2*. Pufferstrecke, *3*. Rohrleitung *4*., *5*. Ventile der Zugabeschleuse, *6*. Rohrleitung, *7*. Ventilblock *8*. Kugelabzugsrohr, *9*. Entnahmeeinrichtung, *10*. Bruchkanne, *11*. Ventilblock, *12*. Entnahmeschleuse für abgebrannte Brennelemente, *13*. Kannen für abgebrannte Brennelemente *14*. Förderrohre für Brennelemente, *15*. Zufuhrrohre für Brennelemente [4.41]

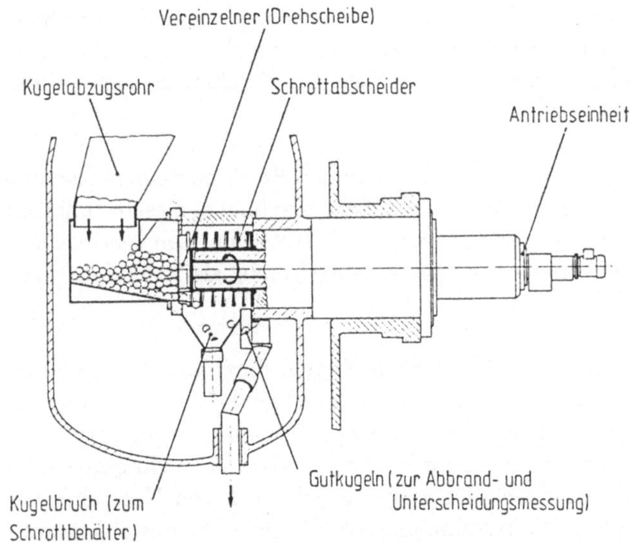

Abb. 4.53: Vereinzelner und Schrottabscheider [4.48]

Die jährliche Nachlademenge an Brennelementen kann bei einem Kugelhaufenreaktor relativ einfach anhand der folgenden Betrachtungen bestimmt werden. Es gilt die Energiebilanz:

$$A_{th} = \int\limits_0^{1a} N_{th}\mathrm{d}t = N_{th}^0 \cdot T = \int\limits_0^{1a} \dot{m}_B \cdot B\,\mathrm{d}t = \dot{m}_B^0 \cdot B \cdot T \quad , \tag{4.32}$$

$$\dot{m}_B^0 = \frac{N_{th}^0}{B} \quad . \tag{4.33}$$

Dabei bedeutet A_{th} die jährliche thermische Arbeit des Reaktors, N_{th}^0 die Auslegungsleistung, T die jährlichen Vollaststunden, $\dot{m}_B^0$ die stündlich zuzuführende Schwermetallmenge und B den Abbrand. Die Zahl der Brennelemente, die pro Zeiteinheit frisch dem Reaktor zuzuführen sind, folgt dann aus:

$$Z = \frac{\dot{m}_B^0}{\sigma} \tag{4.34}$$

mit σ als Schwermetallgehalt pro Brennelement.

Bei Verwendung der für den THTR relevanten Werte ($N_{th}^0 = 750$ MW, $B = 100\,000$ MWd/t Schwermetall, $\sigma = 11{,}2$ g Schwermetall/BE) folgt eine Zahl von $Z = 670$ BE/d, die frisch zugeführt werden müssen. Eine entsprechende Anzahl vollständig abgebrannter Brennelemente wird täglich dem Kreislauf entnommen. Entsprechend einem im Mittel sechsmaligem Durchlauf der Brennelemente durch das Core sind täglich zusätzlich rund 4000 Brennelemente mit Hilfe der Beschickungsanlage umzuwälzen.

Die Brennelementkugeln werden wie schon erwähnt, in den Fördersystemen pneumatisch gefördert; auf den Kugelhaufen treffen sie mit einer maximalen Geschwindigkeit von etwa 8,8 m/s auf. Bei dieser Auftreffgeschwindigkeit treten nur sehr geringe mechanische Beanspruchungen der Kugeln auf, die im Mittel mehr als 50 mal ertragen werden können.

Eine Abschirmung der Wege, die von abgebrannten Kugeln durchlaufen werden, ist notwendig, da das Strahlungsfeld in der Nähe eines derartigen Brennelements sehr hoch ist. Auf die Höhe der Strahlungsfelder wird in Kapitel 6 näher eingegangen. Mit Hilfe hinreichend dimensionierter Abschirmungen werden tolerable Bedingungen für den Zugang von Menschen zu den wesentlichen wartungsbedürftigen Komponenten der Beschickungsanlage geschaffen. Die Handhabung von Kannen, die mit abgebrannten Brennelementen gefüllt sind, ist wegen der geringen Abmessungen und Gewichte dieser Behälter relativ einfach und im AVR-Betrieb als ausführbar erwiesen worden.

Im Zuge der Weiterentwicklung der HTR-Technik wurde insbesondere unter dem Gesichtspunkt, die Brennstofftemperatur bei hohen Kühlgasaustrittstemperaturen niedrig halten zu können, die sogenannte OTTO-Beschickung entwickelt. Wie schon in Kap. 3 dargelegt, wird im Gegensatz zur bislang beschriebenen MEDUL-Beschickung (MEhrfachDUrchLauf der Brennelemente) bei der OTTO-Beschickung (Once Through Then Out) das Brennelement den Kern nur einmal durchlaufen und dann vollständig abgebrannt dem Reaktor entnommen. Auf thermodynamische Vorteile sowie auf sonstige Randbedingungen bei dieser Verfahrensweise wurde bereits in den Abschnitten 3.1 und 3.2 hingewiesen. Hinsichtlich der Beschickungsanlage ergeben sich einige Vereinfachungen. So entfallen etwa der Abbrandmeßreaktor, das Weichen- und Fördersystem sowie der Schrottabscheider (siehe Abb. 4.54).

Allerdings müssen die abgebrannten Brennelemente nach Entnahme aus dem Core durch den Vereinzelner durch eine größere Rohrleitung (Nennweite 200 mm statt 65 mm) zu einem Transportbehälter für abgebrannte Brennelemente gebracht werden (siehe Abb. 4.54). Dieser Transportbehälter kann nach Füllung und nach Betätigung eines mehrfach redundanten Absperrschiebersystems vom Primärkreis getrennt und dann durch einen leeren Behälter ersetzt werden. Das Eingabesystem entspricht in etwa demjenigen, welches auch beim THTR Verwendung findet.

Es sei darauf hingewiesen, daß eine OTTO-Beschickung neben den erwähnten erheblichen Vorteilen auch einige Nachteile mit sich bringt. So entfällt die Möglichkeit, den Kugelhaufen teilweise umzuwälzen und damit für eine Auflockerung nach wiederholtem Stabeinfahren zu sorgen. Auch steigt wegen der Flußüberhöhung im oberen Teil des Reaktors die Dosisbelastung des Deckenreflektors sowie des oberen Seitenreflektors durch schnelle Neutronen im Vergleich zum MEDUL-Zyklus an.

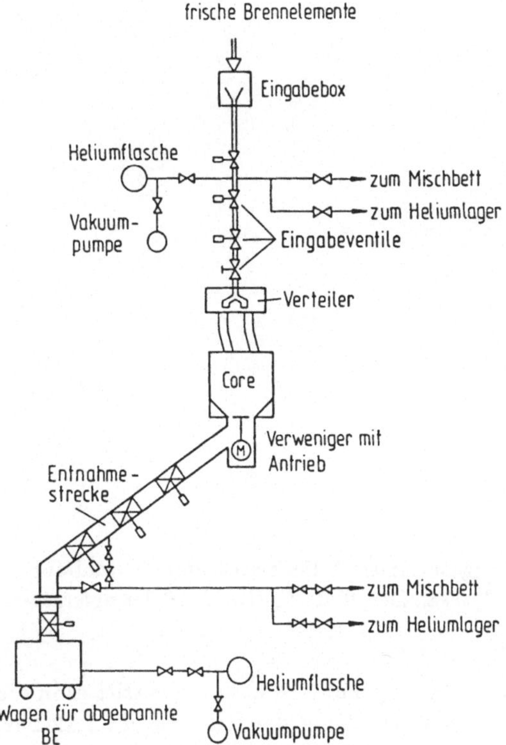

Abb. 4.54: OTTO-Beschickung der Brennelemente im HTR-Core sowie Brennelemententnahmesystem [4.47]

4.5 Gasführungssystem

Das Kühlgas hat im HTR die Aufgabe, die Wärme aus dem Reaktorkern abzuführen und im Dampferzeuger nutzbar zu machen. Daneben besteht die Notwendigkeit, verschiedene Einbauten des Reaktors zu kühlen.

Als Ausführungsbeispiel für das Gasführungssystem [4.49 bis 4.56] sei hier dasjenige des THTR anhand von Abb. 4.55 erklärt. Kaltgas mit 250 °C tritt durch den Deckenreflektor in den Reaktorkern ein und wird hier beim Durchströmen des Kugelhaufenbettes auf rund 770 °C aufgewärmt. Durch den Bodenreflektor strömt das Heißgas in die Heißgassammelkammer unter den Reaktorkern. Diese Sammelkammer sorgt für eine Strömungsberuhigung sowie für einen gewissen Ausgleich von Heißgassträhnen. Durch sechs Heißgaskanäle wird nun von hier aus das Heißgas zu den Dampferzeugern geleitet. Bis zum Eintritt in diese Komponente kommt es durch Wärmeaustauschvorgänge sowie durch Zumischung kälterer Bypassströmungen zu einer Reduktion des Mittelwertes der Heißgastemperatur auf 750 °C.

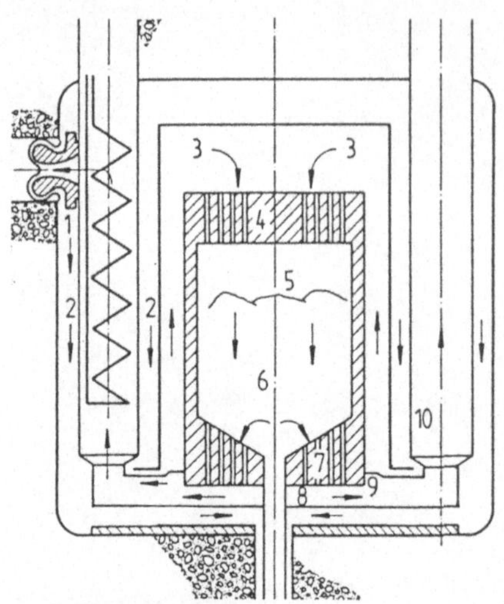

Abb. 4.55: Gasführung im THTR:

1. Gebläsebereich, *2.* Ringraum, *3.* obere Kaltgaskammer, *4.* Deckenreflektor, *5.* Hohlraum über Core, *6.* Core, *7.* Bodenreflektor, *8.* Heißgaskammer, *9.* Heißgaskanal, *10.* Dampferzeuger

Im Dampferzeuger wird das Helium auf 250 °C abgekühlt. Von hier aus tritt es in die Gebläse ein. Die Gebläse sorgen für eine Druckerhöhung des Heliums um 1,12 bar, dies entspricht der Summe aller Druckverluste im Heliumkreislauf. Von den Gebläsen strömt das komprimierte Kaltgas mit etwa 250 °C an der Außenseite der Dampferzeuger und des thermischen Schildes zum Boden des Reaktors. Ein Bypass-Strom wird zur Kühlung des Kugelabzugsrohres und des Reaktorbodens abgezweigt. Der Hauptstrom des Kaltgases wird im Spalt zwischen dem thermischen Schild und dem Graphitaufbau in die obere Kaltgaskammer oberhalb des Deckenreflektors zurückgeleitet. Auf allen Wegen des Gastransports entstehen Druckverluste. Für den Gesamtdruckverlust durch Reibung, Umlenkungen und Stoßverluste gilt:

$$\Delta p = \sum_i \Delta p_i \tag{4.35}$$

während für die Einzeldruckverluste auf den verschiedenen Strömungswegen

$$\Delta p_i = \frac{1}{2} \cdot \frac{\dot{m}^2}{\varrho_i A_i^2} \cdot \left(\xi_i + \psi_i \frac{L_i}{d_{H_i}} \right) \tag{4.36}$$

anzusetzen ist. Hierbei sind folgende Größen zu benutzen:

ξ_i = Druckverlustbeiwert für Umlenkung, Stoß-
verlust usw.,

ψ_i = Druckverlustbeiwert für Reibung,

L_i = durchströmte Länge,

d_{H_i} = hydraulischer Durchmesser,

$$d_{H_i} = 4 \cdot A/U = 4 \cdot \frac{Querschnittsfläche}{benetzter Umfang}.$$

Die Geschwindigkeiten in den einzelnen Bereichen des Primärkreislaufs sind abhängig von den Strömungsquerschnitten und den thermodynamischen Zuständen. Es gilt für die Heliumgeschwindigkeit an einer beliebigen Stelle im Reaktor:

$$v_{He} = \frac{1}{A_{frei}} \cdot \frac{N_R}{\rho \cdot (T_0 p)/(T p_0) \cdot c_p (T_A - T_E)} \quad . \tag{4.37}$$

Dabei haben die einzelnen Parameter folgende Bedeutung:

A_{frei} =   freier Strömungsquerschnitt,

N_R =   thermische Reaktorleistung,

p_0 =   Normdruck,

T_0 =   Normtemperatur,

T_A-T_E =   Aufheizspanne im Reaktor,

c_p =   spezifische Wärme des Heliums,

p =   Heliumdruck,

T =   Heliumtemperatur.

Bei Anwendung dieser Beziehung auf die Heliumzustände am Ein- und Austritt aus dem Core ergeben sich für den THTR folgende Werte: Mit $N_R = 750$ MW, T_A-$T_E = 500$ °C, $\rho_0 = 0{,}18$ kg/m^3, $p/p_0 = 40$, $c_p = 5{,}19$ kJ/(kgK), $T_0 = 273$ K, A_{frei} (Core) $= 9{,}85$ m^2 folgt die Heliumgeschwindigkeit am Coreeintritt zu $v_{He} = 7{,}8$ m/s und am Coreaustritt zu $v_{He} = 15{,}3$ m/s.

Druckverluste in der Kugelschüttung des Cores wurden bereits in Abschnitt 3.2 behandelt, Werte für den Dampferzeuger finden sich in Kap. 4.6. Für Stromröhren, wie sie etwa im Boden- oder Deckenreflektor vorliegen, gilt beispielsweise

$$\Delta p = \psi \cdot \frac{\Delta L}{d} \cdot \frac{\varrho v^2}{2} \tag{4.38}$$

mit

$\psi = 64/Re$ für $Re \leq 2\,320$,

$\psi = 0{,}3164/Re^{0,25}$ für $2\,320 > Re > 10^5$,

$\psi = 0{,}0054 + 0{,}3964/Re^{0,3}$ für $Re > 10^5$.

Dabei soll unter Re der Ausdruck

$$Re = \frac{v \varrho d}{(1 - \varepsilon) \eta} \tag{4.39}$$

mit d als hydraulischen Durchmesser der Röhren und ε als Festkörperanteil der Reflektorstrukturen verstanden werden.

Die Wahl der Größe der Strömungsquerschnitte unterliegt einer technisch-wirtschaftlichen Optimierung, wie im folgenden gezeigt sei. Es werde ein Rohr mit dem Durchmesser D bzw. ein beliebiger Kanal mit einem hydraulischen Durchmesser $d_H = D$ betrachtet. Die Pumpleistung für die Überwindung der Druckverluste beim Durchströmen dieses Kanals beträgt dann mit η_p als Wirkungsgrad des Gebläses

$$\Delta N_p \sim \dot{m}\frac{\Delta p}{\varrho\eta_p} \sim \frac{1}{D^5} \quad , \qquad\qquad (4.40)$$

da die Druckverluste bzw. die Strömungsgeschwindigkeiten in bekannter Weise entsprechend

$$\Delta p \sim \frac{v^2}{D}, \qquad v \sim \frac{\dot{m}}{D^2} \qquad\qquad (4.41)$$

anzusetzen sind. Die Betriebskosten für die Pumpenergie, die zum Durchströmen dieses Kanals aufzubringen ist, ergeben sich dann jährlich zu

$$K_{Betrieb} = \int\limits_0^{1a} \Delta N_p x_{el} dt = \frac{C_1}{D^5}\cdot x_{el}\cdot T \quad , \qquad\qquad (4.42)$$

wobei x_{el} für den Strompreis und T für die Vollaststunden pro Jahr stehen. Die Investitionskosten K_{inv} der Anlage werden in der Regel mit wachsendem Wert von D ansteigen. Hier sei ein linearer Verlauf zugrundegelegt:

$$K_{inv} = K_{inv}^0(1 + \alpha D) \quad . \qquad\qquad (4.43)$$

Die kapitalabhängigen Kosten werden also jährlich

$$K_{kap} = K_{inv}\cdot \bar{a} = K_{inv}^0(1 + \alpha D)\bar{a} \qquad\qquad (4.44)$$

betragen, wobei $\bar{a}$ ein Kapitalabschreibungssatz ist, welcher auch Anteile für Versicherung, Versteuerung und Reparaturen zusätzlich enthalten möge. Die Gesamtaufwendungen für den Betrieb betragen dann jährlich in Abhängigkeit vom Duchmesser:

$$K_{ges}(D) = \frac{C_1 x_{el} T}{D^5} + C_2 + C_3\bar{a}D \quad . \qquad\qquad (4.45)$$

Der optimale Durchmesser wird daraus bestimmt zu:

$$D_{optim} \sim \sqrt[6]{x_{el}T/(\alpha\bar{a})} \quad . \qquad\qquad (4.46)$$

Man wird also große Strömungsquerschnitte mit steigenden Werten von x_{el} und T und sinkenden Werten von α und a wählen. Darüberhinaus werden technische Grenzen für D_{optim} bzw. $v_{He,optim}$ gegeben sein, z. B. dadurch, daß bei zu hohen Geschwindigkeiten Schwingungen oder Erosionseffekte auftreten können, bzw. dadurch, daß bei zu geringen Geschwindigkeiten bzw. zu hohen Werten von D oder d_h die Abmessungen der Strömungswege zu groß werden und konstruktiv nicht mehr ausführbar sind.

Besonders die Heißgasführung ist wegen der vergleichsweise hohen Gastemperatur (750 °C und mehr) bei Hochtemperaturreaktoren von Interesse. Wesentlich ist die Verfügbarkeit von wirksamen Isolierstoffen, deren Einsatzzeit 30 Jahre betragen muß. Verwendbar sind keramische Faserisolationen sowie Metallfolienisolationssysteme (siehe Abb. 4.56 bis 4.60) [4.50, 4.51, 4.52].

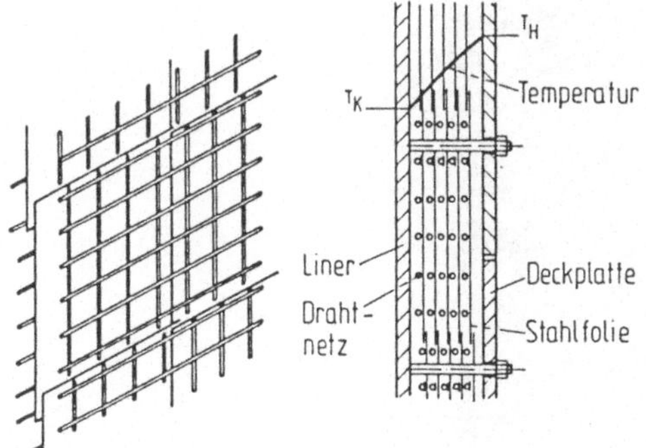

Abb. 4.56: Metallfolienisolierung

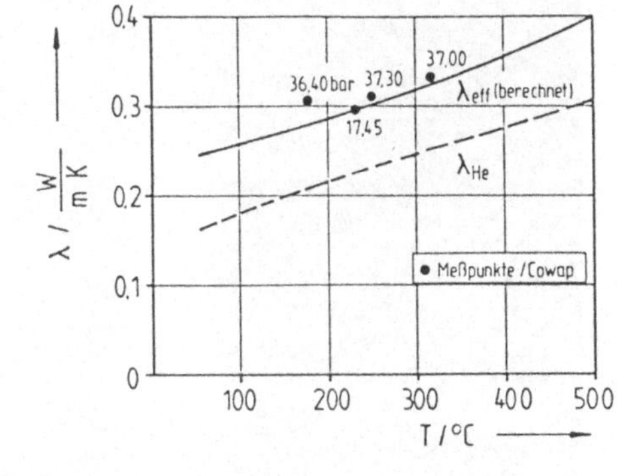

Abb. 4.57: Wärmeleitfähigkeit einer Metallfolienisolierung ($\approx$ 10 Folien aufeinandergeschichtet)

Bei der THTR-Heißgasleitung kommt eine Metallfolienisolierung zum Einsatz, deren Wärmeleitfähigkeit in Abb. 4.57 wiedergegeben ist. Die sechs Heißgaskanäle des THTR weisen einen rechteckigen Kanalquerschnitt auf, Abb. 4.60 gestattet einen Blick in einen derartigen Heißgaskanal und läßt Details des Aufbaus dieser Komponente erkennen.

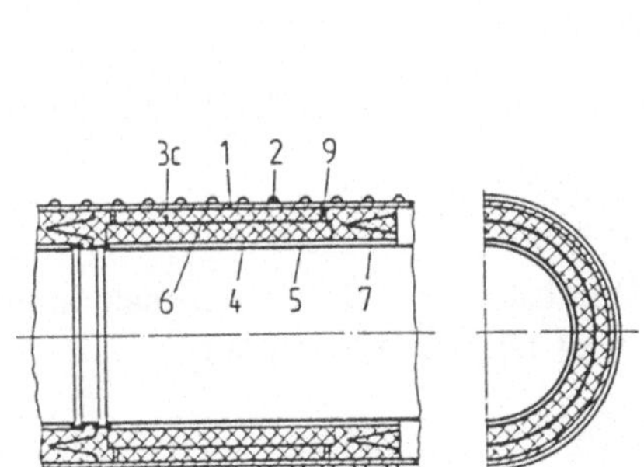

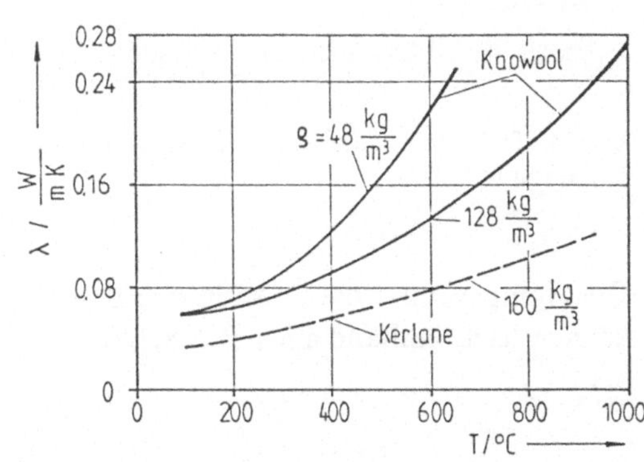

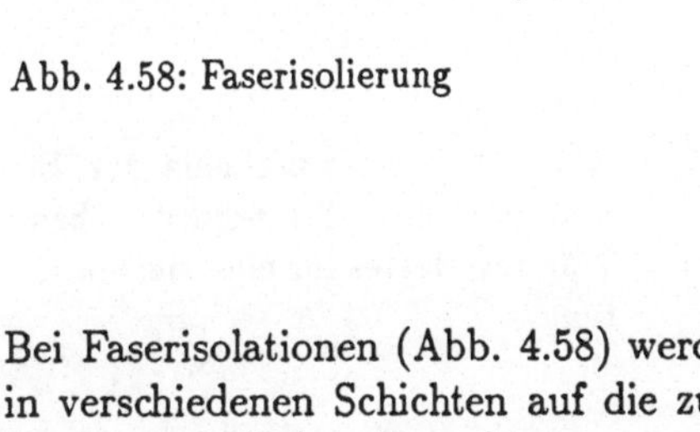

Abb. 4.58: Faserisolierung

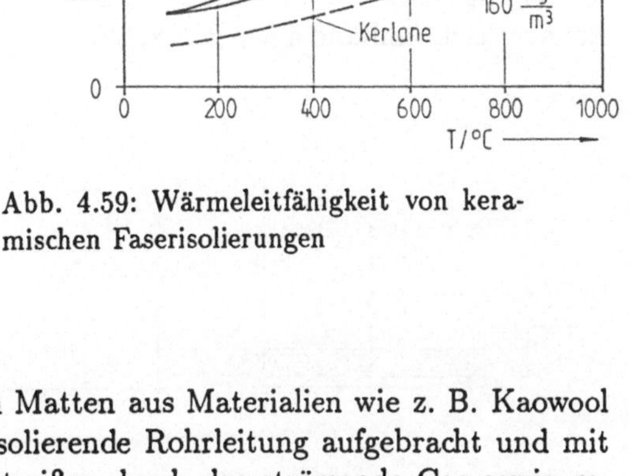

Abb. 4.59: Wärmeleitfähigkeit von keramischen Faserisolierungen

Bei Faserisolationen (Abb. 4.58) werden Matten aus Materialien wie z. B. Kaowool in verschiedenen Schichten auf die zu isolierende Rohrleitung aufgebracht und mit einem metallischen Innenliner gegen Mitreißen durch das strömende Gas sowie gegen Schwingungen und Erosion geschützt. Durch zwischen die Faserlagen eingebaute Metallbleche werden Konvektionsströmungen in den Isolationen unterbunden.

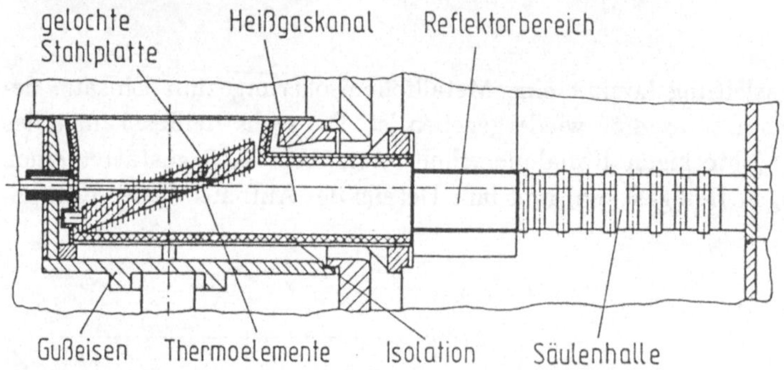

Abb. 4.60: Heißgaskanal des THTR: **a.** Blick in einen Heißgaskanal **b.** Heißgasleitung im Schnitt [4.21]

Die Temperatur- bzw. Wärmeverluste beim Durchströmen einer Heißgasleitung können leicht anhand einer Betrachtung in Abb. 4.61 abgeschätzt werden.

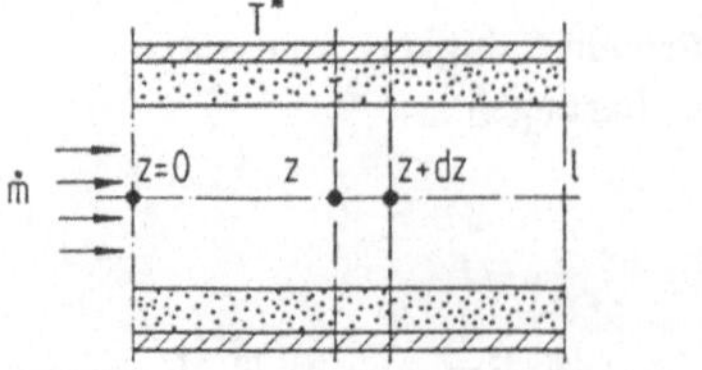

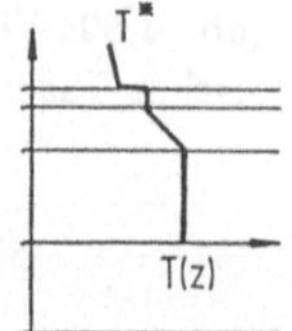

Abb. 4.61: Prinzipschema zur Ermittlung des Temperatur- bzw. Wärmeverlustes für eine Heißgasleitung

Eine Energiebilanz für ein Volumenelement an der Stelle z liefert:

$$\dot{m}c_p(T(z+\mathrm{d}z)-T(z)) = -k\pi d_a(T-T^*)\mathrm{d}z \quad , \tag{4.47}$$

wobei k die Wärmedurchgangszahl, d_a der äußere Durchmesser und T^* die Außentemperatur in der Umgebung der Heißgasleitung bedeuten. Nach Entwicklung von $T(z + dz)$ in eine Taylorreihe und Abbruch nach dem 1. Glied folgt:

$$\frac{dT}{T - T^*} = \frac{-k\pi d_a}{\dot{m}c_p}dz = -\beta dz \quad . \tag{4.48}$$

Einfache Integration mit der Randbedingung $T(z = 0) = T_0$ führt auf:

$$T - T^* = (T_0 - T^*)e^{-\beta z} \approx (T_0 - T^*) \cdot (1 - \beta z) \quad . \tag{4.49}$$

Dies bedeutet, daß nach Durchströmen einer Heißgasleitung der Länge L die Temperatur des Heißgases von T_0 auf

$$T(L) = T_0 e^{-\beta L} + T^*(1 - e^{-\beta L}) \approx (T_0 - T^*) \cdot (1 - \beta L) \tag{4.50}$$

abgefallen ist.

Bei guten Isolationen und relativ kurzen Leitungslängen, im allgemeinen wenige Meter, liegt der Temperaturverlust bei HTR-Anlagen im Bereich weniger Grade. Der gesamte Wärmeverlust des Heliums entlang der Leitung wird entsprechend

$$\dot{Q}_v = \int\limits_0^L k\pi d_a(T(z) - T^*)dz \tag{4.51}$$

bestimmt. Er ist als Exergieverlust zu werten.

Weitere Lösungen für den Transport des heißen Heliums zu den Wärmetauschern von Hochtemperaturreaktoren seien hier der Vollständigkeit halber angeführt (Abb. 4.62, 4.63). Das recht einfache Heißgasführungsprinzip beim AVR, Heißgas vom Core durch den Deckenreflektor in den Dampferzeugerbereich einströmen zu lassen, ist auch für den HTR-100-Reaktor vorgesehen. Koaxialleitungen kamen bereits beim Peach-Bottom-Reaktor sowie beim Winfrieth-AGR-Reaktor zum Einsatz und haben sich dort in jahrelangem Betrieb gut bewährt. Diese Lösung ist auch für den Modulreaktor sowie für den HTR-350 gewählt worden. Aus dem Betrieb konventioneller Gasturbinenanlagen liegen jahrzehntelange Betriebserfahrungen für derartige Systeme vor.

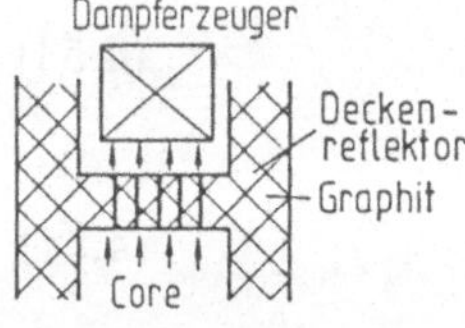

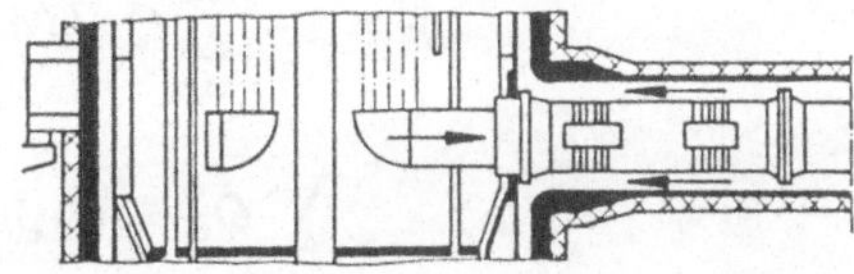

Abb. 4.62: Heißgasführung beim AVR, HTR-100 (durchströmter Deckenreflektor)

Abb. 4.63: Heißgasführung beim Modulreaktor (Koaxialleitungsprinzip)

Bei diesem Gasführungskonzept wird das Tragrohr der Heißgasführung praktisch unabhängig von der Höhe der Heißgastemperatur durch Gegenstromkühlung mit kaltem Helium auf Temperaturen um 300 °C gehalten. Die Innenisolation erfolgt in bekannter Weise durch Wolle, Metallfolien oder Keramik. Die Längenänderungen, die sich zwischen kaltem und heißem Betriebszustand ergeben, werden durch Kompensatoren oder Schiebeverbindungen mit sehr geringem Bypaß ausgeglichen.

Abschließend sei bemerkt, daß das chemisch inerte Kühlgas Helium im Normalbetrieb Verunreinigungen an H_2O, CO_2, CO, H_2, CH_4 nur im Bereiche weniger ppm (parts per million) enthält. Über die Auswirkungen derartiger Verunreinigungen sowie Maßnahmen zur Begrenzung ihrer Höhe finden sich Ausführungen in Kap. 4.9. Helium ist heute weltweit kostengünstig in ausreichend hohen Mengen verfügbar. Leckageverluste, die nach den vorliegenden Erfahrungen in der Größenordnung von 0,1 %/Tag liegen, spielen in den Kostenbilanzen von heliumgekühlten Reaktoren keine Rolle. Wie in Kap. 6 noch ausführlicher dargelegt wird, bringt diese Leckage wegen der geringen Kontamination des Primärkreislaufs keine unzulässige Umgebungsbelastung mit sich.

4.6 Dampferzeuger

Aufgabe der Dampferzeuger in HTR-Anlagen [4.57 bis 4.68] ist es, die im Reaktorkern erzeugte und an das Kühlmedium Helium abgegebene Wärme an das Sekundärkreislaufmedium zu übertragen. Zur Verdeutlichung dieses Sachverhaltes sind in Abb. 4.64 die Schaltung des Dampferzeugers sowie die Verhältnisse auf der Helium- und auf der Prozeßseite anhand eines Temperatur-Wärme-Diagramms für den Dampferzeuger wiedergegeben. Im T-s- und im h-s-Diagramm wird weiterhin die Prozeßführung für das Arbeitsmedium Wasserdampf erklärt. Beim THTR haben die Dampferzeuger, wie in Abschnitt 4.10 noch näher ausgeführt wird, zusätzlich die Aufgabe, die Nachwärme abzuführen.

In Anlehnung an die Bezeichnungen in Abb. 4.64 läßt sich die Wärmebilanz für den gesamten Dampferzeuger einschließlich Vorwärmer, Verdampfer, Überhitzer, Zwischenüberhitzer formulieren. Es gilt:

$$\eta_k \left(\dot{m}_{He} c_{p\,He}(T_5 - T_1) \right) = \dot{m}_{FD}(h_9 - h_6) + \dot{m}_{Z\ddot{U}}(h_{11} - h_{10}) \quad , \qquad (4.52)$$

$$\eta_k = 1 - \sum_i \dot{Q}_{vi} / \left(\dot{m}_{He} c_{p\,He}(T_5 - T_1) \right) \quad , \qquad (4.53)$$

$$\sum_i \dot{Q}_{vi} = \dot{Q}_{Leit} + \dot{Q}_{Strahlung} \quad . \qquad (4.54)$$

Die Leitungs- und Strahlungsverluste bei einem derartigen heliumbeheizten Dampferzeuger sind in der Regel sehr gering und liegen in der Größenordnung von 1 bis 2 % bezogen auf die eingebrachte thermische Leistung.

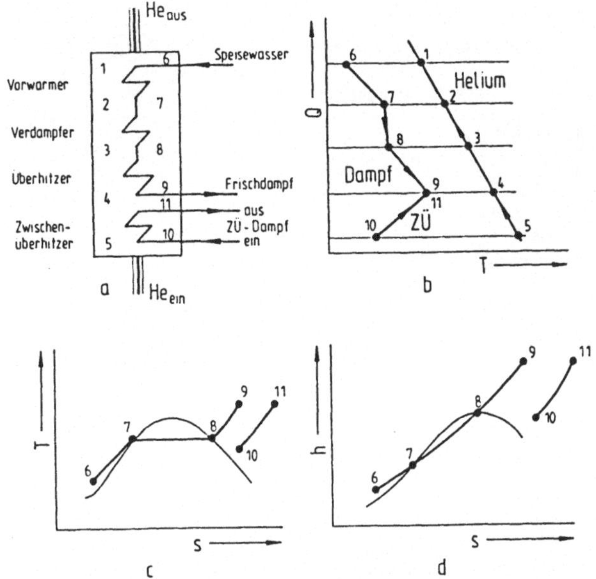

Abb. 4.64: Prinzip der Dampferzeugung beim THTR:
a. Schaltschema, **b.** $T - Q$-Diagramm für den Wärmetausch, **c.** $T - s$-Diagramm für den
Dampferzeugungsprozeß, **d.** $h - s$-Diagramm für den Dampferzeugungsprozeß.

Damit sind der Wirkungsgrad des Dampferzeugers sowie die Verluste dieser Komponente definiert. In den einzelnen Sektionen des Dampferzeugers gelten die folgenden
stationären Energiebilanzen:

$$\dot{m}_{He} \cdot c_{pHe} \cdot (T_2 - T_1) = \dot{m}_{FD}(h_7 - h_6) \qquad \text{Vorwärmer,} \qquad (4.55)$$

$$\dot{m}_{He} \cdot c_{pHe} \cdot (T_3 - T_2) = \dot{m}_{FD}(h_8 - h_7) \qquad \text{Verdampfer,} \qquad (4.56)$$

$$\dot{m}_{He} \cdot c_{pHe} \cdot (T_4 - T_3) = \dot{m}_{FD}(h_9 - h_8) \qquad \text{Überhitzer,} \qquad (4.57)$$

$$\dot{m}_{He} \cdot c_{pHe} \cdot (T_5 - T_4) = \dot{m}_{Z\ddot{U}}(h_{11} - h_{10}) \qquad \text{Zwischenüberhitzer.} \qquad (4.58)$$

Besondere Bedingungen für die Dampferzeuger des THTR treten dadurch auf, daß sowohl für den Frischdampf als auch für den ZÜ-Dampf konventionelle Dampfzustände
gewählt wurden und daß die Komponenten in der Kaverne des Spannbetonbehälters
um den Reaktorkern herum angeordnet sind. Hierdurch bedingt mußte eine kompakte Bauweise realisiert werden. Außerdem war die Komponente so zu gestalten,
daß sich eine wirtschaftlich optimale Auslegung hinsichtlich Heizflächenbelastung und
Druckverlust ergab. Der Apparat muß zudem einigen typischen betrieblichen Beanspruchungen wie Teillastfahren, An- und Abfahren sowie Forderungen wie z. B. nach
Abblinden von defekten Rohren und Ausbau der gesamten Komponente Rechnung
tragen.

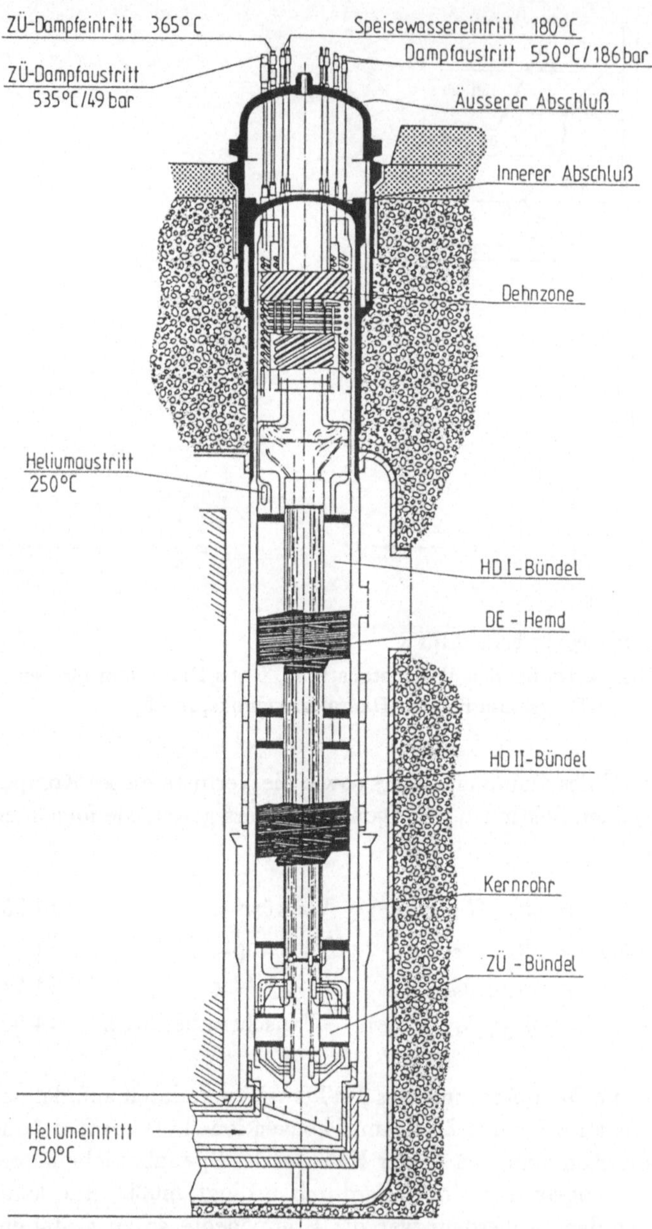

Abb. 4.65: Dampferzeuger des THTR [1.34]

Der THTR-Dampferzeuger sei hier mit einigen technischen Details beschrieben (siehe Abb. 4.65): Helium tritt von unten her mit einer Temperatur von 750 °C in die Komponente ein. Der aus helixförmig gebogenen Rohren gestaltete Zwischenüberhitzer, der im Gleichstrom geschaltet ist, wird zunächst vom Helium durchflossen. Hier wird der ZÜ-Dampf von 365 °C auf 535 °C erhitzt. Die in Strömungsrichtung des

Heliums gesehen darüber angeordneten Heizflächen des Überhitzers, des Verdampfers und des Economizers sind ebenfalls als Helixbündel ausgeführt (Abb. 4.66). In diesen Sektionen des Dampferzeugers wird das Helium bis auf 250 °C abgekühlt. Auf der Sekundärseite wird Speisewasser von 180 °C in Frischdampf von 535 °C (maximal 550 °C) überführt. Bei Schwankungen der Frischdampftemperatur auf Werte von über 535 °C wird in Einspritzkühlern die Frischdampftemperatur auf den genannten Wert abgesenkt.

Abb. 4.66: Dampferzeuger des THTR, Blick auf den oberen Bereich des Bündels (nach Werkbild Sulzer)

Die wärmeübertragenden Flächen sind als helixförmige Rohre in Tragstrukturen jeweils in mehreren Zylindern konzentrisch um ein Kernrohr herum angeordnet (siehe Abb. 4.67, 4.68). Die Heizflächensektionen sind zwecks Gasführung von einem dünnen Blechmantel, dem inneren Dampferzeugerhemd, umgeben. Ein zentrales Kernrohr dient zur Aufnahme der Heißdampf- und ZÜ-Austrittsrohre, es wird zur Vermeidung von Bypass-Strömen durch schottenartige Bleche abgedichtet. Das auf 250 °C abgekühlte kalte Helium tritt oberhalb des Vorwärmerbündels aus der Gasleitkonstruktion in einen Ringraum aus und wird von hier jeweils zu einem Gebläse abgesaugt. Die Längenänderung der Heizrohre wird durch eine aufwendige Kompensationszone zwischen Wärmetauscherbündel und Behälterdeckel ermöglicht. Abb. 4.65 zeigte derartige konstruktive Details. Die Systemrohre werden mit speziellen Wärmeübergangsstücken (Thermosleeves) durch den inneren und dann mit Hilfe von Kompensatoren durch den äußeren Abschlußdeckel für die jeweilige Panzerrohrführung eines Dampferzeugers hindurchgeführt (Abb. 4.69). Vom äußeren Behälterabschlußdeckel führen dann Rohrleitungen zu den jeweiligen Systemsammlern sowie den Einspritzkühlern. Auch die Leitungen des ZÜ-Systems werden in dieser Weise durch das Doppeldeckelsystem hindurchgeführt und außen gesammelt. Der gesamte Dampferzeuger hängt am inneren Abschlußdeckel des Panzerrohres, welches im Spannbetonbehälter fest verankert ist. Die Heizrohre sind in für Helixapparate typischer Bauweise durch die gelochten Rohrplatten eines Tragsterns hindurch gewendelt und in geeigneter Weise durch Spannhülsensysteme fixiert und damit gegen Schwingungsanregung gesichert (siehe Abb. 4.70). Auch der Verschleiß an diesen Stellen wird durch spezielle Beschichtungen auf Hülsen und Rohren minimiert. Die wesentlichen Auslegungsdaten dieser Komponente sind in Tab. 4.10 aufgelistet. Bemerkenswert ist die Verwendung von Frischdampf- und Überhitzungszuständen in einer Höhe, die heute in der konventionellen Kraftwerkstechnik üblich ist.

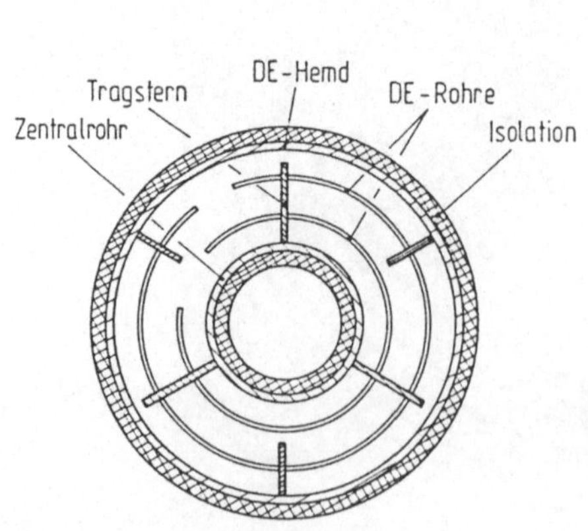

Abb. 4.67: Radialer Aufbau der Strukturen im THTR-Dampferzeuger [1.34]

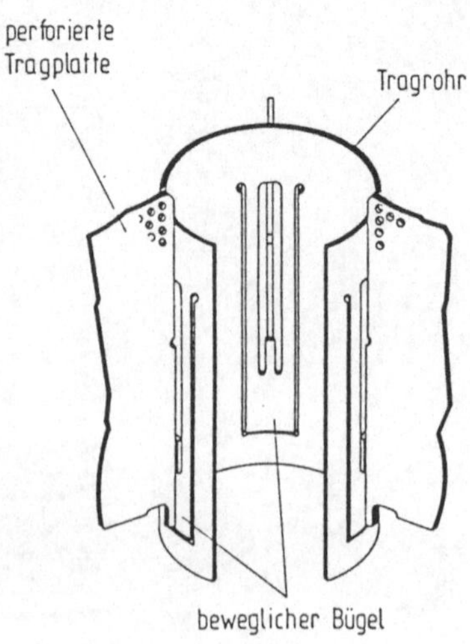

Abb. 4.68: Tragstrukturen für Helixrohre [1.34]

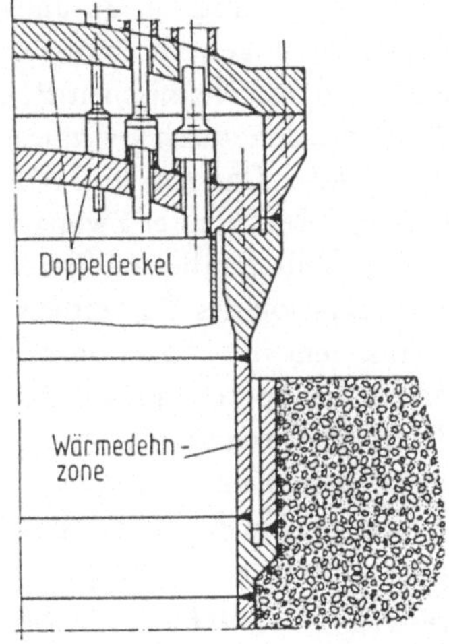

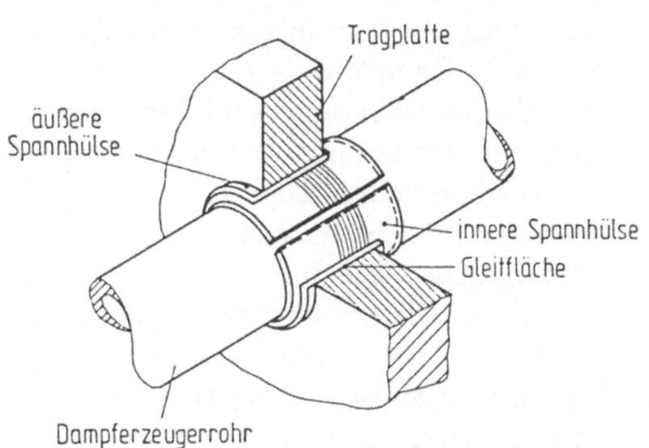

Abb. 4.69: Durchführungen für Heiß-
dampfrohre durch Doppeldeckel [1.34]

Abb. 4.70: Traghülse für die Durchführung eines Dampferzeugerrohres durch
eine Tragplatte [1.34]

Tab. 4.10:   Daten der THTR-Dampferzeuger

Zahl der Dampferzeuger	6
Leistung pro Dampferzeuger	128 MW
Frischdampfzustand (nach Einspritzkühler)	535 °C/186 bar
Speisewasserzustand	180 °C/240 bar
ZÜ-Zustand Austritt	535 °C/49 bar
ZÜ-Zustand Eintritt	366 °C/55 bar
Frischdampfmenge	155 t/h
ZÜ-Dampfmenge	149 t/h
Heliumeintrittstemperatur	750 °C
Heliumaustrittstemperatur	250 °C
Heliumeintrittsdruck	38,5 bar
Heliumaustrittsdruck	38,1 bar
Heliumdurchsatz	49,25 kg/s
Heizfläche pro DE (Eco,Verd,Ü,ZÜ)	1321 m^2
Zahl der Heizrohre im HD-Teil	80
Zahl der Heizrohre im ZÜ-Teil	88
Länge eines DE	19 m, davon $\approx$ 10 m aktive Zone
Durchmesser eines DE	2 m
Gewicht eines DE	65 t

Die Heizrohre des Dampferzeugers sind im Hochtemperaturbereich (Zwischenüberhitzer, Überhitzer) aus Incoloy 800 gefertigt, unterhalb von Wandtemperaturen von
400 °C kommt 15 Mo 3 zum Einsatz, zwischen 400 °C und 525 °C Wandtemperatur
wurde 10 Cr Mo 910 verwendet. Die Dampferzeuger sind durch die Kernstrukturen

gegen Bestrahlung mit Neutronen geschützt, die schnelle Dosis beträgt in 30 Jahren Betrieb weniger als 10^{18} n/cm², so daß keine Materialänderungen zu erwarten sind. Kohlenstoffablagerungen auf der Heliumseite, die aufgrund von chemischen Reaktionen der Verunreinigungen grundsätzlich denkbar wären, werden durch geeignete Auslegung der Gasreinigung verhindert (siehe auch Abschnitt 4.9). Das An- und Abfahren des Dampferzeugers geschieht nach Abläufen, die aus der Technik der Zwangsdurchlaufkessel bekannt sind. Details finden sich in Kapitel 5. Teillast über 40 % der Nennlast wird mit konstanten Frischdampfzuständen unter Variation des Dampfmengenstroms gefahren. Das Kennfeld des Dampferzeugers, aus dem die Variation der einzelnen Betriebsparameter bei variabler Leistung hervorgeht, ist später in Kapitel 5 wiedergegeben. Die Stabilität beim Verdampfungsprozeß wird dadurch gewährleistet, daß alle parallelen Rohre zunächst nahezu gleiche Längen aufweisen und daß wasserseitig ein relativ hoher Druckverlust eingestellt wird. Bei den gewählten hohen Auslegungsdrücken ist die Dichteänderung des Wasserdampfstromes relativ gering. Die an sich ungünstige Form der Abwärtsverdampfung, die im THTR bedingt durch das Stromführungs- und Anordnungskonzept des Dampferzeugers zum Einsatz kommt, beeinflußt des Stabilitätsverhalten nicht nennenswert.

Einige einfache Abschätzungen zur thermohydraulischen Auslegung der Komponente sowie zu Festigkeitsfragen mögen hier angeführt sein, um die geschilderten technischen Einzelheiten noch verständlicher zu machen. Bei der Berechnung des Wärmeübergangs auf der Heliumseite werde ein Heizflächenbündel mit idealfluchtender Anordnung der Heizrohre unterstellt. Die Wasser- und Dampfseite kann mit einer einheitlichen Nusseltgleichung nach Hausen behandelt werden. Zur Ermittlung der Stoffgrößen werden in erster Näherung Mittelwerte der Temperaturen zwischen Ein- und Austritt einzelner Heizflächenabschnitte benutzt. Um Unsicherheiten bei der Auslegung und später nach Abblinden defekter Rohre Rechnung zu tragen, werden in der Praxis üblicherweise Zuschläge von etwa 10 % zur Heizfläche gemacht. Mit Hilfe der beim THTR verwirklichten Technik der Helixwärmetauscher läßt sich so eine Leistungsdichte von etwa 4 MW/m³, bezogen auf das aktive Rohrbündel, realisieren.

Die Größen der Heizflächen in den einzelnen Abschnitten des Dampferzeugers können entsprechend den nachstehend aufgeführten Formeln für die übertragene Wärme Q_i, die logarithmischen Temperaturdifferenzen ΔT_{log} sowie die Wärmeübergangszahl k_{ai} berechnet werden:

$$\dot{Q}_i = k_{ai} A_i \Delta T_{log} \quad , \tag{4.59}$$

$$\Delta T_{log} = \frac{\Delta T_{gr,i} - \Delta T_{kl,i}}{\ln\left(\Delta T_{gr,i}/\Delta T_{kl,i}\right)} \quad , \tag{4.60}$$

$$\frac{1}{k_{a,i}} = \frac{1}{\alpha_{He,i}} + \frac{d_a}{2\lambda_i} \ln \frac{d_{a,i}}{d_{i,i}} + \frac{d_{a,i}}{d_{i,i}} \frac{1}{\alpha_{He,i}} \quad . \tag{4.61}$$

Zur Erläuterung sind in Abb. 4.71 ein radiales Temperaturprofil im Rohr sowie ein axialer Verlauf für einen ganzen Wärmetauscherabschnitt qualitativ angedeutet. Die in den einzelnen Abschnitten Vorwärmer, Verdampfer, Überhitzer und Zwischenüberhitzer zu übertragenden Wärmemengen Q_i sind bereits in den Gleichungen zu Anfang dieses Kapitels formuliert worden. Für genaue Rechnungen wird jeder Abschnitt in hinreichend viele Unterabschnitte unterteilt.

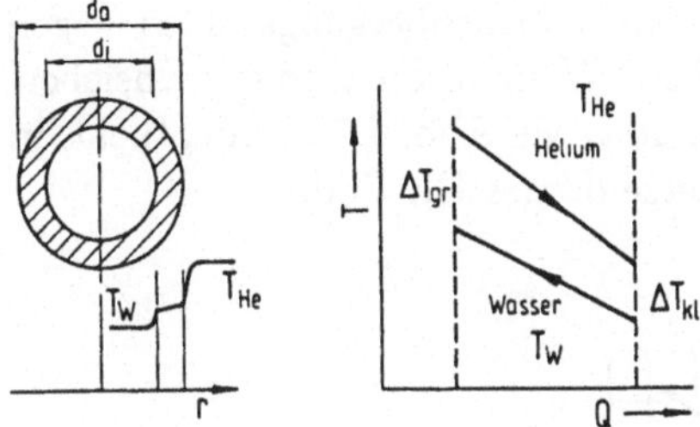

Abb. 4.71: Prinzipschemata zur Erläuterung des Wärmedurchgangs bei einem heliumbeheizten Dampferzeuger

Die Wärmeübergangsverhältnisse auf der Heliumseite für die beim THTR sowie bei allen Folgekonzepten vorgesehenen Helixrohre werden durch die im folgenden wiedergegebenen Gebrauchsformeln charakterisiert. Es werden fluchtende Rohre vorausgesetzt, die notwendigen geometrischen Begriffe sind in Abb. 4.72 näher erläutert.

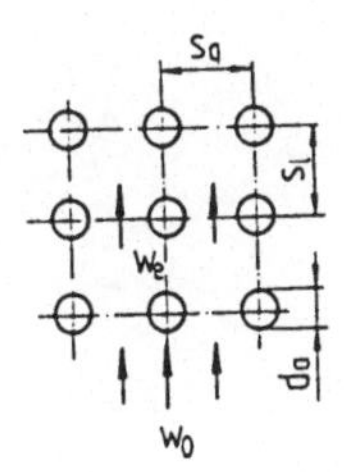 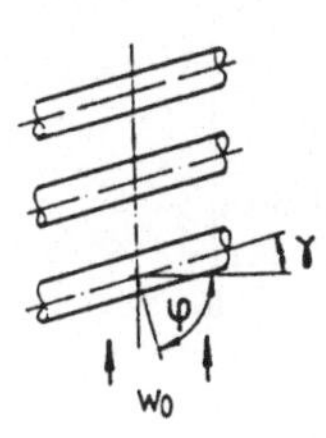

$$a = \frac{s_q}{d_a} \quad ; \quad b = \frac{s_l}{d_a} \quad ; \quad \psi = 1 - \frac{\pi}{4 \, a}$$

$$l = \frac{\pi}{2} \cdot d_a \quad ; \quad \varphi = 90° - \gamma$$

$$w = \frac{a}{a-1} \cdot w_0$$

Bezugstemperatur für Stoffwerte :

$$\vartheta_m = \frac{\vartheta_{ein} + \vartheta_{aus}}{2}$$

VDI – Wärmeatlas

$$Nu_{0,Bündel} = f_A \cdot Nu_{1,0}$$

$$Nu_{1,0} = 0.3 + \sqrt{Nu_{1,lam}^2 + Nu_{1,turb}^2}$$

$$Nu_{1,lam} = 0.664 \cdot \sqrt{Re_{\psi,1}} \cdot \sqrt[3]{Pr}$$

$$Nu_{1,turb} = \frac{0.037 \cdot Re_{\psi,1}^{0.8} \cdot Pr}{1 + 2.443 \cdot Re_{\psi,1}^{-0.1} \cdot (Pr^{2/3} - 1)}$$

$$f_A = 1 + \frac{0.7}{\psi^{1.5}} \cdot \frac{(b/a - 0.3)}{(b/a + 0.7)}$$

$$Nu_{0,Bündel} = \frac{\alpha \cdot l}{\lambda} \quad , \quad Re = \frac{w \cdot l}{\psi \cdot \nu}$$

Gültigkeitsbereich :

$$10 < Re_{\psi,1} < 10^6 \quad , \quad 0.6 < Pr < 10^3$$

Grimison

$$Nu = 0.34 \cdot f_A \cdot Re^{0.60} \cdot Pr^{0.31}$$

$$f_A = 1 + [\, a + \frac{7.17}{a} - 6.52\,] \cdot [\, \frac{0.266}{(b-0.8)^2} - 0.12\,] \cdot \sqrt{\frac{1000}{Re_e}}$$

$$Nu = \frac{\alpha \cdot d_a}{\lambda} \quad , \quad Re_e = \frac{w_e \cdot d_a}{\nu}$$

Gültigkeitsbereich :

$$1.25 < a, b < 3.0 \quad , \quad 3 \cdot 10^3 < Re_e < 10^6$$

Abb. 4.72: Wärmeübergangsgesetze für querangeströmte fluchtende Rohrbündel (Heliumseite)

Die mit Hilfe dieser Gebrauchsformeln gewonnenen Wärmeübergangszahlen liegen beim THTR-Dampferzeuger zwischen 1500 und 2000 W/m²K. Sie sind mit Unsicherheiten in der Größenordnung von 10 bis 20 % behaftet, wie Abb. 4.73 verdeutlicht, in der verschiedene in der Praxis gebräuchliche Gesetze dargestellt sind.

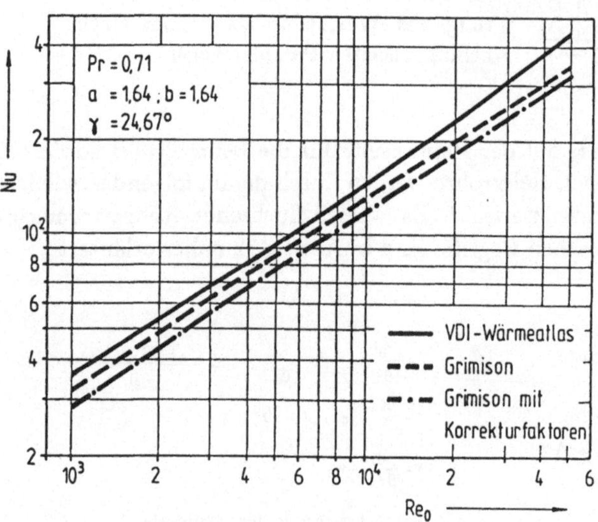

Abb. 4.73: Vergleich von Nusselt-Gesetzen für querangeströmte Rohrbündel nach verschiedenen Autoren (vgl. Abb. 4.72)

Die Wärmeübergangszahlen auf der Wasserseite werden für die einzelnen Abschnitte getrennt nach verschiedenen Gesetzen bestimmt. Einige wesentliche, die für Vorwärmer, Überhitzer und Zwischenüberhitzer Verwendung finden können, sind in Abb. 4.74 wiedergegeben. Die Wärmeübertragungszahlen auf der Wasser- bzw. Dampfseite liegen bei technisch üblichen Strömungsgeschwindigkeiten im Bereich von einigen 1000 W/m²K. Der Wärmedurchgang wird daher im wesentlichen durch die Wärmeübergangszahl auf der Heliumseite bestimmt. Für den Wärmeübergang beim Verdampfen des Wassers in den Rohren des Dampferzeugers kann in Anlehnung an den VDI-Wärmeatlas die empirische Beziehung

$$\alpha = 1,95 \cdot q''^{\,0,72} \cdot p^{0,24} \quad , \tag{4.62}$$

$$\alpha(\mathrm{W/m^2}), \; q''\,(\mathrm{W/m^2}), \; p(\mathrm{bar})$$

verwendet werden. Bei einem Wärmefluß von z. B. $q'' \approx 150\,\mathrm{kW/m^2}$ sowie bei $p = 180$ bar, folgt so etwa für die Wärmeübergangszahl im Verdampfer $\alpha = 36\,\mathrm{kW/m^2K}$. Somit ist im Verdampferbereich eines gasgekühlten Reaktors der Wärmeübergang auf der Wasserseite erheblich besser als der auf der Heliumseite. Die Temperaturdifferenz zwischen Rohrwand und Fluid liegt nach obiger Abschätzung bei rund 4 °C.

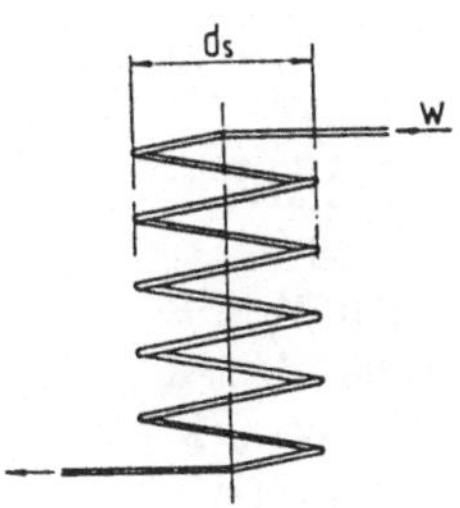

$$D_S = \frac{D_{S,innen} + D_{S,außen}}{2}$$

$$Nu = \frac{\alpha \cdot d_i}{\lambda} \quad ; \quad Re = \frac{w \cdot d_i}{\nu}$$

Bezugstemperatur für Stoffwerte:

$$\vartheta_m = \frac{\vartheta_{ein} + \vartheta_{aus}}{2}$$

__Hausen__

$$Nu = 0{,}0235 \cdot f_{Schl} \, [Re^{0.8} - 230][1{,}8 Pr^{0.3} - 0{,}8][1 + (\tfrac{d_i}{l})^{2/3}]$$

$$f_{Schl} = 1 + \frac{21}{Re^{0.14}} \cdot \frac{d_i}{D_S}$$

Gültigkeitsbereich:

$$2300 < Re < 10^6 \; ; \; 0{,}5 < Pr < 500$$

__VDI - Wärmeatlas__

$$Nu = f_{Schl} \frac{\xi/8 \cdot [Re - 1000] \cdot Pr}{1 + 12{,}7 \sqrt{\xi/8} \; [Pr^{2/3} - 1]} \cdot [1 + (\tfrac{d_i}{l})^{2/3}]$$

$$\xi = [1{,}82 \cdot \log_{10} Re - 1{,}64]^{-2}$$

$$f_{Schl} = 1 + 3{,}54 \cdot \frac{d_i}{D_S}$$

Gültigkeitsbereich:

$$2300 < Re < 10^6 \; ; \; \frac{d_i}{l} < 1$$

Abb. 4.74: Wärmeübergangsgesetze für durchströmte Rohrschlangen (Wasserseite) ($D_{S,innen}$, $D_{S,außen}$: Durchmesser der Rohrschlangen auf dem inneren bzw. äußeren Rohrzylinder)

Praktische Ergebnisse, die sich aus den angeführten Gleichungen für den Dampferzeuger des THTR ergeben, sind in Tabelle 4.11 vermerkt. Natürlich sind die Wärmeübergangszahlen und damit die Wärmedurchgangszahl sowie der Wärmefluß auch innerhalb der einzelnen Abschnitte noch variabel. Dies muß bei einer genauen Rechnung mit Hilfe einer genügend feinen Einteilung des Wärmetauschers in kleine Abschnitte berücksichtigt werden.

Die in Tabelle 4.11 gegebene Abschätzung zeigt, daß insbesondere für den Vorwärmer wegen der dort herrschenden niedrigen logarithmischen Temperaturdifferenzen für die Wärmeübertragung relativ große Heizflächen installiert werden müssen.

Eine weitere interessante Größe zur Beurteilung der Wärmeaustauscher ist neben dem Wärmefluß die Heizflächendichte σ im Apparat, die von der Anordnung und Teilung der Rohre abhängig ist. Die folgende Tabelle 4.12 zeigt einige Werte, die in CO_2- oder heliumgekühlten Reaktoren bislang verwirklicht wurden. Die recht unterschiedlichen Werte für die Heizflächendichte wirken sich auf die Rohrauslegung und auf die Höhe der Gebläseleistung aus, wie im Folgenden noch näher ausgeführt wird.

Tab. 4.11:   Auslegungsdaten für die Heizflächen des THTR- Dampferzeugers

Parameter	Vorwärmer	Verdampfer	Überhitzer	ZÜ
Leistung	40 MW	30 MW	40 MW	10 MW
ΔT_{log}	50 °C	80 °C	200 °C	90 °C
α_{He}	2000 W/m²K	2100 W/m²K	1450 W/m²K	1450 W/m²K
α_W	3000 W/m²K	25000 W/m²K	5000 W/m²K	2000 W/m²K
k	1500 W/m²K	1500 W/m²K	1000 W/m²K	700 W/m²K
Wärmefluß	75 kW/m²	120 kW/m²	200 kW/m²	63 kW/m²
Heizfläche	533 m²	250 m²	200 m²	285 m²

Tab. 4.12:   Heizflächendichten in verschiedenen Reaktoren

Reaktor	AVR	THTR	DRAGON	Fort St. Vrain	AGR	Magnox
Heizflächen-dichte (m²/m³)	30	60	65	60	30	25

Ausgehend von der Heizflächenbelastung q'' (kW/m²) sowie der Heizflächendichte σ (m²/m³) läßt sich eine einfache, das Bauvolumen eines Dampferzeugers annähernd charakterisierende Größe, die Leistungsdichte q''' (kW/m³) des Dampferzeugers gemäß

$$q''' = q'' \cdot \sigma \tag{4.63}$$

definieren. Bei HTR-Dampferzeugern liegt diese Größe bei rund 4 MW/m³ bezogen auf den aktiven Rohrbereich. Ungenauigkeiten in den Wärmeübergangszahlen auf der Wasserseite wirken sich nicht so stark auf den Wärmedurchgang und damit auf die Größe der Heizflächen aus wie Unsicherheiten auf der Heliumseite. Der Grund hierfür ist, daß im allgemeinen bei der Auslegung von Dampferzeugern die α-Zahl auf der Wasserseite erheblich größer als die auf der Heliumseite gewählt wird.

Die Druckverluste auf der Heliumseite werden entsprechend der Beziehung

$$\Delta p = \xi \cdot \frac{z}{d} \cdot v^2 \frac{\varrho}{2} \tag{4.64}$$

mit z als durchströmte Länge ermittelt. Abb. 4.75 zeigt einige praktisch anwendbare Relationen für die hier verwendete spezielle Wärmetauschergeometrie. Insgesamt ergibt sich beim THTR ein gasseitiger Druckverlust in Höhe von $\Delta p \approx 0{,}4$ bar für den gesamten Dampferzeuger. Wie die Angabe von Wärmeübergangszahlen sind auch die Werte von Druckverlusten je nach der benutzten Beziehung mit gewissen Unsicherheiten behaftet. Dies ist bei der Bemessung der Gebläse zu berücksichtigen.

Die thermodynamische Auslegung eines heliumbeheizten Dampferzeugers stellt im übrigen ein interessantes Beispiel für Optimierungsüberlegungen dar. Mit steigender Heliumgeschwindigkeit steigen auf der einen Seite die Wärmeübergangszahlen auf der Heliumseite und damit die Wärmedurchgangszahl sowie die Heizflächenbelastung an, auf der anderen Seite wächst der Druckverlust und damit die Gebläseleistung.

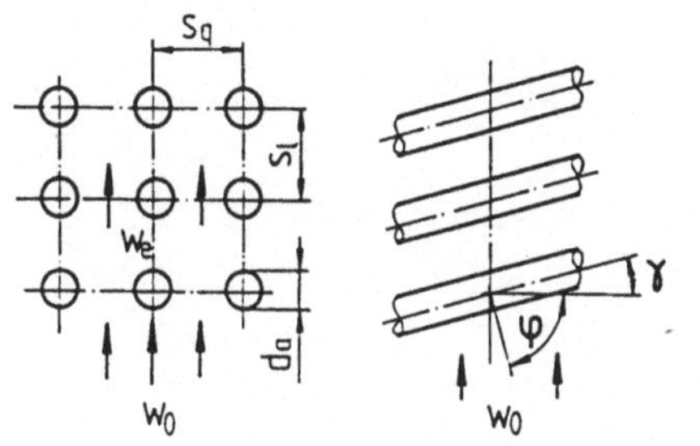

$$a = \frac{S_q}{d_a} \quad ; \quad b = \frac{S_l}{d_a} \quad ; \quad \varphi = 90^\circ - \gamma$$

$$\Delta p = \xi \cdot n \cdot \frac{\varrho \cdot w^2}{2} \quad ; \quad Re = \frac{w \cdot d_a}{\nu}$$

$$w = w_e = \frac{a}{a-1} \cdot w_0$$

Bezugstemperatur bzw. -druck für Stoffwerte:

$$\vartheta_m = \frac{\vartheta_{ein} + \vartheta_{aus}}{2} \quad ; \quad p_m = \frac{p_{ein} + p_{aus}}{2}$$

ξ : Druckverlustbeiwert für ein querangeströmtes fluchtendes Rohrbündel ($\varphi = 90^\circ$)

ξ_φ : Druckverlustbeiwert für ein schrägangeströmtes fluchtendes Rohrbündels ($\varphi < 90^\circ$)

n : Anzahl der in Strömungsrichtung hintereinanderliegenden Rohrreihen

VDI-Wärmeatlas

Jakob

$$\xi = Re^{-0.15} \cdot \left[0.176 + \frac{0.32 \cdot b}{(a-1)^{0.43 + 1.13/b}} \right]$$

Gültigkeitsbereich:

$$2 \cdot 10^3 \leq Re \leq 4 \cdot 10^4 \; ; \; n \geq 10$$

$$\xi = \xi_l + \xi_t \left[1 - \exp\left(- \frac{Re + 1000}{2000} \right) \right]$$

$$\xi_l = \frac{f_{a,l,f}}{Re} \quad ; \quad f_{a,l,f} = \frac{280 \cdot \pi \cdot [(b^{0.5} - 0.6)^2 + 0.75]}{(4ab - \pi) \, a^{1.6}}$$

$$\xi_t = \frac{f_{a,t,f}}{Re^{0.1 b/a}} \quad ; \quad f_{a,t,f} = \left[0.22 + 1.2 \cdot \frac{(1 - 0.94/b)^{0.6}}{(a - 0.85)^{1.3}} \right]$$
$$\cdot 10^{0.47(b/a - 1.5)} + [0.03 \cdot (a-1)(b-1)]$$

Gültigkeitsbereich:

$$1 < Re < 3 \cdot 10^5 \; ; \; n \geq 5$$

im Bereich $Re \geq 10^3$: $1.25 < a < 3.0$
$$1.2 < b < 3.0$$

Abb. 4.75: Druckverlustgesetze für quer angeströmte fluchtende Rohrbündel

Bei kostenmäßiger Bewertung sind die Kostenanteile für die Heizfläche sowie im wesentlichen die Betriebskosten für den Anteil der Gebläseleistung zur Überwindung der Druckverluste im Dampferzeuger zu betrachten. Für die Summe dieser Positionen ist ein Minimum zu finden. Qualitative Betrachtungen weisen aus, daß sich immer eine optimale Geschwindigkeit finden läßt, bei der die Gesamtkosten für den Betrieb des Dampferzeugers minimal werden. Allerdings ist diese Optimierung streng genommen für die Gesamtlebensdauer einer Anlage durchzuführen, da z. B. die Stromkosten für den Betrieb des Gebläses im Laufe der Betriebszeit anwachsen. Insgesamt handelt es sich damit um ein dynamisches Optimierungsproblem. Im einzelnen gelten mit Bezug auf Abb. 4.76 folgende Relationen zur näherungsweisen Behandlung dieser Optimierungsaufgabe:

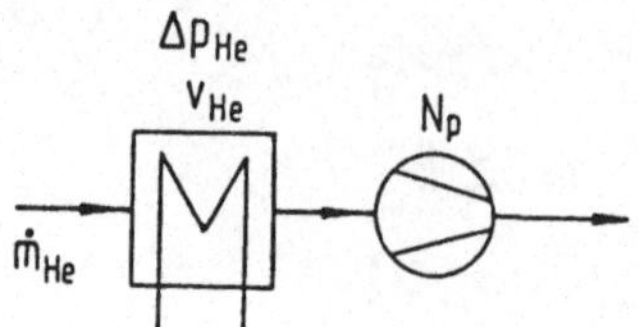

Übertragene Wärme $\dot{Q} = k \cdot A \cdot \Delta T_{log}$

Wärmedurchgangszahl : $k \approx \alpha_{He}$ (da $\alpha_{Wasser} \gg \alpha_{He}$)

Ansatz für α_{He} : $\alpha_{He} \approx v_{He}^{0,6}$

Druckverlust : $\Delta p_{He} \approx v_{He}^2$

Gebläseleistung : $N_p \sim \Delta p_{He} \cdot \dot{m}_{He} / \rho_{He}$

Abb. 4.76: Prinzipschema zur Optimierung des Dampferzeugers hinsichtlich der Heliumgeschwindigkeit

Es werde nun angenommen, daß die Investitionskosten für den Dampferzeuger entsprechend einem linearen Ansatz

$$K_{inv} \sim K_{inv}^0(1 + \alpha A) \qquad (4.65)$$

von der Größe der Heizfläche abhängen. Unter Berücksichtigung eines jährlichen Kostenanteils für den Gebläsestrom folgt dann für die Gesamtkosten:

$$K_{ges} = K_{inv} \cdot \bar{a} + \int_0^{1a} N_p x_{el} dt \quad , \qquad (4.66)$$

$$K_{ges} = K_{inv}^0(1 + \alpha \frac{C^*}{v^{0,6}} \bar{a}) + N_p x_{el} T \quad . \qquad (4.67)$$

Die Abhängigkeit der Gesamtkosten von der Heliumgeschwindigkeit v erhält man dann zu:

$$K_{ges} = C_1 + C_2 \frac{\bar{a}}{v^{0,6}} + C_3 v^2 T x_{el} \quad . \qquad (4.68)$$

Das Aufsuchen eines Minimums für die gesamten Jahreskosten führt auf eine optimale Heliumgeschwindigkeit:

$$v_{He} \sim \sqrt[2,6]{\frac{\bar{a}}{T \cdot x_{el}}} \quad . \qquad (4.69)$$

Die Parameter Anlagenauslastung, Strompreis sowie die Abschreibungsmodalitäten sind also bei der Wahl einer optimalen Heliumgeschwindigkeit besonders zu beachten. Daneben spielen natürlich auch technische Gesichtspunkte, wie die mögliche Baugröße der Komponente oder die Unterbringung im Primärkreis, eine wichtige Rolle.

Die Rohre des Dampferzeugers sollen mit einer Lebensdauer von 30 Jahren, d.h. über $2,6 \cdot 10^5$ h betrieben werden können. Entsprechend den Verläufen der Helium- und der Medientemperaturen in den einzelnen Abschnitten des Dampferzeugers (siehe Abb. 4.77) stellen sich maximale Rohrwandtemperaturen ein, deren Werte in Tab. 4.13 aufgeführt sind.

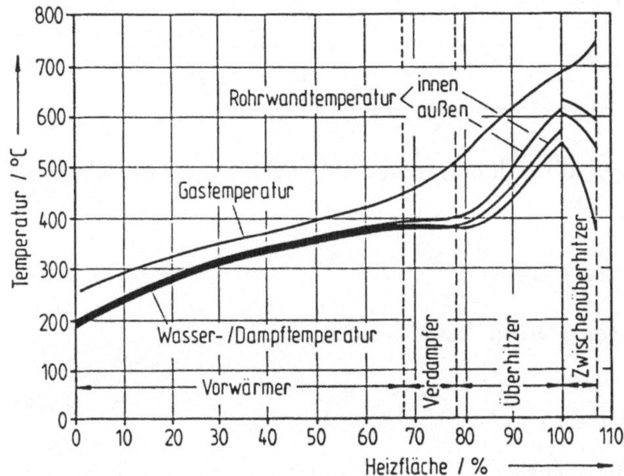

Abb. 4.77: Temperaturverläufe im THTR-Dampferzeuger bei 100 % Last [1.34]

Die Rohrwandtemperaturen können aus den Wärmeübergangszahlen sowie den Wärmeflüssen leicht anhand von vereinfachten Beziehungen, bei denen das Wärmeübertragungsproblem als eben behandelt wird, nachgeprüft werden. Für den Wärmefluß werde angesetzt:

$$q'' = \alpha_w(T_{wi} - T_w) = \frac{\lambda}{s}(T_{wa} - T_{wi}) = \alpha_{He}(T_{He} - T_{wa}) \cdot \; , \qquad (4.70)$$

$$q'' = k \cdot \Delta T \quad , \qquad (4.71)$$

$$\frac{1}{k} = \frac{1}{\alpha_{He}} + \frac{1}{\alpha_w} + \frac{1}{\lambda/s} \quad . \qquad (4.72)$$

T_{wi} bedeutet dabei die innere, T_{wa} steht für die äußere Rohrwandtemperatur.

Bei der Spannungsanalyse sind nicht nur mechanische Spannungen, die aus Innen- und Außendruck resultieren, zu berücksichtigen, sondern auch Wärmespannungen (zumindest im Temperaturbereich unterhalb 400 °C) sowie Spannungen, die sich aus den transienten Beanspruchungen der Komponenten ergeben. Hinzu kommen eventuell Spannungen, die sich aus behinderten Dehnungen der Dampferzeugerrohre ergeben können. Im einzelnen können im Rahmen einer einfachen Abschätzung folgende Ansätze für die einzelnen Anteile gemacht werden:

Tab. 4.13:   Bedingungen für die Rohre des THTR-Dampferzeugers

	Rohrab-messung	Rohrwerk-stoff	max. Wand-temp(°C)	max. Druckdiffe-renz (bar)
Vorwärmer	30 × 3,2	15Mo3	400	200
	30 × 4,5			
Verdampfer	30 × 4,5	10CrMo910	400	170
Überhitzer	30 × 5	Incoloy 800	610	160
	30 × 4			
Zwischen-überhitzer	30 × 2,9	Incoloy 800	630	10

Für die mechanischen Spannungen, die sich aufgrund der Druckdifferenz zwischen der Innen- und Außenseite ergeben, gilt:

$$\sigma_m = \Delta p \cdot \frac{d_a - s}{2s} \quad . \tag{4.73}$$

Die stationären Wärmespannungen können durch den Ansatz

$$\sigma_w = \frac{E\alpha}{2(1 - \nu)}\Delta T, \qquad \Delta T = \frac{\dot{q}'' \cdot s}{\lambda} \tag{4.74}$$

beschrieben werden, während für transiente Wärmespannungen, die sich beim An- und Abfahren einstellen, Spannungen in Höhe von

$$\sigma_T = \pm\frac{E\alpha}{(1 - \nu)} \cdot \frac{v_T \cdot s^2}{3 \cdot a_T}\left(0,43\frac{d_a}{d_a - 2s} + 0,57\right) \tag{4.75}$$

auftreten können. Die Bedeutung der einzelnen Parameter ist dabei gegeben durch:

Δp = Druckdifferenz zwischen Innen- und Außenseite,

d_a = Außendurchmesser,

s = Wandstärke,

E = Elastizitätsmodul,

α = thermische Ausdehnung,

ν = Querkontraktionszahl,

λ = Leitfähigkeit,

q'' = Wärmefluß durch die Rohrwand,

ΔT = Temperaturdifferenz über Wand,

v_T = Temperaturänderungsgeschwindigkeit im Material,

a_T = Temperaturleitzahl ($a_T = \lambda/cp \cdot \varrho$).

Für den Vorwärmer des THTR z.B. ergeben sich nach dieser einfachen Betrachtung folgende Werte (im Normalbetrieb):

Mit $\Delta p = 200$ bar, $d_a = 30$ mm, $s = 3,2$ mm folgen die mechanischen Spannungen zu $\sigma_m = 84$ N/mm². Im Vergleich zu einem zulässigen Wert von rund 200 N/mm²

(15 Mo 3 bei 400 °C mit Sicherheitsfaktor 1,5) verbleibt damit noch ein ausreichend hoher Sicherheitsabstand. Die stationäre Wärmespannung im Vorwärmer folgt mit $E = 2,1 \cdot 10^5$ N/mm^2, $\nu = 0,3$, $\alpha = 1,1 \cdot 10^{-6}$ K^{-1}, $\lambda = 20$ W/(m K) und mit einem Wärmefluß von $q'' = 75$ kW/m^2 zu $\sigma_w = 2$ N/mm^2. Die transiente Wärmespannung führt bei Annahme einer Temperaturänderungsgeschwindigkeit $v_T = 10$ K/min auf $\sigma_T = 4 \cdot 10^{-2}$ N/mm^2.

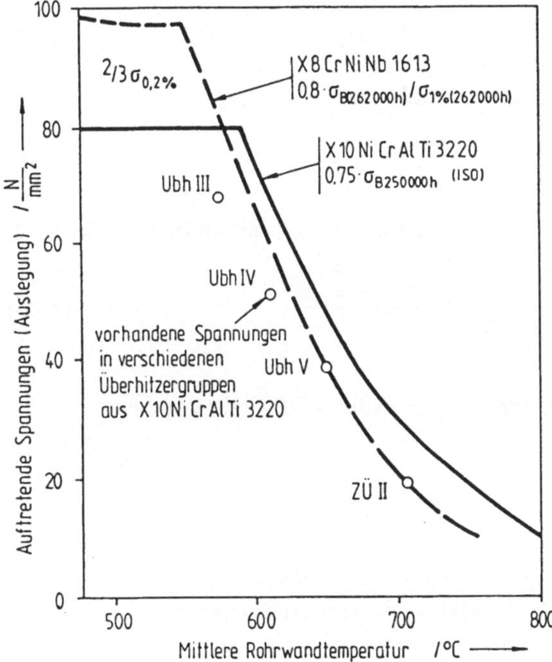

Abb. 4.78: Spannungsverläufe im heißen Bereich des THTR-Dampferzeugers [4.61]

Diese Abschätzungen und ähnliche für die weiteren Sektionen des Dampferzeugers zeigen, daß die Apparate mit hinreichender Sicherheit auslegbar sind. Im Zwischenüberhitzer und im Überhitzer des THTR gelten die in Abb. 4.78 dargestellten Bedingungen für die Ausnutzbarkeit des Werkstoffes sowie für die unter Berücksichtigung von heißen Strähnen und Störfällen auftretenden Rohrwandtemperaturen. Auch hier ist noch ausreichend Sicherheit vorhanden.

Im Zwischenüberhitzer wurde, wie am Temperaturprofil in Abb. 4.77 bereits abzulesen war, ein Gleichstrom verwirklicht, um die Rohrwandtemperaturen im heißen Bereich etwas absenken zu können. Bei der Dimensionierung von Rohrwänden, die unter der Wirkung von Druckkräften aus Innendruck und Außendruck stehen, und bei denen Wärmeflüsse zu Temperaturgradienten und damit zu Wärmespannungen führen, ist eine Optimierung angezeigt, wie sie im folgenden im Prinzip wiedergegeben wird. Es läßt sich demnach immer eine Rohrwandstärke finden, bei der die Gesamtbeanspruchung minimal wird.

Für die mechanischen bzw. die thermischen Spannungen gelte näherungsweise:

$$\sigma_m = \frac{\Delta p \cdot D_i}{2 \cdot s} \quad , \tag{4.76}$$

$$\sigma_w = \frac{\alpha \cdot E \cdot \Delta T}{2(1-\nu)} = \frac{\alpha \cdot E \cdot q''}{2(1-\nu)} \frac{s}{\lambda} \quad . \tag{4.77}$$

Die Gesamtspannung ist dann näherungsweise durch

$$\sigma_{ges} = \sigma_{\dot m} + \sigma_w = \frac{C_1}{s} + C_2\, s \tag{4.78}$$

gegeben. Die Gesamtspannung wird minimal, falls die Bedingungen

$$\frac{\partial \sigma_{ges}}{\partial s} = 0, \qquad \frac{\partial^2 \sigma_{ges}}{\partial s^2} > 0 \tag{4.79}$$

erfüllt sind. Die optimale Wandstärke, bei der ein Spannungsminimum erreicht wird, kann daraus zu

$$s_{opt} = \sqrt{\frac{C_1}{C_2}} = \sqrt{\frac{\Delta p\, D_i\,(1-\nu)\,\lambda}{\alpha\, E\, q''}} \tag{4.80}$$

bestimmt werden.

Die qualitativen Verläufe der Spannungen sind in Abb. 4.79 wiedergegeben.

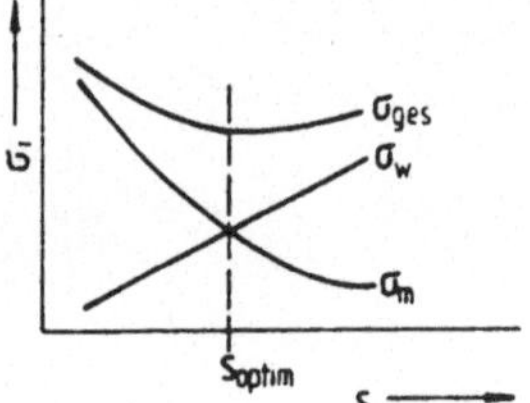

Abb. 4.79: Qualitativer Verlauf der Spannungen in Abhängigkeit von der Wandstärke

Für den Wert der optimalen Wandstärke sind mechanische und thermische Spannungen gleich.

Die Stabilität beim Verdampfungsprozeß, insbesondere auch bei Teillast, wurde bereits angesprochen. Die Summation von Reibungsdruckverlusten, Beschleunigungsdruckverlusten und statischen Höhendifferenzen führt auf eine Gesamtabhängigkeit des Druckverlustes vom Massenstrom, die durch eine Beziehung der Form

$$\Delta p_{ges}(\dot m) \sim A \cdot \dot m^3 + B \cdot \dot m^2 + C \cdot \dot m \tag{4.81}$$

beschrieben werden kann. $\dot m$ ist dabei der variable Massenstrom, der auf der Wasserseite durch die Dampferzeugerrohre strömt. Die in Abb. 4.80 wiedergegebenen Kurvenverläufe können sich dann als mögliche Druckverlust-Kennlinien einstellen. Falls Kurve a auftritt, sind bei Teillastbetrieb instabile Zustände mit langfristiger Beschädigung von Rohren vorstellbar. Bei einer detaillierteren Behandlung zur Ableitung der Formel für den Gesamtdruckverlust als Funktion des Durchsatzes wird ein Rohr über alle Abschnitte unter Einschluß von Vorwärmer, Verdampfer und Überhitzer bilanziert, diese Ableitung ist aus der konventionellen Dampfkesseltechnik wohlbekannt.

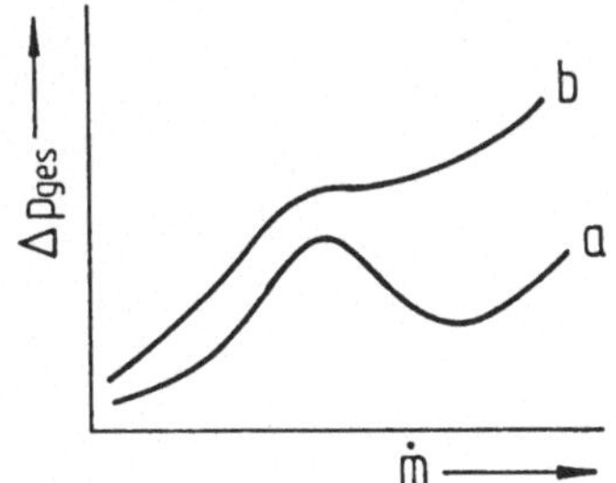

Abb. 4.80: Qualitativer Verlauf des Druckverlustes im Dampferzeuger in Abhängigkeit vom Massendurchsatz: **a.** instabiler Verlauf, **b.** stabiler Verlauf

Durch Einbau von Drosseln und geeignete Auslegung des Dampferzeugers kann das Problem der Stabilität befriedigend gelöst werden. Beim THTR ist deswegen z. B. ein wasserseitiger Druckverlust von 50 bar vorgesehen.

Bei Dampferzeugern für die nächste Generation von Hochtemperaturreaktoren wird auf den Zwischenüberhitzer verzichtet, um den apparativen Aufbau sowie das Sammler- und Transportproblem für den Dampf zu vereinfachen. Abb. 4.81 zeigt als Beispiel den Dampferzeuger der Modulanlage (200 MW_{th}). Das heiße Helium wird von oben in das Helixbündel des Dampferzeugers eingeleitet und beim Abwärtsströmen von 700 °C auf 250 °C abgekühlt. Das Speisewasser wird am Boden der Komponente eingeleitet und durch die Rohre im Gegenstrom zum Helium geführt. Speisewasser und Dampf werden über jeweils 4 am Umfang verteilte Sammler auf 200 Dampferzeugerrohre verteilt. Bei der hier gewählten Konzeption bleiben die Wandtemperaturen der Dampferzeugerrohre unterhalb etwa 620 °C. Als Besonderheit sei vermerkt, daß die Heizrohre dieses Apparates voll wiederholungsprüfbar sein werden, ohne daß der Primärkreis geöffnet werden muß. Zudem werden diese Apparate auch von der Aufgabe, Glieder in einer Notkühlkette sein zu müssen, entbunden. Dies führt zu erheblichen Vereinfachungen und Reduktionen der Anforderungen gegenüber dem Dampferzeuger des THTR. Gegenüber dem THTR-Dampferzeuger wurde bei dieser Anlage die Heliumeintrittstemperatur von 750 °C auf 700 °C abgesenkt. Dies war zweckmäßig, um die Belastungen im Überhitzer, der mit großer Druckdifferenz zwischen Helium- und Wasserseite betrieben wird, zu reduzieren. Hohe Rohrwandtemperaturen im heißesten Teil des THTR-Dampferzeugers, im Zwischenüberhitzer sind vertretbar, da dort die Druckdifferenz vergleichsweise sehr gering (10 bar) ist. Stabilitätsprobleme werden bei der Konzeption entsprechend Abb. 4.81 vollständig vermieden, da das Prinzip der Aufwärtsverdampfung vorgesehen ist. Als Material für die Heizrohre ist für alle Sektionen der Werkstoff Incoloy 800 eingeplant.

Reparaturen von defekten Dampferzeugerrohren stellen sich beim hier gezeigten Entwurf folgendermaßen dar. Nach Detektion des defekten Rohres werden die Rohre ohne Öffnung des Primärkreises von außen sowohl im Speisewasser- als auch im Dampferzeugersammler mit Hilfe von Stopfen dichtgesetzt. Dies ist mehrfach möglich, da eine Heizflächenreserve von 10 % vorgesehen ist. Die Dampferzeuger bei allen HTR-Konzepten werden für die volle Lebensdauer der Nuklearanlage, d.h. für 30 Jahre Vollastbetrieb, ausgelegt.

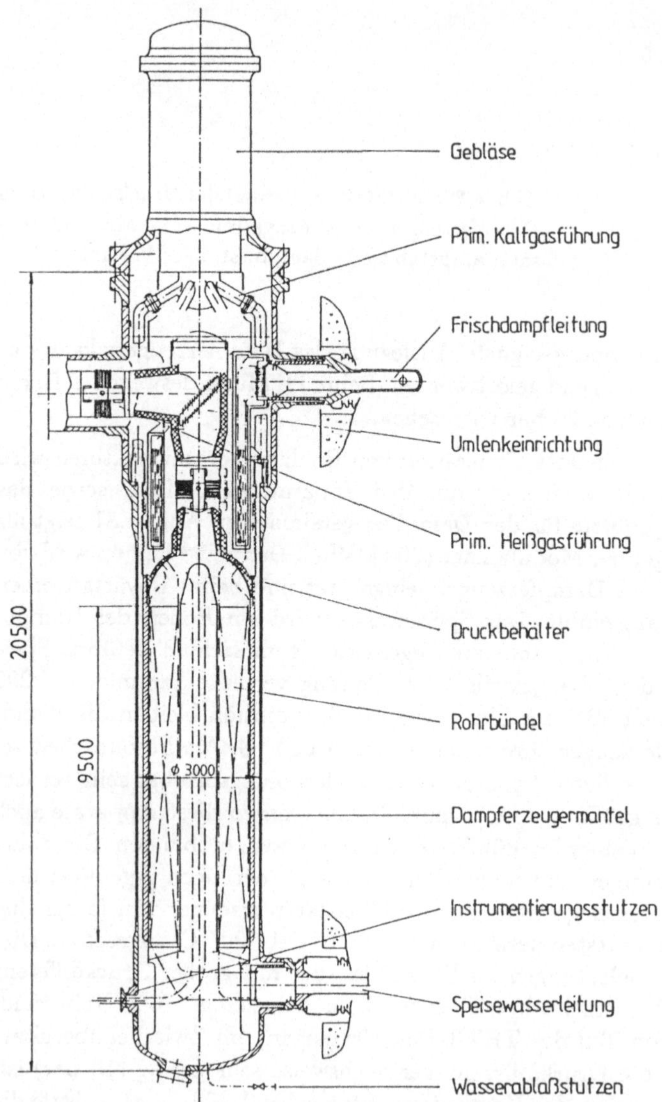

Abb. 4.81: Dampferzeuger des Modulreaktors (200 MW$_{th}$) [2.14]

Abschließend sei bemerkt, daß bei der Gestaltung von heliumbeheizten Dampferzeugern Konstruktionen gewählt werden müssen, die nicht empfindlich im Hinblick auf Schwingungen sind. Das heute vorgesehene Konzept des Helixapparates mit geeigneten Tragsternstrukturen kommt dieser Forderung nach. Besonders den Fixierungshülsen zwischen Rohren und Tragplatten kommt hier im Hinblick auf die Vermeidung von erhöhter Reibung oder Reibverschweißung große Bedeutung zu.

4.7 Gebläse

Die im Kreislauf eines Hochtemperaturreaktors auftretenden Druckverluste werden
durch Gebläse [4.69 - 4.78] kompensiert. Beim THTR-Reaktor ist jedem Dampferzeuger jeweils ein Gebläse zugeordnet. Das Kühlgas wird hier mit einer Temperatur
von 250 °C und einem Eintrittsdruck von 38,1 bar von den Gebläsen angesaugt und
nach Druckerhöhung um 1,12 bar in einen für alle Gebläse gemeinsamen Druckraum
gefördert. Jede Gebläseeinheit (siehe Abb. 4.82) besteht aus dem Gebläselaufrad, dem
Antriebsmotor, Kühlern sowie einem Absperr-Regelorgan mit Antrieb. Das Laufrad
ist einstufig in radialer Bauart ausgeführt und fliegend auf der Welle des Antriebs-
motors angeordnet. Der Antriebsmotor läuft in trockener Heliumatmosphäre unter
vollem Reaktordruck. Die beiden Wellenlager des Motors werden durch Öl geschmiert
und gekühlt. Damit kein Öl ins Primärhelium übertritt und damit der Ölkreislauf frei
von Kontaminationen bleibt, ist ein Sperrgassystem zwischen den Ölbereichen sowie
den Heliumbereichen der Lager eingeschaltet. Die Versorgungseinrichtungen sowohl
für die Ölkreisläufe als auch für Kühlwasser befinden sich außerhalb des Spannbetonbehälters. Die Gebläse sind am Umfang versetzt in der jeweiligen Position der
Dampferzeuger horizontal in die Zylinderwand des SBB voll integriert. Wegen der
Wandstärke des Spannbetonbehälters von 4,5 m ist dies möglich. Die Zufuhrleitungen
für elektrische Energie und für Sperrgas werden ebenso wie Öl- und Kühlwasserleitun-
gen durch die Abschlußdeckel des Gebläses nach außen geführt. Als besonderes Regelorgan besitzt jedes Gebläse eine auf der Saugseite angeordnete Absperreinrichtung.
Diese wird hydraulisch angetrieben. Die Motorwelle wird in axialer Richtung durch
ein Drucklager, in radialer Richtung durch zwei Traglager gehalten. Die Strömung
des Kühlgases erfolgt vom Dampferzeuger kommend durch einen zentralen Gaskanal,
der Abschirmeinbauten enthält, zum Gebläselaufrad. Nach Durchströmung des
Gebläselaufrades und des anschließenden Diffusors strömt das Kühlgas auf der Seite
des erhöhten Druckes durch einen Ringkanal in der Abschirmkonstruktion in die Kaverne des SBB zurück. Falls das Absperrorgan geschlossen und der Bypass geöffnet
ist, strömt das Helium bei laufendem Gebläse über eine Öffnung am Druckgehäuse
radial nach innen, tritt danach durch Aussparungen im Sauggehäuse und über By-
passöffnungen auf die Saugseite des Gebläses zurück. Das Regelorgan erlaubt es, die
Fördermenge der Gebläse jeweils einzeln zu regeln. Dies ist beim Zuschalten einzelner
Gebläse-Dampferzeugereinheiten oder beim Abstellen einzelner Einheiten notwendig.
Auch für den Nachwärmeabfuhrbetrieb ist eine Drosselung des Heliumdurchsatzes auf
geringe Mengenströme notwendig. Als Antriebsmotor ist ein zweipoliger Drehstrom-
kurzschlußläufer gewählt, der mit sehr hoher Betriebssicherheit gefahren werden kann.
Um eine Leistungsregelung des Kraftwerkes im gewünschten Lastbereich durchführen
zu können, wird die Motordrehzahl zwischen 3 000 und 5 600 U/min geregelt. Die
Versorgung der Gebläseantriebe erfolgt über eigene Generatoren, gekoppelt mit zwei
Hilfsdampfturbinen (360 °C/50 bar), die mit Dampf aus der Hochdruckturbine angetrieben werden. Die Stromversorgung der Gebläse ist über Dieselaggregate gesichert,
da die Gebläse Glieder in der Nachwärmeabfuhrkette sind. Wesentliche Daten des
Gebläses sind in der Tab. 4.14 wiedergegeben.

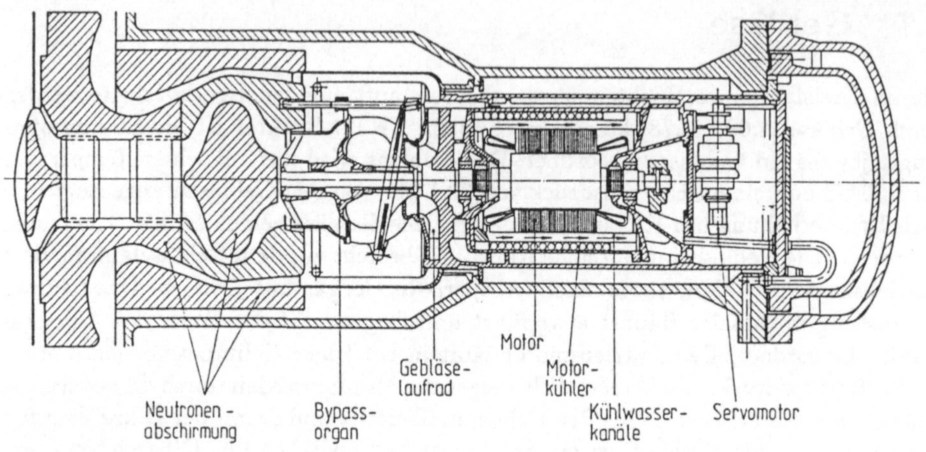

Abb. 4.82: Gebläse des THTR (Schnitt) [4.70]

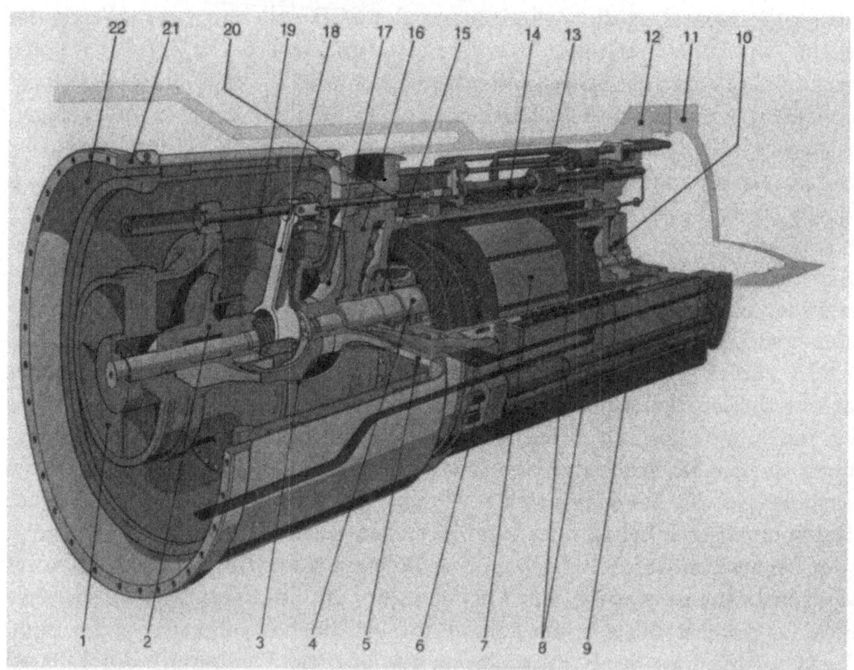

Abb. 4.83: THTR-Gebläse (Isometrische Darstellung)

1. Kühlgas - Eintritt, 2. Gebläse - Absperr- und Regelorgan (GAR), 3. Sauggehäuse,
4. Welle, 5. Diffusor, 6. Axiale Gebläsebefestigung, 7. Motor, 8. Motorkühler I u. II,
9. Legschlüssel, 10. Lüfterrad (Motorkühlung), 11. Panzerrohrdeckel, 12. Panzerrohrflansch,
13. Stellungsgeber (GAR), 14. Hydraulikzylinder (GAR), 15. Traglager, 16. Durchflußbe-
grenzungswand, 17. Laufrad $\oslash$ 900 mm, 18. Hebel für GAR - Betätigung, 19. Druckfedern
(GAR), 20. Zugstange (GAR), 21. Druckgehäuse, 22. Kühlgas - Austritt

Tab. 4.14:   Daten der THTR-Gebläse

Heliumdurchsatz	46,25 kg/s
Eintrittsdruck	38,1 bar
Austrittsdruck	39,22 bar
Motorklemmleistung (Auslegungspunkt)	2,3 MW
innerer Wirkungsgrad	0,845
Drehzahl (Auslegungspunkt)	5600 U/min
Durchmesser des Laufrades	0,9 m
Durchmesser der gesamten Gebläseeinheit	2,7 m
Einbaulänge der gesamten Einheit	6,2 m

Um das Gebläse vor Strahlung aus dem Corebereich zu schützen, sind vor dem Gaseinlauf Abschirmstrukturen aus Grauguß angeordnet. Details hierzu sind in Abb. 4.82 zu erkennen. Der Leistungsbedarf eines Gebläses, wie es hier im Falle des THTR zum Einsatz kommt, ist mit Hilfe einer relativ einfachen Abschätzung zu ermitteln. Für das Gebläse gelten die folgenden Zusammenhänge im T-s-Diagramm (Abb. 4.84).

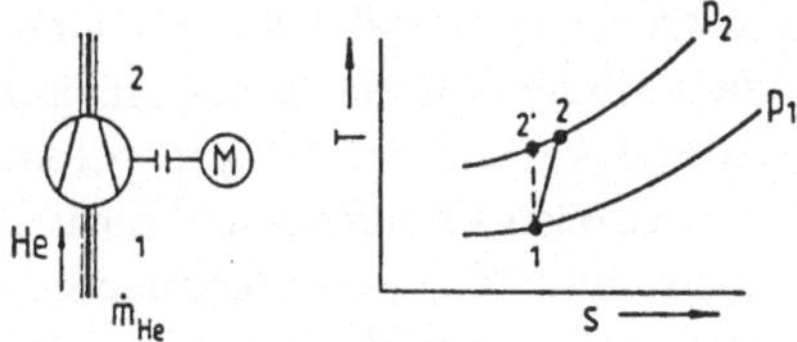

Abb. 4.84: Verlauf der Kompression im Gebläse dargestellt im T-s-Diagramm

Für die mechanische Leistung des Gebläses folgt:

$$N_{mech} = \dot{m}_{He} \cdot c_{pHe} \cdot (T_2 - T_1) \quad . \tag{4.82}$$

Unter Benutzung eines inneren Gebläsewirkungsgrades in der Form

$$\eta_i = (T_2' - T_1)/(T_2 - T_1) \quad , \tag{4.83}$$

erhält man für die Gebläseaustrittstemperatur im isentropen bzw. im realen Fall:

$$T_2' = T_1 \cdot \left(\frac{p_2}{p_1}\right)^{\frac{\kappa-1}{\kappa}} \quad , \tag{4.84}$$

$$T_2 = T_1 \cdot \left(1 + \frac{1}{\eta_i} \left(\frac{p_2}{p_1}\right)^{\frac{\kappa-1}{\kappa}} - \frac{1}{\eta_i}\right) \quad . \tag{4.85}$$

Da die Druckerhöhung im Kreislauf in der Regel sehr klein gegenüber dem Eintrittsdruck ins Gebläse ist, kann meist näherungsweise gesetzt werden:

$$\left(\frac{p_2}{p_1}\right)^{\frac{\kappa-1}{\kappa}} = \left(\frac{p_1 + \Delta p}{p_1}\right)^{\frac{\kappa-1}{\kappa}} \approx \frac{\kappa-1}{\kappa}\frac{\Delta p}{p_1} \quad . \tag{4.86}$$

Somit ergibt sich die mechanische Leistung zur Überwindung des Gesamtkreislauf-druckverlustes zu:

$$N_{mech} = \frac{\dot{m}_{He} \cdot \Delta p}{\rho_1 \cdot \eta_i} \quad , \tag{4.87}$$

wobei die Beziehungen

$$c_p \frac{(\kappa - 1)}{\kappa} = R, \qquad \frac{RT_1}{p_1} = \frac{1}{\rho_1} \tag{4.88}$$

benutzt werden. Die tatsächlich zu installierende Antriebsleistung des Gebläsemotors kann dann insgesamt zu

$$N_{Motor} = \frac{N_{mech}}{\eta_{mech} \cdot \eta_{mot}} \tag{4.89}$$

bestimmt werden. Im Falle des THTR ergeben sich folgende Zahlenwerte: Mit $\dot{m}_{He} = 289$ kg/s, $\Delta p = 1,12$ bar, ϱ_{He} (40 bar, 250 °C) $= 4,03$ kg/m^3, $\eta_i \approx 0,75$ folgt $N_{mech} = 10,8$ MW, d. h. pro Gebläse eine Leistung von 1,8 MW. Unter Berück-sichtigung eines Wertes von $\eta_{mot} \cdot \eta_{mech} \approx 0,9$ folgt eine Motorleistung von etwa 2 MW pro Gebläse. Eine Ermittlung charakteristischer Daten wie Laufraddurchmes-ser und Drehzahl ist auf der Basis von Ähnlichkeitsbetrachtungen möglich. Das soge-nannte Cordierdiagramm erweist sich als nützlich, da in diesem für eine große Anzahl von in der Praxis ausgeführter einstufiger Turbinen und Verdichter, die mit gutem Wirkungsgrad betrieben werden, die beiden genannten Größen - Laufraddurchmesser und Drehzahl - in Form von dimensionslosen Maschinenkenngrößen einander zugeord-net sind. Das Cordierdiagramm (siehe Abb. 4.85) gestattet es, bei Vorgabe etwa des Laufraddurchmessers eine Drehzahl zu finden, die aus Erfahrung zu einer optimalen Maschine hinsichtlich des Wirkungsgrades führt [4.74].

Folgende Zusammenhänge gelten hierbei für den Heliumdurchsatz, für die spezifische Strömungsarbeit sowie für die Werte der spezifischen Drehzahl bzw. des spezifischen Laufraddurchmessers:

Heliumdurchsatz

$$\dot{V} = \dot{m}/\rho(p, T) \quad , \tag{4.90}$$

spezifische Strömungsarbeit

$$y = \frac{\Delta p}{\rho} = \eta_i c_p T_1 \left(\left(\frac{p_2}{p_1} \right)^{\frac{R}{\eta_i c_p}} - 1 \right) \quad , \tag{4.91}$$

spezifische Drehzahl

$$\sigma_{\gamma M} = 2,108 \cdot n(\dot{V}^{0,5}/y^{0,75}) \quad , \tag{4.92}$$

spezifischer Laufraddurchmesser

$$\delta_{\gamma M} = 1,054 \cdot D \cdot (y^{0,25}/\dot{V}^{0,5}) \quad . \tag{4.93}$$

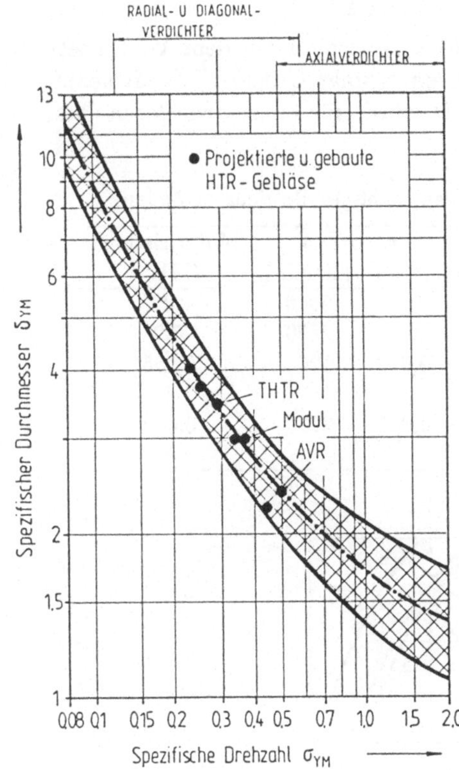

Abb. 4.85: Cordierdiagramm: Zusammenhang zwischen spezifischem Durchmesser und spezifischer Drehzahl für optimale HTR - Gebläse

Aus dem Cordierdiagramm, in dem der spezifische Durchmesser und die spezifische Drehzahl über eine empirische Beziehung verknüpft sind, kann dann leicht ersehen werden, daß die Gebläse von AVR, THTR oder diejeniger neuer HTR-Projekte optimal ausgelegt wurden. Dieses Diagramm erlaubt auch eine Abgrenzung der Bereiche für Radial- und Axialverdichter. Für bisherige HTR- Anlagen kamen einstufige Radialverdichter zum Einsatz. Besondere Anforderungen sind hinsichtlich der Regelung der Gebläse gestellt. Im einzelnen müssen die Aggregate die folgenden Betriebsvorgänge erlauben: Die grundsätzliche Betriebsweise ist Nennbetrieb, d. h. alle sechs Gebläse arbeiten parallel in ihren Nennauslegungspunkten. Zum Teillastfahren werden Durchsätze zwischen 57 % bis 105 % eingestellt. Auch Frequenzstützung wird verlangt mit einer Durchsatzänderungsgeschwindigkeit von max. 2 %/s in jedem Lastpunkt. Beim Anfahren des Reaktors muß der Durchsatz von 10 % ab aufwärts während mehrerer Stunden bis auf 100 % gesteigert werden. Abstellen und Zuschalten einzelner Gebläse-Dampferzeuger-Einheiten stellen besondere Bedingungen. Insbesondere in der Nachwärmeabfuhrkette kommt den Gebläsen hohe Bedeutung zu. Hier sind hohe Verfügbarkeit und Zuverlässigkeit der Komponenten und der Hilfsanlagen erforderlich. Den verschiedenen Bedingungen entsprechend, ergeben sich im Kennfeld des

Gebläses die im folgenden angegebenen Arbeitspunkte:

Punkt A (siehe Tabelle 4.15 und Abb. 4.86) entspricht dabei dem Vollastbetrieb,
Punkt B entspricht einem Teillastpunkt während Punkt C dem Nachwärmeabfuhrbetrieb bei Normaldruck entspricht. Punkt D würde für einen drucklosen Reaktor
gelten.

Tab. 4.15:   Daten des Gebläsebetriebes in einigen wichtigen Betriebszuständen

Punkt	Betriebsart	T_E (°C)	$\dot{V}$ (m³/s)	p_E (bar)	Δp (bar)	n (U/min)	Motorleistung (MW)	Zahl der Gebläse
A	Nennbetrieb	250	12	38,1	1,12	5600	2	6
B	Teillast	250	7	38,9	0,3	2800	0,9	6
C	NWA (Reaktor unter Druck)	100	4	26·	0,035	1200	0,055	1
D	NWA (Reaktor drucklos)	100	6	1	0,007	2200	0,042	2

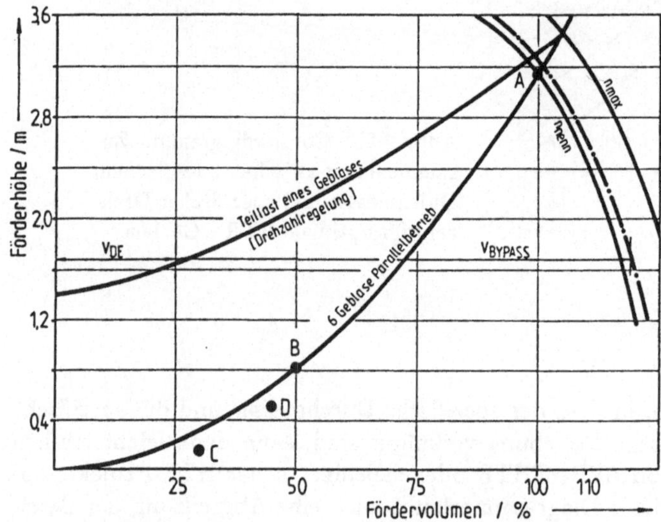

Abb. 4.86: Übersicht über wichtige Betriebspunkte beim THTR-Gebläse [4.70]

Die jeweiligen Leistungen für die einzelnen Betriebspunkte können entsprechend den
Beziehungen

$$\frac{N}{N_0} = \frac{\Delta p}{\Delta p_0} = \frac{p}{p_0} \cdot \frac{T_0}{T} \tag{4.94}$$

umgerechnet werden.

Wichtige technische Details bei Gebläsen sind die Dichtigkeit gegenüber der Umgebung sowie die Schmierung, die kompatibel mit dem Heliumkreislauf des Primärkreises ausgeführt werden muß. Wie in Abb. 4.87 dargestellt, muß bei außenliegen-
dem Antrieb die rotierende Welle gegen Primärkühlmittel unter hohem Druck abgedichtet werden. Dies ist insbesondere bei Dampfturbinenantrieben, wie sie beim

Fort St. Vrain-Reaktor verwirklicht wurden, zweckmäßig. Bei Elektroantrieb können Durchführungen für rotierende Wellen vermieden werden und der Antrieb kann voll in den Primärkreis integriert werden. Diese Lösung wurde für den THTR gewählt. Allerdings stellt sich dann das Problem der Lagerung und Schmierung im Helium, welches entweder mit Hilfe von ölgeschmierten Lagern oder von Gaslagern gelöst wird. Abb. 4.88 zeigt die beiden dafür möglichen Prinzipien. Bei Gasschmierung, die in kleineren Einheiten bis 100 kW in jahrelangem Betrieb bewährt ist, entfallen die Anforderungen für Sperrgassysteme. Ölgeschmierte Lager mit Sperrgassystemen sind heute für Gebläseleistungen von mehr als 10 MW langzeiterprobt.

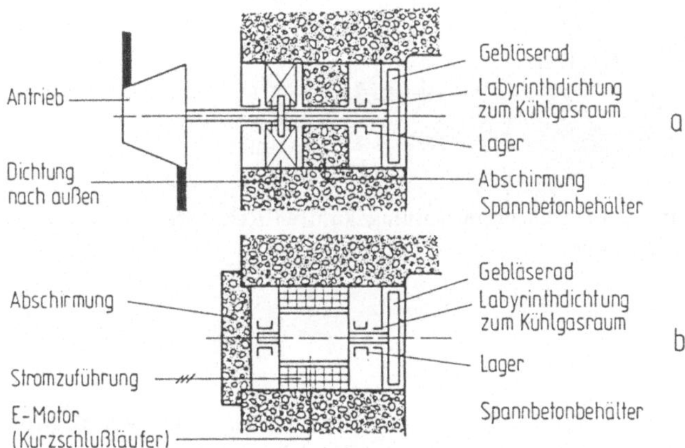

Abb. 4.87: Lösung des Dichtigkeitsproblems beim Gebläse:
a. bei Dampfturbinenantrieben, **b.** bei elektromotorischen Antrieben [4.71]

Die Gebläseantriebe werden von Hand eingeschaltet und ausgeschaltet. Falls die Ölversorgung gestört ist oder Grenztemperaturen im Motor überschritten werden, erfolgt eine automatische Abschaltung. Eine Reihe von Messungen, wie diejenige von Öltemperaturen, Lagertemperaturen, Drehzahl, Leistungsaufnahme, Schwingungen, Durchflußmengen für Öl dienen der Überwachung der Komponente. Durch den jahrzehntelangen störungsfreien Betrieb von Gebläsen in gasgekühlten Reaktoren (AVR, Dragon, Peach Bottom, Magnox und AGR) kann diese Komponente heute als gut erprobt angesehen werden. Weiterentwicklungen gehen heute dahin, Gebläse in hängender oder stehender Anordnung zu verwenden und insbesondere statt ölgeschmierter Lager Magnetlager einzusetzen und damit den Versorgungsaufwand erheblich zu reduzieren. Abb. 4.89 zeigt das Prinzip eines derartigen Magnetlagers. Es werden ein stationäres elektromagnetisches Feld für den Stator und rotierendes Eisenmaterial für den Rotor verwendet. Die Welle wird im Magnetfeld unter den verschiedenen Lasten präzise sensorgesteuert in ihrer gewünschten Position gehalten.

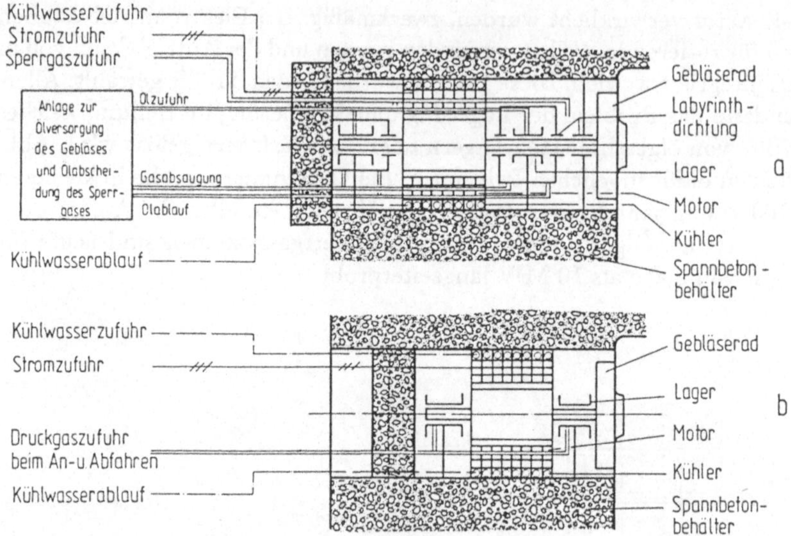

Abb. 4.88: Prinzip der Schmierung bei Gebläsen in heliumgekühlten Reaktoren:
a. Ölschmierung, b. Gasschmierung [4.71]

Eine derartige Lösung würde bei zukünftigen Anlagen alle Probleme der Versorgung
mit Betriebsmedien erheblich vereinfachen und auch das Eindringen von Fremdmedien
in den Primärkreis, aus dieser Komponente heraus, vermeiden helfen.

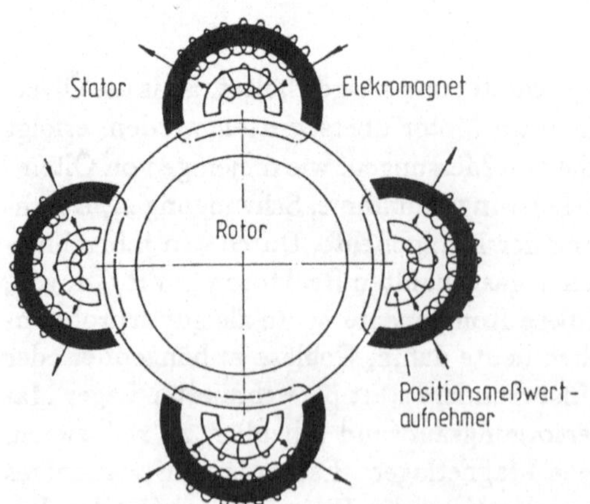

Abb. 4.89: Magnetlager für Gebläse in heliumgekühlten Reaktoren

4.8 Reaktordruckbehälter

Der Reaktordruckbehälter [4.79 bis 4.91] nimmt den Reaktorkern auf und stellt bei allen Reaktortypen eine wesentliche Barriere für die Rückhaltung der Spaltprodukte dar. Beim Hochtemperaturreaktor wurden bislang für diese Komponente sowohl Stahldruckbehälter (beim AVR, Dragon, Peach Bottom) als auch Spannbetonbehälter (THTR, Fort St. Vrain) eingesetzt. Für geplante Hochtemperaturreaktoren sind beide Prinzipien vorgesehen, Stahldruckbehälter für den HTR- Modulreaktor und den HTR-100, bzw. Spannbetonbehälter für den HTR-500. Am Beispiel des THTR sei zunächst die Technik von Spannbetonbehältern, die auch bei CO_2-gekühlten Anlagen in großer Zahl Verwendung fanden, erklärt. Der gesamte Primärkreislauf, bestehend aus dem Reaktorkern, den Dampferzeugern, den Gebläsen sowie den Komponenten des Gasführungssystems, ist im Behälter untergebracht. Auch die Antriebe der Abschaltstäbe sowie wesentliche Teile der Brennelementhandhabung sind in den Wandungen des Reaktordruckgefäßes angeordnet.

Abb. 4.90: Blick auf den THTR-Spannbetonbehälter

Der Spannbetonbehälter, in Abb. 4.90 als Ganzes photographisch wiedergegeben, weist die Form eines stehenden Zylinders auf. Seine Innenabmessungen werden durch den Platzbedarf für die oben erwähnten Komponenten bestimmt. Abb. 4.91 zeigt den Reaktordruckbehälter im Schnitt. Der Betondruckkörper ist mit Hilfe von vertikalen und horizontalen Spannelementen so weit vorgespannt, daß die vom Innendruck hervorgerufenen Spannungen in den Behälterwänden im Normalbetrieb kompensiert werden. Insgesamt herrschen im Betrieb im Betonkörper überwiegend Druckspannungen, so daß Risse in den Behälterwandungen nicht anwachsen können. Der Betondruckkörper ist zusätzlich zum Abbau geringer, lokal nicht auszuschließender Zugspannungen mit schlaffer Betonstahlbewehrung ausgerüstet. Da Beton nicht gasdicht ist, sind die Innenseiten des Behälters mit einem Stahlinnenliner von 20 mm Wandstärke ausgekleidet.

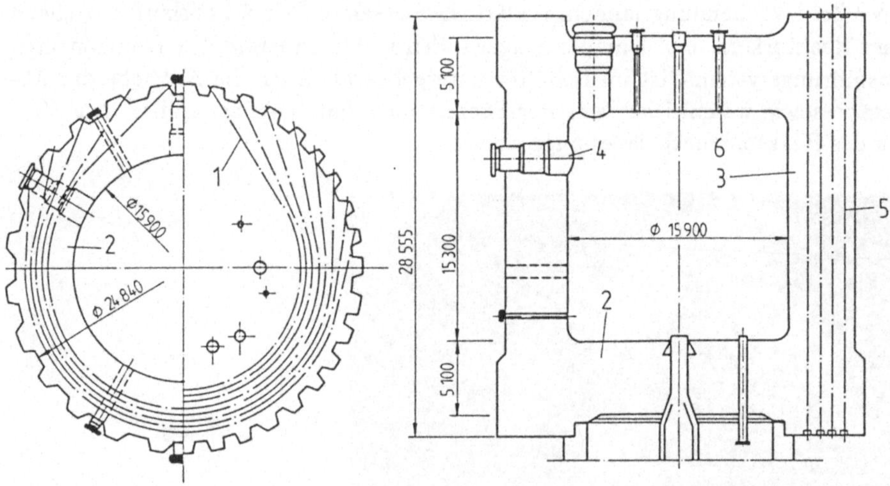

Abb. 4.91: Spannbetonbehälter des THTR, Horizontaler und vertikaler Schnitt [1.34]: *1.* Radialkabel, *2.* Betonkörper, *3.* Liner mit Kühlung und Isolation, *4.* Panzerrohr, *5.* Axialkabel, *6.* Durchführungen

Die dem Beton zugewandte Seite des Liners trägt ein redundant ausgeführtes Linerkühlsystem, welches mit Wasser betrieben wird und den Beton auf Temperaturen unterhalb 50 °C hält. Die dem Kühlgas zugewandte Seite des Liners ist mit einer Isolation gegen eine Heliumtemperatur von 250 °C ausgerüstet. Damit werden die Wärmeverluste des Reaktors verringert und der Liner vor zu hoher Belastung geschützt. Durchbrüche in großer Zahl für verschiedene Komponenten wie Dampferzeuger, Gebläse usw. werden mit Hilfe von Panzerrohren, die ähnlich wie der Liner isoliert und gekühlt sind, ausgekleidet. Geeignete doppelt ausgeführte Abschlüsse dienen zum Abschluß sämtlicher Öffnungen am Reaktordruckbehälter. Der gesamte Behälter ist auf einer Ringwand gelagert. Zwischen Behälter und Wand befinden sich Neoprenlager, die eine gewisse Bewegung zum Ausgleich von Temperaturschwankungen erlauben. Die Daten in Tab. 4.16 wurden der Auslegung des THTR-Behälters zugrundegelegt.

Vergleicht man diesen Reaktordruckbehälter, der zur Aufnahme eines Cores für eine Anlage mit einer elektrischen Leistung von 300 MW konzipiert wurde, mit

Druckbehältern für Leichtwasserreaktoren der gleichen Leistungsklassen, so fallen grundsätzlich die großen Abmessungen von Spannbetonbehältern ins Auge. Abb. 4.92 veranschaulicht diese Größenverhältnisse. Es sei allerdings darauf hingewiesen, daß beim THTR-Reaktor sämtliche Primärkreiskomponenten im Reaktordruckbehälter integriert sind. Bei Wasserreaktoren sind die Behälter für Dampferzeuger, Pumpen, Druckbehälter usw. noch hinzuzurechnen.

Tab. 4.16:   Wesentliche Auslegungsdaten des THTR-Spannbetonbehälters

lichter Innendurchmesser	15900	mm
lichte Innenhöhe	15300	mm
Betonstärke der Zylinderwand	4450	mm
Betonstärke von Deckel und Boden	5100	mm
Betriebsdruck	40	bar
Störfalldruck	48	bar
maximale Betontemperatur	50	°C
Kaltgastemperatur	250	°C

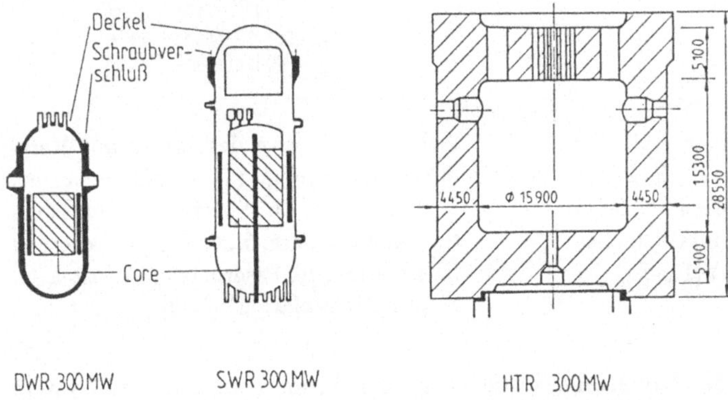

Abb. 4.92: Reaktordruckbehälter von Druckwasserreaktoren, Siedewasserreaktoren und Hochtemperaturreaktoren gleicher Leistung

Der Durchmesser bzw. die Innenhöhe des Behälters werden bei Steigerung der elektrischen Leistung nur geringfügig erhöht. So betragen die Abmessungen beim Behälter der HTR 500-Anlage: Innendurchmesser = 16,5 m, Innenhöhe = 16 m.

Der Liner (Abb. 4.93) als gasdichte Auskleidung des THTR-Spannbetonbehälters wurde in drei Teilen (Bodenliner, Deckenliner und zylindrischer Teil) einschließlich der außen im Abstand von rund 150 mm aufgeschweißten Kühlrohre sowie von außen angebrachter Betonanker (Rundbolzen mit 20 mm Durchmesser und 500 mm Länge, rund 10 Stück pro m² Linerfläche) vorgefertigt und dann auf der Baustelle montiert. Der Linerstahl muß hohe Dehnfähigkeit, gute Schweißbarkeit und hohe Werte für die Streckgrenze aufweisen. Es wurde hier ein Feinkornbaustahl gewählt. Als Wärmefluß im Normalbetrieb wird ein Wert von etwa 1 kW/m² toleriert. Dieser geringe Wert wird durch eine Metallfolienisolierung erreicht. Der Aufbau dieses Systems sowie der-

jenige einer Isolation mit Keramikfasern, welche für Folgeanlagen vorgesehen sind,
gehen aus Abb. 4.93 bzw. 4.94 hervor.

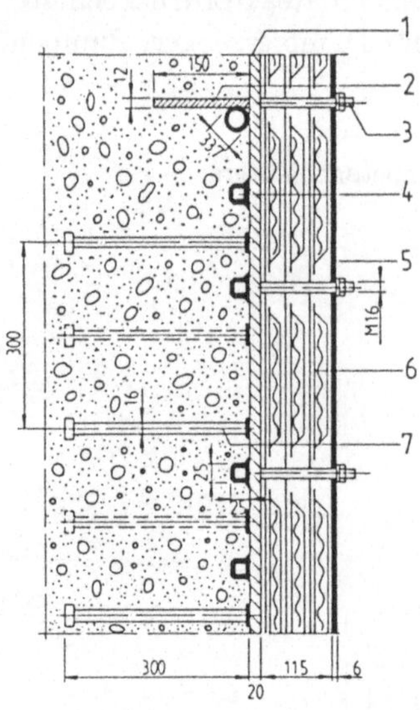

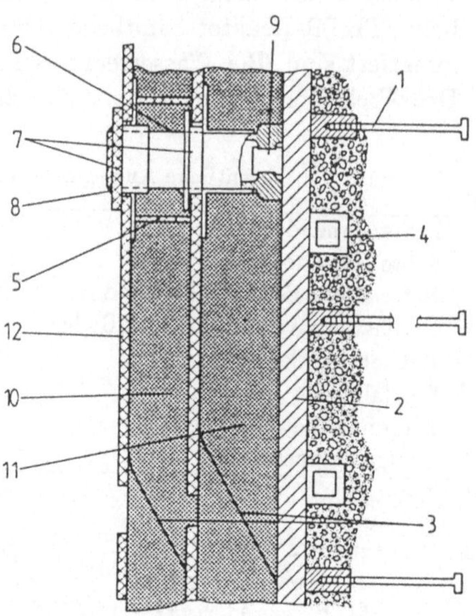

Abb. 4.93: Aufbau des Liners mit Metallfolienisolierung: (*1*. Linerblech, *2*. Ver-
ankerungsrippe, *3*. Haltebolzen, *4*. Kühlrohre, *5*. Abdeckplatte, *6*. Metallfolienisolierung, *7*. Kopfdübelbolzen) [1.34]

Abb. 4.94: Aufbau des Liners mit Kera-
mikfaserisolierung: (*1*. Kopfdübelbolzen,
2. Linerblech, *3*. Sperrbleche in Isolation, *4*. Kühlrohre, *5*., *6*.,*7*.,*8*.,*9*. Halterung
für Isolation, *10*. Fasermattenisolation, *11*.
Fasermattenisolation) [2.40]

Der vom Helium durch die Isolierung, sowie durch den Liner zum Linerkühlsystem
gehende Wärmefluß kann leicht über eine Behandlung als ebenes Wärmedurchgangs-
problem ermittelt werden. Die Wärmedurchgangszahl kann für das ebene Problem zu
(siehe Abb. 4.95):

$$\frac{1}{k} = \frac{1}{\alpha_{He}} + \frac{1}{\lambda_{is}/s_{is}} + \frac{1}{\alpha_w} \tag{4.95}$$

angesetzt werden. Der Wärmefluß beträgt dann:

$$q'' = k \cdot (T_{He} - T_w) \quad . \tag{4.96}$$

Die gesamten Wärmeverluste durch Liner- und Panzerrohrflächen des Spannbetonbehälters können schließlich zu

$$\dot{Q}_{ges} = \sum_i k_i A_i (T_{He,i} - T_{w,i}) \tag{4.97}$$

berechnet werden. Ein praktisches Beispiel sei mit $T_{He} = 250$ °C, $T_w = 50$ °C,
$\lambda_{is}/s_{is} \ll \alpha_w$ und $\lambda_{is} = 0{,}3$ W/mK, $s_{is} = 0{,}06$ m angegeben. Für eine k-Zahl

$k \approx 5$ W/m²K folgt der Wärmefluß dann zu etwa 1 kW/m². Die gesamte über Liner-und Panzerrohrkühlung im Normalbetrieb abzuführende Wärme ergibt sich beim THTR zu $\dot{Q}_{ges} \approx 1{,}2$ MW. In extremen Störfallsituationen, bei denen alle Systeme der Nachwärmeabfuhr als ausgefallen angenommen werden (siehe Kap. 6) kann der Liner als sehr zuverlässige und gut wirksame Wärmesenke eingesetzt werden; die Wärmeflüsse können dann erheblich höhere Werte annehmen und die gesamte Nachwärme kann nach längerer Zeit über eines der redundanten Linerkühlsysteme aus dem Primärkreis abgeführt werden. Wenn auch die Linerkühlung versagen sollte, kann nach hinreichend langer Zeit der Beton große Wärmemengen aufnehmen. Bei geeignetem Aufbau der Betonstrukturen kann auch die Freisetzung größerer Wasserdampf- oder Kohlendioxydmengen in derartigen extremen Störfällen vermieden werden.

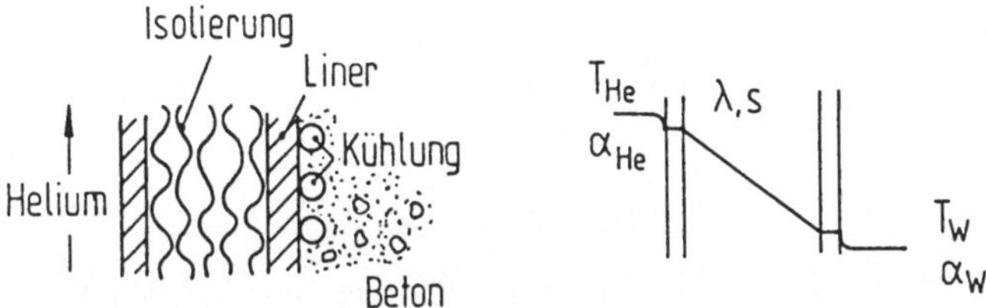

Abb. 4.95: Betrachtung zur Linerkühlung

Alle Durchführungen durch die Behälterwand sind mit Panzerrohren, die ebenfalls gekühlt, isoliert und im Beton verankert sind, ausgekleidet. Diese Konstruktion hilft auch im Verbund mit schlaffer Bewehrung des Betons lokal, durch Öffnungen hervorgerufene Spannungsspitzen abzubauen. Abb. 4.96 zeigt den Aufbau eines solchen Panzerrohres sowie den zugehörigen doppelten Abschluß der Behälteröffnung für einen der sechs Dampferzeuger. Eine besondere technische Lösung ist für die Durchführung von Heißdampf führenden Rohren durch derartige Doppeldeckel erforderlich. Es werden sogenannte Thermosleeves und Kompensatoren für die Beherrschung der thermischen Dehnungen eingesetzt (siehe Abb. 4.97). Die radiale und axiale Vorspannung des Betonkörpers erfolgt durch Spannkabel. Die Spannkabel sind aus einzelnen Drähten aufgebaut, wie Abb. 4.98 für ein solches Bauelement ausweist, und mit einer speziellen Konstruktion am Kopf- und Fußende verankert. Bei der Montage wird eine geteilte Hülse zwischen Tragplatte und Ankerkopf geschoben und damit die Vorspannung der Kabel aufrecht erhalten. Die Spannkabel werden durch geeignete Fette oder durch Verpressen mit Beton gegen Korrosion geschützt. Die eingestellten Vorspannungen werden im Betrieb durch Dehnungsmessungen sowie durch Kraftmeßeinrichtungen überwacht.

Durch die spezielle gewählte Form des Aufbaus aus sehr vielen Einzeldrähten sind Spannkabel als bruchsicher anzusehen. Das Versagen einzelner Drähte führt wegen der hohen Redundanz noch nicht zum Versagen des gesamten Kabels oder gar des Verspannungssystems. Spannkabel mit Gesamtkräften bis zu 1000 t sind heute für die Verspannung von Reaktordruckbehältern verfügbar.

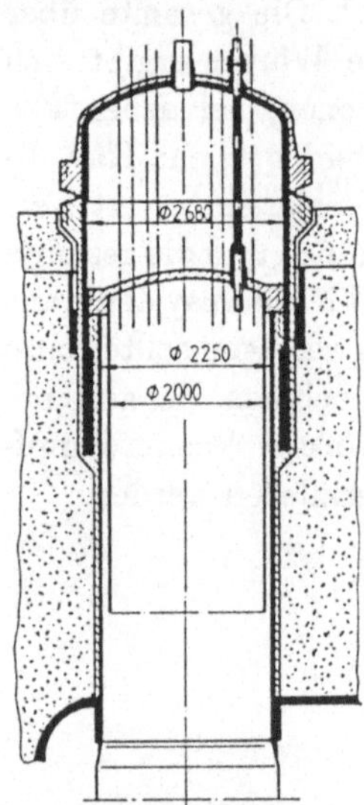

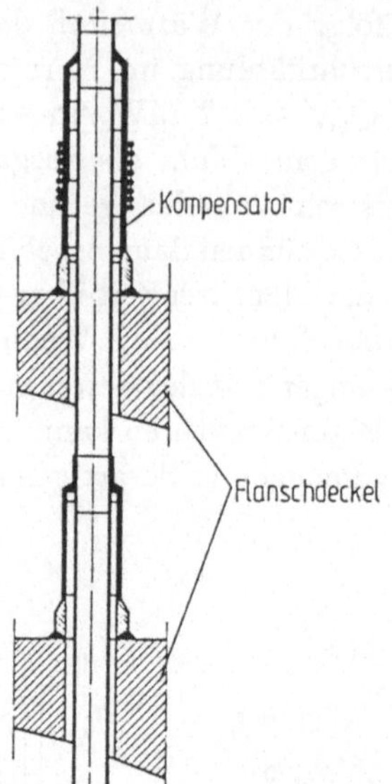

Abb. 4.96: Panzerrohr und Doppeldeckel
für Dampferzeuger [1.34]

Abb. 4.97: Durchführung von Heißdampf
durch Doppeldeckel [1.34]

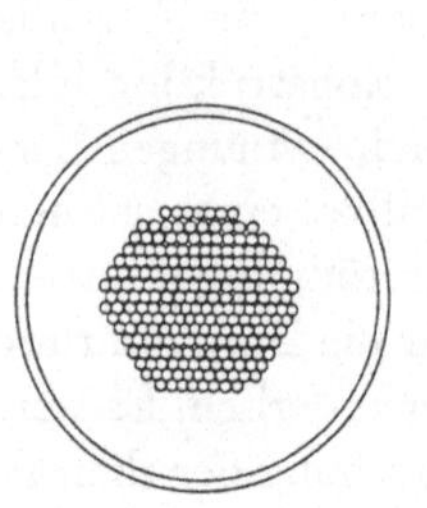

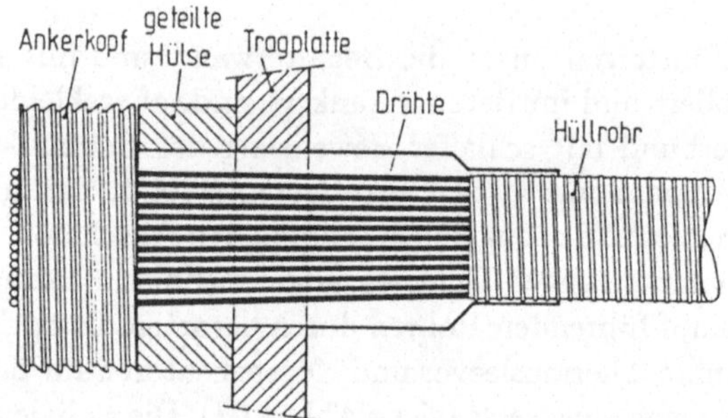

Abb. 4.98: Kopf eines Spannkabels zur Verspannung von Spannbetonbehältern [4.82]

Vorgespannte Behälter sind dadurch charakterisiert, daß die durch den Innendruck
hervorgerufenen Spannungen in den Behälterwandungen durch die äußere Kabelverspannung kompensiert werden. Im Idealfall herrschen dann im Normalbetrieb in den
Wandungen des Behälters nur Druckspannungen. Damit ist die Ausbildung von Rissen und deren Anwachsen grundsätzlich ausgeschlossen. Derartig vorgespannte Druckbehälter gelten heute als berstsicher. Auf das Verhalten bei extremen Zuständen des
inneren Überdrucks wird im folgenden noch hingewiesen. Aus der Forderung nach einem Gleichgewicht der Kräfte, die durch Innendruck und durch äußere Vorspannung
hervorgerufen werden, folgt, daß die Spannelemente auf Zug ausgelegt sind und der

Betonkörper auf Druck. Wegen der hochredundanten Ausführung des Vorspannungssystems aus sehr vielen Kabeln bzw. aus sehr vielen Einzeldrähten wird ein Versagen des Vorspannungssystems als ausgeschlossen eingeschätzt. Abb. 4.99a bzw. Abb 4.99b zeigen die Beanspruchungen der Kabel bzw. des Betonkörpers in einer schematischen Darstellung. Hier soll veranschaulicht werden, daß die einzelnen Bereiche des Behälters durch Innendruckkräfte und durch die radialen und axialen Vorspannelemente so belastet werden können, daß insgesamt in den einzelnen Behälterbereichen nur Druckspannungen herrschen.

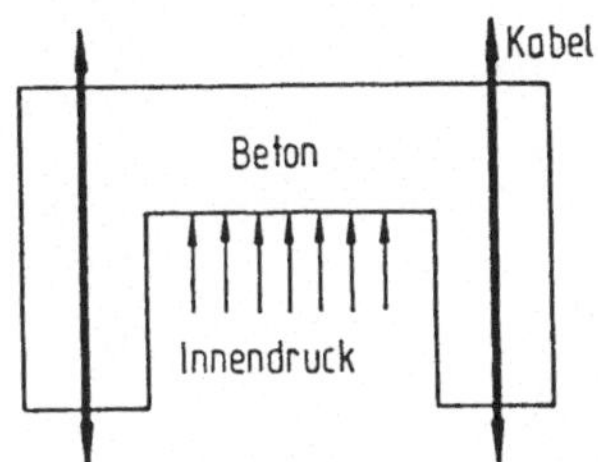

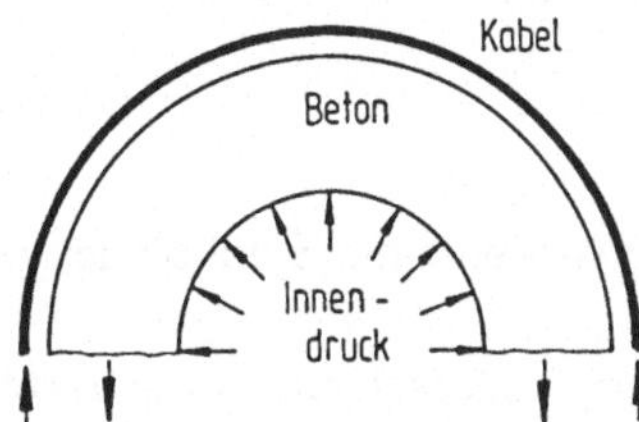

Abb. 4.99a: Beanspruchung der Kabel auf Zug

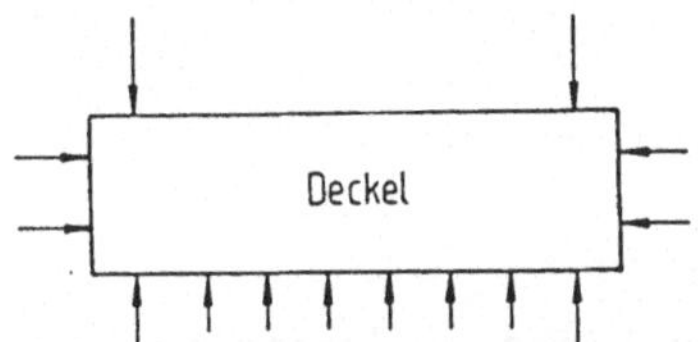

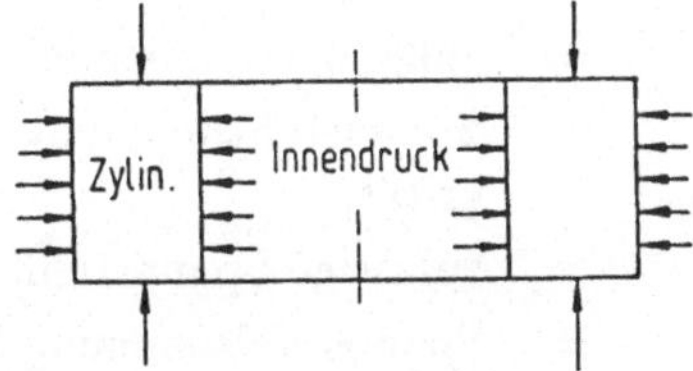

Abb. 4.99b: Beanspruchung des Betondruckkörpers auf Druck

Die notwendige Zahl der radialen Ringspannkabel sowie der axialen Spannglieder kann entsprechend Abb. 4.100a und Abb 4.100b abgeschätzt werden:

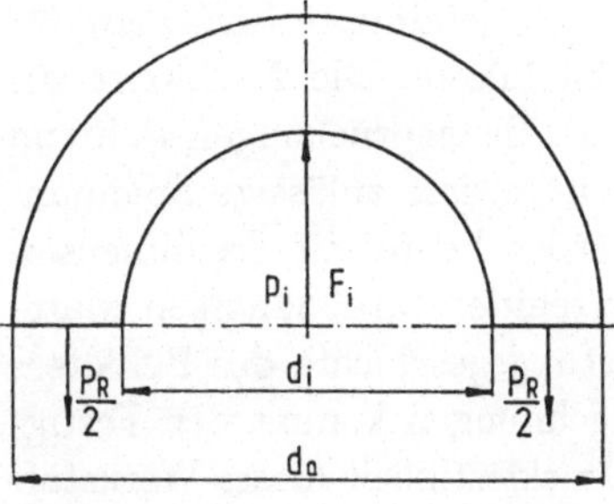

$$2\,\frac{P_R}{2}\ [\text{N/m}] \quad = \quad p_i \cdot F_i$$

$$P_R\ [\text{N/m}] \quad = \quad p_i \cdot d_i \cdot l$$

$$\sigma_{zul}\ [\text{N/m}^2] \quad = \quad 0.7 \cdot \beta_z$$

$$\sigma_{grenz}[\text{N/m}^2] \quad = \quad 0.95 \cdot \beta_s$$

$$P_{zul}\ [\text{N/Stück}] \quad = \quad F_s \cdot \sigma_{zul}$$

$$P_{grenz}\ [\text{N/Stück}] \quad = \quad F_s \cdot \sigma_{grenz}$$

$$n_{erf}\ [\text{Stück/m}] \quad = \quad P_R/P_{zul}$$

$$n_{grenz}\ [\text{Stück/m}] \quad = \quad z \cdot n_{erf,z} \approx 1.15$$

Abb. 4.100a: Abschätzung zu den radialen Ringspanngliedern

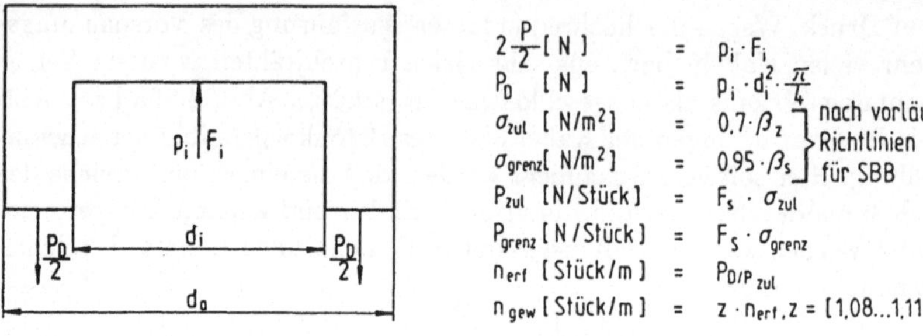

Abb. 4.100b: Abschätzung zu den axialen Spannkabeln

Die Bedeutung der verwendeten Symbole ist gegeben durch:

p_D	=	Deckel- und Bodenkraft,
p_R	=	Ringzugkraft,
β_z	=	Zugfestigkeit des Spannstahles,
β_s	=	Streckgrenze des Spannstahles,
F_z	=	Fläche des Spannstahles,
σ_{zul}	=	zulässige Spannstahlspannung,
σ_{grenz}	=	Spannstahlspannung bei Grenzzustand mit Linerintegrität,
p_{zul}	=	zulässige Spannstahlbelastung,
p_{grenz}	=	Spannstahlspannung bei Grenzzustand mit Linerintegrität,
η_{erf}	=	erforderliche Anzahl an Spanngliedern,
η_{gew}	=	gewählte Anzahl an Spanngliedern,
z	=	Zuschlag für Kriechen des Betons und Relaxation der Spannstähle.

Eine derartige Grobdimensionierung des Behälters kann nur Anhaltspunkte für die notwendige Kabelverspannung liefern. Darüberhinaus sind detaillierte Nachweise für die Gebrauchszustände und für Überlastsituationen zu führen. Die Nachweise für die Gebrauchszustände umfassen alle technisch möglichen Beanspruchungen während der gesamten Lebensdauer des Behälters. Dabei dürfen gewisse zulässige Spannungen nicht überschritten werden. Die Berechnungen werden heute mit dreidimensionalen Rechenprogrammen unter Berücksichtigung der temperaturabhängigen Materialeigenschaften sowie der gesamten erwarteten Belastungsgeschichte des Behälters durchgeführt. Besondere Bedeutung bei derartigen Rechnungen kommt den Festigkeitswerten des Betons zu: So gilt etwa für die Würfeldruckfestigkeit dieses Werkstoffes $\sigma_D = 57\ N/mm^2$, während für die Zugfestigkeit nur $\sigma_Z = 4\ N/mm^2$ in Ansatz gebracht werden dürfen.

Im Betrieb wird in der Regel noch zusätzlich ein Sicherheitsfaktor von 2 berücksichtigt. Besondere Betrachtungen werden für die Linerintegrität in Grenzzuständen durchgeführt. Neben großen Behälterverformungen werden dabei auch extreme Temperaturbedingungen untersucht. Es zeigte sich, daß wegen der besonderen Qualität des Linerwerkstoffes hohe Temperaturen sowie große Verformungen des Betons vor Linerversagen toleriert werden können. Die generelle Frage des Verhaltens von Spannbetonbehältern bei Überdruck ist in umfangreichen Versuchsprogrammen geklärt worden. Spannbetonbehälter gelten heute aufgrund ihres Auslegungsprinzips als berstsicher bei Überdruck. Wesentliche Voraussetzung sind die Beanspruchung des Betonkörpers nur durch Druckspannungen im Betrieb sowie die Verwendung eines vielfach redundanten Spannsystems. Besonders deutlich kann das Überdruckverhalten am Beispiel eines Modellbehälters nach Abb. 4.101 ersehen werden.

Dieser Behälter (Durchmesser 2,4 m, Höhe 1,95 m, Auslegungs-Heliumdruck 65 bar) wurde im Rahmen eines Versuchsprogramms bis zu einem Druck von 240 bar beansprucht. Das Verhalten konnte durch folgende Phasen charakterisiert werden:

- vollkommen elastisches Verhalten bis 100 bar, Liner bleibt dicht (1. Bereich),

- praktisch elastisches Verhalten bis 120 bar, Liner bleibt dicht (2. Bereich),

- Entstehung von Rissen bis 165 bar, Liner bleibt dicht (2. Bereich),

- Ausbildung von Bruchlinien und Abplatzen von Betonstücken im zylindrischen Teil, Liner bekommt Risse (3. Bereich).

Ein qualitatives zugehöriges Druck-Verformungsdiagramm ist in Abb. 4.102 wiedergegeben und zeigt die einzelnen, hier erwähnten Phasen. Ein strukturelles Versagen, keinesfalls aber ein schlagartiges Versagen, ist demnach erst bei vierfachem Überdruck aufgetreten. Vorher sprechen bei Reaktordruckbehältern vielfältige Sicherheitseinrichtungen, wie Sicherheitsventile und Berstscheiben, an und entlasten den Behälter. Dieses extrem günstige Störfallverhalten belegt die Annahme, daß vorgespannte Behälter ganz offensichtlich niemals schlagartig versagen werden, sondern daß der Überdruck durch Rißbildung abgebaut wird, wobei sich die Risse durch die Vorspannung der Kabel dann sogar wieder schließen können, wenn der innere Gasdruck hinreichend weit reduziert ist. Dieses extrem günstige Sicherheitsverhalten im Verbund mit dem starken Schutz gegen äußere Einwirkungen, die Spannbetonbehälter konzeptbedingt bieten, legten Anfang der siebziger Jahre den Gedanken nahe, auf ein besonderes Reaktorcontainment verzichten zu können. Durch spezielle nachträgliche Ergänzungsmaßnahmen auf der Oberseite des THTR-Spannbetonbehälters (Gußplatte zum Schutz der Abschaltstäbe sowie Betonüberbauten zur Sicherung der Dampferzeugerdeckel) gelang es, einen ausreichenden Schutz im Hinblick auf verstärkte äußere Einwirkungen zu realisieren. Wiederholungsdruckproben bei Spannbetonbehältern können ohne Einschränkungen mit Gas ausgeführt werden. Die heute weltweit mit Spannbetonbehältern gewonnenen langjährigen Erfahrungen sind sehr gut. Vielfältige Behältertypen kamen dabei zum Einsatz, wie Abb. 4.103 in einer Übersicht zeigt.

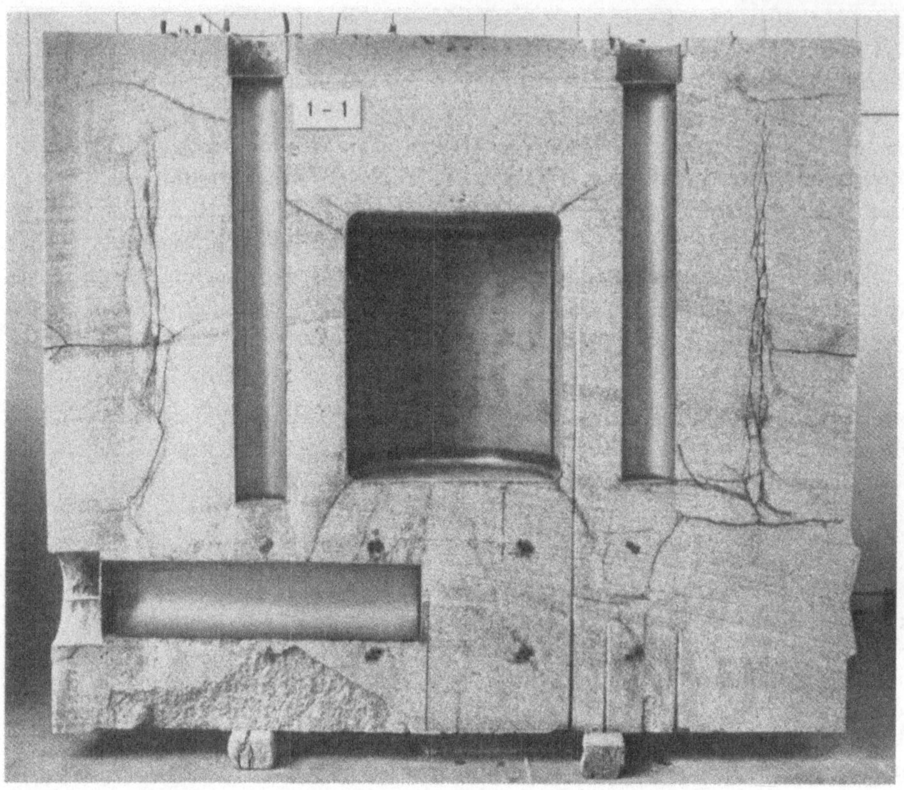

Abb. 4.101: Versuchsbehälter nach Überdruckversuch [7.1]

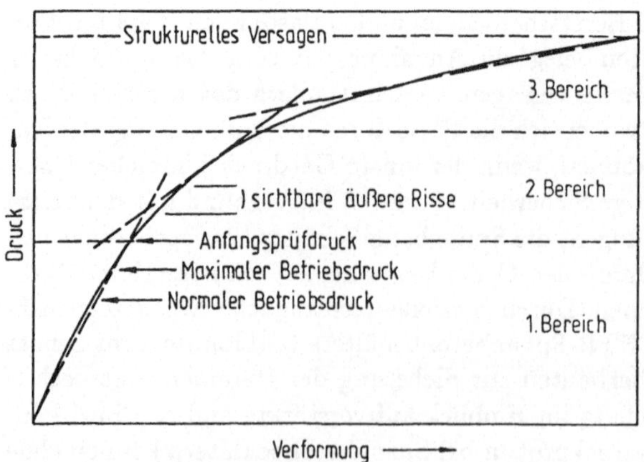

Abb. 4.102: Druck-Verformungsdiagramm (qualitativ) für das Überdruckverhalten eines Spannbetonbehälters

Dabei wurden Innendurchmesser bis zu 32 m, Innenhöhen bis zu 40 m und Drücke bis zu 40 bar realisiert. Es kamen sowohl Großkavernen als auch Podboilersysteme zum Einsatz. In jedem Fall wurden alle Primärkreiskomponenten im Spannbetonbehälter untergebracht.

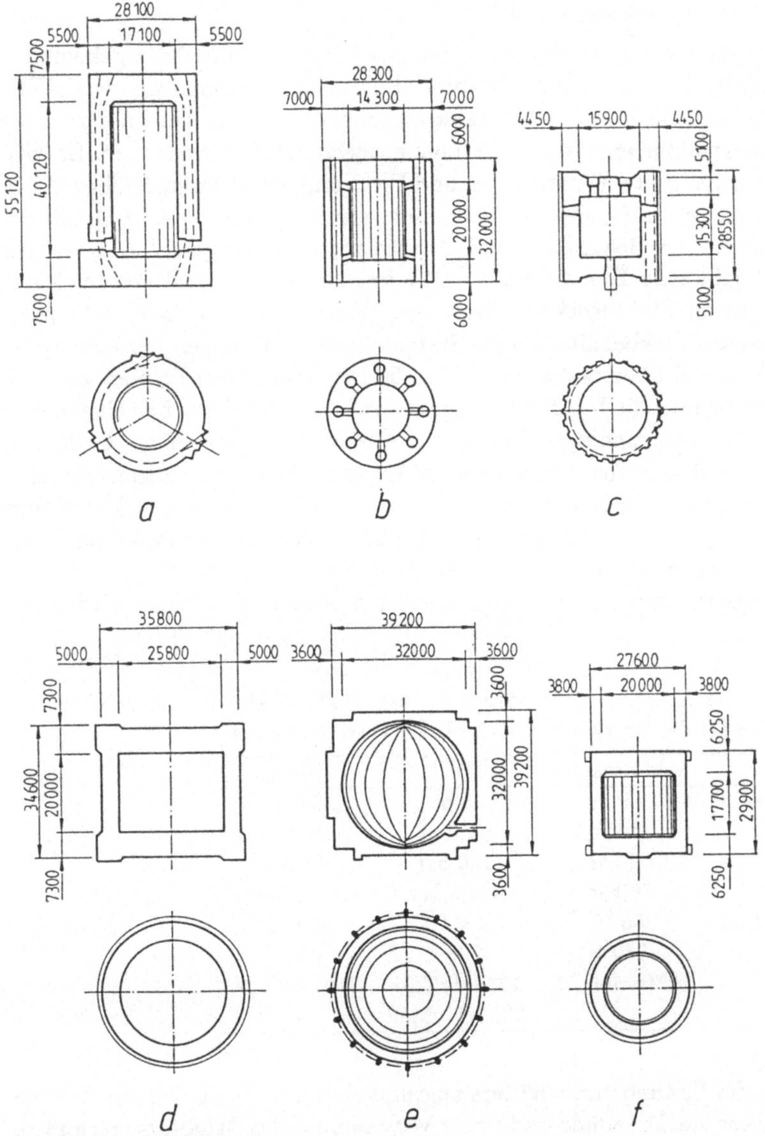

Abb. 4.103: Prinzipdarstellungen von bisher gebauten Spannbetonbehältern: [4.81] **a.** Bugey I (Frankreich), **b.** Hartlepool (Großbritannien), **c.** THTR 300 (BRD), **d.** Oldburry (Großbritannien), **e.** Wylfa (Großbritannien), **f.** Dungeness B (Großbritannien)

Insbesondere die sogenannte Podboilerlösung, die z. B. beim Hartlepool-Reaktor in Großbritanien zum Einsatz gekommen ist, wurde lange Zeit als attraktive Lösung für Anlagen großer Leistung verfolgt. Hierbei werden die Wärmetauscher in Kavernen in der zylindrischen Behälterwand angeordnet (siehe auch Abb. 2.36). Für die Nachfolgeanlage des THTR, den HTR-500-Reaktor, ist eine Großkaverne wie beim THTR vorgesehen, d. h. die Dampferzeuger sowie die NWA-Kühler werden im Ringraum um die Reaktoreinbauten herum angeordnet.

Auch Kesselstahlbehälter sind in der HTR-Technik bereits zum Einsatz gekommen, so z. B. beim AVR, Dragon, Peach Bottom. Für neue Anlagen, wie den HTR-Modulreaktor oder den HTR-100, sind Stahldruckbehälter, die in Anlehnung an die für den Leichtwasserreaktor entwickelte Technik ausgeführt sind, vorgesehen. Es wird erwartet, daß durch geeignete Konstruktion und Fertigung, durch zweckmäßige Materialwahl sowie durch ein umfangreiches Programm zur Überwachung und Qualitätskontrolle ein Versagen des Behälters durch Bersten praktisch ausgeschlossen werden kann. Abb. 4.104 gibt eine Übersicht über den Primärkreiseinschluß des Modulreaktors im Vergleich zu Stahldruckbehältern von Wasserreaktoren. Tab. 4.17 zeigt Daten für die Reaktordruckbehälter dieser Systeme. Die Erfahrungen bei Leichtwasserreaktoren dürften voll übertragbar sein. Für die Ermittlung von Primär- und Sekundärspannungen können die bei der Auslegung von LWR-Behältern bewährten und akzeptierten Berechnungsgrundlagen Verwendung finden. Hier kann eine Auslegung in Anlehnung an die Regeln der Basissicherheit erfolgen. Die Erfahrungen hinsichtlich der Überwachung und Wiederholungsprüfungen bei LWR- Reaktordruckbehältern dürften ebenfalls weitgehend übertragbar sein. Probleme der Stahlversprödung durch Bestrahlung mit schnellen Neutronen treten bei HTR-Konzepten, bei denen mit einer sehr wirksamen inneren Neutronenabschirmung durch Graphit gearbeitet wird, nicht auf.

Tab. 4.17:   Daten des Reaktordruckbehälters für den Modulreaktor im Vergleich zu Werten für die Druckbehälter von Leichtwasserreaktoren

Parameter	Modulreaktor	DWR	SWR
lichter Durchmesser	5,9 m	5 m	6,6 m
lichte Höhe	24,8 m	11,6 m	22,3 m
Betriebsdruck	60 bar	160 bar	70 bar
Auslegungsdruck	70 bar	172,5 bar	87,3 bar
Auslegungstemperatur	350 °C	350 °C	300 °C
Gewicht	830 t	500 t	780 t
Werkstoff	20MnMoNi55	22NiMoCr37 20MnMoNi55	22NiMoCr37

Der dem Konzept des Spannbetonbehälters zugrunde liegende Gedanke, ein Bersten des Behälters durch so starke radiale und axiale Vorspannung des Behälters von außen, daß nur Druckspannungen in den Behälterwandungen vorliegen, auszuschließen, kann auch auf Behälter aus Stahlguß oder Sphäroguß übertragen werden. Am Beispiel des vorgespannten Stahlgußbehälters sei das Prinzip anhand von Abb. 4.105 erklärt. Der Behälter wird aus geschlossenen Ringen sowie Deckel- und Bodenplatte aufgebaut.

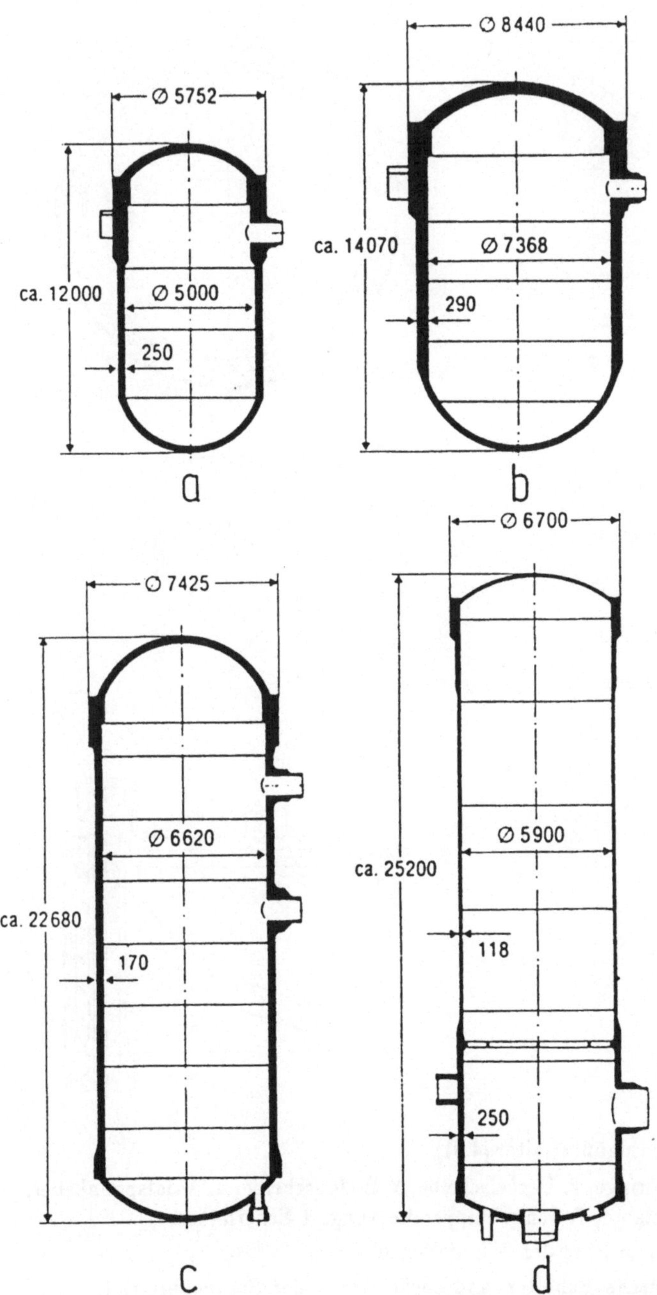

Abb. 4.104: Primärkreiseinschluß des Modulreaktors im Vergleich zu anderen Reaktortypen: **a.** Druckwasserreaktor (1 300 MW$_{el}$), **b.** Schwerwasserreaktor (ATUCHA II), **c.** Siedewasserreaktor (1 300 MW$_{el}$), **d.** Modulreaktor (200 MW$_{th}$) [2.14]

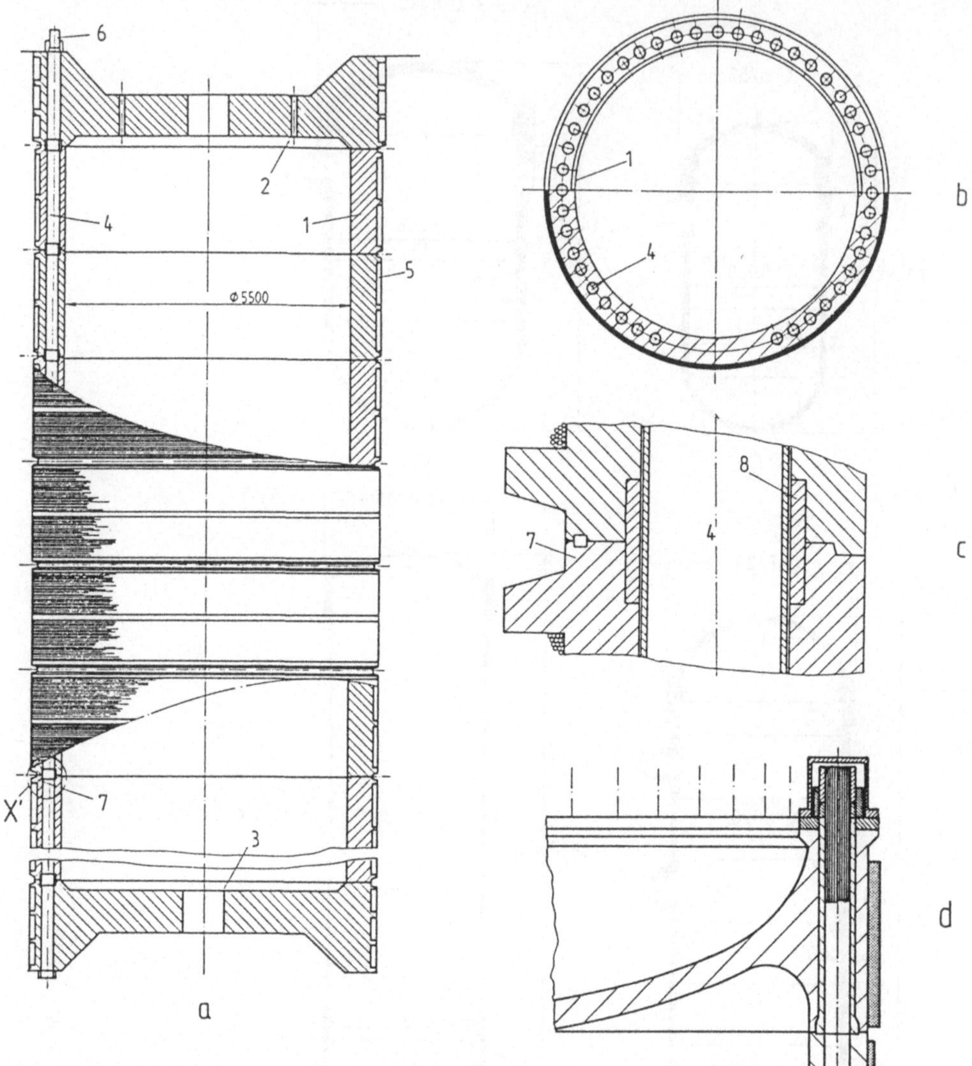

Abb. 4.105: Vorgespannter Stahlgußbehälter [4.91]:

a. Vertikalschnitt: *1.* Stahlgußringe, *2.* Deckelscheibe, *3.* Bodenscheibe, *4.* Axialspannkabel, *5.* Radialspannkabel, *6.* Kabelkopf, *7.* Schweißlippendichtung, *8.* Scherhülse

b. Horizontalschnitt durch einen Ring der Zylinderwand

c. Schnitt durch die zylindrische Behälterwand sowie Detail der Schweißlippendichtung
d. Alternative Lösung für Behälterabschlüsse

Die Bauelemente werden durch Axialkabel, die in Bohrungen in der zylindrischen Wand untergebracht sind, sowie durch Radialkabel, mit denen der Behälter umwickelt wird, verspannt. Die Vorspannung wird, wie schon erwähnt, so hoch gewählt, daß im

Normalbetrieb in den Behälterwandungen nur Druckspannungen auftreten. Daher ist auch ein spontanes Versagen des Behälters durch Rißbildung und Bersten ausgeschlossen. Die Dichtigkeit des Behälters gegenüber Helium wird durch äußere Schweißdichtlippen, die für die Tragfähigkeit des Behälters keine Bedeutung haben, gewährleistet. Der Behälter benötigt daher keinen Innenliner. Er wird auf die Kaltgastemperatur des Reaktors, 250 °C bis 300 °C, ausgelegt. Durch Betrieb eines Versuchsbehälters ($D_i \approx 1{,}1$ m, $p = 60$ bar, $T_{wand} = 300$ °C) wurde im Dauertest von 26 000 Stunden das beschriebene Prinzip in der KFA erfolgreich demonstriert [4.91]. Baubar dürften heute Behälter mit bis zu 6 m Innendurchmesser sein.

Alternativ zur Verwendung von Stahlguß als Behältermaterial ist Sphäroguß als Werkstoff für Reaktordruckbehälter entwickelt worden. Sphäroguß ist allerdings nicht gut schweißbar, so daß ein Liner auf der Innenseite des Behälters angeordnet werden muß. Dieser Liner muß mit speziellen Hinterfülltechniken an die Gußblöcke oder Gußringe angepaßt und befestigt werden. Auch eine Innenisolation sowie eine gewisse Linerkühlung sind bei Auslegung auf Kaltgastemperaturen von 250 bis 300 °C notwendig. Das Verspannungs- und Sicherheitsprinzip ist analog dem vorher beschriebenen Konzept ausgebildet. Ein Behälter dieses Typs aus Grauguß ist als Aufnahmebehälter für das unter Druck stehende Steuergas für die Abschaltstäbe beim THTR installiert. Er wird hier bei Umgebungstemperaturen betrieben. Ein Modellbehälter für erhöhte Temperaturen ist errichtet worden und befindet sich erfolgreich in Testserien. Abb. 4.106 zeigt einen typischen Blockaufbau für einen Sphärogußbehälter mit mäßigen Betriebstemperaturen. Es sollte hier noch angeführt werden, daß sich besonders der Stahlgußbehälter gut zur Abfuhr der Nachwärme über die Oberfläche des Reaktordruckbehälters (siehe Kap. 6) eignet. Beim Sphärogußbehälter mit Innenisolierung sind die Verhältnisse bei Verwendung einer Innenisolierung etwas ungünstiger. Nach einer gewissen Zeitspanne ist eine Wärmeabfuhr auch bei diesem Behältertyp möglich.

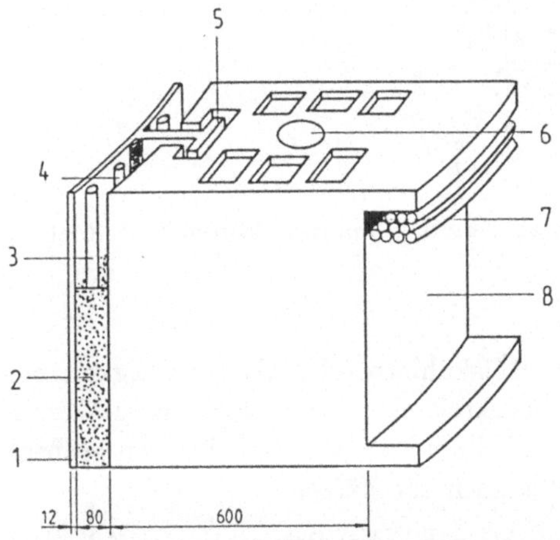

Abb. 4.106: Baustein für vorgespannte Sphärogußbehälter [4.90]:
1. Liner, 2. Hinterfüllmaterial, 3. Linerkühlsystem, 4. Leckage-Detektionssystem, 5. Linerfixierung, 6. Bohrung für Axialkabel, 7. Radialverspannung, 8. Sphärogußblock

4.9 Gasreinigungsanlage

Helium allein ist chemisch inert. Verunreinigungen, die im Betrieb in den Primärkreislauf gelangen können, führen jedoch zu Korrosionserscheinungen an den heißen Graphiteinbauten sowie an den Brennelementen. Um diese Effekte in zulässigen Grenzen zu halten, wird die Höhe des Gehaltes an Verunreinigungen im Kühlgas durch Einschaltung einer Gasreinigungsanlage [4.92 bis 4.96] begrenzt. Wie Abb. 4.107 zeigt, sind mehrere Quellen für Verunreinigungen sowie verschiedene Arten von Verunreinigungen mit ihren jeweiligen Reaktionen am Graphit zu diskutieren. So kann Öl aus den Gebläselagern in den Primärkreislauf eindringen oder Luft bei Beschickungsvorgängen mit eingeschleust werden.

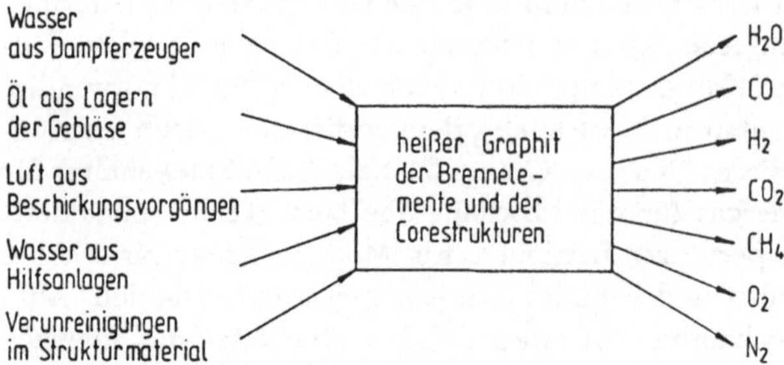

Abb. 4.107a: Übersichtsschema zu Quellen von Verunreinigungen und zu Reaktionen an heißem Graphit

1 heterogene Wassergasreaktion   : $C + H_2O \longrightarrow CO + H_2$
2 homogene Wassergasreaktion   : $CO + H_2O \longrightarrow CO_2 + H_2$
3 Bondouardreaktion   : $C + CO_2 \longrightarrow 2\,CO$
4 Methanbildung   : $C + 2H_2 \longrightarrow CH_4$
5 C-Verbrennung   : $C + O_2 \longrightarrow CO_2$
6 partielle C-Verbrennung   : $C + \frac{1}{2}O_2 \longrightarrow CO$
7 Zerfall von Kohlenwasserstoffen : $C_nH_m \longrightarrow nC + \frac{m}{2} H_2$

Abb. 4.107b: Reaktionen der Verunreinigungen an heißen Graphitstrukturen und Reaktionsprodukten

Wasser kann aus defekten Dampferzeugern, Hilfskühlern oder als Feuchtigkeit bei Brennelementeinschleusvorgängen in den Primärkreis eindringen. Besonders Wasser als Verunreinigung ist hier als korrodierendes Medium im Normalbetrieb von großem Interesse. Die Verhältnisse lassen sich relativ einfach abschätzen.

So ergeben sich unter Anwendung einfacher stöchiometrischer Betrachtungen folgende Zusammenhänge für die Umsetzung von Wasser bzw. Luft an heißem Graphit sowie für den Zerfall von Ölfraktionen zu Ruß und Wasserstoff:

$$1\,kgC + 1,5\,kgH_2O \rightarrow 1,87\,m^3H_2 + 1,87\,m^3CO \quad , \tag{4.98}$$

$$1kgC + 8,92m_N^3 Luft \rightarrow 1,87m_N^3 CO_2 + 6,9m_N^3 N_2 \quad , \tag{4.99}$$

$$1kg\ddot{O}l \rightarrow 0,864kgRu\ss{} + 1,53m_N^3 H_2 \quad . \tag{4.100}$$

Wie die Gleichgewichtskurven für einige wichtige Korrosionsreaktionen zeigen (siehe Abb. 4.108), werden unter den vorliegenden Bedingungen (Graphittemperatur bis zu 1000 °C in heißen Kernbereichen) vollständige Umsetzungen zu erwarten sein, da auch die Reaktionsgeschwindigkeiten recht hoch sind.

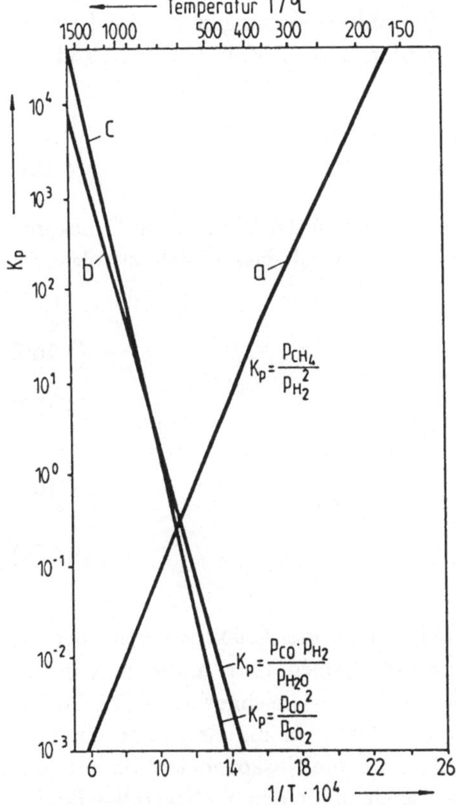

Abb. 4.108: Gleichgewichtskonstanten für einige Korrosionsreaktionen:
a: $C+2H_2 \rightarrow CH_4$
b: $C+H_2O \rightarrow CO+H_2$
c: $C+CO_2 \rightarrow 2CO$

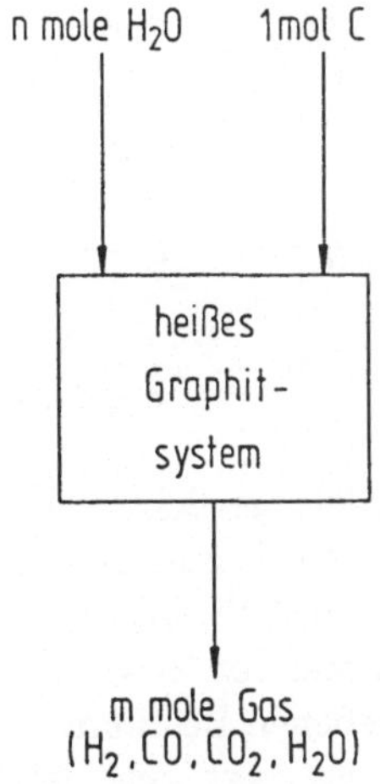

Abb. 4.109: Betrachtungen zur Ermittlung der Gaszusammensetzung (Annahme der heterogenen Wassergasreaktion)

Eine Abschätzung der Gleichgewichts-Gaszusammensetzung bei der Korrosion sei am Beispiel der heterogenen Wassergasreaktion vereinfacht erläutert (siehe Abb. 4.109). Ausgehend von der Gleichgewichtskonstanten, dem Daltonschen Gesetz sowie den Bilanzen für Sauerstoff bzw. Wasserstoff ergeben sich Bestimmungsgleichungen.

Das Massenwirkungsgesetz mit der temperaturabhängigen Gleichgewichtskonstante $K_p(T)$ liefert die Beziehung:

$$K_p(T) = \frac{p_{CO} \cdot p_{H_2}}{p_{H_2O}} = \frac{x_{CO} \cdot x_{H_2}}{x_{H_2O}} \cdot p \quad . \tag{4.101}$$

Das Daltonsche Gesetz führt auf eine Beziehung für die Volumenanteile:

$$x_{CO} + x_{H_2O} + x_{H_2} = 1 \quad . \tag{4.102}$$

Für Wasserstoff und Sauerstoff ergeben sich folgende Gleichungen für die Elementebilanzierung, wenn n Mole H_2O zugeführt werden und m Mole Gas als Produkte entstehen:

$$n = m(x_{H_2} + x_{H_2O}) \tag{4.103}$$
$$n = m(x_{CO} + x_{H_2O}) \tag{4.104}$$

Lösungen für dieses einfache Gleichungssystem, aus denen der Einfluß von Druck und Temperatur auf die Gaszusammensetzung erkennbar wird, lassen sich in folgender Weise angeben:

$$x_{H_2} = x_{CO} \quad , \tag{4.105}$$

$$x_{H_2} = \frac{K_p(T)}{p} \cdot \left(\sqrt{1 + \frac{p}{K_p(T)}} - 1 \right) \quad , \tag{4.106}$$

$$x_{H_2O} = 1 - \frac{2 \cdot K_p(T)}{p} \cdot \left(\sqrt{1 + \frac{p}{K_p(T)}} - 1 \right) \quad , \tag{4.107}$$

$$m = \frac{p}{x_{H_2} + x_{H_2O}} \quad . \tag{4.108}$$

Ergebnisse von Gleichgewichtsrechnungen, bei denen die Gaskonzentrationen in Abhängigkeit von Druck und Temperaturen wiedergegeben sind, finden sich in der Zusammenstellung in Abb. 4.110. Hier wurden auch die Gleichgewichte für die homogene Wassergasreaktion sowie für die Methanbildung in die Rechnung einbezogen und die angegebenen Bestimmungsgleichungen für die Gaskonzentration entsprechend modifiziert. Es zeigt sich, daß Wasserleckagen unter den vorliegenden Bedingungen fast vollständig in H_2 und CO umgesetzt werden können. Bedeutsam ist, wie bereits erwähnt, allerdings noch die Höhe der Reaktionsgeschwindigkeit für die jeweils betrachtete Reaktion, die ihrerseits von Druck, Temperatur und Partialdrücken abhängt. Gesetzmäßigkeiten für die Wasserdampfkorrosion sind im Zusammenhang mit der Erörterung von Störfällen durch Wassereinbruch in Abschn. 6.6 wiedergegeben. Um die Korrosionseffekte an Brennelementen und keramischen Coreeinbauten in zulässigen Grenzen zu halten, wird ein hinreichend großer Teilstrom des Kühlgases ständig durch eine Gasreinigungsanlage geleitet. Auch radioaktive Spaltprodukte und Graphitstäube werden in dieser Anlage zurückgehalten.

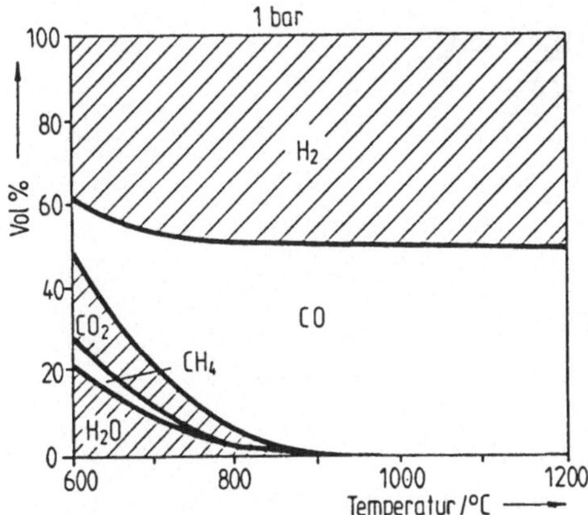

Abb. 4.110: Gleichgewichte bei der Umsetzung von Wasser an Graphit (Abhängigkeit von der Temperatur, $p = 1$ bar)

Die in das Primärkühlmittel eingedrungenen Verunreinigungen - CO, H_2, CO_2, H_2O und Staubpartikel - sowie ein Teil der im Kühlgas enthaltenen radioaktiven Spaltprodukte werden durch die Gasreinigungsanlage entfernt. Entsprechend Abb. 4.111 wird dabei folgender verfahrenstechnischer Weg gewählt (Beispiel THTR): Ein Bypass-Strom von etwa 3 000 m³/h Helium wird hinter einem Gebläse entnommen und mit einer Temperatur von 250 °C über einen Filter zur Abscheidung des Graphitstaubes geleitet. Der Gasstrom wird rekuperativ bis auf etwa 10 °C abgekühlt und sodann durch einen Aktivkohlefilter geleitet. Hier werden kurzlebige Xenon- und Kryptonisotope festgehalten und damit deren Aktivitäten von den nachgeschalteten Gasreinigungsstufen ferngehalten. Anschließend wird das Helium rekuperativ wieder auf 200 °C erwärmt und über einen Kupferoxydkatalysator geleitet. Hier werden entsprechend den Reaktionen

$$CO + CuO \quad \rightarrow \quad Cu + CO_2 \tag{4.109}$$

$$H_2 + CuO \quad \rightarrow \quad Cu + H_2O \tag{4.110}$$

die H_2- und CO-Verunreinigungen im Kühlgas aufoxydiert. Die Regeneration des CuO-Bettes erfolgt diskontinuierlich durch O_2-Zufuhr. Die nun noch im Kühlgas enthaltenen Verunreinigungen H_2O und CO_2 werden durch ein Molekularsieb entfernt. Um diesen Prozeß besonders effektiv durchführen zu können, wird vorher das Helium wiederum rekuperativ auf rund 20 °C abgekühlt. Das Molekularsieb wird ebenfalls diskontinuierlich regeneriert. Im letzten Verfahrensschritt schließlich werden durch Behandlung des Kühlgases bei sehr niedrigen Temperaturen (90 K) Reste von CO_2 und H_2O ausgefroren und weitere Krypton- und Xenonanteile an Aktivkohle adsorbiert. Auch für die vorhandenen geringen Mengen Methan und Stickstoff wirkt Aktivkohle unter den vorliegenden Bedingungen als ein sehr wirksames Filter. Die notwendigen tiefen Temperaturen werden mit Hilfe von flüssigem Stickstoff realisiert.

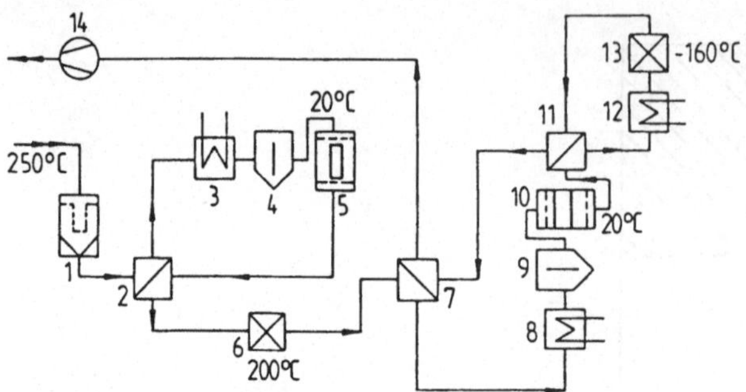

Abb. 4.111: Schema der THTR-Gasreinigungsanlage [1.34]:

1. Staubfilter, *2.* Rekuperator, *3.* Kühler, *4.* Abscheider, *5.* Aktivkohlefilter, *6.* Kupferoxyd-katalysator, *7.* Rekuperator, *8.* Kühler *9.* Abscheider, *10.* Molekularsieb, *11.* Rekuperator, *12.* Kühler, *13.* Aktivkohlefilter, *14.* Heliumkompressor

Die im CuO-Bett ablaufenden Reaktionen erlauben über eine stöchiometrische Abschätzung Rückschlüsse auf die notwendigen Einsatzmengen an CuO. Entsprechend der Umsatzgleichung

$$CuO + H_2 \rightarrow Cu + H_2O \quad , \tag{4.111}$$

$$79,5gCuO + 2gH_2 \rightarrow 63,5gCu + 18gH_2O \quad , \tag{4.112}$$

sind insgesamt

$$3,5kgCuO + 1m_N^3 H_2 \rightarrow 2,8kgCu + 0,8kgH_2O \tag{4.113}$$

umzusetzen. Entsprechende Betrachtungen sind auch für die Umwandlung von CO durchführbar. Aus den Annahmen über die ins Primärsystem gelangten Mengen an H_2O und die Standzeiten des CuO-Bettes läßt sich dann eine Dimensionierung dieser Komponente ableiten.

Die in der Gasreinigung eingesetzten Molekularsiebe bestehen aus synthetischen kristallinen Zeolithen mit der Strukturformel

$$Me_{12/n} \left((Al\,O_2)_{12}(Si\,O_2)_{12} \right) \cdot 27H_2O \quad . \tag{4.114}$$

Mit Me sind hier die austauschbaren Kationen bezeichnet. Das dreidimensionale Kristallgitter ist aus AlO-und SiO_4-Tetraedern aufgebaut und von kubischer Struktur. Das Adsorbat wird im Innern der Kristallstrukturen festgehalten. Die inneren Hohlräume besitzen einen Durchmesser von 11,4 Å und sind untereinander durch Öffnungen von 4,2 Å Durchmesser verbunden. Die Größe synthetisch hergestellter Zeolith-Kristalle beträgt rund 2 μm. Für die praktische Verwendung wird dieses Pulver mit rund 20 % Ton gebunden und zu speziellen geometrischen Körpern (z. B. Kugeln) verarbeitet. Durch Erhitzen wird das Kristallwasser ausgetrieben, wodurch dann die für die Anwendung zur Gasreinigung gewünschte, sehr poröse kristalline Struktur entsteht. CO_2 wird aufgrund seiner Molekülgröße entfernt, polare Moleküle wie H_2O werden stark absorbiert. Die Regenerierung eines beladenen Molekularsiebes erfolgt durch Erwärmung, Anlegung von Druckdifferenzen oder durch Beaufschlagung

mit Spülgasen. Die mögliche Beladung von Molsieben mit H_2O und CO_2 geht aus der
Abb. 4.112 hervor, in der die mögliche Absorptionskapazität ausgedrückt in Gew.%
der Verunreinigung als Funktion vom Partialdruck der zu absorbierenden Komponente wiedergegeben ist. Demnach können Wasser und Kohlendioxyd in annähernd
gleicher Höhe vom Molekularsieb absorbiert werden.

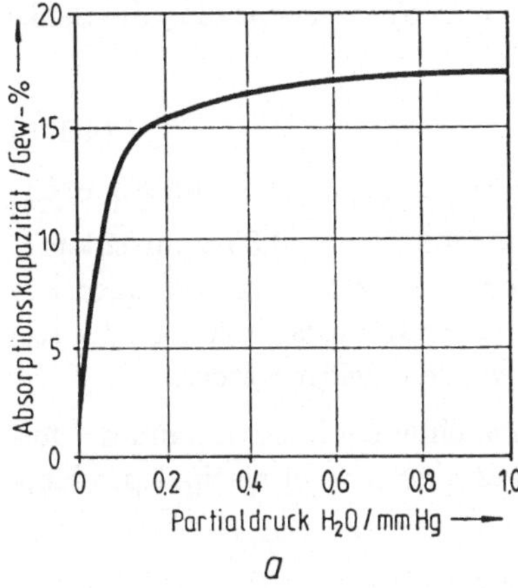
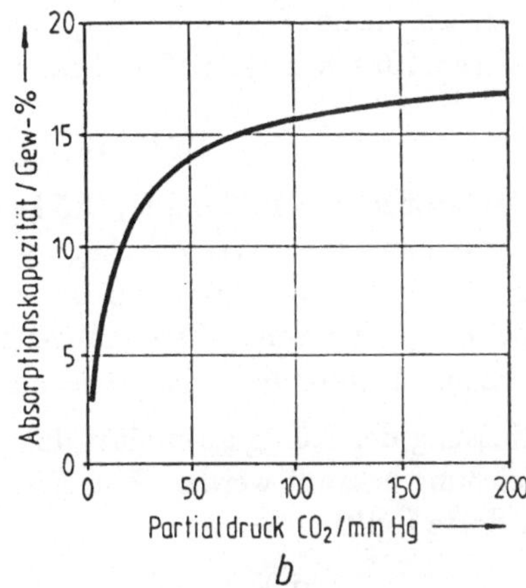

Abb. 4.112: Absorptionskapazität von Molsieben: **a.** für CO_2, **b.** für H_2O [4.96]

Für den THTR werden im Normalbetrieb bei Einsatz der hier dargestellten Gasreini-
gungstechnik die Verunreinigungen im Kühlgas entsprechend Tab. 4.18 erwartet. Zum
Vergleich sind gemessene Werte des AVR bei 950 °C bzw. 850 °C Betriebstemperatur
mit aufgeführt. Für andere HTR-Konzepte bestehen ähnliche Erwartungen.

Tab. 4.18:   Verunreinigungen im Kühlkreislauf von Hochtemperaturreaktoren

Substanz	THTR Erwartung (vpm)	AVR Messung 950 °C (vpm)	AVR Messung 850 °C (vpm)
H_2O	$< 0,1$	$< 0,5$	$< 0,5$
O_2	$< 0,1$		
CO	$< 0,5$	100	40
CO_2	$< 0,5$	0,5	$< 0,5$
NH_3	< 1		
CH_4	< 1	0,3	0,5
H_2	< 4	35	20
C_2	< 10		

(vpm = Volumenanteile pro Millionen-Anteile)

Die Einstellung von derartigen Gleichgewichtsverunreinigungen im Kühlgas kann aus
einfachen Betrachtungen, wie sie im folgenden beispielhaft für H_2 aufgeführt sind,
näherungsweise abgeleitet werden: Es sei $\Delta \dot{V}_{He}$ der Durchsatz durch die Gasreinigungsanlage, $\dot{m}_{H_2O}$ sei die vorhandene Wasserleckage im Primärkühlmittel, und es

wird angenommen, daß das gesamte Wasser entsprechend der heterogenen Wassergasreaktion $C + H_2O \rightarrow CO + H_2$ umgesetzt wird. Für die Wasserstoffmenge im Heliumkreislauf kann dann eine lineare Differentialgleichung der Form

$$\frac{\mathrm{d}\,x_{H_2}}{\mathrm{d}t} = \dot{Q}_{H_2} - \dot{S}_{H_2} \tag{4.115}$$

angesetzt werden, in der $\dot{Q}_{H_2} = \sigma \cdot \dot{m}_{H_2O}$ die Quelle und $\dot{S}_{H_2} = \Delta\dot{V}_{He} \cdot x_{Gl}$ die Senke charakterisieren. Im stationären Gleichgewicht folgt:

$$\sigma \cdot \dot{m}_{H_2O} = \Delta\dot{V}_{He} \cdot x_{Gl}. \tag{4.116}$$

Mit Hilfe der Größen $\sigma = 1{,}87\ m_N^3\ H_2/1{,}5\ kg\ H_2O$, $\Delta\dot{V}_{He} = 3\,000\ m^3/h$ (THTR-Wert) und einer angenommenen Wasserleckage von 1 g/h folgt $x_{Gl} = 0{,}35$ vpm entsprechend $0{,}35 \cdot 10^{-6}\ m^3\ H_2/m^3$ Helium. Bei einer genauen Betrachtung muß natürlich ein gekoppeltes System von Differentialgleichungen unter Berücksichtigung aller Reaktionen, die am Anfang dieses Kapitels angeführt wurden, gelöst werden.

Die Beeinflussung der Kühlgasaktivität durch die Gasreinigung kann anhand der folgenden Gleichung erkannt werden. Für die zeitlich variable Anzahl an Spaltproduktkernen der Sorte i gilt:

$$\frac{\mathrm{d}\,N_i}{\mathrm{d}t} = \dot{Q}_i - \lambda_i N_i - (\alpha_i + \beta_i)N_i - L_i \tag{4.117}$$

mit

$\dot{Q}_i$ = Austrittsrate des Spaltproduktisotops i ins Kühlgas,

λ_i = Zerfallskonstante des Isotops i,

α_i = Absorptionskonstante für Isotop i in der Gasreinigungsanlage,

β_i = Ablagerungskonstante für Isotop i an Reaktoreinbauten,

L_i = Leckageterm für Spaltprodukt i.

Die Gehalte an gasförmigen Spaltprodukten wie Xenon, Krypton, Tritium und an festen Spaltprodukten werden im Kühlgas durch die Wirkung der Gasreinigungsanlage reduziert. Die Kreisläufe von HTR-Anlagen sind allerdings schon aufgrund der Verwendung von Coated Particles als Barrieren für die Spaltprodukte fast kontaminationsfrei, wie die Ergebnisse beim AVR belegen. Hier werden in der Regel etwa 1 Ci/MW$_{th}$ $(3{,}7 \cdot 10^{10}\ Bq/MW_{th})$ an gasförmigen Spaltprodukten und weniger als 0,1 μCi/MW$_{th}$ $(3{,}7 \cdot 10^3\ Bq/MW_{th})$ an festen Spaltprodukten (z. B. Cäsium^{137}) gemessen. Bei Einhaltung der Bedingungen für Verunreinigungen laut Tab. 4.18 werden mit Hilfe der Gasreinigung die gesteckten Ziele erreicht: Es erfolgt eine Begrenzung der H_2O-Verunreinigung im Kühlgas, um eine langfristig zu hohe Korrosion von Brennelementen und Strukturgraphit zu vermeiden. Weiterhin wird eine Begrenzung des Wasserstoffpegels erreicht, so daß auch unzulässige Kohlenstoffablagerungen am Dampferzeuger unterbunden werden. Auch eine Absenkung der stationären Kreislaufaktivität im Primärkreis wird so ermöglicht. Schließlich gestattet die Gasreinigungsanlage eine Beschränkung des Staubgehaltes im Kühlgas auf ein technisch vertretbares Maß.

Bei neuen Reaktorkonzepten (z.B. Modul-HTR) wird auf die Stufen der Gasreinigung, die für die Entfernung von radioaktiven Stoffen vorgesehen sind, verzichtet. Dies wird,

wie schon erwähnt, angesichts der insbesondere durch den AVR - Betrieb belegten
niedrigen Kühlgasaktivitätswerte möglich sein.

4.10 Nachwärmeabfuhrsystem

Auch nach Abschaltung eines Reaktors und Beendigung der Wärmeerzeugung durch
die Kernspaltung fällt in jedem Kernreaktor durch Zerfall der Spaltprodukte noch
Wärme, die sogenannte Nachzerfallswärme, an. Die Nachzerfallswärme nimmt zeitlich ab, entsprechend einer Funktion, die durch Messungen sowie durch theoretische
Ableitungen, bei denen die radioaktiven Zerfallsvorgänge aufsummiert sind, gewonnen
wurde:

$$P_N(t) = P_0 \cdot A \cdot \left(t^{-a} + (t + t_0)^{-a}\right) \quad . \tag{4.118}$$

Die Parameter haben folgende Bedeutung:

$P_N(t)$ = zeitlich variable Nachwärmeproduktion (MW),

P_0 = Reaktorleistung (MW),

t_0 = Reaktorbetriebszeit vor dem Abschalten (s),

t = Abklingzeit nach dem Abschalten (s).

Eine besonders genaue Approximation der Kurve für die Nachzerfallswärme gelingt
durch Wahl unterschiedlicher Parameter A bzw. a in verschiedenen Zeitintervallen.

Tab. 4.19:   Koeffizienten für die Nachwärmefunktion

Zeitintervall (s)	A	a
$10^{-1} < t < 10$	0,0603	0,0639
$10 < t < 150$	0,0766	0,181
$150 < t < 4 \cdot 10^6$	0,0603	0,0639

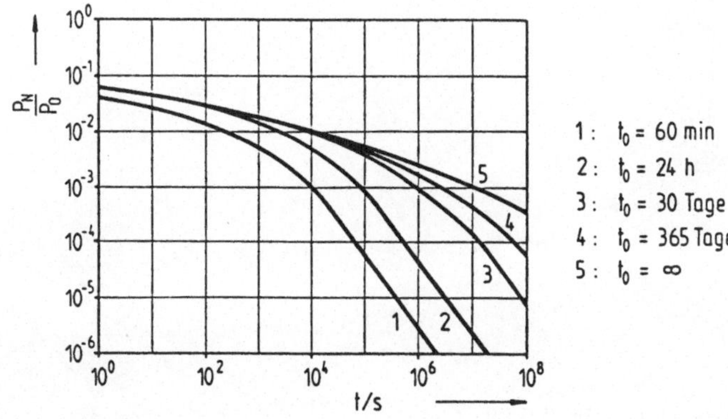

Abb. 4.113: Relative Nachwärmeleistung eines Reaktors in Abhängigkeit von der Zeit nach
unterschiedlicher Größe der vorhergehenden Betriebszeit t_0

Wie Abbildung 4.113, die die Nachzerfallswärmekurven für unterschiedliche Höhe der Betriebszeit wiedergibt, ausweist, sind selbst nach langen Zeiträumen noch erhebliche Wärmemengen aus dem Kern von Reaktoren abzuführen.

Die zuverlässige Abfuhr der Nachwärme [4.97 bis 4.102] aus dem Kernbereich ist eine der wesentlichen Forderungen der Reaktorsicherheitstechnik, da bei Nichtfunktionieren dieser Einrichtungen eine Beschädigung der Brennelemente und Freisetzung von Spaltprodukten nicht ausgeschlossen werden kann. Für die Abfuhr der Nachzerfallswärme sowohl im Falle, daß der Reaktordruck noch voll vorhanden ist, als auch bei druckentlastetem Reaktor werden die Produktionsloops oder spezielle separate Nachwärmeabfuhrkreisläufe eingesetzt. Diese Sicherheitseinrichtungen müssen hinreichend zuverlässig ausgeführt sein, um den Störfall "Ausfall der Nachwärmeabfuhr" zu einem extrem seltenen Ereignis werden zu lassen. Um dieses Ziel zu erreichen werden die Systeme mehrfach redundant ausgeführt, durch regelmäßige Inspektion, Wiederholungsprüfungen und Erneuerungen wird für einen Erhalt der hohen Verfügbarkeit gesorgt. Im Falle des THTR werden jeweils drei Dampferzeuger zu einer Notkühlkette zusammengefaßt, um die Nachwärme abzuführen (siehe Abb. 4.114).

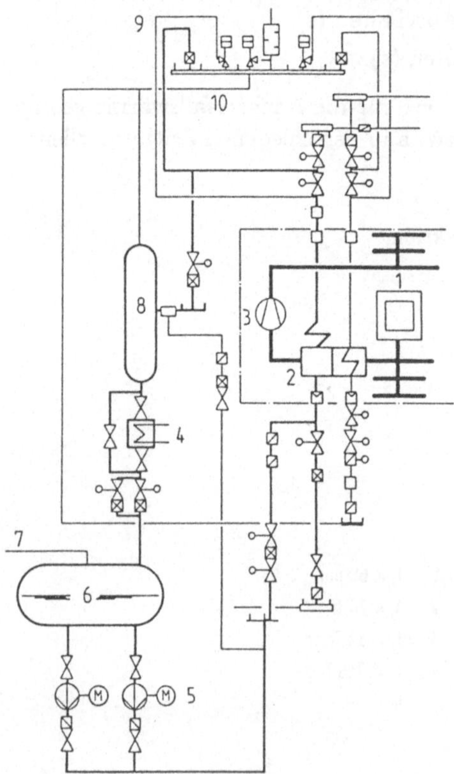

Abb. 4.114: Nachwärmeabfuhrsysteme beim THTR:[1.34]

1. Reaktor, *2.* Dampferzeuger, *3.* Gebläse, *4.* NWA-Kühler, *5.* Noteinspeisepumpe, *6.* Notspeisewasserbehälter, *7.* Noteinspeisung, *8.* Anfahrentspanner, *9.* Entlastungsstation, *10.* Sammelleitungen

Wie aus der Abbildung zu entnehmen ist, besteht eine Notkühlkette im Bedarfsfall nach Betätigung der notwendigen, im Schaltbild dargestellten Armaturen aus dem Hochdruckteil der Dampferzeuger, aus einem Anfahrentspanner, einem Nachwärmekühler, dem Notspeisewasserbehälter sowie den Notspeisepumpen. Diese Komponenten sind in Reihe geschaltet. Bei Anforderung pumpen in jedem der Notkühlkreisläufe zwei Notspeisewasserpumpen Speisewasser aus dem Notspeisewasserbehälter in die zur Nachwärmeabfuhr vorgesehenen Dampferzeuger. Falls der Nachwärmeabfuhrvorgang im Anschluß an den Leistungsbetrieb durchgeführt wird, fällt in den Frischdampfleitungen dieser Dampferzeuger zunächst Heißdampf an, der über Entlastungs-Regelventile in die Atmosphäre abgeblasen wird. Danach wird der Dampf in den Anfahrentspanner gefahren. Ausfallendes Kondensat wird im NWA-Kühler weiter abgekühlt, Dampf über Dach abgegeben. Nach längerer Zeit fällt hinter den Dampferzeugern nur Heißwasser an, welches dann im NWA-Kühler weitergekühlt wird. In Notfällen kann auch Wasser aus den Betriebssystemen zur Ergänzung des Wassers im Notkühlkreislauf herangezogen werden. Die räumliche Aufstellung der Komponenten dieser Notkühlsysteme entspricht den Forderungen nach räumlicher Trennung, wie sie heute in der Kerntechnik üblich sind. Aufgrund der großen thermischen Trägheit des Reaktorkerns, bedingt durch die relativ niedrige Kernleistungsdichte und durch die großen Graphitmengen im Kernbereich sowie in den Reaktoreinbauten, führen auch Ausfälle der Nachwärmeabfuhr über längere Zeiten noch nicht zu unzulässigen Beanspruchungen im Reaktor. Thermodynamische Berechnungen zur Kernkühlung bei geringen Heliumdurchsätzen wurden im Rahmen des THTR-Genehmigungsverfahrens für den sogenannten 5 Stunden-Fall durchgeführt. Die Berechnungen ergaben, daß sich bei 1 % Gasdurchsatz im Kern lokale Heißstellen bis ca. 900 °C Gastemperatur ausbilden, die sich jedoch nur geringfügig auf die Gasaustrittstemperatur aus dem Kern auswirken. Insgesamt zeigt sich, daß auf diese Weise die Nachwärme auch langfristig über Naturkonvektion abgeführt werden kann, ohne daß Schäden an den Primärkreiskomponenten auftreten. Wegen der kurzen Zeitdauer der Temperatureinwirkung auf Komponenten sowie Liner und Behälterabschlüsse ist ein sicherheitstechnisch relevantes Versagen dieser Komponenten nicht zu erwarten, so daß auf diese Weise eine langfristige Nachwärmeabfuhr aus dem Primärkreis mittels Naturkonvektion möglich ist. Die Spaltproduktfreisetzung aus den Brennelementen wird bei dieser Störung nicht wesentlich erhöht. Auf Einzelheiten von Störfällen des Ausfalls der Nachwärmeabfuhr wird später (Kap. 6) genauer eingegangen. Bei neuen Konzepten (z. B. HTR-500) werden separate Nachwärmeabfuhrsysteme (z. B. 3 × 100 % oder 4 × 50 % der Nachwärmeleistung) vorgesehen. Abb. 4.115 zeigt das entsprechende Kühlsystem für den HTR-500. Hier werden zum einen das mehrfach redundant ausgeführte Hauptkühlsystem zur Nachwärmeabfuhr herangezogen, zum anderen dienen das separate Nachwärmeabfuhrsystem sowie das redundante Linerkühlsystem als diversitäre Kühlsysteme. Damit können die Komponenten des Wasserdampfkreislaufs ohne wesentliche Berücksichtigung nuklearer Spezifikationen in konventioneller Bauweise ausgeführt werden. Nur für die separaten Nachwärmeabfuhrloops sind kerntechnische Qualitäten zu fordern. Diese Randbedingungen werden als wesentlich bestimmend für mögliche Reduktionen der Anlageninvestkosten angesehen.

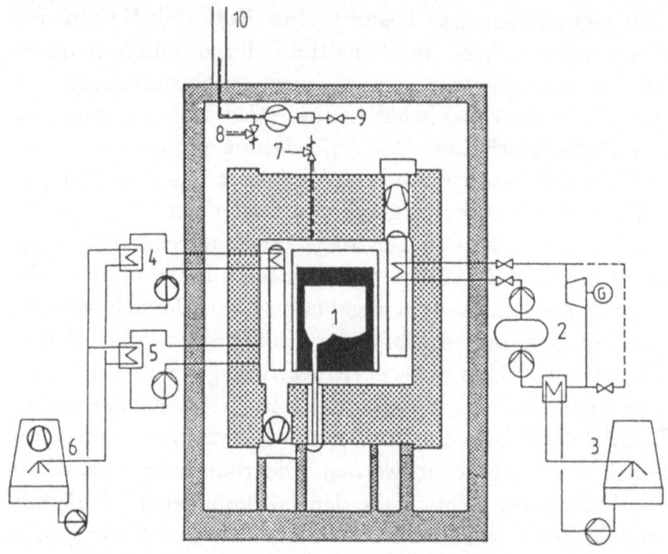

Abb. 4.115: Nachwärmeabfuhrsystem des HTR 500 [6.72]:

1. Core, 2. Wasser/Dampf-Kreislauf, 3. Kühlturm, 4. separates Nachwärmeabfuhrsystem, 5. Linerkühlsystem, 6. Kühlturm, 7. Sicherheitsventil, 8. Druckentlastungsventil für Reaktorschutzgebäude, 9. Abluftsystem, 10. Kamin

Bei HTR-Anlagen kleiner Leistung (Modulreaktor bzw. HTR-100) sind inhärente Prinzipien für die Nachwärmeabfuhr vorgesehen. Wie in Kap. 6 noch näher ausgeführt wird, erfolgt hierbei die Abfuhr der Nachzerfallswärme aus dem Reaktorkern auch bei druckentlastetem Reaktor durch Wärmeleitung und Wärmestrahlung durch die Coreeinbauten und den Reaktordruckbehälter hindurch an ein im Reaktorschutzgebäude befindliches einfaches redundantes Flossenwand-Kühlsystem. Falls auch dieses versagen sollte, nehmen die Containmentstrukturen, d. h. die Betonzelle, in der der Reaktordruckbehälter angeordnet ist, die Nachzerfallswärme auf, ohne daß im Reaktorkern Temperaturen auftreten, die für wesentliche Spaltproduktfreisetzungsraten aus den Brennelementen relevant sind.

Dieses Prinzip der Nachwärmeabfuhr allein aufgrund von physikalischen Prinzipien wird als inhärent bezeichnet. Im Gegensatz dazu basieren die heute in der Kerntechnik allgemein verwendeten Nachwärmeabfuhrkonzepte auf dem Einsatz von Maschinen wie in Abb. 4.116 nochmals vergleichend dargelegt wird. Der Einsatz von Nachwärmeabfuhrloops, die aus Wärmetauschern, Pumpen, Ventilen, Rohrleitungen, Systemen zur Energieversorgung sowie aus Meß-, Steuer- und Regeleinrichtungen bestehen, ist immer mit gewissen Nichtverfügbarkeiten verbunden. Diese Nichtverfügbarkeiten werden zwar durch Redundanzen bei der Anlagenausführung sowie durch ständige Überprüfungen und Erneuerungen gering gehalten, sind jedoch immer endlich hoch.

Dieses unterschiedliche Verhalten von Nachwärmeabfuhrsystemen, die durch Maschinentechnik oder durch inhärente Mechanismen bestimmt werden, ist insbesondere im Rahmen von Analysen für hypothetische Störfälle von großer Bedeutung. Inhärente Mechanismen können bei richtiger Konstruktion nur durch Sabotage außer Betrieb gesetzt werden. Durch geeignete Anlagenauslegung kann jedoch dafür Sorge getragen werden, daß selbst in diesen extremen Fällen durch wirksame Interventionen eine Beschränkung der Störfallauswirkungen auf ein tolerables Maß erreicht wird.

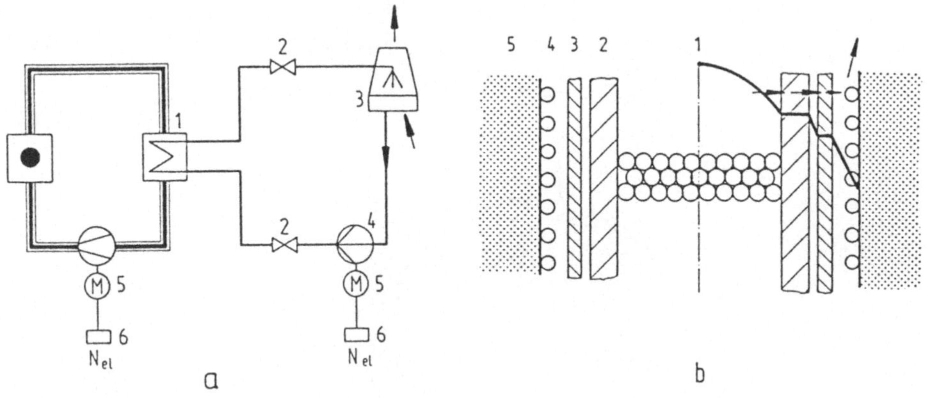

Abb. 4.116: Prinzipien der Nachwärmeabfuhr
a. Wärmeaustauscherkreislauf: *1.* Wärmeaustauscher, *2.* Ventile, *3.* Kühlturm, *4.* Pumpe, *5.* Motor, *6.* Stromversorgung, **b.** Inhärente Wärmeabfuhr: *1.* Core, *2.* Graphitreflektor, *3.* Reaktordruckbehälterwand, *4.* Flossenkühlsystem, *5.* Beton

4.11   Reaktorhalle

Der Primärkreis von HTR-Anlagen wird je nach Entwicklungsstand in Reaktorhallen [4.102 bis 4.106] verschiedener Konzeption untergebracht. Während zu Zeiten der THTR-Planung noch ein Spannbetonbehälter als ausreichende Schutzhülle angesehen wurde und auch durch beständige Nachrüstung den gesteigerten Anforderungen im Hinblick auf äußere Einwirkungen angepaßt werden konnte, ist bei neuen HTR-Reaktoranlagen ein zusätzliches Reaktorgebäude als Schutz gegen äußere Einwirkungen vorgesehen. Zu den Gebäuden der THTR-Anlage gehören das Reaktorgebäude (Abb. 4.117), bestehend aus der Reaktorhalle, dem Reaktorbetriebsgebäude und dem Reaktorhilfsgebäude sowie das Maschinenhaus und das Wartungsgebäude. Hinzu kommen einige kleinere Anlagenbereiche wie Dieselgebäude und Gebäude für Speisewasseraufbereitung. In der Reaktorhalle sind der Spannbetonbehälter und alle für den Betrieb des Reaktors erforderlichen Hilfsanlagen wie Gasreinigungsanlage, alle heliumführenden Anlagenteile sowie die Anschlußkomponenten für die Ankopplung des Sekundärkreislaufs installiert. Im Reaktorhilfsgebäude sind die Nebenanlagen des Reaktors wie Reingaslager, Zugangskontrolle, Umkleide- und Hygienetrakt untergebracht.

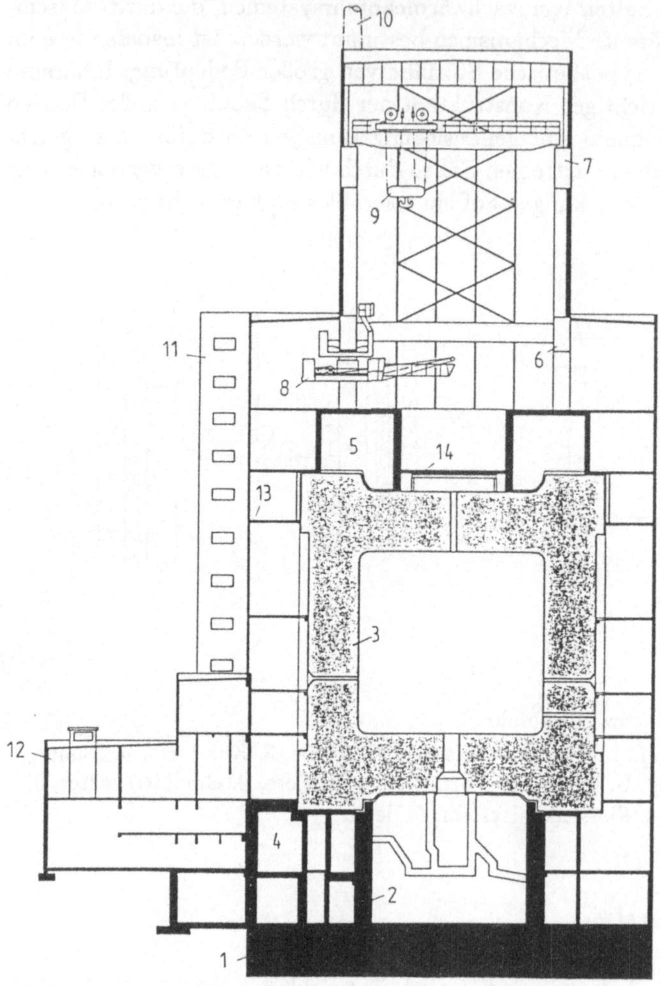

Abb. 4.117: Reaktorhalle des THTR [4.105]:

1. Fundament der Reaktorhalle, *2.* Ringstützwand, *3.* Spannbetondruckbehälter,
4. Räume für Hilfsanlagen *5.* Dampferzeugerringraum, *6.* Kranbahnträger, Rahmenriegel, *7.* Kranbahnträger, Rahmenriegel, *8.* 10-Mp-Drehkran, *9.* 100-Mp-Hallenkran, *10.*
Abluftschornstein, *11.* Treppenhaus, *12.* Reaktorhilfsgebäude, *13.* Trümmerschutzdecke,
14. Stabschutzdecke

Das Reaktorbetriebsgebäude enthält das Lager für abgebrannte Brennelemente sowie
Einrichtungen zur Aufbereitung und Lagerung von festen und flüssigen radioaktiven
Stoffen sowie eine Dekontaminationsanlage mit zugehörigen Hilfseinrichtungen. Entsprechend den technischen und sicherheitstechnischen Erfahrungen und Vorstellungen bei der Planung der Anlage in den 60er Jahren wurde eine einfache Reaktorhalle ohne Schutz gegen äußere Einwirkungen gewählt. Da der Spannbetonbehälter
als berstsicher eingestuft wird und da die durchweg vorhandene dicke Behälterwand
von 4,5 bis 5 m in der Tat Schutz gegen alle heute unterstellten äußeren Einwirkungen bietet, konnte das THTR-Konzept immer wieder allen, während der Bauzeit neu
hinzugekommenen unterstellten äußeren Einwirkungen (Gaswolkenexplosion, Flugzeugabsturz, Erdbeben) Rechnung tragen. Einige zusätzliche Schutzeinrichtungen, wie
eine Gußplatte zum Schutz der Stabantriebe, sowie Betonüberbauten zum Schutz der
Dampferzeugerzuführungsleitungen oberhalb des Spannbetonbehälterdeckels wurden
im Laufe des Genehmigungsverfahrens nachgerüstet, so daß heute alle wesentlichen
Forderungen im Hinblick auf den Schutz gegen äußere Einwirkungen erfüllt werden.
Das THTR-Reaktorgebäude (siehe Abb. 4.117) ist als prismatischer Baukörper mit
annähernd quadratischer Grundfläche ausgeführt. Die Abmessungen der Reaktorhalle
sind so gewählt, daß noch genügend Platz für den Ausbau der Dampferzeuger, der
Gebläse und Stäbe sowie für Arbeiten am Vorspannsystem des SBB verbleibt. Im
unteren Bereich der Halle ist Stahlbeton verwendet worden, für den oberen Bereich
kam eine Stahlkonstruktion zum Einsatz. Der Abluftkamin mit einem Durchmesser
von 2 m ist die Fortsetzung einer der vier Hauptstützen der Halle. Ein Hallenkran mit
100 t Tragkraft ist in der Reaktorhalle fest installiert. Neue Reaktorkonzepte verwenden wie, eingangs schon erwähnt, Reaktorschutzgebäude mit ausreichender Auslegung
gegen äußere Einwirkungen, im wesentlichen gegen Flugzeugabsturz, wie in Kap. 6
ausführlicher erläutert wird. Abb. 4.118 zeigt den Lageplan einer HTR-Anlage.

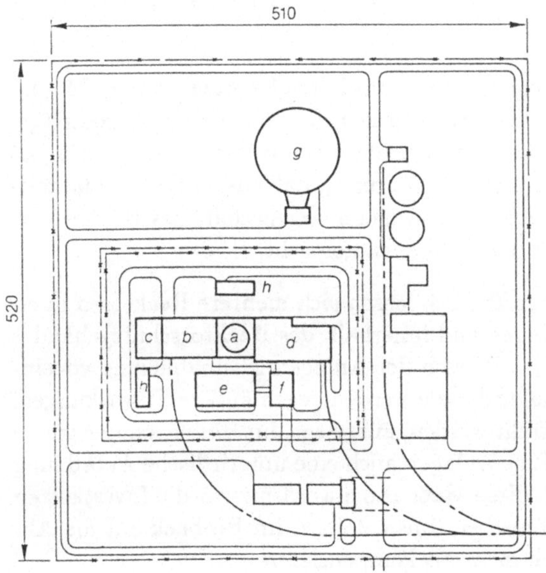

Abb. 4.118: Lageplan der
HTR-500-Anlage: a. Reaktorschutzgebäude, b. Reaktor-
nebengebäude, c. Brennele-
mentlagergebäude, d. Maschinenhaus, e. Schaltanlagen-
gebäude, f. Wach- und Zu-
gangsgebäude, g. Kühlturm,
h. NWA-Kühltürme

In Abb. 4.119 ist das Reaktorgebäude für große zukünftige HTR-Anlagen (1 390 MW$_{th}$), in Abb. 4.120 das für HTR-Anlagen kleiner Leistung (Modul 200 MW$_{th}$) wiedergegeben. Gezeigt ist hier die Anordnung einer Modulzwillingsanlage.

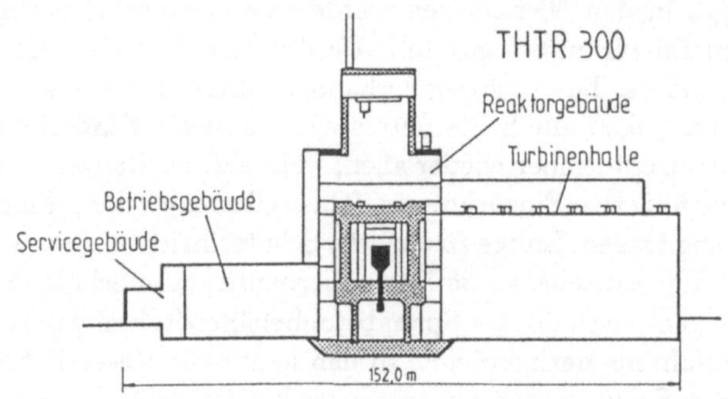

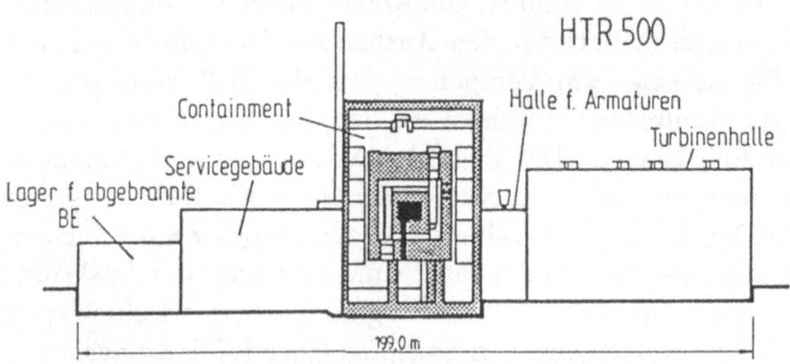

Abb. 4.119: Reaktorschutzgebäude des HTR-500 im Vergleich zur Reaktorhalle des THTR [2.11]

In allen Fällen wird es sich um ein sogenanntes ventiliertes Schutzgebäude, d.h. um ein solches ohne Innenliner, handeln. Dies wird ermöglicht, da der Spaltproduktgehalt des Primärgases nach einem Druckentlastungsstörfall zunächst derartig gering ist (rund $3,7 \cdot 10^{10}$ Bq/MW Edelgase nach AVR-Erfahrung), daß eine Abgabe ohne zeitliche Verzögerung ohne weiteres möglich ist. Von dieser Eigenschaft des HTR wurde übrigens auch schon beim THTR-Konzept Gebrauch gemacht.

Bei Anwendung des HTR in modularer Technik lassen sich mehrere Reaktoren in einem äußeren Schutzgebäude unterbringen und innerhalb des Reaktorschutzgebäudes in separaten Betonzellen anordnen. Der Betrieb der Anlagen ist unabhängig voneinander möglich. Alle HTR-Reaktorschutzgebäude werden gegen äußere Einwirkungen, die in Abschn. 6.10 ausführlich dargestellt werden, ausgelegt. Im Hinblick auf extreme äußere Einwirkungen kann für zukünftige Anlagen auch eine unterirdische Anordnung mit Vorteil vorgesehen werden. Durch diese Maßnahme werden zwar die Investkosten erhöht, die Vorteile in sicherheitstechnischer Hinsicht bzw. im Hinblick auf die Akzeptanz werden diesen Nachteil jedoch mehr als kompensieren.

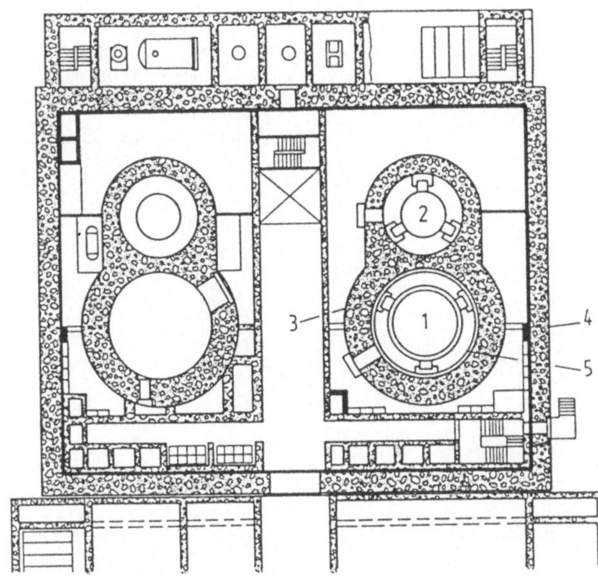

Abb. 4.120: Reaktorschutzgebäude für die HTR-Modulanlage (Horizontalschnitt):
1. Reaktordruckbehälter, *2.* Dampferzeugerdruckbehälter, *3.* innere Betonzellen, *4.* Reaktorgebäude, *5.* Flossenwand-Flächenkühler [4.106]

Die Abgabe von radioaktiven Stoffen über das Reaktorschutzgebäude im Gefolge von Störfällen kann noch weiter vermindert werden, wenn ein einfaches Störfallfiltersystem nachgeschaltet wird. Aus der Leichtwasserreaktortechnik sind entsprechende Lösungen aus verschiedenen Ländern bekannt. Einsetzbar sind demnach spezielle Gewebefilter oder sehr einfache Einrichtungen, die Sand, Aktivkohle und Wasservorlagen zur Rückhaltung radioaktiver Stoffe enthalten. Mit Hilfe derartiger Zusatzeinrichtungen, deren Wirksamkeit bis zu einer Ausfilterung von 99 % der festen radioaktiven Spaltprodukte erwartet werden kann, können die Abgaberaten an die Umgebung auf sehr geringe Werte auch bei hypothetischen Störfällen reduziert werden. Abb. 4.121 zeigt schematisch einige Lösungen, die zum Teil bereits bei Leichtwasserreaktoren verwirklicht worden sind. Die Filteranlage in Barsebaek/Schweden ist inzwischen fertiggestellt worden. Es wird erwartet, daß im Falle von hypothetischen Störfällen 99,9 % des freigesetzten Caesiums durch diese Filteranlage zurückgehalten würde. Die Freisetzung von Spaltedelgasen wird allerdings durch diese Zusatzeinrichtung nicht unterbunden. Für HTR-Anlagen würde der Einsatz eines Filters hinter dem Reaktorschutzgebäude die ohnehin schon sehr geringen Freisetzungsraten an festen Spaltprodukten noch weiter reduzieren helfen. Edelgasaktivitäten werden offenbar von allen Filtersystemen nicht zurückgehalten. Wollte man auch für diese Spaltprodukte Vorsorge treffen, so müßte hinter dem Filter ein Gasspeicher zur Zwischenspeicherung des durch Spaltedelgase kontaminierten Primärkreisgases vorgesehen werden.

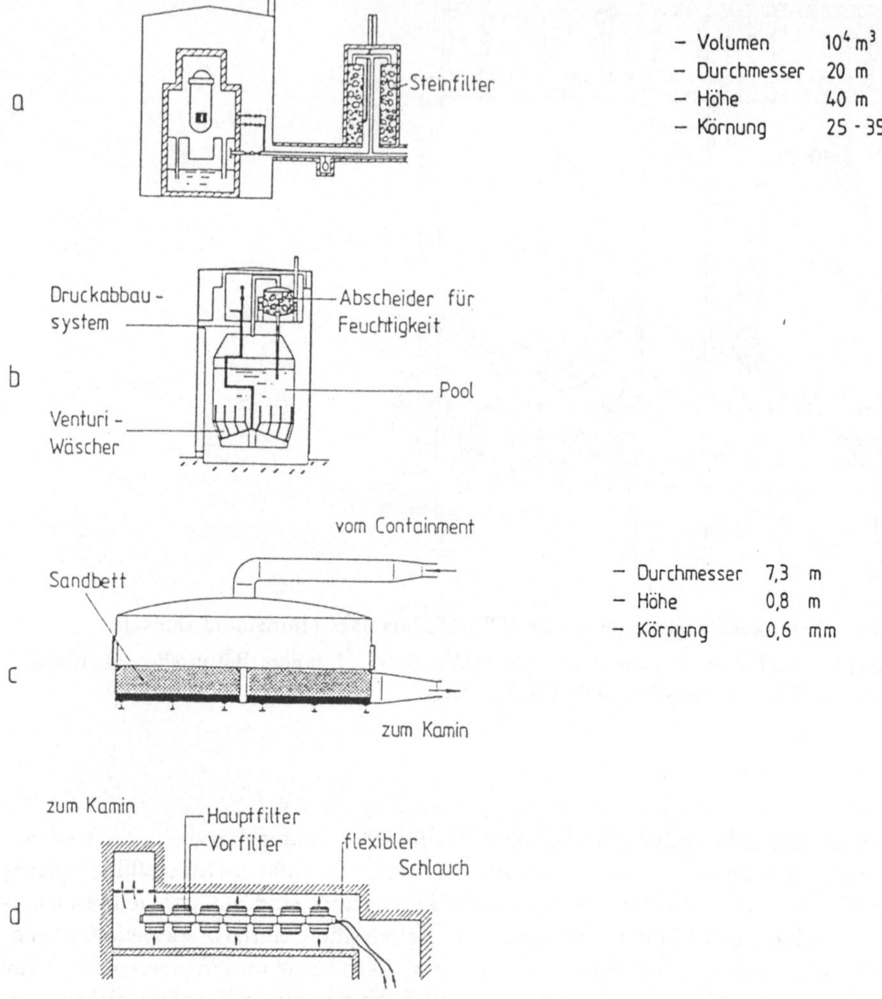

Abb. 4.121: Filterprinzipien bei LWR-Anlagen [4.113]:
a. Steinfilter in Barsebaek, **b.** Venturiwäscher für schwedische Reaktoren, **c.** Sandbettfilter für französische Reaktoren, **d.** Edelstahlfilter für Brokdorf

4.12 Sekundäranlage

Die hohe Heliumaustrittstemperatur aus dem Reaktorkern von Hochtemperaturreaktoren ermöglicht die Verwendung eines konventionellen Wasserdampf-Kreislaufs sowie den Einsatz moderner Heißdampfturbinen. Am Beispiel des THTR sei die Schaltung der Sekundäranlage [4.107 bis 4.112] in vereinfachter Darstellung erklärt (siehe Abb. 4.122).

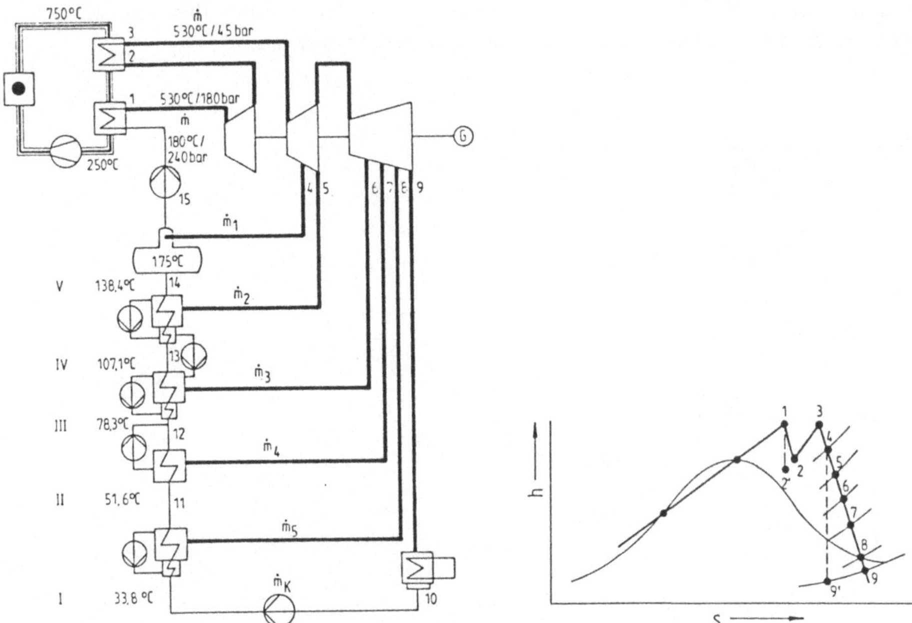

Abb. 4.122: Vereinfachte Schaltung des THTR und $h - s$−Diagramm

Die im Reaktorkern produzierte Wärme dient zur Aufheizung des Kühlmittels Helium von 250 auf 750 °C. In sechs parallel geschalteten Dampferzeugern wird die Wärme in einem Hochdruckteil, bestehend aus Vorwärmer, Verdampfer und Überhitzer sowie in einem Mitteldruckteil, der als Zwischenüberhitzer fungiert, an den Wasserdampf-Kreislauf übertragen. Im Hochdruckteil der Turbine wird der Frischdampf (530 °C/180 bar) expandiert und sodann dem heliumbeheizten Zwischenüberhitzer zugeführt und dort wieder auf 530 °C/45 bar erhitzt. In der nachfolgenden Mitteldruck- bzw. Niederdruckturbine wird der Dampf bis auf einen Kondensatordruck von rund 0,07 bar, entsprechend einer Kondensationstemperatur von 38,4 °C, entspannt. Das Kondensat wird in einer fünfstufigen Vorwärmstrecke, welche mit Anzapfdampf aus der Turbogruppe geheizt wird, auf 180 °C vorgewärmt und aus einem Speisewasserbehälter mit einem Druck von etwa 220 bar in die Dampferzeuger eingespeist. Dieser Kreisprozeß, der in seiner Gestaltung dem moderner, fossil gefeuerter Kraftwerke entspricht, ist in einer Näherungsrechnung im folgenden behandelt und liefert als Nettowirkungsgrad der Gesamtanlage einen Wert von rund 39 %.

Beim THTR erfolgt die Abfuhr der Kondensationsabwärme an die Umgebung über einen Trockenkühlturm. Bei Verwendung eines Naßkühlturms wäre ein Wirkungsgrad von über 40 % erreichbar. Wesentliche Auslegungsdaten des Sekundärkreislaufs sind in Tab. 4.20 vermerkt.

Mit Hilfe einer vereinfachten thermodynamischen Behandlung des Kreisprozesses
mögen die Zusammenhänge im folgenden verdeutlicht werden.

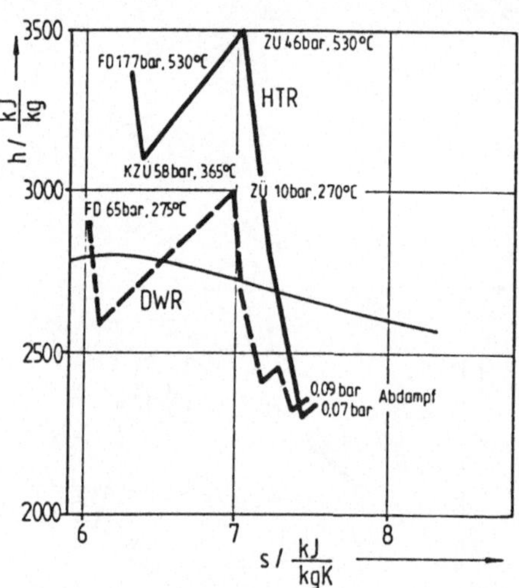

Abb. 4.123: h-s-Diagramm für den Heißdampfprozeß des THTR im Vergleich zum Satt-
dampfprozeß des Druckwasserreaktors

Im einzelnen gelten folgende vereinfachte Beziehungen zur Behandlung des Kreisprozesses für das in Abb. 4.123 gezeigte Schema: Die Leistung der Dampferzeuger beträgt:

$$\dot{Q}_{DE} = \dot{m}(h_1 - h_{15}) + \dot{m}(h_3 - h_2) \quad . \tag{4.119}$$

Die Turbinenleistung errechnet sich zu:

$$N_T = \dot{m}(h_1 + h_3) - \dot{m}_1 h_4 - \dot{m}_2 h_5 - \dot{m}_3 h_6 - \dot{m}_4 h_7 - \dot{m}_5 h_8 - \dot{m}_K h_9 \quad . \tag{4.120}$$

Für die inneren Wirkungsgrade in den Turbinen wird wie üblich angesetzt:

$$\eta_{i,HD} = \frac{h_1 - h_2}{h_1 - h_2'} \quad , \tag{4.121}$$

$$\eta_{i,ND} = \frac{h_3 - h_9}{h_3 - h_9'} \quad . \tag{4.122}$$

Die Kondensatorleistung kann aus der Beziehung

$$\dot{Q}_{Ko} = \dot{m}_K \cdot (h_9 - h_{10}) = (\dot{m} - \dot{m}_1 - \dot{m}_2 - \dot{m}_3 - \dot{m}_4 - \dot{m}_5)(h_9 - h_{10}) \tag{4.123}$$

ermittelt werden. Die Vorwärmer können einzeln bzw. als gesamte Strecke in folgender
Weise bilanziert werden:

$$(\dot{m} - \dot{m}_1 - \dot{m}_2 - \dot{m}_3 - \dot{m}_4 - \dot{m}_5)h_{10} + \dot{m}_5 h_8 = (\dot{m} - \dot{m}_1 - \dot{m}_2 - \dot{m}_3 - \dot{m}_4)h_{11} \quad , \tag{4.124}$$

$$\dot{m}_K h_{10} + \dot{m}_1 h_4 + \dot{m}_2 h_5 + \dot{m}_3 h_6 + \dot{m}_4 h_7 + \dot{m}_5 h_8 = \dot{m} h_{15} \quad . \tag{4.125}$$

Die Behandlung der übrigen Vorwärmer erfolgt analog. Damit können die elektrische Nettoleistung N_{el} sowie der Gesamtnettowirkungsgrad η_{ges} errechnet werden:

$$N_{el} = \eta_{mech} \cdot \eta_{gen} \cdot N_T - N_{eigen} \quad , \tag{4.126}$$

$$\eta_{ges} = \frac{N_{el}}{\dot{Q}_{DE}} \quad . \tag{4.127}$$

Das Einsetzen der genannten Werte für Dampfzustände und Kondensationsbedingungen liefert im Verbund mit üblichen Annahmen für die Wirkungsgrade η_i, η_{mech}, η_{gen} einen Nettowirkungsgrad von 39 % für diese Anlage. In der Realität ist die Prozeßführung natürlich wesentlich komplizierter durch das Hinzutreten von Sammlern, Armaturen, Umleitstationen usw. Insbesondere die Redundanzen sowie die Aufteilung und Sammlung der Massenströme zwischen sechs Dampferzeugern und einer Turbogruppe machen das Schaltbild komplizierter. Hilfsturbosätze zum Antrieb der Speisewasserpumpen sowie zur Versorgung der Helium-Kühlgasgebläse mit elektrischer Energie werden ebenfalls mit Anzapfdampf aus der Mitteldruckturbine versorgt. Das Kondensat wird in den Hauptkondensatkreislauf wieder eingespeist.

Tab. 4.20:   Auslegungsdaten der Sekundäranlage des THTR- Kraftwerks

Turbine:	
Frischdampfmenge	930 t/h
Frischdampfdruck/-temperatur, Turb. Eintritt	177,5 bar/530 °C
H-ZÜ-Dampfdruck/-temperatur	46,5 bar/530 °C
Speisewasserendtemperatur	180 °C
Vakuum/Kühlwassertemperatur	0,0685 bar/26,5 °C
Kühlwassermenge	31720 m³/h
Bauform	1 HD-, 1 MD, 1 ND-Gehäuse
	ND-Teil doppelflutig
Anzahl der Anzapfungen	5
Generator:	
Nennwirkleistung	307,5 MW
Nennscheinleistung	410 MVA
Klemmenspannung	21 kV
Frequenz	50 Hz
Bauform	2polig
Kühlung des Rotors	Wasserstoff
Kühlung der Statorwicklung	Wasser
Speisepumpensätze:	
Anzahl	3 × 50%
Leistung	je 5,3 MW
Antriebe	1 E-Motor, 2 Turbinen

Beim Anfahren der Anlage wird so verfahren, daß in einer ersten Heißwasserphase in Hochdruckbereichen des Dampferzeugers der Massenstrom über einen Anfahrentspanner in den Hauptkondensator geleitet wird. Hier erfolgt die Trennung zwischen Wasser-

und Dampfphase. Der Dampf strömt danach durch die Zwischenüberhitzerbereiche der Dampferzeuger und durch ein Niederdruckumleitventil in den Hauptkondensator. Das Wasser aus dem Anfahrentspanner wird direkt in den Hauptkondensator geleitet. Wenn die Hochdruckbereiche der Dampferzeuger ausreichend vorgewärmt sind und ausreichende Mengen an Frischdampf liefern, werden die Anfahrentspanner außer Betrieb genommen. Nach Erreichen der erforderlichen Dampfdaten wird die Hauptturbogruppe in Betrieb gesetzt. Die Abfuhr der Nachzerfallswärme erfolgt beim THTR, bedingt durch die Auslegungssätze bei der Planung vor über 20 Jahren, durch die Produktionsloops. Zwei Dampferzeuger können im Verbund mit Notspeisewasserpumpen und Notspeisewasserbehältern als Notkühlsysteme genutzt werden. Dabei wird der im Hochdruckteil der Dampferzeuger erzeugte Dampf vor Eintritt in den Anfahrentspanner abgespritzt und anschließend über Dach abgeblasen. Die wesentlichen Auslegungsdaten der Sekundäranlage des THTR sind aus Tabelle 4.20 zu entnehmen.

Bei neuen HTR-Anlagenplanungen entfällt die Zwischenüberhitzung. Dadurch entsteht zwar eine geringfügige Verschlechterung des Wirkungsgrades, es wird jedoch der apparative Aufwand erheblich reduziert. Natürlich kann zwecks Steigerung des Wirkungsgrades auch eine Zwischenüberhitzung mit Dampf vorgesehen werden (siehe Ausführungen in Kap. 7). Da im Dampferzeuger ohnehin der Einsatz von austenitischen Werkstoffen vorgesehen ist, dürften noch Steigerungen des Wirkungsgrades möglich sein. Auf Einzelheiten der Optimierung sowie der Weiterentwicklung von Stromerzeugungsprozessen in Verbindung mit Hochtemperaturreaktoren wird in Kap. 7 hingewiesen.

Die im Hauptkondensator sowie in den Hilfskondensatoren der Gebläseantriebsturbinen anfallende Kondensationsabwärme wird zu einem Trockenkühlturm geführt und dort an die Umgebungsluft abgegeben. Der Kühlturm ist als Naturzugtrockenkühlturm ausgeführt. Das durch Rippenrohr-Wärmetauscher-Elemente fließende Kühlwasser wird durch Luft, die im Naturzug aufsteigt, abgekühlt.

Trockenkühltürme vermeiden die Aufwärmung von Flüssen, die bei Frischwasserkühlung zu beachten ist, sowie Wasserdampfschwaden, die als Nebeneffekt bei Naßkühltürmen zu tolerieren sind. Die alternativen Möglichkeiten der Wärmeabfuhr aus Kondensationskraftwerken sind in Abb. 4.124 kurz skizziert. Auf die vom energetischen Standpunkt aus gesehen attraktiveren Methoden der Kraft-Wärme-Kopplung zur Gestaltung des kalten Endes des Dampfturbinenprozesses wird in Kap. 8 näher eingegangen.

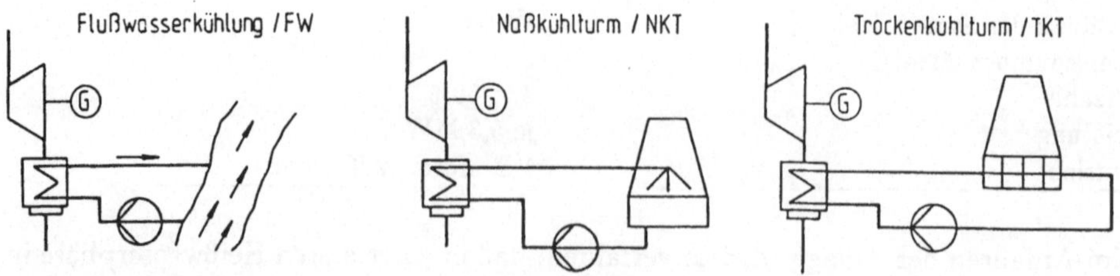

Abb. 4.124: Prinzipien der Kühlverfahren für Dampfturbinenprozesse

Mit der Wahl eines Trockenkühlturms geht im Vergleich zu den anderen erwähnten Kühlverfahren eine Reduktion des Kraftwerkswirkungsgrades einher. Dies ist dadurch bedingt, daß der Kondensatordruck beim Trockenkühlverfahren angehoben werden muß, um genügend hohe Temperaturdifferenzen für die Wärmeübertragung im Kondensator und im Kühlturm zur Verfügung zu haben. Beim Trockenkühlturm des THTR (siehe Abb. 4.125) kommt eine Seilnetzkonstruktion mit einer Verkleidung aus profilierten Aluminiumblechen zum Einsatz. Die Seile sind über einen 180 m hohen Stahlbeton-Pylon abgespannt. Der Kühlturm hat an der Basis einen Durchmesser von 141 m und an der Luftaustrittsöffnung einen Durchmesser von 92 m. Die Höhe beträgt 146 m. Bei der hier gewählten Bauhöhe des Kühlturms erfolgt eine ausreichende selbsttätige Ventilierung. In dem geschlossenen Kühlkreislauf des Kühlturms (siehe Abb. 4.126) wird zum Schutz gegen Korrosion vollentsalztes Wasser verwendet.

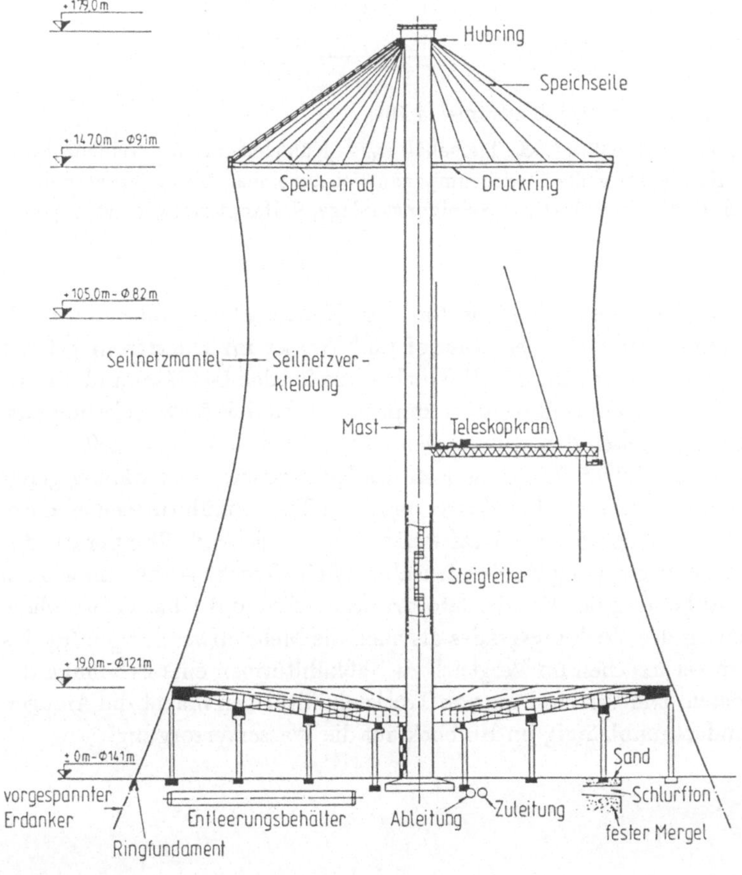

Abb. 4.125: Trockenkühlturm des THTR [4.111]

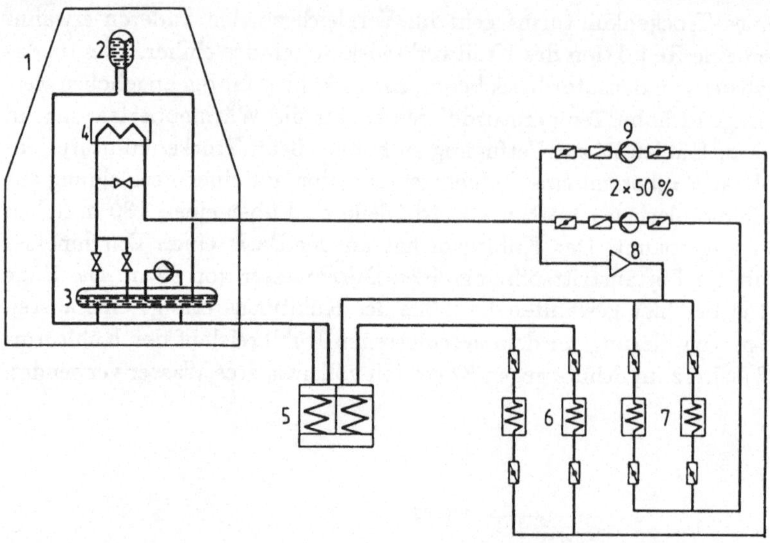

Abb. 4.126: Kühlkreislauf des Trockenkühlturms: [4.108]
1. Trockenkühlturm, *2.* Hochbehälter, *3.* Tiefbehälter, *4.* Kühlelement, *5.* Kondensator
der Hauptturbine, *6.* Kondensator der Speisepumpenantriebsturbinen, *7.* Kondensator des
Gebläseturbosatzes, *8.* Kühlwasserteilstrom-Reinigungsanlage, *9.* Hauptkühlwasserpumpen

Der Kühlkreislauf enthält den Kondensator der Hauptturbine, ausgeführt als
Oberflächenwärmeaustauscher, bei dem Dampf und Wasser im Querstrom geführt
werden, sowie die Kondensatoren für die Hilfsturbosätze für den Gebläse- und Speise-
wasserpumpenantrieb. Die Hauptkühlwasserpumpen sind mit 2 × 50 % Leistung ausgelegt. Im Kühlturm sind neben den Kühlelementen ein Hoch- sowie ein Tiefbehälter
für das Kühlmedium angeordnet. Ein Teilstrom des Kühlwassers wird ständig gereinigt. Wie schon erwähnt, ergibt sich bei Verwendung von Trockenkühltürmen eine Reduktion des Gesamtwirkungsgrades des Kraftwerks. Um ausreichende Temperaturdifferenzen für die Wärmeübertragung im Kondensator und im Trockenkühlturm wählen
zu können, ist eine Anhebung des Kondensatordruckes auf rund 0,1 bar erforderlich.
Sowohl diese Reduktion des Wirkungsgrades als auch die Mehraufwendungen für das
Wärmeabfuhrsystem verursachen im Vergleich zu Naßkühltürmen eine Erhöhung der
Stromerzeugungskosten. Die Verwendung von Trockenkühltürmen macht die Anlagen
dafür praktisch standortunabhängig im Hinblick auf die Wasserversorgung.

5 Betriebsfragen bei HTR-Anlagen

5.1 Brennstoffabbrand, Isotopenaufbau

Je nach Brennstoffzyklus sind im Kern einer HTR-Anlage die Isotope U^{235}, U^{233}, Pu^{239}, Pu^{241} als spaltbare Stoffe in verschiedenen Zusammensetzungen vorhanden. U^{235} wird in mehr oder weniger angereichter Form (z. B. Low Enriched Uranium = LEU: $\approx$ 10 % Anreicherung, High Enriched Uranium = HEU: 93 % Anreicherung) direkt als UO_2 in den coated particles verwendet, während U^{233} sowie die Plutoniumisotope durch Bruteffekte aus eingesetztem Th^{232} bzw. U^{238} entstehen. Die bekannten Umwandlungsketten haben verkürzt wiedergegeben folgende Form:

$$U_{92}^{238}+n_0^1 \longrightarrow Np^{239} \xrightarrow{\beta^-} Pu^{239}+n_0^1 \longrightarrow Pu^{240}+n_0^1 \longrightarrow Pu^{241}+n_0^1 \longrightarrow Pu^{242} \quad , \quad (5.1)$$

$$\overset{1.}{Th}{}^{232}+n_0^1 \longrightarrow \overset{2.}{Th}{}^{233} \xrightarrow[\lambda_1]{\beta^-} \overset{3.}{Pa}{}^{233} \xrightarrow[\lambda_2]{\beta^-} \overset{4.}{U}{}^{233} \quad . \qquad (5.2)$$
$$\sigma_2 \searrow Pa^{234} \qquad \sigma_3 \searrow$$

Auf die wichtigsten Wirkungsquerschnitte dieser Isotope, insbesondere die Resonanzquerschnitte von U^{238} und Th^{232}, die für den Bruteffekt besonders bedeutsam sind, wurde bereits in Abschnitt 3.1 hingewiesen.

Der Abbau der Spaltstoffe, hier sei U^{235} betrachtet, im Laufe der Betriebszeit wird durch eine einfache Differentialgleichung der Form

$$\frac{dN_5}{dt} = -\overline{\sigma_5 \phi} \cdot N_5 \qquad (5.3)$$

mit $N_5 = N(U^{235})$ beschrieben. $\overline{\sigma_5 \phi}$ ist dabei über das Neutronenspektrum zu mitteln. Die Lösung der Gleichung wird in der Form

$$N_5(t) = N_5^0 \cdot e^{-\overline{\sigma_5 \phi} \cdot t} \qquad (5.4)$$

gewonnen. Nicht nur der ursprünglich eingebrachte Brennstoff, sondern auch der durch Brüten in situ erzeugte Spaltstoff wird im Laufe der Betriebszeit abgebrannt. Für die zeitliche Abhängigkeit der Isotopenkonzentration ergibt sich unter Berücksichtigung von radioaktivem Zerfall und Absorption für die Kette nach Gleichung (5.2):

$$\frac{dN_1}{dt} = -\overline{\sigma_1 \phi}\, N_1 \quad, \tag{5.5}$$

$$\frac{dN_2}{dt} = \overline{\sigma_1 \phi}\, N_1 - \lambda_1\, N_2 \quad, \tag{5.6}$$

$$\frac{dN_3}{dt} = \lambda_1\, N_2 - \lambda_2\, N_3 - \overline{\sigma_2 \phi}\, N_3 \quad, \tag{5.7}$$

$$\frac{dN_4}{dt} = \lambda_2\, N_3 - \overline{\sigma_3 \phi}\, N_4 \quad. \tag{5.8}$$

Dieses Gleichungssystem ist mit den Anfangsbedingungen $t = 0$: $N_1(0) = N_1^0$, $N_2(0) = 0$, $N_3(0) = 0$, $N_4(0) = 0$ sukzessiv zu lösen. Eine detaillierte Berechnung liefert unter genauer Berücksichtigung der Energieabhängigkeit der Wirkungsquerschnitte das in Abb. 5.1 wiedergegebene Ergebnis für Brennelemente im Thoriumzyklus, die im THTR Verwendung finden [5.1 - 5.5]. Hier ist statt der Zeit der Abbrand B als Variable gewählt. Dies ist wegen der Beziehung

$$B = \frac{\bar{E}_{Sp}}{\rho_B} \int\limits_0^\tau \Sigma_f\, \phi\, dt \tag{5.9}$$

möglich. Dabei ist ρ_B die Brennstoffdichte.

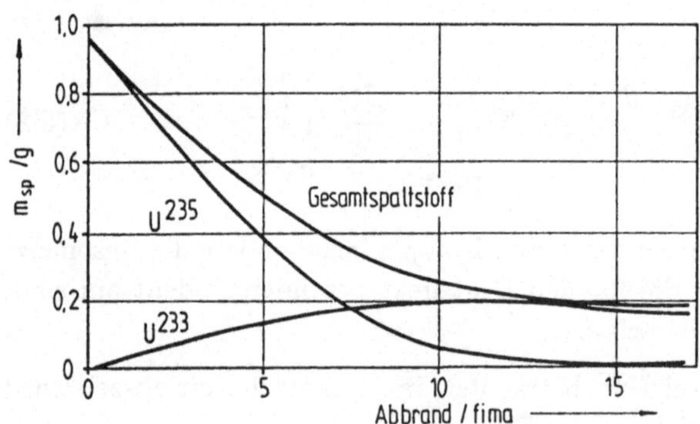

Abb. 5.1: Spaltstoffgehalt eines Brennelementes in Abhängigkeit vom Abbrandzustand (Anfangseinsatz 1 g U^{235} + 10 g Th^{232})

Bei Verwendung von hochangereichertem Material, die noch im THTR vorgesehen ist, enthalten die Brennelemente, die ihren Zielabbrand erreicht haben, etwa 0,2 g U^{233} pro Brennelement. Der U^{235}-Gehalt ist fast vollständig durch Spaltung und Einfang verbraucht. Ähnliche Differentialgleichungen lassen sich für den Uran/Plutoniumzyklus formulieren und ebenfalls sukzessiv lösen. Das Ergebnis für niedrig angereicherte Brennelemente ist in Abb. 5.2 wiedergegeben; hier wurde die Atomzahldichte über der Einsatzzeit im Reaktor aufgetragen.

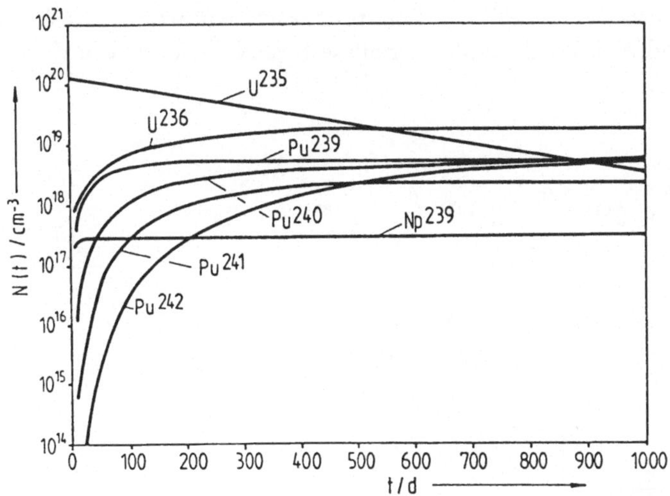

Abb. 5.2: Änderung der Atomzahldichten bei Brennelementen mit niedriger Anreicherung im Uranzyklus in Abhängigkeit von der Zeit

5.2 Wirkung von Spaltprodukten im Reaktorbetrieb

Spaltprodukte, die im Reaktorbetrieb durch fortschreitenden Abbrand der Spaltstoffe entstehen, sind in mehrfacher Hinsicht von Bedeutung. Sie stellen ein hohes Gefährdungspotential dar, welches sicher in den Brennelementen bzw. durch die notwendigen Barrieren eingeschlossen werden muß. Darüber hinaus sind die Spaltprodukte unter dem Gesichtspunkt der Anlagenkontamination im Normalbetrieb von Interesse. Insbesondere die Isotope Xenon und Samarium sind wegen ihrer hohen Absorptionsquerschnitte im thermischen Bereich wichtig (siehe Abb. 5.3) [5.6 bis 5.12]. Ihr Aufbau bzw. Abbau während des Reaktorbetriebes aufgrund wechselnder Flußverhältnisse im Core beeinflußt wesentlich das Langzeitgeschehen im Reaktorkern.

Das Schicksal jedes Spaltproduktisotops im Reaktor während des Betriebsablaufs wird durch eine lineare Differentialgleichung der Form

$$\frac{\mathrm{d}N_i}{\mathrm{d}t} = \gamma_i \, \overline{\Sigma_f \cdot \phi} - \lambda_i \, N_i - \overline{\sigma_{ai} \, \phi} \, N_i - L + \lambda_j \, N_j - A \tag{5.10}$$

beschrieben. Neben den bekannten Termen, die der Spaltung, dem radioaktiven Zerfall und der Absorption Rechnung tragen, sind grundsätzlich Leckageanteile L und Ablagerungsanteile A zu berücksichtigen. Der Anteil $\lambda_j \cdot N_j$ trägt der Tatsache Rechnung, daß das Isotop i auch aus einem Vorläuferisotop j entstehen kann. Das bereits erwähnte Spaltprodukt Xenon[135] entsteht sowohl direkt als Spaltprodukt mit hoher

Ausbeute als auch durch Zerfall aus Jod^{135}. Die Spaltproduktkette führt über Cäsium auf Barium als stabiles Endprodukt. Unter der Zerfallskette sind die jeweiligen Halbwertszeiten $T_{1/2}$ angegeben.

$$\mathrm{Te}^{135} \xrightarrow[\lambda]{\beta^-} \mathrm{J}^{135} \xrightarrow[\lambda_1]{\beta^-} \mathrm{Xe}^{135} \xrightarrow[\lambda_2]{\beta^-} \mathrm{Cs}^{135} \xrightarrow[\lambda_3]{\beta^-} \mathrm{Ba}^{135} \qquad (5.11)$$

$$T_{1/2} \qquad 18\,\mathrm{s} \qquad 6,6\,\mathrm{h} \qquad 9,2\,\mathrm{h} \qquad 2\cdot 10^6\,\mathrm{h}$$

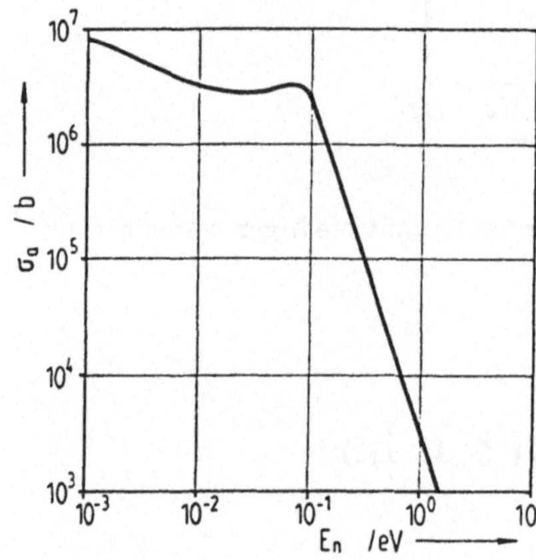

Abb. 5.3: Absorptionswirkungsquerschnitt für Xe^{135}

Die Differentialgleichungen für die Jod- (Index 1) bzw. für die Xenonkonzentration (Index 2) lauten:

$$\frac{\mathrm{d}N_1}{\mathrm{d}t} = \gamma_1 \overline{\Sigma_f \phi} - \lambda_1 N_1 \ , \qquad (5.12)$$

$$\frac{\mathrm{d}N_2}{\mathrm{d}t} = \lambda_1 N_1 - \lambda_2 N_2 + \gamma_2 \overline{\Sigma_f \phi} - \overline{\sigma_{a2}\,\phi}\, N_2 \ . \qquad (5.13)$$

Bei der Aufstellung dieser Differentialgleichungen wird im allgemeinen in γ_1 der Spaltanteil des Tellur wegen dessen kurzer Halbwertzeit mitgezählt. Unter Benutzung spezieller Randbedingungen sind diese Differentialgleichungen orts- und zeitabhängig lösbar. Insbesondere bei der Berücksichtigung von Ortsabhängigkeiten von Konzentrationen und Flüssen ist der Einsatz umfangreicher Rechenprogramme erforderlich. Bei der Behandlung derartiger Probleme stellt sich besonders für sehr ausgedehnte Coreanordnungen das Problem von räumlich-zeitlichen Xenonschwingungen. Hier soll eine elementare Lösung ohne Berücksichtigung von räumlichen Abhängigkeiten gegeben werden. Im Gleichgewichtszustand eines stationären Reaktorbetriebes können werden:

$$N_1^G \;=\; \gamma_1 \cdot \frac{\Sigma_f \cdot \phi}{\lambda_1} \;, \tag{5.14}$$

$$N_2^G \;=\; \frac{\lambda_1 N_1 + \gamma_2 \Sigma_f \cdot \phi}{\lambda_2 + \sigma_{a2}\,\phi} = \frac{(\gamma_1 + \gamma_2)\,\Sigma_f \cdot \phi}{\lambda_2 + \sigma_{a2}\,\phi} \;. \tag{5.15}$$

Beim Anfahren eines Reaktors gilt dagegen mit den Anfangsbedingungen $t = 0$:
$N_1 = 0, N_2 = 0$

$$N_1(t) \;=\; N_1^G \left(1 - \mathrm{e}^{-\lambda_1 \cdot t}\right) \;, \tag{5.16}$$

$$N_2(t) \;=\; N_2^G \left(1 + \frac{\lambda_1}{\lambda_2 + \sigma_{a2}\phi - \lambda_1}\mathrm{e}^{-(\lambda_2 + \sigma_{a2}\,\phi)\cdot t} - \frac{\lambda_2 + \sigma_{a2}\,\phi}{\lambda_2 + \sigma_{a2}\,\phi - \lambda_1}\cdot \mathrm{e}^{-\lambda_1 \cdot t}\right) \tag{5.17}$$

Die Konzentration des Jods strebt demnach beim Anfahren einem Gleichgewichtszustand zu, während die Xenonkonzentration ein Maximum durchläuft, ehe sie sich wieder auf den Gleichgewichtswert einpendelt.

Nach dem Abschalten eines Reaktors gilt $\phi = 0$. Die Gleichungen reduzieren sich damit auf:

$$\frac{\mathrm{d}N_1}{\mathrm{d}t} \;=\; -\lambda_1 N_1 \;, \tag{5.18}$$

$$\frac{\mathrm{d}N_2}{\mathrm{d}t} \;=\; \lambda_1 N_1 - \lambda_2 N_2 \;. \tag{5.19}$$

Bei Verwendung der Anfangsbedingungen

$$t = 0: \qquad N_1 = N_1^G, \qquad N_2 = N_2^G$$

folgen die Lösungsfunktionen

$$N_1(t) \;=\; N_1^G \cdot \mathrm{e}^{-\lambda_1 \cdot t} \;, \tag{5.20}$$

$$N_2(t) \;=\; N_2^G \cdot \mathrm{e}^{-\lambda_1 \cdot t} + N_1^G \left(\frac{\lambda_1}{\lambda_2 - \lambda_1}\mathrm{e}^{-\lambda_2 \cdot t} - \mathrm{e}^{-\lambda_1 \cdot t}\right) \;. \tag{5.21}$$

Es hat sich eingebürgert, die Größe

$$V_2 = \frac{\sigma_{a2} N_2}{\Sigma_{aB}} = \frac{\Sigma_{Xe}}{\Sigma_{aB}} \tag{5.22}$$

(mit Σ_{aB} = makroskopischer Wirkungsquerschnitt des Brennstoffs) als Vergiftung des Reaktorkerns zu bezeichnen. Im Gleichgewicht ist damit die Vergiftung vom Neutronenfluß in der Form

$$V_2 = \frac{\sigma_{a2}\,(\gamma_1 + \gamma_2)\,\Sigma_f \cdot \phi}{(\lambda_2 + \sigma_{a2}\,\phi)\,\Sigma_{aB}} \tag{5.23}$$

abhängig. Mit den bekannten Zahlenwerten
$\gamma_1 + \gamma_2 = 0,067, \qquad \lambda_2 = 2,1 \cdot 10^{-5}\mathrm{s}^{-1}, \qquad \sigma_{a2} = 2,7 \cdot 10^6 \mathrm{barn}$
ergibt sich der in Abb. 5.4 wiedergegebene Verlauf der Vergiftung in Abhängigkeit vom Neutronenfluß.

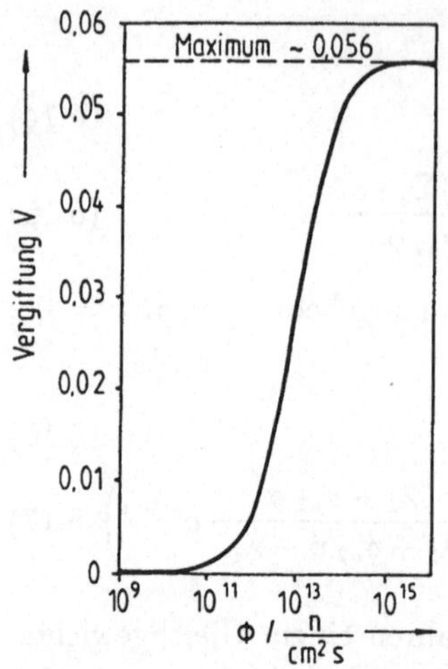

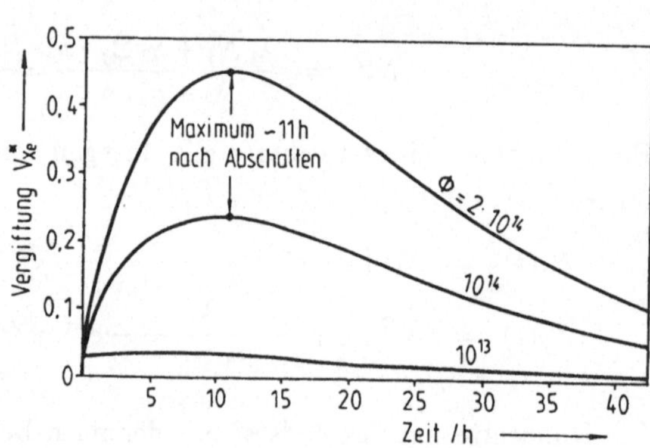

Abb. 5.4: Vergiftung eines Reaktorkerns durch Xenon in Abhängigkeit vom Neutronenfluß

Abb. 5.5: Zeitabhängigkeit der Vergiftung eines Reaktorkerns durch Xenon

Der Einfluß des Xenons im Core auf die Reaktivität läßt sich vereinfacht über

$$\Delta\varrho = \frac{k'_{eff} - k_{eff}}{k_{eff}} = \frac{f' - f}{f} \tag{5.24}$$

abschätzen, wenn im wesentlichen eine Änderung der thermischen Nutzung durch einen hohen Xenongehalt in Betracht gezogen wird. Setzt man

$$f = \frac{\Sigma_{aB}}{\Sigma_{aB} + \Sigma_{aM}}, \qquad f' = \frac{\Sigma_{aB}}{\Sigma_{aB} + \Sigma_{aM} + \Sigma_{Xe}}, \tag{5.25}$$

so folgt näherungsweise für die gesuchte Reaktivitätsänderung:

$$\Delta\varrho = \frac{\Sigma_{Xe}}{\Sigma_{aB} + \Sigma_{aM}} . \tag{5.26}$$

Zur Kompensation des Xenoneffektes, d. h. zur Bindung von eingebauter Überschußreaktivität muß ein entsprechender Betrag zur Reaktivitätsbindung im Langzeit-Abschaltsystem vorgesehen werden. Da Produktion und Aufbau von Xenon mit verschiedenen Zeitkonstanten ablaufen, entsteht eine zeitverzögerte Reaktivitätsrückwirkung der Xenonvergiftung auf Flußänderungen im Core. Bei einem Leistungsreaktor liegt im stationären Vollastzustand eine bestimmte räumliche Verteilung der Jod- und Xenonkonzentration vor, die mit dem lokalen Neutronenfluß korreliert ist. Falls sich bei konstant gehaltener Gesamtleistung des Reaktors die Flußverteilung ändert, z. B. durch Einfahren von Steuerstäben in die Coreregion und Ausfahren von Stäben aus dem anderen Corebereich, so kann das Xe^{135} die dadurch angeregten räumlichen Leistungsdichteänderungen zu Schwingungen verstärken. Der Grund liegt darin, daß nach der Steuerstabverstellung Xenon in der Zone mit erhöhtem Fluß schneller abbrennt als vorher, so daß dort zunächst die Xenonkonzentration reduziert wird. Damit verbunden ist eine Reaktivitätszunahme und ein weiterer Anstieg des Neutronenflusses in dem betreffenden Gebiet. Mit erhöhtem Neutronenfluß steigt auch allmählich die Jodkonzentration an. Es wird mehr Xenon erzeugt und damit für eine Abnahme des Neutronenflusses gesorgt. In den Corezonen mit reduziertem Neutronenfluß steigt auf der anderen Seite die Xenonkonzentration zunächst an, weil durch vorerst unverminderten Zerfall von Jod mehr Xenon erzeugt wird als zur Aufrechterhaltung eines Gleichgewichtzustandes abgebrannt werden kann. Folglich nimmt der Fluß weiter ab, bis schließlich Zerfall und Neutroneneinfang von Xe^{135} die abnehmende Nachlieferung dieses Isotops aus dem Jodzerfall übersteigen. Reaktivität und Neutronenfluß in dieser Coreregion nehmen dann wieder zu. Insgesamt können sich so räumliche Fluß- und Leistungsschwingungen ausbilden, deren Amplituden im Zeitablauf variieren. Die Neutronendiffusion im Core wirkt schwingungsdämpfend, da durch Diffusion räumliche Flußstörungen teils ausgeglichen werden. Je größer diese Coreabmessungen im Verhältnis zur mittleren freien Weglänge der Neutronen sind, desto schwächer ist die hier erwähnte Dämpfung. Xenonschwingungen sind besonders für große Cores wichtig, man hat hier axiale, radiale und azimutale Schwingungen zu berücksichtigen. Eine Ausregelung mit Hilfe des Abschaltsystems ist leicht möglich, da die Schwingungsdauer sehr groß wird. Neben Xenon sind auch Sm^{149}, Sm^{151}, Cd^{113}, Eu^{155} als stabile Spaltprodukte mit hohem Absorptionsquerschnitt von Interesse. Für diese Isotope kann eine Differentialgleichung der Form

$$\frac{dN_i}{dt} = \gamma_i \, \Sigma_f \, \phi - \lambda_i \, N_i - \sigma_{ai} \, N_i \, \phi + \lambda_j \, N_j \tag{5.27}$$

aufgestellt werden, während für die Vorläuferisotope j, aus denen Stoffe im allgemeinen entstehen,

$$\frac{dN_j}{dt} = \gamma_j \, \Sigma_f \, \phi - \lambda_j \, N_j - \sigma_{aj} \, \phi \, N_j \tag{5.28}$$

gesetzt werden kann. Berücksichtigt man, daß das Absorptionsglied $\sigma_{aj} \cdot \phi \cdot N_j$ meist gegenüber dem Zerfallsglied $\lambda_j \cdot N_j$ sehr klein ist, so folgt zunächst

$$N_j(t) = \gamma_j \, \frac{\Sigma_f \, \phi}{\lambda_j} \left(1 - e^{-\lambda_j \cdot t} \right) \quad . \tag{5.29}$$

Da die Halbwertzeiten der Isotope j ($T_{1/2} = \ln 2 / \lambda_j$) sehr klein im Vergleich zur Einsatzzeit der Brennelemente im Reaktor sind, kann $N_j(t)$ durch

$$N_j(t) \approx \gamma_j \, \frac{\Sigma_f \, \phi}{\lambda_j} \tag{5.30}$$

approximiert werden. Damit gewinnt man zusammen mit der Anfangsbedingung $t = 0, N_i = 0$ folgende Lösung für die Konzentration der stabilen Spaltprodukte:

$$N_i(t) = (\gamma_i + \gamma_j) \frac{\Sigma_f}{\sigma_{aj}} \cdot \left(1 - e^{-\sigma_{aj} \, \phi \cdot t} \right) \quad . \tag{5.31}$$

Analog zur Xenonvergiftung bezeichnet man die Größe

$$V_{Sp} = \frac{\sigma_{ai} N_i}{\Sigma_{aB}} \quad .$$

(5.32)

als Vergiftung durch die stabilen Spaltprodukte. Näherungsweise gilt:

$$V_{Sp} \approx (\gamma_i + \gamma_j) \cdot \left(1 - e^{-\sigma_{aj} \phi \cdot t}\right) \quad ,$$

(5.33)

d. h. die Vergiftung nimmt im Laufe des Reaktorbetriebs zu.

5.2 Reaktordynamische Gleichungen

Der Behandlung dynamischer Vorgänge, insbesondere von Kurzzeitvorgängen, liegen die reaktorkinetischen Gleichungen sowie Bilanzgleichungen für die wärmetechnische Behandlung des Reaktorcores als auch von Primärkreiskomponenten wie Dampferzeuger, Gebläse und Gasführungssysteme zugrunde [5.13 bis 5.20].

Tab. 5.1:   Parameter der verzögerten Neutronen für den Spaltstoff U^{235}

Gruppe	Halbwert-zeit (s)	mittlere Lebensdauer (s)	Zerfallskon-stante λ_i (s^{-1})	Bruchteil bezogen auf alle Spaltneutronen β_i
1	55,7	80,2	0,0124	0,000215
2	22,7	32,7	0,0305	0,00142
3	6,2	8,9	0,111	0,00127
4	2,3	3,3	0,301	0,00257
5	0,61	0,88	1,14	0,00075
6	0,23	0,33	3,01	0,00027

Unter Berücksichtigung von 6 Gruppen von verzögerten Neutronen (siehe Tab. 5.1) lassen sich 6 Bilanzgleichungen für die verzögerten Neutronen sowie eine für die prompten Neutronen formulieren. Dies ist die zeitabhängige Diffusionsgleichung für die prompten Neutronen:

$$\frac{\partial C_i}{\partial t} = \lambda_i C_i + \frac{k_\infty}{p} \cdot \beta_i \Sigma_a \phi \quad , \quad i = 1,\ldots,6 \quad ;$$

(5.34)

$$\frac{\partial n}{\partial t} = \frac{1}{v} \frac{\partial \phi}{\partial t} = D \Delta\phi - \Sigma_a \phi + k_\infty \Sigma_a (1 - \beta) \phi e^{-B^2 \cdot \tau} + p e^{-B^2 \cdot \tau} \sum_{i=1}^{6} \lambda_i \quad .$$

(5.35)

Die Bedeutung einiger wesentlicher verwendeter Formelzeichen kann der folgenden Nomenklatur entnommen werden:

$$
\begin{aligned}
C_i &= \quad \text{Konzentration an verzögerten Neutronen der Gruppe } i, \\
\lambda_i &= \quad \text{Zerfallskonstante der Gruppe } i, \\
p &= \quad \text{Resonanzentkommwahrscheinlichkeit,} \\
\beta_i &= \quad \text{Anteil der Gruppe } i, \\
B^2 &= \quad \text{Geometrisches Buckling des Reaktors,} \\
\tau &= \quad \text{Fermi-Alter des Moderators,} \\
v &= \quad \text{Geschwindigkeit der thermischen Neutronen,} \\
D &= \quad \text{Diffusionskoeffizient.}
\end{aligned}
$$

Zu den kinetischen Gleichungen, die hier im Sinne der Punktkinetik angeführt werden, treten wärmetechnische Gleichungen hinzu, um das Gesamtproblem behandelbar zu machen. Für die Reaktorleistung gilt:

$$
P = \int \bar{L}\, dV = \Sigma_f \, \phi \bar{E}_{Sp} V_R \tag{5.36}
$$

mit V_R als Gesamtvolumen des Reaktors und $\bar{E}_{Sp}$ als mittlerer Spaltenergie. Die Wärmeleitung im Brennstoff wird gemäß der partiellen Differentialgleichung

$$
\varrho_b \, c_{p,B} \, \frac{\partial T_B}{\partial t} = L_B + \operatorname{div}(\lambda_B \nabla T_B) \tag{5.37}
$$

mit T_B als Brennstofftemperatur und L_B als Leistungsdichte im Brennstoffbereich zu behandeln sein. Für den Wärmeübergang vom Brennelement an das Kühlgas gilt

$$
q'' = \alpha\,(T_B - T_K) \quad , \tag{5.38}
$$

wobei q'' den Wärmestrom an der Brennelementoberfläche und α die Wärmeübergangszahl in der Brennelementkugelschüttung kennzeichnen. Der Wärmetransport im Kühlmittel erfolgt gemäß der partiellen Differentialgleichung

$$
\varrho_K \, c_{p,K} \, \frac{\partial T_K}{\partial t} = q'' \cdot \sigma - \bar{v}\, \frac{\partial T_K}{\partial z} \cdot \varrho_K \cdot c_{p,K} \quad , \tag{5.39}
$$

mit T_K als Kühlmitteltemperatur, $\bar{v}$ als Mittelwert der Kühlmittelgeschwindigkeit und σ als geometrischem Faktor beim Wärmeübergang von Kugeln an das Kühlgas. Der Vereinfachung halber wird der konvektive Transport im Kühlgas nur in einer Richtung, in z-Richtung, betrachtet.

Ähnliche wärmetechnische Beziehungen können für die anderen Komponenten des Reaktors unter Berücksichtigung insbesondere auch der Druckverteilungen aufgestellt werden.

Es leuchtet ein, daß ein derartig umfangreiches System von Differentialgleichungen am ehesten einer Behandlung mit numerischen Methoden mit Hilfe von ausgedehnten Rechenprogrammen zugänglich ist. Zudem besteht im allgemeinen eine Abhängigkeit der Größen vom Ort (z. B. r, z) und von der Zeit, was den Rechenaufwand ganz beträchtlich erhöht.

Umfassende Lösungen der kinetischen Gleichungen sind vielfach in der Literatur aufgeführt, es sei daher hier auf entsprechende Werke verwiesen [5.18, 5.19].

Eine einfache Lösung für die reaktorkinetischen Gleichungen sei hier abgeleitet, um das Verständnis für dynamische Vorgänge im Reaktorkern zu fördern. Es werde eine Gruppe von prompten und eine fiktive Gruppe von verzögerten Neutronen betrachtet. Vereinfacht gelte dann für die prompten Neutronen:

$$\frac{dn}{dt} = \frac{1}{v}\frac{d\phi}{dt} = \Sigma_a\,\phi\,((1-\beta)\,k_{eff}) + \dot{Q}_{verz.}\quad. \tag{5.40}$$

$\dot{Q}_{verz}$ ist in dieser Gleichung die Quelle der verzögerten Neutronen. Für die Gruppe der verzögerten Neutronen werde vereinfacht der Ansatz

$$\frac{dN}{dt} = \beta\cdot\eta\cdot\Sigma_a\cdot\phi - \lambda N = \beta\,\frac{k_\infty}{p}\cdot\Sigma_a\,\phi - \lambda\,N \tag{5.41}$$

gemacht. Die Quelle der verzögerten Neutronen in der Gleichung (5.41) ist durch

$$\dot{Q}_{verz.} = \lambda\cdot W_s\cdot W_{th}\cdot p\cdot N \tag{5.42}$$

zu beschreiben. $W_s\cdot W_{th}$ ist dabei das Produkt der Nichtausflußwahrscheinlichkeiten im schnellen sowie im thermischen Bereich.

Gleichung (5.40) wird mit Hilfe der Methode der Variation der Konstanten durch die Funktion

$$N = N_0\,e^{-\lambda t} + \int\limits_0^t e^{-\lambda\,(t-t')}\cdot k_\infty\cdot\frac{\Sigma_a\,\phi\,\beta}{p}\,dt' \tag{5.43}$$

gelöst. Mit Hilfe von partieller Integration folgt nach einiger Umformung:

$$N(t) = \frac{k_\infty\,\Sigma_a}{\lambda\,p}\left[\beta\,\phi - \int\limits_0^t \beta\cdot e^{-\lambda\,(t-t')}\,\frac{d\phi}{dt'}\,dt'\right]\quad. \tag{5.44}$$

Wird nun diese Lösung zur Bestimmung der Quelle der verzögerten Neutronen benutzt, so resultiert schließlich nach Einsetzen in Gleichung (5.40) die folgende Bestimmungsgleichung für den Neutronenfluß:

$$\bar{t}\cdot\frac{d\phi}{dt} = \Delta k\,\phi - k_{eff}\int\limits_0^t \beta\cdot e^{-\lambda\,(t-t')}\,\frac{d\phi}{dt'}\,dt'\quad. \tag{5.45}$$

Hier wurden die kennzeichnenden Parameter $\bar{t} = 1/(\Sigma_a\cdot v)$ sowie $\Delta k = k_{eff} - 1$ verwendet. Die Gleichung (5.45) ist zwar nur numerisch für beliebige Verläufe der Größe Δk lösbar, jedoch kann man sich mit einfachen Ansätzen bereits einen Überblick über einige wichtige dynamische Geschehnisse im Reaktorkern verschaffen. Ein geeigneter Ansatz für die Berechnung von Zeitverläufen des Flusses im Bereich der Kurzzeitdynamik sei

$$\phi(t) = A + B\cdot e^{\alpha t}\quad. \tag{5.46}$$

Einsetzen in Gleichung (5.44) liefert:

$$\bar{t}\cdot\alpha\cdot Be^{\alpha t} = \Delta k\,A + \Delta kBe^{\alpha t} - \int\limits_0^t \beta\cdot e^{-\lambda t}\cdot e^{-\lambda\,(t-t')}\alpha\,B\,dt'\quad. \tag{5.47}$$

Für den Fall $\lambda \ll \alpha$, der technisch oft wichtig ist, folgt nach Koeffizientenvergleich

$$\phi(t) = \phi_0 \cdot \left[\frac{\Delta k}{\Delta k - \beta} \cdot e^{(\Delta k - \beta)\, t/\bar{t}} - \frac{\beta}{\Delta k - \beta} \right] \;. \qquad (5.48)$$

Die Reaktivitätsänderung Δk, die beim HTR im wesentlichen durch Verfahren der Steuerstäbe oder durch Temperaturänderungen hervorgerufen wird, bewirkt je nach Größe sehr unterschiedliche zeitliche Änderungen des Neutronenflusses (Abb. 5.6). Für $\Delta k = 0$ gilt $\phi = \phi_0$ (Kurve a). Im Falle $\Delta k < 0$ ergibt sich $\phi = \phi_0 \cdot e^{-\sigma t}$ mit $\sigma > 0$ (Kurve b). Falls $\Delta k > 0$ ist, sind drei Fälle zu unterscheiden:

$$\text{Kurve c}: \Delta k < \beta \quad \text{mit} \quad \phi = \phi_0 \cdot \frac{\beta}{\beta - \Delta k} \cdot \left(1 - \frac{\Delta k}{\beta} \cdot e^{-(\beta - \Delta k)\, t/\bar{t}} \right), \qquad (5.49)$$

$$\text{Kurve d}: \Delta k = \beta \quad \text{mit} \quad \phi = \phi_0 \cdot (1 + \Delta k \cdot t/\bar{t}), \qquad (5.50)$$

$$\text{Kurve e}: \Delta k > \beta \quad \text{mit} \quad \phi = \phi_0 \cdot \frac{\Delta k}{\Delta k - \beta} \left(e^{(\Delta k - \beta)\, t/\bar{t}} - \frac{\beta}{\Delta k} \right). \qquad (5.51)$$

In Abb. 5.6 sind die Fälle a bis e qualitativ wiedergegeben. Aufgetragen ist der auf den Anfangsneutronenfluß bezogene Fluß in Abhängigkeit von der Zeit nach der Änderung der Reaktivität.

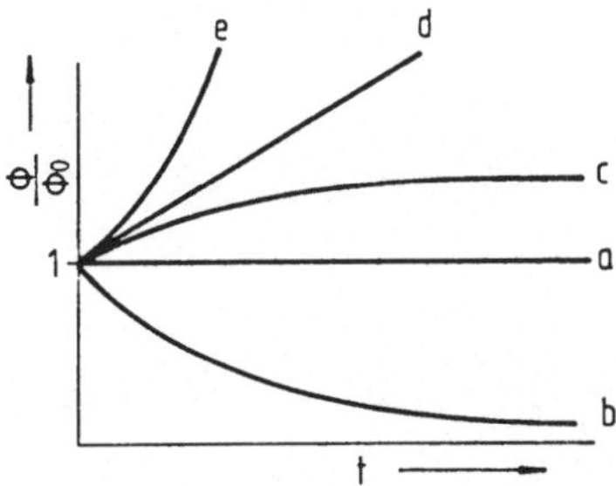

Abb. 5.6: Verläufe des Neutronenflusses bei verschiedenen Höhen der Reaktivitätszufuhr

Während Fall a dem des mit konstanter Leistung fahrenden Reaktors entspricht, ist Kurve b im Prinzip auf Abschaltvorgänge anwendbar. Kurve c wird relevant bei Leistungssteigerungsprozessen im Ablauf von Anfahrprozeduren oder bei Erhöhung der Teillast. Verläufe entsprechend den Kurven d und e müssen durch Auslegung des Reaktorkerns sowie der Regelanlage vermieden werden, um Überschläge der Reaktorleistung und damit eine evtl. Beschädigung von Reaktorkomponenten zu vermeiden. Auch negative Temperaturkoeffizienten führen zu Reaktivitätsänderungen. Sinngemäß ist dann für die gesamte Reaktivitätsänderung

$$\Delta k_{ges} = \Delta k - \Gamma \, \Delta T \qquad (5.52)$$

anzusetzen, um den negativen Reaktivitätsbetrag etwa bei einer Temperaturerhöhung im Core um eine Größe ΔT zu charakterisieren. Änderungen der Brennstofftemperatur führen direkt zu Reaktivitätsänderungen, bei zeitlicher Variation der Moderatortemperatur erfolgt wegen der notwendigen Wärmeleitungsprozesse eine gewisse zeitliche Verzögerung. Führt man statt des Neutronenflusses die Reaktorleistung über $P = \Sigma \cdot \phi \cdot \bar{E}_{Sp} \cdot V_R$ in die Gleichung (5.45) ein, so resultiert unter Verwendung des schon erwähnten linearen Ansatzes für den Zusammenhang zwischen Reaktivitätsänderung und Temperaturänderung folgende Integralgleichung für die zeitliche variable Reaktorleistung:

$$\bar{t}\,\frac{\mathrm{d}P}{\mathrm{d}t} = (\Delta k - \Gamma\,\Delta T) - \beta \int\limits_0^t e^{-\lambda\,(t-t')}\,\frac{\mathrm{d}P}{\mathrm{d}t'}\,\mathrm{d}t' \quad . \tag{5.53}$$

Eine zusätzliche Differentialgleichung für die Bestimmung der zeitlichen Abhängigkeit der Brennstofftemperatur kann aus folgender Betrachtung für die Wärmebilanz des Reaktors im stationären Fall gewonnen werden:

$$\frac{\mathrm{d}}{\mathrm{d}t}\,(\varrho\,c\,T) = L(r,z) - \alpha \cdot A\,(T_0 + \Delta T - T_K) \quad . \tag{5.54}$$

Hier sind folgende Größen verwendet: L = Leistungsdichte, α = Wärmeübergangszahl, A = Wärmeübertragungsfläche der Brennelemente pro Volumeneinheit, T_0 = Reaktortemperatur im stationären Zustand, T_K = Kühlmitteltemperatur. Geht man zu Größen über, die über das gesamte Core nach der Rechenvorschrift

$$\bar{x} = \frac{1}{V} \int\limits_{(V)} x\,\mathrm{d}V \tag{5.55}$$

gemittelt sind, so resultiert die Differentialgleichung

$$P = C \cdot \frac{\mathrm{d}\bar{T}}{\mathrm{d}t} - \alpha \cdot A\,(\bar{T}_0 + \Delta\bar{T} - \bar{T}_K) \tag{5.56}$$

zur Bestimmung der zeitlichen Abhängigkeit der Brennstofftemperatur. Lösungen für die Integralgleichung der Reaktorleistung können durch spezielle Ansätze analytisch erfolgen oder besser durch numerische Lösungsverfahren gewonnen werden. Die beiden gekoppelten Gleichungen führen somit auch auf eine Festlegung der Reaktorleistung, sie erlauben eine vollständige Beschreibung des dynamischen Systems einschließlich der Temperaturrückkopplung. Hier sei nochmals auf die außerordentliche Bedeutung negativer Temperaturkoeffizienten der Reaktivität hingewiesen. Wie schon angedeutet, ist die Resonanzabsorption der Neutronen in den Isotopen Th^{232} und U^{238} im epithermischen Energiebereich für diesen Effekt verantwortlich. Wegen der Eigenbewegung der Kerne bei bestimmten Temperaturen wird die Relativgeschwindigkeit zwischen den Neutronen und den Kernen der erwähnten Isotope verändert. Als Folge werden die Absorptionsraten in diesen Stoffen mit steigender Temperatur modifiziert und zwar in thermischen Reaktoren erhöht. Dieser Selbstregelmechanismus ist für das Sicherheitsverhalten thermischer Reaktoren unerläßlich.

5.4 Regelungsfragen bei HTR-Anlagen

Die Regelaufgaben, die bei einer HTR-Anlage zu erfüllen sind, seien hier beispielhaft für den THTR-Reaktor erklärt [5.21 bis 5.24]. Bei Nachfolgeanlagen gestalten sich die Verhältnisse wegen des Fortfalls der gasseitigen Zwischenüberhitzung des Dampfes im allgemeinen einfacher. Die Anlagenregelung des THTR umfaßt vier voneinander unabhängige Hauptregelkreise mit den Regelgrößen: elektrische Leistung, Frischdampfdruck, Kaltgastemperatur, Frischdampftemperatur. Als wesentliche Stellgrößen zur Durchführung dieser Regelaufgaben stehen folgende Größen zur Verfügung: Frischdampfmassenstrom (geregelt durch Verstellung des Turbinenhauptventils), Gasdurchsatz (geregelt über die Gebläsedrehzahl), Speisewassermenge (geregelt durch Verstellung des Ventils in der Speisewasserleitung), Reaktivität (nukleare Leistung geregelt durch Verstellen der Reflektor-Regelstäbe).

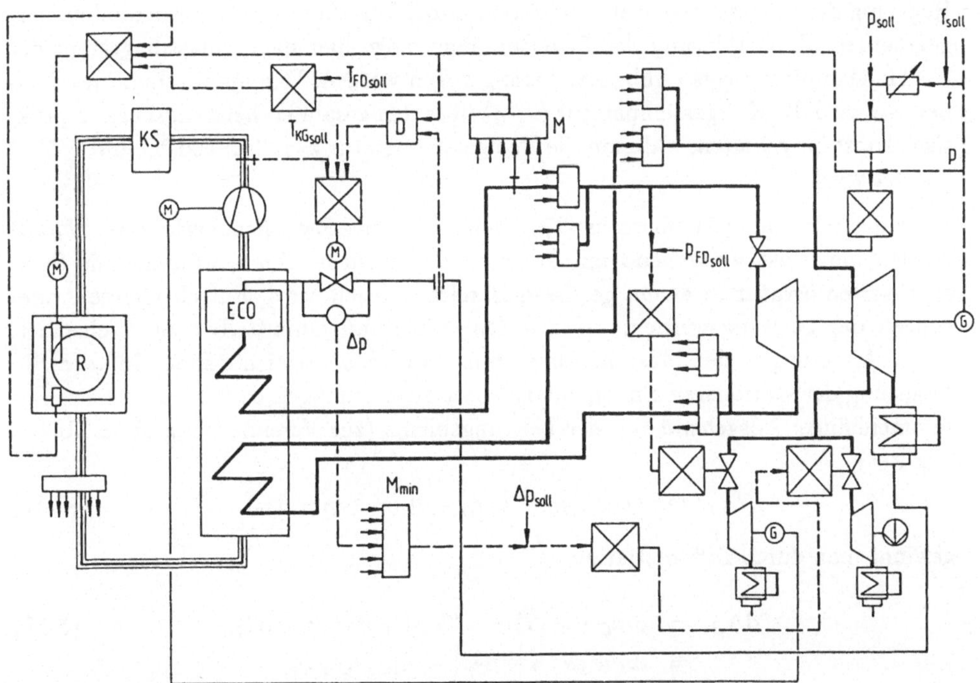

Abb. 5.7: Schema der Anlagenregelung des THTR

Das Regelschema der Anlage ist in Abb. 5.7 wiedergegeben. Im einzelnen stellt sich die Funktion der Regelkreise folgendermaßen dar. Als primäre Regelgröße ist die elektrische Leistung, welche den von außen vorgegebenen Sollwerten anzupassen ist, anzusehen. Beim THTR kommt eine Düsengruppenregelung des Turbosatzes zum Einsatz.

Die Leistungsregelung bewirkt über die Verstellung des Turbinenhauptventils eine
Änderung der Frischdampfdurchsatzmenge und damit eine sehr schnelle Anpassung
der Generatorleistung an den vorgegebenen Sollwert der elektrischen Leistung. Die
Hochdruckturbine wird im Festdruckbetrieb gefahren, d. h. der Dampfdruck wird
vom Regelsystem weitgehend konstant gehalten. Der Speisewassermassenstrom sowie der Gasdurchsatz sind geeignete Stellgrößen, um konstanten Frischdampfdruck
einzustellen. Führungsgröße ist dabei der Speisewassermassenstrom.

Die Kaltgastemperatur muß, um den Spannbetonbehälter beim THTR nicht unnötig
thermisch zu zyklieren, möglichst konstant gehalten werden. Ein möglicher Weg zur
Beeinflussung dieser Regelgröße besteht darin, den Speisewassermengenstrom geeignet zu verändern. Dies kann für jeden Dampferzeuger getrennt geschehen. Wegen
des negativen Temperaturkoeffizienten der Reaktivität ändert sich die nukleare Leistung im Prinzip selbständig, wenn aufgrund einer Änderung von Massenströmen eine
Änderung der Wärmeaufnahme durch die betrieblichen Wärmesenken eintritt. Um jedoch Temperaturtransienten im Dampferzeuger zu vermeiden, wird eine zusätzliche
Regelung der nuklearen Wärmeproduktion durch Verfahren von Absorberstäben vorgenommen. Zur Erklärung der Regelvorgänge möge hier das Teillastdiagramm des
THTR-Dampferzeugers (Abb. 5.8) herangezogen werden. Wie unmittelbar zu erkennen ist, wird die Kaltgastemperatur (T_{KG}) über den gesamten Leistungsbereich praktisch konstant gehalten, während die Heißgastemperatur zwischen 600 °C und 750 °C
variiert wird.

Auch die Frischdampftemperatur (T_{FD}) sowie die heiße Zwischenüberhitzung ($T_{HZÜ}$)
werden möglichst weitgehend mit konstanten Werten gefahren, während die Spei-
sewassertemperatur in einem gewissen Bereich geregelt wird. Entscheidende Änderungen der Leistung werden, wie aus dem Diagramm unmittelbar zu ersehen ist,
durch Änderungen der Massenströme ($\dot{m}_G$ sowie $\dot{m}_W$) erreicht. Eine einfache Betrachtung der stationären Energiebilanz sowie Abweichungen davon liefern diese Zusammenhänge: Ausgehend von der Leistungsbilanz (zur Vereinfachung ohne ZÜ betrachtet)

$$N_R = \dot{m}_G \cdot c_G \left(T_{HG} - T_{KG}\right) = \dot{m}_W \left(h_{FD} - h_{Sp}\right) \quad , \tag{5.57}$$

gewinnt man durch Differentiation

$$\begin{aligned}
\mathrm{d}N_R &= \mathrm{d}\dot{m}_G \cdot c_G \left(T_{HG} - T_{KG}\right) + \dot{m}_G \cdot c_G \cdot \mathrm{d}T_{HG} \\
&= \mathrm{d}\dot{m}_W \left(h_{FD} - h_{Sp}\right) - \dot{m}_W \, \mathrm{d}h_{Sp} \quad ,
\end{aligned} \tag{5.58}$$

wenn, wie vorausgesetzt, die Frischdampftemperatur und die Heliumeintrittsstempe-
ratur in den Reaktor konstant gehalten werden. Das Verhältnis $\Delta N_R / N_R$ kann dann
durch

$$\frac{\Delta N_R}{N_R} = \frac{\Delta \dot{m}_G}{\dot{m}_G} + \frac{\Delta T_{HG}}{T_{HG} - T_{KG}} = \frac{\Delta \dot{m}_W}{\dot{m}_W} - \frac{\Delta h_{Sp}}{h_{FD} - h_{Sp}} \tag{5.59}$$

ausgedrückt werden, so daß unmittelbare Zusammenhänge auf der Gasseite und auf
der Wasserseite bei Leistungsänderungen hergestellt werden können.

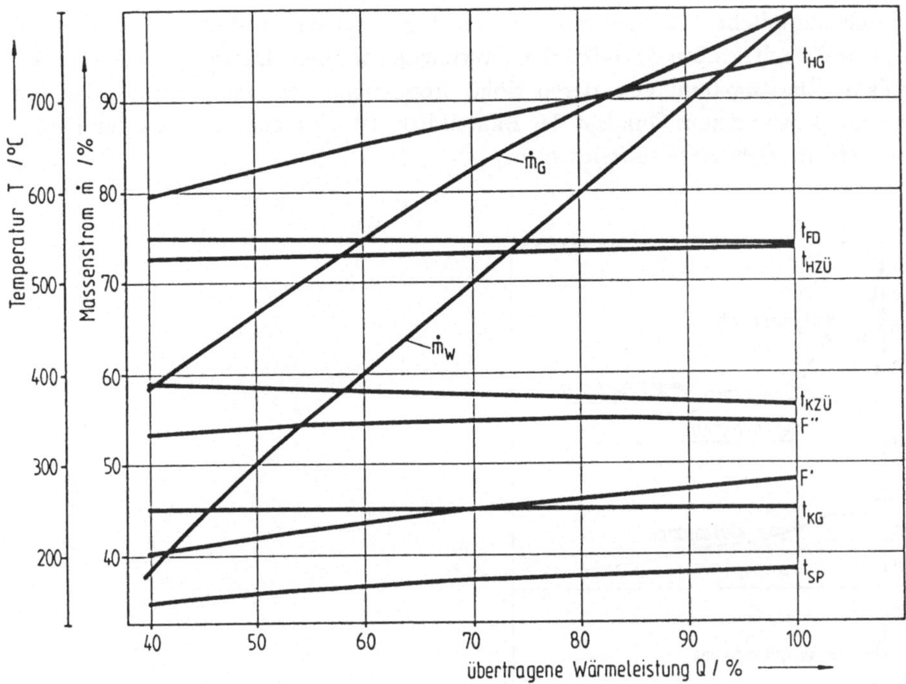

Abb. 5.8: Teillastdiagramm für den THTR-Dampferzeuger [1.34]

Einen Einblick in einige dynamische Abläufe bei wichtigen betrieblichen Vorgängen vermitteln Abb. 5.9 und Abb. 5.10. Im Gefolge einer Reaktorschnellabschaltung wird der Kühlgasdurchsatz innerhalb von einer halben Stunde auf null gefahren. Die Heißgastemperatur wird in der gleichen Zeit von 750 °C auf etwa 300 °C reduziert, während die Kaltgastemperatur auf etwa 150 °C abgesenkt wird. Auch der Kühlgasdruck sinkt während des Gesamtvorgangs. Auf der Sekundärseite der Dampferzeuger wird der Speisewasserdurchsatz sehr bald (nach rund 2 min) auf 25 % abgesenkt und dann konstant gehalten, um die Nachzerfallswärme aus dem Reaktorcore abzuführen. Frischdampftemperatur und heiße ZÜ- Temperatur werden gleichfalls in etwa einer halben Stunde auf Werte unterhalb 300 °C abgesenkt.

Das Anfahren einer HTR-Anlage aus dem kalten Zustand heraus vollzieht sich gemäß Abb. 5.10 in rund 3 Stunden ab Beginn der Wärmeerzeugung im Reaktor. Zunächst werden die Dampferzeuger im Warmwasserbetrieb gefahren, in einer Übergangsphase wird Dampf über Umleitventile gefahren und nach etwa 2 Stunden ist die normale Qualität des Heißdampfes erreicht. Die Turbine wird nach etwa einer Stunde angestoßen und beginnt mit der Leistungsabgabe. Die charakteristischen Zeiten für den Anfahrvorgang werden wesentlich auch dadurch mitbestimmt, daß zu hohe Spannungen durch thermische Transienten in sensitiven Komponenten, dies sind im wesentlichen Bauteile mit großen Wandstärken, vermieden werden. Derartige inastationäre, thermische Zusatzspannungen, deren Höhe proportional zur Temperaturänderungsgeschwindigkeit und zum Quadrat der Bauteildicke ist, sind zusätzlich zu den mechanischen Spannungen zu berücksichtigen.

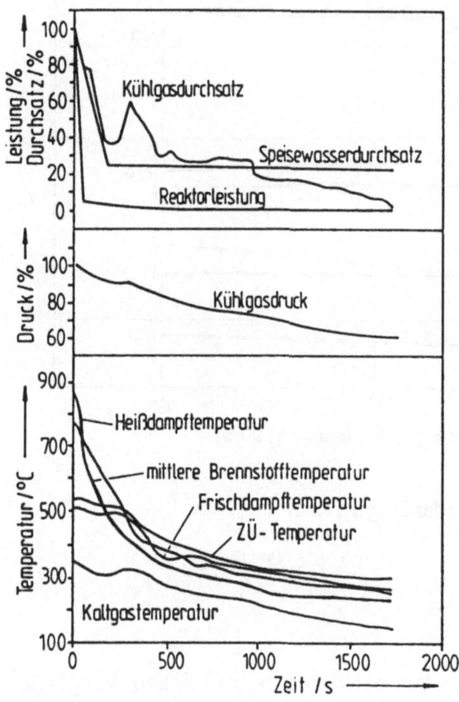

Abb. 5.9: Verlauf einiger wichtiger Prozeßgrößen des THTR-Kraftwerks bei einer Reaktorschnellabschaltung [1.34]

Der THTR ist für einen Lastbereich von 40 % bis 100 % ausgelegt. Entsprechend den Anforderungen des Netzes ist eine bestimmte Laständerungsgeschwindigkeit notwendigerweise sowohl beim Hochfahren als auch beim Abfahren der Last zu erreichen. Wie in Abb. 5.11 dargelegt ist, sind Änderungsgeschwindigkeiten bei Leistungsreduktion von z. B. 8%/min im Bereich 100 bis 75% möglich.

Besondere Bedingungen werden sich beim Aufbau größerer elektrischer Leistungen eines Kraftwerkes beim Einsatz mehrerer Modulreaktoren ergeben. Hier wird es möglich sein, einzelne modulare Wärmequellen zu- und abzuschalten und damit eine größere Flexibilität im Betrieb zu erreichen. Die aus der Technik der Sammelschienen-Kraftwerke bekannten Bedingungen werden hier Anwendung finden. Durch den modularen Aufbau einer Anlage mit größerer Gesamtleistung wird weiterhin eine vergleichsweise hohe Gesamtverfügbarkeit der Kraftwerksanlage erreicht.

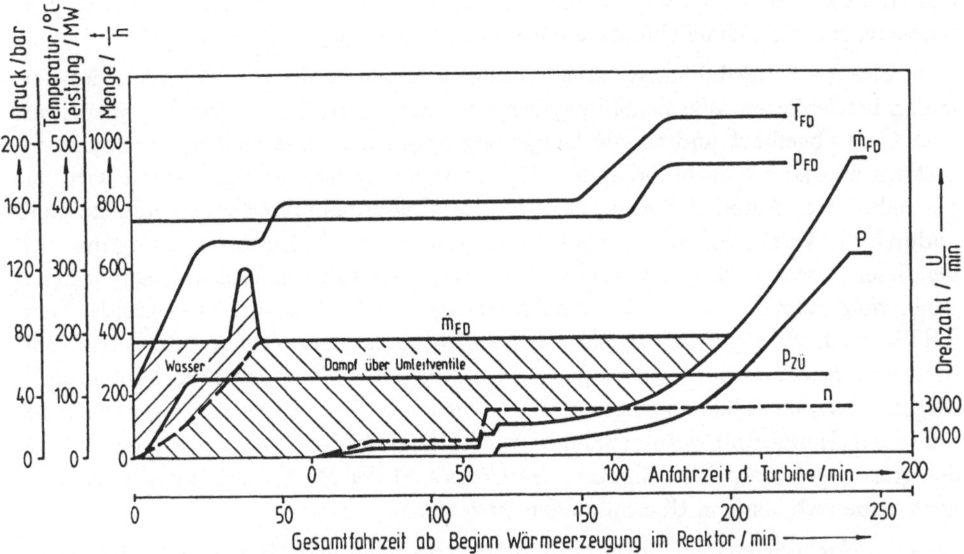

Abb. 5.10: Anfahrdiagramm für den THTR [1.34]

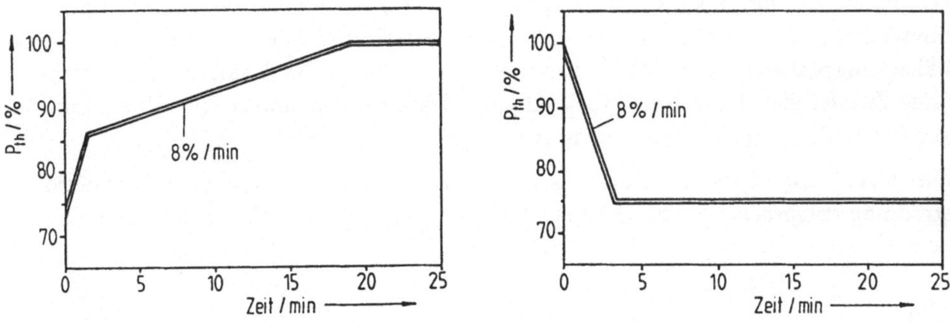

Abb. 5.11: Lastfolgefähigkeit des THTR: **a.** Leistungssteigerung **b.** Leistungsreduktion

5.2 Nachwärmeabfuhr

Auch nach Abschalten der Kettenreaktion wird im Reaktor noch durch β- und γ-Zerfall der Spaltprodukte Wärme in beträchtlicher Höhe freigesetzt. Diese Nachzerfallswärme muß sicher aus dem Core abgeführt werden, um unzulässige Aufheizungen der Kernstrukturen und Spaltproduktfreisetzungen zu vermeiden. Je nach Reaktorkonzept sind, wie schon erwähnt, bei HTR-Anlagen unterschiedliche Systeme vorhanden, um die Nachzerfallswärme abzuführen [5.25 bis 5.28]. Beim THTR sind zwei Systeme, ein sog. Schnellabfahrsystem und ein Notkühlsystem, einsetzbar.

Mit Hilfe des Schnellabfahrsystems, welches weitgehend die Komponenten des normalen betrieblichen Wärmeabfuhrsystems benutzt, wird die Nachzerfallswärme aus dem Core abgeführt und an die Umgebung abgegeben. Das System arbeitet automatisch und ist zweifach vorhanden. Bei Verwendung des Notkühlsystems wird nur ein reduzierter Anteil der Komponenten des Wasserdampfkreislaufs eingesetzt und dadurch die Verfügbarkeit der NWA-Kette erhöht. Die Speisewasserversorgung wird bei dieser Prozedur durch ein Notspeisewassersystem wahrgenommen. Die Wärmeabgabe erfolgt zum Teil durch Dampfabblasen über Dach. Das Notkühlsystem ist beim THTR zweifach ausgeführt. Der Einsatz des Notkühlsystems erfolgt automatisch und wird vom Reaktorschutzsystem ausgelöst. Ausgefallene Komponenten können nach längerer Zeit, im Genehmigungsverfahren wurden 5 Stunden als zulässig nachgewiesen, durch Hand- und Notmaßnahmen wieder in Betrieb genommen werden. Wegen der großen Wärmespeicherfähigkeit des Cores und der Reaktoreinbauten sind dann noch keine unzulässigen Überhitzungen eingetreten.

Falls die Nachwärmeabfuhr bereits in Betrieb war und erst längere Zeit nach Reaktorabschaltung ausfällt, verlängert sich der Zeitraum von 5 Stunden ganz erheblich. Während der Zeitdauer, über die die Notkühlung unterbrochen ist, wird eine Dampferzeuger-Gebläse-Einheit aktiviert. Hierzu werden unter Umgehung der automatischen Steuerung Armaturen vor Ort betätigt und Aggregate in den Schaltanlagen direkt geschaltet. Auf die Möglichkeit der passiven Wärmeabfuhr aus dem Kern nur durch physikalische Prozesse unter Verzicht auf Kreisläufe und Maschinen wird in Kap. 6 näher eingegangen. Diese inhärent sichere Methode der Nachwärmeabfuhr ist ganz ohne Zweifel die attraktivste Notlösung, da keinerlei probabilistische Überlegungen zur Beurteilung von Ausfallraten notwendig sind.

Die Abkühlung eines Reaktorkerns im NWA-Fall durch eine Zwangskonvektionsströmung entsprechend Abb. 5.12 ist durch eine einfache Gleichung beschreibbar.

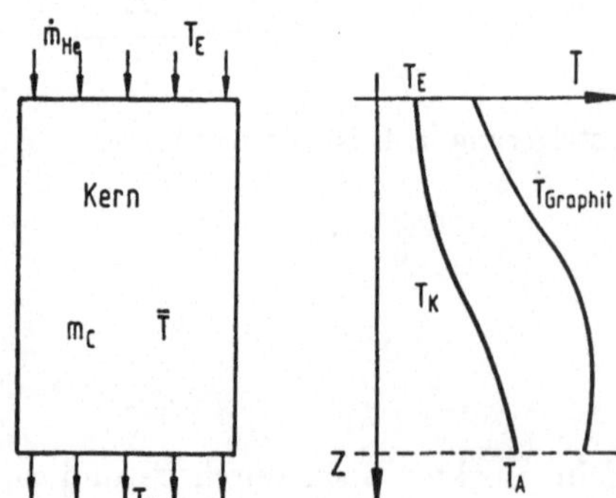

Abb. 5.12: Schema zur Abschätzung der Wärmeabfuhr im Nachwärmeabfuhrfall

Ausgehend von $\bar{T}(t)$ als mittlerer Graphittemperatur im Reaktorkern und m_c als der durch die Kernleistungsdichte bestimmten Graphitmenge im Reaktorkern, gilt die

Wärmebilanz:

$$\frac{\mathrm{d}}{\mathrm{dt}}(m_C \cdot c_C \bar{T}(t)) = \dot{Q}_N - \dot{Q}_{Konv} \quad . \tag{5.60}$$

Die Nachzerfallswärme $\dot{Q}_N$ kann für vereinfachte Abschätzungen durch

$$\dot{Q}_N \approx \dot{Q}_0 \cdot t^{-0,2} \tag{5.61}$$

approximiert werden, während für die konvektive Wärmeabfuhr

$$\dot{Q}_{Konv} = \dot{m}_{He} \cdot c_{He}(T_A - T_E) \tag{5.62}$$

gilt. Hier sei eine Näherung benutzt:

$$\bar{T} \approx \frac{T_A + T_E}{2} + \Delta T \quad , \tag{5.63}$$

mit ΔT als mittlerer Temperaturdifferenz zwischen Graphittemperatur und Kühlgastemperatur. Unter Berücksichtigung der Annahme, daß T_E annähernd konstant sein wird, folgt als Differentialgleichung für die Kernaustrittstemperatur T_A

$$\frac{\mathrm{d}T_A}{\mathrm{dt}} = \alpha \cdot t^{-0,2} + \beta - \gamma\, T_A \tag{5.64}$$

mit

$$\alpha = \frac{2\,\dot{Q}_0}{m_C \cdot c_C}, \qquad \beta = \frac{\dot{m}_{He} \cdot c_{He} \cdot 2\,T_E}{m_C \cdot c_C}, \qquad \gamma = \frac{2\,\dot{m}_{He} \cdot c_{He}}{m_C \cdot c_C} \quad . \tag{5.65}$$

Die Gesamtlösung dieser Gleichung kann zu

$$T_A(t) = T_A^0 \cdot e^{-\gamma t} + \frac{\beta}{\gamma} \cdot (1 - e^{-\gamma t}) + \frac{\alpha}{\gamma - \beta} \cdot (e^{-\sigma t} - e^{-\gamma t}) \tag{5.66}$$

abgeleitet werden, wenn die Anfangsbedingung $T_A(0) = T_A^0$ gewählt wird und wenn zur Vereinfachung der Integration die Funktion $t^{-0,2}$ durch $e^{-\sigma t}$ approximiert wird. Man erkennt, daß die Geschwindigkeit der Absenkung der Austrittstemperatur des Kühlgases aus dem Kern im wesentlichen durch einen steigenden Massenstrom $\dot{m}_{He}$ beeinflußt werden kann. Ein Massenstrom in ausreichender Höhe, einige Prozent sind bei mittleren bis großen HTR-Cores zweckmäßig, ist erforderlich, um ein stabiles Durchströmen des Reaktorkerns zu gewährleisten. Bei zu kleinen Massenströmen bilden sich interne Zirkulationen aus und es kommt nur zu einer Umverteilung der Wärme im Core und nicht zu einer Abgabe an die Sekundärkreisläufe. Wenn sich der Dampferzeuger oberhalb des Reaktorkerns befindet, wie dies beim AVR der Fall ist, reichen bei geeigneter Coreauslegung und Konstruktion Naturkonvektionsphänomene aus, um das aufgewärmte Kühlgas zu den Wärmetauschern zu transportieren. Bei Kernabkühlung ist wegen des negativen Temperaturkoeffizienten eine Reaktivitätssteigerung durch das Abschaltsystem zu kompensieren.

Insgesamt bleibt festzuhalten, daß Nachwärmeabfuhrvorgänge bei Hochtemperaturreaktoren im Vergleich zu anderen Reaktorsystemen wegen der niedrigen Kernleistungsdichte und der großen thermischen Trägheit der Systeme ohne den sonst üblichen Zeitdruck eingeleitet werden können (siehe Kap. 6). Die Nachwärmeabfuhr kann auch für längere Zeit ohne nachteilige Folgen für das Core unterbrochen werden.

5.6 Behandlung von radioaktiven Abgaben im Normalbetrieb

Während des Betriebes eines Reaktors fallen radioaktive Stoffe im gasförmigen, flüssigen oder festen Zustand an [5.29]. Genehmigungsgrundlage ist es, daß diese Schadstoffe soweit technisch möglich im Kraftwerk zurückgehalten und geeignet konditioniert bzw. endgelagert werden. Bei Einhaltung bestimmter Grenzwerte wird eine Gefährdung der Umgebung im Normalbetrieb als ausgeschlossen angesehen.

In stark vereinfachter Form kann das Fließschema für die Abgabe von radioaktiven Stoffen beim HTR gemäß Abb. 5.13 dargestellt werden. Demnach wird die Abluft aus verschiedenen Raumkategorien durch Schwebstoffilter und Aktivkohlefilter gereinigt und über einen hinreichend hohen Kamin an die Umgebung abgegeben. Der Abscheidegrad für Aerosole und Jod ist hierbei größer als 99 %.

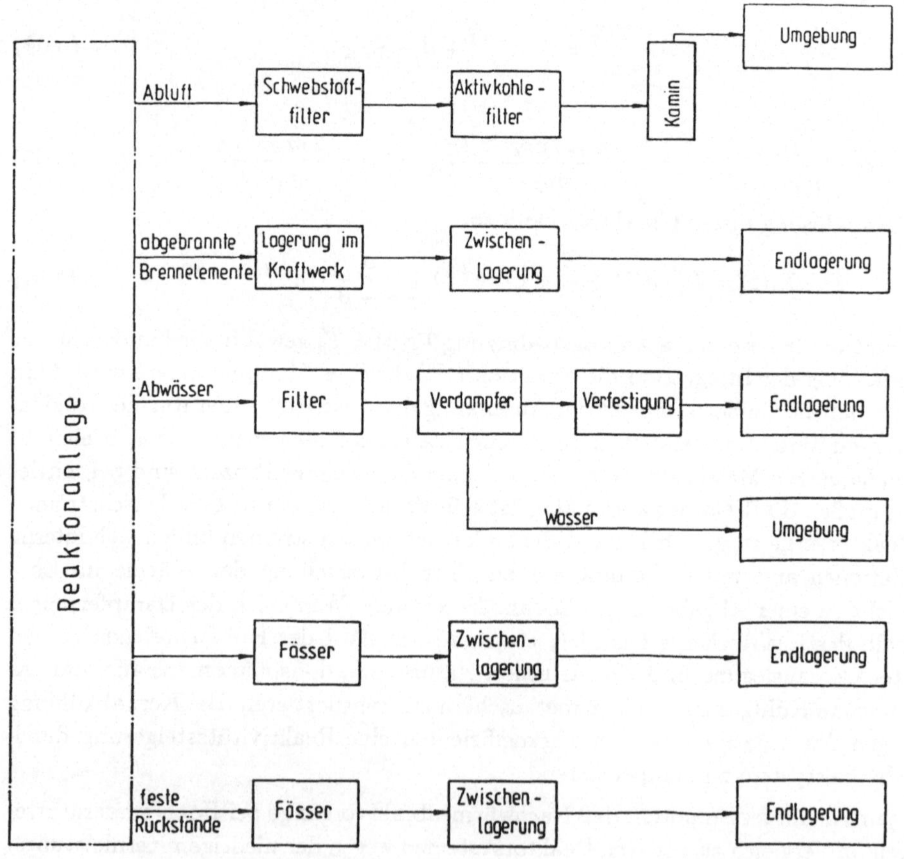

Abb. 5.13: Behandlung radioaktiver Abfallstoffe beim HTR (Beispiel THTR)

Da die Kreisläufe von HTR-Anlagen wegen der Verwendung äußerst dichter Brennstoffteilchen in den Brennelementen im bestimmungsgemäßen Betrieb kontaminationsarm sind, werden erfahrungsgemäß mit der Abluft nur äußerst geringe Mengen
an Radioaktivität freigesetzt. Abgebrannte Brennelemente und im Betrieb aus der
Beschickungsanlage entnommene defekte Brennelemente werden, wie in Kap. 9 noch
näher ausgeführt, zwischengelagert und später in geeigneter Verpackung endgelagert.

Radioaktive Abwässer, die bei einem Kernkraftwerk in vielfältiger Form aus De-
kontaminationseinrichtungen, Labors und sanitären Anlagen anfallen, werden nach
Filterung und Eindampfen in geeigneter Form (Aktivität $< 5 \cdot 10^{-5}$ Ci/m³) in die
Umgebung abgegeben. Die abgetrennten radioaktiven Stoffe werden verfestigt und
endgelagert.

Aktivierte Komponenten, die im Rahmen von Reparaturen oder Austauschvorgängen
im Kraftwerk anfallen, werden ebenfalls nach Zwischenlagerung in eine Endlagerstätte
verbracht. In diesem Zusammenhang kann etwa an Absorberstäbe, defekte Dampferzeuger oder Komponenten der Beschickungsanlage gedacht werden. Weitere feste
Abfälle, die im Betrieb anfallen, sind Abfälle aus der Gasreinigungsanlage, Konzen-
trate aus der Kondensatreinigungsanlage oder Abfälle aus der Lüftungsanlage. Auch
diese Stoffe werden in Fässer verpackt, zwischengelagert und schließlich einer Endlagerung zugeführt. Die verfahrenstechnischen Prozesse, die zur Durchführung aller
hier beschriebenen Maßnahmen notwendig sind, stehen insbesondere auch durch den
jahrzehntelangen erfolgreichen Betrieb der Leichtwasserreaktoren voll entwickelt zur
Verfügung. Für jeden Reaktor werden von der Genehmigungsbehörde Abgabegrenz-
werte für Abluft und Abwasser festgelegt. Diese Abgaberaten werden kontinuierlich
gemessen. Die sich daraus ergebenden zusätzlichen radioaktiven Belastungen für Menschen müssen hinreichend niedrig im Vergleich zu natürlichen und sonstigen, durch zivilisatorische Einwirkungen bedingten, radioaktiven Belastungen sein. Bei der Berechnung der inneren oder äußeren Bestrahlung des Menschen werden heute die verschiedenen Transferfaktoren sowie Anreicherungsmöglichkeiten von radioaktiven Stoffen in
der Nahrungskette berücksichtigt. Im THTR stellen sich die Abgabewerte im Normalbetrieb und die daraus resultierenden Belastungen für die Umgebung des Kraftwerkes
folgendermaßen dar:

Tab. 5.2:   Radioaktive Abgaben mit der Abluft beim THTR

Edelgase		$6,66 \cdot 10^{14}$	Bq/a
langlebige Aerosole	max	$3,7 \cdot 10^{8}$	Bq/a
Jod 131	max	$3,7 \cdot 10^{8}$	Bq/a
Tritium	max	$8,22 \cdot 10^{12}$	Bq/a

Aus den Abgaben über den Abluftpfad resultiert im ungünstigsten Fall eine Strah-
lenexposition als Ganzkörperdosis von $3,3$ mrem/a.

Dieser Wert wird allerdings nach den bisher gemessenen Abgabewerten sowie nach
den 20jährigen Betriebserfahrungen des AVR bei weitem nicht ausgeschöpft.

Bezüglich der Abgabe von Radioaktivität mit dem Abwasser stellt sich die Situation nach den Genehmigungsauflagen folgendermaßen dar:

Tab. 5.3:   Radioaktive Abgaben mit dem Abwasser beim THTR

Tritium	$3,7 \cdot 10^{13}$	Bq/a
Nuklidgemisch	$1,85 \cdot 10^{10}$	Bq/a

Hieraus resultiert eine zusätzliche maximale Dosisbelastung von 0,4 mrem/a.

Die hier genannten und der Genehmigung zugrunde liegenden Dosiswerte sind im Vergleich zu der mittleren in der Bundesrepublik vorliegenden Strahlenbelastung von rund 170 mrem/a durch natürliche Einwirkungen und sonstige zivilisatorische Belastungen (z.B. Röntgendiagnostik und -therapie) zu sehen. Eine noch weitere Reduktion der ohnehin geringen Abgabewerte durch erhöhten technischen Aufwand ist in Zukunft vorstellbar. Auch die radiologischen Belastungen des Betriebspersonals sind nach den vom AVR sowie THTR, aber auch von den übrigen HTR-Anlagen, vorliegenden Erfahrungen, sehr niedrig. Abb. 5.14 zeigt Belastungswerte, die beim AVR-Betrieb ermittelt wurden. Die Werte liegen weit unterhalb des festgelegten gesetzlichen Grenzwertes. [6.12] Sie haben im Laufe der Betriebszeit, nur kurzzeitig wieder angehoben durch die Beseitigung eines Damperzeugerschadens, ständig abgenommen.

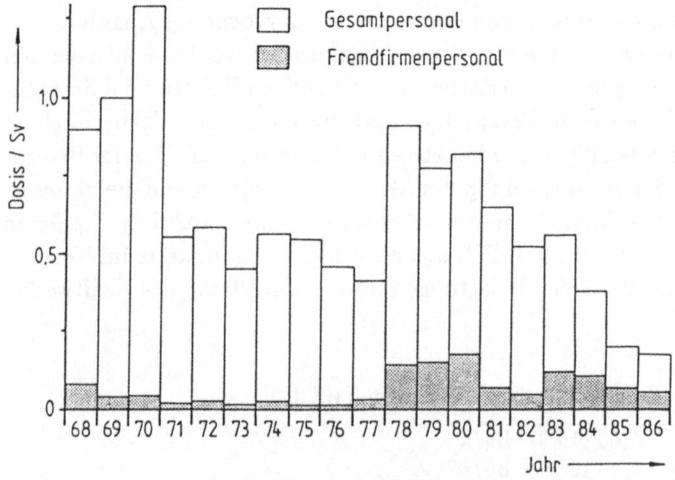

Abb. 5.14: Jahres-Gesamt-Personendosis (AVR)

Ähnlich günstige Betriebserfahrungen wurden auch beim Betrieb von HTR-Anlagen mit blockförmigen Brennelementen (Dragon, Peach Bottom, Fort St.Vrain) gewonnen. Der Grund ist darin zu suchen, daß die Kreisläufe von HTR-Anlagen wegen der Verwendung von beschichteten Brennstoffteilchen und deren ausgezeichnetem Rückhaltevermögen für Spaltprodukte ausgesprochen kontaminationsarm sind.

6 Sicherheitsfragen bei HTR-Anlagen

6.1 Spaltproduktinventar eines HTR und Barrierenprinzip

Bei jedem Spaltvorgang im Kernreaktor entstehen neben den erwünschten Produkten Energie und Spaltneutronen Begleitstoffe, die den Anlagenbetrieb erschweren. Dies sind die Spaltprodukte, von denen mehrere hundert mit ihren Ausbeuten bei der Spaltung, ihren Halbwertzeiten, Zerfallsarten und Zerfallsenergien bekannt sind. Die Häufigkeit ihres Auftretens ist für die einzelnen Spaltstoffe charakteristisch und war bereits in Abb. 3.3, z. B. für U^{235} wiedergegeben. Bei jedem Spaltereignis werden zwei Spaltprodukte gebildet, die fast immer radioaktiv sind. Im allgemeinen entstehen Ketten, in denen konsekutive Zerfälle bis zum Erreichen eines stabilen Zustandes auftreten. Als einige Beispiele seien genannt:

$$Sr_{38}^{94} \xrightarrow{\beta^-} Y_{39}^{94} \xrightarrow{\beta^-} Zr_{40}^{94} \qquad (stabil) \tag{6.1}$$

$$Xe_{54}^{140} \xrightarrow{\beta^-} Cs_{55}^{140} \xrightarrow{\beta^-} Ba_{56}^{140} \xrightarrow{\beta^-} La_{57}^{140} \xrightarrow{\beta^-} Ce_{58}^{140} \qquad (stabil) \tag{6.2}$$

Die Spaltprodukte [6.1 bis 6.3] sind von größter Wichtigkeit für den Reaktorbetrieb sowie für das Störfallgeschehen. In Abb. 6.1 sind einige wesentliche Gesichtspunkte, die auf die Bedeutung der Spaltprodukte für die verschiedenen Aspekte hinweisen, aufgelistet. In den folgenden Abschnitten soll insbesondere das Verhalten der Spaltprodukte im Hinblick auf Freisetzungen im Normalbetrieb und in Störfällen untersucht werden. Zur Bedeutung der Spaltprodukte im Hinblick auf die Zwischenlagerung oder die Endlagerung finden sich einige Ausführungen in Kap. 9.

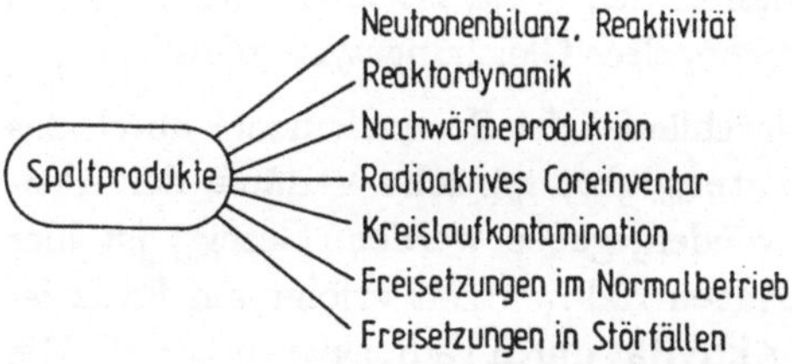

Abb. 6.1: Beeinflussung des Reaktorbetriebes durch die radioaktiven Spaltprodukte

Das weitere Schicksal eines Spaltproduktes in einem Kernreaktor wird durch seine Zerfallszeit, seine Wechselwirkungen mit Neutronen, durch Leckagen und durch Wirkungen von Gasreinigungsanlagen bestimmt. Unterstellt man, daß ein Spaltprodukt i direkt bei der Spaltung entsteht, so gilt folgende Bilanzgleichung für die Zahl der Spaltproduktkerne N_i:

$$\frac{dN_i}{dt} = \gamma_i \cdot \overline{\Sigma_f \phi} - \lambda_i N_i - N_i \overline{\sigma_{ai} \phi} - (L + G) \quad . \tag{6.3}$$

Dabei bedeutet $\overline{\Sigma_f \cdot \phi}$ die energetisch gemittelte Spaltrate, γ_i ist die Spaltausbeute des Isotops i, λ_i die Zerfallskonstante, $\overline{\sigma_{ai} \phi}$ eine energetisch gemittelte Absorptionsrate, $(L + G)$ stellt einen Term dar, der Leckagen und Absorption in der Gasreinigungsanlage umfaßt. Mit der Abkürzung $\alpha = \lambda_i + \overline{\sigma_{ai} \cdot \phi}$ läßt sich leicht eine Lösung der Differentialgleichung angeben:

$$N_i(t) = C \cdot e^{-\alpha t} + e^{-\alpha t} \cdot \int_0^t \left(\gamma_i \overline{\Sigma_f \phi} - (L + G) \right) e^{\alpha t'} \, dt' \quad . \tag{6.4}$$

Für den Spezialfall, daß der Fluß ϕ zeitlich konstant ist und daß $(L + G) \ll \gamma_i \cdot \overline{\Sigma_f \phi}$, findet man unter Benutzung der Anfangsbedingung $N_i(0) = 0$:

$$N_i(t) = \frac{\gamma_i \cdot \overline{\Sigma_f \phi}}{\lambda_i + \overline{\sigma_{ai} \phi}} \cdot \left(1 - e^{-(\lambda_i + \overline{\sigma_{ai} \phi}) t} \right) \quad . \tag{6.5}$$

Eine Auswertung dieser Gleichungen für verschiedene Spaltprodukte, die in HTR-Anlagen große Bedeutung haben, ist in Abb. 6.2 vorgenommen. Man erkennt, daß das Spaltproduktinventar in einzelnen Kugeln mit fortschreitendem Abbrand für Isotope mit langer Halbwertzeit zunimmt. Der Spaltstoffabbrand kann dabei mit den Größen Fluß und Zeit über eine Beziehung für den Abbrand B

$$B = \bar{E}_{Sp} \int_0^t \overline{\Sigma_f \phi} \, dt / \varrho_B \tag{6.6}$$

korreliert werden. Das Aktivitätsinventar wird aus den Anzahlen der Atome über

$$A_i \sim \lambda_i N_i \tag{6.7}$$

berechnet. Falls das Isotop i aus einem Vorläufer j entsteht, ist in Gl. 6.3 ein Term $\lambda_j N_j$ als Quelle zu ergänzen und dann ein gekoppeltes Gleichungssystem zu lösen.

Bei einem mehrmaligen Durchlauf (hier 9 Durchläufe) der Brennelemente durch das Core ergeben sich für relativ kurzlebige Spaltprodukte typische Verläufe der Aktivität über dem Abbrand, die in Abb. 6.3 wiedergegeben werden. Gezeigt ist hier der Verlauf des Isotops J^{131}. Wegen der geringen Halbwertzeit erfolgt am Ende jedes Durchlaufs immer wieder ein Abfall der Aktivität durch radioaktiven Zerfall. Die Aktivität eines langlebigen Isotops wie Cs^{137} dagegen steigt wegen der langen Halbwertzeit ($T_{1/2} \approx 30$ a) kontinuierlich an.

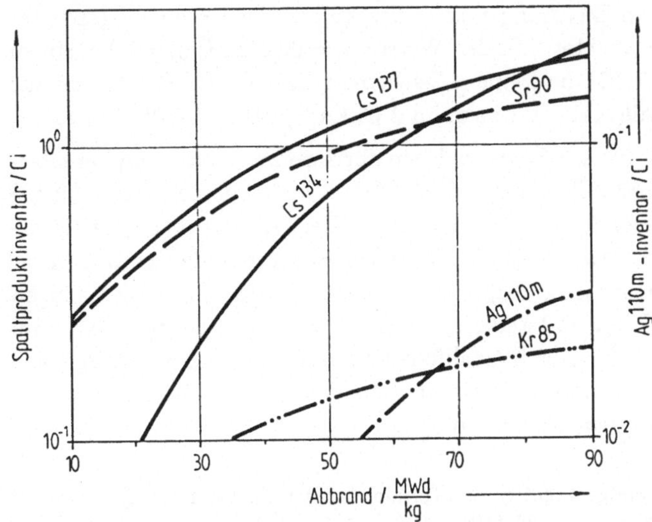

Abb. 6.2: Aktivitätsinventar von wichtigen Spaltprodukten in Abhängigkeit vom Abbrand (LEU-Zyklus, BE-Beladung: 7 g-SM)

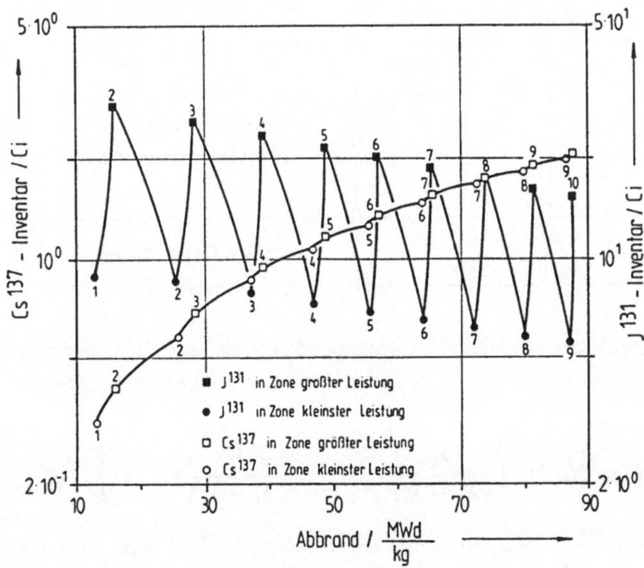

Abb. 6.3: Zeitliche Verläufe von Spaltproduktinventaren bei mehrfachem Durchlauf durchs Core (LEU-Zyklus, BE-Beladung: 7 g SM)

Anhand der oben angeführten Gleichungen kann der Aufbau der Isotope abgeschätzt werden. Hier sei das Cs^{137} betrachtet: Mit den Werten $\gamma_i = 0,0615$, $T_{1/2i} = 30$ a, einem Abbrand von 80 000 MWd/t SM und einem Schwermetallgehalt des Brennelements von 7 g folgt entsprechend die Aktivität zu rund 2 Ci Cs^{137}/BE ($7,4 \cdot 10^{10}$ Bq/BE).

Diese Betrachtungen können für alle Spaltprodukte durchgeführt werden und ergeben im Gleichgewichtsbetrieb einer HTR-Anlage die in Tab. 6.1 angeführten Werte für die Aktivitätsmengen einiger besonders wichtiger Isotope. Zusätzlich angegeben sind die Halbwertszeiten ($T_{1/2i} = \ln 2/\lambda_i$), sowie Hinweise zur Bedeutung der Isotope in radiologischer Hinsicht. Wie in späteren Kapiteln noch erklärt wird, sind Freisetzungen von Krypton, Xenon, Jod, Tellur und anderen relativ kurzlebigen Spaltprodukten im Ablauf von Störfällen für die sofortigen Störfallfolgen bestimmend, während langlebige Isotope wie Cäsium und Strontium für die Beurteilung von Langzeitkontaminationen nach schweren Störfällen von Bedeutung sind.

Tab. 6.1:   Übersicht über einige wichtige Spaltprodukte im HTR-Core im Gleichgewicht (UO_2, 93% anger., 300 MW_{el}, 1 Ci = $3,7 \cdot 10^{10}$ Bq)

Nuklid	Halbwerts-zeit	Spaltprodukt-inventar (10^7 Ci)	Bedeutung des Spaltprodukts
Krypton 85m	4,48 h	0,84	
Krypton 85	10,76	0,03	
Krypton 88	2,2 h	2,31	Ganzkörper- β und γ - Dosis
Xenon 133	5,29 d	4,35	
Xenon 135	9,17 h	0,48	
Jod 131	8,06 d	1,8	
Jod 132	2,38 h	2,7	Schilddrüsendosis
Jod 133	20,8 h	4,35	
Jod 135	6,59 h	3,9	
Tellur 129m	33,6 h	0,15	
Tellur 131m	30,0 h	0,27	
Tellur 132	3,25 d	2,7	Knochen- und Knochenmarkdosis
Strontium 89	50,5 d	2,55	
Strontium 90	28,5 a	0,255	
Cäsium 134	2,06 a	0,525	sonstige Organdosen
Cäsium 137	30,01 a	0,255	

Nach dem Abschalten eines Reaktors zerfallen die Spaltprodukte bekanntlich, je nachdem, ob es sich um einen einfachen oder einen konsekutiven Zerfall handelt, entsprechend:

$$N_i(t) = N_i(0) \cdot e^{-\lambda_i t} \quad , N_i(t) = N_i(0) \cdot \left(\frac{\lambda_i}{(\lambda_j - \lambda_i)} \cdot e^{-\lambda_i t} + \frac{\lambda_i}{(\lambda_i - \lambda_j)} \cdot e^{-\lambda_j t} \right) . \quad (6.8)$$

Dabei kennzeichnet $N_i(0)$ den Wert, der vor dem Abschalten erreicht war und der natürlich entscheidend vom Betrieb vor dem Abschalten abhängt. So klingen z. B. Jod- und Bariumaktivitäten sowie die Aktivitäten der meisten gasförmigen Spaltprodukte innerhalb der ersten 20 Tage nach dem Abstellen um mehrere Zehnerpotenzen ab (siehe Abb. 6.4), während die Aktivitätswerte für Cäsium, Strontium und einige weitere Isotope praktisch ungeändert über Jahre auf hohem Niveau bleiben.

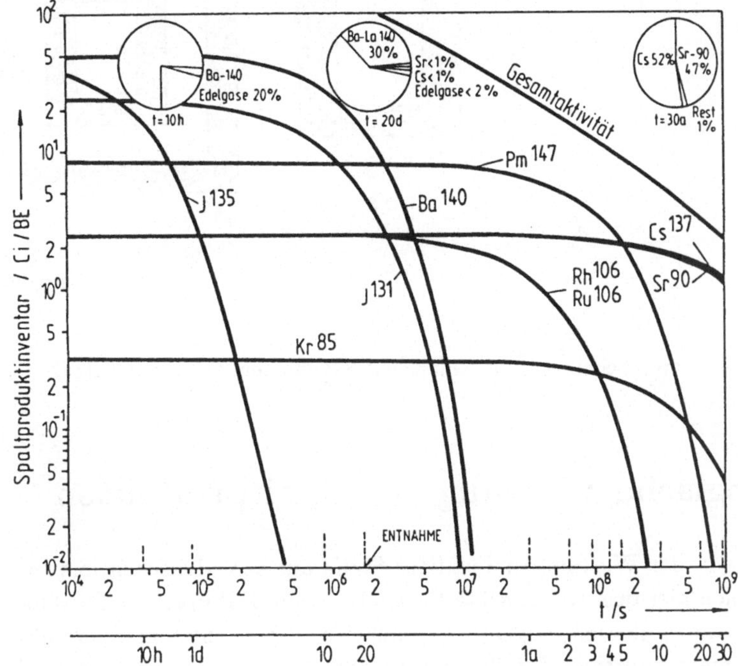

Abb. 6.4: Spaltproduktgehalt von HTR-Brennelementen in Abhängigkeit von der Abklingzeit

Die Rückhaltung der Spaltprodukte im Reaktorsystem, am besten direkt im Brennelement, ist Aufgabe der Reaktorsicherheitstechnik. Beim HTR sind entsprechend Abb. 6.5 folgende Barrieren gegen den Austritt von Spaltprodukten vorhanden: Die beschichteten Partikeln als äußerst zuverlässige und bis zu Temperaturen von rund 1 600 °C praktisch dichte Druckkessel, die Brennelementmatrix, der Liner des Spannbetonbehälters sowie die Betondruckschale des Reaktordruckbehälters und schließlich das einschließende Reaktorgebäude. Bei den in Kap. 2 dargestellten Konzepten HTR-Modul bzw. HTR-100 sind Stahldruckbehälter für die Aufnahme des Primärkreises anstelle von Spannbetonreaktordruckbehältern vorgesehen. Bei neuen Reaktorkonzeptionen ist das Reaktorgebäude entsprechend den Anforderungen gegen äußere Einwirkungen mit einer Betonschale von bis zu 2 m Wandstärke ausgerüstet. In den folgenden Abschnitten werden noch Aussagen über die Beanspruchung und die Haltbarkeit dieser Barrieren bei Auslegungs- und hypothetischen Störfällen gemacht. Forderung für die Zukunft wird sein, daß wenigstens eine dieser Barrieren auch im Falle von hypothetischen Störfällen einen zuverlässigen Einschluß der Spaltprodukte gewährleistet.

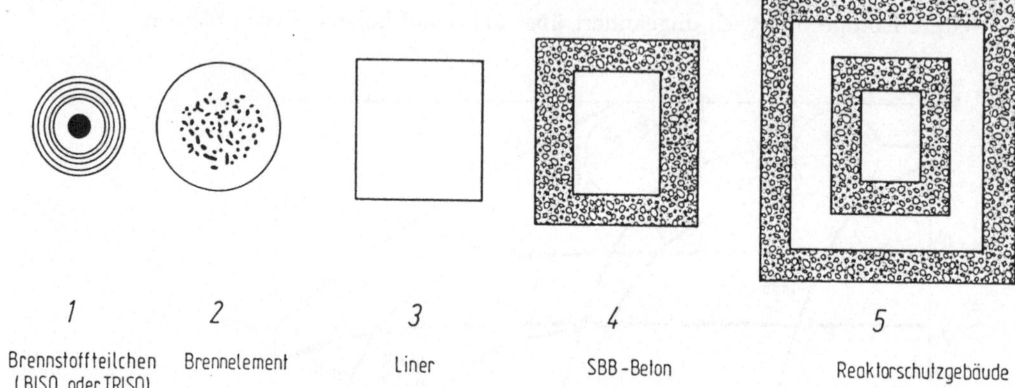

Abb. 6.5: Spaltproduktbarrieren bei einer HTR-Anlage mit Spannbetonbehälter und Reaktorschutzgebäude

6.2 Radiologische Wirkung von Spaltprodukten

Um einen Eindruck von der Wirkung radioaktiver Stoffe auf den Menschen [6.4 bis 6.8] zu vermitteln, seien hier drei vereinfachte Beispiele, die im Rahmen von Störfallanalysen eine Rolle spielen können, angeführt . Zunächst werden die von einem abgebrannten Brennelement herrührenden Strahlungsdosen betrachtet, weiterhin wird die Langzeitwirkung einer Flächenkontamination durch ein langlebiges Isotop wie Cs^{137} abgeschätzt und schließlich wird die Strahlung aus einer Wolke von radioaktiven Substanzen, wie sie sich im Ablauf von hypothetischen Störfällen ausbilden könnte, näherungsweise ermittelt.

Es werde angenommen, daß ein kugelförmiges abgebranntes Brennelement mit dem Aktivitätsinhalt A (im wesentlichen γ-Aktivität) im Abstand R von der Brennelementoberfläche einen Photonenfluß ϕ_γ in Höhe von

$$\phi_\gamma = \frac{A}{4\pi R^2} \cdot e^{-\mu \cdot R} \tag{6.9}$$

hervorruft. Die am Punkte R im Gewebe eines menschlichen Körpers auftretende Dosisleistung $\dot{D}_\gamma$ durch γ-Strahlung beträgt dann

$$\dot{D}_\gamma = \phi_\gamma \cdot E_\gamma \cdot q \cdot \left(\frac{\mu}{\rho}\right)_{Gewebe} \tag{6.10}$$

mit E_γ als Energie der γ-Strahlen, $(\mu/\rho)_{Gewebe}$ als Absorptionsfaktor im Gewebe und q als Faktor, der der biologischen Wertigkeit der Strahlung Rechnung trägt. Die funktionale Abhängigkeit

$$\frac{\dot{D}_\gamma}{\phi_\gamma} = f(E_\gamma) \tag{6.11}$$

ist bekannt und in Abb. 6.6 in Kurve b wiedergegeben. Hier ergibt sich als Dimension mR/h bezogen auf den Photonenfluß $1/(\text{cm}^2\text{s})$.

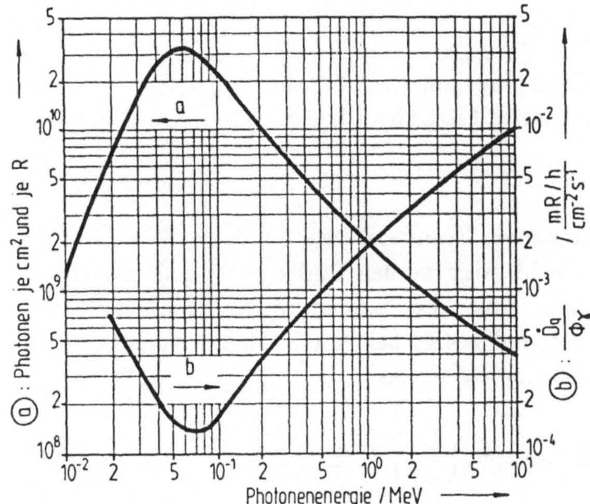

Abb. 6.6: Relative Dosisleistung und relativer Photonenfluß in Abhängigkeit von der Photonenenergie [6.6]

Kurve a liefert die Zahl der Photonen pro cm^2, die zur Applikation von 1 R erforderlich sind. Rechnet man für das hier diskutierte Beispiel mit $R = 1\,\text{m}$, $\mu = 7,2 \cdot 10^{-5}\,\text{cm}^{-1}$ (Wert für $E_\gamma \approx 0,66\,\text{MeV}$), $A = 4\,Ci$ (alle Isotope seien durch Cs^{137} repräsentiert) so folgt $\phi_\gamma = 1,18 \cdot 10^6$ Photonen/cm^2s. Aus Kurve b entnimmt man, daß für $E_\gamma = 0,66\,\text{MeV}$ die Funktion $\dot{D}_\gamma / \phi_\gamma$ die Größe $1,3 \cdot 10^{-3}\,\text{mR}\,\text{h}^{-1}\text{cm}^{-2}\text{s}^{-1}$ aufweist. Man erhält damit eine Dosisleistung von $\dot{D}_\gamma = 1,5\,\text{R/h}$. Somit ist die Aufenthaltsdauer in einem derartigen Strahlenfeld auf einen kurzen Zeitraum zu beschränken. Abschirmungen aus Blei oder ähnlichen Materialien gestatten eine starke Reduktion dieser Belastungswerte, z. B. führen 5 cm Schichtdicke Blei auf rund 10^{-3} dieses Wertes. In diesem Zusammenhang sei darauf hingewiesen, daß entsprechend den bestehenden gesetzlichen Regelungen in der BRD derzeit die in Tabelle 6.2 ausgewiesenen Strahlenenbelastungen zulässig sind.

Im zweiten Beispiel werde nun angenommen, daß als Folge eines sehr schweren Störfalls aus einer nuklearen Anlage eine Aktivität von 1 Ci Cs^{137} freigesetzt worden sei und daß diese Aktivität gleichmäßig über eine Fläche von 1 km^2 verteilt wurde. Da Cs^{137} mit einer Halbwertzeit von $\approx 30,01$ a ein langlebiges Isotop ist, wird eine Langzeiteinwirkung auf den Menschen zu betrachten sein. Es werde hier daher nach der Jahresdosis durch γ-Strahlung in etwa 1 m Höhe gefragt. Ausgehend von einer Flächenkontamination $\sigma = A/\pi\,R_o^2$ ergibt sich der γ-Fluß im Aufpunkt P zu:

$$\phi_\gamma = \int\limits_0^{2\pi} \int\limits_{r=0}^{R_0} \frac{\sigma \cdot e^{-s\cdot\mu}}{4\pi\,(R^2 + r^2)}\, r\,\mathrm{d}r\,\mathrm{d}\varphi \quad . \tag{6.12}$$

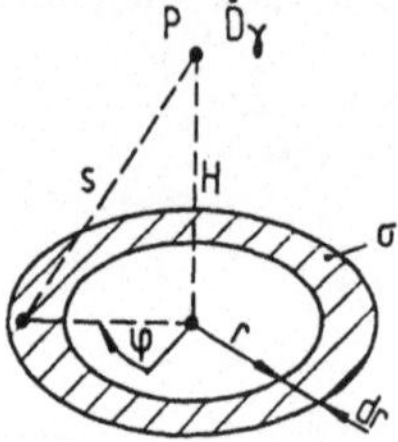

Abb. 6.7: γ-Strahlung im Aufpunkt P von
einer kontaminierten Fläche herrührend

Bei diesem Beispiel kann wegen der kurzen Transportwege für die γ-Strahlung das
exponentielle Schwächungsglied vernachlässigt werden und der γ-Fluß erreicht einen Wert von $\phi_\gamma \approx 2$ Zerfälle/cm²s. Aus Abb. 6.6 entnimmt man wie vorher
$\dot{D}_\gamma/\phi_\gamma = 1{,}3 \cdot 10^{-3}$ mR·h^{-1}·cm^{-2}·s^{-1} und erhält bei ganzjährigem Aufenthalt auf
der belasteten Fläche (T = 8 760 h/a) eine Dosis von

$$D_\gamma = \int\limits_0^{1a} \dot{D}_\gamma\, \mathrm{dt} = \phi_\gamma \left(\frac{\dot{D}_\gamma}{\phi_\gamma}\right)_{Ej} \cdot T \tag{6.13}$$

mit $D\gamma \approx 22$ mR/a. Dieser Wert würde immerhin schon eine Erhöhung der vorhandenen natürlichen und zivilisatorischen Belastung (heute rund 150 mrem/a in der BRD
als Mittelwert) um 10 % bedeuten. Diese Betrachtung möge die Bedeutung einer Forderung nach zuverlässiger Vermeidung von Landkontamination im Gefolge schwerer
hypothetischer Störfälle an kerntechnischen Anlagen unterstreichen.

Unterstellt man nun im dritten Beispiel, daß als Folge eines schweren hypothetischen
Störfalls aus einer nuklearen Anlage eine Aktivitätsmenge A austritt und als radioaktive Wolke über Land treibt, so kann der γ-Fluß, dem Lebewesen am Boden ausgesetzt
sind, näherungsweise unter Anahme großer H/D-Werte abgeschätzt werden zu:

$$\phi_\gamma = \frac{A}{4\pi H^2} \cdot e^{-\Sigma \cdot H} \quad . \tag{6.14}$$

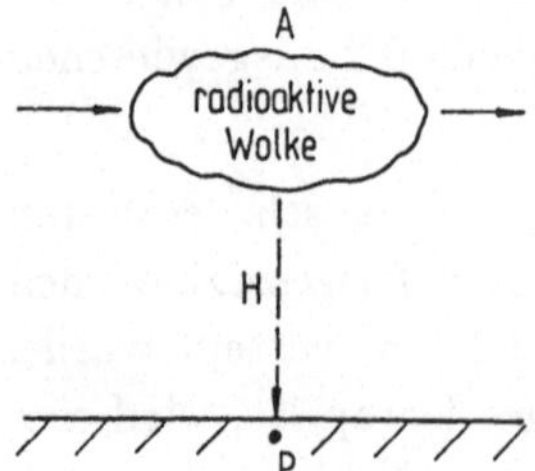

Abb. 6.8: Strahlung aus einer treibenden
radioaktiven Wolke

Nimmt man nun etwa $H = 200$ m an, $A = 100$ Mio. Ci, $\Sigma = 7{,}2 \cdot 10^{-5}$ cm^{-1}, so folgt
der γ- Fluß im Ort P zu $\phi_\gamma \approx 1{,}8 \cdot 10^8$ Photonen/cm² s. Legt man der Einfachheit

halber einen mittleren Wert von $\dot{D}_\gamma/\phi_\gamma \approx 10^{-3}\mathrm{mR\,h^{-1}cm^{-2}\,s^{-1}}$ zugrunde, so würde beim Aufenthalt am Ort P über 1 Stunde eine Dosis von rund 180 rem appliziert. Die letale Dosis wird üblicherweise bei 500 rem angesetzt.

Die hier angestellten, stark vereinfachten Betrachtungen zeigen sehr deutlich, wie entscheidend wichtig es ist, nukleare Anlagenkonzepte so zu gestalten, daß Lebewesen im Betrieb und bei Störfällen zuverlässig nicht zu hohen Dosen ausgesetzt werden können.

Tab. 6.2:   Zulässige Strahlenbelastungen (rem) in der BRD (1 rem = 0,01 Sv)

	Kalender-jahr A	Kalender-jahr B	Viertel-jahr A	Viertel-jahr B	Kalender-jahr C
Ganzkörper Knochenmark Gonaden	5	1,5	2,5	0,75	0,5
Hände Unterarm Füße	60	20	30	10	6
Haut	30	10	15	5	3
Knochen Schilddrüse	30	10	15	5	3
andere Organe	15	5	7,5	2,5	1,5

Kategorien der Personen	
A	Beruflich strahlen-exponierte Personen
B	Personen gelegentlich im Kontrollbereich
C	nicht beruflich strahlenexponierte Personen

6.3 Verhalten von Spaltprodukten in Brennelementen und im Reaktorsystem

Radionuklide entstehen im Reaktor direkt als Spaltprodukte, durch den Zerfall von Spaltprodukten oder durch Aktivierung. Sicherheitstechnisch wichtige Nuklide sind besonders die Edelgase Kr^{85}, Xe^{133}, die bei höheren Temperaturen leichtflüchtigen Isotope J^{131}, J^{133} und die festen Spaltprodukte Sr^{89}, Sr^{90}, Ag^{110m}, Cs^{134} und Cs^{137}. Eine möglichst genaue Kenntnis der Freisetzung von Spaltprodukten aus den Brennelementen sowie das Transport- und Ablagerungsverhalten der einzelnen Isotope im Primärkreis oder im Reaktorschutzgebäude [6.9 bis 6.22] sind wichtige Voraussetzungen für die Durchführung von Störfallanalysen. Auch für Wartungs- und Reparaturarbeiten benötigt man diese Informationen, um die Frage der Zugänglichkeit beurteilen zu können. Die Spaltprodukte entstehen zum weitaus größten Teil in den Partikeln der Brennelemente, nur äußerst geringe Anteile (rund 10^{-5} bis 10^{-4}) haben ihren Ursprung in der Spaltung der Urananteile, die als Urankontamination in den äußeren Beschichtungen der Partikeln fertigungsbedingt enthalten sind. Die praktische Erfahrung aus 20 Jahren AVR-Betrieb, aus dem Betrieb der Reaktoren Dragon, Peach-Bottom, Fort St. Vrain und jüngst auch aus dem THTR-Reaktor ist, daß die beschichteten Brennstoffteilchen unter den Bedingungen des Normalbetriebes ein ausgezeichnetes Rückhaltevermögen für Spaltprodukte aufweisen. Gestützt werden diese guten Betriebserfahrungen durch eine Vielzahl von Tests an einzelnen Brennelementen, die zum Teil unter weitaus schärferen Bedingungen von Neutronenfluenz, Bestrahlungstemperatur und Bestrahlungsablauf durchgeführt wurden. Im einzelnen stellen sich einige wesentliche Kenntnisse zum Verhalten von Spaltprodukten im Reaktor im Normalbetrieb folgendermaßen dar:

Die Spaltedelgase werden durch die hochdichten Pyrokohlenstoffschichten sowie die Siliciumcarbidschichten der Brennstoffteilchen praktisch vollständig im Brennstoff zurückgehalten, solange die Partikeln intakt sind. Die im Normalbetrieb beobachtete Edelgaskontamination des Kühlgases, die beim AVR-Reaktor z. B. seit Jahren rund 1 Ci/MW beträgt, läßt sich mit der Urankontamination erklären. Sehr geringe Uranmengen, welche sich herstellungsbedingt in den Partikelschichten oder in der Matrix befinden, sind Ursache für diese äußerst geringen Mengen an Spaltprodukten, die im Kühlgas festgestellt werden. Die Urankontamination gehört daher heute zu den wichtigsten Brennelementspezifikationsgrößen. Die Entwicklungsanstrengungen der letzten Jahre zielten darauf ab, diesen Wert noch weiter zu verringern. Abb. 2.8 zeigte die gemessenen Aktivitätsangaben des AVR-Reaktors mit der Abluft in den vergangenen Jahren. Typische Konzentrationen an Spaltprodukten im Kühlgas sind etwa $4 \cdot 10^{-3}$ Ci/m_N^3 $Kr^{85\,m}$ oder $8{,}5 \cdot 10^{-3}$ Ci/m_N^3 Xe^{135}. Diese Angaben sind wichtig im Zusammenhang mit den betrieblichen Helium-Leckagen, die etwa 0,1 % pro Tag für HTR-Anlagen betragen. Wegen der sehr niedrigen spezifischen Kühlgaskontaminationswerte sind auch die Freisetzungen derartiger Anlagen in die Umgebung im Normalbetrieb äußerst niedrig. Tabelle 6.3 weist die Werte des AVR-Reaktors in den letzten Jahren im Vergleich zu genehmigten Grenzwerten aus.

Tab. 6.3:　　　Jährliche Aktivitätsabgabe und zulässige Werte des AVR- Reaktors mit der Abluft (1 Ci = $3.7 \cdot 10^{10}$ Bq)

Jahr	Edelgase (Ci)	Tritium (Ci)	langlebige Aerosole (10^{-6} Ci)	Kohlenstoff 14 (Ci)	Jod 131 (10^{-6} Ci)
1980	12,6	33,1	2	30	6,4
1982	18,6	43,8	2	14,2	1,7
1984	25,3	69,3	2,1	17,7	-
genehmigte Jahresgrenzwerte	100	100	10	1000	500

Die Freisetzung von Spaltprodukten wird mit der Angabe sog. R/B-Werte (Release/Birth-Werte) charakterisiert. Die R/B-Werte sind dimensionslose Zahlen und kennzeichnen das Verhältnis von freigesetzter Aktivität zur ingesamt erzeugten Aktivität für jedes Isotop. Typische R/B-Werte aus dem AVR-Betrieb sind $1{,}4 \cdot 10^{-5}$ für Kr^{85m} und $8{,}8 \cdot 10^{-6}$ für Xe^{135}. Eine exakte Formulierung für R/B-Werte wird im folgenden noch gegeben. Durch ständige Verbesserung der Brennelemente konnten in den letzten Jahren die Freisetzungswerte für Spaltprodukte erheblich gesenkt werden, wie in Abb. 6.9 wiederum für den AVR-Betrieb ausgewiesen ist. Gezeigt ist hier die Freisetzung von Kr^{88}, für andere Isotope gelten ähnliche zeitliche Entwicklungen. Mit eingetragen ist der zeitliche Verlauf der mittleren Heliumaustrittstemperatur aus dem Reaktor, die im Laufe der Betriebszeit bis auf 950 °C angehoben wurde. Trotz dieser Temperatursteigerung konnte der Gehalt an Spaltedelgasen im Primärkreis insgesamt abgesenkt werden, wodurch auch die Freisetzung in die Umgebung durch betriebliche Leckagen (Schätzung $\approx 0,1\ \%/\text{Tag}$) verringert werden konnte.

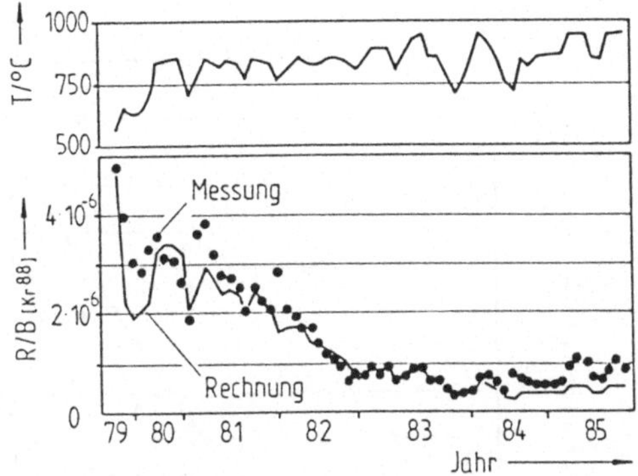

Abb. 6.9: Entwicklung von R/B-Werten für gasförmige Spaltprodukte im Laufe des AVR-Betriebes sowie zugeordnete Heliumaustrittstemperatur [9.11]

Auch feste Spaltprodukte können im Normalbetrieb aus den Brennelementen ins Kühlgas gelangen. Es wird allerdings beobachtet, daß ihre Menge im Vergleich zu derjenigen der gasförmigen Spaltprodukte sehr gering ist. Die Ursache für die sehr geringe Konzentration dieser Isotope im Kühlgas von HTR-Anlagen ist in der sehr guten Rückhaltung in den coated particles und im Graphit zu sehen. Feststoffe diffundieren wesentlich langsamer als Edelgase durch Graphit, ein Effekt der etwa durch die Bildung von Karbiden erklärt wird. Feste Spaltprodukte, die aus den Brennelementen ins Kühlgas gelangt sind, werden dann zum größten Teil auf den verschiedenen im Primärkreislauf vorhandenen Oberflächen abgelagert werden. Die Ablagerung ist je nach Art der Isotope auf heißen oder kalten Flächen oder auf verschiedenartigen Materialien unterschiedlich stark ausgeprägt. Im allgemeinen werden im Heißgas (etwa beim AVR) höhere spezifische Aktivitäten der festen Spaltprodukte als im Kaltgas gemessen. Tabelle 6.4 zeigt einige Meßwerte aus dem AVR-Betrieb. Der Austritt von Spaltprodukten, speziell auch der von festen, ist temperaturabhängig, wie Abb. 6.10b für den AVR-Betrieb zeigt. Als Beispiel für feste Spaltprodukte ist hier das Isotop Cs^{137} gewählt. Die Abbildung zeigt den deutlichen Anstieg, der sich bei Anhebung der Heliumaustrittstemperatur von 850 °C auf 950 °C zeigte. Auch für gasförmige Spaltprodukte konnte dieser Effekt beobachtet werden (Abb. 6.10a).

Tab. 6.4:   Gemessene Konzentration einiger fester Spaltprodukte
               im AVR (Betrieb mit T_{He} = 950 °C)

Nuklid	Heißgas (Ci/m^3)	Kaltgas (Ci/m^3)
Jod 131	$4,4 \cdot 10^{-7}$	$5,6 \cdot 10^{-9}$
Cäsium 137	$1,1 \cdot 10^{-7}$	$2,3 \cdot 10^{-9}$
Silber 111	$1,1 \cdot 10^{-6}$	$4,4 \cdot 10^{-9}$
Cobalt 60	$8,8 \cdot 10^{-9}$	$5,2 \cdot 10^{-11}$
Strontium 90	-	$1,9 \cdot 10^{-8}$

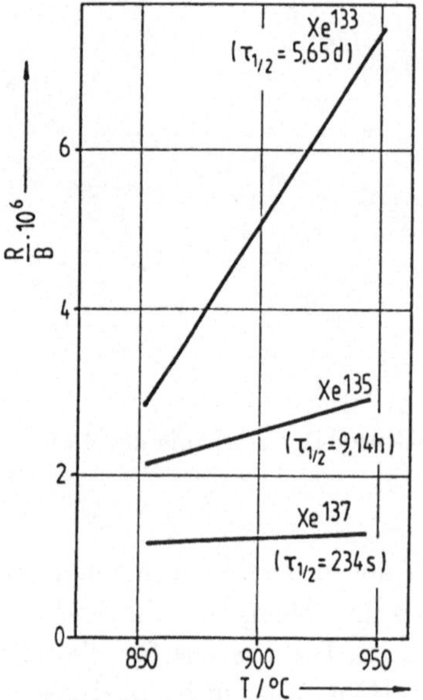

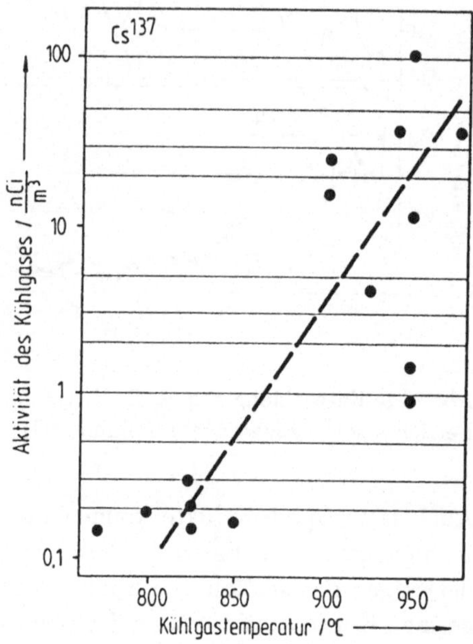

Abb. 6.10a: Abhängigkeit von R/B-Werten für Xenon-Isotope von der mittleren Heißgastemperatur [6.10]

Abb. 6.10b: Abhängigkeit der Konzentration von festen Spaltprodukten im Kühlkreislauf des AVR (Cs^{137}) [6.10]

Spaltprodukte werden aus intakten Brennstoffpartikeln durch Diffusion, deren Grundprinzipien im folgenden noch dargelegt werden, freigesetzt. Es sei erwähnt, daß neben der Diffusion auch noch andere Mechanismen der Freisetzung von Spaltprodukten bekannt sind. Es sind dies der Recoil- sowie der Knock-out-Mechanismus. Beim Recoil-Mechanismus erfolgt die Freisetzung unmittelbar im Anschluß an die Kernspaltung, da Spaltprodukte mit hoher kinetischer Energie in umgebendes Material eindringen und Strecken in der Größenordnung von 5 bis 15 μm zurücklegen können. Spaltprodukte, die aufgrund einer Spaltung von Uran, welches sich in der Partikelbeschichtung befindet, entstehen, können dann direkt die Partikelbeschichtung verlassen. Der Anteil an Freisetzung durch diesen Effekt ist allerdings unter normalen Betriebsbedingungen vergleichsweise gering. Beim Knock-out-Mechanismus werden infolge des erwähnten Recoil-Mechanismus eine gewisse Anzahl von Oberflächenatomen losgeschlagen und darunter befindliche Spaltprodukte freigesetzt. Auch dieser Effekt trägt in der Regel nur zu einem sehr geringen Anteil zur Freisetzung bei.

Es sei darauf hingewiesen, daß neben der schon erwähnten herstellungsbedingten freien Urankontamination auch eine, wenn auch sehr geringe Anzahl von defekten Kernen bereits in der Brennelementmatrix enthalten sein können. Auch in diesem Fall werden die Spaltprodukte natürlich erheblich leichter freigesetzt, als wenn die Kerne intakt sind. Weiterhin können bei hohen Neutronendosen und sehr hohen Abbränden zusätzliche Partikelschäden auftreten. Derartige Partikelschadensfunktionen wurden vielfach gemessen, ein charakteristisches Beispiel ist in Abb. 6.11 wiedergegeben. Offenbar sollte entsprechend dieser Kurve und der heute verfügbaren Brennelementtechnik die schnelle Neutronendosis auf Werte unterhalb $5 \cdot 10^{21}$ n/cm^2 beschränkt bleiben.

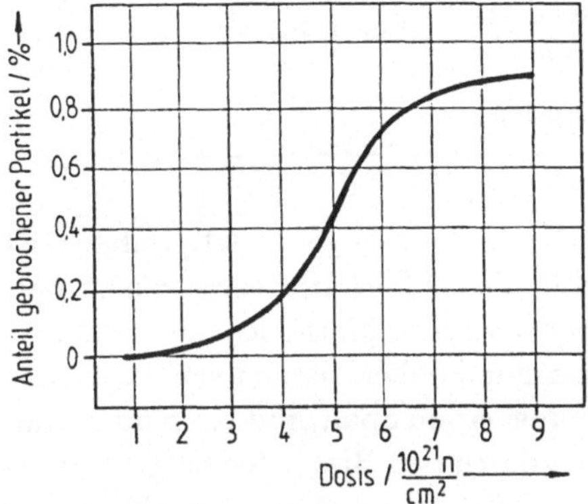

Abb. 6.11: Schadensfunktion für TRISO-Partikeln in Abhängigkeit von der schnellen Neutronendosis [6.15]

Durch die Auslegung der Brennelemente sowie durch eine umfangreiche Qualitätskontrolle bei der Herstellung der Partikeln und der Brennelemente wird heute darauf geachtet, daß beide Effekte von untergeordneter Bedeutung sind. Nach der Freisetzung aus den Brennstoffpartikeln diffundieren die Spaltprodukte durch den Matrixgraphit bis zu den Brennelementoberflächen. Gasförmige Spaltprodukte und Jod gehen praktisch ungehindert in das Kühlgas über. Bei metallischen Spaltprodukten wird der Übergang ins Kühlgas durch Adsorptionsvorgänge am Graphit stark behindert. Spaltprodukte, die ins Kühlgas gelangt sind, werden mit der Kühlgasströmung weitertransportiert. Metallische Spaltprodukte können in kälteren Corebereichen wieder abgelagert werden. Ein Teil der Spaltprodukte wird auch durch den Kühlgasstrom, z. B. durch die Strömungskanäle des Deckenreflektors, transportiert. Es ist zu erwarten, daß metallische Spaltprodukte teilweise an den Graphitoberflächen adsorbiert werden und in den Graphit hineindiffundieren. Beim Transport der Spaltprodukte zu weiteren

Komponenten des Primärkreises, z. B. zum Dampferzeuger, werden dort wiederum metallische Spaltprodukte und evtl. auch Jod an den metallischen Oberflächen abgelagert. Falls Spaltprodukte aus dem Primärkreis austreten, erfolgen auch Ablagerungen von metallischen Spaltprodukten und Jod an Wandungen und Einbauten des Reaktorschutzgebäudes. Auf Details zu diesen Effekten wird später noch hingewiesen. Eine zusammenfassende Übersicht (Tabelle 6.5) möge noch einmal die hier kurz erwähnten Phänomene wiedergeben.

Tab. 6.5:   Freisetzung und Transportmechanismen für Spaltprodukte in HTR - Anlagen

Partikel	Brennstoffmatrix	Kühlgas	Komponenten des Primärkreises
<u>intaktes Partikel</u>			
Diffusion			
Recoil	Diffusion	Adsorption	Adsorption
Knockout			
<u>defektes Partikel</u>			
herstellungsbedingt	Adsorption	konvektiver Transport	Desorption
strahleninduziert			
<u>freies Uran</u>	Desorption (Oberflächen)	Desorption	

Die Freisetzung der Edelgase, wie auch generell die der übrigen Spaltprodukte ist temperaturabhängig. Dieser Effekt kann mit Hilfe der Diffusionstheorie erklärt werden. Die hier nur im Ansatz wiedergegebenen theoretischen Methoden sind heute soweit entwickelt, daß wesentliche experimentelle Befunde überzeugend erklärt werden können. Die mathematische Beschreibung der Diffusion von Spaltprodukten im Brennstoffkern durch die Coatingschichten und danach durch den Brennelementgraphit erfolgt mit Hilfe der Diffusionsgleichung unter Berücksichtigung temperaturabhängiger Diffusionskoeffizienten. Für die Änderung der räumlich und zeitlich variablen Atomkonzentration eines Spaltproduktisotops $c(r,t)$ gilt die partielle Differentialgleichung:

$$\frac{\partial c}{\partial t} = \mathrm{div}\,(D(T)\,\nabla c) - \lambda\,c + \dot{Q} \quad . \tag{6.15}$$

Dabei haben die einzelnen Größen folgende Bedeutung:

D = Diffusionskoeffizient (cm^2/s),

λ = Zerfallskonstante (1/s),

$\dot{Q}$ = Entstehungsrate der Spaltprodukte (1/(cm^{3}s)),

c = Spaltproduktkonzentration (1/cm^3).

Für den Fall z. B. eines kugelförmigen Brennstoffpartikels gilt für den Leckageterm, wenn noch zusätzlich räumliche Konstanz des Diffusionskoeffizienten angenommen wird:

$$\mathrm{div}\,(D\,\nabla c) = D \cdot \left(\frac{\partial^2 c}{\partial r^2} + \frac{2}{r}\frac{\partial c}{\partial r} \right) \quad . \tag{6.16}$$

Der Diffusionskoeffizient ist im allgemeinen stark von der Temperatur abhängig und kann mit einem Ansatz entsprechend der bekannten Arrheniusgleichung beschrieben werden:

$$D(T) = D_0 \cdot \exp\left(-A / R\,T\right) \tag{6.17}$$

mit

D_0 = Frequenzfaktor (cm^2/s),

A = Aktivierungsenergie (J/mol),

R = Gaskonstante $(J/(mol\ K))$.

Die Parameter werden aus Experimenten abgeleitet. An Zonengrenzen gilt zunächst, daß die Konzentrationen entsprechend dem Ansatz

$$c_1(r,T)\big|_{r=r_i} = k \cdot c_2(r,T)\big|_{r=r_i} \tag{6.18}$$

korreliert werden. k ist dabei ein geeigneter, von den physikalischen Bedingungen abhängiger Verteilungskoeffizient; oft gilt $k = 1$. Als Randbedingung beim Übertritt der Spaltprodukte aus den Partikelschichten in den Matrixgraphit kann dann z. B. für den diffusiven Materialtransport angesetzt werden

$$-D_1 \nabla c\big|_1 = -D_2 \nabla c\big|_2 \quad, \tag{6.19}$$

wobei Index 1 für die Partikelschicht und Index 2 für die Graphitmatrix stehen möge. Beim Übertritt der Spaltprodukte vom Brennelement ins Kühlgas ist diffusiver und konvektiver Materialtransport in der Form

$$-D_0 \nabla c\big|_0 = \beta\,(c_W - c_G) \tag{6.20}$$

zu berücksichtigen. β bedeutet dabei den Massentransportkoeffizienten, c_W die Konzentration an der Wand, c_G diejenige im Gas. In der Mitte der Partikeln gilt schließlich:

$$\operatorname{grad} c\big|_{r=0} = 0 \quad. \tag{6.21}$$

Einfache Lösungen für das kugelsymmetrische Problem lassen sich leicht angeben. Geht man von der zeitunabhängigen Differentialgleichung für diese Geometrie in der Form

$$\frac{d^2}{dr^2}(r \cdot c) - \frac{\lambda}{D}(r \cdot c) + \frac{\dot{Q}}{D} \cdot r = 0 \tag{6.22}$$

aus und substituiert

$$u = c \cdot r, \qquad k^2 = \frac{\lambda}{D} \quad, \tag{6.23}$$

so folgt für die homogene DGL

$$\frac{d^2 u}{dr^2} - k^2 u = 0 \tag{6.24}$$

als Lösung

$$u = A \cdot \sinh(k \cdot r) + B \cdot \cosh(k \cdot r) \tag{6.25}$$

und als partikuläre Lösung

$$u = a + b \cdot r \ , \tag{6.26}$$

so daß eine Gesamtlösung für die Konzentration in der Form

$$c\,(r) = \frac{\dot{Q}}{\lambda} + \frac{A}{r} \cdot \sinh(k \cdot r) + \frac{B}{r} \cdot \cosh(k \cdot r) \tag{6.27}$$

gewonnen wird.

Die Freisetzung aus einem Körper, z. B. einem beschichteten Brennstoffteilchen kann nun durch einfache Umformung der Diffusionsgleichung ermittelt werden. Nach Integration über ein Volumen (V) folgt:

$$\int\limits_{(V)} \frac{\partial c}{\partial t}\,\mathrm{d}V = \int\limits_{(V)} D\,\mathrm{div}\,\nabla c\,\mathrm{d}V = -\lambda \int\limits_{(V)} c\,\mathrm{d}V + \int\limits_{(V)} \dot{Q}\,\mathrm{d}V \ , \tag{6.28}$$

bzw. unter Verwendung des Gauß'schen Satzes, mit dessen Hilfe das Volumenintegral auf der rechten Seite obiger Gleichung in ein Oberflächenintegral transformiert werden kann:

$$-D \oint\limits_{(F)} \mathrm{grad}\,c\,\mathrm{d}\vec{f} = \int\limits_{(V)} \dot{Q}\,\mathrm{d}V - \lambda \int\limits_{(V)} c\,\mathrm{d}V - \int\limits_{(V)} \frac{\partial c}{\partial t}\,\mathrm{d}V \ . \tag{6.29}$$

Als freigesetzte Spaltproduktmenge kann nun der Wert

$$R = -D \int\limits_{t} \oint\limits_{(F)} \mathrm{grad}\,c\,\mathrm{d}\vec{f}\,\mathrm{d}t \tag{6.30}$$

angesehen werden. Für den Fall zeitlicher Konstanz der Freisetzung kann auch der Ausdruck

$$\dot{R} = -4\pi\,r^2_{Kern} \cdot D\,\frac{\partial c}{\partial r}\Big|_{r=r_{Kern}} \tag{6.31}$$

als Releaserate ausgewiesen werden.

Zu R/B-Werten gelangt man, indem ein Bezug zu den durch Spaltprozesse entstandenen Spaltproduktmengen hergestellt wird. Mit dem Ansatz

$$\frac{\dot{R}}{\dot{B}} = \frac{-D \oint\limits_{(F)} \mathrm{grad}\,c\,\mathrm{d}\vec{f}}{P \cdot k \cdot \gamma} \ , \tag{6.32}$$

ist die gewünschte Größe durch Integration über die Zeit zu ermitteln. Die Bedeutung der neu eingeführten Größen ist dabei:

P = Spaltleistung (W),

k = $3{,}1 \cdot 10^{10}$ W^{-1} sec^{-1},

γ = Spaltproduktausbeute.

Gebräuchlich ist daneben auch der Begriff des "Fractional Release", bei dem ein Integral der Form

$$F_R = \frac{\int\limits_0^t \dot{R}(t')\,e^{-\lambda t'}\,dt'}{\int\limits_0^t \dot{B}(t')\,e^{-\lambda t'}\,dt'} \tag{6.33}$$

berechnet wird.

Mit Hilfe der so definierten R/B-Werte kann aus der Lösung der Diffusionsgleichung nun ein vergleichsweise einfacher Ausdruck

$$\frac{R}{B} \approx \frac{3}{x}\left(\coth x - \frac{1}{x}\right) \tag{6.34}$$

mit einer dimensionslosen Größe

$$x = \sqrt{\frac{\lambda \cdot a^2}{D}} \tag{6.35}$$

abgeleitet werden. a ist der Radius einer Kugel, für die das Diffusionsproblem gelöst wird. In der Regel wird $x >> 1$ gelten, so daß für den R/B-Faktor die einfache Näherungslösung

$$\frac{R}{B} \approx \frac{3}{x} \approx 3\sqrt{\frac{D}{\lambda \cdot a^2}} \tag{6.36}$$

entsteht.

Berücksichtigt man noch, daß für den Diffusionskoeffizienten eine exponentielle Abhängigkeit von der Temperatur besteht, so folgt, daß auch die R/B-Rate entsprechend

$$\frac{R}{B} \approx \sqrt{D(T)} \sim e^{-\frac{A}{2RT}} \tag{6.37}$$

mit steigender Temperatur anwächst. Gleichzeitig gilt natürlich

$$\frac{R}{B} \approx \sqrt{\frac{1}{\lambda}} \quad , \tag{6.38}$$

womit die Abhängigkeiten von den radioaktiven Eigenschaften des jeweiligen Isotops charakterisiert sind. Die oben angeführte Formel für den R/B-Wert erlaubt im übrigen eine recht einfache Abschätzung und Interpretation gemessener Werte. Setzt man z. B. für Kr^{85m}, $\lambda = 4{,}38 \cdot 10^{-5}$ s^{-1}, D (800 °C) $\approx 10^{-22}$ m^2/s, $a \approx 100\ \mu$m, so folgt für $R/B \approx 5 \cdot 10^{-5}$, ein Wert der in guter Übereinstimmung mit den Betriebsergebnissen der HTR-Anlagen sowie mit den Brennelementtests ist.

Die Diffusionsprozesse im UO_2-Kern, in den Partikelschichten und danach im Brennelementgraphit hängen entscheidend von der Höhe der Diffusionskoeffizienten ab. Einige unterschiedliche Diffusionskoeffizienten für wichtige Spaltproduktisotope in den

verschiedenen Materialien sind in den folgenden Abbildungen 6.12 bis 6.15 wiedergegeben. Mit Hilfe dieser Werte sind Abschätzungen in unterschiedlichen Temperaturbereichen für den Normalbetrieb möglich. Ergänzend sei bemerkt, daß sich aus der
Diffusionstheorie auch eine sog. Durchbruchzeit t_D für Partikelschichten in der Höhe

$$t_D \approx \frac{s^2}{6\,D} \tag{6.39}$$

mit s als Dicke der Partikelschicht und D als Diffusionskoeffizienten herleiten läßt.

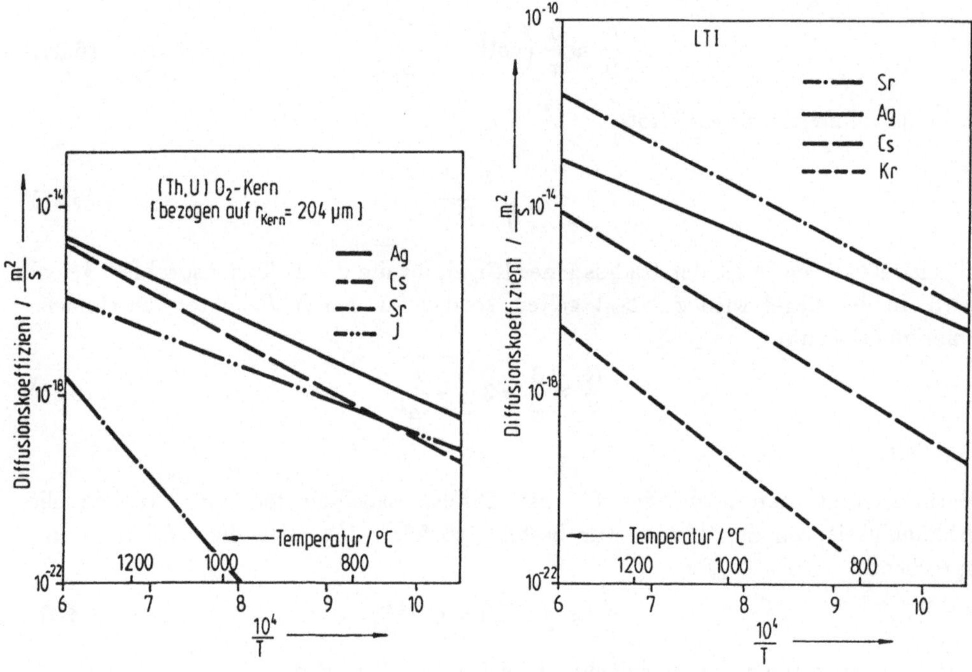

Abb. 6.12: $D(T)$ in UO₂-Partikeln [6.17]   Abb. 6.13: $D(T)$ in Pyrokohlenstoffschichten [6.17]

Mit Hilfe dieser vereinfachten Formel kann etwa für das Spaltprodukt Cäsium bei einer
Temperatur von 1 200 °C und einer Schichtdicke von 100 µm für Pyrokohlenstoffbe-
schichtung eine Durchbruchzeit von rund 40 Tagen ermittelt werden. Im Vergleich zur
tatsächlichen Betriebszeit bei dieser Temperatur (weniger als 10 Tage) im Reaktor ist
dies eine lange Zeitdauer. Dies erklärt die gute Rückhaltung durch die Paritikelbe-
schichtung. Noch weiter verbesserte Rückhaltewerte, insbesondere auch in extremen
Störfallsituationen, lassen sich bei Verwendung von SiC-Schichten für die Brennstoffteilchen erreichen. Für alle zukünftigen HTR-Anlagen sind TRISO-Schichten vorgesehen.

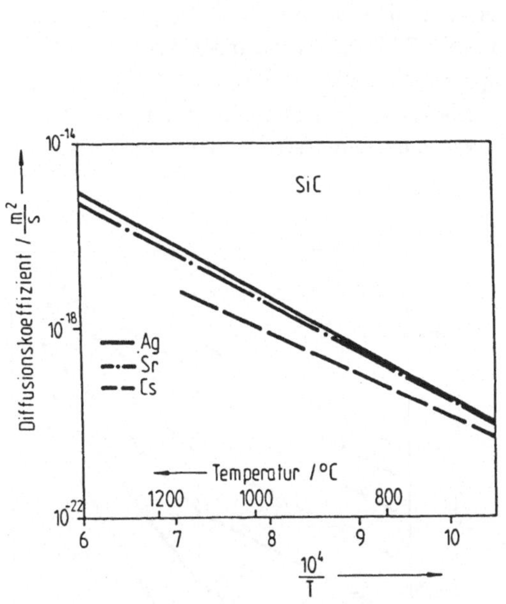

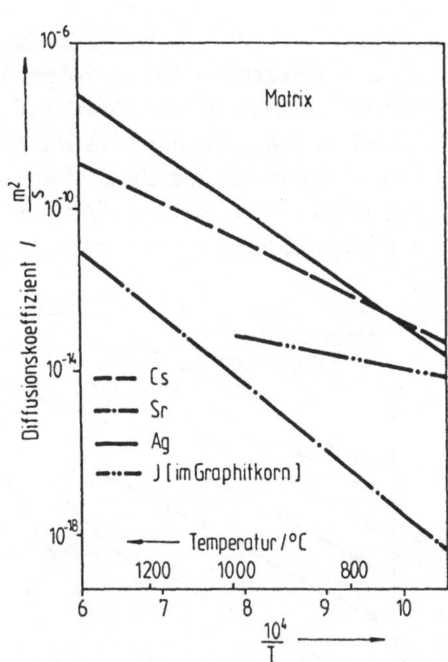

Abb. 6.14: $D(T)$ in Siliziumkarbidschichten [6.17]

Abb. 6.15: $D(T)$ in Matrixgraphit [6.17]

Spaltprodukte, welche aus den Brennelementen freigesetzt worden sind, werden noch durch verschiedene Mechanismen und mehrere Barrieren am Austritt in die Umwelt gehindert. Es ist bekannt, daß eine Adsorption von Spaltprodukten an Graphitoberflächen (z. B. Deckenreflektor, Seitenreflektor) erfolgen kann. Insbesondere für metallische Spaltprodukte kann eine hohe Adsorption am Graphit sowie ein starkes Hineindiffundieren in den Graphit erwartet werden. Die Konzentration von Spaltprodukten an der Oberfläche von Graphit wird durch Zustandsfunktionen der Form

$$p = f(C, T) \tag{6.40}$$

beschrieben. p bedeutet dabei den Partialdruck des gelösten Stoffes über der Grenzfläche, C die Konzentration an der Grenzfläche und T die Temperatur an der Oberfläche. Diese empirisch zu bestimmende Funktion wird üblicherweise durch Adsorptionsisothermen dargestellt, indem der Partialdruck p bei konstanter Temperatur T als Funktion der Konzentration C aufgetragen wird. Für den Fall niedriger Konzentrationen im Graphit wird im sog. Henry-Bereich die Adsorptionsisotherme durch

$$\ln p = A + \frac{B}{T} + \ln C \tag{6.41}$$

dargestellt. Im Falle hoher Konzentrationen der Spaltprodukte im Graphit setzt man üblicherweise für den sog. Freundlich-Bereich

$$\ln p = A' + \frac{B'}{T} + \left(C' + \frac{D'}{T}\right) \ln C \tag{6.42}$$

an. Messungen der Adsorptionsisothermen liegen heute für viele Spaltprodukte an
den für den Reaktorbetrieb wichtigen Materialien über einen weiten Temperatur- und
Konzentrationsbereich vor. Abb. 6.16 und Abb. 6.17 zeigen derartige Meßergebnisse
für Cäsium sowie Strontium in Matrixgraphit. Mit Hilfe umfangreicher Rechenprogramme können auf der Basis dieses Datenmaterials Voraussagen über das Ablagerungsverhalten von Spaltprodukten unter verschiedenen Betriebsbedingungen sowie
unter Störfallbedingungen gemacht werden.

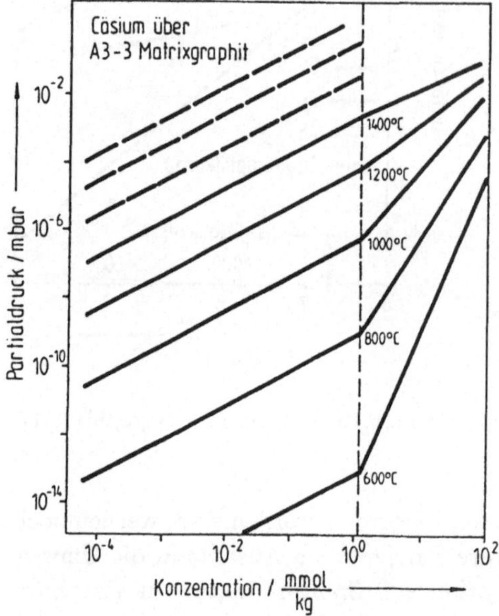

Abb. 6.16: Partialdruck des Cäsiums als
Funktion von Temperatur und Konzentration an A3-Matrixgraphit [6.17]

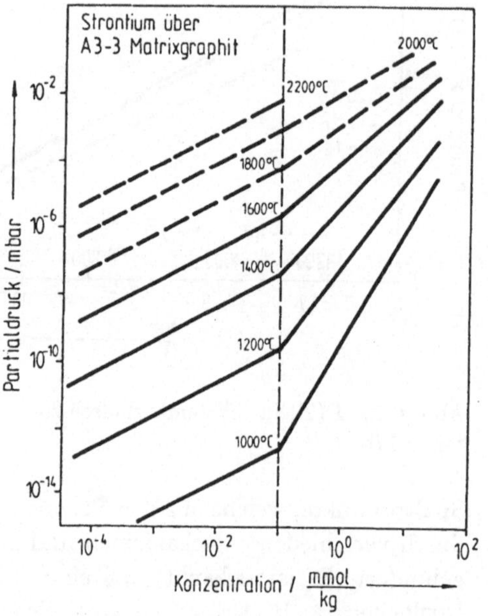

Abb. 6.17: Partialdruck des Strontiums als
Funktion von Temperatur und Konzentration an A3-Matrixgraphit [6.17]

Adsorptionsisothermen, die streng genommen nur für den Gleichgewichtszustand gelten, können auch für die Beschreibung von Austauschvorgängen herangezogen werden, wenn die Adsorption oder Desorption schnell im Vergleich zur Diffusion im Graphit oder zum Transport im Kühlgas verläuft. Unter Annahme der Einstellung eines
prompten Gleichgewichts an den Gaphitoberflächen und unter Benutzung der idealen
Gasgleichung

$$p = k \cdot T \cdot c_g \tag{6.43}$$

mit c_g als Konzentration der Spaltprodukte im Kühlgas, ergibt sich mit Hilfe der
Adsorptionsisothermen für das Verhältnis der Konzentration des Spaltproduktisoto-
pes an der Graphitoberfläche zur Konzentration im Kühlgas beispielsweise für den
Henry-Bereich:

$$\varphi = \frac{c_g}{c} = \frac{1}{T} \cdot \exp(A + B/T) \quad . \tag{6.44}$$

Der anschließende Transport von Spaltprodukten aus dem Brennelement ins Kühlgas
wird bei metallischen Spaltprodukten wie bei gasförmigen durch einen Ansatz der
Form

$$j = -D\frac{\partial c}{\partial r}\Big|_{r=r_{BE}} = \beta\left(\varphi \cdot c - c_\infty\right) \tag{6.45}$$

beschrieben. Da φ im allgemeinen sehr klein gegen 1 ist, wird schon bei relativ kleinen
Spaltproduktkonzentrationen c_∞ im Kühlgas (im Vergleich zur Konzentration c im
Graphit) die Freisetzung ins Kühlgas behindert. Wenn die Konzentration $c_\infty > \varphi \cdot c$
ist, dann ergibt sich ein Spaltproduktstrom aus dem Kühlgas in den Graphit, d. h.
eine Ablagerung von Spaltprodukten. Adsorption und Desorption werden folglich mit
ähnlichen Methoden behandelt. Zur Verdeutlichung der hier angeführten Effekte sei
auf Abb. 6.18 verwiesen, in der die Konzentrationsprofile für Ablagerung und für
Desorption qualitativ wiedergegeben sind.

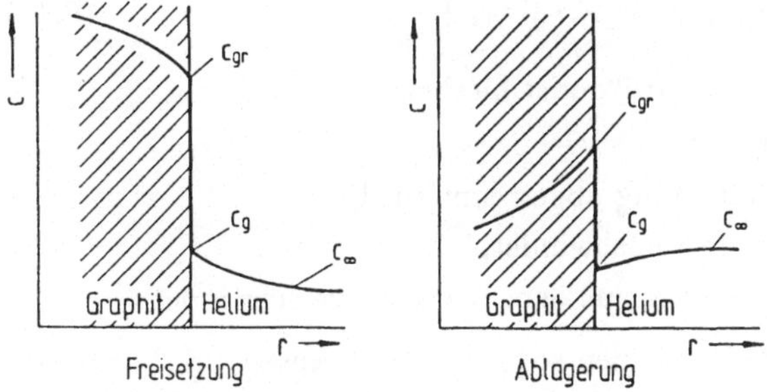

Abb. 6.18: Konzentration an Grenzflächen

Das hier für Brennelemente dargelegte Verhalten der Spaltprodukte gilt sinngemäß
auch für die Ablagerung auf Reflektorstrukturen und kann unter geeigneten Bedingungen dahingehend ausgenutzt werden, daß ein Großteil der bei Coreaufheizstörfällen
aus den Brennelementen freigesetzten metallischen Spaltprodukte offenbar auf den
Reflektorstrukturen verbleibt. Dies ist ein Ablagerungseffekt, der etwa beim Durchströmen der Deckenreflektorkanäle im Gefolge von Coreaufheizunfällen für eine weit-
gehende Rückhaltung der Spaltprodukte im Reaktordruckgefäß ausgenutzt werden
kann.

Spaltprodukte, welche ins Kühlgas gelangt sind, werden hier weitertransportiert und
unterliegen vielfältigen Einflüssen. Für die zeitliche Änderung der Spaltproduktkonzentration $c_g(z, T)$ im Kühlgas kann der Ansatz

$$\frac{\partial c_g}{\partial t} = \frac{4}{d_H} \cdot \beta\left(c_W - c_g\right) + v \cdot \frac{\partial c_g}{\partial z} - \lambda \cdot c_g + B \tag{6.46}$$

gemacht werden, mit

B = Quellen (z. B. Vorläuferisotope) und Senken,

β = Massentransportkoeffizient,

v = Strömungsgeschwindigkeit des Gases,

c_w = Spaltproduktkonzentration im Gas über Feststoffoberfläche,

λ = Zerfallskonstante,

d_H = Hydraulischer Durchmesser,

z = axiale Komponente im Core.

Der erste Term trägt der Adsorption/Desorption Rechnung, der zweite dem Transport im Primärsystem (wobei nur eine Richtung z berücksichtigt ist) der dritte rührt vom radioaktiven Zerfall des Isotops her, der vierte berücksichtigt eine Entstehung des fraglichen Isotops durch radioaktiven Zerfall bzw. ein Verschwinden durch Leckage oder durch Wirkung der Gasreinigungsanlage. In vereinfachter Form läßt sich eine stationäre Kühlgasaktivität auch für jedes Isotop aus einer Bilanzgleichung der Form

$$\frac{dN_i}{dt} = F_i - N_i \left(\lambda_i + r_{Gri} + r_{Pi} + r_{Li} \right) \tag{6.47}$$

gewinnen. Die Bedeutung der einzelnen Größen ist hierbei:

F_i = Freisetzung des Isotops i,

r_{Gri} = Anteil, der in der Gasreinigung abgetrennt wird,

r_{Li} = Anteil, der durch Leckage verschwindet,

r_{Pi} = Anteil, der durch Ablagerung aus dem Kreislauf verschwindet.

Im stationären Zustand gilt dann z. B. für den sog. "Plateout-Anteil", d. h. für den Anteil an Spaltprodukten, der abgelagert wird:

$$N_i(p) = F_i \frac{r_{pi}}{r_{Pi} + \lambda_i + r_{Gri} + r_{Li}} \ . \tag{6.48}$$

Bei sehr langlebigen Isotopen, wie z. B. beim Cs^{137} kann vereinfacht für die Konzentration der abgelagerten Isotope der Ausdruck

$$N_i(p) \sim F_i \frac{1}{\lambda_i} \left(1 - e^{-\lambda_i t} \right) \tag{6.49}$$

hergeleitet werden. Falls schließlich im Ablauf eines schweren Störfalls Spaltprodukte ins Reaktorschutzgebäude gelangt sind, kann für die Teilchenkonzentration in der Gasphase c_g im Gebäude folgender einfacher Ansatz gemacht werden:

$$-\frac{dc_g}{dt} = v_a \cdot \frac{F}{V} \cdot c_g \tag{6.50}$$

mit

v_a = Ablagerungsgeschwindigkeit der Teilchen,

F/V = Verhältnis Oberfläche/Volumen im RSG.

Die Lösung dieser Gleichung folgt zu:

$$c_g(t) = c_g^0 \cdot \exp \left(-v_a \cdot t \cdot F / V \right) \ . \tag{6.51}$$

Analog formuliert man für die auf den Oberflächen des Reaktorschutzgebäudes abgelagerten Teilchenmenge $n_a(t)$ einen linearen Ansatz

$$\frac{\mathrm{d}n_a}{\mathrm{d}t} = v_a \cdot F \cdot c_g \tag{6.52}$$

mit der Lösung

$$n_a(t) = c_g^0 \cdot V \cdot (1 - \exp(-v_a \cdot t \cdot F / V)) \quad . \tag{6.53}$$

Die zu Anfang des Kapitels dargelegten Ausführungen zum Transport der Spaltprodukte im Normalbetriebsfall gelten sinngemäß auch für Störfälle, soweit die Freisetzungsmechanismen betrachtet werden.

Wie in Abschnitt 6.9 noch im Detail erörtert wird, werden je nach Auslegung der HTR-Anlagen maximale Störfalltemperaturen in den Brennelementen im Bereich von 1 300 °C (AVR) bis 2 500 °C (HTR 500) erreicht. Das integrale Verhalten von Brennelementen bei der Aufheizung auf derartig hohe Temperaturen ist nur schwer theoretisch vorhersagbar und wird daher seit Jahren in geeigneten Versuchsanlagen umfassend untersucht [6.23 bis 6.28]. Das bis heute gewonnene Bild ist durch folgende wesentliche Tatsachen zu beschreiben: Im TRISO-Partikel ist die Siliziumkarbidschicht eine äußerst wichtige und wirksame Spaltproduktbarriere. Eine Schädigung dieser Schicht wird zum einen durch Korrosion von SiC durch chemische Reaktionen mit Spaltprodukten schon unterhalb einer Temperatur von 2 000 °C bewirkt, zum anderen beginnt oberhalb von 2 000 °C die thermische Zersetzung von SiC. Dieses Verhalten wird sehr deutlich in der Kurve in Abb. 6.19, die den Anteil defekter Partikeln bei steigender Heiztemperatur wiedergibt, dargestellt.

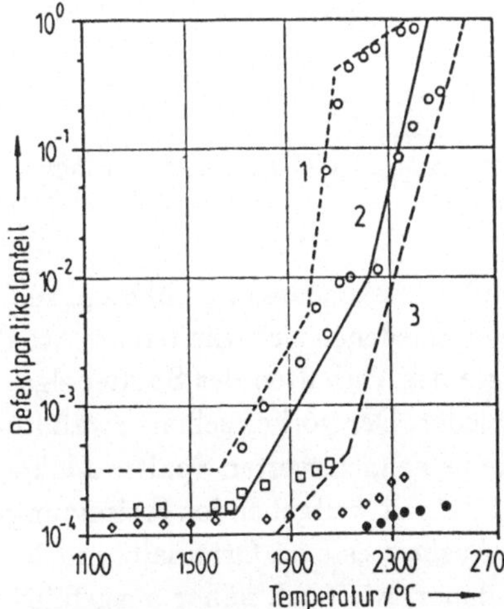

Abb. 6.19: Defektanteil von TRISO-Partikeln in Abhängigkeit von der Temperatur, Kurven 1, 3: Streuband, Kurve 2: Mittelwert, Meßwerte durch Ausheiztests gewonnen [6.24]

Bis zu Temperaturen im Brennstoff von rund 1 600 °C bleiben demnach TRISO-Partikeln praktisch intakt und die Freisetzungen liegen bei niedrigen Werten um rund

10^{-4}. Wird die Temperatur gesteigert, so steigen die Freisetzungen stark an, wobei oberhalb von etwa 2300 °C mit einer praktisch vollständigen Freisetzung aus den Partikeln zu rechnen ist. Dieses Verhalten ist für das Spaltprodukt Kr^{85} in Abb. 6.20 dargestellt.

Wie im folgenden noch näher ausgeführt wird, besteht ein wesentliches Konstruktionsmerkmal neuer, inhärent sicher ausgelegter Hochtemperaturreaktoren darin, auch in hypothetischen Störfällen die maximalen Brennelementtemperaturen auf Werte von unter 1600 °C zu beschränken. Dieses Ziel wird z. B. beim Modulreaktor durch Beschränkung der mittleren Kernleistungsdichte auf einen Wert von 3 MW/m³, durch Wahl eines Kerndurchmessers von nur 3 m und durch geeigneten, gut wärmetransportierenden Aufbau der Kernstrukturen erreicht (siehe Abschn. 6.9)

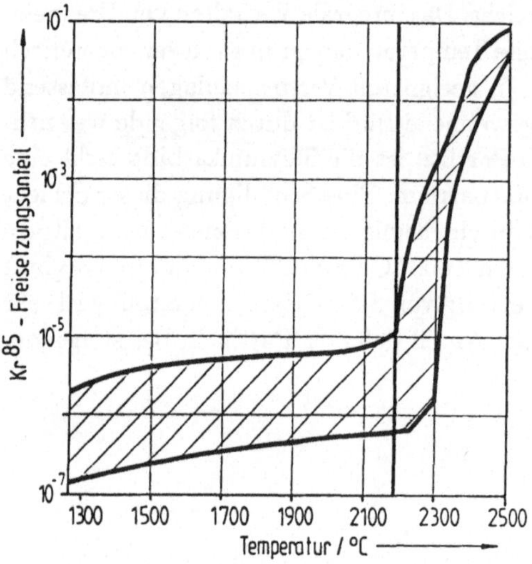

Abb. 6.20: Freisetzung von Kr^{85} aus HTR-Brennelementen mit TRISO-Partikeln (Ausheizen bei variablen Temperaturen)

Im Detail sind derartige Ausheiztests an bestrahlten Brennelementen in Abhängigkeit von der Temperatur sowie von der Heizzeit für die verschiedenen sicherheitsrelevanten Spaltprodukte durchgeführt worden. Abb. 6.20 zeigte das Verhalten des Spaltedelgases Kr^{85} und Abb. 6.21 gibt Ergebnisse für Cs^{137} wieder. Der vorher schon erwähnte Tatbestand, daß unterhalb von 1600 °C praktisch keine nennenswerten Spaltproduktfreisetzungen auftreten, daß aber oberhalb von 2000 °C mit weitgehender Freisetzung gerechnet werden muß, wurde hier durch integrale Ausheiztests an Originalbrennelementen bestätigt. Für HTR-Modulreaktoren wird daher, wie noch näher ausgeführt wird, der Kernauslegung eine maximale Störfalltemperatur von 1500 °C zugrundegelegt. Für diese Temperaturbedingungen sind ausführliche Messungen zum Spaltproduktfreisetzungsverhalten aus Brennelementen durchgeführt worden. Das Ergebnis derartiger Ausheiztests bei 1600 °C im Hinblick auf die Isotope Kr^{85}, Cs^{137}, Sr^{90} ist in Abb. 6.22 dargelegt. Man erkennt, daß in den ersten 200 Stunden die Freisetzungen noch relativ niedrig liegen, sie rühren offenbar ausschließlich von der Kontamination des Matrixgraphits her. Die Cäsiumfreisetzung steigt nach 200 Stunden an und erreicht z. B. nach 500 Stunden einen Anteil von 10^{-4} des Spaltproduktinventars eines Brennelements. Erklärt wird dieser Effekt mit beginnender, sehr langsamer Korrosion der SiC-Schicht. Strontium diffundiert erheblich langsamer, während Edelgase noch relativ gut von den intakt gebliebenen Pyrokohlenstoffschichten der Partikeln zurückgehalten werden.

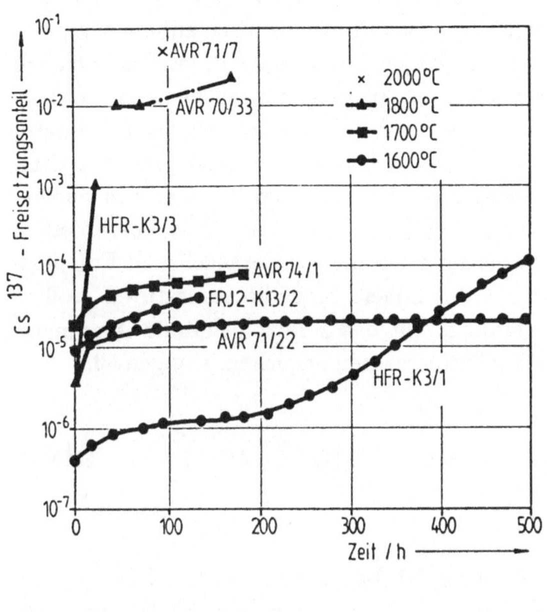

Abb. 6.21: Freisetzung von Cs^{137} aus HTR - Brennelementen mit TRISO - Partikeln (Ausheizen bei variablen Temperaturen) [6.25]

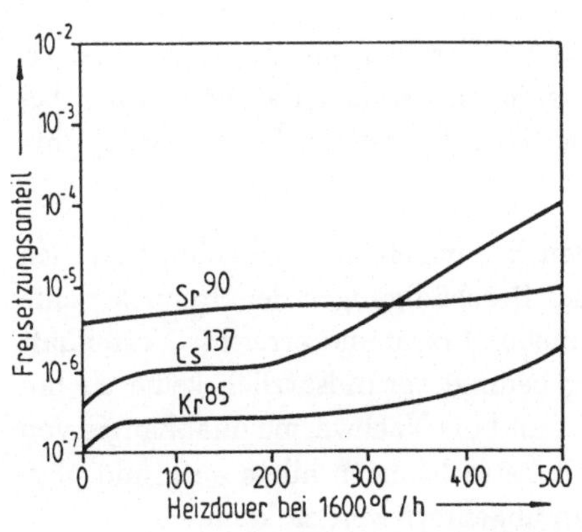

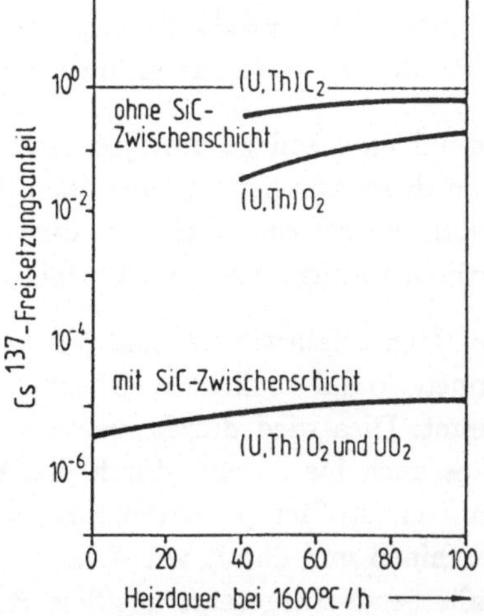

Abb. 6.22: Freisetzungen von wichtigen Spaltprodukten aus HTR - Brennelementen mit TRISO - Partikeln (Ausheizen bei 1 600 °C) [6.25]

Abb. 6.23: Freisetzung von Cs^{137} aus HTR - Brennelementen mit BISO - bzw. TRISO - Elementen (Ausheizen bei 1 600 °C) [6.25]

Für J^{131} wurde etwa gleiches Freisetzungsverhalten wie für Kr^{85} gemessen. Die besondere Bedeutung der SiC-Schicht für die Rückhaltung gewisser Spaltprodukte, hier für Cs^{137}, wird durch Abb. 6.23 verdeutlicht, in der zum Vergleich das Ausheizverhalten bei 1 600 °C über 100 Stunden für TRISO- und für BISO-Partikeln nebeneinandergestellt wird. Spaltgase und Jod werden dagegen bei 1 600 °C durch alle Partikelsorten gleich gut zurückgehalten. Mit steigender Störfalltemperatur bei anderen HTR-Konzepten muß mit höheren Freisetzungen gerechnet werden, wie schon in Abb. 6.20 und Abb. 6.21 für Krypton bzw. Cäsium gezeigt wurde. Neben den bestimmenden Parametern Temperatur und Zeit wird das Freisetzungsverhalten auch noch durch den Abbrand, durch die schnelle Neutronendosis sowie durch die Bestrahlungstemperatur im Reaktorbetrieb mitbestimmt, d. h. die Vorgeschichte eines Brennelementes vor Eintritt des Störfalls hat eine gewisse Bedeutung. Insgesamt kann heute davon ausgegangen werden, daß bei TRISO-Partikeln mit einer Beschränkung der maximalen Störfalltemperatur auf Werte unter 1 600 °C praktisch keine nennenswerten Austrittsraten aus den Brennelementen zu erwarten sind. Des weiteren befindet sich nur ein recht kleiner Anteil der Brennelemente im Core (wenige %) für relativ kurze Zeit in diesem hohen Temperaturbereich. Entsprechend den hier wiedergegebenen Ergebnissen werden bei Auslegung von Reaktoren auf höhere Störfalltemperaturen größere Freisetzungsraten zu erwarten sein, allerdings gilt das zuletzt genannte Argument, daß nur wenige Brennelemente sehr hohe Temperaturen erreichen, sinngemäß.

6.4 Sicherheitsanforderungen und Übersicht über Störfälle

Im Rahmen der Gewährleistung des Schutzes der Bevölkerung vor den Folgen von Unfällen in Kernkraftwerken müssen drei wesentliche Bedingungen erfüllt sein:

- Die nukleare Anlage muß jederzeit sicher abschaltbar sein; am günstigsten ist es, wenn diese Abschaltung aus allen Anlagenzuständen heraus zusätzlich zu den betrieblichen Abschaltsystemen über einen negativen Temperaturkoeffizienten, physikalisch bedingt, von selbst erfolgt.

- Die Nachzerfallswärme muß jederzeit aus den Brennelementen abgeführt werden können, so daß es nicht zu Überhitzungen oder Beschädigungen der Brennelemente kommt. Dies wird durch spezielle Nachwärmeabfuhrsysteme erreicht. Vorteilhaft ist es auch hier, wenn durch die Auslegung bedingt, grundsätzlich keine zu hohen Brennstofftemperaturen auftreten können und die Nachwärme unabhängig von Maschinen und damit von Wahrscheinlichkeitsbetrachtungen allein aufgrund physikalischer Naturgesetze aus dem Reaktorkern abgeführt werden kann.

- Die Integrität der Barrieren, die den Austritt der Spaltprodukte in die Umwelt verhindern, muß durch entsprechende Auslegung immer gewährleistet sein. Zudem sollte deren Zahl redundant und diversitär sein, so daß immer noch Sicherheiten, auch für hypothetische Ereignisse, vorhanden sind.

Wenn die genannten Schutzziele nur durch dem System innewohnende physikalische Eigenschaften gewährleistet sind, kann man von "inhärenter" Sicherheit sprechen.

Im einzelnen ist zu den angeführten Bedingungen folgendes zu bemerken: Wie allgemein in der Kerntechnik verbindlich vorgeschrieben, verfügen alle gebauten und für die zukünftige Nutzung konzipierten HTR-Anlagen über zwei diversitäre Abschaltsysteme, die so dimensioniert sind, daß alle auftretenden Reaktivitätseffekte mit ausreichenden Reserven kompensiert werden können. Durch vielerlei bekannte, technische Maßnahmen wird erreicht, daß diese Systeme die geforderte sehr hohe Zuverlässigkeit sowohl in Bezug auf ihre Funktion wie auch im Hinblick auf die Medienversorgung erreichen. Zusätzlich zu diesen technischen Einrichtungen verfügen alle HTR-Anlagen aufgrund ihrer physikalischen Besonderheiten bei der Kernauslegung über einen stark negativen Temperaturkoeffizienten der Reaktivität. Dies gilt in allen Temperatur- und Leistungsbereichen. Dieser negative Temperaturkoeffizient sorgt für eine inhärente Begrenzung der Leistungserzeugung bei den Anlagen, falls es, z. B. durch Fehlhandlungen, zur Temperatursteigerung im Brennstoff gekommen sein sollte. Einzelheiten zu diesem Komplex werden in Abschnitt 6.10 dargestellt. Hinsichtlich der zweiten genannten Bedingung, daß die Nachzerfallswärme aus dem Reaktorcore ohne Maschinen allein durch physikalische Prozesse wie Wärmeleitung und Wärmestrahlung abgeführt werden soll, läßt sich für die gebauten und konzipierten HTR-Anlagen folgende Aussage machen: Als wesentlicher abdeckender Störfall bei HTR-Anlagen wird heute allgemein das Ereignis der Druckentlastung des Primärkreises und des gleichzeitigen Ausfalls jeglicher aktiver Nachwärmeabfuhr angesehen. Dieser Ausfall der Zwangskühlung wird zwar insbesondere bei den Konzepten, die mehrere Produktionsloops sowie auch teils noch zusätzliche separate Loops zur Nachwärmeabfuhr enthalten, als äußerst seltener Störfall angesehen, es kann jedoch gezeigt werden, daß auch dieser an sich in der Kerntechnik als äußerst gravierend eingestufte Störfall bei HTR-Anlagen nicht zu katastrophalen Freisetzungen führt. Für bestimmte Coreauslegungen und Leistungsgrößen sind sogar naturgesetzlich wirkende Nachwärmeabfuhrmechanismen, d. h. solche, die auch ohne Maschinen wirken, möglich. Zu diesen Fragestellungen werden in den folgenden Abschnitten nähere Angaben gemacht. Störfälle gab es bislang in jeder technischen Anlage und es ist davon auszugehen, daß trotz aller Sorgfalt bei Auslegung, Fertigung und Betrieb der Anlagen Störungen unvermeidlich sind. Bei der Behandlung von Störfällen muß allerdings je nach deren Schwere, d. h. nach den Auswirkungen, die sie für die Anlage selbst oder gar für die Umwelt haben, sorgfältig differenziert werden. Man kann etwa folgende Unterscheidung vornehmen:

- Störfälle, die zur kurzzeitigen Abschaltung der Anlage führen, die aber leicht behebbar sind, so daß der Betrieb sofort danach wieder aufgenommen werden kann (Kategorie 1).

- Störfälle, die als Auslegungsstörfälle bezeichnet werden. Diese Störfälle werden im allgemeinen sehr selten auftreten, ihre Behebung wird meist längere Stillstandszeiten für die Anlage mit sich bringen (Kategorie 2).

- Störfälle, die dem hypothetischen Bereich zuzuordnen sind, die aber aus dem Anlagenkonzept heraus ableitbar sind (Kategorie 3).

- Störfälle, die ebenfalls dem hypothetischen Bereich zuzuordnen sind, die aber nur durch nicht eingeplante äußere Einwirkung, z. B. durch Sabotage, konstruierbar sind (Kategorie 4).

Während Störfälle der Kategorie 1 radiologisch ohne jede Bedeutung sind, bleiben bei Störfällen gemäß Kategorie 2 die Freisetzungen aus der Anlage äußerst gering und unterhalb der durch die Strahlenschutzverordnung (§ 27 A 3) festgelegten Werte. Wie in späteren Kapiteln noch gezeigt wird, werden selbst Störfälle der Kategorie 3 bei HTR-Anlagen im allgemeinen relativ unproblematisch für die Umgebung ablaufen. Bei Störfällen entsprechend Kategorie 4 sind Interventionen notwendig, sie sind bei HTR-Anlagen wegen der besonderen Systembedingungen aber auch möglich. In den folgenden Kapiteln werden Erläuterungen zu einzelnen Störfällen, die in die Kategorien 2 bis 4 fallen gegeben. Im einzelnen werden folgende Fälle behandelt:

- Druckentlastung des Primärkreises,

- Wassereinbruch in den Primärkreis,

- Lufteinbruch in den Primärkreis,

- Ausfall der Nachwärmeabfuhr bei vollem Reaktordruck,

- Ausfall der Nachwärmeabfuhr und zusätzliche Druckentlastung,

- Reaktivitätsstörfälle,

- Äußere Einwirkungen.

Auf probabilistische Erörterungen im Zusammenhang mit diesen Störfällen wird hier nicht eingegangen, hierzu wird auf die Spezialliteratur verwiesen [6.29 ,6.30].

6.5   Druckentlastung des Primärkreises

Druckentlastungsstörfälle bei HTR-Anlagen [6.31 bis 6.33] haben je nach Größe der Ausströmöffnung am Primärkreis mehr oder weniger schwere Auswirkungen auf die Anlage und die Sicherheit. Beim Ausströmvorgang treten Drucktransienten im Primärkreis auf, die zu Belastungen von Coreeinbauten, Wärmeaustauschern, Gasführungssystemen und Isolationen führen. Falls ein dichtes Reaktorschutzgebäude verwendet wird, baut sich in diesem Raum ein Mischdruck in der Größenordnung von einigen bar auf. Die im Kühlgas vorhandene Aktivität, im wesentlichen Edelgase, sowie Spaltprodukte, die auf den Brennelementen oder auf den Primärkreiskomponenten abgelagert sind, können in das Reaktorschutzgebäude gelangen und dort zu

Kontaminationen führen. Je nach Leckgröße und Lage der Öffnungen am Primärkreis können während der dem Druckentlastungsstörfall folgenden Nachwärmeabfuhrphase gewisse, wenn auch im allgemeinen geringe Luftmengen, in den Reaktorkreislauf gelangen. Nach erfolgter Druckentlastung des Primärkreises wird die Nachwärmeabfuhr durch Betrieb noch intakter Produktionsloops oder durch Einschalten spezieller separater Nachwärmeabfuhrkreisläufe bewirkt. Diese Einrichtungen müssen ihre Wirksamkeit auch noch bei stark reduziertem Druck oder bei Verwendung von Containmentgebäuden, die nicht druckhaltend ausgeführt werden (Confinements), auch bei Normaldruck behalten. Eine einfache Abschätzung der Zeitdauer für das Ausströmen des Kühlgases aus dem Primärkreis kann auf der Basis eines Modells nach Abb. 6.24 vorgenommen werden. Die Ableitung lehnt sich eng an die bei der Behandlung von Ausströmvorgängen aus Behältern übliche Betrachtungsweise an [6.31]:

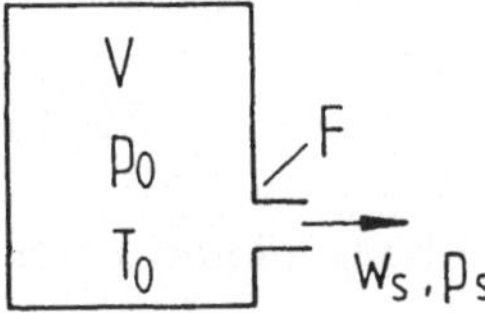

Abb. 6.24: Prinzipdarstellung für den Ausströmvorgang aus dem Primärkreis eines HTR

Im engsten Querschnitt der Ausströmöffnung wird sich Schallgeschwindigkeit mit

$$w_S = \sqrt{\frac{2}{\kappa + 1}} \cdot \sqrt{\kappa \cdot R \cdot T_0} \tag{6.54}$$

einstellen. Die Größe $\kappa = c_p/c_v$ hat für Helium den Wert $\kappa = 1{,}66$. Die Geschwindigkeit des Heliums im Druckbehälter vor Eintritt in den Ausströmquerschnitt kann zu

$$w_0 = \sqrt{\kappa \cdot R \cdot T_0} \tag{6.55}$$

mit T_0 als Gastemperatur im Primärkreis zu Beginn des Ausströmvorganges bestimmt werden. Das sog. kritische Druckverhältnis berechnet sich dann zu:

$$\frac{p_S}{p_0} = \left(\frac{2}{\kappa + 1}\right)^{\frac{\kappa}{\kappa - 1}} . \tag{6.56}$$

Die zeitliche Änderung des Behälterinhaltes bei Ausströmen aus einer Öffnung mit der Fläche F kann nun durch folgende Differentialgleichung beschrieben werden:

$$-\frac{dm}{dt} = F \cdot \Psi_{max} \cdot p \cdot \sqrt{\frac{2}{RT}} , \tag{6.57}$$

wenn die Gasgleichung in der Form

$$m = V \cdot \frac{p}{R \cdot T}, \qquad m_0 = V \cdot \frac{p}{R \cdot T_0} \tag{6.58}$$

Verwendung findet. Der Ausflußfaktor Ψ_{max} ist gegeben durch:

$$\Psi_{max} = \frac{2}{\kappa+1}^{\frac{1}{\kappa-1}} \cdot \sqrt{\frac{\kappa}{\kappa+1}} \ . \tag{6.59}$$

Für Helium, mit $\kappa = 1{,}66$, gilt dann $\Psi_{max} = 0{,}514$. Nach Einführung von neuen Variablen

$$\mu = \frac{m}{m_0}, \qquad \pi = \frac{p}{p_0}, \qquad \tau = \frac{T}{T_0}, \qquad \nu = \frac{V}{V_0} \tag{6.60}$$

kann eine Lösung der oben angeführten Differentialgleichung gewonnen werden. Für die Zustandsgleichung des ausfließenden Gases wird die ideale Gasgleichung in der Form

$$\pi \cdot \nu = \tau \tag{6.61}$$

verwendet, während die Gesamtmasse des Gases im Behälter zur Zeit t durch

$$\mu = \frac{\pi}{\tau} \tag{6.62}$$

gekennzeichnet werden kann. Die schon angeführte Ausflußgleichung nimmt unter Benutzung der neuen Variablen die Form

$$\frac{\mathrm{d}\mu}{\mathrm{d}t} = -\frac{F}{V} \cdot \Psi_{max} \cdot \sqrt{\frac{2}{\kappa}} \cdot w_0 \cdot \frac{\pi}{\sqrt{\tau}} \tag{6.63}$$

an. Durch Differentiation der Beziehung $\mu = \pi/\tau$ gewinnt man andererseits

$$\frac{\mathrm{d}\mu}{\mathrm{d}t} = \frac{1}{\tau} \cdot \frac{\mathrm{d}\pi}{\mathrm{d}\tau} - \frac{\pi}{\tau^2} \cdot \frac{\mathrm{d}\tau}{\mathrm{d}t} \ , \tag{6.64}$$

so daß man schließlich nach Einsetzen von Gleichung 6.64 in Gleichung 6.63 eine den Ausflußvorgang charakterisierende Differentialgleichung

$$\tau \cdot \frac{\mathrm{d}\pi}{\mathrm{d}t} - \pi \cdot \frac{\mathrm{d}\tau}{\mathrm{d}t} = -\frac{F}{V} \cdot \Psi_{max} \cdot \sqrt{\frac{2}{\kappa}} \cdot w_0 \cdot \pi \cdot \tau^{\frac{3}{2}} \tag{6.65}$$

erhält. Legt man für den Entspannungsprozeß des Gases im Behälter einen isentropen Vorgang zugrunde, so gilt

$$\frac{T}{T_0} = \left(\frac{p}{p_0}\right)^{\frac{\kappa-1}{\kappa}} \tag{6.66}$$

oder

$$\tau = \pi^{\frac{\kappa-1}{\kappa}} \tag{6.67}$$

bei Verwendung der anfangs eingeführten neuen Variablen. Ein Zusammenhang zwischen τ und π läßt sich nach Differentiation der Beziehung 6.67 über

$$\mathrm{d}\tau = \frac{\kappa-1}{\kappa} \cdot \pi^{-\frac{1}{\kappa}} \cdot \mathrm{d}\pi \tag{6.68}$$

herstellen. Damit kann eine Differentialgleichung für $\pi(t)$ aufgestellt werden:

$$\pi^{\frac{1-3\kappa}{2\kappa}} \cdot d\pi = -\frac{F}{V} \cdot \Psi_{max} \cdot \sqrt{2\kappa} \cdot w_0 \, dt, \tag{6.69}$$

die die Lösung

$$\pi^{\frac{1-\kappa}{2\kappa}} = A \cdot t + C, \qquad A = \frac{F}{V} \cdot \Psi_{max} \cdot w_0 \cdot \frac{\kappa - 1}{\sqrt{2\kappa}} \tag{6.70}$$

besitzt. Die Konstante C wird aus der Bedingung, daß für $t = 0$, $\pi = 1$ ist, zu $C = 1$ bestimmt. Führt man auch für die Zeit eine bezogene Variable

$$\vartheta = \frac{t}{t^*}, \qquad t^* = \frac{V}{F} \cdot \frac{1}{w_0} \cdot \frac{\sqrt{2\kappa}}{\kappa - 1} \cdot \frac{1}{\Psi_{max}} \tag{6.71}$$

ein, so lautet die Lösung für den zeitlichen Verlauf der Druckentlastung

$$\pi^{\frac{1-\kappa}{2\kappa}} = \vartheta + 1 \tag{6.72}$$

Nach Einsetzen von $\kappa = 1{,}66$ folgt dann für $\pi\,(\vartheta)$

$$\pi = \frac{1}{(1 + \vartheta)^5} \tag{6.73}$$

mit der maximalen Drucktransienten

$$\frac{d\pi}{d\vartheta} = -\frac{2\kappa}{\kappa - 1} = -5 \tag{6.74}$$

für $\vartheta = 0$ bzw. $t = 0$. Rücktransformation auf die ursprünglichen Variablen p und t liefert die Zeitabhängigkeit der Druckentlastung zu:

$$\pi = \frac{p}{p_0} = \frac{1}{\left(\frac{t}{t^*} + 1\right)^5} \ . \tag{6.75}$$

Eine praktische Anwendung der hier gewonnenen Beziehungen auf den THTR liefert folgendes Bild:

Mit den Werten $V = 1\,500$ m^3, $T_0 = 550$ °C, $R = 2{,}077$ kJ/kgK und einem Öffnungsquerschnitt von $33{,}2$ cm^2, entsprechend einer angenommenen Bruchöffnung der Nennweite 65 mm, folgt für die Ausflußgeschwindigkeit w_o:

$$w_0 = \sqrt{\kappa R T_0} = 1\,685 \, \text{m/s} \ . \tag{6.76}$$

Die charakteristische Zeit

$$t^* = \frac{V}{F} \cdot \frac{1}{w_0} \cdot \frac{\sqrt{2\kappa}}{\kappa - 1} \cdot \frac{1}{\Psi_{max}} \tag{6.77}$$

hat hier den Wert $t^* = 1\,430$ s. Damit kann das Ausflußgesetz zu

$$\frac{p}{p_0} = \frac{1}{\left(\frac{t}{1\,430} + 1\right)^5} \tag{6.78}$$

ermittelt werden und liefert als Ergebnis, daß im Falle des THTR etwa 1 Stunde nach
Auftreten des Lecks der Druck auf Normaldruck abgesunken ist. Die ausfließende
Gasmenge kann näherungsweise aus

$$\frac{\Delta m}{\Delta t} \approx F \cdot \Psi_{max} \cdot p_0 \cdot \sqrt{\frac{2}{RT}} \tag{6.79}$$

zu 7,4 kg/s zu Anfang des Druckentlastungsvorgangs bestimmt werden. Bei größeren
Primärkreisleckageöffnungen, wie sie bei anderen HTR-Konzepten vorstellbar sind,
werden die Austrittsraten proportional steigen und die zeitlichen Verläufe entsprechend steiler verlaufen. Abb. 6.25 zeigt die Verhältnisse für ein spezielles Beispiel,
wobei der große Öffnungsquerschnitt dem hypothetischen Störfallbereich zuzuordnen
ist.

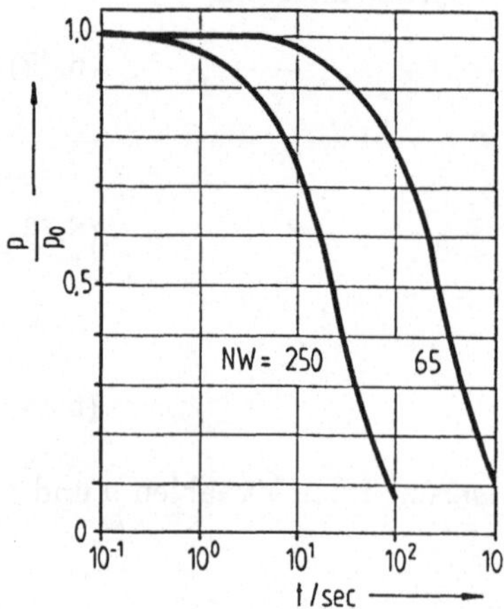

Abb. 6.25: Zeitlicher Druckverlauf bei
Druckentlastungsstörfall (Parameter sind
die freiwerdende Nennweite (mm), runde
Öffnung angenommen)

Störfälle wie der vollständige Abriß etwa der Koaxialleitung beim Modulreaktor
führen bei Annahme eines totalen Freiwerdens der Abströmquerschnitte zum Ausströmen des Heliums innerhalb von Sekunden. Der Störfall wird in das Szenario
äußerst seltener Ereignisse eingruppiert.

Im Bereich von Auslegungsstörfällen bei HTR-Konzepten wird damit zu rechnen sein,
daß der Heliumdruck des Primärkreises innerhalb von einigen 100 s auf Containment-
Mischdruck abfallen kann. Bei den damit verbundenen geringen Druckänderungsge-
schwindigkeiten treten noch keine unzulässigen Belastungen von Komponenten auf,
die etwa die Nachkühlfähigkeit des Kerns beeinträchtigen könnten. Neue Konzepte für
Reaktorschutzgebäude werden, wie schon in Abschn. 4 erwähnt, ohne Innenliner ausgelegt werden und beim Druckentlastungsstörfall nicht druckhaltend sein. Bezüglich
Einzelheiten der Modellvorstellungen und praktischer Ergebnisse von genaueren Rechnungen sei auf die Literatur verwiesen [6.31 bis 6.33].

Große Durchbrüche wie Dampferzeuger- oder Gebläsepositionen, werden bei HTR-
Anlagen mit Doppeldeckeln aus Stahl oder vorgespannten Betonstopfen abgeschlossen. Ein Versagen dieser Komponenten wird aufgrund der gewählten Konstruktion

als ausgeschlossen eingestuft. Auf den Austrag von Spaltprodukten bei Druckentlastungsstörfällen wird im Zusammenhang mit den radiologischen Auswirkungen anderer Störfälle noch detaillierter eingegangen, hier sei bereits darauf verwiesen, daß mit der Freisetzung von rund 1 Ci Edelgasaktivität/1 MW thermischer Reaktorleistung entsprechend den AVR-Erfahrungen zu rechnen ist. Die Nachwärmeabfuhr ist mit Hilfe der Produktionsloops auch noch bei 1 bar Ausgleichsdruck möglich, wie der im folgenden dargelegten Abschätzung entnommen werden kann.

Für das Verhältnis der für die Nachwärmeabfuhr notwendigen Gebläseleistung N_p^* zur nominellen Auslegungsleistung der Gebläse N_p kann folgende vereinfachte Beziehung hergeleitet werden:

$$\frac{N_p^*}{N_p} \approx \frac{\dot{m}^*}{\dot{m}} \cdot \frac{\Delta p^*}{\Delta p} \cdot \frac{\varrho}{\varrho^*} \quad . \tag{6.80}$$

Die mit einem Stern versehenen Größen beziehen sich jeweils auf den Nachwärmeabfuhrfall. Berücksichtigt man noch, daß bei Beibehaltung der Kühlgasaufheizung im Nachwärmeabfuhrfall

$$\frac{\dot{m}^*}{\dot{m}} \approx \frac{N^*}{N} \tag{6.81}$$

gilt (N = Thermische Reaktorleistung im Normalbetrieb, N^* = Leistung im Nachwärmeabfuhrfall) und für das Druckverlustverhältnis

$$\frac{\Delta p^*}{\Delta p} \approx \left(\frac{\dot{m}^*}{\dot{m}}\right)^2 \cdot \frac{\varrho}{\varrho^*} \tag{6.82}$$

gesetzt werden kann, so folgt schließlich

$$\frac{N_p^*}{N_p} \approx \left(\frac{\dot{m}^*}{\dot{m}}\right)^3 \cdot \left(\frac{\varrho}{\varrho^*}\right)^2 \quad . \tag{6.83}$$

Im Falle des THTR folgt daraus z.B. für den Fall $\dot{m}^*/\dot{m} \approx 10^{-2}$ und $\varrho^*/\varrho = 1/40$ für die Gebläseleistung im NWA-Fall $N_p^*/N_p \approx 1,6 \cdot 10^{-3}$, d. h. rund 20 kW sind als Gebläseleistung für die Nachwärmeabfuhr notwendig und sind dementsprechend auch über Notstromdiesel abzusichern. Die Gebläseleistung im Normalbetrieb beträgt, wie schon in Abschn. 4 hergeleitet wurde, rund 12 MW.

6.6 Wassereinbruch in den Primärkreis

Wenn auch die Dampferzeuger oder evtl. vorhandene separate wasserbetriebene Nachwärmeabfuhrwärmetauscher, einer HTR-Anlage mit großer Sorgfalt hergestellt, überwacht und betrieben werden, so ist dennoch nicht auszuschließen, daß im Laufe der Betriebszeit Leckagen oder sogar Rohrbrüche auftreten können. Als Folge derartiger Störfälle gelangen Wassermengen in den Primärkreis, deren Höhe von der Konstruktion des Wärmeaustauschers sowie von Größe und Lage des Leckquerschnittes abhängen. Der Einbruch von Wasser in den Heliumkreislauf eines HTR [6.34 bis 6.38] hat grundsätzlich folgende Konsequenzen: Das eingedrungene Wasser verdampft oder gelangt bereits in Dampfform in den Heliumkreislauf, in dem es infolgedessen zu einer Drucksteigerung kommt. Entweder ist das vorhandene Reaktorvolumen hinreichend groß, so daß die eingedrungene Wassermenge als Dampf innerhalb zulässiger Druckgrenzen im Primärkreis gespeichert werden kann, oder nach Überschreiten eines zulässigen Überdruckes sorgen redundant vorhandene Sicherheitsventile oder Berstscheiben für eine Öffnung des Primärkreises, so daß der Reaktordruckbehälter zuverlässig gegen Überdruck abgesichert ist. Der Dampf wird dann in einen sogenannten Mischkondensator, der eine Kondensation des Dampfes in einer Wasservorlage oder einem geeignet dimensionierten Wärmespeicher bewirkt, eingeleitet und in die flüssige Phase überführt. Weiterhin korrodiert Dampf über die heterogene Wassergasreaktion heiße Graphitstrukturen der Brennelemente oder des Coreaufbaus. Hierdurch bedingt kann es zu Strukturschwächungen kommen. Die Produkte der heterogenen Wassergasreaktion sind Wasserstoff und Kohlenmonoxid. Diese Gase können zusammen mit dem Primärkreishelium und dem nichtumgesetzten Wasserdampf in das Reaktorschutzgebäude strömen und sich hier mit der vorhandenen Luft vermischen. Im Mehrkomponentensystem Luft/Helium/Wasserstoff bzw. Kohlenmonoxid existieren bestimmte Konzentrationsgebiete, innerhalb derer Explosionen auftreten können.

Schließlich ist zu beachten, daß durch das Eindringen größerer Mengen von Wasser in das HTR-Core das Moderationsverhältnis in solcher Weise verändert werden kann, daß Reaktivitätssteigerungen des Cores möglich werden.

Auf Folgeschäden an Komponenten, die nicht direkt die Sicherheit, wohl jedoch die Verfügbarkeit der Gesamtanlage betreffen, sei hier nur pauschal verwiesen. Denkbar sind Auswirkungen an Isolationen, am Gebläse sowie an Komponenten der Abschalt- und Beschickungsanlage. Zunächst sei hier der Druckaufbau im Primärkreis beim Eindringen von Wasser betrachtet. Die Ausströmrate aus einem Leck der Größe f in einem Dampferzeugerrohr wird bestimmt zu

$$\frac{dm}{dt} \sim f \sqrt{2 \varrho \, \Delta p} \tag{6.84}$$

mit ϱ als der Dichte des Wassers an der betreffenden Stelle im Dampferzeuger und Δp als treibender Druckdifferenz zwischen Wasserseite und Heliumseite. Es werde vorausgesetzt, daß die Druckdifferenz Δp sich im Laufe der Zeit infolge des Ausströmvorganges verringere und daß damit ein Ansatz

$$\Delta p \sim \Delta p_0 \, (1 - \alpha t) \tag{6.85}$$

gerechtfertigt sei. Für die Ausströmrate ergibt sich damit bei Reihenentwicklung für Δp unter der Wurzel und Abbruch nach dem ersten Glied:

$$\frac{dm}{dt} \sim f \sqrt{2 \varrho \, \Delta p_0} \cdot (1 - \frac{\alpha}{2} t) = \dot{m}_0 \, (1 - \frac{\alpha}{2} t) \quad . \tag{6.86}$$

Nach Ablauf einer Zeit t ist dann die Menge

$$M(t) = \int_0^t \frac{dm}{dt'} dt' = \dot{m}_0 \left(t - \frac{\alpha}{4} t^2 \right) \tag{6.87}$$

ausgeströmt. Das durch Ausströmung bis zur Zeit t in den Heliumkreislauf eingedrungene Wasservolumen $V_D(t)$ beträgt somit

$$V_D(t) = \frac{M(t)}{\varrho_D} \tag{6.88}$$

mit ϱ_D als Dampfdichte.

Unterstellt man nun, daß der Primärkreis zunächst bis zum Ansprechen von Überdruckeinrichtungen dieses Volumen zusätzlich zum Heliuminventar aufnimmt, so erhält man die Dampfkonzentration $k_d(t)$ im Primärkreis zu

$$k_d(t) = \frac{V_D(t)}{V_D(t) + V_{He}} \approx \frac{V_D}{V_{He}} \quad , \tag{6.89}$$

da zunächst $V_D << V_{He}$ vorausgesetzt werden kann. Der Druckanstieg im Primärkreis folgt damit nach der Beziehung

$$p(t) = p_0 \frac{1}{1 - k_d(t)} \approx p_0 \left(1 + k_d(t)\right) \quad , \tag{6.90}$$

$$p(t) \sim p_0 \left(1 + \frac{V_D(t)}{V_{He}}\right) = p_0 \left(1 + \frac{M(t)}{\varrho(t) \cdot V_{He}}\right) \tag{6.91}$$

mit der Zeitabhängigkeit

$$p(t) \approx p_0 \left(1 + \frac{\dot{m}_0}{\varrho(t) \cdot V_{He}} \cdot \left(t - \frac{\alpha}{4} t^2\right)\right) . \tag{6.92}$$

Um ein praktisches Beispiel zu geben, sei ein Leck mit $f = 1\ mm^2$ Fläche, eine anfängliche Druckdifferenz von 150 bar und ein Bruch im Speisewasservorwärmer mit $\varrho = \varrho_w = 1\,000\ kg/m^3$ betrachtet. Die sich zu Anfang des Störfalls einstellende Wassermenge, welche in den Primärkreis einströmt, beträgt dann $\dot{m}_0 \approx 0,2\ kg/s$. Unterstellt man, daß die im Primärkreis angeordneten Feuchtedetektoren das Leck nach rund 10 s anzeigen und daß die Absperrarmaturen nach rund 30 s geschlossen werden, so wird die Wassermenge, die in den Primärkreis eindringen kann, in diesem Falle im wesentlichen durch die Füllmenge der vom Schaden betroffenen Dampferzeugersektionen bestimmt sein. Es ist hier darauf hinzuweisen, daß die Aufteilung der Dampferzeuger auf einzeln absperrbare Stränge so weit wie möglich getrieben werden sollte, um die Störfallmengen so gering wie möglich zu halten. 10 Dampferzeugerrohre zusammengefaßt liefern so bei rund 100 m Länge der Rohre einen Gesamtinhalt von etwa 200 kg Wasser. Bei einer Abschätzung der aus einem vollständig offenen Dampferzeugerrohr im Überhitzer in den Heliumkreislauf einströmenden Dampfmenge ergibt sich dagegen folgendes Bild:

Mit $f = 4\ cm^2$, $\varrho_D = 60\ kg/m^3$, $\Delta p \approx 150\ bar$ folgt $\dot{m}_0$ zu $\approx 17\ kg\ /s$. Man erkennt, daß hier zusätzlich zum Inhalt des Stranges ein wesentlicher Beitrag an Wasser durch das Ausströmen innerhalb von 30 s bis zum Schließen der Armaturen auftritt. Der zeitliche

Ablauf der Drucksteigerung im Primärkreis vollzieht sich bei Vernachlässigung des quadratischen Gliedes in Gleichung (6.92) gemäß der einfachen Beziehung

$$t \sim \left(\frac{p}{p_0} - 1\right) \frac{\varrho(t) \cdot V_{He}}{\dot{m}_0} \quad . \tag{6.93}$$

In Wirklichkeit treten vor Erreichen des Enddruckes Kondensationsvorgänge auf, so daß der gesamte Überdruck nicht erreicht wird. Abb. 6.26 zeigt das Ergebnis einer genaueren quantitativen Analyse des zeitlichen Druckaufbaus im THTR-Primärkreissystem bei Abriß eines Dampferzeugerrohres.

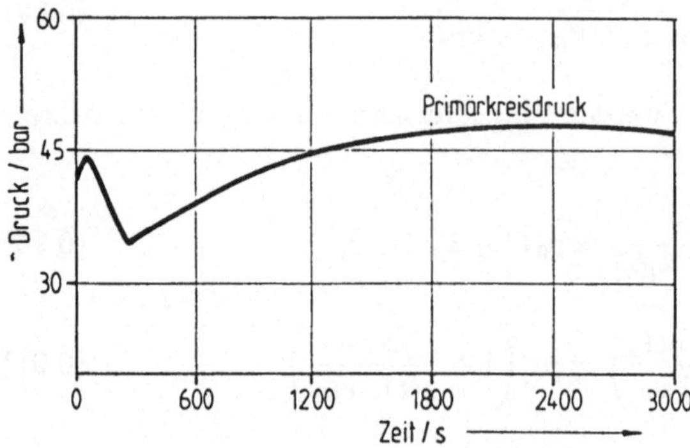

Abb. 6.26: Zeitlicher Verlauf des Druckaufbaus im THTR-Primärkreis bei Wassereinbruch aus einem defekten Dampferzeugerrohr (Betriebsdruck 40 bar) [6.38]

Bei neuen HTR-Konzepten wird der Störfall des massiven Wassereinbruchs durch Rohrreißer im Dampferzeuger voraussichtlich folgendermaßen ablaufen: Nach Feststellen eines Rohrreißers durch Feuchtemessung, Drucksteigerung, Neutronenflußänderung oder Gebläsestromänderung wird zunächst der Reaktor abgeschaltet. Die Wasserversorgung wird gestoppt und über Feuchtemessung der defekte Loop festgestellt. Bei einem Störfalldruck, der in der Regel um 20 % über dem Auslegungsdruck liegen wird, öffnen die schon erwähnten Überdrucksicherungen den Primärkreis. Das Dampf/Helium-Gemisch wird in Mischkondensatoren eingeblasen. Der Dampf kondensiert und das Helium strömt ins Reaktorschutzgebäude. Je nach Auslegung der Überdrucksicherung liegt der Primärkreisdruck nach diesen Vorgängen bei 1 bar oder Betriebsdruck. Die Nachwärmeabfuhreinrichtungen werden in Betrieb gesetzt und kühlen den Reaktor so weit ab, daß Korrosionsprozesse nur noch sehr langsam ablaufen. Dies bedeutet, daß die Oberflächentemperaturen des Graphits im Corebereich unter 700 °C abgesenkt werden. Neben dem Druckaufbau ist das Korrosionsgeschehen einer eingehenderen Prüfung zu unterziehen. Ausgehend von der bestimmenden heterogenen Wassergasreaktion

$$C + H_2O \rightarrow CO + H_2, \qquad \Delta H = 119 \text{ kJ/mol} (endotherm) \tag{6.94}$$

wird bekanntlich eine Stoffmenge entsprechend der Reaktion

$$1\text{kg C} + 1,5\text{kg H}_2\text{O} \rightarrow 1,87\text{m}^3 \text{ CO} + 1,87\text{m}^3 \text{ H}_2 \qquad (6.95)$$

umgesetzt. Die Geschwindigkeit der Korrosion hängt dabei grundsätzlich von den Partialdrücken der Reaktionspartner sowie von der Temperatur entsprechend Beziehungen des Typs

$$r' = \frac{k_1 \cdot p_{H_2O}}{1 + k_2 \cdot p_{H_2O} + k_3 \cdot p_{CO}} \qquad (6.96)$$

mit

$$k_i = C_i \cdot e^{-\frac{E_i}{kT}} \qquad (6.97)$$

ab. Für praktische an HTR-Graphiten auftretende Reaktionsraten wurden experimentell Gesetzmäßigkeiten des Typs

$$r = r_0 \cdot \sqrt{\frac{p_{H_2O}}{p}} \cdot e^{\frac{E}{R}\left(\frac{1}{T_0} - \frac{1}{T}\right)} \qquad (6.98)$$

gemessen. Die Bedeutung der verwendeten Größen ist dabei:

r $\quad=\quad$ Reaktionsrate (mg/cm^{2}h),

p_{H_2O} $\quad=\quad$ Wasserdampfpartialdruck (bar),

p $\quad=\quad$ Gesamtdruck (bar),

E $\quad=\quad$ Aktivierungsenergie (kJ/mol),

R $\quad=\quad$ allgemeine Gaskonstante (kJ/mol K),

T_0 $\quad=\quad$ Standardtemperatur (K),

T $\quad=\quad$ Materialtemperatur (K),

r_0 $\quad=\quad$ Standardreaktionsrate (mg/cm^{2}h).

Die Standardreaktionsrate r_0 wird meist für eine Temperatur $T_0 = 950$ °C, für $p = 1$ bar und einen Volumenanteil von 3 % Dampf in Helium angegeben. Der Wert von r_0 liegt für A3-Graphit bei 1,3 mg/cm^{2}h. Die Abhängigkeit der Reaktionsrate r (mg/cm^{2}h) von den Parametern Temperatur, Gesamtdruck und Wasserdampfpartialdruck ist in den Abb. 6.27 und 6.28 wiedergegeben. Hierbei wurde ein Abbrand von jeweils 2 % zugrundegelegt. Die Abhängigkeit der Reaktionsrate vom Abbrand, die bei genauen Analysen ebenfalls zu berücksichtigen ist, geht aus Abb. 6.29 hervor. Die Kurvenverläufe in Abb. 6.27 über 1000 °C hinaus wurden extrapoliert. Derartig hohe Graphittemperaturen treten nur bei extremen Störfällen auf. In allen Auslegungsstörfällen wird das Core hinreichend schnell unter 1000 °C abgekühlt. Auch Vorkorrosionsraten von über 2% gehen über den Rahmen von Auslegungsstörfällen hinaus. Eine Modifikation der Korrosionsraten durch katalytische Wirkungen von Alkalimetallen ist bekannt, jedoch liegt die Größenordnung dieses Effektes im Bereich der Unsicherheiten derartiger Reaktionsraten. Daher wird hier auf eine spezielle Betrachtung dieser Einflüsse verzichtet.

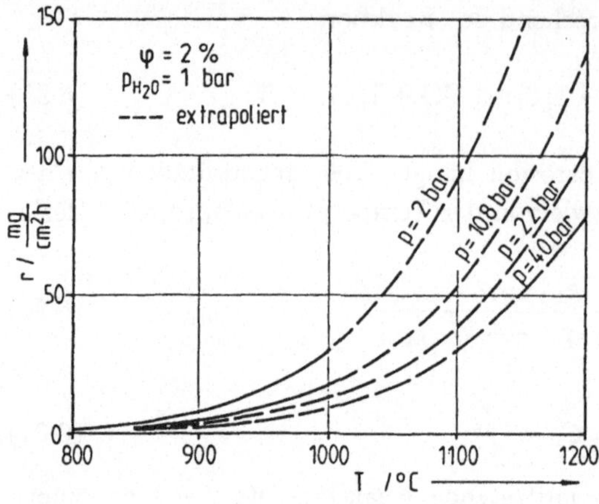

Abb. 6.27: Korrosionsrate von A3-Graphit in Wasserdampf in Abhängigkeit von der Temperatur (Parameter: Gesamtdruck p, Partialdruck des Dampfes $p_{H_2O} = 1$ bar, Abbrand $\varphi = 2$ %) [6.36]

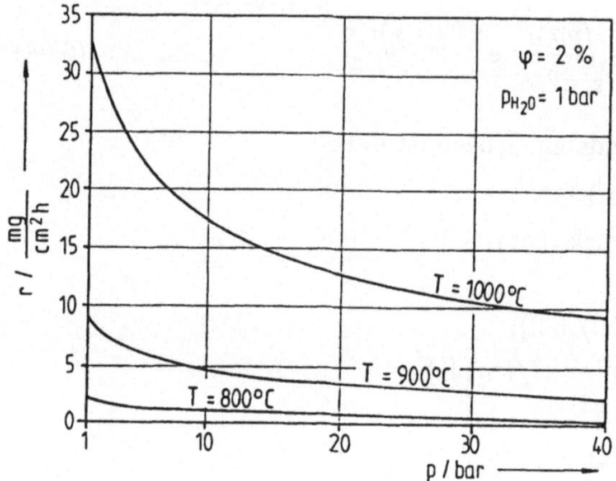

Abb. 6.28: Korrosionsrate von A3-Graphit in Wasserdampf in Abhängigkeit vom Gesamtdruck p (Parameter: Temperatur, Partialdruck des Dampfes, $p_{H_2O} = 1$ bar, Abbrand $\varphi = 2$ %) [6.36]

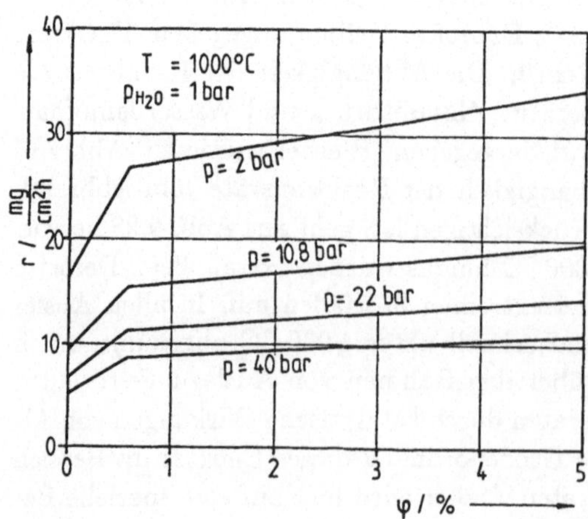

Abb. 6.29: Korrosionsrate von A3-Graphit in Wasserdampf in Abhängigkeit vom Abbrand, (Parameter sind Gesamtdruck p, Temperatur $T = 1\,000$ °C, Partialdruck des Dampfes $p_{H_2O} = 1$ bar) [6.36]

Um die Wirkung der Wasserdampfkorrosion an Brennelementen zu veranschaulichen, sei folgendes Beispiel betrachtet: Ein Brennelement mit der Oberfläche $A = 4\pi R^2 = 113$ cm^2 werde für 1 Stunde dem Angriff von Wasserdampf (1 bar Partialdruck in Helium) bei 1000 °C und 40 bar Gesamtdruck ausgesetzt. Die Reaktionsrate beträgt unter diesen Bedingungen etwa 10 mg/cm^{2}h. Folglich wird in diesem Zeitraum eine Graphitmenge von rund 1,1 g entsprechend 0,6 Gew.-% Massenverlust bezogen auf das gesamte Brennelement durch Korrosion abgetragen. Die entsprechende Schicht beträgt $6 \cdot 10^{-2}$ mm, sie fällt damit praktisch noch nicht ins Gewicht. Auch eine wesentliche Beeinträchtigung der Stabilität der Brennelemente ist mit derartig niedrigen Abbränden noch nicht verbunden, wie Abb. 6.30 zeigt. Erst bei längerwirkendem Korrosionsangriff wird diese Frage wichtig.

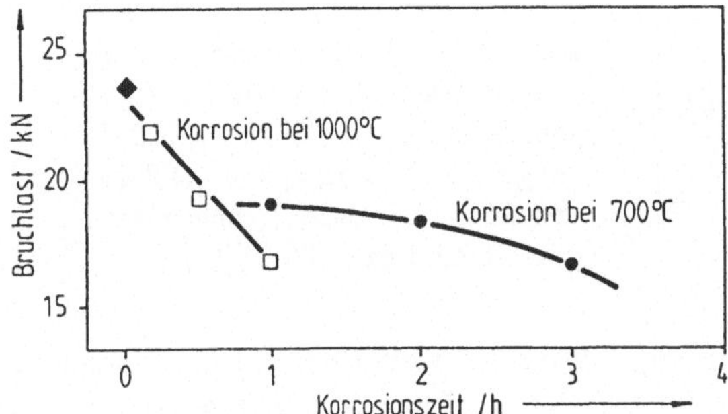

Abb. 6.30: Abnahme der Festigkeit der Brennelemente nach Korrosion in Wasserdampf [6.42]

Der gesamte heiße graphitische Bereich der Reflektorstrukturen ist bei Wassereinbruchstörfällen einer genauen Prüfung zu unterziehen. Bei dampferzeugenden Systemen befinden sich der Coreboden bzw. die Heißgaskammer in einem Temperaturbereich zwischen 700 und 750 °C, bei Prozeßwärmeanwendungen liegen diese Temperaturen bei 950 °C. Ähnlich wie Brennelementgraphit werden auch Reflektorgraphitstrukturen durch Wasserdampfkorrosion angegriffen. Abb. 6.31 zeigt gemessene Korrosionsraten für verschiedene Reaktorgraphite unter Einschluß von A3-Graphit für Brennelemente, hierbei ist eine auf die gesamte Oberfläche bezogene Reaktionsrate R (in %/h) über dem zunehmenden Abbrand aufgetragen. R ist als integrale Rate anzusehen.

Man ersieht, daß bei Standardbedingungen rund 0,1 bis 0,4 % der Graphitmenge je nach Graphitqualität durch Wasserdampfkorrosion umgesetzt würden, wenn nicht vorher eine Abkühlung der Graphitstrukturen durchgeführt würde. Reflektorstrukturen, die in der Regel im Betrieb unterhalb von Temperaturen von 800 °C gefahren werden, sind demnach auch durch mehrfache Wassereinbruchsstörfälle während der Anlagenlebensdauer nicht gefährdet, da vergleichsweise kleine Reaktionsraten für derartige Ereignisse anzusetzen sind.

Bei der Behandlung der Auswirkungen eines Wassereinbruchsstörfalls auf das integrale Korrosionsverhalten eines HTR-Cores sind raum- und zeitabhängige Temperaturfelder für alle Graphitoberflächen zu ermitteln und mit den temperatur-, abbrand- und partialdruckabhängigen Korrosionsraten zu überlagern. Hinsichtlich detailierter Rechnungen und Rechenprogramme zu diesem Fragenkreis sei auf die zu Anfang dieses Abschnittes zitierte Literatur verwiesen, in der sich Rechenergebnisse zu Wassereinbruchstörfällen bei verschiedenen HTR-Konzepten finden.

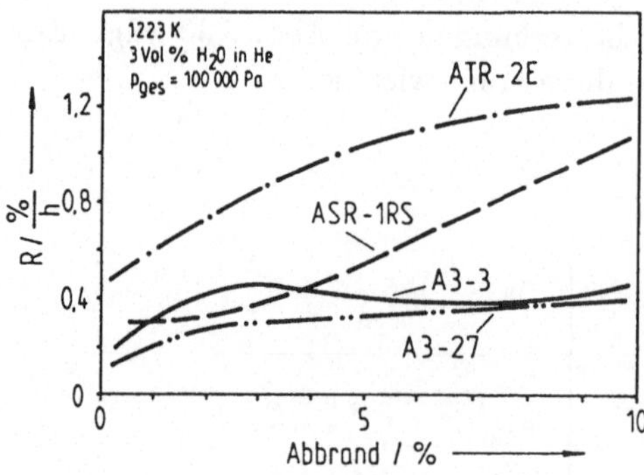

Abb. 6.31: Integrale Korrosionsrate in Wasserdampf als Funktion vom Abbrand für Standardbedingungen. Reflektorgraphite ATR-2E und ASR-1RS sowie Brennelementgraphit A3-3 bzw. A3-27 [6.37]

Generell kann davon ausgegangen werden, daß die Korrosion der Reaktoreinbauten des Reaktorkerns durch Wasserdampf relativ einfach durch rechtzeitige Abkühlung des Kerns durch Nachwärmeabfuhrprozeduren in tolerablen Grenzen gehalten werden kann. Zudem befinden sich anteilig nur wenige Brennelemente im HTR-Core auf Temperaturen, die für Wasserdampfkorrosion relevant sind, d. h. oberhalb einer Brennelementoberflächentemperatur von etwa 700 °C. Wie bereits erwähnt entstehen beim Umsatz von 1,5 kg Wasserdampf an 1 kg C durch die heterogene Wassergasreaktion insgesamt 3,74 m_N^3 Wasserstoff und Kohlenmonoxid. Wenn also, wie eingangs erwähnt wurde, z. B. bei einem Rohrschaden, rund 400 kg Wasser in den Primärkreis eines HTR einströmen, so werden folglich etwa 1 500 m_N^3 Wassergas entstehen, wenn ein vollständiger Umsatz des Wassers unterstellt wird. Kommt es nicht zur Druckentlastung des Primärkreises, so müssen diese Gase nach Abschalten des Reaktors durch die Gasreinigungsanlage entfernt werden (siehe Kapitel 4.). Falls noch zusätzlich eine Druckentlastung des Primärkreislaufs unterstellt wird, bildet sich ein Gasgemisch, bestehend aus Helium/Luft/Wassergas im Reaktorschutzgebäude, wobei allerdings ein Teil der Luft aus dem RSG durch das einströmende Helium-Wassergasgemisch verdrängt wird. Unter bestimmten Bedingungen der Zusammensetzung ist ein derartiges Gemisch explosiv. Hier sind Diagramme, die mögliche Explosionsbereiche anzeigen, zur Beurteilung der Verhältnisse hilfreich (siehe Abb. 6.32). Demnach verschiebt sich das Gebiet der zündfähigen Mischungen mit steigender Temperatur. Als Sicherheitsgrenzen, d. h. als Brenngasgehalte einer Inertgas-Brenngas-Luftmischung, können die Werte bezeichnet werden, bei denen bei beliebiger Verdünnung mit Luft gerade keine zündbaren Mischungen mehr entstehen können. Für Umgebungstemperaturen liegt demnach dieser Wert bei 17,85 %. Bei genauen Analysen ist auch noch der Einfluß des Druckes sowie der des Wasserdampfes zu berücksichtigen. Eine weitere Begrenzung der Wassemengen beim Wassereinbruch kann durch Änderungen am Dampferzeugerkonzept erreicht werden. Bei Einsatz von Gasturbinenanlagen reduziert sich die Fragestellung noch weitergehend.

Generell bleibt festzuhalten, daß sich die Gasbildung nach Wassereinbruch über einen Bereich von vielen Stunden erstrecken würde und daß während dieser Zeit in der Regel bereits eine Abkühlung des Graphits eintritt, sodaß die Menge an Wassergas sehr begrenzt bleibt. Hinsichtlich von Reaktivitätseffekten, die im Zusammenhang mit dem Einbruch von Wasser in ein HTR-Cores zu erwarten sind, finden sich nähere Ausführungen im Abschn. 6.10.

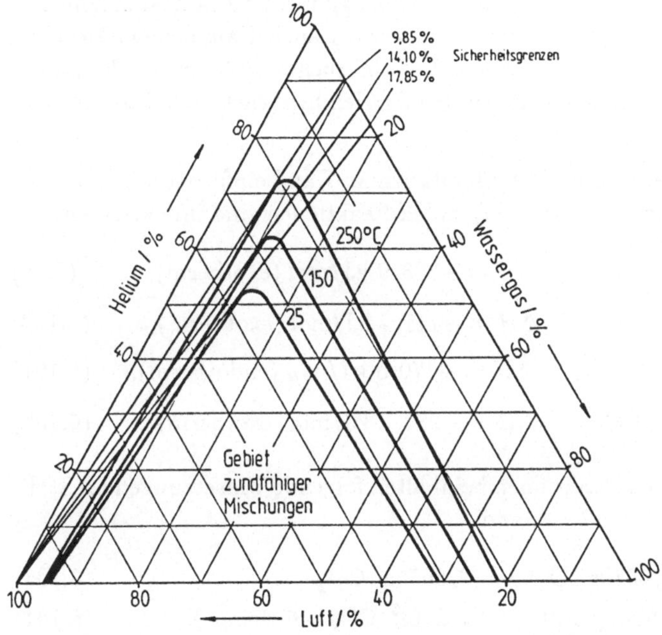

Abb. 6.32: Zündgrenzen von Wassergas-Helium-Luftgemischen bei verschiedenen Temperaturen [2.14]

6.7 Lufteinbruch in den Primärkreis

Luftmengen, die in den Heliumkreislauf einer HTR-Anlage eindringen, können im heißen Core je nach Größenordnung und Lage einer oder mehrerer Leckstellen Reaktionen auslösen und gegebenenfalls zu sicherheitsrelevanten Störungen führen. Im einzelnen können durch Abbrand des Graphits Brennelemente oder Graphiteinbauten geschädigt und in ihrem strukturellen Verhalten ungünstig beeinflußt werden. Bei zu starkem Abbrand können evtl. auch Spaltproduktfreisetzungen aus der Graphitmatrix oder aus defekten Partikeln erfolgen. Bei nicht vollständiger Oxydation des Graphits entsteht neben Kohlendioxid auch Kohlenmonoxid, welches im Zusammenhang mit der Bildung von explosiblen Gasmischungen im Reaktorschutzgebäude zu beachten ist. Exotherme Reaktionen beim Graphitabbrand führen zu weiteren Aufheizungen der Strukturen. Die Mengen an Luft, welche ins Core eindringen können, sind bestimmt durch den Ablauf von Konvektionsvorgängen, durch Kontraktion bzw. Kompression des Primärkreisgasinhaltes bedingt durch Abkühlung und Schwankungen des Luftdrucks sowie durch Diffusionsvorgänge. Während beim THTR-Reaktor aufgrund des gewählten Konstruktionsprinzips, des Einschlusses des gesamten Primärkreissystems in einem vorgespannten berstsicheren Spannbetonbehälter, nur Leckquerschnitte entsprechend einer Nennweite von 65 mm Durchmesser unterstellt werden, sind bei anderen HTR-Konzepten auch andere Bruchgrößen und Störfallmöglichkeiten denkbar. Im Rahmen dieser Betrachtungen werden auch Kaminzugwirkung bei Annahme von zwei Öffnungen bedacht sowie Lufteinbruchsstörfälle mit sehr großen Leckquerschnitten. Diese Störfälle werden in den Bereich hypothetischer Störfälle eingeordnet [6.40 bis 6.48].

Zunächst seien die Umsetzungen beim Lufteinbruch an Hand einfacher stöchiometrischer Betrachtungen erläutert. Die grundlegenden Reaktionen sind im einzelnen:

$$C \; + \; O_2 \; \rightarrow \; CO_2 \;, \quad \Delta H = -393,9 \; kJ/mol \; (exotherm), \quad (6.99)$$

$$C \; + \; \frac{1}{2}O_2 \; \rightarrow \; CO \;, \quad \Delta H = -111,2 \; kJ/mol \; (exotherm), \quad (6.100)$$

$$C \; + \; CO_2 \; \rightarrow \; 2CO \;, \quad \Delta H = +170,5 \; kJ/mol \; (endotherm), \quad (6.101)$$

$$CO \; + \; \frac{1}{2}O_2 \; \rightarrow \; CO_2 \;, \quad \Delta H = -281,7 \; kJ/mol \; (exotherm). \quad (6.102)$$

Die beiden zuerst angeführten Reaktionen beinhalten folgende Umsetzungen an Stoffmengen bei Einsatz von Luft als Reaktand:

$$1kg \; C \; + \; 2,667kg \; O_2 \; \rightarrow \; 3,667kg \; CO_2 \;, \quad (6.103)$$

$$1kg \; C \; + \; 8,92m_N^3 \; Luft \; \rightarrow \; 1,87m_N^3 \; CO_2 + 6,87m_N^3 \; N_2 \;, \quad (6.104)$$

bzw.

$$1kg \; C \; + \; 1,33kg \; O_2 \; \rightarrow \; 2,33kg \; CO \;, \quad (6.105)$$

$$1kg \; C \; + \; 4,96m_N^3 \; Luft \; \rightarrow \; 1,86m_N^3 \; CO + 3,48m_N^3 \; N_2 \;. \quad (6.106)$$

Die Aufteilung des Reaktionsgeschehens auf die Reaktionen zur CO_2- bzw. CO-Bildung erfolgt nach vorliegenden Erfahrungen derart, daß unterhalb einer Reaktionstemperatur von etwa 1 000 °C noch erhebliche Mengen an CO_2, darüber zunehmend CO gebildet wird. Die Gleichgewichte sowie das Verhältnis CO/CO_2 werden in Abhängigkeit von der Temperatur in den Abb. 6.33 und Abb. 6.34 wiedergegeben.

Die Reaktionsgeschwindigkeit von Graphit mit Sauerstoff bzw. Luft ist aus einer Vielzahl von Messungen bekannt. Wesentliche Parameter für die Umsatzgeschwindigkeit sind die Temperatur T, der Sauerstoffpartialdruck ψ_{O_2}, die Strömungsgeschwindigkeit der Luft v_L sowie der Vorabbrand des Graphits Δm. Im Bereich unterhalb einer Graphittemperatur von rund 700 °C, dem sogenannten Porendiffusionsbereich steigt die Korrosionsrate im wesentlichen exponentiell mit der Temperatur, die Abhängigkeit vom Sauerstoffpartialdruck ist linear. In diesem Bereich ist die chemische Umsetzung für die Reaktion geschwindigkeitsbestimmend, die Strömungsgeschwindigkeit der Luft hat praktisch noch keinen Einfluß auf die Reaktionsrate R (mg/cm^{2}h). Ein Ansatz der Form

$$R \sim \exp(-A/T) \cdot T^{-0,125} \cdot \psi_{O_2} \cdot \frac{p}{p_0} \cdot \left(1 - \frac{\Delta m}{m}\right)^{0,66} \tag{6.107}$$

gibt die Meßwerte gut wieder. Bei Reaktionstemperaturen oberhalb von 900 °C wird im Grenzschichtdiffusionsbereich die Strömungsgeschwindigkeit bestimmend. Der gesamte Sauerstoff, der an die Graphitoberfläche herangeführt wird, kommt wegen der hohen Temperatur auch zur Reaktion. In diesem Gebiet kann die Reaktionsrate durch die Beziehung

$$R \sim T^{0,53} \cdot v_L^{0,437} \cdot \psi_{O_2} \cdot \frac{p}{p_0} \cdot \left(1 - \frac{\Delta m}{m}\right)^{0,66} \tag{6.108}$$

approximiert werden. Im Übergangsbereich 700 °C < 900 °C gilt

$$R \sim \varphi(T, v_L) \cdot \psi_{O_2} \cdot \frac{p}{p_0} \cdot \left(1 - \frac{\Delta m}{m}\right)^{0,66} \quad , \tag{6.109}$$

wobei die Funktion φ beiden Effekten, Diffusion und Reaktion, Rechnung trägt. Experimentelle Ergebnisse für die Reaktionsraten an Graphitkugelschüttungen sind gemeinsam mit den angeführten theoretischen Beziehungen in Abb. 6.35 wiedergegeben und zeigen gute Übereinstimmung von Theorie und Experiment.

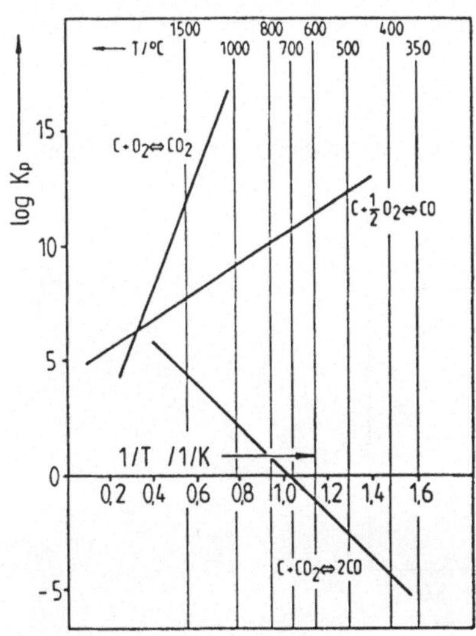

Abb. 6.33: Gleichgewichtskonstanten der O_2- Korrosionsreaktion

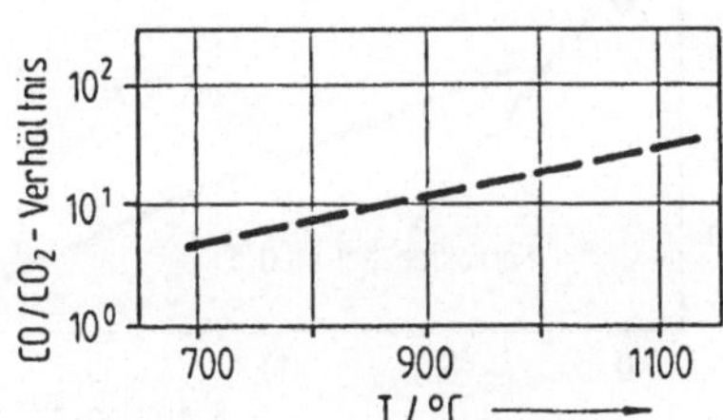

Abb. 6.34: CO/CO$_2$-Verhältnis in Abhängigkeit von der Temperatur

Die Wirkung von in den Primärkreis eines HTR eingedrungener Luft auf die Brennelemente sei hier mit folgender einfacher Abschätzung verdeutlicht: Bei einer Temperatur
von 1 000 °C und einer Strömungsgeschwindigkeit von 2,35 cm/s wird eine Reaktionsrate von etwa 200 mg/cm²h bei Korrosion von A3-Graphit an Luft zu erwarten sein.
Verbleibt ein Brennelement für eine Stunde in Luft, so verliert es etwa 23 g seines
Matrixgraphits durch Abbrand. Träte die Korrosion gleichmäßig über die Oberfläche
verteilt auf, so würde eine Graphitschale mit einer Dicke von etwa 1,3 mm abgetragen und es wäre folglich die Brennstoffmatrix noch nicht tangiert. Allerdings wird
bei direkter Beaufschlagung der Graphitkugeln mit Luft auch ein gewisses "shaping"
der Elemente beobachtet, d. h. die Abtragungen sind nicht gleichmäßig über die Kugeloberfläche verteilt. Dieses Phänomen zwingt zu detaillierteren Betrachtungen über
den Rahmen der hier angestellten Abschätzung hinaus. Durch den Graphitabbrand
werden die Eigenschaften der Brennelemente bzw. der graphitischen Corestrukturen
in ungünstiger Weise verändert. So wird etwa die Festigkeit der Brennelemente durch
Graphitkorrosion (Abb. 6.36) im Laufe der Zeit reduziert.

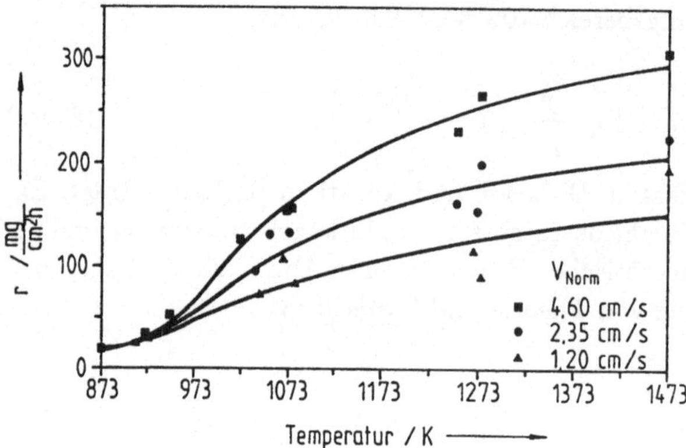

Abb. 6.35: Gemessene Reaktionsgeschwindigkeiten für Korrosion von Graphitkugelschüttungen durch Luft [6.47]

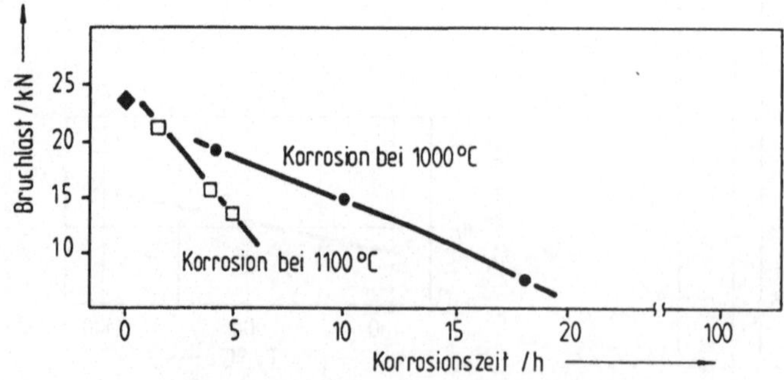

Abb. 6.36: Abnahme der zulässigen Bruchlast von Brennelementen in Abhängigkeit von der
Korrosionszeit bei variablen Korrosionstemperaturen (Korrosion in Luft) [6.45]

Entsprechend den eingangs angestellten stöchiometrischen Betrachtungen wird pro 1 m_N^3 Luft etwa 0,4 m_N^3 CO erzeugt. In Luft bildet Kohlenmonoxyd in einem Volumenbereich von 14 bis 73 % zündfähige Gemische. Durch Berücksichtigung von Helium, welches nach Lufteinbruchsstörfällen im Reaktorschutzgebäude in bestimmten Mengen vorhanden sein wird, werden die Zündgrenzen in der in Abb. 6.37 dargestellten Weise verschoben. Oberhalb von 40 % Heliumanteil am Gesamtvolumen sind offenbar keine zündfähigen Gemische mehr möglich. Bei genaueren Analysen sind insbesondere auch lokale Gaszusammensetzungen und der Einfluß von Wasserdampf und evtl. von Staub zu berücksichtigen.

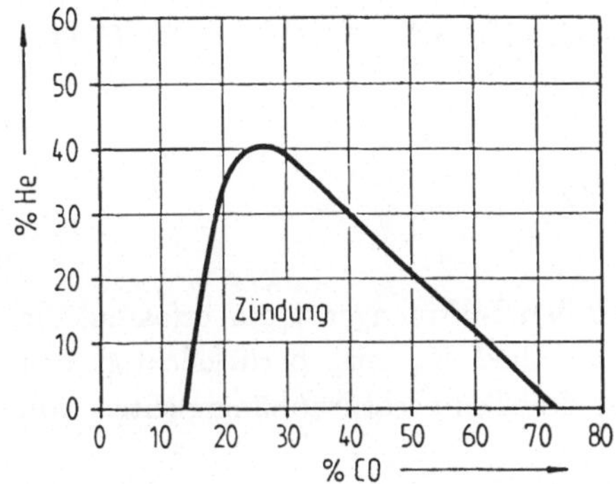

Abb. 6.37: Zündgrenzen für das System Luft/Kohlenmonoxyd/Helium

Voraussetzung für das Auftreten nennenswerter Graphitabbrandraten sowohl an Brennelementen als auch an Graphitstrukturen ist, daß ausreichende Mengen an Luft in das Reaktorcore eindringen können. Insbesondere der Kamindurchzug durch den Reaktor ist in diesem Zusammenhang erwähnenswert. Folgende dem hypothetischen Bereich zuzuordnende Störfallsituation sei hier betrachtet (Abb. 6.38):

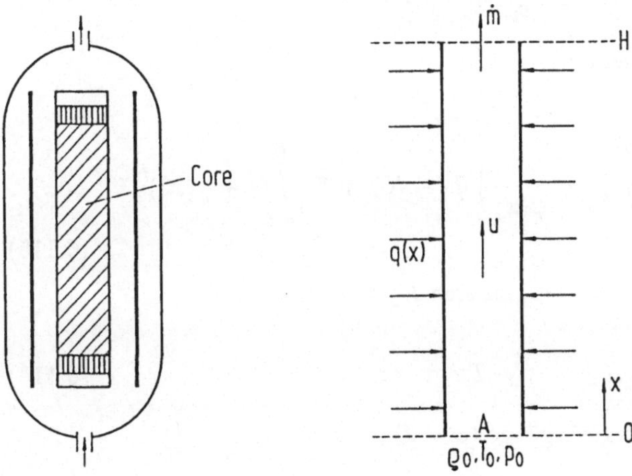

Abb. 6.38: Prinzipskizze zum Kaminzug beim Lufteinbruch durch ein HTR-Core

Sowohl am oberen als auch am unteren Ende des Reaktordruckbehälters sei eine Öffnung vorhanden, so daß sich ein Kaminzug durch den Reaktor ausbilden kann. Der Luftmassenstrom $\dot{m}$, welcher in den Primärkreis eintritt, kann dann aus den Erhaltungsgleichungen bestimmt werden. Die Massenerhaltung, die im Kamin zunächst näherungsweise ohne chemische Umsetzung betrachtet sei, liefert im stationären Fall:

$$\frac{\mathrm{d}}{\mathrm{d}x}\,(\varrho \cdot u \cdot A) = 0 \quad , \quad \dot{m} = \varrho \cdot u \cdot A = const \quad . \tag{6.110}$$

Die Anwendung des Impulserhaltungssatzes führt auf:

$$\varrho \cdot u \cdot \frac{\mathrm{d}u}{\mathrm{d}x} = -\frac{\mathrm{d}p}{\mathrm{d}x} - g \cdot \varrho - K_\alpha\,(T) \cdot \dot{m}^\alpha \quad . \tag{6.111}$$

Der Energiesatz schließlich ergibt:

$$\varrho \cdot c_p \cdot u \cdot \frac{\mathrm{d}T}{\mathrm{d}x} = \frac{q\,(x)}{A} \quad , \tag{6.112}$$

$q\,(x)$ möge hier die Wärmezufuhr im Core an den Luftmengenstrom erfassen, die Größe A steht für den freien Querschnitt. Das Glied $K_\alpha \cdot \dot{m}_\alpha$ berücksichtigt den Reibungsdruckverlust. Unter Berücksichtigung der Temperaturabhängigkeiten von Dichte und Zähigkeit

$$\varrho = \varrho_0 \cdot \frac{T_0}{T} \quad , \quad \eta \sim C \cdot T^{1/2} \quad , \quad \nu = \frac{\eta}{\varrho} \sim C^* \cdot T^{3/2} \tag{6.113}$$

ergibt sich nach geeigneter Umformung der Gleichungen ein Zusammenhang zwischen Luftmengenstrom $\dot{m}$, Höhe des Systems H, Wärmezufuhr $q\,(x)$ im System sowie dem freien Querschnitt A.

Mit der Abkürzung

$$\varphi\,(x) = \frac{1}{\dot{m} \cdot c_p \cdot T_0} \cdot \int_0^x q\,(x')\,\mathrm{d}x' \tag{6.114}$$

gilt für den gesuchten Zusammenhang:

$$\frac{\dot{m}^2}{\varrho_0 \cdot A^2}\left(\frac{1}{2} + \varphi\,(H)\right) = \varrho_0 \cdot g \cdot \int_0^H \left(1 - \frac{1}{\varphi(x)}\right)\mathrm{d}x - K_\alpha \cdot \dot{m}^\alpha \cdot \int_0^H (1 + \varphi(x))^{(2-\alpha/2)}\,\mathrm{d}x \quad . \tag{6.115}$$

Im Falle laminarer Strömung ($\alpha = 1$) ergibt sich K_α zu

$$K_\alpha \sim C_1 \cdot T^{3/2} \quad , \tag{6.116}$$

während für turbulente Strömungsvorgänge ($\alpha = 2$)

$$K_\alpha \sim C_2 \cdot T \tag{6.117}$$

gefunden wird. In Abb. 6.39 sind Ergebnisse von Rechnungen, die die Abhängigkeit der eindringenden Luftmassenströme von den wesentlichen Parametern beinhalten, für einen Modulreaktor wiedergegeben. Legt man das Eindringen bzw. den Durchzug von 10 m³/h Luft beim Kaminzug durch einen HTR zugrunde (dies gilt entsprechend Abb. 6.39 für zwei Öffnungen Nennweite 60 mm) so führt dies auf eine Abbrandrate von etwa 1,1 kgC/h. Dies könnte grundsätzlich die Zerstörung von bis zu 10 Brennelementen pro Stunde bedeuten. Allerdings würde dieser Effekt erst auftreten, nachdem die verschiedenen Schichten des Bodenreflektors von rund 2 m Dicke abgebrannt sind. Dies führt zu einer Zeitspanne von mindestens 10 Stunden, ehe Brennelemente tangiert werden. Diese Verzögerungszeit erlaubt die Durchführung von einfachen wirksamen Gegenmaßnahmen zur Unterbindung des Lufteinbruchs.

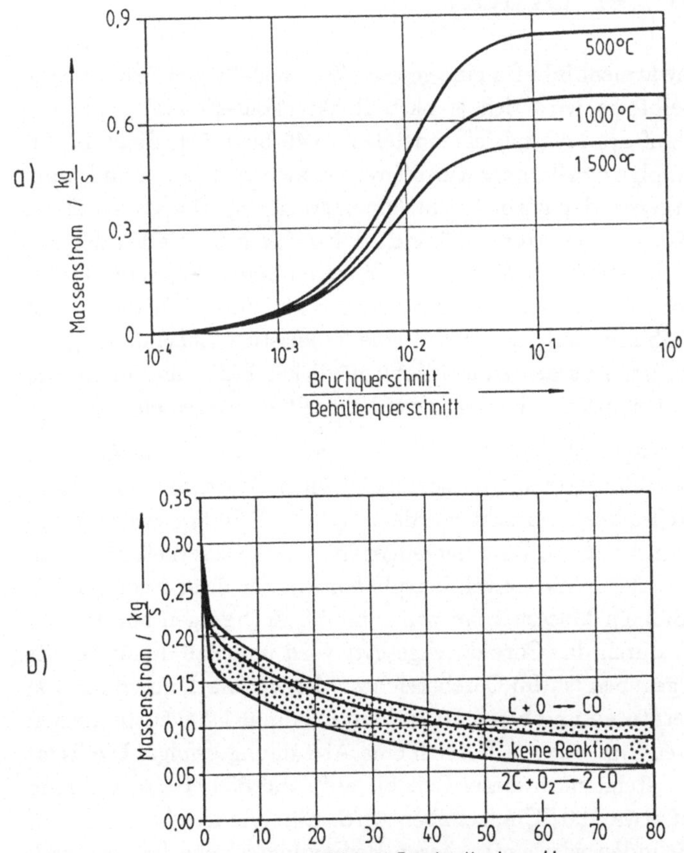

Abb. 6.39: **a.** Massenstrom $\dot{m}_L$ in Abhängigkeit vom Leckquerschnitt und von der Temperatur im Core (gerechnet für den Modulreaktor)   **b.** Massenstrom $\dot{m}_L$ beim 2F-Bruch der Koaxialleitung (gerechnet für den Modulreaktor)

Für größere Leckquerschnitte, die heute im hypothetischen Bereich diskutiert werden, gelten die obigen Ausführungen sinngemäß. Aus derartigen Überlegungen kann gefolgert werden, daß bei HTR- Anlagen durch Konstruktion des Primärkreiseinschlusses dafür gesorgt werden muß, daß das Eindringen von Luft sehr unwahrscheinlich ist und daß vor allem die Mengen stark begrenzt bleiben. Insbesondere vorgespannte, berstsichere Reaktorbehälter erfüllen diese Forderungen in besonderer Weise. Für Interventionsmaßnahmen, d. h. Eingriffe mit deren Hilfe der Lufteinbruch unterbunden werden kann, verbleiben bei allen HTR- Konzepten sehr lange Zeiträume. Vor allem sind derartige Maßnahmen durchführbar, da bei allen denkbaren Störfällen die Anlagen über lange Zeiträume praktisch kontaminationsfrei und zugänglich bleiben.

6.8   Ausfall der Nachwärmeabfuhr (Reaktor unter Druck)

Wenn beim HTR die Nachwärmeabfuhr für eine gewisse Zeit ausfällt, der Primärkreisdruck jedoch erhalten bleibt, so wird sich je nach Reaktorkonzept ein mehr oder weniger starker Naturumlauf des Kühlmittels einstellen [6.49 bis 6.51]. Beim THTR ergibt sich beispielsweise infolge von Temperaturdifferenzen zwischen Core und Dampferzeugern ein Umlauf entgegen der normalen Strömungsrichtung. Die Größe dieses der Kühlung dienenden Konvektionsstroms läßt sich dabei durch Verstellen der Bypassorgane der Gebläse so einstellen, daß für einen längeren Zeitraum, beim THTR rund 5 Stunden, keine Schäden am Reaktorsystem auftreten und nach dieser Zeit ein Wiederanfahren der Kühlkreisläufe und damit eine langfristige Sicherstellung der Nachwärmeabfuhr möglich ist. Aus der großen Zahl möglicher Fälle, die im Genehmigungsverfahren diskutiert wurden, seien hier zwei beispielhaft vorgestellt.

Es wird z. B. zunächst unterstellt, daß alle Gebläse ausgefallen sind, daß die Gebläseabsperrklappen in Schnellschlußstellung (entsprechend einer Durchflußmöglichkeit von 10 % des Kühlgasdurchsatzes) gebracht wurden, daß der Primärkreisdruck von 40 bar voll vorhanden ist und daß die Dampferzeuger im Warmwasserbetrieb gehalten werden. Die Berechnung der Naturkonvektionsphänomene für diese Bedingungen ergibt (siehe Abb. 6.40), daß ein Massenstrom von rund 0,8 % (bezogen auf den nominalen Heliumdurchsatz) durch das Core durchgesetzt wird und daß damit bereits eine gewisse Kühlwirkung gegeben ist. Im Corebereich werden demnach innerhalb von etwa 5 Stunden die Temperaturen im oberen Drittel auf maximal 1 200 °C in kleinen Bereichen ansteigen, während im unteren Bereich eine Abkühlung erfolgt. Die Temperatur im Deckenreflektor steigt nach dieser Zeit bis auf rund 850 °C an, während die Kaltgastemperatur auf etwa 700 °C angehoben wird. Ein Wiederinbetriebsetzen der Anlage nach einigen Stunden wird unter diesen Bedingungen noch für technisch durchführbar gehalten. Unzulässige Spaltproduktfreisetzungen treten unter den hier geschilderten Bedingungen nicht auf.

Falls auch die Dampferzeuger abgeschaltet bzw. ausgefallen sein sollten ($p = 40$ bar, Gebläse ausgefallen, Bypassarmaturen geschlossen) wird der Konvektionsstrom noch weiter gegenüber dem eben diskutierten Fall reduziert. Die Nachzerfallswärme verbleibt im Core und verursacht dort Temperaturerhöhungen bis auf maximal 1 200 °C nach 4 Stunden. Es wird nur sehr wenig Wärme aus dem Core in die Coredecke sowie in den Kaltgasbereich transportiert (siehe Abb. 6.41).

Decke und Kaltgasraum bleiben somit relativ kalt. Nach Ablauf von 5 Stunden ist eine Wiederinbetriebnahme der Nachwärmeabfuhreinrichtungen ohne weiteres möglich. Einfache Vorrichtungen sind hierfür beim THTR vorgesehen, für neue Reaktoren sind vielfältige Maßnahmen möglich, um nach dieser Zeit wieder wirksame Nachwärmeabfuhrketten aufzubauen.

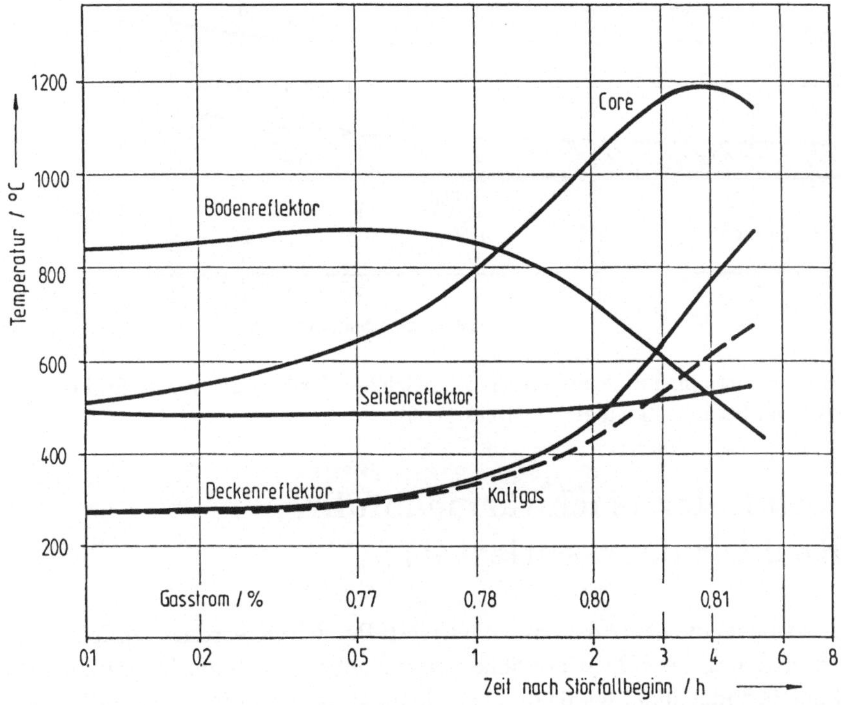

Abb. 6.40: Temperaturentwicklung im Reaktor nach Gebläseausfall bei $p = 40$ bar und Warmwasserbetrieb der Dampferzeuger [6.56]

Die Freisetzung von Spaltprodukten aus den Brennelementen ist unter den vorliegenden Bedingungen auf geringe Werte begrenzt, da die Auslegungsgrenze der Brennstoffpartikel (1 250 °C) nicht erreicht wird. Auch die Integrität der Reaktoreinbauten bleibt unter den vorliegenden Bedingungen über den diskutierten Zeitraum erhalten. Es wird erwartet, daß innerhalb eines Zeitraumes von 5 Stunden eine Reihe von Maßnahmen zur Wiederherstellung der Nachwärmeabfuhr ergriffen werden können. Hierzu zählen z. B. auch einfache Manipulationen zur Herstellung einer Notversorgung der Dampferzeuger mit Wasser.

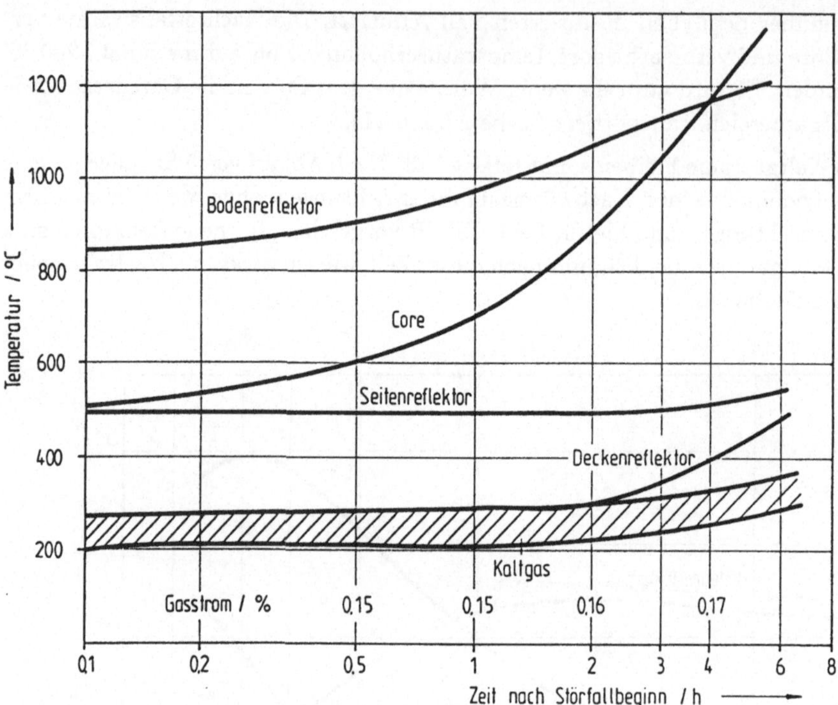

Abb. 6.41: Temperaturen im THTR nach Ausfall der Gebläse, der Dampferzeuger, Schließen
der Bypassklappen, bei $p = 40$ bar Heliumdruck [6.56]

6.9 Ausfall der Nachwärmeabfuhr (Reaktor druckentlastet)

In Störfallsituationen, die heute dem hypothetischen Bereich zugeordnet werden, wird
angenommen, daß sich das HTR-Core ohne aktive Nachwärmeabfuhr im druckentla-
steten Zustand befindet [6.52 bis 6.60]. Diese Bedingungen würden bekanntlich bei
anderen Reaktorsystemen zum Kernschmelzen führen. Beim HTR kann gezeigt werden, daß wegen der vergleichsweise niedrigen Kernleistungsdichte, wegen der großen
wärmespeichernden Mengen an Graphit im Core- und im Reflektorbereich, sowie
wegen der relativ niedrigen Brennstoff- und Strukturtemperaturen vor Eintritt des
Störfalls die Kernaufheizungen sehr langsam ablaufen und daß bei geeigneter Kernauslegung keine unzulässigen Temperaturen im Kern auftreten. In diesem Zusammenhang sei auf die Ausführungen in Abschn. 6.3 zurückverwiesen, wo Aussagen zu
zulässigen Brennelementtemperaturen gemacht wurden. Bei Betrachtungen zu extremen Störfallabläufen, wie sie hier angestellt werden, sind die außerordentlich guten
Eigenschaften von keramischen Stoffen bei hohen Temperaturen von großer Bedeutung. Eine einfache Abschätzung zur Speicherung der Nachzerfallswärme im Kern
einer HTR-Anlage zeigt, welche Parameter entscheidenden Einfluß auf die Coreauf-

heizung haben. Unterstellt man, daß in einer ersten Phase nach einem Störfall die gesamte Nachzerfallswärme in der Kugelschüttung des Reaktorkerns gespeichert wird, so gilt folgende Energiebilanz:

$$\int_0^t P_N(t')\,\mathrm{d}t' = m_c \cdot c_{p,c} \cdot \left(\bar{T}(t) - \bar{T}_0\right) \quad , \tag{6.118}$$

$$P_N(t) = P_R \cdot 6,22 \cdot 10^{-2} \cdot \left[t^{-0,2} - (t_0 + t)^{-0,2}\right] \quad , \tag{6.119}$$

wobei die Bedeutung der einzelnen Größen gegeben ist durch

$P_N(t)$ = zeitlich variable Nachzerfallsleistung (kW),

m_c = Graphitmenge im Reaktorkern (kg),

c_{pc} = spezifische Wärme des Graphits (kJ/kg K),

$\bar{T}(t)$ = zeitlich variable Mitteltemperatur des Graphits zum Zeitpunkt t (°C),

$\bar{T}_0$ = mittlere Graphittemperatur zu Beginn des Störfalls (°C),

t = Zeit nach Reaktorabschaltung (s),

t_0 = vorausgegangene Betriebszeit des Reaktors (s),

P_R = thermische Reaktorleistung (kW).

Die Graphitmenge kann mit der mittleren Kernleistungsdichte $\bar{L}$ über die Beziehung

$$m_C = \varrho_C \cdot V_C = \varrho_C\, V(1 - \varepsilon) = \varrho_C\,(1 - \varepsilon)\,\frac{P_R}{\bar{L}} \tag{6.120}$$

mit $\varepsilon = 0,39$ als Leerraumfaktor des Cores korreliert werden. Damit erhält man für die zeitliche Entwicklung der mittleren Graphit- bzw. Brennstofftemperatur im Core

$$\bar{T}(t) \approx \bar{T}_0 + \frac{\bar{L} \cdot \int_0^t 6,22 \cdot 10^{-2} \cdot t'^{-0,2}\,\mathrm{d}t'}{\varrho_C \cdot c_{p,c} \cdot (1 - \varepsilon)} \quad , \tag{6.121}$$

wenn zur Vereinfachung der Betrachtung sehr große Werte von t_0, d. h. sehr lange Betriebszeiten vor Eintritt der Störung, angenommen werden. Bestimmend für die erreichten mittleren Kerntemperaturen $\bar{T}(t)$ ist also die Kernleistungsdichte. Ein praktisches Beispiel möge die Verhältnisse charakterisieren: Mit $\bar{L} = 6$ MW/m^3, $\varrho_c = 1,6$ g/cm^3, $\varepsilon = 0,39$, $c_{pc} = 1,25$ kJ/(kg K) ergibt sich so nach 5 Stunden bei adiabater Aufheizung des Kerns ein Wert für $\bar{T} - \bar{T}_o$ von rund 1 000 °C. Bei den hier bislang durchgeführten Betrachtungen wurde unterstellt, daß die Nachzerfallswärme praktisch vollständig im Kern gespeichert wird. Tatsächlich fließt natürlich ein Teil der Wärme ständig aus dem Corebereich über radiale Strukturen nach außen sowie in den Deckenbereich ab. Dieser Anteil wird mit steigenden Coretemperaturen zunehmen, so daß nach einer bestimmten Zeit ein vollständiger Abfluß der Wärme nach außen erreicht werden kann. Natürlich muß auf der Außenseite eine Wärmesenke vorhanden sein, die nach einem der Schemata in Abb. 6.42 ausgebildet sein kann.

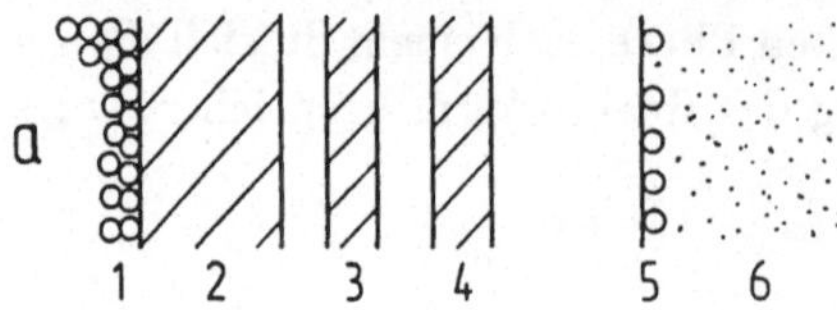

a. Lösungen für Stahldruckbehälter *1.* Core, *2.* Reflektor, *3.* Thermischer Schild, *4.* Reaktordruckbehälter (Stahl), *5.* Zellenkühlsystem, *6.* Betonzelle

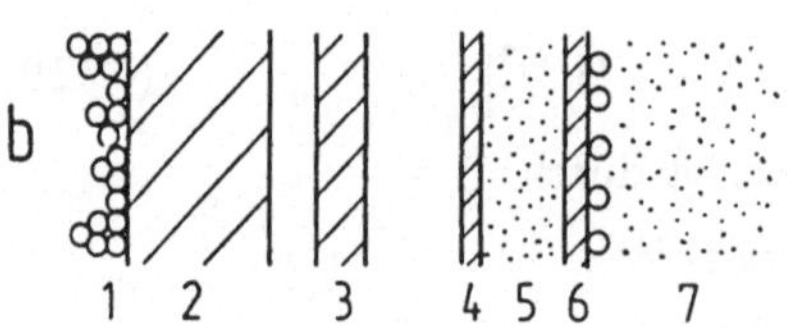

b. Lösung für Spannbetonbehälter *1.* Core, *2.* Reflektor, *3.* Thermischer Schild, *4.* Deckplatten der Linerisolation, *5.* Linerisolation, *6.* Liner mit Kühlung, *7.* Beton

Abb. 6.42: Prinzipien der Schichtung der radialen Kernstrukturen bei Hochtemperaturreaktoren

Entsprechend Lösung a. in Abb. 6.42 wird die Nachzerfallswärme aus dem Corebereich durch den Graphitreflektor, den thermischen Schild (Kernbehälter) zum Reaktordruckbehälter durch Wärmeleitung und Wärmestrahlung transportiert. Von der Außenoberfläche des Reaktordruckbehälters wird die Wärme schließlich im wesentlichen durch Wärmestrahlung an ein wasserdurchströmtes Flossenwandkühlsystem übertragen. Sollte auch dieses System nicht verfügbar sein, so nimmt eine äußere Betonstruktur, die den Reaktordruckbehälter umgibt, die Wärme auf. Dieses Prinzip wird beim Modulreaktor und beim HTR-100 angewandt (Abb 6.43).

Im Falle des Stahldruckbehälters als Primärkreiseinschluß kann von der Oberfläche des Reaktordruckbehälters an die umgebende Flossenkühlwand eine Leistung in Höhe von

$$P = \bar{C} \cdot A_4 \left[\left(\frac{T_4}{100} \right)^4 - \left(\frac{T_5}{100} \right)^4 \right] + \alpha_K \cdot A_4 \cdot (T_4 - T_5) \qquad (6.122)$$

durch Strahlung und Konvektion abgegeben werden (Abb. 6.44). $\bar{C}$ ist dabei eine Größe, die den Strahlungswärmetransport beschreibt. α_K trägt dem Wärmeübergang durch Konvektion von der Oberfläche des metallischen Reaktordruckbehälters an das umgebende Flossenwandkühlsystem Rechnung. Bei Wärmeabfuhr über den Liner eines Spannbetonbehälters (Abb. 6.42b) muß die Wärme zunächst durch die Linerisolierung hindurch transportiert werden. Mit einer gewissen Verzögerungszeit und unter Inkaufnahme einer erhöhten Temperatur der Kernstrukturen kann dann aber auch das mehrfach redundant ausgeführte Linerkühlsystem die Nachwärme abführen. Bei Ausfall dieses Systems wirkt ebenfalls der Beton als finale Wärmesenke. Es sind auch gezielte konstruktive Modifikationen des Spannbetonbehälters möglich, um die Wärmeaufnahme zu verbessern und eine inhärent sichere Wärmeabfuhr bei relativ niedrigen Behältertemperaturen zu ermöglichen.

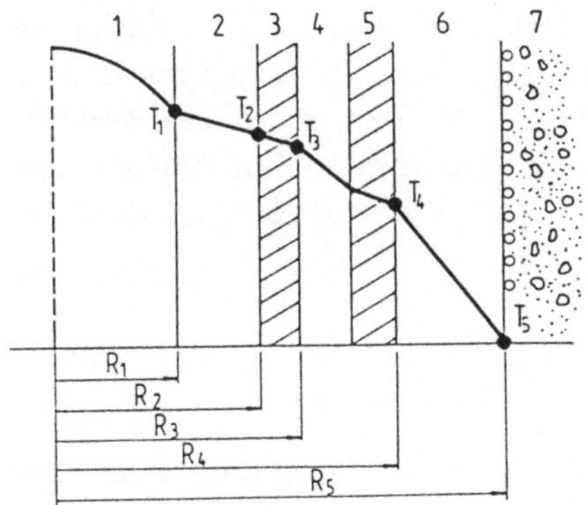

Abb. 6.43: Temperaturverteilung in den Reaktorstrukturen bei Ableitung der Nachzerfallswärme aus dem Core durch Wärmeleitung und Wärmestrahlung:

1. Core, *2.* Graphitreflektor, *3.* Thermischer Schild, *4.* Spalt, *5.* Reaktordruckbehälter, *6.* Spalt, *7.* äußeres Betonzellenkühlsystem

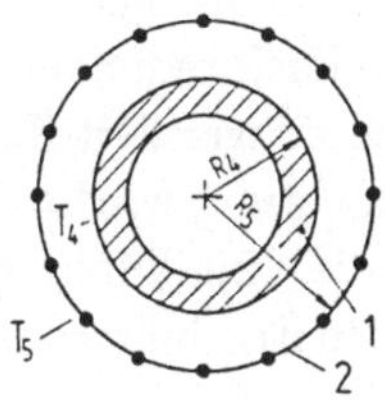

Abb. 6.44: Geometrische Verhältnisse beim Wärmetransport durch Strahlung: *1.* Reaktordruckbehälter, *2.* äußeres Betonzellenkühlsystem

Für den speziellen Fall eines konzentrischen Systems, d. h. hier für den Wärmeübergang von der Außenwand des Reaktordruckbehälters an die diesen umgebende Flossenkühlwand, gilt für den Strahlungswärmeübergang:

$$\bar{C} = \frac{1}{\frac{1}{C_1} + \frac{A_4}{A_5}\left(\frac{1}{C_2} - \frac{1}{C_s}\right)} \tag{6.123}$$

mit $C_1 = C_s \cdot \varepsilon_1$, $C_2 = C_s \cdot \varepsilon_2$ als Strahlungszahlen des Reaktordruckbehälters bzw. des Flossenkühlwandsystems und mit $C_s = 5{,}7 \ \mathrm{W/m^2 \cdot K^4}$ als Strahlungskonstante des schwarzen Körpers. Für A_4 gilt $A_4 = 2\,\pi\,R_4\,H$, A_5 ist entsprechend definiert. α_K beschreibt, wie schon erwähnt, den konvektiven Wärmeübergang von der Oberfläche des Reaktordruckbehälters an die umgebende Luft. Ein praktisches Zahlenbeispiel für den Modulreaktor (200 MW$_{th}$) möge die Wirksamkeit einer derartigen Wärmeabfuhr belegen. Es sei $T_5 = 50\,^\circ\mathrm{C}$, $T_4 = 350\,^\circ\mathrm{C}$, $R_4 = 3\,\mathrm{m}$, $R_5 = 5\,\mathrm{m}$, $H = 10\,\mathrm{m}$, $\varepsilon_1 = \varepsilon_2 \approx 0{,}7$, $\alpha_K \approx 4 \ \mathrm{W/m^2K}$, dann folgt P zu rund $1\,200$ kW, d. h. zu 0,6 % der Reaktorleistung. Aus der Nachwärmefunktion P_N/P_R kann weiterhin der Zeitpunkt bestimmt werden, an dem dieser Wert erreicht wird. Angenähert gilt

$$t \sim \left(\frac{P_R}{P} \cdot \frac{6{,}22}{100}\right)^5 \tag{6.124}$$

mit einem Wert von $t \approx 35$ h für das vorher benutzte praktische Beispiel. Nach etwa 35 h kann somit die gesamte entstehende Nachwärme von der Behälteroberfläche durch naturgesetzliche Vorgänge abgegeben werden. Die Temperatur des Reaktordruckbehälters bleibt damit noch sicher im Auslegungsbereich. Eine ähnliche Betrachtung kann für den Wärmeübergang durch Strahlung vom Kernbehälter zum Reaktordruckbehälter durchgeführt werden. Aus

$$P \approx \bar{C} \cdot 2\pi\, R_3\, H \left[\left(\frac{T_3}{100} \right)^4 - \left(\frac{T_4}{100} \right)^4 \right] \tag{6.125}$$

folgt eine Kernbehältertemperatur von $T_3 \approx 600\ °\mathrm{C}$. Der Temperaturabfall im Graphitreflektor infolge Wärmeleitung kann gemäß

$$T_1 - T_2 = \frac{P \cdot \ln{(R_2/R_1)}}{2\pi\, \lambda_G \cdot H} \tag{6.126}$$

ermittelt werden. Ein ähnlicher Mechanismus der inhärenten Wärmeabfuhr ist, wie schon erwähnt, auch im Falle des Einsatzes von Spannbetonbehältern wirksam. Wie in Abb. 6.42 b. dargestellt, wird die Funktion des Flossenwandkühlsystems hier von der Linerkühlung übernommen. Prinzipiell ist die Linerkühlung zweifach redundant auf 0,1 bis 0,2 % der Reaktorleistung ausgelegt, sie kann daher nach einiger Zeit die Nachwärme voll abführen. Eine Leistungssteigerung dieser Kühleinrichtung wird bei Erhöhung der Aufheizspanne im Kühlwasser möglich. Sollte auch die Linerkühlung versagen, so wird die Wärme vom Beton aufgenommen. Auf detaillierte Ergebnisse für verschiedene Reaktorkonzepte wird noch später eingegangen. Grundsätzlich können die hier beschriebenen Prinzipien der Abfuhr der Nachzerfallswärme aus dem Reaktorcore als inhärent sicher bezeichnet werden, da ohne den Einsatz von Maschinen der Wärmetransport allein durch physikalische Prinzipien wie Wärmeleitung und Wärmestrahlung bewirkt wird.

Voraussetzung für eine ausreichende Wirkung dieser Art der Wärmeabfuhr ist, daß die Wärmeleitfähigkeit in den einzelnen für den Wärmetransport wichtigen Zonen, insbesondere aber in der Kugelschüttung des Cores, genügend hoch ist. Der Wärmetransport in Kugelschüttungen bei hohen Temperaturen erfolgt überwiegend durch Wärmestrahlung und führt, wie Abb. 6.45 zeigt, zu vergleichsweise hohen Leitfähigkeiten in der Kugelschüttung. In der Corezone gilt allgemein die instationäre Gleichung für den Wärmetransport:

$$\varrho\, c\, \frac{\partial T}{\partial t} = q + \operatorname{div}(\lambda\, \nabla T) \quad . \tag{6.127}$$

Betrachtet man nur den Zeitpunkt, an dem Wärmeproduktion und Wärmeabfuhr aus dem Core ein Gleichgewicht erreicht haben, d. h. wie vorher abgeschätzt nach 35 h, so kann die Differentialgleichung auf die Form

$$\frac{1}{r}\, \frac{\mathrm{d}}{\mathrm{d}r} \left(\lambda\, r\, \frac{\mathrm{d}T}{\mathrm{d}r} \right) + q = 0 \tag{6.128}$$

reduziert werden, wenn zusätzlich nur eine radiale Abhängigkeit der Temperatur betrachtet wird. Die Lösung dieser Gleichung mit den Randbedingungen $dT/dr = 0$ für $r = 0$ und $T(r = R_1) = T_1$ führt auf eine Form

$$T_O - T_1 \approx \frac{q \cdot R_1^2}{6\,\bar{\lambda}} \quad , \tag{6.129}$$

wenn mit $\bar{\lambda}$ ein Mittelwert für die effektive Wärmeleitfähigkeit der Kugelschüttung im Temperaturbereich oberhalb 950 °C entsprechend Abb. 6.45 bezeichnet wird. Für die hier im Rahmen der Abschätzung benutzten Werte $R_1 = 1{,}5$ m, $T_1 = 750$ °C, $q = 1\,200$ kW/66 m^3 = 18 kW/m^3 und mit $\bar{\lambda} = 15$ W/mK erhält man für $T_O - T_1$ einen Wert von 450 °C. Bedenkt man noch, daß für das Core ein Peakfaktor des Leistungsdichteprofils zu berücksichtigen ist, so resultiert, daß die Temperatur T_O im Maximum bei rund 1 500 °C liegen sollte. Genaue Rechnungen mit mehrdimensionalen Rechenprogrammen zur Ermittlung des Wärmetransportes bestätigen dieses Ergebnis. Praktische Erfahrungen aus dem AVR-Betrieb, bei dem derartige passive Wärmeabfuhrmechanismen bereits erprobt wurden, können als Bestätigung dieses Sicherheitsverhaltens von Hochtemperaturreaktoren angesehen werden.

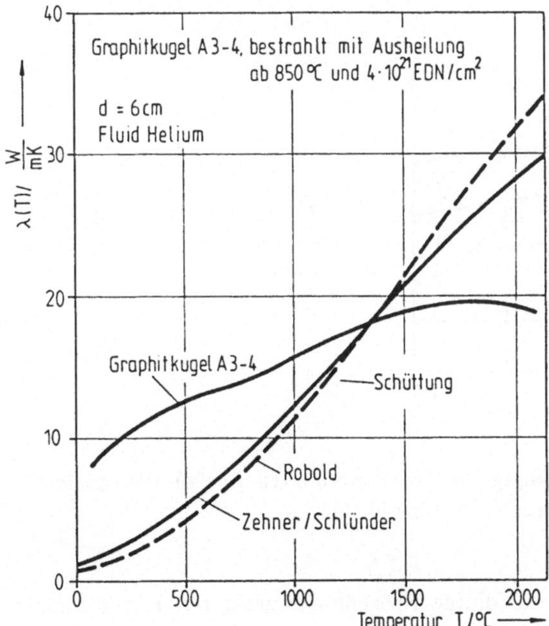

Abb.6.45: Wärmeleitfähigkeit von Graphitkugelschüttungen als Funktion der Temperatur (Messungen). Wärmeleitfähigkeit von A3-Graphitkugeln mit eingezeichnet [6.52]

Auch eine radiale Abhängigkeit der Leistungsproduktion sowie die Temperaturabhängigkeit der Leitfähigkeit läßt sich berücksichtigen. Ausgehend von der Differentialgleichung

$$\frac{1}{r}\frac{d}{dr}\left(\lambda(T)\cdot r\,\frac{dT}{dr}\right)+q(r)=0\quad, \tag{6.130}$$

folgt als allgemeine Lösung für den Kernbereich

$$\int\limits_{T_{R_0}}^{T(r)}\lambda(T)\,dt=-\int\limits_{0}^{r}\frac{1}{r'}\,dr'\int\limits_{0}^{r'}r''\,q(r'')\,dr'+C_1\int\limits_{0}^{r}\frac{dr'}{r'}+C_2\quad;\tag{6.131}$$

die bei Kenntnis von $q(r)$, von $\lambda(T)$ sowie von $T\,(r\ =\ R_o)=T_{R_o}$ auch quantitativ bestimmt werden könnte.

Umfangreiche, mit Hilfe von mehrdimensionalen Rechenprogrammen, durchgeführte Rechnungen haben für die einzelnen HTR- Anlagen die im folgenden dargelegten Kenntnisse über Coreaufheizstörfälle erbracht: Fällt beim THTR die Nachwärmeabfuhr aus und wird der Reaktor druckentlastet, so steigen die Temperaturen im Kernbereich wegen der schon beschriebenen Wärmespeicherung sowie der nach längeren Zeiträumen (rund 60 Stunden) sehr wirksamen Wärmeabfuhr über das mehrfach redundant ausgeführte Linerkühlsystem nur langsam an (siehe Abb. 6.46, Abb. 6.47). In den ersten fünf Stunden treten offenbar noch keine Schäden an den Komponenten des Reaktors auf

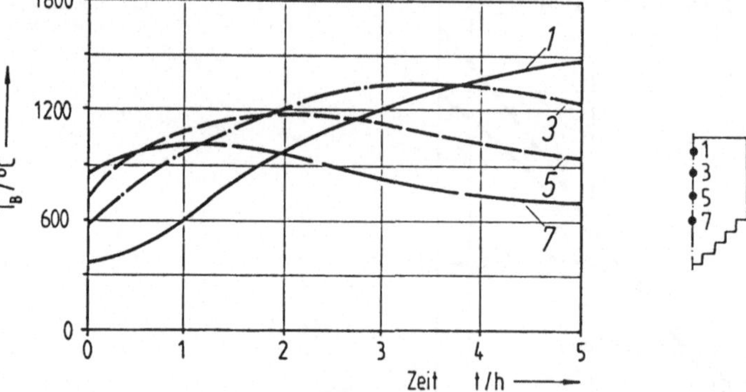

Abb. 6.46: Zeitliche Temperaturentwicklung im THTR-Kern nach Ausfall aller aktiven Nachwärmeabfuhrsysteme sowie nach Druckentlastung [6.56]

In sehr kleinen Kernbereichen, die nur einige Prozent des gesamten Kerns ausmachen, werden nach rund 80 Stunden Maximaltemperaturen der Partikel von 2 400 °C erreicht. Danach erfolgt über die Linerkühlung eine langsame Abkühlung des Reaktorkerns. Auf radiologische Konsequenzen dieses Kernaufheizstörfalls wird in Abschn. 6.12 näher eingegangen. Das Prinzip der inhärent sicheren Nachwärmeabfuhr wurde aufbauend auf die beim AVR-Betrieb bereits seit zwei Jahrzehnten gesammelten Erfahrungen beim HTR-Modulreaktor soweit ausgenutzt, daß auch beim Aufheizstörfall mit Druckentlastung keine Temperaturen im Brennstoff höher als 1 500 °C auftreten.

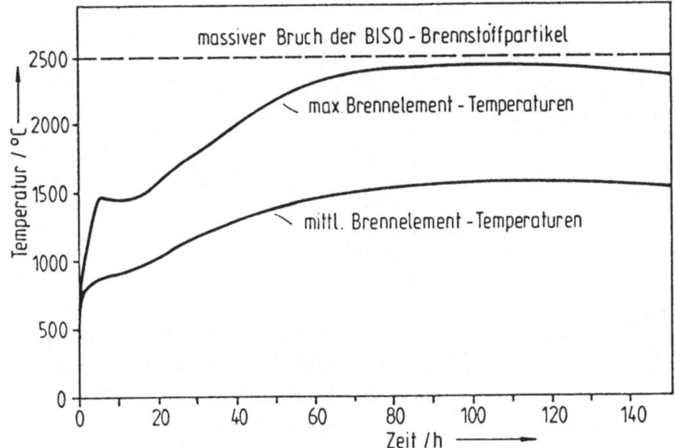

Abb. 6.47: Langzeittemperaturentwicklung im THTR-Kern nach Ausfall der Nachwärmeabfuhrloops sowie nach Druckentlastung (Linerkühlung bleibt in Betrieb) [6.56]

Wie in Abschn. 6.4 dargelegt wurde, kann erwartet werden, daß bei Einhaltung dieser Störfalltemperatur keine wesentlich erhöhten Spaltproduktfreisetzungen aus den
Brennelementen auftreten. Für den Modulreaktor (Leistung 200 MW_{th}, Kerndurch-
messer 3 m, mittlere Kernleistungsdichte 3 MW/m^3, MEDUL-Zyklus) durchgeführte
umfangreiche Rechnungen zu dem hier in Rede stehenden Störfall haben die in Abb.
6.48 und Abb. 6.49 wiedergegebenen Temperaturverläufe in radialer Richtung im Core
sowie die zeitlichen Verläufe der Temperaturen ergeben (Abb. 6.49).

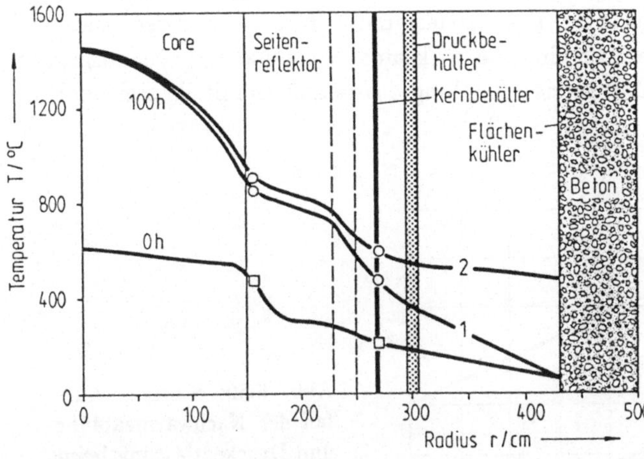

Abb. 6.48: Verlauf der Temperaturen in radialer Richtung im Modulreaktor nach 100 h
(Ausfall der aktiven Nachwärmeabfuhr sowie Druckentlastung): *1.* mit funktionierender
Flossenwandkühlung, *2.* ohne Flossenwandkühlung [6.53]

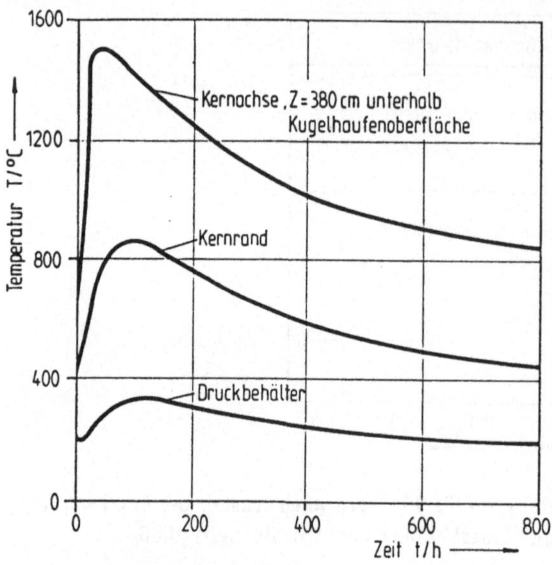

Abb. 6.49: Verlauf der Temperaturen im Modulreaktor in Abhängigkeit von der Zeit (Ausfall der aktiven Nachwärmeabfuhr sowie Druckentlastung, funktionierende Betonzellenkühlung [6.53]

Man ersieht, daß nach Erreichen eines Wertes von rund 1 500 °C nach etwa 30 Stunden an der heißesten Stelle die Brennstofftemperatur im Laufe der Zeit wieder abklingt. Es befinden sich übrigens nur wenige Prozent der Brennelemente für kurze Zeit in hohen Temperaturbereichen, wie das Histogramm in Abb. 6.50 ausweist. Diese Tatsache ist für die geringe Höhe der integralen Freisetzung, die bei diesem Reaktor zu erwarten wäre (siehe Abschn. 6.12), ausschlaggebend wichtig. Würde auch zusätzlich noch das Flossenwandkühlsystem der äußeren Betonzelle versagen und nicht innerhalb von einigen Tagen repariert werden können, so würde die maximale Brennstofftemperatur nicht wesentlich erhöht, allerdings wären im Laufe der Zeit steigende Temperaturen des Reaktordruckbehälters sowie der Betonstrukturen in Kauf zu nehmen. Dies sind jedoch so langfristige Effekte, daß einfache wirksame Gegenmaßnahmen ausgeführt werden können. Denkbar sind etwa eine Kühlung des Behälters mit Wasser oder anderen Kühlmedien.

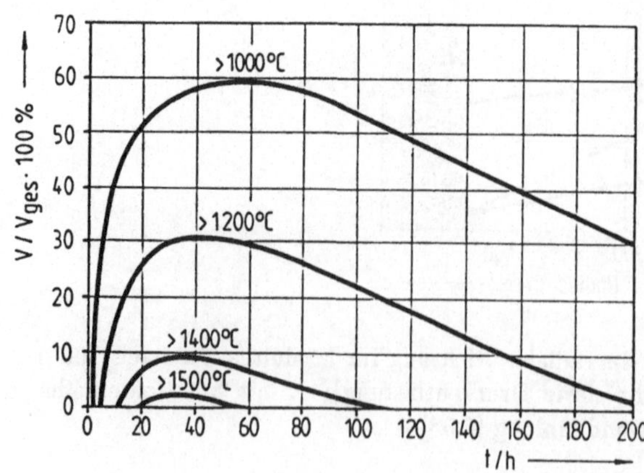

Abb. 6.50: Störfall: Ausfall der Nachwärmeabfuhr und Druckentlastung beim HTR-Modulreaktor: Histogramm der Verteilung der Brennelementtemperaturen über der Zeit [6.53]

Ähnliche Resultate, wenn auch mit etwas höheren Störfalltemperaturen (rund 1 700 °C) wegen des größeren Coredurchmessers (3,45 m) sowie der höheren mittleren Kernleistungsdichte (4,2 MW/m³), findet man für den HTR-100-Reaktor (Abb. 6.51). Für HTR-Konzepte mit hohen mittleren Kernleistungsdichten sowie großen Kernabmessungen, d. h. für HTR-Anlagen großer Leistung, ergeben sich für zylindrische Kerngeometrien hohe Störfalltemperaturen. Mehrdimensionale-Temperaturfeldberechnungen für unterschiedliche HTR-Anlagen, die sich durch ihre Kernleistung und durch die mittlere Kernleistungsdichte unterscheiden, führen auf die in Abb. 6.51 wiedergegebenen Verhältnisse für die maximal im Störfall erreichten Kerntemperaturen. Auch bei den hier ausgewiesenen Werten für die maximalen Brennelementtemperaturen ist zu beachten, daß nur wenige Prozent der Brennelemente für relativ kurze Zeit diese Spitzenwerte erreichen. Eine Beibehaltung des Konzeptes der Brennstofftemperaturbegrenzung auf den genannten Wert von 1 500 °C gelingt auch für große thermische Reaktorleistungen bei Übergang von der zylindrischen Kerngeometrie auf Geometrien, die für die Wärmeableitung günstiger sind. Ringförmige oder langgestreckte rechteckige Corequerschnitte erlauben inhärent sichere Auslegungen.

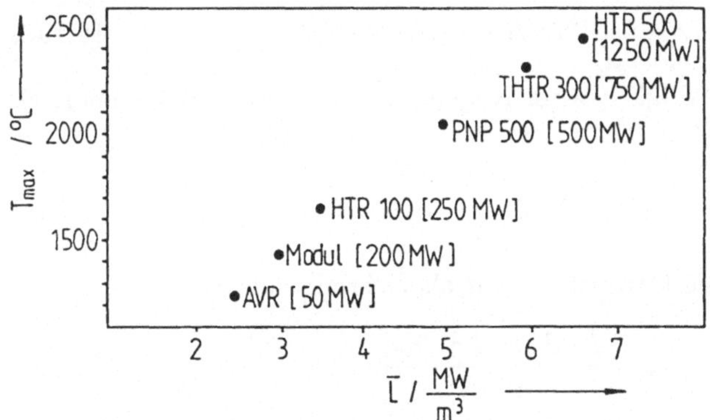

Abb. 6.51: Maximale Brennstofftemperaturen bei verschiedenen HTR-Konzepten in Abhängigkeit von der Kernleistungsdichte (Thermische Reaktorleistung ist als Parameter aufgeführt)

Eine genauere numerische Analyse der Coreaufheizung, die mit Hilfe von mehrdimensionalen Rechenprogrammen durchgeführt wurde, ergab Gebrauchsformeln, mit deren Hilfe sowohl der Zeitpunkt, an dem die höchste maximale Coretemperatur auftritt als auch diese Coretemperatur selbst bestimmt werden können [6.60]. Auf der Basis vorgegebener Auslegungswerte für das Core: mittlere Leistungsdichte im Kern $\bar{L}$ (MW/m³), Coredurchmesser D (m), Corehöhe H (m), realer Peakfaktor des Leistungsdichteprofils β^* ergeben sich z. B. für Reaktorkerne mit MEDUL-Beschickung die im folgenden angeführten Beziehungen. Zunächst kann ein an das Näherungsverfahren angepaßter Peakfaktor β bestimmt werden. Es gilt ein Polynom der Art:

$$\beta = -9,7 + 19 \cdot \beta^* - 10,813 \cdot \beta^{*2} + 2,091 \cdot \beta^{*3} \quad . \tag{6.132}$$

Der Zeitpunkt t_S, an dem die maximale Brennstofftemperatur T_{max} im Core auftritt, kann nun aus

$$t_S = 16,23 \cdot D + 0,886 \cdot H \cdot D - 19,8 + (0,55 - 0,5\,D)\,\bar{L}\,\beta \tag{6.133}$$

ermittelt werden. t_s ergibt sich in Stunden. Der zeitliche Verlauf der Nachwärmeproduktion wird durch einen Nachwärmefaktor $\xi(t_s)$, der der Nachwärmefunktion direkt angepaßt wird, gekennzeichnet:

$$\xi(t_S) = 0,0622 \left[(t_S \cdot 3\,600)^{-0,2} - \left(10^8 + t_S \cdot 3\,600 \right)^{-0,2} \right] \quad . \tag{6.134}$$

Eine Rechengröße k, die den Wärmedurchgang durch die Corestrukturen im Hinblick auf die Ableitung der Wärme nach außen charakterisiert, wird als Wärmedurchgangskoeffizient für den Zeitpunkt t_s definiert:

$$k \left(\frac{\mathrm{W}}{\mathrm{m^2\,K}} \right) = 3,497 \cdot \bar{L} \cdot \beta - 0,1146 \left(\bar{L} \cdot \beta \right)^2 + 7,07 \cdot \left(1,98 - 0,104 \dot{H} \right) \quad . \tag{6.135}$$

Damit errechnet sich die Corerandtemperatur T_R zum Zeitpunkt t_s:

$$T_R(^\circ C) = \frac{50 + \bar{L} \cdot \beta \cdot \xi \cdot D \cdot 10^6}{4 \cdot k} \quad . \tag{6.136}$$

Unter Benutzung eines Hilfsfaktors γ

$$\gamma = 1,872 - 0,0423 \cdot H + 0,00274 \cdot t_S \tag{6.137}$$

sowie der mittleren Wärmeleitfähigkeit $\bar{\lambda}$ im Kugelhaufen im zentralen Kernbereich zum Zeitpunkt t_s

$$\bar{\lambda} \left(\frac{\mathrm{W}}{\mathrm{m\,K}} \right) = 1,9 \cdot 10^{-3} \cdot (T_R \cdot \gamma - 150)^{1,29} \quad , \tag{6.138}$$

folgt schließlich für die maximale Coretemperatur als Gebrauchsformel:

$$T_{max} = T_R + \frac{\bar{L} \cdot \beta \cdot \xi \cdot D^2 \cdot 10^6}{16 \cdot \bar{\lambda}} \quad . \tag{6.139}$$

Diese Formel besitzt Gültigkeit und reproduziert die numerisch bestimmten Werte auf einige Prozent Abweichung genau im Parameterbereich:

$$
\begin{array}{ccccc}
6\ \mathrm{m} & \leq & H & \leq & 11\ \mathrm{m} \\
2,5\ \mathrm{m} & \leq & D & \leq & 5\ \mathrm{m} \\
1\,200\ ^\circ\mathrm{C} & \leq & T_{max} & \leq & 2\,000\ ^\circ\mathrm{C} \\
1,35 & \leq & \beta^* & \leq & 2,04
\end{array}
$$

Corestrukturen des AVR, des Modulreaktors oder HTR-Anlagen bis rund 500 MW$_{th}$ Leistung lassen sich mit Hilfe dieser Methode im Hinblick auf ihre maximalen Störfalltemperaturen und die zeitlichen Bedingungen für das Erreichen dieses Zustandes gut beurteilen. Ähnliche Beziehungen wurden für OTTO-Zyklen bestimmt und bieten auch hier gute Möglichkeiten, die Temperaturverhältnisse bei passiver Wärmeabfuhr vorauszubestimmen. Die oben angeführten Gleichungen erlauben es im Verbund mit gewissen technischen Restriktionen den Bereich der Realisierung inhärent nachwärmeabfuhrsicherer HTR-Cores einzugrenzen (siehe Abb. 6.52).

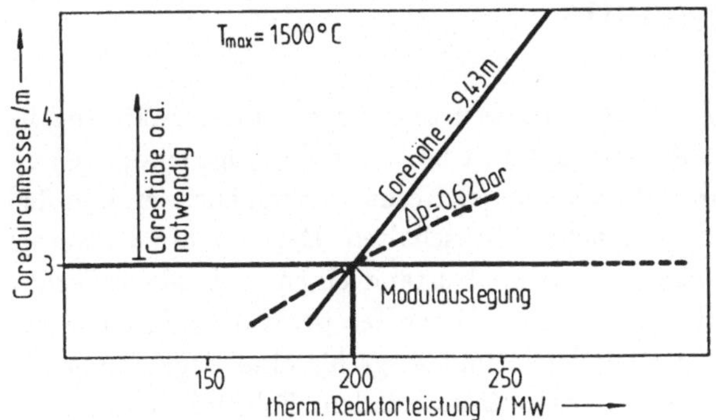

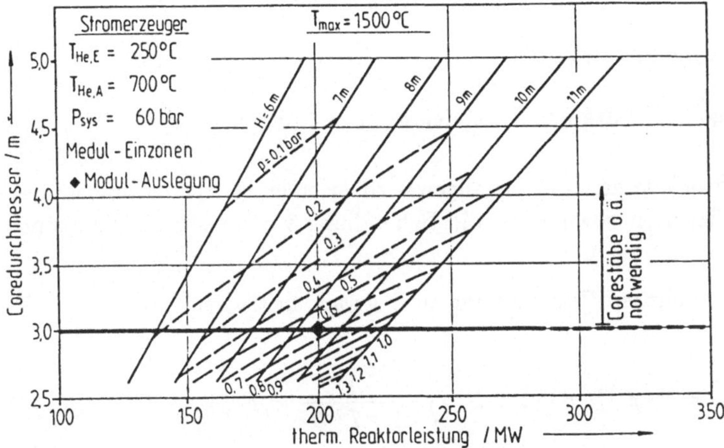

Abb. 6.52: Diagramm zur Beurteilung der Modulauslegung

Eine technische Restriktion ist dabei z. B., daß der Coredurchmesser nicht über 3 m steigen sollte, da oberhalb dieser Abmessungen der Einsatz von Corestäben notwendig würde. Eine weitere Einschränkung ist, daß die Corehöhe auf unter 10 m begrenzt bleiben sollte, da sonst die Druckverluste zu stark anwachsen und die Verwendung einstufiger Radialgebläse in Frage gestellt würde.

Es zeigt sich, daß eine HTR-Modulanlage mit zylindrischem Kern bei einer thermischen Leistung von 200 MW optimal ausgelegt ist, wenn eine Störfalltemperatur von $T_{max} = 1\,500$ °C eingehalten werden soll. Bei weiterer Leistungssteigerung müßte der Durchmesser vergrößert werden, womit dann das Abschaltkonzept tangiert würde, oder es müßte die Kernhöhe vergrößert werden, womit das Gebläsekonzept in Frage gestellt würde. Für andere Reaktorkonzepte, wie z. B. direkt gekoppelte Gasturbinenkreisläufe, könnte die zuletzt genannte Forderung entfallen (siehe Kap. 7).

6.10   Reaktivitätsstörfälle

HTR-Anlagen besitzen wie alle Leistungsreaktoren zwei voneinander unabhängige, diversitäre und redundant aufgebaute Abschaltsysteme, die in der Lage sind, alle auftretenden Änderungen in der Reaktivitätsbilanz des Kerns zu kompensieren und den Reaktorkern aus jedem Zustand heraus sicher abzuschalten. Darüber hinaus weisen alle HTR-Anlagen in jedem Betriebs- und Störfallzustand einen z. T. stark negativen Temperaturkoeffizienten der Reaktivität auf. Dieser Temperaturkoeffizient wirkt bekanntlich bremsend auf Leistungsexkursionen und sorgt für eine Begrenzung der höchsten Brennstofftemperaturen nach Reaktivitätsstörfällen. Folgende wesentliche Reaktivitätsstörungen, werden bei HTR-Anlagen in Betracht gezogen [6.61 bis 6.64]:

- unbeabsichtigtes Ausfahren von Abschaltstäben aus dem Core,

- Wassereinbruch ins Reaktorcore,

- Reaktivitätssprünge durch Stabauswurf oder sonstige Ereignisse.

Bevor auf derartige Störfälle näher eingegangen wird, seien einige Bemerkungen über den Temperaturkoeffizienten sowie über die Behandlung von Leistungsexkursionen vorausgeschickt.

Ausgehend von einer einfachen Beschreibung eines gerade kritischen Cores durch die Vierfaktorenformel

$$k_{eff} = \varepsilon \cdot p \cdot f \cdot \eta \cdot \left(1 - B^2 \tau\right) \cdot \frac{1}{1 + L^2 B^2} = F(\xi) \qquad (6.140)$$

mit der bekannten Beziehung für das Buckling

$$B^2 = \frac{\pi^2}{H^2} + \left(\frac{2,405}{R}\right)^2 \qquad (6.141)$$

für zylindrische Coreanordnungen läßt sich insbesondere der Einfluß veränderlicher Temperaturen auf die Kritikalität anschaulich durch eine Beziehung der Form

$$\frac{dk_{eff}}{dT} \cdot \frac{1}{k_{eff}} = \frac{1}{k_{eff}} \sum_i \frac{\partial F}{\partial \xi_i} d\xi_i \qquad (6.142)$$

beschreiben. Vornehmlich die Temperatur ist hier eine wichtige Variable, da mikroskopische Wirkungsquerschnitte durch Änderungen der Neutronentemperatur oder der Relativgeschwindigkeiten zwischen Neutronen und Atomkernen modifiziert werden. Beim Hochtemperaturreaktor ist insbesondere die Veränderung der Reaktivitätsbilanz durch Änderung der Größe $p \cdot f \cdot \eta$ von Bedeutung. Man kann dann vereinfacht die Größe

$$\Gamma = \frac{dk_{eff}}{dT} \cdot \frac{1}{k_{eff}} = \frac{1}{k_{eff}} \cdot \left(\frac{dp}{dT} + \frac{df}{dT} + \frac{d\eta}{dT}\right) \qquad (6.143)$$

als Gesamttemperaturkoeffizient der Reaktivität einführen. Auch eine Aufspaltung in einen Moderator- und Brennstoffkoeffizienten ist gebräuchlich. Ein Einfluß des Kühlmittels auf die Reaktivitätsbilanz entfällt im Gegensatz zu anderen Reaktorsystemen vollständig. Genaue Berechnung für den THTR haben z. B. folgende Werte für den Moderatorkoeffizienten ergeben [1.34]:

$$\Gamma(Moderator) = -3,75 \cdot 10^{-5}\,\mathrm{K}^{-1} \quad (300 < T < 350°\mathrm{C}) \quad , \tag{6.144}$$

$$\Gamma(Moderator) = -2,00 \cdot 10^{-6}\,\mathrm{K}^{-1} \quad (700 < T < 900°\mathrm{C}) \quad . \tag{6.145}$$

Für den Brennstoff-Temperaturkoeffizienten erhält man folgende Werte:

$$\Gamma(Brennstoff) = -3,67 \cdot 10^{-5}\,\mathrm{K}^{-1} \quad (300 < T < 350°\mathrm{C}) \quad , \tag{6.146}$$

$$\Gamma(Brennstoff) = -1,94 \cdot 10^{-4}\,\mathrm{K}^{-1} \quad (900 < T < 950°\mathrm{C}) \quad . \tag{6.147}$$

Der stark negative Temperaturkoeffizient von Hochtemperaturreaktoren wird insbesondere durch den Dopplereffekt bei der Resonanzabsorption der Neutronen in Th^{322} und U^{238} bewirkt. Der Dopplereffekt kommt dadurch zustande, daß die mit Neutronen wechselwirkenden Kerne nicht ruhen, sondern entsprechend der Temperatur des Resonanzabsorbermaterials thermische Bewegungen etwa einer Maxwellverteilung folgend ausführen.

Eine Erhöhung der Temperatur geht mit einer Verbreiterung der Resonanz durch den Dopplereffekt einher (siehe Abb. 6.53).

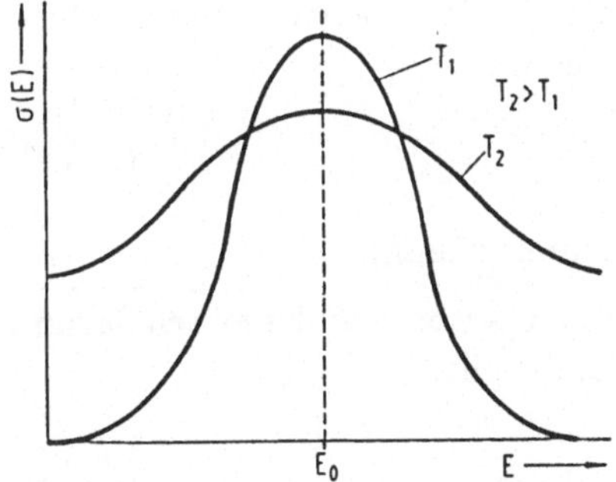

Abb. 6.53: Qualitativer Verlauf des Wirkungsquerschnittes bei der Dopplerverbreitung einer Resonanz

Unterstellt man einmal, daß im Bereiche einer Resonanz alle Neutronen absorbiert werden, so erhöht sich bei einer Verbreiterung der Resonanzlinien auch die Absorptionsrate, da der Energiebereich, in dem die Absorption stattfindet, größer wird. Damit hat der Dopplereffekt einen Einfluß auf die Resonanzentkommwahrscheinlichkeit p und auf die Multiplikationskonstante K_{eff}.

Bei Leistungsexkursionen durch Zufuhr von positiven Reaktivitätsbeträgen zum Reaktorkern sind die hier angeführten Temperaturkoeffizienten von entscheidender Bedeutung, da sie im Sinne einer Selbststabilisierung der weiteren Leistungssteigerung entgegenwirken. Auf die Wichtigkeit dieses Inhärenzprinzips wurde bereits in Kap. 3 hingewiesen. Die Behandlung von Reaktivitätsstörfällen fußt auf den dynamischen Reaktorgleichungen sowie den Gleichungen zur Ermittlung der raum- und zeitabhängigen Temperaturverteilungen in den Brennelementen, im Kühlgas, in den Kernstrukturen sowie in den relevanten Primärkreiskomponenten. Umfangreiche Rechenprogramme zur detaillierten Behandlung derartiger Vorgänge sind heute verfügbar. Hier soll, um einen anschaulichen Einblick in derartige Störfallabläufe zu geben, ein sehr vereinfachtes dynamisches Modell für die Reaktorleistung vorgestellt werden. Für die Zeitabhängigkeit des Neutronenflusses bei Zufuhr eines Reaktivitätsbetrages Δk^* war bereits in Kap. 5 hergeleitet worden:

$$\bar{t}\frac{d\phi}{dt} = \Delta k^* \, \phi - k_{eff} \int_0^t \beta \cdot e^{-\lambda(t-t')} \frac{d\phi}{dt'} \, dt' \quad . \tag{6.148}$$

Setzt man nun statt des Neutronenflusses ϕ die Reaktorleistung P gemäß

$$P = \phi \cdot \Sigma_f \cdot \bar{E}_{Sp} \quad , \tag{6.149}$$

so gewinnt man folgende Gleichung für die Reaktorleistung:

$$\frac{dP}{dt} = \alpha \cdot P - \gamma \int_0^t e^{-\lambda(t-t')} \frac{dP}{dt'} \, dt' \tag{6.150}$$

mit $\alpha = \Delta k^*/\bar{t}$, $\gamma = k_{eff} \cdot \beta/\bar{t}$. Die Auswirkung des prompt negativen Temperaturkoeffizienten ist dabei über die einfache lineare Beziehung

$$\Delta k^* = \Delta k - \Gamma \cdot \Delta T \tag{6.151}$$

erfaßt (Γ = Temperaturkoeffizient, ΔT = Temperaturerhöhung).

Eine Näherungslösung für Gleichung 6.150 kann für den Zeitbereich der ersten Sekunden nach einer Zufuhr von Δk gewonnen werden. Dafür gilt:

$$\lambda(t - t') \ll 1, \qquad e^{-\lambda(t-t')} \approx 1 \tag{6.152}$$

Es ergibt sich durch Integration:

$$P = P_0 \cdot \left(\frac{1}{\alpha - \gamma}\right) \cdot \left(\alpha \cdot e^{(\alpha-\gamma)\cdot t} - \gamma\right) \tag{6.153}$$

mit

$$(\alpha - \gamma) = \frac{\Delta k - \Gamma \Delta k - \beta k_{eff}}{\bar{t}} \quad . \tag{6.154}$$

Bei der Diskussion dieser Lösungen sind entsprechend Abb. 6.54 drei Fälle zu unterscheiden: stationärer Betrieb, abfallende bzw. zunehmende Reaktorleistung.

Im einzelnen gilt für die drei verschiedenen Fälle:

$$a): \quad \Delta k \; - \; \Gamma \Delta T = 0 \tag{6.155}$$

$$P \; = \; P_0 \quad \text{(stationärer Betrieb)},$$

$$b): \quad \Delta k \; - \; \Gamma \Delta T > \beta\, k_{eff} \tag{6.156}$$

$$P \; = \; P_0 \cdot \left(\frac{1}{\alpha - \gamma}\right) \cdot \left(\alpha \cdot e^{(\alpha - \gamma)\cdot t} - \gamma\right) \quad \text{mit}\,(\alpha - \gamma) > 0,$$

$$c): \quad \Delta k \; - \; \Gamma \Delta T < \beta\, k_{eff} \tag{6.157}$$

$$P \; = \; P_0 \cdot \left(\frac{1}{\alpha - \gamma}\right) \cdot \left(\alpha \cdot e^{(\alpha - \gamma)\cdot t} - \gamma\right) \quad \text{mit}\,(\alpha - \gamma) < 0, \quad .$$

Solange die Bedingung $\Delta k \; - \Gamma \Delta T < \beta\, k_{eff}$ erfüllt ist, vollziehen sich Leistungsänderungen bei Reaktivitätsänderungen im normalen Bereich. Bezüglich der Störfallanalysen erfordert insbesondere der Fall b) große Aufmerksamkeit, da hier ein exponentielles Anwachsen der Reaktorleistung bei zu hohen Reaktivitätsänderungen zu erwarten wäre. Dieser Störfall erfordert genaue Analysen zu den Temperaturverteilungen, die sich in den Brennelementen einstellen.

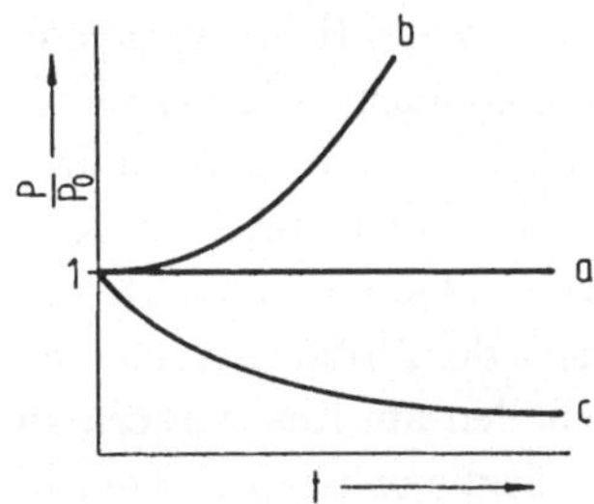

Abb. 6.54: Verlauf der Leistung bei unterschiedlichen Reaktivitätsänderungen (qualitativ)

Für den weiteren Verlauf eines solchen Störfalls soll nun ein besonderes Beispiel für einen 500 MW$_{th}$-Reaktor mit OTTO-Beschickung betrachtet werden [6.63]. Es wird dabei zugunde gelegt, daß im Dampferzeuger eines solchen Systems zwei gebrochene Rohre vorliegen, die ihr Dampf-Wasser-Gemisch an den Primärkreislauf abgeben, so daß pro Sekunde 7 kg Wasser bzw. Dampf in den Primärkeislauf hineingelangen. Es wird angenommen, daß dieses für eine Zeit von 290 Sekunden geschieht. Weiterhin wird pessimistisch vorausgesetzt, daß das Reaktorschutzsystem vollständig versagt. Das heißt, daß die nuklearen Abschaltsysteme nicht eingesetzt werden. Die folgenden Berechnungen verlaufen ferner unter der Annahme, daß die Gebläse weiterlaufen. Natürlich wäre ein solcher Störfall , wenn die Abschaltstäbe funktionierten, relativ harmlos. Hier soll der schwierige Fall mit versagenden Abschaltstäben dargestellt werden. In Abb. 6.55a wird der Verlauf der Reaktivität und der Leistung bei diesem Störfall aufgetragen. Durch den Eintritt des Dampfes wird die Reaktivität des Reaktors anfangs um 1,2 cents, das entspricht 0,6 Nile, erhöht. Diese Reaktivitätszunahme wird durch den negativen Temperaturkoeffizienten stabilisiert, so daß sich insgesamt eine fast konstante Reaktivitätserhöhung während des gesamten Prozesses ergibt. Die

Leistung des Reaktors reagiert mit einem fast linearen Anstieg in dem betrachteten Zeitraum und erreicht am Ende des Prozesses eine Erhöhung um ca. 30 %. Nach dieser Zeit, etwa nach 290 Sekunden, ist der Prozeß abgeschlossen. Die Reaktivität erniedrigt sich, da nämlich das Dampf-Gas-Gemisch bei diesem Prozeß in den oberen Teil des Reaktorkerns zurückgeführt wird und eine Temperaturerhöhung im oberen Reaktorkern erfolgt, die die Reaktivität abbaut. Infolge dieser Erscheinung wird auch die Leistung des Reaktors wieder auf den Normalwert zurückgehen. In Abb. 6.55b wird die mittlere Temperatur der Brennelemente in Abhängigkeit der Tiefe des Reaktors dargestellt. Die Anfangstemperaturverteilung ist durch 1 und die Endtemperaturverteilung durch 2 gekennzeichnet. Insgesamt fließen während der betrachteten Zeit 2 t Wasser in den Reaktorkern. Die Tiefe wird von links nach rechts so dargestellt, daß mit 0 die obere Eingangsfläche und mit 500 cm die untere Ausgangsfläche des Reaktors bezeichnet wird. In Abb. 6.56a ist die Änderung der Gastemperatur dargestellt. Man sieht, daß die Gastemperatur sich weder im oberen noch im unteren Teil des Reaktors wesentlich ändert. Und schließlich ist in Abb. 6.56b die Temperatur der Brennstoffpartikel wiedergegeben. Man stellt fest, daß im oberen Drittel des Reaktors ein Temperaturanstieg erfolgt, der aber einen Wert von 100 °C nicht überschreitet. Diese Temperaturänderung und ebenso die Geschwindigkeit der Temperaturänderungen sind für den Reaktorkern unschädlich. Die Einwirkungszeit des Dampfes im Primärkreislauf ist zu gering, als daß während des betrachteten Zeitraumes eine wesentliche Korrosion durch den Wasserdampf an den Brennelementen erfolgt. Es sind auch Fälle berechnet worden, bei denen unter den gleichen Voraussetzungen, nämlich vor allen Dingen dem Ausfall der Abschaltstäbe, größere Wasserleckagen betrachtet worden sind. Z. B. sind Rechnungen bis zu einer Leckagemenge von 55 kg/s mit einem Gesamteinbruch von 4 t Wasser betrachtet worden. Diese Menge von 4 t entspricht dem totalen Auslaufen eines Dampferzeugers. Auch in diesen Fällen sind keine Schäden am Reaktorkern zu erwarten. Die Temperaturerhöhung, die sich dabei ergibt, liegt vor allen Dingen in dem oberen Drittel des Reaktorkerns und überschreitet einen Anstieg von etwa 150 °C nicht.

Besondere Aufmerksamkeit ist Stabunfällen zu widmen. Durch Wahl der Coreauslegungsparameter, sowie durch die konstruktive Gestaltung von Core und Abschaltsystemen muß bei Kernreaktoren gewährleistet sein, daß dieser Fall praktisch niemals auftritt. Beim unkontrollierten Ausschleudern eines Abschaltstabes aus dem Reaktorcore bei Vollast begänne aufgrund der Reaktivitätszufuhr ein Anstieg der Leistungsproduktion. Nach rund 10 s wird infolge einer Anregung des Reaktorschutzsystems (Neutronenfluß $\phi > 1,1 \cdot \phi_0$) mit dem Einfahren der Abschaltstäbe begonnen. Dementsprechend wird die Leistung des Reaktors sofort reduziert. Wegen der großen thermischen Trägheit des Reaktorsystems steigen die Kühlgasaustrittstemperaturen, die maximale Brennelementoberflächentemperatur sowie die Brennstofftemperatur nur geringfügig bis zum Stabeinfahren an. Nach etwa 40 s wären diese Werte schon deutlich reduziert. Es würden insgesamt keine bedenklichen Temperaturen in Reaktorkomponenten erreicht.

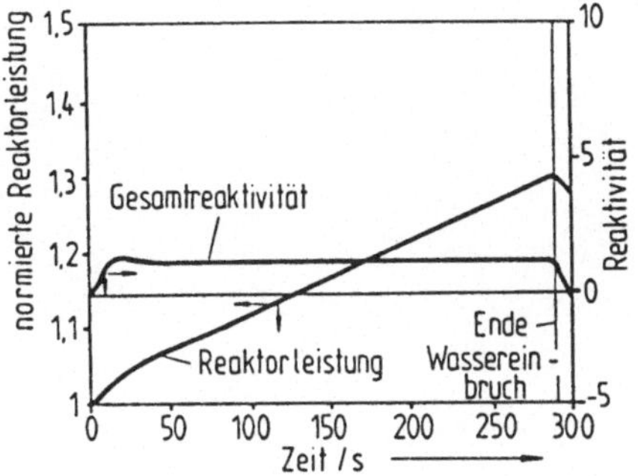

Abb. 6.55a: Reaktivitäts- und Leistungs-
transienten aufgrund eines Wassereinbruchstörfalls mit einer Rate von 7 kg/s
(OTTO-Core, 500 MW$_{th}$)

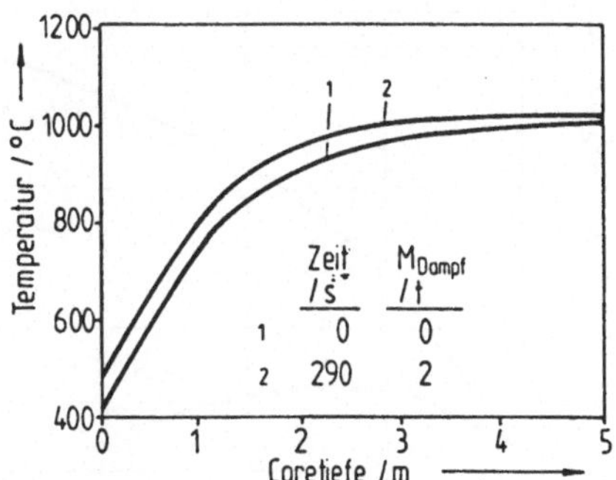

Abb. 6.55b: Axiale Verteilung der mittleren Brennelementtemperatur zum Zeitpunkt t = 0 bzw. t = 290 s aufgrund
eines Wassereinbruchstörfalls mit einer
Rate von 7 kg/s (OTTO-Core, 500 MW$_{th}$)

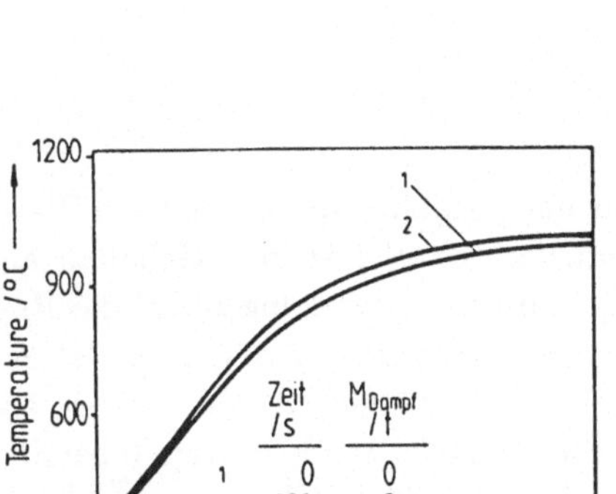

Abb. 6.56a: Axialer Verlauf der Kühlgastemperatur zum Zeitpunkt t = 0 bzw.
t = 290 s aufgrund eines Wassereinbruchstörfalls mit einer Rate von 7 kg/s
(OTTO-Core, 500 MWth)

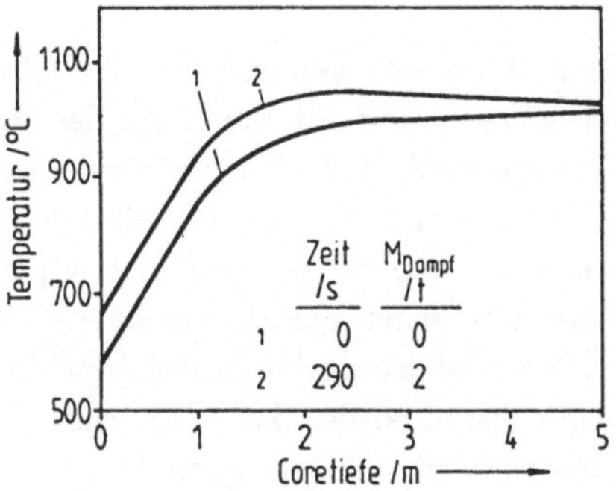

Abb. 6.56b: Axialer Verlauf der Brennelementtemperatur zum Zeitpunkt t = 0
bzw. t = 290 s aufgrund eines Wassereinbruchstörfalls mit einer Rate von 7 kg/s
(OTTO-Core, 500 MWth)

Beim HTR-Modul-Reaktor wurden besondere Anstrengungen auch im Hinblick auf
hypothetische Reaktivitätsstörfälle unternommen. Die Reaktivitätsvorhaltungen für
Lastwechsel, die für die Überwindung des Xenonberges (siehe Kap. 5) vorzusehen sind,
wurden nur vergleichsweise gering gewählt. Weiterhin ist das pneumatische Entlee-
ren der KLAK-Positionen nur sukzessive möglich, so daß auch von dieser Seite keine
großen Reaktivitätstransienten möglich sind. Die Schwermetallbeladung der Brennelemente wurde beim Modul mit 7 g vergleichsweise gering gewählt.

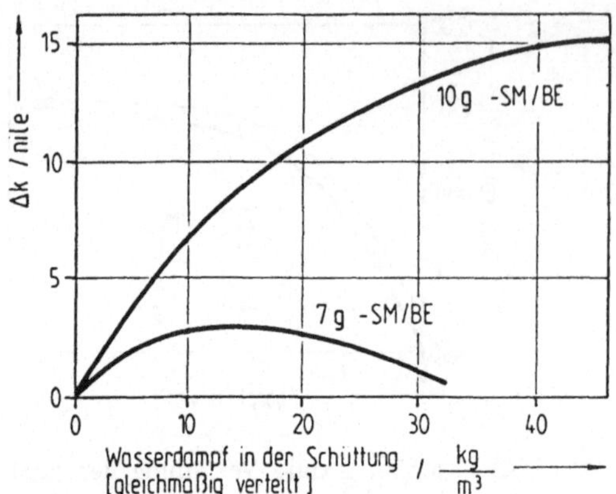

Abb. 6.57: Reaktivitätsanstieg als Funktion des Wasserdampfinventars in der Kugelschüttung sowie der Schwermetallbeladung der Brennelemente [6.39]

Dies ist ein entscheidend wichtiger Parameter für das Verhalten des Cores beim Wassereinbruch und für die Höhe des Reaktivitätszuwachses. Bei kleinen Gehalten an Schwermetall, d. h. bei gut moderierten Cores, sind die Auswirkungen auf die Reaktivität erheblich geringer als bei höheren Werten (siehe Abb. 6.57). Auch ist zu erkennen, daß es ein deutliches Optimum für Δk in Abhängigkeit vom Gehalt an Wasser zwischen den Brennelementkugeln gibt. Dieser Effekt wurde in Kap. 3 bereits erklärt und ist durch genaue Spektralrechnungen unmittelbar belegbar. Insgesamt bleibt festzuhalten, daß HTR-Anlagen, die mit genügend stark negativen Temperaturkoeffizienten ausgelegt sind und bei denen das Schwermetallverhältnis nicht zu hoch gewählt wird, auch im Falle von hypothetischen Störfällen gute Voraussetzungen für die Beherrschung dieser Ereignisse bieten.

6.11   Äußere Einwirkungen auf die Reaktoranlage

Bei der Auslegung von Kernkraftwerken werden heute in der Bundesrepublik Deutschland die in Abb. 6.58 aufgeführten Ereignisse als äußere Einwirkungen angenommen [6.65 bis 6.70]. Auswirkungen dieser Störungen sind bei Annahme vorgeschriebener Belastungen von der Anlage in dem Sinne zu ertragen, daß die Funktionen Abschaltung, Nachwärmeabfuhr, Primärkreiseinschluß und Spaltproduktrückhaltung gewährleistet bleiben.

Als wesentliche Einwirkungen werden derzeit im allgemeinen der Flugzeugabsturz, Druckwellen aus Gasexplosionen und Erdbeben angesehen. Im folgenden finden sich einige Informationen zu diesen Fällen. Wenn ein Flugzeug auf eine Baustruktur, hier auf das Reaktorschutzgebäude, aufprallt, so wirkt auf diese eine dynamische Last, deren Größe und Verlauf im wesentlichen von der Masse sowie der Aufprallgeschwindigkeit des Flugzeuges abhängt. Derzeit wird angenommen, daß ein Flugzeug vom Typ "Phantom" mit einer Absturzgeschwindigkeit von 215 m/s senkrecht auf die Reaktorschutzgebäudewand aufprallt. Die Gesamtmasse des aufschlagenden Körpers, im wesentlichen des Triebwerks, wird mit 20 t angesetzt. Als Auftrefffläche wird eine Kreisscheibe von 7 m² unterstellt. Das Auftreffen des Triebwerks kann an jeder Stelle des Reaktorschutzgebäudes erfolgen.

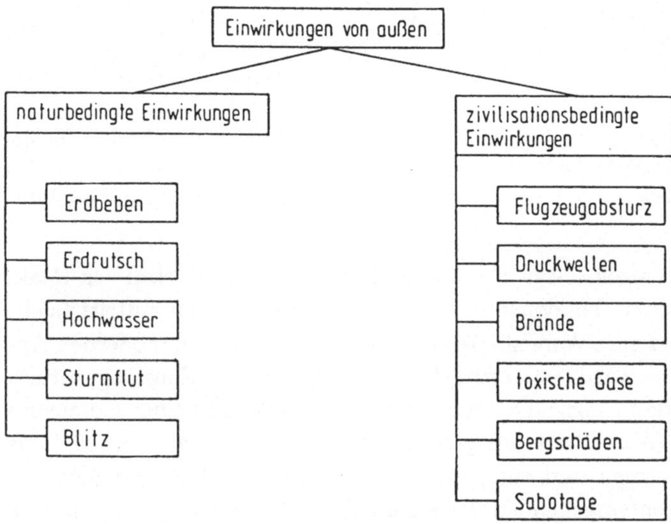

Abb. 6.58: Äußere Einwirkungen auf eine Reaktoranlage

Der zeitliche Verlauf für die Stoßbelastung aus dem Absturzereignis geht aus Abb. 6.59 hervor, die Kurve ist das Ergebnis vieler Rechnungen und experimenteller Untersuchungen und ist heute als Auslegungsrichtlinie fixiert. Aus der Waffentechnik sind empirische Beziehungen für die Eindringtiefe von Projektilen in Beton bekannt, z. B. der Form

$$x = \frac{const}{\sqrt{\beta}} \cdot \frac{G}{d^{1,8}} \cdot v_a^{4/3} \qquad (6.158)$$

mit

x	=	Eindringtiefe,
β	=	Nenndruckfestigkeit des Betons,
G	=	Gewicht des auftreffenden Projektils,
d	=	Durchmesser des Projektils,
v_a	=	Aufprallgeschwindigkeit.

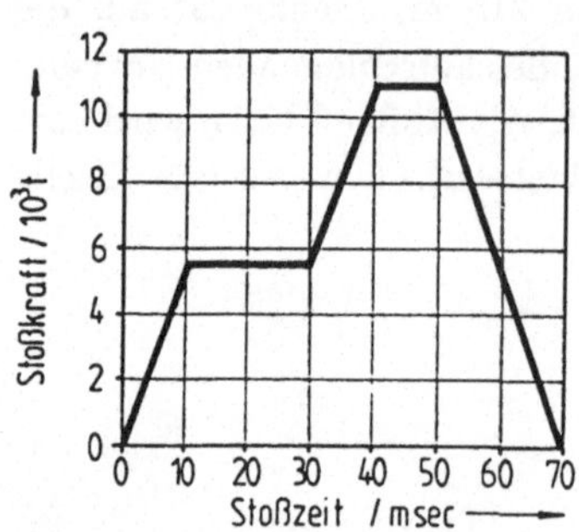

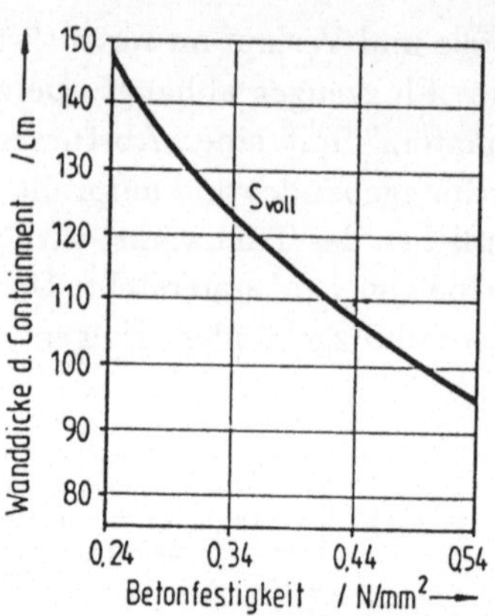

Abb. 6.59: Angenommener zeitlicher Kraftverlauf auf das Reaktorschutzgebäude beim Flugzeugabsturz

Abb. 6.60: Notwendige Wandstärke des Reaktorschutzgebäudes, bei der keine Penetration beim Flugzeugabsturz erfolgt

Mit Hilfe derartiger Gleichungen lassen sich notwendige Betonwandstärken von Reaktorschutzgebäuden bestimmen, bei denen dann noch keine Penetration auftritt (siehe Abb. 6.60). Demnach bietet eine Wandstärke von rund 2 m, wie sie bei modernen Anlagen in der BRD vorgesehen wird, einen zuverlässigen Schutz gegen Flugzeugabsturz. Weiterhin wird erwartet, daß Flugzeugtrümmer mit 1,7 t Masse und einer Geschwindigkeit von 100 m/s vom Absturzort aus gesehen in einem Streukegel von 60 ° bis zu 100 m weit gestreut werden und entsprechende Zerstörungen bewirken können. Es sind also, neben einer entsprechenden Auslegung des Schutzbehälters selbst, alle für die Sicherheit notwendigen Anlagen gegen den Aufprall von Trümmerstücken auszulegen. Gleichzeitig muß mit dem Auslaufen von erheblichen Mengen an Treibstoff, die in Brand geraten oder explodieren können, gerechnet werden. Es ist allerdings zu bemerken, daß unter der Voraussetzung, daß die nuklearen Anlagen im allgemeinen außerhalb des Einzugsbereiches eines Flughafens liegen, die Eintrittswahrscheinlichkeit für einen derartigen Störfall nur sehr niedrig angesetzt werden sollte. Diese Zahl wird üblicherweise aus einer einfachen Betrachtung für eine mittlere Absturzwahrscheinlichkeit P_A auf eine Anlage

$$P_A = N \cdot \frac{F_{Anlage}}{F_{BRD}} \cdot p \cdot e \qquad (6.159)$$

abgeleitet.

F_{Anlage}	=	sensitive Anlagenfläche,
F_{BRD}	=	Fläche der BRD,
N	=	Gesamtzahl der Abstürze pro Jahr in BRD,
p	=	Wahrscheinlichkeit, daß sensitive Teile getroffen werden,
e	=	Faktor für erhöhte Flugtätigkeit.

Für typische Standorte in der BRD folgt mit $F_{Anlage} \approx 10^4 \text{m}^2$, $F_{BRD} \approx 2,5 \cdot 10^{11} \text{ m}^2$, $N \approx 10/\text{a}$, $p \approx 1$, $e \approx 1$, für P_A ein Wert von $\approx 4 \cdot 10^{-7}/\text{a}$.

Neben dem Ereignis Flugzeugabsturz sind heute Belastungen des Reaktorschutzgebäudes infolge von Gaswolkenexplosionen zu berücksichtigen. Aufgrund von Unfällen beim Umgang mit explosiblen Gasen und Flüssigkeiten können zündfähige Gasgemische entstehen, die nach Zündung zu Luftdruckwellen führen können und damit das Containment belasten. In den Genehmigungsverfahren wird heute eine zeitlich variable Druckverteilung entsprechend Abb. 6.61 unterstellt. Das Reaktorschutzgebäude und die für die Anlagensicherheit bedeutsamen Bauten sind den aus diesem Druckverlauf resultierenden Belastungen entsprechend auszulegen. Die ohnehin für den Flugzeugabsturz erforderliche Wandstärke von ca. 2 m gewährleistet nach den heute vorliegenden Erfahrungen Schutz gegen derartige Druckwellen. In den letzten Jahren wurde die Frage untersucht, ob nicht unter bestimmten Bedingungen auch Detonationen mit höheren Überdruckwerten auftreten können. Es ist bekannt, daß in Rohren und langgestreckten Behältern sowie in großen Gemischansammlungen von Gasen eine Explosion in eine Detonation übergehen kann. Hierbei pflanzt sich die Reaktion durch intensive Stoßwellen mit Flammengeschwindigkeiten von einigen km/s fort. Infolgedessen können in der Flammenfortpflanzungsrichtung starke Druckstöße mit großer zerstörender Wirkung auftreten. Der Detonationsdruck liegt bei rund 18 bar, die Detonationsgrenzen entsprechen in etwa den Zündgrenzen. Es wird daher heute als Vorsichtsmaßnahme gefordert, durch Einhaltung eines Sicherheitsabstandes zwischen dem Kernreaktor und dem Ort der Ansammlung explosibler Stoffe dieser Gefahr zuvorzukommen. Diese Richtlinie gilt ausdrücklich nicht für den betriebsnotwendigen Umgang mit explosionsfähigen Stoffen innerhalb des Reaktorcontainments sondern nur für extern gelagerte Mengen. [6.67]

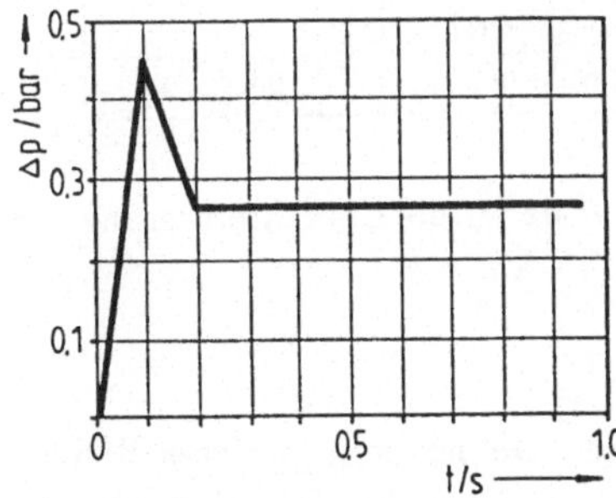

Abb. 6.61: Zeitlicher Verlauf des Überdrucks aus einer Gaswolkenexplosion

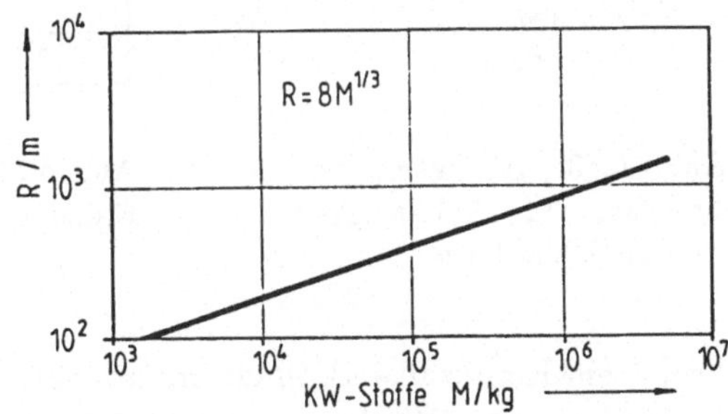

Abb. 6.62: Abstands-Mengen-Relation für detonationsfähige Kohlenwasserstoffe

Bei der Abstands-Mengen-Relation (Abb. 6.62) sind der notwendige Abstand R (m) sowie die detonationsfähige Kohlenwasserstoffmenge M (kg) durch die Beziehung

$$R \sim \sqrt[3]{M} \qquad\qquad (6.160)$$

miteinander verknüpft. Wird dieser Abstand eingehalten, so kann auch im Falle einer Detonation keine Beschädigung eines geeignet ausgelegten Reaktorschutzgebäudes auftreten.

 6 Sicherheitsfragen bei HTR-Anlagen

In der Bundesrepublik Deutschland sind Erdbeben keine Seltenheit, wenn auch ihre Häufigkeit und Stärke im Vergleich zu erdbebengefährdeten Gebieten relativ klein ist (siehe Abb. 6.63 und Abb. 6.65).

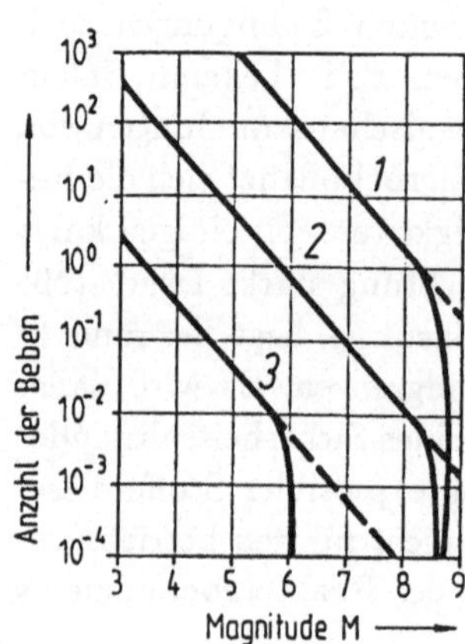

Intensität I	Wirkung		maximale Beschleunigung
1	nicht fühlbar		
2	vereinzelt fühlbar		
3	in Häusern gefühlt		0,003 - 0,007 g
4	in Häusern allg. gefühlt, Fenster klirren		0,007 - 0,015 g
5	im Freien gefühlt, Lampen pendeln		0,015 - 0,03 g
6	allg. mit Schrecken gefühlt	Gebäudeschäden	0,03 - 0,09 g
7	Stehen fällt schwer, Gegenstände fallen um, im fahrenden Kraftwagen gefühlt		0,07 - 0,22 g
8	Steuern von Kraftwagen beeinträchtigt		0,15 - 0,3 g
9	allg. Panik, Zerstörung an Rohrleitungen		0,3 - 0,7 g
10	große Erdrutsche	Gebäudezerstörung	0,45 - 1,5 g
11	Gleise verbogen, Rohrleitungen vollständig zerstört		0,5 - 3,0 g
12	nichts hält stand		0,5 - 7,0 g

Abb. 6.63: Häufigkeit von Erdbeben in Abhängigkeit von der Bebenstärke

Abb. 6.64: Mercalliscala für die Charakterisierung der Erdbebenstärken

Damit ein Kernkraftwerk in einem erdbebengefährdeten Gebiet kein größeres Risiko als in einem ungefährdeten darstellt, ist eine hinreichende Erdbebensicherheit durch bauliche Maßnahmen vorzusehen. Es werden hierbei zwei unterschiedliche Stufen betrachtet. Vergleichsweise geringe Anforderungen an die Anlage bringt das sogenannte Auslegungserdbeben mit sich.

In diesem Fall muß das Kernkraftwerk auch nach mehrmaligem Auftreten dieses Ereignisses weiterbetrieben werden können. Für dieses Auslegungserdbeben wird heute die größte Intensität zugrundegelegt, die in einem Umkreis von rund 50 km in der Vergangenheit nachweislich aufgetreten ist. In der Regel sind eine Horizontalbeschleunigung von 0,1 g und eine Vertikalbeschleunigung von 0,05 g zu tolerieren.

Höhere Anforderungen zieht das sogenannte Sicherheitserdbeben nach sich. Hierbei wird gefordert, daß nach einmaligem Eintreten dieses Störfalls der Reaktor sicher abgeschaltet und die Nachwärme abgeführt werden kann und damit ein sicherer Einschluß des Spaltproduktinventars gewährleistet bleibt. Der Reaktor braucht aber nicht für einen Weiterbetrieb intakt zu bleiben. Für dieses Sicherheitserdbeben wird die größte Intensität zugrundegelegt, die im Umkreis von 200 km um den Standort zu erwarten ist. Als Mindestwert für die horizontale Beschleunigung ist ein Wert von 0,3 g anzusetzen, für die vertikale Komponente 0,15 g. Zur Einschätzung derartiger Werte sei auf die Mercalliscala (Abb. 6.64) verwiesen .

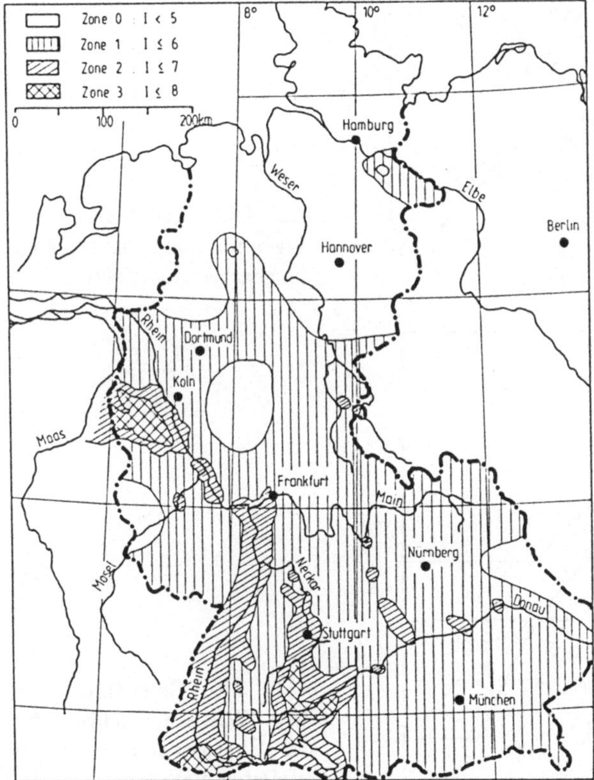

Abb. 6.65: Angaben zu den zu erwartenden Bebenstärken in der Bundesrepublik Deutschland

Im Falle von Erdbeben werden die Bauwerke des Kernkraftwerkes infolge von zeit- und ortsabhängigen Verschiebungen der Erdoberfläche zu Schwingungen angeregt. Die Festigkeits- und Standsicherheitsnachweise für die Gebäude müssen dann auf der Basis eines umfangreichen Datenmaterials für die Verschiebungsvektoren geführt werden. Ein Reaktionsspektrum, welches oft den Analysen zugrundegelegt wird und aus dem Geschwindigkeiten, Eigenfrequenzen, Beschleunigungen sowie Amplituden ablesbar sind, wird in Abb. 6.66 wiedergegeben.

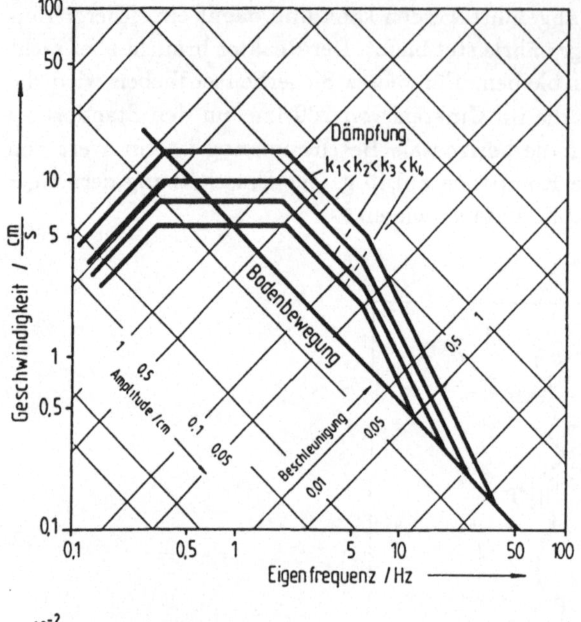

Abb. 6.66: Geschwindigkeiten, Eigenfrequenzen und Dämpfungen bei Modellbeben

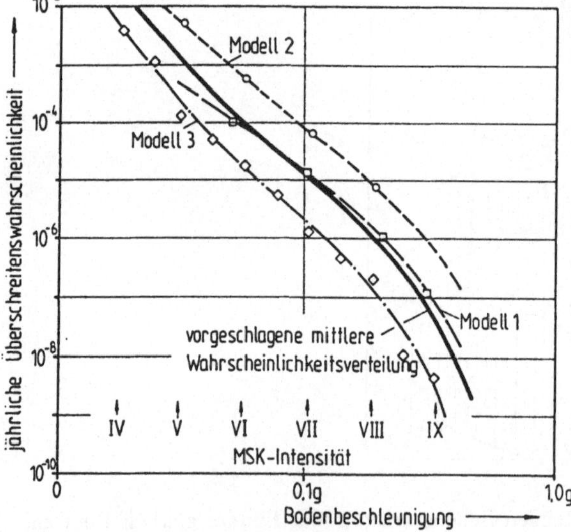

Abb. 6.67: Geschätzte jährliche Wahrscheinlichkeit für das Überschreiten einer bestimmten Bebenstärke in der Bundesrepublik Deutschland (Standort THTR) [6.70]

Insbesondere den sicherheitstechnisch wichtigen Komponenten der Abschaltanlage, den Nachwärmeabfuhrsystemen sowie der Stabilität des Coreaufbaus sind besondere Aufmerksamkeit zu schenken. Es sind für alle auftretenden Beanspruchungen heute Lösungen z. B. auch in Form von speziellen Konstruktionen oder Werkstoffen mit gutem Dämpfungsverhalten verfügbar. Wenn im Rahmen des Genehmigungsverfahrens etwa festgelegt wurde, daß für das Sicherheitserdbeben eine Beschleunigung von 0,1 g angenommen wird und daß die Häufigkeit für das Eintreten eines Bebens und dieser Bebenstärke zu 10^{-6}/a erwartet wird, können natürlich, wenn auch mit geringerer Wahrscheinlichkeit Beben größerer Stärke auftreten (siehe Abb. 6.67). Für diese

Ereignisse, die dem hypothetischen Bereich zugerechnet werden, sind dann gesonderte Untersuchungen zum Verhalten des Gesamtsystems erforderlich.

6.12 Freisetzung von radioaktiven Stoffen bei Störfällen, Störfallfolgen

Das Verhalten der Spaltprodukte in den Brennelementen und im Primärkreis unter Normal- und Störfallbedingungen wurde in Abschn. 6.3 näher charakterisiert. Im Anschluß an die Betrachtungen zu den einzelnen Störfällen ist auf der Basis der orts- und zeitabhängigen Temperaturverteilungen für die Brennelemente sowie auf der Grundlage gemessener Spaltproduktfreisetzungen zu prüfen, welcher Anteil der Spaltprodukte aus den Brennelementen in die Umgebung freigesetzt werden kann [6.71 bis 6.75]. Sicherheitstechnisch relevante Spaltprodukte sind, wie schon eingangs erwähnt, inbesonders Cäsium, Strontium, Silber, Jod und Edelgase wie Xenon und Krypton. Für die Freisetzung all dieser Isotope werden heute im Rahmen von Genehmigungsverfahren umfangreiche Untersuchungen durchgeführt. Von besonderem Interesse im Hinblick auf die Langzeitfolgen im Anschluß an schwere, hypothetische Störfälle ist immer Cs^{137} wegen seiner langen Halbwertzeit von rund 30 Jahren. Daher wird oft Bezug auf dieses Isotop genommen. Unter Berücksichtigung der Barrieren, die beim HTR den Austritt von Spaltprodukten in die Umgebung bei Störfällen begrenzen, ergibt sich folgendes vereinfachtes Bild für den Verbleib der Nuklide im Reaktorsystem (siehe Abb. 6.68).

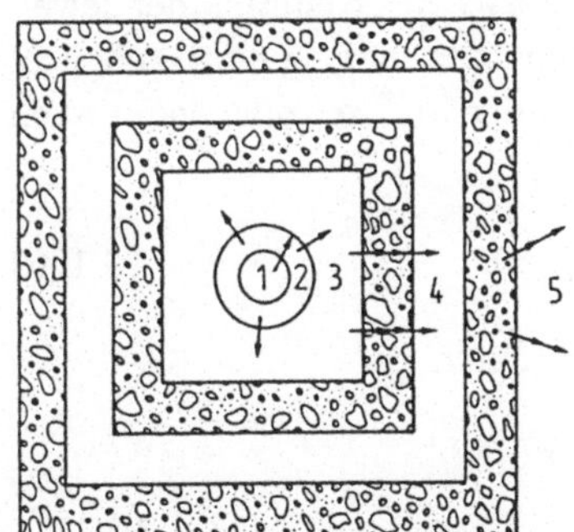

Abb. 6.68: Freisetzung von Spaltprodukten in die Umgebung *1.* Brennstoffpartikel, *2.* Brennelementmatrix, *3.* Primärkreislauf, *4.* Reaktorschutzgebäude, *5.* Umgebung

Für ein beliebiges radioaktives Spaltproduktisotop N im Brennstoffpartikel (1) gilt folgende Bilanzgleichung für die Zahl der Kerne N_1 dieses Isotops im Gebiet 1:

$$\frac{dN_1}{dt} = \gamma \cdot \Sigma_f \, \phi - \lambda N_1 - \xi_1 N_1 + \lambda^* N^* \quad . \tag{6.161}$$

Dabei kennzeichnet der Term $\gamma \cdot \sum_f \cdot \phi$ die Entstehung des Isotops durch Spaltung, $\lambda \cdot N_1$ den Zerfall und $\xi_1 \cdot N_1$ die Freisetzung aus Gebiet 1 in das Gebiet 2 mit ξ_1 als Freisetzungskonstante. Durch den Anteil $\lambda^* N^*$ kann prinzipiell auch die Entstehung des fraglichen Isotops durch radioaktiven Zerfall gekennzeichnet werden. Hier werde im folgenden dieser Term vernachlässigt. Für das Gebiet 2, die Brennelementmatrix, kann sinngemäß

$$\frac{dN_2}{dt} = \xi_1 N_1 - \lambda N_2 - \xi_2 N_2 \qquad (6.162)$$

angesetzt werden, während für Gebiet 3 (Kühlmittel des Primärkreises bzw. das dort beim Störfall vorhandene Medium)

$$\frac{dN_3}{dt} = \xi_2 N_2 - \lambda N_3 - \xi_3 N_3 - a_3 N_3 \qquad (6.163)$$

als Bilanzgleichung gewonnen wird. Die Göße a_3 kann als Ablagerungskonstante für die Komponenten des Primärkreises definiert werden. Im Reaktorschutzgebäude läßt sich die Zahl der Atomkerne mit Hilfe der Gleichung

$$\frac{dN_4}{dt} = \xi_3 N_3 - \lambda N_4 - \xi_4 N_4 - a_4 N_4 \qquad (6.164)$$

beschreiben. Die Konstante a_4 trägt wiederum der Möglichkeit Rechnung, daß Spaltprodukte im Reaktorschutzgebäude abgelagert werden können. Für die Zahl der Atomkerne, die sich in der Umgebung befinden, gilt schließlich als Bilanz:

$$\frac{dN_5}{dt} = \xi_4 N_4 - \lambda N_5 \quad . \qquad (6.165)$$

Eine Lösung des Differentialgleichungssystems ist sukzessiv bei Kenntnis der jeweiligen Konstanten ξ_i und a_i, die streng genommen auch zeitabhängig sind, möglich. Speziell für langlebige Isotope, hier sei z. B. an Cs^{137} oder Sr^{87} gedacht, kann auch vereinfacht eine Beziehung der Form

$$N_5 \approx N_1 \cdot x_1 \cdot x_2 \cdot x_3 \cdot x_4 \qquad (6.166)$$

in Ansatz gebracht werden. Die Werte x_i können dabei durch

$$x_i = \frac{\int\limits_0^\tau N_{i+1}(t)\, dt}{\int\limits_0^\tau N_i(t)\, dt} \qquad (6.167)$$

angenähert bestimmt werden. Die Größen x_i können somit als jeweilige Freisetzungsanteile von einem in das nächste Gebiet angesehen werden. Um zu einer Vorstellung über die Größenordnung von Spaltproduktfreisetzungen bei schweren Störfällen beim HTR zu gelangen, sei hier der bereits in Abschn. 6.9 als abdeckender Störfall für den HTR-Modulreaktor bezeichnete Fall betrachtet, daß Druckentlastung und Ausfall jeglicher aktiver Kernkühlung auftreten. Bei diesem Störfall heizt sich der Reaktorkern, in kleinen Corebereichen, bis auf maximal 1 500 °C auf, ehe eine Abfuhr der Nachwärme durch physikalische Wärmetransportmechanismen die Nachwärmeerzeugung übersteigt. Entsprechend den bekannten Meßdaten, die durch Ausheizexperimente gewonnen wurden (siehe Abschn. 6.4), werden im gesamten Störfallablauf etwa 0,02 % des Cäsiuminventars des Kerns innerhalb der ersten 200 h ins Kühlgas freigesetzt. Geht man von einem Gleichgewichtsinventar von rund $6,6 \cdot 10^5$ Ci (für 200 MW$_{th}$) aus, so bedeutet dies, daß etwa 130 Ci Cäsium aus den Brennelementen austreten, [2.14] d. h. das Produkt $x_1 \cdot x_2$ läge demnach bei $2 \cdot 10^{-4}$. Wie schon erwähnt, erfolgt dann eine teilweise Ablagerung der Spaltprodukte am Graphit sowie an sonstigen Flächen des Primärkreises, so daß hier mit $x_3 \approx 0,1$ gerechnet werden soll. Insgesamt gelangten damit 13 Ci Cäsium ins Reaktorschutzgebäude. Von den Spaltprodukten, die sich im Reaktorschutzgebäude befinden, gelangt nur ein kleiner Anteil in die Umgebung. Oft wird hier unter Berücksichtigung von weiterer Ablagerung ein Ansatz $x_4 < 0,1$ gemacht, so daß insgesamt nur eine Spaltproduktmenge von $< 1,3$ Ci Cs^{137} ins Freie gelangen würde. Ähnliche Überlegungen gelten für alle übrigen Spaltprodukte, es sind jedoch insbesondere bei den kurzlebigen Isotopen deren radioaktive Zerfälle zu berücksichtigen. Durch eine einfache Filteranlage, die dem Reaktorschutzgebäude nachzuschalten wäre, kann die hier angeführte Aktivitätsabgabe noch einmal deutlich reduziert werden. Auf der Basis üblicher Berechnungsverfahren für die Ausbreitung von radioaktiven Schadstoffen ergeben sich beispielsweise bei den vorgenannten Freisetzungswerten für Cs^{137} Ganzkörperdosen, die im Vergleich zu den als zulässig erachteten Richtwerten (5 rem) als sehr klein anzusehen sind. Bezüglich detaillierter Aussagen auch für andere Isotope sei auf die umfangreiche, schon zitierte Literatur verwiesen. Es sei ausdrücklich noch einmal erwähnt, daß der hier diskutierte Störfall als ausgesprochen selten mit Eintrittswahrscheinlichkeiten von $< 10^{-4}/a$ eingeschätzt wird.

Auch andere Störfälle wie Wasser- und Lufteinbruch sind ähnlich zu behandeln und führen zu radiologischen Belastungen, die in der Regel geringer sind als die, die hier für den abdeckenden Störfall näherungsweise dargelegt wurden. Bei HTR-Anlagen größerer Leistung werden aufgrund der größeren Kernabmessungen höhere Störfalltemperaturen bei Unterstellung von Druckentlastung und Ausfall der Nachwärmeabfuhr erreicht. Dementsprechend treten auch größere Mengen an Spaltprodukten aus den Brennelementen aus. Durch Ablagerung an Graphitreflektoren und an den übrigen Primärkreiseinbauten wird jedoch auch bei diesen Konzepten zu erwarten sein, daß nur sehr geringfügige Anteile des Spaltproduktinventars ($< 10^{-4}$) in die Umgebung entweichen können. Diese Frage ist Gegenstand intensiver Forschung. Auch für große Anlagen durchgeführte Störfallrechnungen führen zu dem Ergebnis, daß keine Katastrophen durch austretende Spaltprodukte möglich sind. Zusätzliche Reduktion durch einen nachgeschalteten Störfallfilter ist möglich und für zukünftige Genehmigungsverfahren [6.72 bis 6.75] sicher hilfreich. Ein ähnlich günstiges Verhalten wie für HTR-Anlagen kleiner Leistung wird für große Leistungen dann erreicht, wenn die Kerngeometrie günstig im Hinblick auf die passive Wärmeabfuhr gewählt wird. Unter diesen Aspekten dürften ring- oder schachtförmige Coreanordnungen mit etwa 2,5 m Breite erhebliche Vorteile bieten. Insgesamt zeigen alle Störfallanalysen, daß das mit dem Betrieb von Hochtemperaturreaktoren verbundene Störfallrisiko sehr gering ist.

7 Weiterentwicklungen des HTR zur Stromerzeugung

7.1 Dampfturbinenprozesse

Stand der Technik bei AGR- und HTR-Anlagen ist heute die Erzeugung von Frischdampf von 530 °C/180 bar. Damit ist im Verbund mit einer Zwischenüberhitzung des Dampfes auf 530 °C/45 bar die Erzielung eines Wirkungsgrades von rund 40 % möglich. Da im Überhitzer- sowie im Zwischenüberhitzerbereich des Dampferzeugers von HTR-Anlagen austenitische Werkstoffe zum Einsatz kommen, ist grundsätzlich eine Erhöhung der Frischdampf- sowie evtl. auch der Zwischenüberhitzungstemperatur über die angegebenen Werte hinaus möglich. Wie Abb. 7.1 zeigt, sind die Festigkeitswerte der heute verfügbaren Werkstoffe bis in den Hochtemperaturbereich hinein relativ hoch. Es sind beispielsweise in amerikanischen Großkraftwerken und Industriekraftwerken fossil beheizte Dampferzeuger mit Frischdampftemperaturen von 650 °C seit vielen Jahren erfolgreich in Betrieb.

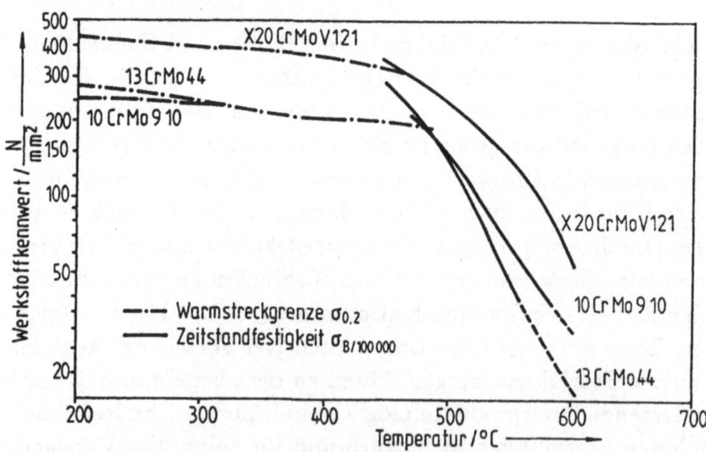

Abb. 7.1: Festigkeitswerte hitzebeständiger Stähle zur Verwendung in Dampferzeugern, Dampfleitungen und Dampfturbinen

Allgemein kann davon ausgegangen werden, daß bei Steigerung der Frischdampftemperatur um rund 30 °C der Nettowirkungsgrad der Anlage um einen Punkt angehoben werden kann. Dies kann leicht anhand eines Rechenschemas, wie es in Abschn. 4.12 angeführt wurde, verifiziert werden.

Die Frage der Steigerung der Frischdampftemperatur und damit des Anlagenwirkungsgrades ist im Rahmen einer Optimierungsüberlegung zu überprüfen. Grundsätzlich kann ausgehend von linearen Ansätzen für die Investkosten und für den Wirkungsgrad die folgende Betrachtung durchgeführt werden: Für den Wirkungsgrad kann in Abhängigkeit von der Frischdampftemperatur angesetzt werden:

$$\eta = \eta_0 \cdot (1 + \alpha \cdot T_{FD}) \quad . \tag{7.1}$$

Für die Investkosten der Anlage ist dann folgender linearer Ansatz zweckmäßig:

$$K_{inv} = K_{inv}^0 \cdot (1 + \beta \cdot T_{FD}) \quad . \tag{7.2}$$

Die Stromerzeugungskosten x folgen vereinfacht zu:

$$x(T_{FD}) = \frac{K_{inv} \cdot \bar{a}}{N_0 \cdot \tau} + \frac{C \cdot k_B}{\eta} \quad , \tag{7.3}$$

wobei $\bar{a}$ einen Kapitalabschreibungsfaktor, N_0 die elektrische Leistung der Anlage, τ die Zahl der Vollaststunden pro Jahr und k_B die Brennstoffkosten bedeuten. Vereinfacht kann dann folgende funktionale Abhängigkeit der Stromerzeugungskosten von der Frischdampftemperatur formuliert werden:

$$x(T_{FD}) = C_1 + C_2\, T_{FD} + \frac{C_3}{1 + \beta\, T_{FD}} \quad . \tag{7.4}$$

Aus der Bedingung für das Erreichen eines Minimums für die Stromerzeugungskosten findet man daraus folgende Relation für die optimale Frischdampftemperatur:

$$T_{FD}(opt.) \sim \frac{1}{\beta} \cdot \left(\sqrt{\frac{C \cdot k_B \cdot \beta\, N_0 \cdot \tau}{\eta_0 K_{inv}^0 \cdot \beta\, \bar{a}}} - 1 \right) \quad . \tag{7.5}$$

Je höher also Brennstoffkosten und Auslastung sind und je niedriger die Kapitalabschreibungsraten liegen, desto höher sollte die Frischdampftemperatur gewählt werden.

Das Optimum für die Frischdampftemperatur liegt heute im konventionellen Kraftwerksbau bei etwa 530 °C. Ähnliche Ergebnisse werden derzeit für den HTR-Dampfkraftprozeß erhalten. Grundsätzlich wäre in Zukunft bei Verwendung austenitischer Stähle im Dampferzeuger (auch im THTR teilweise bereits erfolgt) und bei Änderungen an der HD-Turbine (Verwendung von austenitischen Werkstoffen) auch eine Dampftemperatur von etwa 600 °C realisierbar und damit der Nettowirkungsgrad auf über 41 % steigerbar.

Falls keine heliumbeheizte Zwischenüberhitzung verwendet werden soll, ist auch eine externe Zwischenüberhitzung mit Dampf möglich. Vorteilhaft ist dabei, daß aufwendige Durchführungen für die Zwischenüberhitzer durch den Reaktordruckbehälter und durch das Reaktorgebäude vermieden werden. Auch das regeltechnische Verhalten der Anlage kann so verbessert werden. Auf der Basis der Schaltung in Abb. 7.2 kann gezeigt werden, daß ein relativer Massenstrom von

$$\frac{\dot{m}_2}{\dot{m}_1} = \frac{h_4 - h_2}{h_1 - h_3}, \qquad \dot{m} = \dot{m}_1 + \dot{m}_2 \tag{7.6}$$

zur Zwischenüberhitzung des Hauptmassenstroms $\dot{m}_1$ notwendig ist. Die Kondensationswärme des beheizenden Massenstroms kann zur Vorwärmung des Speisewassers eingesetzt werden.

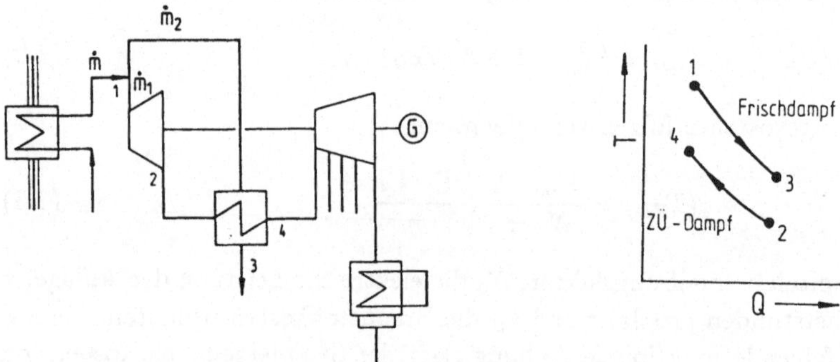

Abb. 7.2: Zwischenüberhitzung mit Dampf und zugehöriges Temperatur - Wärme - Diagramm für den Zwischenüberhitzer

Eine weitere grundsätzliche Möglichkeit der Zwischenüberhitzung besteht entsprechend Abb. 7.3 darin, den gesamten Frischdampfmassenstrom zur Beheizung des Zwischenüberhitzers einzusetzen. Die Frischdampftemperatur muß entsprechend hoch gewählt werden, um eine ausreichende Turbineneintrittstemperatur zu erreichen.

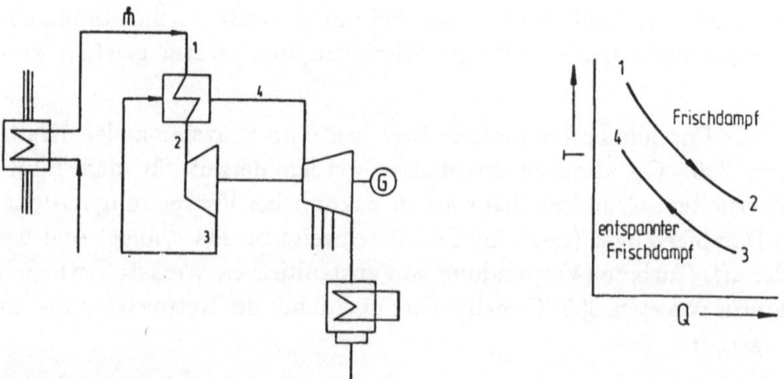

Abb. 7.3: Zwischenüberhitzung mit Frischdampf und zugehöriges Temperatur - Wärme - Diagramm des Zwischenüberhitzers

Die notwendigen Zusammenhänge zwischen den Enthalpiewerten berechnet man zu:

$$h_1 = h_2 + h_4 - h_3 \quad . \tag{7.7}$$

Beim Bemühen, den Wirkungsgrad von Dampfturbinenprozessen zu steigern, sind beim Dampferzeuger, bei den Dampfleitungen sowie im Hochdruckteil der Turbine Änderungen erforderlich. Aufgrund der Materialentwicklungen der letzten Jahre ist die Beherrschung von Heißdampftemperaturen von bis zu 650 °C in HTR-Anlagen in Zukunft vorstellbar.

7.2 Gasturbinenprozesse

Die hohe Heliumaustrittstemperatur aus dem Kern von Kugelhaufenreaktoren - wie schon erwähnt wird der AVR-Reaktor seit vielen Jahren mit einer Austrittstemperatur von 950 °C gefahren - legte seit Anfang der Entwicklung den Gedanken nahe, den Kernreaktor mit Heliumgasturbinen zu koppeln [7.1 bis 7.5]. Das Prinzipschema einer derartigen Anlage, die im Rahmen eines umfangreichen, langjährigen Entwicklungsprojektes ausführlich untersucht wurde, ist in Abb. 7.4 wiedergegeben. Demnach wird das heiße Helium nach Aufheizung im Kernreaktor direkt auf die Gasturbine geleitet und dort entsprechend einem Druckverhältnis von 2,5 bis 3 entspannt. Das aus der Gasturbine abströmende Kreislaufgas wird nun im Rekuperator und weiterhin in einem Vorkühler abgekühlt. Das hinreichend abgekühlte Kreislaufmedium wird nach Passieren des Vorkühlers zu einer Verdichtergruppe geleitet. Gezeigt ist hier eine zweistufige Verdichtung mit Zwischenkühlung, um die Verdichtereintrittstemperatur so niedrig wie möglich zu halten und damit den Leistungsbedarf der Verdichtergruppe zu verringern. Nach Aufheizung des Gases im Rekuperator tritt das Helium wieder in den Reaktor ein. Der Prozeß ist in Abb. 7.5 im T-s-Diagramm erklärt.

Der Kreisprozeß ist bei Einführung gewisser Vereinfachungen relativ einfach zu behandeln. Mit Bezug auf Abb. 7.4, 7.5 gilt für die Reaktorleistung:

$$N_R = \dot{m}\,c_p\,(T_1 - T_8) \quad . \tag{7.8}$$

Die Turbinenleistung beträgt

$$N_T = \dot{m}\,c_p\,(T_1 - T_2) \quad , \tag{7.9}$$

während in den beiden Verdichtern eine mechanische Leistung

$$N_V = \dot{m}\,c_p\,[(T_5 - T_4) + (T_7 - T_6)] \tag{7.10}$$

zuzuführen ist. Die Bilanzierung des Rekuperators führt auf:

$$N_{Rek} = \dot{m}\,c_p\,(T_2 - T_3) = \dot{m}\,c_p\,(T_8 - T_7) \quad . \tag{7.11}$$

Im Rekuperator wird eine treibende Temperaturdifferenz

$$\Delta T = T_2 - T_8 = T_3 - T_7 \tag{7.12}$$

für die Wärmeübertragung vorgesehen. Die Größe ΔT ist über eine Kostenoptimierung zu bestimmen.

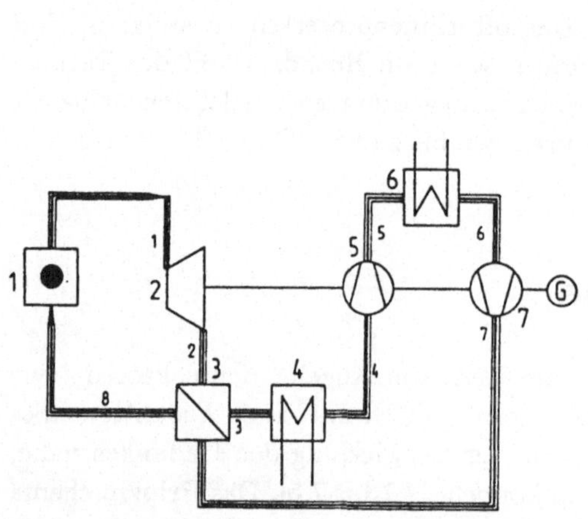

Abb. 7.4: Kreislaufschema eines Gasturbinenprozesses mit einem HTR als Wärmequelle: *1*. Kernreaktor, *2*. Gasturbine, *3*. Rekuperator, *4*. Vorkühler, *5*. Vorverdichter, *6*. Zwischenkühler, *7*. Endverdichter

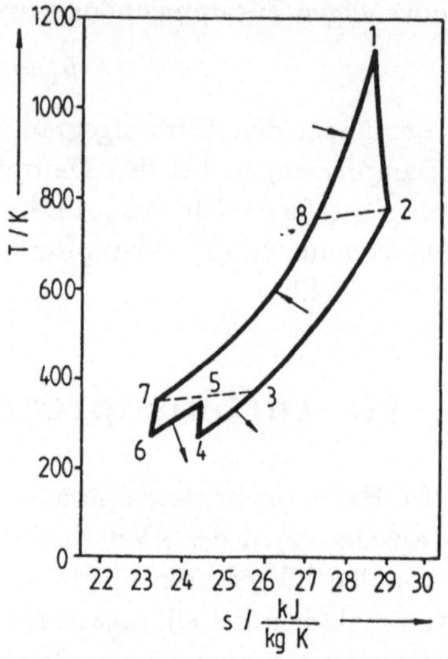

Abb. 7.5: T-s-Diagramm für den Gasturbinenprozeß

Die Expansion des Kreislaufgases in der Turbine erfolgt mit einem inneren Wirkungsgrad η_T und ergibt als Turbinenaustrittstemperatur

$$T_2 = T_1 \cdot \left[1 - \eta_T + \eta_T \left(\frac{p_1}{p_2} \right)^{\frac{\kappa-1}{\kappa}} \right] \quad , \tag{7.13}$$

wobei p_1 und p_2 die Drücke vor bzw. hinter der Turbine sind.

Analog kann die Kompression in den beiden Verdichterstufen mit

$$T_5 = T_4 \frac{1}{\eta_{V_1}} \left[1 - \eta_{V_1} + \left(\frac{p_5}{p_4} \right)^{\frac{\kappa-1}{\kappa}} \right] \quad , \tag{7.14}$$

$$T_7 = T_6 \frac{1}{\eta_{V_2}} \left[1 - \eta_{V_2} + \left(\frac{p_7}{p_6} \right)^{\frac{\kappa-1}{\kappa}} \right] \tag{7.15}$$

angesetzt werden. Bekanntlich wird der Kompressionsvorgang mit minimalem Energieaufwand durchgeführt, wenn der Mitteldruck ($p_5 = p_6$) zu

$$p_5 = \sqrt{p_1 \cdot p_2} \tag{7.16}$$

gewählt wird. Dabei sei $p_1 = p_8$, $p_2 = p_3 = p_4$, $p_7 = p_1$ angenommen, d. h. Druckverluste in den einzelnen Komponenten sowie in den Gasleitungen werden zunächst näherungsweise nicht berücksichtigt. In genaueren Rechnungen müssen die Druckverluste in allen Komponenten, insbesondere auch in Rohrleitungen im Detail berücksichtigt werden. Die elektrische Nettoleistung für die Gesamtanlage kann dann aus

$$N_{el} = (N_T - N_V) \cdot \eta_{mech} \cdot \eta_{Gen} \cdot \eta_{Abgabe} \qquad (7.17)$$

bestimmt werden, wenn die Größen η_{mech} (mechanischer Wirkungsgrad der Turbine), η_{gen} (Wirkungsgrad des Generators) berücksichtigt werden und η_{Abgabe} die Einbußen an elektrischer Energie durch den Eigenbedarf erfaßt. Der Nettowirkungsgrad beträgt insgesamt

$$\eta_{ges} = \frac{N_{el}}{N_R} \cdot \qquad (7.18)$$

Er liegt bei heute technisch offenbar realisierbaren Daten oberhalb von 40 %, wie Abb. 7.6 ausweist. Hier wurden das Druckverhältnis, die Turbineneintrittstemperatur sowie der Rekuperatorwirkungsgrad variiert. Auch die Kreislaufdruckverluste wurden mit in die Rechnung einbezogen.

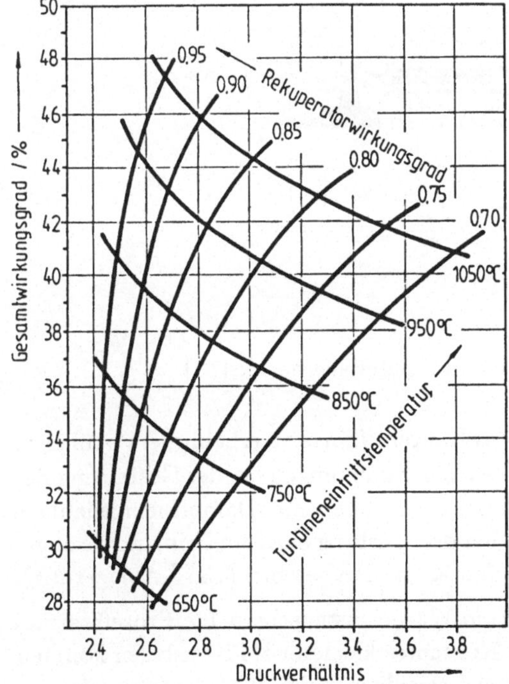

Abb. 7.6: Gesamtwirkungsgrad von Gasturbinenprozessen bei Variation von Turbineneintrittstemperatur, Druckverhältnis und Rekuperatorwirkungsgrad
(untere Prozeßtemperatur 20 °C, $\eta_T = 0{,}9$, $\eta_{Verd} = 0{,}9$, Summe der relativen Druckverluste = 10 %)

Zusätzlich zu erwarteten thermodynamischen Vorteilen wurden seit Anfang der Entwicklung der geringe Bauaufwand für die Gasturbine im Verhältnis zur Dampfturbine sowie der Fortfall einer Reihe von Komponenten des Wasserdampfkreislaufs als Vorteile ins Feld geführt. Außerdem bietet die in Abb. 7.5 wiedergegebene Schaltung die Möglichkeit, Fernwärme ohne Einbuße an elektrischer Energie abzugeben.

Aufbauend auf diesen grundsätzlichen Überlegungen wurden ausführliche Planungen durchgeführt, die zu einem Anlagenkonzept geführt haben, bei dem alle Primärkreiskomponenten in einem großen Spannbetonbehälter integriert waren. Abb. 7.7 zeigt als Ausschnitt aus einer derartigen Anlage den integrierten Turbosatz bestehend aus Gasturbine und Kompressor. Dem Turbosatz wird das heiße Helium (z. B. 850 °C) vom Reaktor aus zugeleitet, dann in einer achtstufigen Turbine entspannt (Endtemperatur rund 500 °C). Das entspannte, abgekühlte Gas wird von hier zum Rekuperator geführt. Vom Vorkühler wird kaltes Niederdruckgas zum 20stufigen Kompressor geführt und nach der Kompression zur Hochdruckseite des Rekuperators geleitet.

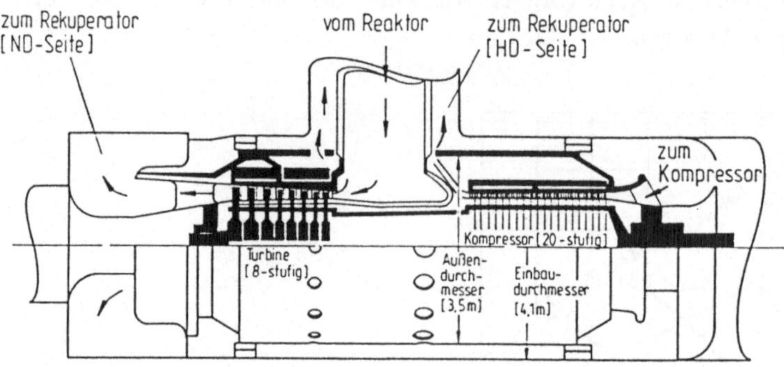

Abb. 7.7: Gasturbine und Kompressor bei einer Heliumturbinenanlage [7.1]

Die damalige Festlegung auf ein integriertes Konzept führte zu erheblichem baulichen Aufwand für das Gesamtsystem und starken Einschränkungen bei der Gestaltung der Komponenten. Als Folge waren erhöhte Kosten gegenüber einer Dampfturbinenanlage zu verzeichnen. Zudem wurden Probleme bei der Wartung einer im Primärkreis angeordneten Turbine wegen zu erwartender Kontamination gesehen (Cs^{137}-Ablagerung).

Durch die Entwicklung von Helium/Helium-Wärmeaustauschern für Prozeßwärmeanlagen sowie durch die Etablierung des Konzeptes kleinerer HTR-Anlagen könnten Gasturbinenanlagen mit Reaktoren als Wärmequelle in Zukunft Bedeutung erlangen (siehe Abb. 7.8). Insbesondere lassen sich Komponenten und Gasführungssysteme des Gasturbinenkreislaufs bei dieser nichtintegrierten Anordnung optimal auslegen, wodurch die bezogenen Druckverluste vergleichsweise gering gehalten werden können und der Wirkungsgrad erhöht werden kann. Nachteilig bei einer derartigen Schaltung ist, daß eine relativ hohe Reaktoreintrittstemperatur gewählt werden muß, es sei denn, daß dem Helium/Helium-Zwischenwärmeaustauscher ein Dampferzeuger nachgeschaltet wird.

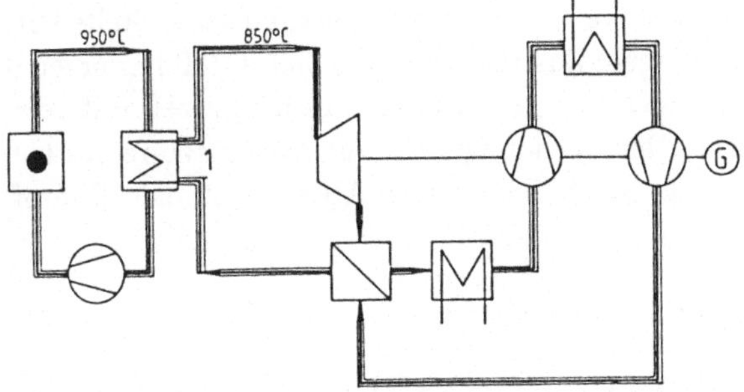

Abb. 7.8: Gasturbinenanlage mit Zwischenkreislauf:

1. He/He-Zwischenwärmeaustauscher

7.3 Kombiprozesse mit Gasturbinen und Dampfturbinen

Die zuletzt genannte Schwierigkeit kann bei Verwendung von kombinierten Prozessen vermieden werden (Abb. 7.9) [7.6 bis 7.10]. Kombinierte Gas-Dampfturbinenprozesse werden unter Verwendung unterschiedlicher Schaltungsprinzipien heute sehr erfolgreich in der konventionellen Kraftwerkstechnik eingesetzt.

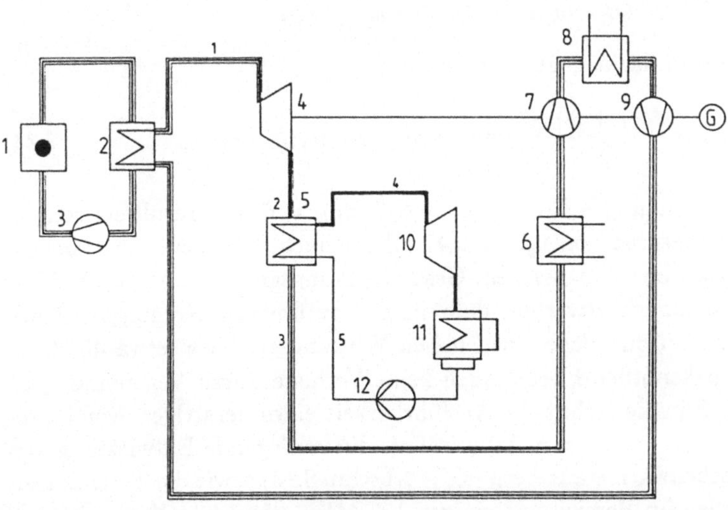

Abb. 7.9: Kombinierter Gasturbinen/Dampfturbinenprozeß:

1. Kernreaktor, *2.* He/He-Wärmetauscher, *3.* Primärkreisgebläse, *4.* Heliumturbine, *5.* Dampferzeuger, *6.* Vorkühler, *7.* Vorverdichter, *8.* Zwischenkühler, *9.* Endverdichter, *10.* Dampfturbine, *11.* Kondensator, *12.* Speisewasserpumpe

Bei dieser Schaltung entfällt der rekuperative Wärmeaustauscher, an seine Stelle tritt ein Dampferzeuger, in dem Dampf mit einem Zustand von etwa 350 °C/80 bar erzeugt werden kann. Mit diesem Dampf läßt sich noch ein Dampfturbinenprozeß mit relativ hohem Wirkungsgrad durchführen. Der Rechnungsgang zur Abschätzung des Gesamtwirkungsgrades des Kombiprozesses ist ähnlich dem in Abschn. 7.2. Die Dampferzeugerleistung beträgt:

$$\dot{Q}_{DE} = \dot{m}_{He}\, c_{p,He}(T_2 - T_3) = \dot{m}_D\,(h_4 - h_5) \quad . \tag{7.19}$$

Berücksichtigt man vereinfacht die Wärmeabfuhr im Vorkühler durch einen Wirkungsgrad η_{DE} bei der Dampferzeugung, so ergibt sich folgende Abschätzung für den Gesamtwirkungsgrad: Der Wirkungsgrad für die Gasturbinenanlage sei

$$\eta_{GT} = \frac{N_{GT}}{\dot{Q}_{zu}} \quad , \tag{7.20}$$

wobei $\dot{Q}_{zu}$ der Reaktorleistung entspricht.

Die vom Gasturbinenprozeß abgeführte Leistung beträgt

$$\dot{Q}_{GT}^{ab} = \dot{Q}_{zu} - N_{GT} = \dot{Q}_{zu}\,(1 - \eta_{GT}) \quad . \tag{7.21}$$

Im Dampfturbinenprozeß wird damit die Kesselleistung $\dot{Q}_{GT}^{ab} \cdot \eta_{DE}$ als zugeführte Wärme zu berücksichtigen sein. Für den Wirkungsgrad des Dampfturbinenprozesses gilt sinngemäß:

$$\eta_{DT} = \frac{N_{DT}}{\dot{Q}_{GT}^{ab} \cdot \eta_{DE}} = \frac{N_{DT}}{\dot{Q}_{zu}\,(1 - \eta_{GT}) \cdot \eta_{DE}} \quad . \tag{7.22}$$

Der Gesamtwirkungsgrad der Anlage kann nun zu

$$\eta_{ges} = \frac{N_{GT} + N_{DT}}{\dot{Q}_{zu}} = \eta_{GT} + \eta_{DT}\,(1 - \eta_{GT}) \cdot \eta_{DE} \tag{7.23}$$

ermittelt werden. Setzt man $\eta_{GT} = 0{,}3$, $\eta_{DT} = 0{,}3$, $\eta_{DE} = 0{,}8$ so resultiert rechnerisch ein Gesamtwirkungsgrad von $\eta_{ges} = 0{,}47$. Tatsächlich wird heute bei konventionellen Gas-Dampfturbinenprozessen ein Gesamtwirkungsgrad von 45 % bis 50 % erreicht. Man kann demnach erwarten, daß ein gut optimierter Kombiprozeß mit einer HTR-Anlage als Wärmequelle einen hohen Wirkungsgrad von etwa 45 % erreichen kann, da ja bekanntlich hierbei auch keine Verluste durch Verbrennung zu berücksichtigen sind. Für die technische Ausführbarkeit eines derartigen Kombiprozesses dürften, wie bereits in Abschn. 7.2 erwähnt, die vorliegende Entwicklung von Helium/Helium-Zwischenwärmetauschern (siehe Abschn. 8.13) sowie die Technik kleiner HTR-Wärmequellen im Bereich von einigen 100 MW_{th} eine gute Voraussetzung bieten. Die Abfuhr der Verlustwärme aus diesen Kreisprozessen kann vorteilhaft über Trockenkühltürme erfolgen, so daß diese Anlagen unabhängig von der Verfügbarkeit größerer Wassermengen realisiert werden können. Dieser Gesichtspunkt wird zunehmend bei der Standortwahl zukünftiger Anlagen wichtig werden.

8 Weiterentwicklungen des HTR zur Prozeßwärmebereitstellung

8.1 Überblick über Nieder- und Hochtemperaturprozesse

Der weltweite Energieverbrauch wird entsprechend den heutigen Erwartungen in den nächsten Jahrzehnten noch erheblich ansteigen, insbesondere aufgrund des außerordentlichen Nachholbedarfs der Entwicklungsländer. Langfristig wird wohl die Kernenergie einen wesentlichen Beitrag zur Deckung dieses Energiebedarfs leisten müssen. Bislang zielten die Bemühungen bei der Markteinführung der Kernenergie in Richtung der Erzeugung von elektrischer Energie. Bei einer genaueren Analyse des Energiebedarfs zeigt sich aber, daß ein großer Anteil der Energie als Wärme für Heizzwecke sowie als industrielle Prozeßwärme Verwendung findet. In Abb. 8.1 sind diese Verhältnisse für den deutschen Energiemarkt wiedergegeben. Es fällt auf, daß nur etwa ein Viertel der eingesetzten Sekundärenergie in Form von Licht oder Kraft Anwendung findet.

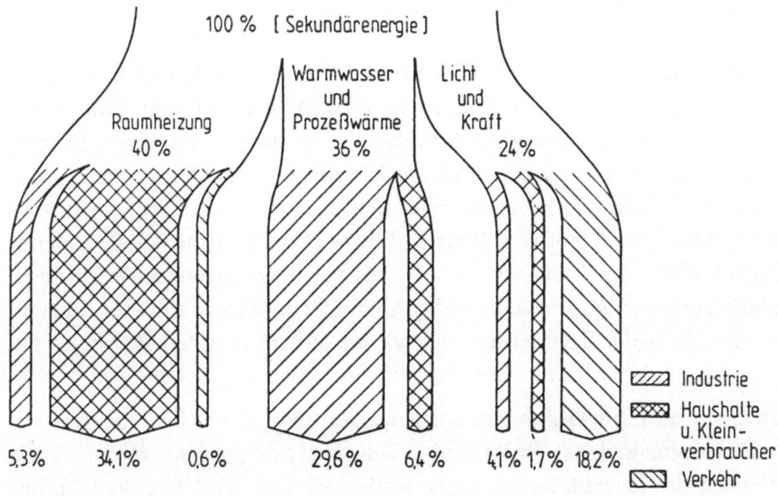

Abb. 8.1: Auffächerung des Endenergieverbrauchs auf Verbrauchsart und Sektoren in der Bundesrepublik Deutschland (Stand 1975)

Während im Sektor Haushalt und Kleinverbrauch die Wärme praktisch in jedem Anwendungsfall auf einem Temperaturniveau zwischen 50 und 100 °C benötigt wird, sind die Anforderungen der Industrie hinsichtlich des Temperaturniveaus der Wärme recht unterschiedlich. Dieser Sachverhalt ist in Abb. 8.2 verdeutlicht, in dem der Endenergiebedarf der Industrie über der Temperatur aufgetragen ist. Hier zeigen sich deutlich zwei Maxima hinsichtlich der benötigten Temperatur. Zum einen ist dies im Bereich um 100 bis 200 °C, zum anderen im Bereich 1 300 bis 1 400 °C der Fall. Diese heute übliche Strukturierung des Energiebedarfs in der BRD kann sich natürlich in Zukunft bei Einführung neuer Verfahren ändern.

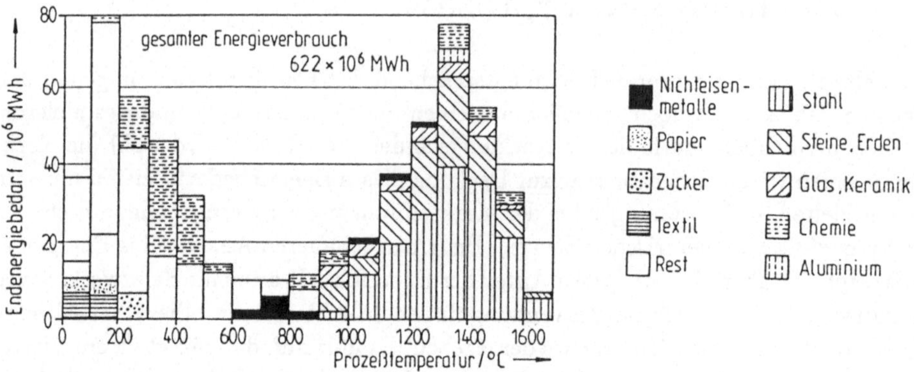

Abb. 8.2: Endenergiebedarf der Industrie in Abhängigkeit von der Prozeßtemperatur (Bundesrepublik Deutschland, 1975)

Ausgehend von diesen Überlegungen, die sich für andere vergleichbare Länder ähnlich darstellen, liegt es nahe, vor dem Hintergrund langfristig knapper und teurer werdender fossiler Rohstoffe nach geeigneten Verfahren zu suchen, die einen Einsatz von Kernenergie auf dem Wärmemarkt gestatten. Eine Reihe von Prozessen, die das hier gesteckte Ziel zu erreichen anstreben, werden heute unter dem Begriff "Nukleare Prozeßwärme" entwickelt. Im folgenden soll als Nukleare Prozeßwärme der Energieanteil aus einem Kernreaktor bezeichnet werden, der für wärmeverbrauchende Prozesse außerhalb der Elektrizitätserzeugung eingesetzt wird. Grundsätzlich bieten sich in Abhängigkeit von der Höhe der Temperatur des wärmeverbrauchenden Prozesses die in Abb. 8.3 ausgewiesenen Verfahren als interessant an.

Nukleare Prozeßwärme kann als ein neuartiger Energieträger, der neben die konventionellen fossilen Rohstoffe Erdgas, Erdöl und Kohle tritt, angesehen werden. Eine weitere Differenzierung der Begriffsbestimmung ergibt sich aus der Höhe der Temperatur, auf der die Wärme im Prozeßablauf bereitgestellt werden muß (Abb. 8.3). Es können Niedertemperatur-, Mitteltemperatur- und Hochtemperaturverfahren unterschieden werden.

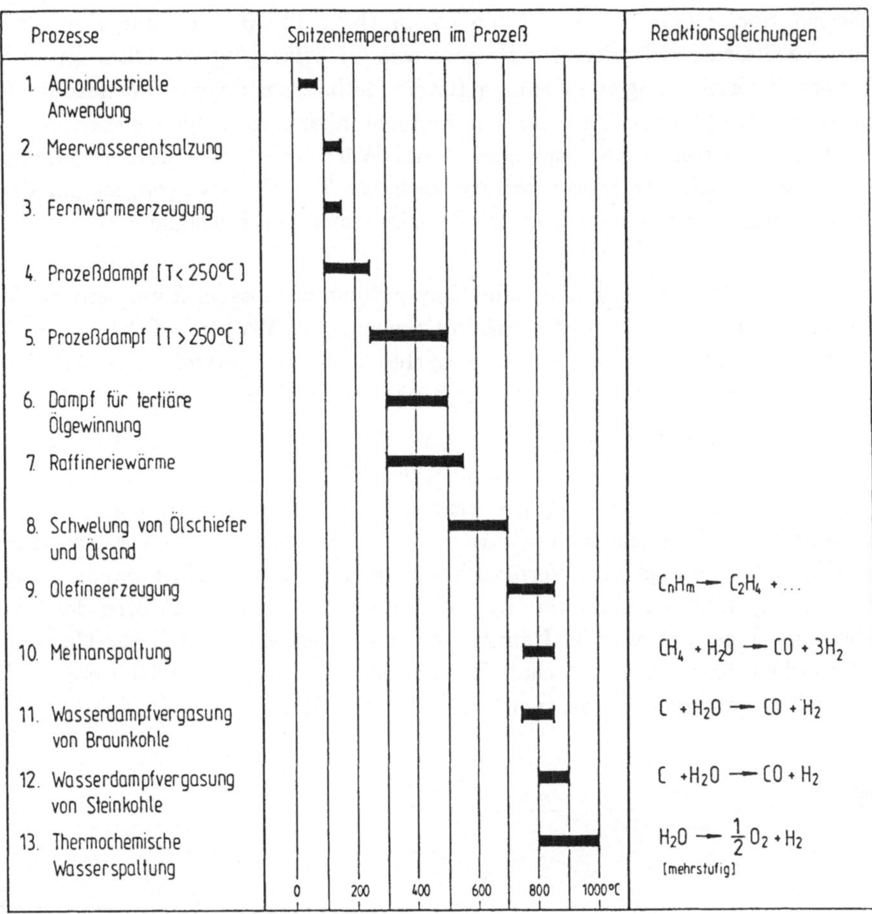

$$C_nH_m \longrightarrow C_2H_4 + \dots$$

$$CH_4 + H_2O \longrightarrow CO + 3H_2$$

$$C + H_2O \longrightarrow CO + H_2$$

$$C + H_2O \longrightarrow CO + H_2$$

$$H_2O \longrightarrow \tfrac{1}{2}O_2 + H_2 \quad \text{[mehrstufig]}$$

Abb. 8.3: Verfahren für den Einsatz von Nuklearer Prozeßwärme

- Als *Niedertemperaturprozesse* sollen agroindustrielle Anwendungen, Verfahren der Meerwasserentsalzung, Heizwärmeerzeugung und Niedertemperatur-Prozeßdampf-erzeugung (bis $T_D \approx 250\,°C$) bezeichnet werden. Diese Verfahren können z. B. auch mit einem Leichtwasserreaktor als Wärmequelle, der nur Prozeßtemperaturen von etwa 250 °C aus technologischen Gründen der Reaktorauslegung erlaubt, arbeiten.

- Alle Verfahren, die Temperaturen zwischen 250 °C und rund 500 °C erfordern, wie Raffineriedampferzeugung, Dampferzeugung für die tertiäre Ölgewinnung und Dampfbereitstellung für die Chemie (T > 250 °C) sollen als *Mitteltemperaturpro-zesse* klassifiziert werden. Die Energie für diese Prozesse kann aus einem dampfer-zeugenden Hochtemperaturreaktor geliefert werden.

• Der Begriff *Hochtemperaturprozeß* und entsprechend die Bezeichnung Hochtemperaturprozeßwärme soll gelten für Prozesse wie die Schwelung von Ölsanden und Ölschiefern, die Erzeugung von Olefinen, für die Methanspaltung mit Wasserdampf, für die Wasserdampfvergasung von Stein- und Braunkohle sowie für die thermochemische Wasserspaltung in Kreisprozessen. Als Wärmequelle für diese Verfahren, die durchweg Reaktionstemperaturen von mehr als 700 °C aufweisen, ist nur der Hochtemperaturreaktor als sogenannter Prozeßwärmereaktor geeignet.

Die letztgenannten Prozesse erlauben eine Umwandlung der fossilen Energierohstoffe unter Einsatz von nuklearer Prozeßwärme in Gase wie etwa Wasserstoff, Wasserstoff-Kohlenmonoxid-Mischungen, Methan oder leichte Kohlenwasserstoffe wie Äthylen oder Benzin. Abb. 8.4 gibt einen Einblick in denkbare Kombinationen.

Nukleare Wärme selbst kann jedoch auch ohne Verbrauch von fossilen Rohstoffen als Energieform genutzt werden, wenn sie über weite Entfernungen durch das später noch eingehender beschriebene nukleare Fernenergiesystem transportiert wird. Auch die thermochemische Wasserspaltung würde über die Nutzung von Wasserstoff eine nukleare Wärmeversorgung ohne Verbrauch von fossilen Rohstoffen darstellen. Die Produkte der angedeuteten Umwandlungsprozesse können in allen Sektoren des Energieverbrauchs eingesetzt werden. Damit eröffnet sich der Kernenergie die Chance, in allen Bereichen der Energiewirtschaft Eingang finden zu können [8.1 bis 8.3] und zum universell einsetzbaren Primärenergieträger zu werden.

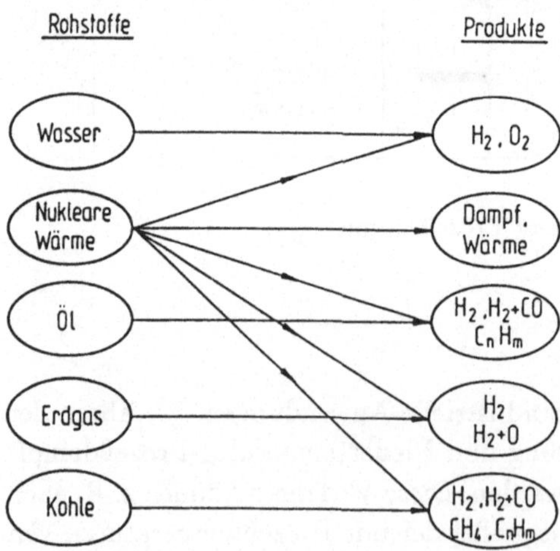

Abb. 8.4: Umwandlung von Primärenergieträgern in Sekundärenergieträger mit Hilfe von nuklearer Wärme

Für die Bereitstellung von Niedertemperaturprozeßwärme eignen sich Schaltungen zur Kraft-Wärme-Kopplung, die schon in Kap. 2 angedeutet wurden.

Wie in Tab. 8.1 nochmals verdeutlicht, kommt als Wärmequelle für Umwandlungsverfahren mit Temperaturen höher als 500 °C nur der Hochtemperaturreaktor infrage. Die im Kernreaktor erzeugte Wärme wird teils in einem Hochtemperaturwärmetauscher als Hochtemperaturprozeßwärme abgegeben, teils zur Dampferzeugung in einem nachgeschalteten Dampferzeuger ausgekoppelt. Während die Hochtemperaturprozeßwärme zur Durchführung eines endothermen Umwandlungsprozesses unter Einschluß des Energieaufwands für die Aufheizung der Reaktionspartner auf die Reaktionstemperatur dient, wird der erzeugte Dampf teils für die Durchführung des Prozesses selbst, teils für die Aufbereitung der Reaktionsprodukte und zur Erzeugung von elektrischer Energie verbraucht. Die elektrische Energie schließlich muß je nach Prozeß in beträchtlichem Ausmaß für den Eigenbedarf der Gesamtanlage bereitstehen. Mit der Erzeugung und Nutzung von Wärme aus Heliumkreisläufen mit Temperaturen von annähernd 1 000 °C ergeben sich spezielle Fragen, die sowohl den Kernreaktor als Wärmequelle als auch das Wärmetauschersystem betreffen. Der heutige Stand der Kenntnis und die technischen Vorstellungen für die Verwirklichung dieses Konzeptes sind in Abschn. 8.13 dargelegt.

Tab. 8.1:　　Übersicht über das Temperaturpotential verschiedener Kernreaktortypen

Reaktortyp	maximale Kühlmitteltemp. (°C)	maximale Temp. im Sekundärkreislauf (°C)	Gründe für die Temperaturbegrenzung
Siedewasserreaktor	285	(285)	Brennelementauslegung
Druckwasserreaktor	320	270	Dampfdruckkurve des Wassers
schneller Natriumgekühlter Reaktor	550	500	Korrosion im Natrium, Brennelementauslegung
Hochtemperatur - Reaktor	750 ... 950	530 ... 900	Wärmeaustauscherauslegung

8.2 Kraft-Wärme-Kopplung zur Abgabe von Niedertemperaturprozeßwärme

Die Bereitstellung von elektrischer Energie und von Prozeßwärme auf vergleichsweise niedrigem Temperaturniveau kann mit Hilfe von Dampfturbinen- oder von Gasturbinenschaltungen erfolgen. Das Grundprinzip der Verwendung von Dampfturbinen wurde bereits in Kapitel 2 erläutert. Bei der einfachsten Schaltung, der sog. Gegendruckanlage (siehe Abb. 8.5, 8.6) besteht eine starre Kopplung zwischen der Produktionsmenge an elektrischer Energie und von Wärme, jedoch wird auch der höchste Energienutzungsgrad erreicht, da keine Energie durch Kondensation auf niedrigem Temperaturniveau verloren geht.

Die für die Anwendung wichtige Strom-Wärme-Kennziffer σ errechnet sich aus der einfachen Beziehung

$$\sigma = \frac{N_{el}}{\dot{Q}_W} = \frac{h_1 - h_2}{h_2 - h_3} \tag{8.1}$$

und ist im wesentlichen vom Gegendruck p_2, d. h. von der Höhe des Temperaturniveaus der Nutzwärme (T_2) abhängig. In Tab. 8.2 sind einige Werte von σ als Funktion von p_2 wiedergegeben.

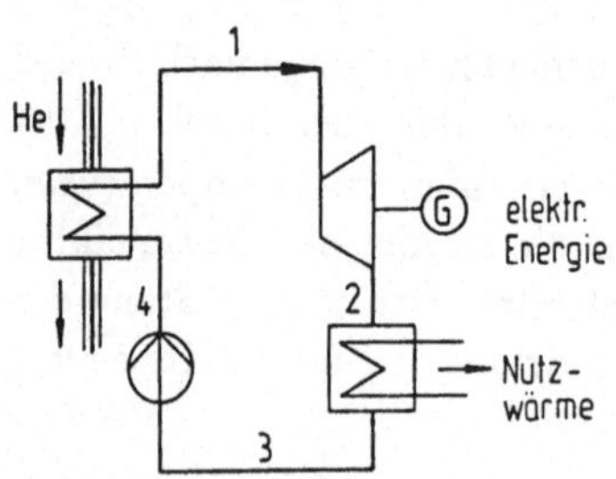

Abb. 8.5: Prinzipschaltung für eine Gegendruckanlage

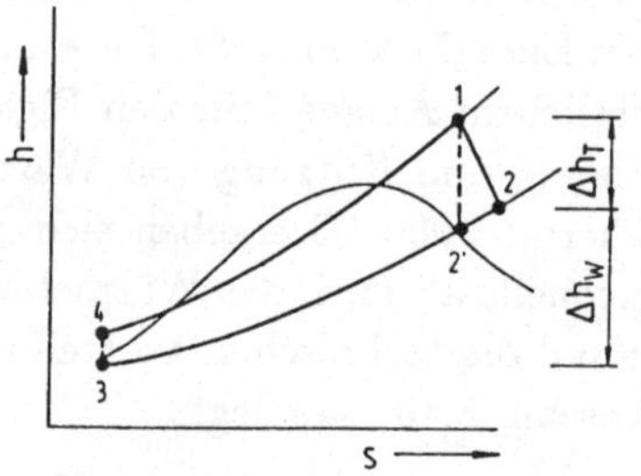

Abb. 8.6: Qualitatives $h-s$-Diagramm für einen Gegendruckprozeß

Tab. 8.2:   Strom-Wärme-Kennziffer für eine Gegendruckschaltung (T_1 = 530 °C, p_1 = 180 bar, η_i = 0,85, T_3 = 100 °C) bei variablem Gegendruck p_2

p_2 (bar)	1	5	10	20
σ (kWh$_{el}$/kWh$_{th}$)	0,45	0,31	0,27	0,2

Wird Flexibilität in der Aufteilung von Strom und Wärme gefordert, wie es bei den meisten praktischen Anwendungen der Fall ist, so finden Entnahmeschaltungen Anwendung. Üblich sind derartige Prozesse sowohl in Form von Entnahme-Kondensationsschaltungen als auch von Entnahme-Gegendruckverfahren. Hier sei das Entnahme-Kondensationsschema kurz bilanziert. Flexibilität wird bei der Schaltung entsprechend Abb. 8.7 durch Einstellung eines variablen Massenstroms durch den Nutzwärmetauscher erreicht. Die Bilanzierung kann anhand des Schaltschemas und des h-s-Diagramms in Abb. 8.8 erfolgen.

Für die Dampferzeugung gilt:

$$\dot{Q}_{DE} = \dot{m} \cdot (h_1 - h_6) \quad . \tag{8.2}$$

Die Turbinenleistung kann aus der Beziehung

$$N_T = \dot{m} \cdot (h_1 - h_2) + (\dot{m} - \dot{m}^*) \cdot (h_2 - h_3) \tag{8.3}$$

ermittelt werden, während die Nutzwärmeleistung aus

$$\dot{Q}_W = \dot{m}^* \cdot (h_2 - h_5) \tag{8.4}$$

folgt. Unter Benutzung eines inneren Wirkungsgrades

$$\eta_i = \frac{h_1 - h_3}{h_1 - h_3'} \tag{8.5}$$

für die Turbine gewinnt man für die Strom-Wärmekennziffer σ:

$$\sigma = \frac{N_{el}}{\dot{Q}_W} = \eta_{mech} \cdot \eta_{gen} \cdot \frac{(h_1 - h_2) + (1 - \frac{\dot{m}^*}{\dot{m}})(h_2 - h_3)}{\frac{\dot{m}^*}{\dot{m}}(h_2 - h_5)} \quad . \tag{8.6}$$

Die Wiedereintrittstemperatur in den Dampferzeuger berechnet sich zu:

$$h_6 = c_p \cdot T_6 = \frac{\dot{m}^*}{\dot{m}} h_5 + (1 - \frac{\dot{m}^*}{\dot{m}})h_4 \tag{8.7}$$

und wird damit wesentlich durch das Entnahmeverhältnis $\dot{m}^*/\dot{m}$ bestimmt.

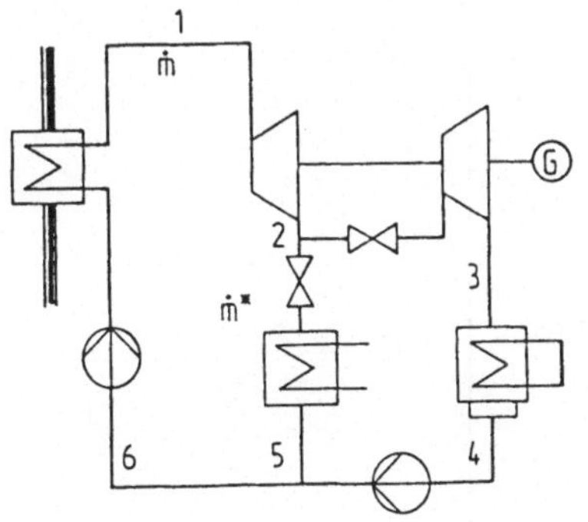

Abb. 8.7: Entnahme-Kondensationsschal-
tung zur Wärmeauskopplung

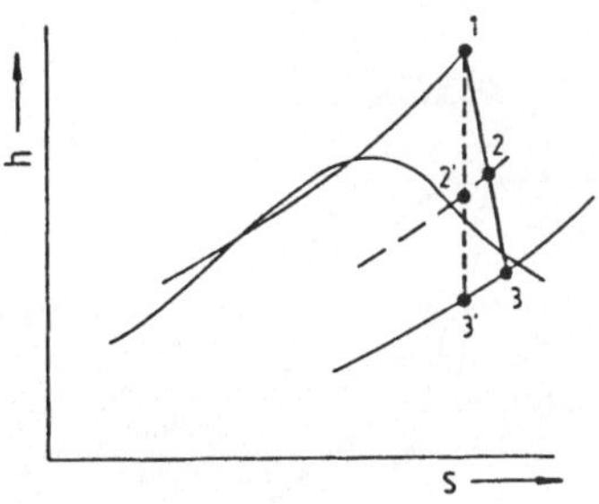

Abb. 8.8: h-s-Diagramm zur Behandlung
einer Entnahmekondensationsschaltung

Ergebnisse einer detaillierten Rechnung für ein praktisch ausgeführtes Schema einer derartigen Anlage zur Abgabe von Fernwärme können aus Abb. 8.9 bzw. Abb. 8.10 ersehen werden. In Abhängigkeit von der Austrittstemperatur des Sekundärwassers sowie vom Frischdampfzustand können Strom-Wärme-Kennziffern bis zu 0,5 kWh_{el}/kWh_{th} erreicht werden. Damit ist eine sehr gute Energieausnutzung der eingesetzten Primärenergie erreichbar. Bei Bereitstellung von Prozeßdampf für die im folgenden näher erläuterten Anwendungsfälle muß die Wärmeentnahme bei teils erheblich höheren Temperaturen erfolgen, dementsprechend wird die Strom-Wärme-Kennziffer stark reduziert sein. In diesen Fällen erfolgt die Entnahme von Beheizungsdampf aus der Hochdruckstufe des Turbosatzes. Die Abgabe an den Prozeß erfordert zumeist die Einschaltung eines Dampfumformers.

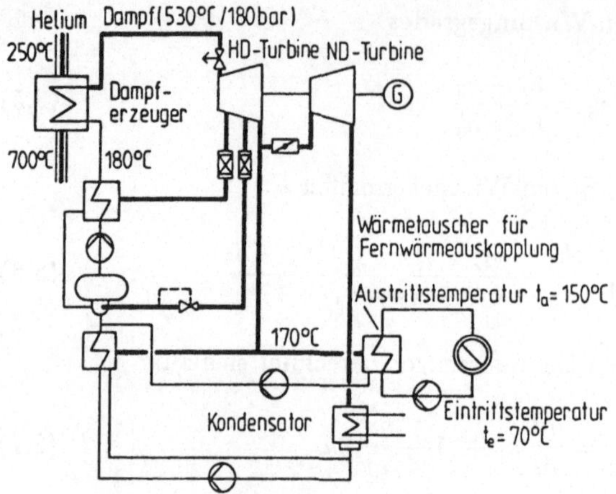

Abb. 8.9: Gegendruck-Entnahme-Schaltung zur Abgabe von Fernwärme

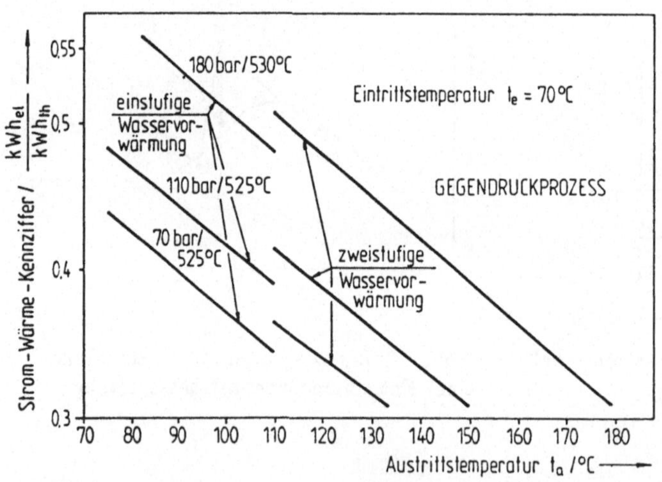

Abb. 8.10: Strom-Wärme-Kennziffer bei einer Gegendruck-Entnahme-Schaltung entsprechend Abb. 8.9, Variation des Frischdampfzustandes und der Austrittstemperatur

Während bei Dampfturbinenschaltungen die Abgabe von Wärme je nach Temperaturniveau der abgegebenen Wärme immer mit Einbußen bei der Erzeugung der elektrischen Energie erkauft werden muß, ist bei Gasturbinenschaltungen eine Abgabe von Wärme auf niedrigem Temperaturniveau (z. B. bis 100 °C) ohne Beeinträchtigung der Stromausbeute möglich.

Abb. 8.11 zeigt ein entsprechendes Schema, Abb. 8.12 das zugehörige h-s-Diagramm. Demnach kann die Wärme hinter dem ersten Kompressor sowie hinter dem Rekuperator ausgekoppelt werden. Vorteilhaft wäre hier besonders die Einspeisung von Wärme in ein Fernwärmeversorgungssystem.

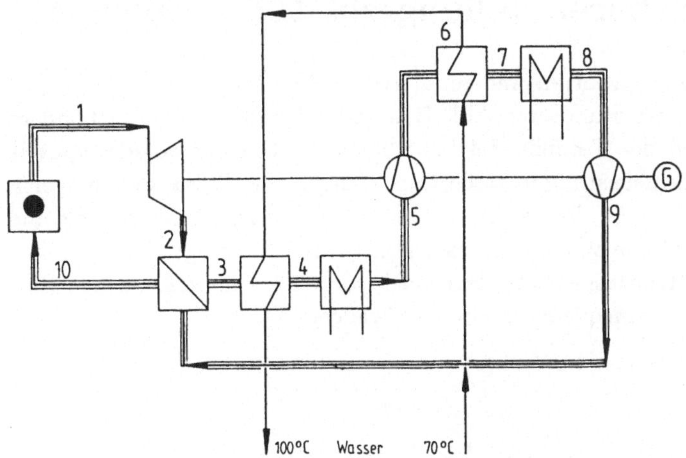

Abb. 8.11: Kreislaufschema einer Gasturbinenanlage mit HTR zur Abgabe von Fernwärme

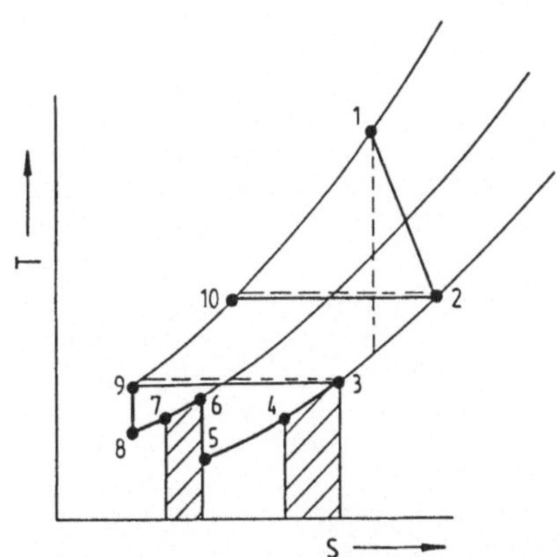

Abb. 8.12: $T - s$-Diagramm für das Kreislaufschema in Abb. 8.11

Für die Strom-Wärmekennziffer kann in diesem Fall

$$\sigma = \frac{N_{el}}{\dot{Q}_W} = \frac{(h_1 - h_2) - [(h_6 - h_5) + (h_9 - h_8)]}{(h_3 - h_4) + (h_6 - h_7)} \qquad (8.8)$$

angesetzt werden. Bei einem Wirkungsgrad der Anlage zur Erzeugung von elektrischer Energie von rund 40 % ist damit zusätzlich eine Gewinnung von Nutzwärme von etwa 20 % erreichbar. Besonders günstig gestalten sich im Hinblick auf die

Gesamtenergienutzung auch Kombiverfahren zur Stromerzeugung (Gasturbinen-Dampfturbinenprozesse), da auch hier noch zusätzlich Wärme, z. B. Fernwärme, entzogen werden kann.

8.3 Fernwärmebereitstellung aus HTR-Anlagen

Die Versorgung von Ballungszentren und industriellen Abnehmern mit Fernwärme (Abb. 8.13) ist heute in der Bundesrepublik Deutschland und in anderen Ländern noch weitergehend Stand der Technik [8.4 bis 8.6]. So sind in der Bundesrepublik rund 35.000 MW Fernwärmeleistung installiert, die Tendenz des Zubaus ist steigend. Das Schema in Abb. 8.14 gibt die verschiedenen Kreisläufe zur Auskopplung und zum Transport der Fernwärme zu den Verbrauchern wieder. Ein eingeschalteter Zwischenkreislauf, der mit Heißwasser betrieben wird, sorgt für eine vollständige Entkopplung der nuklearen Wärmequelle und des Verbrauchernetzes.

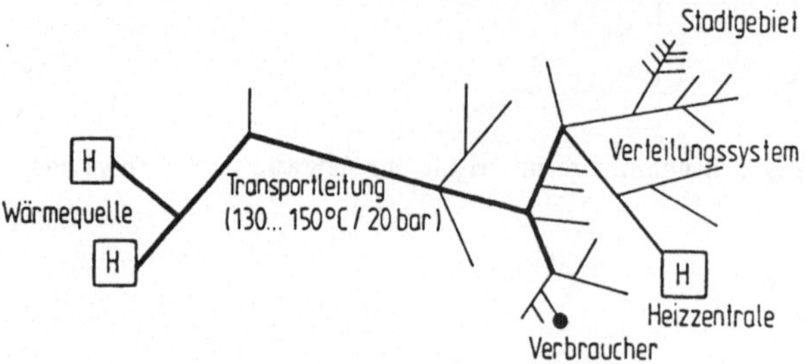

Abb. 8.13: Prinzip der Fernwärmeversorgung

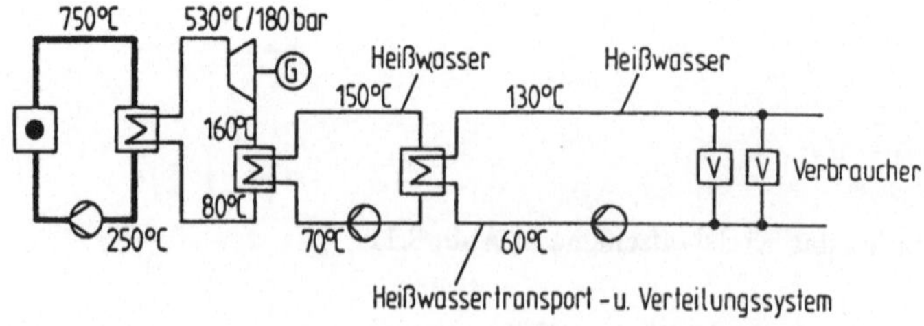

Abb. 8.14: Kreislaufsystem zur Bereitstellung von Fernwärme aus einer HTR-Anlage

Die Abgabe von Fernwärme ist bei Verwendung von Dampfturbinenschaltungen aus Gegendruckschaltungen, aus Entnahme-Kondensationsanlagen und aus Entnahme-Gegendruckanlagen möglich. Besonders bei hohen Frischdampftemperaturen, wie sie bei Einsatz der HTR-Technik realisiert werden, sind hohe Werte der sog. Strom-Wärme-Kennziffer erreichbar. So kann z. B. eine 200 MW_{th}-Anlage eine elektrische Leistung von rund 60 MW sowie eine Fernwärmeleistung von etwa 100 MW (Temperatur max. 140 °C) abgeben. Insbesondere für die Bereitstellung von Heizwärme sind allerdings die niedrigen Auslastungen, meist weniger als 2 000 Volllaststunden/a, hinderlich. Günstigere Anschlußbedingungen bieten hier industrielle Verbraucher, bei denen im allgemeinen mindestens 4 000 Vollaststunden/a für die Auslegung vorausgesetzt werden können. Günstig wird es auch sein, die Spitzenleistung in der geordneten Jahresdauerlinie durch Bereitstellung von Wärme aus fossil betriebenen Kesseln zu erbringen, die Grundlast dagegen mit Hilfe von Wärme aus nuklearen Anlagen zu bedienen (siehe Abb. 8.15).

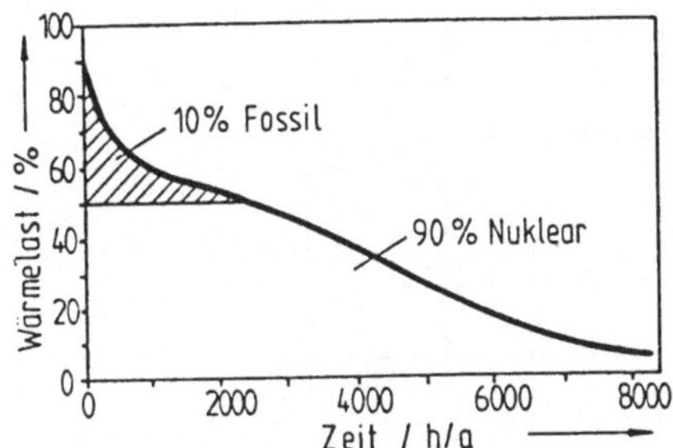

Abb. 8.15: Geordnete Jahresdauerlinie in einem Fernwärmesystem, Einsatz von Nuklearenergie in der Grundlast, Abdeckung der Spitze durch fossile Energie

Die hier geschilderte Form der Nutzung von nuklearer Wärme auf dem Wärmemarkt wird heute als konkurrenzfähig im Vergleich zur Bereitstellung von Wärme aus steinkohlegefeuerten Anlagen angesehen, wenn Anlagengrößen von 200 MW_{th} vorausgesetzt werden. Besonders attraktiv vom energetischen Standpunkt wird die Einführung der nuklearen Fernwärme bei Verwendung von Heliumturbinen in Kombination mit Kernreaktoren, da hier die Abgabe von Fernwärme ohne Einbuße an elektrischer Energie erfolgen kann. Voraussetzung für die Verwendung von Fernwärme in Ballungszentren ist es, die Anlagen in direkter Nähe zu Bevölkerungsansammlungen anzuordnen, um die Transportkosten niedrig zu halten. Besondere inhärente Sicherheitsmerkmale werden speziell für diesen Anwendungsfall unverzichtbar sein.

8.4   Meerwasserentsalzung

Bei der Bereitstellung von Wärme für die Herstellung von Süßwasser aus Salzwasser [8.7 bis 8.9], die für viele aride Gebiete weltweit in Zukunft große Bedeutung haben wird, kommt heute meist die Technik der Mehrfachentspannung-Verdampfungsverfahren zum Einsatz. Der Salzgehalt des Meerwassers, der im Mittel rund 35 g/l beträgt, muß im Verfahrensablauf auf einen Wert von etwa 500 mg/l reduziert werden. Hierzu ist ein hoher Energieaufwand erforderlich. Es sollte übrigens in diesem Zusammenhang darauf hingewiesen werden, daß in der UdSSR seit vielen Jahren ein Kernreaktor in Verbindung mit einer Entsalzungsanlage betrieben wird. Ein vereinfachtes Verfahrensbild einer Mehrfachentspannung-Verdampfungsanlage ist in Abb. 8.16 wiedergegeben.

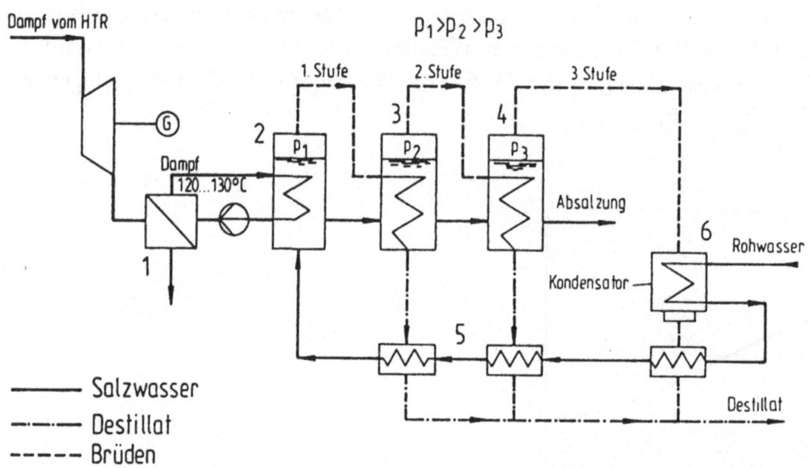

Abb. 8.16: Verfahrensschema einer Mehrfachentspannung-Verdampfungsanlage:
1. Dampfumformer, *2., 3., 4.* Stufen des Entspannungsverdampfers, *5.* Rohwasservorwärmer, *6.* Kondensator

Demnach wird etwa über einen Dampfumformer *1.* mit Hilfe eines Dampfzwischenkreislaufs Dampf von rund 120 °C zur Aufheizung von vorgewärmtem Meerwasser in einem Erhitzer *2.* eingesetzt. Diese Erwärmung erfolgt bis dicht unterhalb des Siedepunktes. In einer nachfolgenden Entspannungsverdampferstufe wird durch Druckabsenkung ein Teil dieses Heißwassers stoßartig verdampft. Der entstandene Brüdendampf ist praktisch salzfrei. Er wird aus der 1. Stufe abgezogen und dient in der 2. Stufe *3.* zur Erwärmung der Flüssigkeit bei reduziertem Druck. Wenn in nachfolgenden Stufen beständig der Druck um einen geringen Betrag erniedrigt wird, kann der gleiche Effekt in vielen Stufen hintereinander wiederholt werden. Bis zu 40 Stufen werden heute in großtechnischen Anlagen verwendet. Der Energiebedarf für die Süßwasserproduktion kann so erheblich gegenüber einer Anlage mit wenigen Stufen reduziert werden, wie Abb. 8.17 zeigt.

Bei Anlagen mit 35 Stufen, 2 °C Temperaturdifferenz und Einsatz von Heizdampf mit 2,5 bar ergibt sich so beispielsweise ein spezifischer Energieverbrauch von 40 kWh_{th}/m^3 Süßwasser. Dies bedeutet, daß ein HTR mit einer thermischen Leistung von 200 MW in Gegendruckschaltung die Erzeugung von 45 MW_{el} (netto) und 1 m^3/s Süßwasser gestattet. Der in Abb. 8.16 zwischen Dampfkreislauf und Entsalzungsanlage angedeutete Dampfumformer sorgt dafür, daß keinerlei Kontaminationsprobleme für das Produkt zu erwarten sind. Im Vergleich zum Einsatz von Öl als Wärmequelle für die hier geschilderte Prozeßführung wird bereits heute unter den vorliegenden Bedingungen ein Kostenvorteil beim Einsatz von Nuklearenergie zu erwarten sein. Da die nuklearen Anlagen bereits in vergleichsweise kleinen Leistungsgrößen wirtschaftlich baubar und betreibbar sind, dürfte diese Technik der kombinierten Wasser- und Stromerzeugung insbesondere für Entwicklungsländer interessant sein.

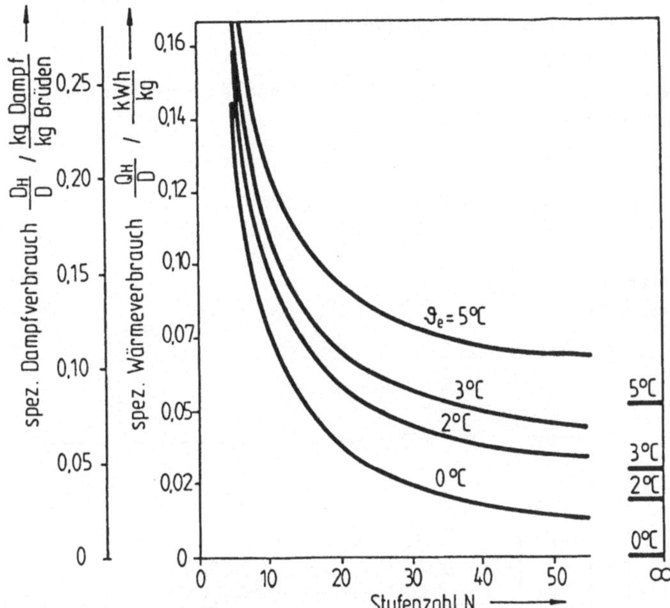

Abb. 8.17: Spezifischer Wärmeverbrauch bei der Meerwasserentsalzung in Abhängigkeit von der Stufenzahl (Temperaturdifferenz als Parameter, Heizdampfdruck: 2,5 bar)

8.5 Prozeßdampf für Chemieanlagen und Raffinerien

In Chemiebetrieben sowie in Raffinerien besteht ein großer Bedarf an Prozeßdampf [8.10 bis 8.12], der auf verschiedenen Temperaturniveaus bereitgestellt werden muß, wie Tab. 8.3 für einige wichtige Produkte ausweist. Dampf wird etwa zur Beheizung von Reaktionsapparaten, als Rohstoff für Umsetzungen oder zum Antrieb von Kompressoranlagen eingesetzt.

Durch Kraft-Wärme-Kopplung kann mit Hilfe von HTR-Anlagen elektrische Energie und Dampf mit verschiedenen Dampfzuständen für die gewünschten Anwendungen bereitgestellt werden. Zur Vermeidung von Produktkontamination werden im allgemeinen Dampfumformeranlagen zur Auskopplung der Wärme eingesetzt. Auch bei diesen Anwendungen des HTR ist ein äußerst hoher Sicherheitsstand der nuklearen Anlage wegen der zu fordernden exponierten Standorte notwendig. Dieser wird speziell bei den HTR-Anlagen mit kleiner Leistung gegeben sein. Reservehaltung wird durch modularen Aufbau der Gesamtleistung erreicht. Auch im Hinblick auf die Anpassung der Leistung an die Dampfmengen, die in Großbetrieben gefordert sind, stellen nukleare Anlagen im Leistungsbereich von einigen 100 MW (thermisch) vernünftige Lösungen dar. Die heute geforderten Dampfqualitäten können aus Abb. 8.18a abgelesen werden, in der der Dampfbedarf aufgeschlüsselt nach dem Temperaturniveau für einen großen deutschen Chemiebetrieb wiedergegeben ist.

Tab. 8.3:   Prozeßtemperaturen und spezifische Dampfverbräuche für einige Produkte der chemischen Industrie

Produkt	Prozeßtemperatur ($°C$)	spezifischer Dampfverbrauch ($t_{Dampf}/t_{Produkt}$)
Vinylacetat	170	3
Polystyrol	95	8
Polyvinylchlorid	max. 180	4
Polyäthylene	max. 170	4,5
Isopropanol	150	6

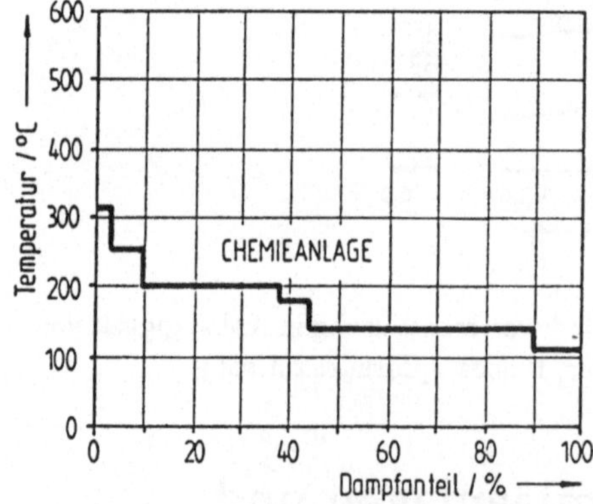

Abb. 8.18a: Korrelation Dampfmengenanteil oberhalb einer bestimmten Temperatur für Chemieanlagen

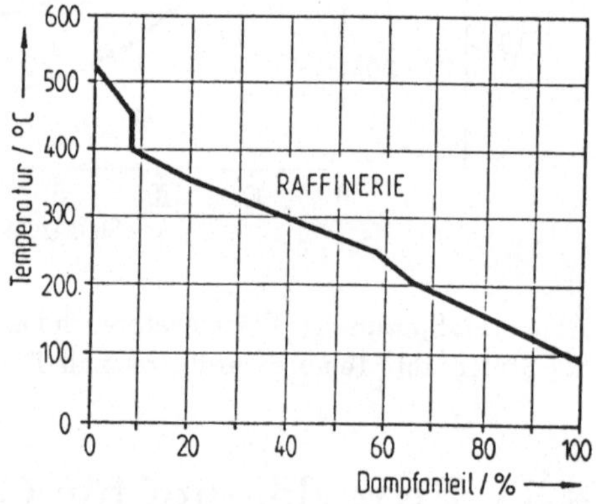

Abb. 8.18b: Korrelation Dampfmengenanteil oberhalb einer bestimmten Temperatur für Raffinerien

Demnach sind im allgemeinen nur relativ geringe Dampfmengen oberhalb einer Temperatur von z. B. 200 °C in Chemieanlagen bereitzustellen. Weitere Fragen der Kopplung zwischen nuklearer Wärmequelle und Prozeß könnten sich durch den Übertritt von radioaktiven Stoffen im Normalbetrieb oder im Störfall ergeben. Hier ist insbesondere das Isotop Tritium als β-Strahler mit einer Halbwertzeit von rund 10 Jahren von Bedeutung. Durch Einschaltung von Dampfumformern wird dieses Problem vollständig gelöst. Große Chemiekombinate, wie sie an mehreren Standorten in der

Bundesrepublik existieren, könnten mit der Leistung mehrerer Modulreaktoren oder HTR-Industriereaktoren versorgt werden. Die wirtschaftliche Einsatzfähigkeit derartiger Anlagen zur Darbietung von elektrischer Energie und von Dampf ist heute im Vergleich zu öl- und kohlegefeuerten Anlagen gegeben. Heute sind bereits an mehreren Stellen weltweit nukleare Anlagen im Einsatz, um zur Dampfversorgung von Chemiebetrieben beizutragen.

Attraktiv dürfte auch in Zukunft der Einsatz von nuklearer Wärme zur Deckung des Eigenbedarfs von Raffinerien sein. Der Eigenbedarf moderner Raffinerieanlagen liegt heute je nach Verarbeitungstiefe bei 7 bis 10 % des Rohöldurchsatzes. Bezogen auf eine übliche Größe einer Raffinerie mit 5 Mio Tonnen/a Durchsatz bedeutet dies einen Leistungsbedarf von 500 bis 700 MW_{th} bei üblichen Anlagenauslastungszeiten von 8 000 h/a. Benötigt wird die Wärme auf Temperaturniveaus, die aus Abb. 8.18b hervorgehen. Auch hier wird der Dampfmengenanteil, der oberhalb einer bestimmten Temperatur bereitzustellen ist, ausgewiesen. So liest man direkt ab, daß 50 % der Wärme mit Temperaturen höher als 280 °C verwendet werden. Dampf kann etwa zur Beheizung von Röhrenerhitzern, für Destillationsanlagen, für Kompressorantriebe, sowie zum Warmhalten von Öltanks und Leitungssystemen eingesetzt werden. Dampfnetze in Raffinerien weisen heute unterschiedliche Dampfparameter auf (z. B. 3,5 bar, 18 bar, 35 bar, 120 bar). In diese Netze kann Dampf z. B. aus Gegendruck-Entnahmeanlagen eingespeist werden. Zusätzlich zum Dampfbedarf weisen die meisten Raffinerieprozesse einen erheblichen Wärmebedarf auf. Im allgemeinen wird eine Ölfraktion im Ablauf der verschiedenen Prozeßschritte in einem Röhrenofen auf Temperaturen bis maximal 550 °C aufgeheizt. Beispiele für derartige Verfahrensschritte sind mit Angabe typischer Prozeßbedingungen und Verbrauchszahlen in Tab. 8.4 aufgeführt. Als ein Beispiel für derartige Verfahrensweisen möge die atmosphärische Destillation dienen (Abb. 8.19), bei der der gesamte Rohölstrom auf bis zu 400 °C aufgeheizt wird. Bei Kopplung mit einem Kernreaktor kann diese Wärme über einen Heliumzwischenkreislauf, mit Hilfe von Dampf, Wärmeträgeröl oder Hochtemperatursalz eingebracht werden.

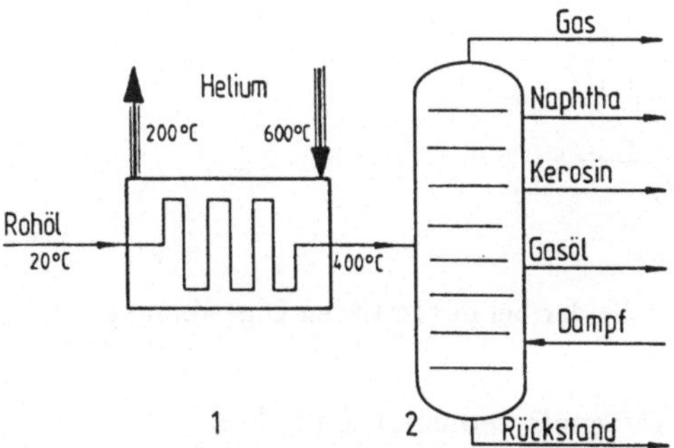

Abb. 8.19: Prinzip der Wärmeeinkopplung bei der atmosphärischen Destillation: *1.* Ölerhitzer, *2.* Destillationskolonne

Weltweit werden heute rund $4 \cdot 10^9$ t Öl/a in Raffinerien durchgesetzt, woraus sich ein großes zukünftiges Potential für einen langfristigen Einsatz von Nuklearenergie ablesen läßt.

Tab. 8.4:   Energieverbrauch von Raffinerieprozessen

Verfahren	Prozeß-temp. (° C)	Energiebedarf (MJ/m³ Öl)	Dampfbedarf (kg/m³ Öl)	Bedarf an el. Energie (KWh/m³ Öl)
Athmosphärische Destillation	350	650	80	5
Vakuum-destillation	350	500	100	3
Thermisches Cracken	550	4000	20	20
Reforming	550	2000	60	20

8.6   Prozeßdampf für die tertiäre Ölgewinnung

Es besteht weltweit großes Interesse daran, einen möglichst hohen Entölungsgrad der erschlossenen Öllagerstätten zu erreichen. Auch Schweröle und Schwerstöle müssen in den nächsten Jahrzehnten für die Förderung genutzt werden. Beim sogenannten Dampfflutverfahren [8.13 bis 8.16] wird Heißdampf (z. B. 320 °C, 120 bar) in die Lagerstätten durch Injektionsbohrungen eingepreßt (siehe Abb. 8.20).

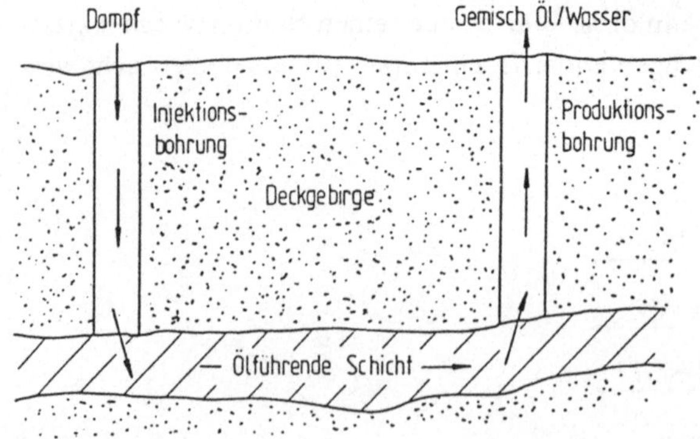

Abb. 8.20: Schema der Injektion von Dampf in Ölfelder bei der tertiären Ölgewinnung

Hierdurch wird die Viskosität des Lagerstättenöls reduziert und dessen Mobilität beträchtlich erhöht. Auch der Druck in der Lagerstätte wird vergrößert und damit eine Förderung des Öls durch Produktionsbohrungen ermöglicht. Für die Förderung von 1 t Öl müssen so heute bereits an vielen Stellen in der Welt Dampfmengen von bis zu 5 t eingesetzt werden. Diese Dampfmengen werden heute noch durch Verbrennung von bis zu 40 % des gewonnenen Ölproduktes bereitgestellt. Hier bietet sich unter dem Gesichtspunkt der Resourcenschonung und des Umweltschutzes (Vermeidung von SO_2-, NO_x- und CO_2-Emission) aber auch im Interesse einer langfristig günstigen Wirtschaftlichkeit des Verfahrens der Einsatz von nuklearer Wärme an.

Besonders gut geeignet für die Erzeugung des Dampfes der hier gewünschten Qualität sind offensichtlich HTR-Anlagen kleiner Leistung. In den Abb. 8.21 und 8.22 ist das Grundprinzip dieser Verfahrensweise kurz erläutert. Insbesondere HTR-Anlagen mit Leistungen um 200 MW dürften hier gut einsetzbar sein, ihre jährliche Dampfproduktion entspricht einer Ölförderung von etwa 400 000 t pro Jahr. Rechnet man mit einer zusätzlichen Entölung durch das hier geschilderte tertiäre Ölförderungsverfahren von rund 20 % (bezogen auf den ursprünglichen Ölinhalt des Feldes), so muß bei 20jähriger Laufzeit eines derartigen Förderprojektes das Feld einen Ölinhalt von etwa 50 Millionen Tonnen aufweisen. Diese Bedingung ist bei sehr vielen bekannten Ölvorkommen erfüllt.

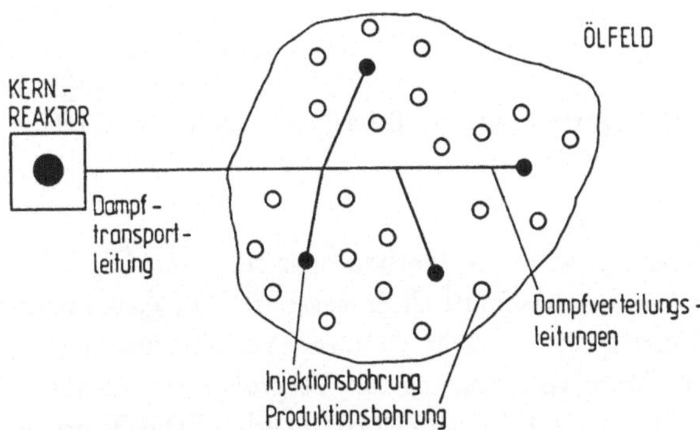

Abb. 8.21: Schema der Kombination eines HTR-Dampferzeugers mit einem Ölfeld

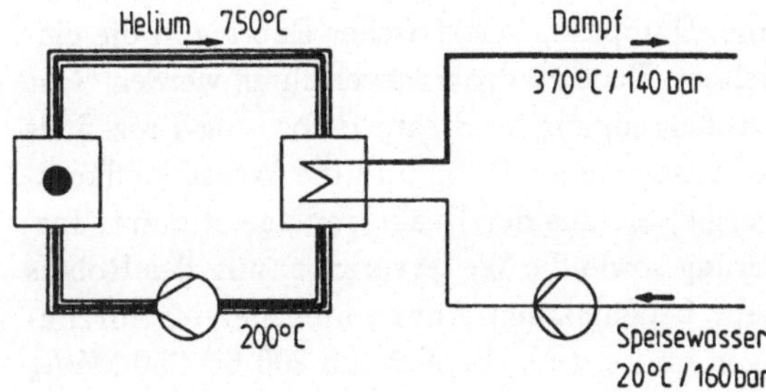

Abb. 8.22: Kreislaufschema einer HTR-Anlage zur Produktion von Injektionsdampf

Eine vollständige Verfahrensübersicht liefert Abb. 8.23, in der die einzelnen Prozeßschritte, die bis zur Gewinnung des Rohöls erforderlich sind, angeführt werden. Insbesondere den Schritten der Wasserversorgung und der Aufbereitung des Produkt-
wassers kommt hier auch unter den Gesichtspunkten der Energieversorgung große
Bedeutung zu.

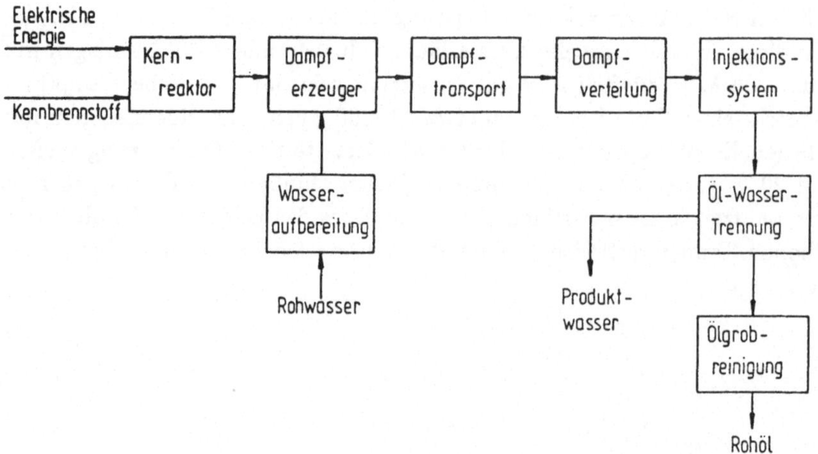

Abb. 8.23: Gesamtschema zur tertiären Ölgewinnung mit Hilfe von Dampf aus HTR-
Anlagen

Nach bislang vorliegenden Kostenanalysen wäre die Methode der tertiären Ölgewinnung für viele Vorkommen bereits heute wirtschaftlich einsetzbar. Das gewonnene
Rohöl, das zum Teil stark schwefelhaltig ist, muß in weiteren Verfahrensschritten
einem Raffinationsprozeß sowie einer Weiterverarbeitung mit Vergrößerung des H/C-
Verhältnisses unterworfen werden. Alle diese Schritte erfordern erhebliche Energiemengen, insbesondere der letztgenannte macht die Anlagerung großer Mengen von
Wasserstoff notwendig. Die Steam-Reforming-Technik zur Erzeugung von Wasserstoff,
welche als angekoppelter Prozeß an HTR-Anlagen heute praktisch voll entwickelt zur
Verfügung steht, und in Abschn. 8.8 noch genauer erläutert wird, ist für diesen Zweck
sehr gut geeignet, wie auch in Abb. 8.24 schematisch wiedergegeben wird. Hier ist die
Einkopplung von Hochtemperaturwärme, Dampf und elektrischer Energie in die einzelnen Verarbeitungsschritte gekennzeichnet. Beim Hydrocrackverfahren werden Gase
(C_1 bis C_4) erzeugt, die für die Wasserstofferzeugung im Steam-Reforming-Prozeß als
Spaltgut Verwendung finden. Auch die Wasseraufbereitung und die Wasserstoffkom-
pression erfordern den Einsatz von Energie, die aus der Reaktoranlage stammt. Insgesamt stellt damit die tertiäre Ölförderung sowie die Weiterverarbeitung des Rohöls
einen ausgezeichneten und weltweit sehr bedeutsamen Anwendungsbereich für nukleare Prozeßwärme dar. Speziell Anlagen im Leistungsbereich um 200 bis 250 MW_{th}
sind für dieses Einsatzgebiet im Hinblick auf die notwendige Anpassung von Fördermenge und Leistungsgröße gut geeignet.

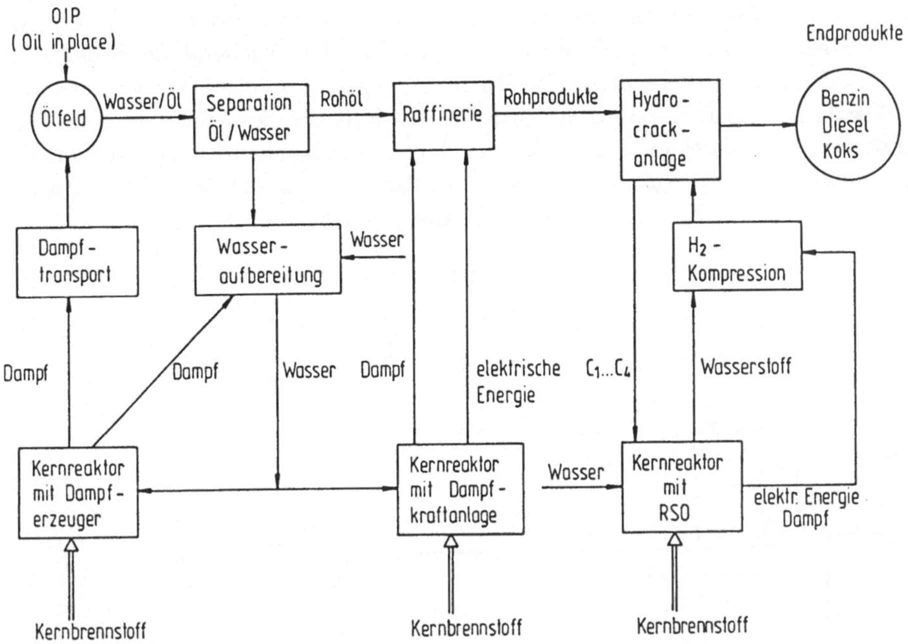

Abb. 8.24: Gesamtschema zur Erzeugung von Ölprodukten durch Dampffluten, Raffination und Weiterverarbeitung

8.7   Schwelung von Ölschiefer

Weltweit sind heute riesige Vorräte an Ölsänden und Ölschiefern bekannt, die als Garanten der zukünftigen Ölversorgung angesehen werden. Sehr viele Verfahrensvarianten zur Schwelung von Ölschiefer [8.17 bis 8.19] sind bereits entwickelt worden und teils schon im industriellen Maßstab verfügbar. Bei praktisch all diesen Prozessen müssen bis zu 40% der gewonnenen Kohlenwasserstoffe zur Wärmebereitstellung eingesetzt werden, um zu marktfähigen Ölprodukten zu kommen. Da die Schweltemperaturen im Bereich von etwa 700 °C liegen, läßt sich nukleare Wärme aus HTR-Anlagen einkoppeln. Ein Verfahrensschema, welches sich an die in Brasilien entwickelte Technik des Petrosix-Verfahrens anlehnt, ist in Abb. 8.25 wiedergegeben. Danach wird ein vertikaler Schachtofen mit zerkleinertem Ölschiefer beschickt und die Wärme mit aufgeheiztem Kreislaufgas eingebracht. In der mittleren Zone des Schwelschachtes tritt das Gas mit einer Temperatur von 700 °C ein und wird im Gegenstrom zum Schwelgut nach oben durch den Schwelschacht geleitet. Das Produktgas wird nach Verlassen der Retorte durch einen Zyklon geleitet, in einem Elektrofilter gereinigt und dann komprimiert. Ein Teil des Gases wird nach Aufheizung zur Retorte zurückgeführt, ein Teil wird weiter aufbereitet. Dabei wird Öl abgeschieden, das entstandene Gas wird entschwefelt.

Das gewonnene Produktgas kann zur Wasserstoffherstellung unter Einsatz des nuklearen Steam-Reforming Verfahrens (siehe Abschn. 8.8) Verwendung finden. Der Wasserstoff dient der Veredelung des Rohöls in angeschlossenen Hydrocrackprozessen. Sowohl für die Raffination als auch für den Hydrocrackprozeß sind erhebliche Energiemengen einzusetzen, die aus HTR-Anlagen stammen können. Die Technik der Wärmeeinkopplung zur Aufheizung des Kreislaufgases ist aus der Technik des He/He-Wärmeaustauschers direkt ableitbar (siehe Abschn. 8.13).

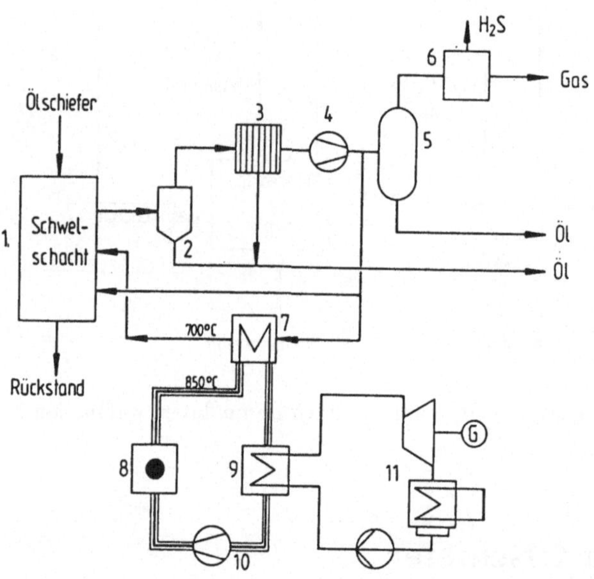

Abb. 8.25: Prinzipschema zur Schwelung von Ölschiefer (in Anlehnung an das Petro-Six-Verfahren):

1. Schwelschacht, *2.* Zyklon, *3.* Elektrofilter, *4.* Kompressor, *5.* Kondensator, *6.* Gaswäsche, *7.* Gaserhitzer, *8.* Kernreaktor *9.* Dampferzeuger, *10.* Gebläse, *11.* Dampfturbinenanlage

Insgesamt erfordern die dem Schwelprozeß nachgeschalteten Verfahrensschritte einen hohen Energieeinsatz, der, wie in Abb. 8.26 schematisch angedeutet wird, HTR-Anlagen entnommen werden kann. Es kann davon ausgegangen werden, daß die Ausbeute an marktfähigen Produkten, bezogen auf den eingesetzten Ölschiefer, mehr als verdoppelt werden kann. Die Vorteile des Einsatzes von nuklearer Wärme im Vergleich zur Verbrennung von fossilen Brennstoffen für diese Art der Ölgewinnung sind hier unmittelbar ersichtlich. Es erfolgt keine Verbrennung von fossilen Brennstoffen, d. h. der CO₂-Ausstoß ist stark reduziert. Die Abraumprobleme werden verringert, die Reichweite der Ölvorräte wird gestreckt, die Gesamtinvestitionskosten für den Aufschluß eines Vorkommens werden reduziert. Es wird heute damit gerechnet, daß

die Ölgewinnung durch Ausbeutung von Ölschiefern und Ölsänden oberhalb eines
Ölpreises von 30 \$/barrel interessant wird. Die Kosten von Nuklearwärme sind ver-
gleichsweise niedriger. Das Potential für den Einsatz von Kernenergieanlagen für einen
Prozeß wie den hier kurz vorgestellten ist in Zukunft groß. Um diese Frage einschätzen
zu können, sei darauf hingewiesen, daß mit Hilfe einer 200 MW_{th} Anlage bei einem
Gesamt-Energieeinsatz von etwa 5 000 kWh/t Öl eine Menge von rund 300 000 t Öl/a
gewonnen werden könnte. Voraussetzung für diese spezielle Anwendung von HTR-
Anlagen weltweit ist sicher eine einfache und überzeugende Sicherheitstechnik, wie
sie bei kleinen HTR-Anlagen (siehe Kapitel 6) gegeben ist.

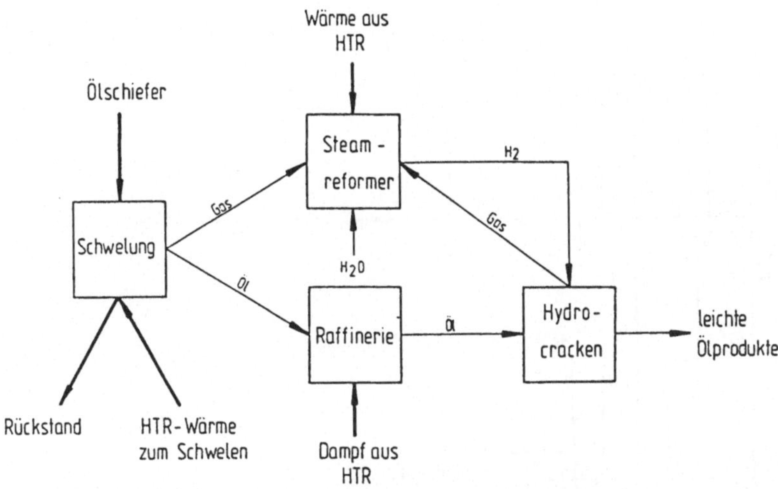

Abb. 8.26: Schematische Übersicht zum Einsatz von HTR-Wärme bei der Herstellung leichter Ölprodukte durch Schwelverfahren, Raffination und Weiterveredelung

8.8   Methanspaltung zur Wasserstofferzeugung

Die Dampfreformierung von Methan [8.20 bis 8.22], auch als Steam-Reforming bezeichnet, wird heute entsprechend den Reaktionsgleichungen

$$CH_4 + H_2O \;\rightarrow\; CO + 3H_2, \quad \Delta H_1 = 204,8 \text{ KJ/mol } (endotherm), \quad (8.9)$$
$$CO \; + H_2O \;\rightarrow\; CO_2 + H_2, \quad \Delta H_2 = -41,4 \text{ KJ/mol } (exotherm) \quad (8.10)$$

weltweit in großem Umfang zur Erzeugung von Wasserstoff oder von Synthesegas
(Wasserstoff-Kohlenmonoxyd-Mischungen) durchgeführt. Anwendung finden die Pro-
duktgase bei der Synthese von Ammoniak, Methanol, Alkoholen sowie beim Hydrocracken von Schwerölen und bei der Direktreduktion von Eisenerz.

Es handelt sich beim Dampfreformierungsverfahren, welches im übrigen außer für
Methan auch für eine breite Palette von gasförmigen und flüssigen Kohlenwasserstoffen eingesetzt wird, um einen insgesamt stark wärmeverbrauchenden Prozeß. Bei
den konventionellen Verfahren wird der gesamte Wärmebedarf durch Verbrennung
schwefelfreier leichter Kohlenwasserstoffe gedeckt. Der Grundgedanke beim Einsatz
von Nuklearenergie ist nun, diesen gesamten Prozeßwärmebedarf durch Wärme aus
dem Heliumkreislauf einer HTR-Anlage zu substituieren. Es kann damit insgesamt die
Produktausbeute bezogen auf den Einsatz an fossilen Brennstoffen von rund 60 % auf
praktisch 100 % erhöht werden. Abbildung 8.27 zeigt ein vereinfachtes Fließschema
für diesen Prozeß.

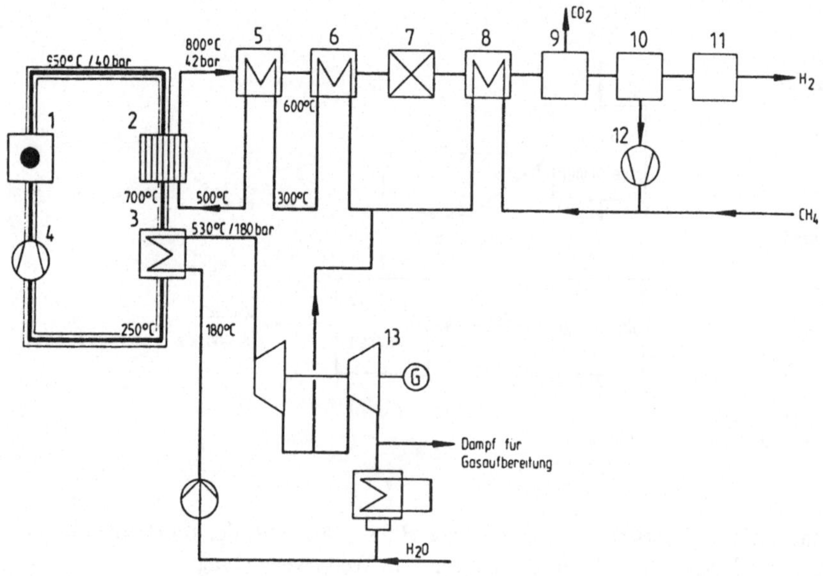

Abb. 8.27: Fließschema für die Dampfreformierung von Methan:
1. Kernreaktor, *2.* Steamreformer, *3.* Dampferzeuger, *4.* Heliumgebläse, *5.* Vorwärmer
für Spaltgut (intern), *6.* Vorwärmer für Spaltgut (extern), *7.* Konvertierung, *8.* Methanvorwärmer, *9.* CO_2-Wäsche, *10.* H_2/CH_4-Trennung, *11.* Methanisierung, *12.* Methankompressor, *13.* Dampfturbinenanlage

Die Ausgangsmaterialien (Erdgas, Flüssiggas, Raffineriegase, leichte Benzine bis zu
Siedepunkten von rund 220 °C) werden zunächst hydrierend und adsorptiv entschwefelt. Danach erfolgt eine Vorwärmung des Einsatzgutes bis auf etwa 350 °C. Prozeßdampf, welcher zweckmäßigerweise einer Kraft-Wärme-Kopplungsschaltung mit
einem Zustand 350 °C/45 bar entnommen wird, wird in einem geeigneten Verhältnis, welches aus später noch besser verständlichen Gründen zu etwa 3/1 ... 4/1
(Dampf/Kohlenstoff) gewählt wird, mit dem Kohlenwasserstoff gemischt. Das Gemisch wird mit Hilfe interner Spaltgasrekuperatoren vorgewärmt und in den Spaltrohren eines Röhrenspaltofens in Gegenwart eines Nickelkatalysators (Raschigringe

in loser Schüttung) entsprechend den oben bezeichneten Reaktionen gespalten. Die Spaltendtemperatur liegt zwischen 800 und 850 °C, der Spaltenddruck zwischen 30 und 40 bar. Je nach Druck, Spalttemperatur und Dampf/Kohlenstoff-Verhältnis sind so Umsetzungen des Methans bis auf wenige Prozent Restmethangehalt möglich. Wie Abbildung 8.28 ausweist, begünstigen hohe Temperaturen, niedrige Drücke und hohe Dampf/Kohlenstoff-Verhältnisse die Umsetzung. Der Röhrenspaltofen bei einer derartigen nuklearen Anwendung [8.23 bis 8.26] besteht, in Anlehnung an die konventionelle Technik, aus Rohren aus hochhitzebeständigem Material mit Rohrlängen um 10 bis 12 m, inneren Durchmessern der Rohre von rund 100 mm sowie Wandstärken von rund 10 bis 15 mm. Während bei konventionellen Prozessen die Beheizung durch Verbrennung von Kohlenwasserstoffen auf der Außenseite der Spaltrohre und damit im wesentlichen durch Strahlung von Flammen und Gasen bei hohen Temperaturen (Maximaltemperaturen von 1 500 °C) erfolgt, wird bei Einschaltung der Apparate in den Heliumkreislauf eines Hochtemperaturreaktors konvektiver Wärmeübergang bei hohem Druck (40 bar) wirksam. Es lassen sich so mit maximalen Heliumtemperaturen von 950 °C Heizflächenbelastungen in gleicher Höhe wie in konventionellen Anlagen erreichen. Einige Einzelheiten zu diesem Problemkreis sind in Abbildung 8.29 wiedergegeben, woraus auch ersichtlich ist, daß bei dieser Art der Wärmeübertragung stets die Rohrwandtemperaturen unterhalb 900 °C bleiben.

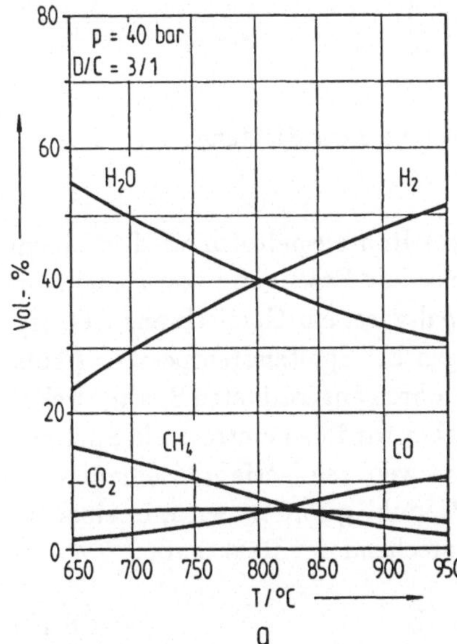

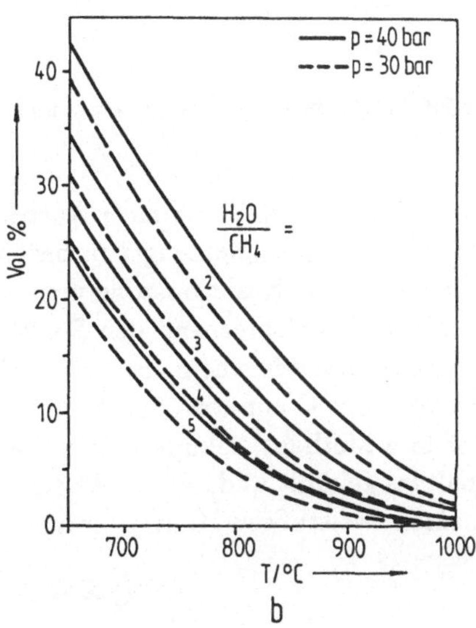

Abbildung 8.28: Gaszusammensetzung bei der Methanspaltung in Abhängigkeit von Druck, Temperatur und Dampf/Methanverhältnis: **a.** Gaszusammensetzung, **b.** Volumenprozente an Methan im trockenen Spaltgas

Die Druckdifferenz zwischen Prozeßseite und Heliumseite beträgt im Normalbetrieb im heißen Rohrbereich nur maximal 1 bis 2 bar. Eine derartige Parameterwahl erlaubt eine Anlagenauslegung für die gesamte Lebensdauer mit ausreichend hohen Sicherheitsfaktoren. Auch für Störfälle mit einer kurzzeitigen Druckdifferenz zwischen Primär- und Sekundärseite von 40 bar sind dann noch Sicherheiten vorhanden.

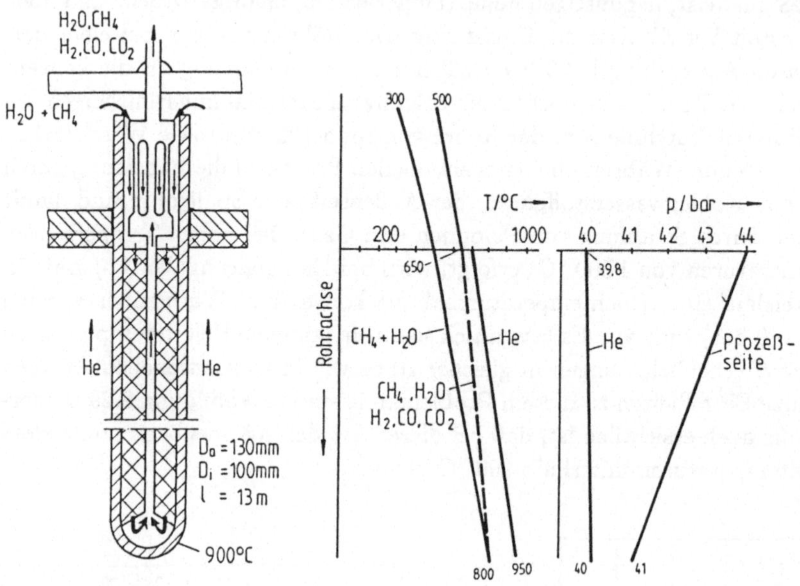

Abb. 8.29: Spaltrohr sowie Temperatur- und Druckprofil in axialer Richtung

Die Restwärme des Heliums nach Austritt aus dem Röhrenspaltofen wird in einem nachgeschalteten Dampferzeuger in bekannter Weise zur Erzeugung von Heißdampf ausgenutzt. Die die Reaktionszone verlassenden Spaltgase, ein Gemisch aus CO, H_2, CO_2, CH_4, H_2O entsprechend den Spaltbedingungen bei Spaltendtemperatur (Abb. 8.28), wird zunächst in einem internen, in den Spaltrohren angeordneten Spaltgasrekuperator von 800 °C auf etwa 600 °C abgekühlt. Dabei wird das eintretende Spaltgut (Dampf und Methan), rekuperativ vorgewärmt. Im weiteren Verfahrensablauf wird das Spaltgas gekühlt und, sofern Wasserstoff als Produkt gefordert wird, in einer im allgemeinen zweistufigen Konvertierungsstufe entsprechend der Reaktion

$$CO + H_2O \rightarrow CO_2 + H_2 \qquad (8.11)$$

konvertiert und der Kohlenmonoxydgehalt in Wasserstoff überführt.

Diese Konvertierung wird katalytisch durch Eisenoxyd in der ersten Stufe (bei $T \approx$ 400 °C) und durch Kupferoxyd in der zweiten Stufe (bei $T \approx$ 100 °C) bis auf sehr geringe Restgehalte an Kohlenmonoxyd durchgeführt.

Für die Auswaschung des Kohlendioxydanteils aus dem Spaltgas stehen heute eine ganze Reihe von chemischen oder physikalischen Waschverfahren zur Verfügung. Bekannt sind z. B. chemische Wäschen wie die Heißpottaschewäschen, bei denen entsprechend der Reaktion

$$Na_2CO_3 + CO_2 + H_2O \leftrightarrow 2\,NaHCO_3 \tag{8.12}$$

CO_2 ausgewaschen wird, oder physikalische Waschverfahren, bei denen z. B. Methanol als Waschflüssigkeit eingesetzt wird.

Falls es die Weiterverwendung des Wasserstoffs erfordert, wird der noch sehr geringe CO-Gehalt des Produktgases durch eine nachfolgende Methanisierung, in der gemäß

$$CO + 3\,H_2 \rightarrow CH_4 + H_2O \tag{8.13}$$

der Rest-CO-Gehalt katalytisch umgesetzt wird, bis auf das gewünschte Maß reduziert.

Nach Kühlung steht der Wasserstoff unter Druck (10 bis 30 bar) und mit hoher Reinheit (CO + CO_2 < 10 ppm, CH_4 < 0,5 Vol.-%) zur Verfügung. Mengen- und Energiebilanzierungen für diesen Prozeß führen insgesamt zu folgendem Resultat:

$$1\,m_N^3\,CH_4 + 2,5\,kg\,H_2O + 8\,KWh \rightarrow 4\,m_N^3\,(CO + H_2) \quad . \tag{8.14}$$

Für die Vorwärmung des Methans bis auf eine Spalttemperatur von 800 °C, für die Bereitstellung des Prozeßdampfes sowie für die Durchführung der endothermen Spaltreaktion einschließlich Gaskompression sind insgesamt rund 2 kWh/m_N^3 Spaltgas einzusetzen. Die aus den heißen Spaltgasen zurückgewinnbare Abwärme dient zur Versorgung der folgenden Stufen der Gasaufbereitung mit Energie. Die Substitution des hier genannten Energiebetrages für die Umwandlung durch nukleare Wärme ist immer dann attraktiv, wenn nukleare Wärme kostengünstiger als Wärme auf der Basis fossiler Rohstoffe ist. Eine großtechnische Anlage zur Wasserstofferzeugung mit einem Kernreaktor der Leistung 200 MW (thermisch) kann bei autarker Fahrweise insgesamt wie folgt bilanziert werden:

$$200\,MW_{th} + 2,5 \cdot 10^4\,m_N^3\,CH_4/h \rightarrow 1 \cdot 10^5\,m_N^3\,H_2/h\,. \tag{8.15}$$

Der Methanspaltprozeß ist heute auch für die Beheizung mit Wärme aus Heliumkreisläufen voll entwickelt und steht für den industriellen Einsatz zur Verfügung. Es wurden jahrelang Erfahrungen mit einer Anlage, welche ein Spaltrohr mit Heliumbeheizung (EVA 1) umfaßte, sowie mit einem Rohrbündel, welches bis zu 30 Spaltrohre enthielt (EVA 2), gesammelt. Hier konnten alle verfahrenstechnischen Parameter wie Reaktionskinetik, Wärmeübertragung auf der Prozeß- und auf der Heliumseite geklärt werden. Geeignete konstruktive Lösungen konnten im Dauerbetrieb erfolgreich erprobt werden, auch die Auslegung der Spaltrohre unter hohen Temperaturen erwies sich als durchführbar. In begleitenden umfangreichen Materialqualifikationsprogrammen konnten geeignete Spaltrohrwerkstoffe für eine Einsatzzeit von 10^5 h qualifiziert werden. Es konnte gezeigt werden, daß bei Begrenzung der Rohrwandtemperaturen auf unter 900 °C und bei Einhaltung von Druckdifferenzen von 2 bar zwischen

Primär- und Sekundärkreislauf eine festigkeitsmäßige Auslegung möglich wird. Eine Vielzahl von Folgeprozessen können mit diesem Grundverfahren kombiniert werden (Abb. 8.30). Auf diese Verfahren wird im Abschnitt 8.9 kurz eingegangen.

Bezüglich technischer Einzelheiten zur Gestaltung des Röhrenspaltofens sowie einiger technischer Fragen, die sich bei der Kopplung dieses Prozesses mit einem Kernreaktor ergeben, sei auf Abschn. 8.13 hingewiesen.

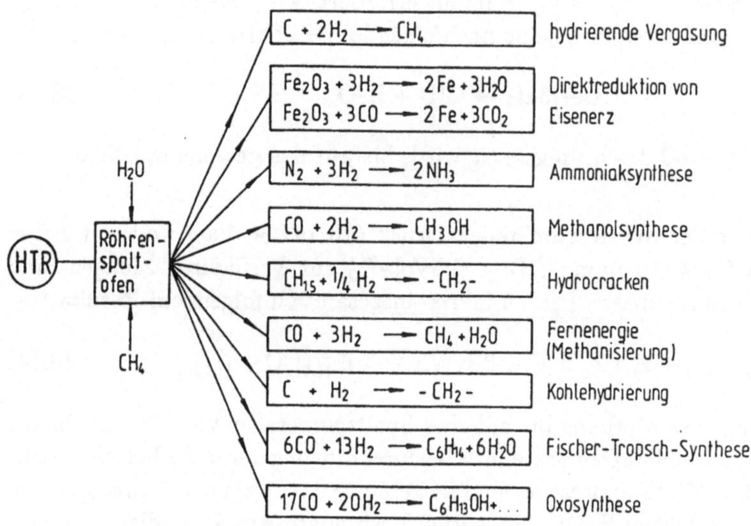

Abb. 8.30: Folgeprozesse, die mit dem Steam-Reforming-Prozeß kombiniert werden können

8.9　Anwendung der Methanspaltung für Folgeprozesse

8.9.1　Hydrierende Vergasung von Kohle

Dieses Verfahren ist geeignet, Kohle unter Zufuhr von nuklearer Wärme in einem Kreisprozeß in Methan oder in Wasserstoff zu überführen [8.27 bis 8.30]. Es handelt sich dabei um die Kopplung eines exothermen Reaktionsablaufs, der hydrierenden Vergasung der Kohle durch Wasserstoff

$$C + 2\,H_2 \rightarrow CH_4\,, \qquad \Delta H = -87,5\ \text{KJ/mol}\ (\textit{exotherm}) \qquad (8.16)$$

mit einem stark endothermen Prozeß, der im vorigen Kapitel näher erläuterten Dampfreformierung von Methan

$$CH_4 + H_2O \rightarrow CO + 3\,H_2\,, \qquad \Delta H = 204,8\ \text{KJ/mol}\ (\textit{endotherm})\,. \qquad (8.17)$$

In der Summe kann bei Kopplung der Prozeßschritte entweder Methan oder Wasserstoff als Endprodukt des Verfahrens erzeugt werden. Die Summenbeziehungen können auf der Basis der beiden vorgenannten Gleichungen als

$$2\,C + 2\,H_2O \;\rightarrow\; CO_2 + CH_4, \tag{8.18}$$

$$C + 2\,H_2O \;\rightarrow\; CO_2 + 2\,H_2 \tag{8.19}$$

geschrieben werden. Folgender Prozeßablauf ist z. B. für Braunkohle bei diesem Verfahren vorgesehen (siehe Abb. 8.31): Das Verfahren ist zur Herstellung von Methan und Koks einsetzbar, alternativ können auch bei Änderung der Verfahrensparameter Synthesegas oder Wasserstoff als wesentliches Produkt erzeugt werden.

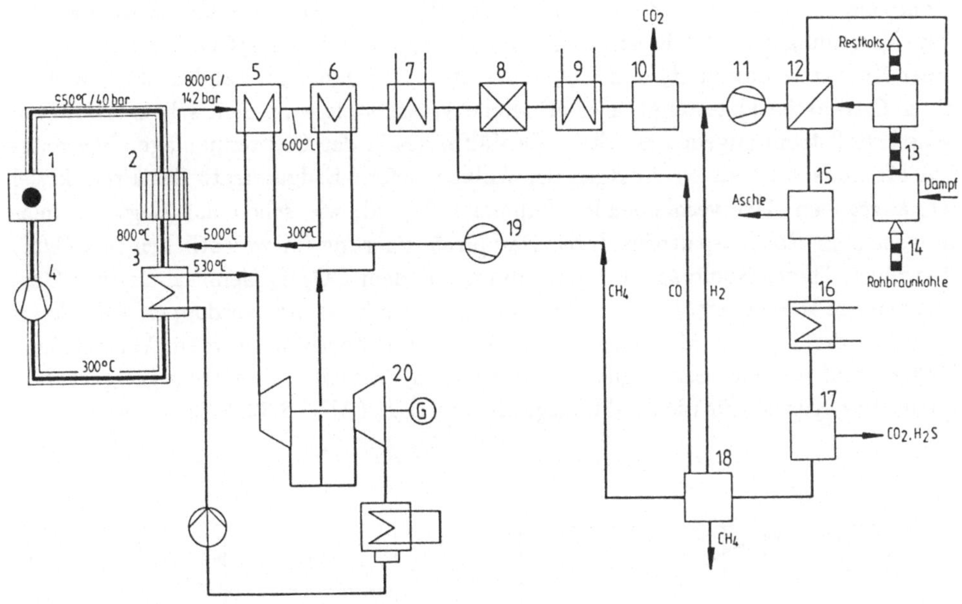

Abb. 8.31: Prinzipschema der hydrierenden Vergasung von Kohle:
1. Kernreaktor, *2.* Steam-Reformer, *3.* Dampferzeuger, *4.* Heliumgebläse, *5.* interner Spaltgasrekuperator, *6.* Spaltgutvorwärmer, *7.* Kühler, *8.* Konvertierung, *9.* Kühler, *10.* CO$_2$-Wäsche, *11.* Gaskompressor, *12.* Rekuperator, *13.* Vergaser, *14.* Kohletrocknung, *15.* Ascheabscheidung, *16.* Gaskühlung, *17.* CO$_2$/H$_2$S-Wäsche, *18.* Tieftemperaturzerlegung, *19.* CH$_4$-Kompressor, *20.* Dampfturbinenanlage

In einem Röhrentrockner, der mit Niederdruckdampf aus einer Gegendruckturbine beheizt wird, wird Rohbraunkohle zunächst auf einen kleineren Feuchtigkeitsgehalt (z. B. von 60 % auf $\approx$ 15 %) vorgetrocknet. In einem anschließenden Wirbelbetttrockner wird die Kohle mit heißem Produktgas auf rund 300 °C vorgewärmt und dabei der Feuchtigkeitsgehalt noch weiter reduziert. Anschließend gelangt die Kohle in den

Vergaser, in dem sie in einem Wirbelbett in exothermer Reaktion mit Wasserstoff umgesetzt wird. Typische Reaktionsbedingungen für diesen Prozeßschritt sind Temperaturen von 800 bis 900 °C und ein Reaktionsdruck um 100 bar. Die Umsetzung verläuft im allgemeinen nicht vollständig, es verbleibt ein Restkoks in variabler Höhe des ursprünglich eingesetzten Kohlenstoffs. Umsetzungen von über 70% sind technisch ohne weiteres möglich. Prinzipiell läßt sich auch ein praktisch vollständiger Kohlenumsatz realisieren, allerdings ist ein größeres Reaktorvolumen erforderlich. Der anfallende Restkoks wird gekühlt und aus dem Reaktor ausgeschleust. Das aus dem Vergaser austretende Rohgas wird rekuperativ zur Vorwärmung des Vergasungswasserstoffs eingesetzt. Nach Durchlaufen von Wärmeaustauschern zur Dampferzeugung wird das Rohgas in einer Druckwasserwäsche von restlichem Feinstaub und Teeranteilen befreit. In einer anschließenden Tieftemperaturzerlegung wird das Produktgas in die Komponenten CH_4, H_2 und ein Gemisch CO/H_2 zerlegt. Der Wasserstoff wird wieder dem Vergasungsreaktor als Vergasungsmittel zugeführt. Das H_2/CO-Gemisch wird in einer Konvertierung in H_2 und CO_2 umgesetzt. Das dabei entstandene CO_2 wird in einer Gaswäsche abgetrennt. Der erhaltene Wasserstoff wird dem schon erwähnten Wasserstoffstrom zugemischt. Etwa die Hälfte des in der Gastrennanlage abgetrennten Methans wird als Produktgas der Anlage, sofern Erdgasersatz das Produktziel ist, abgegeben. Der verbleibende Methananteil wird, wie schon dargelegt, im heliumbeheizten Röhrenspaltofen durch Dampfreformierung im wesentlichen in CO/H_2 überführt. Dieses Spaltgas wird gemeinsam mit dem CO/H_2-Gemisch aus der Gastrennanlage konvertiert. Falls die Spaltanlage in der Kapazität verdoppelt wird, kann natürlich der gesamte Methangehalt in Wasserstoff überführt werden. Verschiedene Kohlen sind unterschiedlich gut für diese sog. hydrierende Vergasung geeignet, wie qualitative Kurven für die Reaktionsgeschwindigkeit (Abb. 8.32, 8.33) ausweisen.

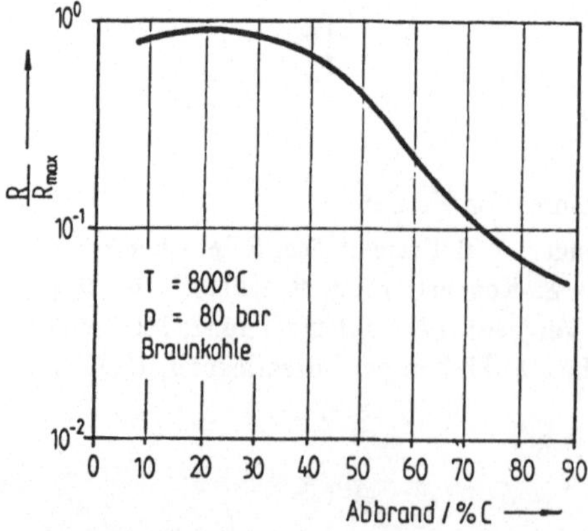

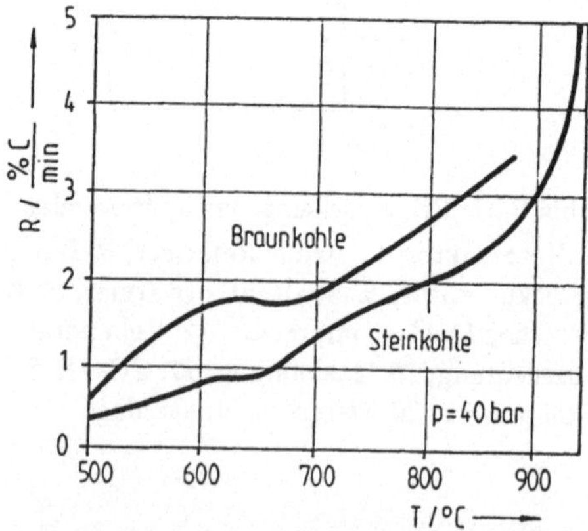

Abb. 8.32: Relative Vergasungsrate von Braunkohle mit H_2 in Abhängigkeit vom Abbrand

Abb. 8.33: Vergasungsrate von Braunkohle und Steinkohle in Abhängigkeit von der Temperatur bei der hydrierenden Vergasung

Besonders Braunkohle zeichnet sich durch hohe Reaktionsgeschwindigkeiten schon bei vergleichsweise niedrigen Reaktionstemperaturen aus. Hoher Druck ist zur Umsetzung der Kohle vorteilhaft. Im Heliumkreislauf des Kernreaktors wird das obere Temperaturniveau zwischen etwa 700 °C und 950 °C für die Beheizung des Röhrenspaltofens eingesetzt, im unteren Temperaturbereich bis herunter zu 300 °C wird ein Dampferzeuger betrieben. Der Dampf wird zum Teil zum Betrieb einer Gegendruckturbine zur Deckung des Eigenbedarfs der Anlage, teils als Prozeßdampf für die Methanspaltung eingesetzt. Der Gesamtprozeß kann autark, d. h. ohne überschüssige Produktion von elektrischer Energie, die ins Netz abgegeben werden müßte, gefahren werden. Die großtechnische Realisierbarkeit der hydrierenden Kohlevergasung steht heute nach Durchführung eines umfangreichen und sehr erfolgreichen Entwicklungsprogramms für dieses Verfahren außer Zweifel.

Für die Umsatzmengen gilt näherungsweise:

$$200 \text{ MW Reaktorleistung} + 150 \text{ t/h Rohbraunkohle} \rightarrow 26\,000 \text{ m}_N^3 \text{ CH}_4/\text{h}$$
$$+19 \text{ t Koks/h} \quad .(8.20)$$

Der als Nebenprodukt anfallende Feinkoks kann z. B. in der Hüttenindustrie oder in Kraftwerken als teilentschwefelter Brennstoff Verwendung finden.

8.9.2 Hydrocracken von schweren Heizölen

In vielen Raffinerien werden im Verarbeitungsablauf schwere Heizöle unter Zufuhr von Wasserstoff in leichte Destillate überführt [8.31 bis 8.33]. Unter üblichen Prozeßbedingungen (Druck von 100 bis 150 bar und Temperaturen von 320 bis 450 °C) wird das schwere Einsatzprodukt katalytisch entschwefelt und in leichte Kohlenwasserstoffe umgewandelt. Der Wasserstoffverbrauch, der wesentlich vom Schwefelgehalt des Einsatzstoffes und von der Verarbeitungstiefe abhängt, liegt in der Größenordnung von 250 bis 500 m^3 Wasserstoff/t Einsatzgut (siehe Abb. 8.35). Wie die Übersicht zeigt, sind für verschiedene Rohstoffe beträchtliche Mengen an Wasserstoff anzulagern, um Benzin zu gewinnen. Im allgemeinen wird die Konversion zweistufig entsprechend Abb. 8.34 durchgeführt. Komprimierter Wasserstoff wird einer ersten Hydrocrackstufe zugeführt. Hier erfolgt auch eine Entfernung von Schwefel und Stickstoff. Schwere Fraktionen werden unter weiterem Wasserstoffeinsatz in einer zweiten Hydrocrackstufe in leichte Produkte konvertiert.

Die gewonnenen Benzinschnitte werden als wesentliche Produkte des Verfahrens abgegeben, die gasförmigen Fraktionen (Methan, Äthan, Propan, Butan) werden nach Entschwefelung als Feedgas zur Wasserstofferzeugung in einen Röhrenspaltofen eingesetzt. Die üblicherweise anfallenden Gasmengen reichen aus, um den Wasserstoffbedarf der Gesamtanlage zu decken. Als annähernde Gesamtbilanz kann angesetzt werden:

$$1 \text{ t Schweröl} + 500 \text{ m}_N^3 \text{ H}_2 \rightarrow 0,71 \text{ t Benzin} + 0,19 \text{ t C}_1 \ldots \text{C}_4 + 0,1 \text{ t Rückstand} . \quad (8.21)$$

Eine 200 MW$_{th}$-Reaktoranlage ist damit energetisch in der Lage rund 200 t/h Schweröl in 140 t/h Benzin umzuwandeln. Die Verarbeitungstiefe für Rohöle wird in Zukunft steigen, da die typischen Einsatzgebiete für schwere Heizöle zunehmend durch andere Energieträger bedient werden und da vor allem in Zukunft vermehrt schwere Rohöle mit relativ hohem Schwefelgehalt auf den Markt kommen werden. Eine Reihe von Hydrocrackverfahren sind heute voll entwickelt verfügbar. Die Vorstellungen für den Steam-Reforming-Prozeß für Methan sind voll auf die Umsetzung der gasförmigen Fraktionen in Wasserstoff übertragbar.

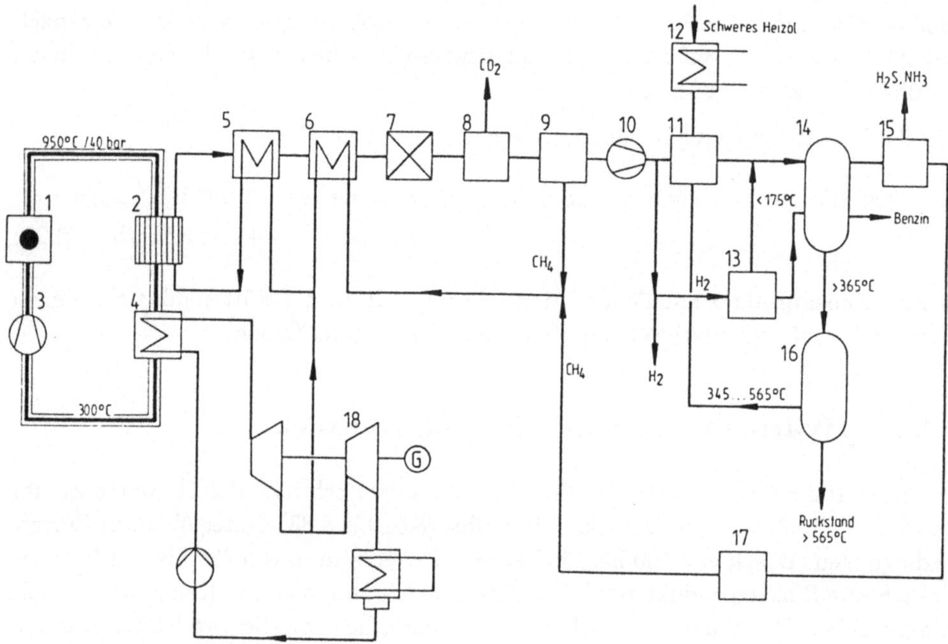

Abb. 8.34: Prinzipschema für das Hydrocracken von schweren Heizölen:
1. Kernreaktor, 2. Steam-Reformer, 3. Heliumgebläse, 4. Dampferzeuger, 5. interner Spaltgasrekuperator, 6. Feedgasvorwärmer, 7. Konvertierung, 8. CO$_2$-Wäsche, 9. Tieftemperaturzerlegung, 10. H$_2$-Kompressor, 11. Hydrocrackreaktor, 12. Ölvorwärmer, 13. Hydrocrackreaktor, 14. atm. Destillation, 15. Gaswäsche, 16. Vakuumdestillation, 17. Reichgasstufe, 18. Dampfturbinenanlage

8.9.3 Kohlehydrierung

Alle kohlenstoffhaltigen Rohstoffe können durch Anlagerung entsprechender Wasserstoffmengen in Benzin überführt werden (Abb. 8.35). In der Vergangenheit sind eine Reihe von Kohlehydrierprozessen entwickelt worden und stehen heute im großtechnischen Maßstab zur Verfügung [8.34 bis 8.36]. So kann z. B. der H-Coal-Prozeß, der aus dem H-Oil-Prozeß zur Verarbeitung von schweren Heizölen und Ölrückständen weiterentwickelt wurde, zum Einsatz kommen, um aus Kohle unter Wasserstoffzufuhr Benzin zu erzeugen. Bei diesem Verfahren wird, wie die Abb. 8.36, 8.37 ausweisen, getrocknete und gemahlene Kohle (Korngröße < 0,4 mm) mit Kreislauföl im Verhältnis 1/1 angemischt und mit Hydrierwasserstoff bei rund 200 bar in einem Hydrierreaktor in Gegenwart eines geeigneten Katalysators in Kohlenwasserstoffe überführt. Die Reaktionstemperatur liegt dabei im Bereich von etwa 400 °C.

	$\dfrac{g\,O,S,N}{100\,g\,C}$	$\dfrac{g\,H}{100\,g\,C}$	$\dfrac{g\,H_{disp}}{100\,g\,C}$	$\dfrac{H_{2\,theor.}}{t\,Benzin}$ / $m^3_{iN.}$
Rohstoffe				
Flammkohle	14,6 / 6,67		4,7	1170
Gaskohle	9,4 / 6,15		4,9	1148
Braunkohle	39,2 / 7,64		3	1330
Erdöl,H-arm	5 / 12,7		12,1	460
Erdöl,H-reich	2 / 14,5		14,2	258
Vakuumrückstand	8,22 / 12,18		11,6	518
Fertigprodukte				
Dieselkraftstoff		15,2		
Benzin		16,7		
Methan		33,3		

Abb. 8.35: Wasserstoffbedarf bei der Hydrierung verschiedener fossiler Rohstoffe

Die bei der Hydrierung anfallenden flüssigen Kohlenwasserstoffe werden in einer nachgeschalteten Hydrocrackanlage noch weiter veredelt. Die gasförmigen Kohlenwasserstoffe (C_1 ... C_4-Anteile), die beim Hydrierprozeß entstehen, werden nach Entschwefelung und Vorwärmung gemeinsam mit Wasserdampf in einen heliumbeheizten Röhrenspaltofen eingespeist und dienen dort zur Erzeugung des notwendigen Hydrierwasserstoffs. Alle Energiemengen, die zur Herstellung des Wasserstoffs, zur Reinigung und zur Kompression sowie für alle sonstigen Schritte der Kohlehydrierung benötigt werden, lassen sich aus der HTR-Anlage bereitstellen.

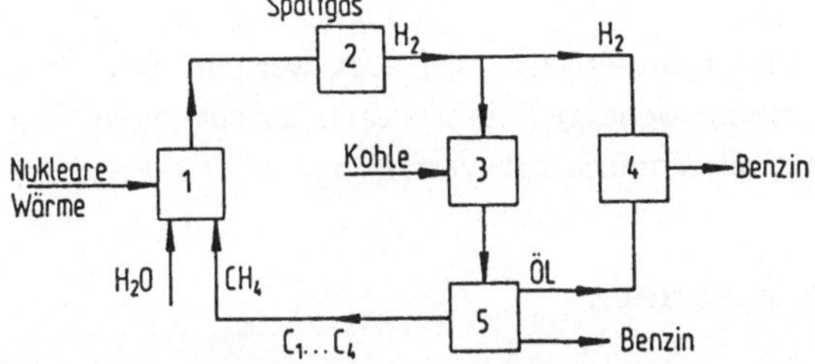

Abb. 8.36: Prinzipschema der Umwandlung von Kohle in Benzin mit Hilfe von nuklearer Wärme *1.* Spaltgaserzeugung im Röhrenspaltofen *2.* Spaltgasaufbereitung zu Wasserstoff *3.* Kohlehydrieranlage *4., 5.* Hydrocrackanlagen für schwere Produktöle

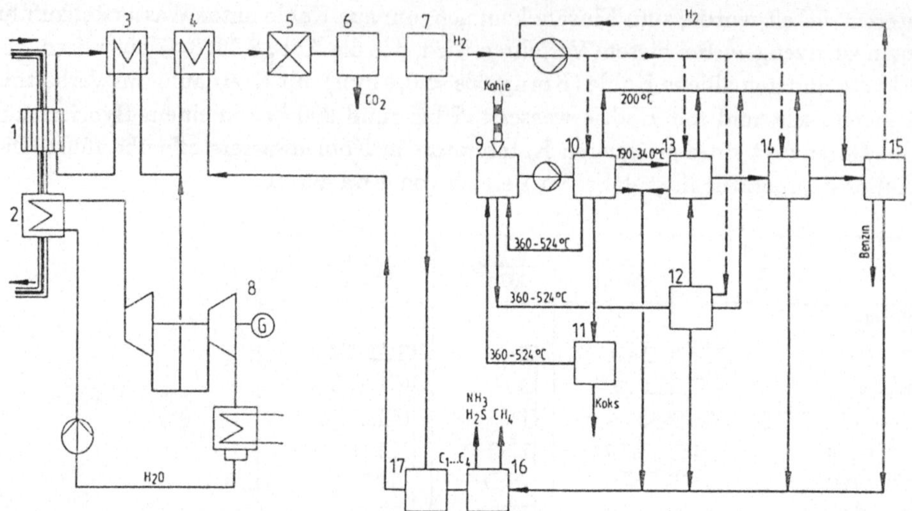

Abb. 8.37: Verfahrensschema zur Kohlehydrierung unter Einsatz von nuklearer Wärme:
1. Kernreaktor, *2.* Steam-Reformer, *3.* Dampferzeuger, *4.* Heliumgebläse, *5.* interner Spaltgasrekuperator, *6.* Spaltgutvorwärmung, *7a.* Konvertierung, *7b.* CO_2-Wäsche, *8.* Tieftemperaturzerlegung, *9.* Kohle/Öl-Anmischung, *10.* Hydrierreaktor, *11.* Verkokungsstufe, *12.*
Hydrocrackstufe, *13.* Hydrotreatstufe, *14.* Hydrocrackstufe, *15.* Reformieranlage, *16.* Gas-
trennung, *17.* Reichgasreaktor, *18.* Dampfturbinenanlage

Die beim Hydrierprozeß als Nebenprodukte entstandenen Gase reichen praktisch aus,
um den für die Hydrierung benötigten Wasserstoff zu produzieren. Der Wasserstoffbedarf des Gesamtverfahrens liegt mit rund $2\,000$ m³ H_2/t Benzin recht hoch. Die
Herstellung des Wasserstoffs sowie seine spezifikationsgerechte Reinigung erfolgt in
Verfahrensschritten, die schon erklärt wurden. Die Grobbilanz eines derartigen Verfahrens lautet:

$$200\text{ MW Reaktorleistung} + 80\text{ t/h Kohle} \rightarrow 37\text{ t/h Benzin} + 10\text{ t Koks/h} \quad . \quad (8.22)$$

Auch dieses Verfahren kann dampf- und stromautark ausgelegt werden. Der Prozeßschritt der Kohlehydrierung sowie die notwendigen Hydrocrackeinrichtungen sind
heute hinreichend erprobt und stehen großtechnisch zur Verfügung.

8.9.4 Direktreduktion von Eisenerz

Auf der Basis der Reaktionen der Direktreduktion von Eisenoxyd durch Gas,

$$\text{Fe}_2\text{O}_3 + 3\,\text{H}_2 \rightarrow 2\,\text{Fe} + 3\,\text{H}_2\text{O}, \quad \Delta\text{H}_1 = 815\text{ KJ/mol } (\textit{endotherm}), (8.23)$$
$$\text{Fe}_2\text{O}_3 + 3\,\text{CO} \rightarrow 2\,\text{Fe} + 3\,\text{CO}_2, \quad \Delta\text{H}_2 = -288,4\text{ KJ/mol } (\textit{exoth.}), \quad (8.24)$$

welche bereits bei Temperaturen von 700 bis 800 °C mit ausreichender Reaktionsgeschwindigkeit ablaufen, werden heute bereits weltweit erhebliche Mengen an Eisen
produziert [8.37 bis 8.39]. In Kombination mit einem heliumbeheizten Röhrenspal-
tofenprozeß sowie bei Koppelproduktion von elektrischer Energie ist folgende Verfahrensweise möglich (siehe Abb. 8.38 und 8.39): Nukleare Wärme wird sowohl zur
Erzeugung des Reduktionsgases als auch zum Einschmelzen des Eisens im Lichtboge-
nofen eingesetzt.

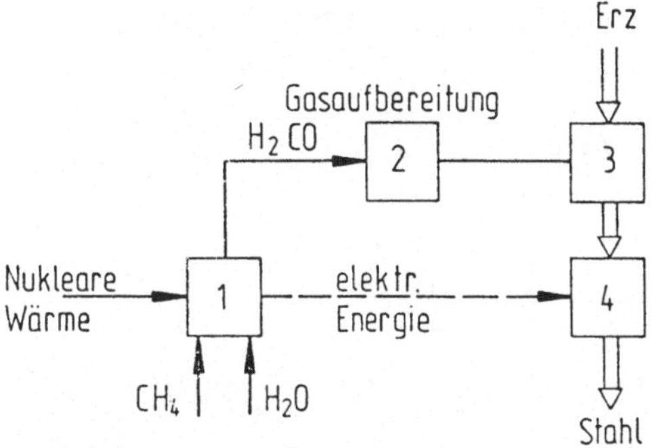

Abb. 8.38: Schema zur Direktreduktion von Eisenerz unter Einsatz von nuklearer Wärme:
1. Reduktionsgaserzeugung, *2*. Gasaufbereitung, *3*. Direktreduktion, *4*. Elekrolichtbogen-
ofen

Das Spaltgas wird zweckmäßig mit geringem Restmethangehalt erzeugt und nach Aus-
waschen von CO_2 und H_2O über einen Rekuperator sowie nach Aufheizung in einer
abgasbeheizten Brennkammer zum Reduktionsschacht geführt, in dem bei leichtem
Überdruck Eisenschwamm ($\approx$ 95 % Fe) produziert wird. Dieser wird in Elektrolicht-
bogenöfen chargiert, welche mit elektrischer Energie aus der Turbinenanlage versorgt
werden. Das heiße Abgas aus dem Schachtofen wird entstaubt und im Rekuperator abgekühlt und nach Verdichtung dem Frischgas wieder zugemischt. Die stöchiometrische
Auswertung der anfangs genannten Reduktionsgleichungen führt auf einen Verbrauch
von 600 m_N^3 CO bzw. H_2 pro Tonne Eisenschwamm.

Rechnet man mit einem praktischen Verbrauch von etwa 750 m_N^3 Reduktionsgas/t
Eisen sowie einem Einsatz von 600 kWh_{el}/t Stahl, so kann in etwa folgende Relation
für eine Prozeßwärmeanlage aufgestellt werden:

$$200 \text{ MW Reaktorleistung} + 1,2 \cdot 10^4 \text{ } m_N^3 \text{ } CH_4/h + 100 \text{ t Erz}/h \rightarrow 66 \text{ t Stahl}/h \quad . \quad (8.25)$$

Dies ergibt Stahlkapazitäten, welche heute als wirtschaftlich vernünftige Einheiten an
vielen Standorten angesehen werden können. Die Verfahren der Direktreduktion, welche als Wirbelschichtreaktoren, als Schachtöfen oder als Drehrohröfen bekannt sind,
können als weitgehend entwickelt eingeschätzt werden. Insbesondere bei Einsatz von
Erdgas oder von flüssigen Kohlenwasserstoffen zur Reduktionsgasherstellung unter
Einsatz von nuklearer Wärme können an vielen Standorten wirtschaftliche Vorteile
gegenüber der Verwendung von Koks in einem konventionellen Hochofen erwartet
werden.

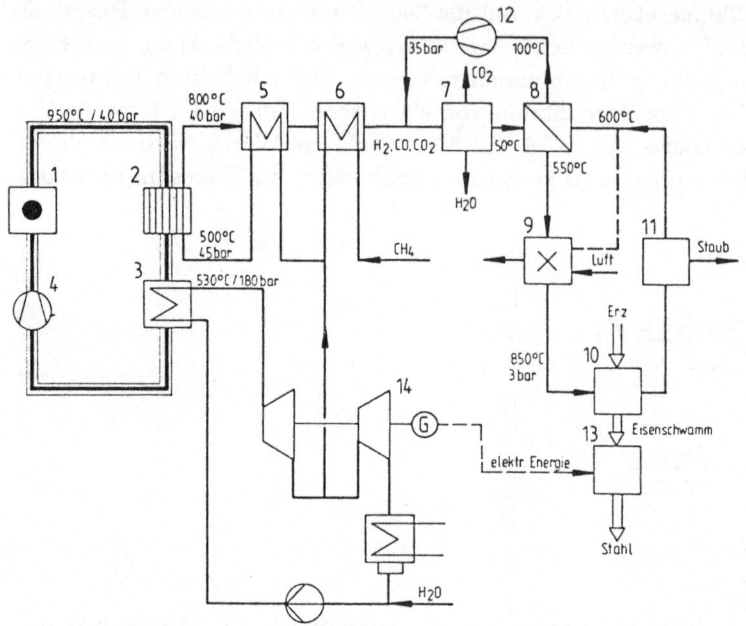

Abb. 8.39: Fließschema zur Direktreduktion von Eisenerz:
1. Kernreaktor, *2.* Röhrenspaltofen, *3.* Dampferzeuger, *4.* Heliumgebläse, *5.* interner Spaltgasrekuperator, *6.* Methanvorwärmung, *7.* Gaswäsche, *8.* Rekuperator für Reduktionsgas,
9. Reduktionsgasvorwärmer, *10.* Reduktionsschacht, *11.* Staubabscheidung, *12.* Kreislauf-
gebläse, *13.* Elektroofen für Stahlgewinnung, *14.* Dampfturbinenanlage

8.9.5 Nukleare Fernenergie

Die in der Methanspaltanlage ablaufende endotherme Spaltreaktion

$$CH_4 + H_2O \rightarrow CO + 3\,H_2 , \qquad \Delta H = 204,8 \; KJ/mol \; (endotherm) \qquad (8.26)$$

kann in einer Methanisierungsanlage reversibel geführt und zur Auskopplung des gleichen Energiebetrages, der bei der Spaltung aufgewendet wurde, eingesetzt werden
[8.40 bis 8.43]. Nukleare Anlagen können dann z. B. in großer Entfernung von dicht
besiedelten Gegenden erstellt werden und ihre Energie als sog. Nukleare Fernenergie
in diese Ballungszentren liefern. Es wird so mit Hilfe von Latentenergieträgern, d. h.
CO/H_2-Mischungen, Energie unter Verwendung kalter Gase transportiert.

Zunächst wird in bekannter Weise nukleare Wärme zur Erzeugung eines H_2/CO-
Gemisches im Röhrenspaltofen eingesetzt (Abb.8.40 bis 8.42). Nach Abkühlung und
Kompression wird das kalte Gas unter ähnlichen Bedingungen, wie sie heute beim
Ferngastransport üblich sind, zum Verbraucher transportiert. Die Transportaufwen-
dungen bei diesem Verfahren sowie die Energieverluste sind vergleichsweise niedrig.
Bei den Verbrauchern befinden sich Methanisierungsanlagen, in denen die Spaltreak-
tion rückgängig gemacht wird, d. h. über die Reaktion

$$CO + 3\,H_2 \rightarrow CH_4 + H_2O\,, \qquad \Delta H = -204,8\ \text{KJ/mol}\ (exotherm) \qquad (8.27)$$

wird exotherme Reaktionswärme auf einem Temperaturniveau von bis zu 600 °C bereitgestellt. Auch dieser Prozeß läuft katalytisch, am günstigsten in mehreren Stufen, ab. Die Konversion hängt entsprechend den Gleichgewichten der Reaktion von Druck und Temperatur ab (siehe Abb. 8.41). Durch Mehrstufigkeit wird ein vollständiger Umsatz erreicht. Das so realisierte Wärmeangebot ist von ausreichender Qualität, um Heißdampf erzeugen zu können. Auch Gegendruckturbinen zur Durchführung von Kraft-Wärmekopplungsprozessen in Ballungszentren sind so einsetzbar. Das hier geschilderte Prinzip der Nuklearen Fernenergie ist durch jahrelangen problemlosen Betrieb einer Versuchsanlage, bei der die Spaltanlage (einschließlich Dampferzeuger) eine Leistung von 10 MW und die Methanisierungsanlage eine Leistung von etwa 6 MW aufwies, als technisch durchführbar demonstriert worden.

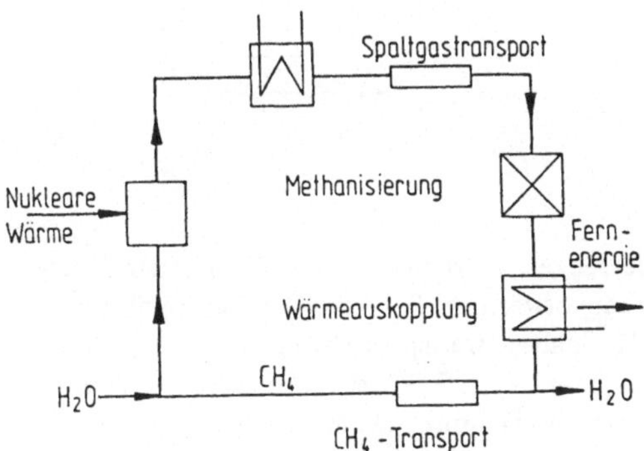

Abb. 8.40: Schema des Kreisprozesses von Methanspaltung und Methanisierung beim Verfahren der Nuklearen Fernenergie

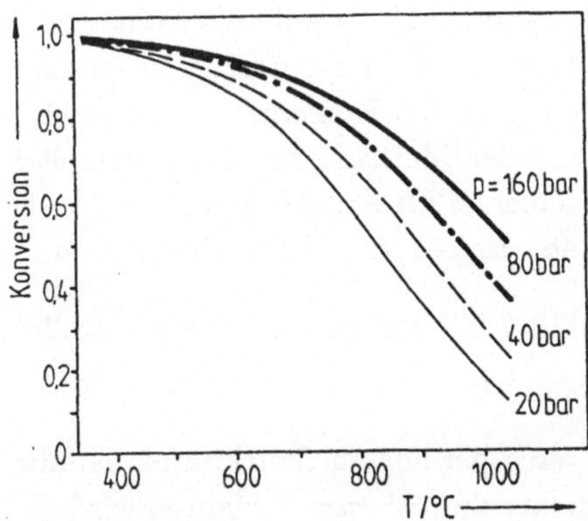

Abb. 8.41: Umsatz des Spaltgases in Abhängigkeit von Druck und Temperatur bei der Methanisierung

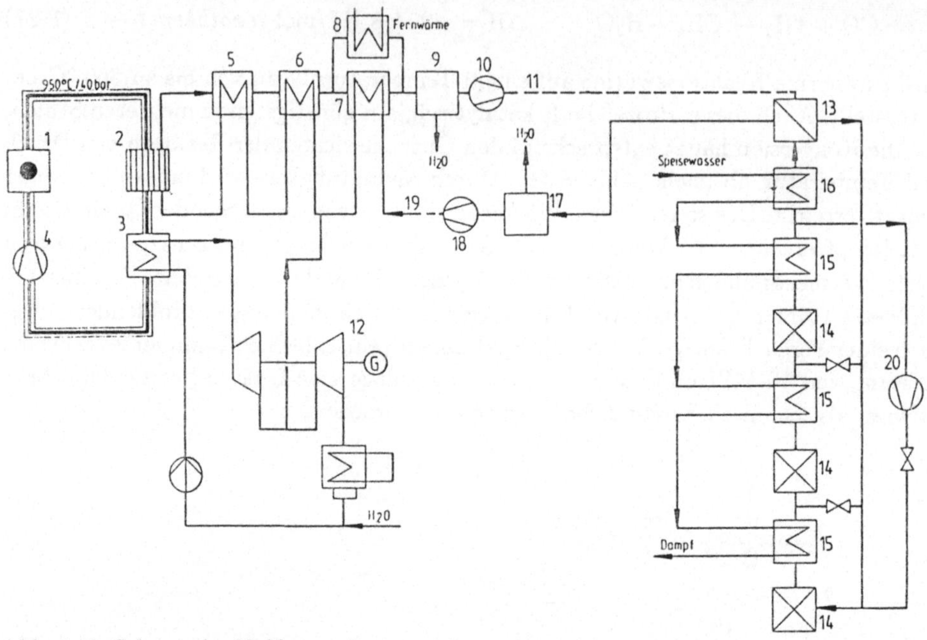

Abb. 8.42: Schema der Nuklearen Fernenergie:

1. Kernreaktor, *2.* Steam-Reformer, *3.* Dampferzeuger, *4.* Heliumgebläse, *5.* interner Spaltgasrekuperator, *6.* Spaltgutvorwärmer, *7.* Methanvorwärmer, *8.* Fernwärmeauskopplung, *9.* Wasserabscheidung, *10.* Spaltgaskompressor, *11.* Spaltgastransportleitung, *12.* Dampfturbinenanlage, *13.* Rekuperator, *14.* Methanisierungsreaktor, *15.* Wärmeaustauscher (Dampferzeuger), *16.* Speisewasservorwärmer, *17.* Wasserabscheidung, *18.* Methankompressor, *19.* Methantransportleitung

8.10 Wasserdampfvergasung von Kohle

Die Kohle dient in konventionellen Kohlevergasungsprozessen sowohl als Rohstoff als auch als Energielieferant für die verschiedenen Schritte der Umwandlung. Insgesamt müssen so im Verfahrensablauf bis zu 40% der eingesetzten Kohlemengen eingesetzt werden, um den Rest in Gas (z. B. Synthesegas oder Methan) zu überführen. Bei Einsatz von Wärme aus dem Heliumkreislauf einer HTR-Anlage kann die Kohle vollständig in Gas überführt werden [8.44 bis 8.48]. Entsprechend den Reaktionen

$$H_2O + C \;\rightarrow\; CO + H_2, \qquad \Delta H_1 = 118,7 \; KJ/mol \; (endotherm), \qquad (8.28)$$

$$H_2O + CO \;\rightarrow\; CO_2 + H_2, \qquad \Delta H_2 = -40,9 \; KJ/mol \; (exotherm) \qquad (8.29)$$

wird Kohle bei hohen Temperaturen und meist auch bei hohem Druck unter Zufuhr von Reaktionswärme in Gase überführt. Bei dem hier diskutierten Verfahren wird die gesamte Wärme für die Dampferzeugung, für die Aufheizung der Reaktionspartner auf Reaktionstemperatur, für die Durchführung der endothermen Reaktion sowie für die gesamte Gasaufbereitung aus dem Kernreaktor geliefert. Abb. 8.43, 8.45 zeigen stark vereinfachte Schemata für diesen Prozeß. Durch die hier vorgesehene Form der allothermen Wärmeversorgung des Gaserzeugungsprozesses kann die spezifische Gasproduktion im Vergleich zu konventionellen autothermen Verfahren um einen Faktor 1,6 bis 1,8, bezogen auf den Kohleeinsatz erhöht werden.

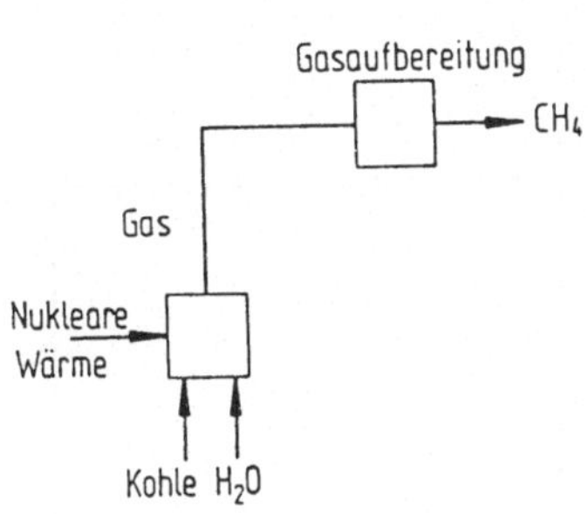

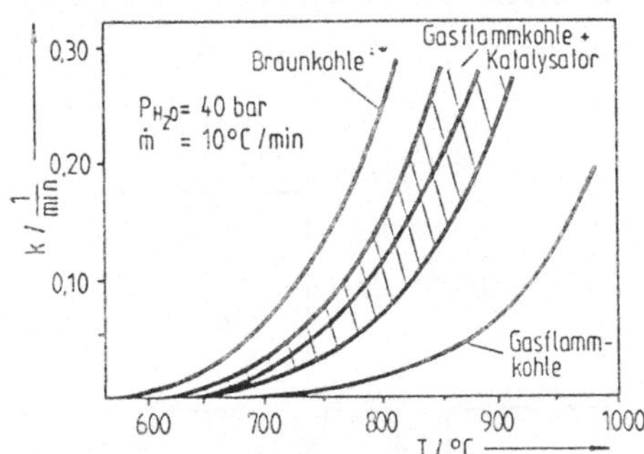

Abb. 8.43: Prinzipschema zur Wasserdampfvergasung von Kohle

Abb. 8.44: Umsatzgeschwindigkeiten verschiedener Kohlen in Abhängigkeit von der Temperatur bei der Wasserdampfvergasung [8.45]

Gemäß Abb. 8.45 wird die gesamte Reaktorwärme über einen Heliumzwischenkreislauf ausgekoppelt. Entsprechend der heute verfügbaren Reaktortechnik und Wärmeaustauschertechnik kann im Reaktorkreislauf mit einer Spitzentemperatur von 950 °C und im Zwischenkreislauf mit einer maximalen Temperatur von 900 °C gearbeitet werden. Im Zwischenkreislauf befinden sich ein Vergaser sowie ein Dampferzeuger. Der Dampf wird teils zum Betrieb der Turbinenanlage, teils als Prozeßdampf für die Vergasung benutzt. Das Sekundärhelium durchströmt Wärmeaustauscherrohre im Gasgenerator und gibt hier seine Wärme an eine Wirbelschicht aus Kohle und Dampf ab. Das im Gasgenerator erzeugte Rohgas wird entstaubt, gekühlt, von CO_2 und H_2S befreit und, sofern Methan als Endprodukt gewünscht wird, methanisiert. Soll Synthesegas als Produkt der Anlage abgegeben werden, entfällt der letztgenannte Schritt.

Wesentlich für die Durchführung des Prozesses ist, daß die Reaktionsgeschwindigkeit der Kohle ausreichend hoch ist und daß die Wärmeübertragung vom Helium an die Wirbelschicht mit ausreichend hohen Wärmeflüssen erfolgen kann. Zudem muß die Korrosionsbeständigkeit der in die Wirbelschicht eingetauchten Materialien ausreichend hoch sein. Alle drei Bedingungen sind nach dem heute erreichten Stand der Technik überzeugend erfüllt. Die Reaktionsgeschwindigkeiten, welche für verschiedene Kohlesorten festgestellt wurden (siehe Abb. 8.44, 8.46, 8.47) erlauben eine Festlegung der Vergaserabmessungen in technisch sinnvollen Grenzen sowohl für Stein- als auch für Braunkohle. Abb.8.44 zeigt beispielhaft, daß für die Wasserdampfvergasung von Braunkohle eine Reaktionstemperatur zwischen 700 und 800 °C zweckmäßig ist, während für Steinkohle eine typische Reaktionstemperatur zwischen 800 °C und 900 °C liegen sollte. Katalysatoren verbessern die Reaktionsfähigkeit. Aufgrund der hohen Wärmeübergangszahlen des Heizmediums Helium in den Rohrbündeln des Vergasers sowie des Wirbelbettes, bestehend aus Kohle, Dampf und Produktgas, lassen sich hohe Werte für die Wärmedurchgangszahl erreichen. Im Verbund mit einer logarithmischen Temperaturdifferenz von etwa 60 °C für den Vergaser folgt so eine Heizflächenbelastung von etwa 30 kW/m² im Vergaser.

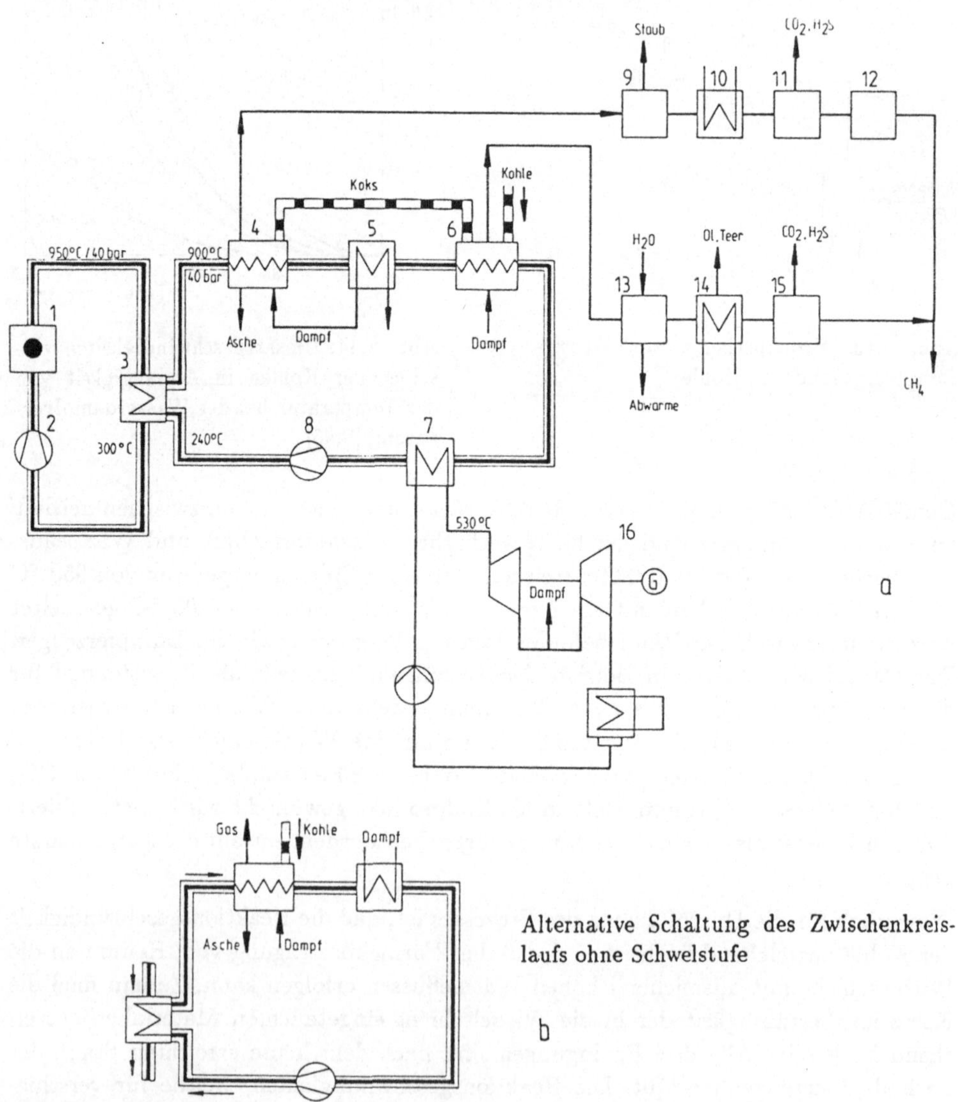

Alternative Schaltung des Zwischenkreislaufs ohne Schwelstufe

Abb. 8.45: Prinzipschema der Wasserdampfvergasung von Kohle:
1. Kernreaktor, 2. Gebläse, 3. He/He-Wärmeaustauscher, 4. Wasserdampfvergasung, 5. Dampferzeuger, 6. Schwelstufe, 7. Dampferzeuger, 8. Gebläse, 9. Entstaubung 10. Abhitzeverwertung, 11. Gaswäsche, 12. Methanisierung, 13. Abhitzeverwertung, 14. Öl- und Teerabscheidung, 15. Gaswäsche, 16. Dampfturbinenanlage

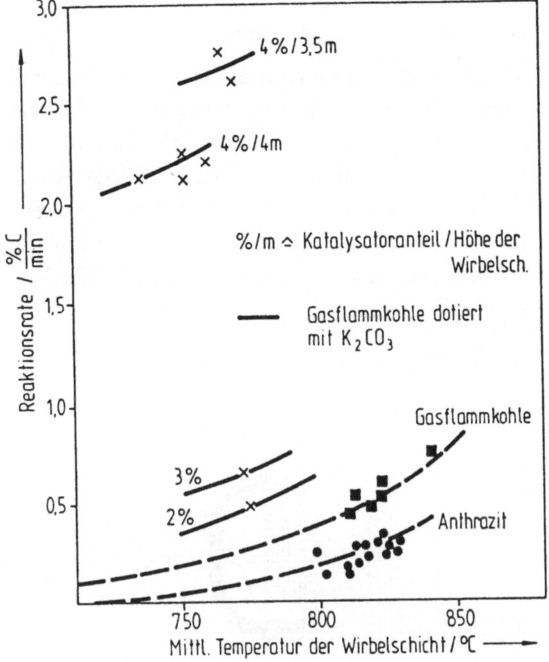

Abb. 8.46: Reaktionsraten in Abhängigkeit von der Temperatur und von Parametern des Wirbelbettes (Höhe der Wirbelschicht und des Katalysatoranteils) [8.47]

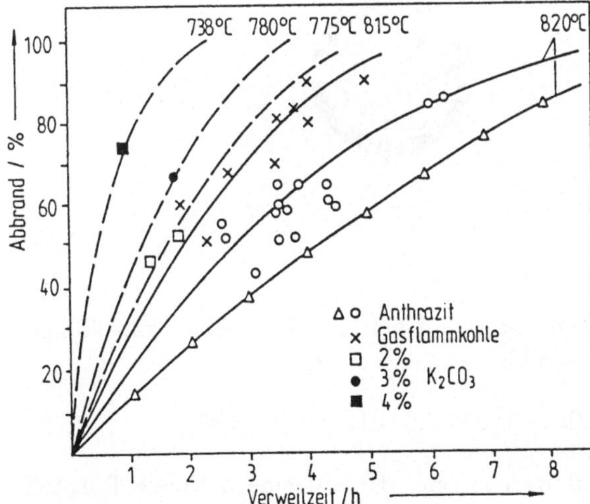

Abb. 8.47: Abbrand über Verweilzeit im Vergaser für verschiedene Temperaturen der Wirbelschicht (weitere Parameter sind Kohlesorte und Höhe des Katalysatorzusatzes) [8.47]

Die Wandtemperaturen der im Vergaser befindlichen Rohre zur Wärmeübertragung liegen bei rund 880°C. Die mechanische Auslegung sowie das Korrosionsproblem werden heute für eine Lebensdauer von 10^5 h als gelöst angesehen. Abbrand und Verweilzeit im Gasgenerator stehen über Kurven, wie sie in Abb. 8.46 und Abb. 8.47 wiedergegeben werden, in Zusammenhang. Spitzentemperaturen im Heliumzwischenkreislauf in Höhe von 900 °C sind bei Wirbelschichttemperaturen von rund 800 °C durchaus ausreichend, um genügend hohe Heizflächenbelastungen erreichen zu können.

Wesentliche Komponente des Wasserdampfvergasungsverfahrens ist der Vergaser (Abb. 8.48). Dieser ist als liegender Wirbelbettreaktor mit eingetauchten Heizflächen ausgeführt. Die Kohle wird von oben auf das Wirbelbett aufgegeben, Dampf von unten als Wirbelmedium eingeleitet. Die Asche wird über einen Auslauf diskontinuierlich abgezogen. Das Produktgas wird an der Oberseite des Behälters entnommen. Ein Vergaser mit einer Länge von 33 m und einem Durchmesser von 5 m gestattet bei 50 % Kohlenstoffabbrand einen Durchsatz von 75 t/h, während bei 96 % Kohlenstoffabbrand ein solcher von rund 30 t/h möglich wird.

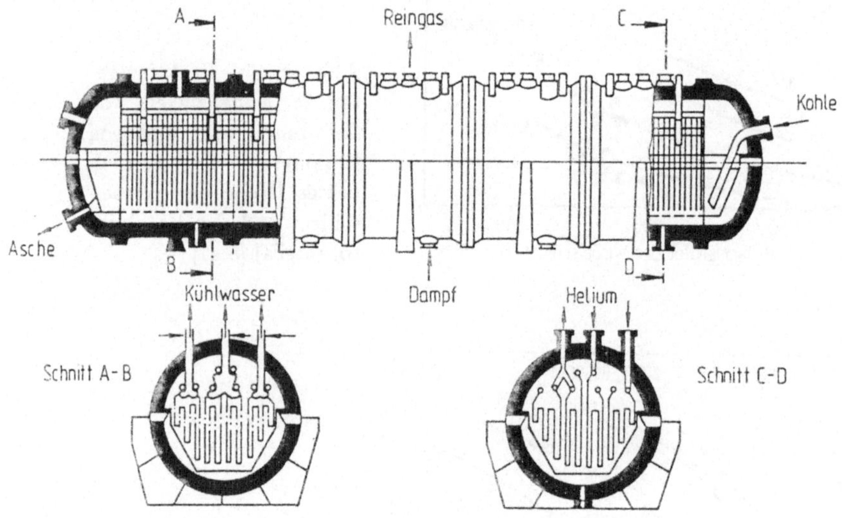

Abb. 8.48: Gasgenerator [8.49]

Bei einer Bilanzierung des Gesamtprozesses und bei Annahme eines vollständigen Kohlenumsatzes ergibt sich folgendes Bild:

$$200 \text{ MW}_{th} + 42 \text{ t Kohle/h} \rightarrow 33\,000 \text{ m}_N^3 \text{ CH}_4/\text{h} + 21 \text{ MW}_{el} \quad . \tag{8.30}$$

Ein Verbund von Kohle, Stahl und Kernenergie, der auf eine optimale Rohstoff- und Energienutzung und damit auf eine Minimierung der Produktionskosten hinzielt, kann in der im folgenden (s. Abb. 8.49) dargestellten Form verwirklicht werden [8.49, 8.50]. Kohle wird im Vergaser mit Hilfe von nuklearer Wärme bis zu einem Kohlenstoffabbrand von 50% vergast. Als Vergasungsverfahren können sowohl die Wasserdampfvergasung, die hydrierende Vergasung als auch Kombinationen beider Vergasungsprinzipien zum Einsatz kommen. Das Produktgas wird aufbereitet und einer Methanolsynthese zugeführt. Der Restkoks wird zusammen mit Eisenerz in einem sog. Eisenbadreaktor (Klöckner-Stahl-Gas-Verfahren) eingesetzt und dient dort zur Reduktion des Eisenoxids. Bei diesem Reduktionsprozeß fallen Roheisen und Gas als Produkte an. Das Gas wird als Nebenprodukt ebenfalls der Gasaufbereitung zugeführt und anschließend in der Methanolsynthese in Energiealkohol umgesetzt. Ausgehend von den Rohstoffen Kohle, Eisenerz und Uran werden so mit Hilfe der geschilderten Verbundtechnik Roheisen und Methanol als Produkte hergestellt. Der noch verbleibende Schritt zum Rohstahl wird mit Hilfe bekannter Techniken wie Sauerstoff-Aufblasverfahren oder Elektroofen unter Energieeinsatz aus dem HTR vollzogen.

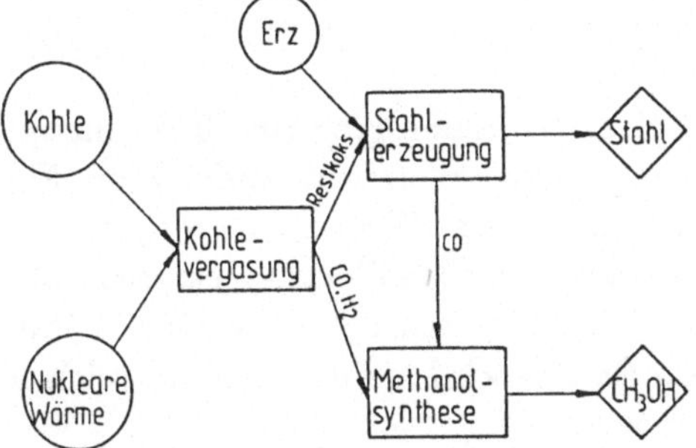

Abb. 8.49: Schema eines möglichen Verbundes von Kohle, Stahl und Kernenergie

Die Durchführung der Teilvergasung der Kohle zu Restkoks und Rohgas kann entsprechend den hier in der Bundesrepublik erfolgreich entwickelten Verfahren der nuklearen Kohlevergasung erfolgen.

Die Entwicklung der Wasserdampfvergasung ist inzwischen bis zum Bau und Betrieb einer Versuchsanlage von 5 t Kohle/Tag erfolgreich vorangetrieben worden. Der notwendige Helium/Helium-Zwischenwärmeaustauscher mit einer maximalen Heliumtemperatur auf der Primärseite von 950 °C ist als Prototyp mit einer Leistung von 10 MW mit gutem Ergebnis erprobt. Der 10jährige Betrieb des AVR mit einer Heliumaustrittstemperatur von 950 °C hat gezeigt, daß auch die nukleare Wärmequelle heute als technisch ausführbar angesehen werden kann. Alle Elemente dieses Verfahrens stehen heute damit grundsätzlich zur Verfügung.

8.11 Thermochemische Wasserspaltung

Wegen seiner universellen Verwendbarkeit in allen Sektoren des Energieverbrauchs wird Wasserstoff als ein sehr interessanter Energieträger für die Zukunft angesehen. Diese Einschätzung gründet sich insbesondere auf die schadstofffreie Verwendung dieses Stoffes sowie auf die universelle Herstellbarkeit aus Wasser unter Einsatz von Solar- oder Nuklearenergie. Während bei reinen Elektrolyseverfahren bei einem Wirkungsgrad der Elektrolyse selbst von etwa 85 % und dem heutiger Kernkraftwerke von 33 % ein Gesamtwirkungsgrad von maximal 28 % realisierbar ist, kann bei Einführung thermochemischer Kreisprozesse dieser Wirkungsgrad offenbar erheblich gesteigert werden. Es liegen heute eine Vielzahl von Verfahrensvorschlägen vor, bei denen teils auch Elektrolyseschritte mit eingeschlossen sind [8.51 bis 8.52]. Beispielsweise wird beim sog. Westinghouseprozeß Schwefelsäure thermisch bei hohen Temperaturen (max. 900 °C) gespalten und Schwefeldioxyd elektrolytisch wieder unter Wasserstofffreisetzung in Schwefelsäure überführt:

$$H_2SO_4 \rightarrow H_2O + SO_2 + \tfrac{1}{2}O_2 \quad (thermisch,\ endotherm) \tag{8.31}$$

$$SO_2 + 2H_2O \rightarrow H_2 + H_2SO_4 \quad (elektrolytisch) \tag{8.32}$$

$$H_2O \rightarrow \tfrac{1}{2}O_2 + H_2 \tag{8.33}$$

Es hat sich gezeigt, daß für diesen Prozeß ein Gesamtwirkungsgrad von 40 % (unterer Heizwert des Wasserstoffs bezogen auf alle Energieeinsätze) erreicht werden kann. Ein mögliches Schema für ein derartiges Verfahren mit einem HTR als Wärmequelle ist in Abb. 8.50 wiedergegeben. Gegenüber einer konventionellen Elektrolyseanlage sinkt bei diesem mehrstufigen Verfahren der Bedarf an elektrischer Energie für die Prozeßführung auf rund 30 %. Der Restbetrag an Energie wird aus dem Heliumkreislauf direkt oder über einen Zwischenkreislauf entnommen.

Bei einer Klasse weiterer interessanter Reaktionszyklen, wie z. B. beim General Atomic Prozeß (Abb. 8.51)

$$2HJ \quad \rightarrow \quad H_2 + J_2 \ , \tag{8.34}$$

$$SO_2 + 2H_2O + J_2 \quad \rightarrow \quad 2HJ + H_2SO_4 \ , \tag{8.35}$$

$$H_2SO_4 \quad \rightarrow \quad H_2O + SO_2 + \frac{1}{2}O_2 \ , \tag{8.36}$$

$$H_2O \quad \rightarrow \quad \frac{1}{2}O_2 + H_2 \tag{8.37}$$

wird völlig auf Elektrolyseschritte verzichtet. Das Einbringen der notwendigen Prozeßwärme geschieht nur durch Wärmeprozesse. Für diesen Prozeß auf verschieden hohem Temperaturniveau wird ein Gesamtwirkungsgrad von 47 % angegeben. Insgesamt kommt es bei diesen Entwicklungen darauf an, sowohl hohe Wirkungsgrade zu erreichen, als auch solche Reaktionszyklen zu finden, bei denen der Einsatz großer Mengen an seltenen, teueren oder toxischen Materialien oder der Einsatz verfahrenstechnisch schwieriger und aggressiver Substanzen vermieden wird. Die Erfahrungen über die Einkopplung der nuklearen Wärme, die bei der Entwicklung der Methanspaltung sowie der Kohlevergasung mit Wasserdampf gewonnen wurden, sind voll auf das vorliegende Problem übertragbar.

Insbesondere dürfte die Technik des Zwischenwärmeaustauschers für die meisten Verfahrensvorschläge für eine eindeutige Trennung von Nuklearteil und Prozeßteil unverzichtbar sein. Die besondere Attraktion bei der Entwicklung thermochemischer Kreisprozesse ist darin begründet, daß es gelingen könnte, ein Wasserstofferzeugungsverfahren, welches mit hohem Wirkungsgrad und ohne Einsatz von fossilen Rohstoffen arbeitet, zu entwickeln.

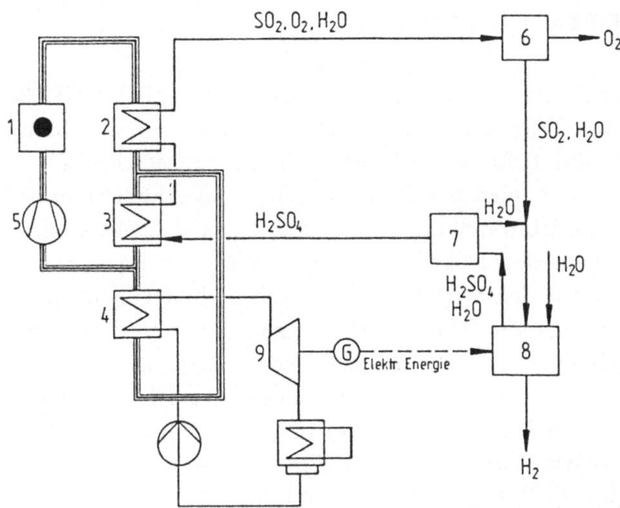

Abb. 8.50: Prinzipschema zur Wasserspaltung nach dem Westinghouseprozeß:
1. Kernreaktor, *2.* Schwefelsäurespaltung, *3.* Schwefelsäureverdampfung, *4.* Dampferzeuger, *5.* Heliumgebläse, *6.* Kondensation, *7.* Destillation, *8.* Elektrolyse, *9.* Dampfturbinenanlage

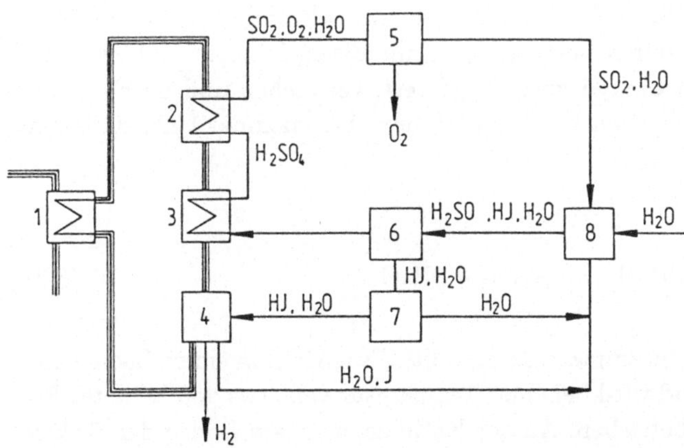

Abb. 8.51: Prinzipschaltung zur Wasserspaltung nach dem General Atomic Prozeß:
1. Helium/Helium-Zwischenwärmeaustauscher, *2.* Schwefelsäurespaltung, *3.* Schwefelsäurevorwärmung, *4.* Spaltung von Jodwasserstoff, *5.* O_2-Abtrennung, *6.* Trennung H_2SO_4/HJ, *7.* Trennung H7/H_2O, *8.* Schwefelsäureerzeugung

8.12   Aluminiumherstellung

Die Herstellung von Aluminium ist insgesamt ein sehr energieintensiver Prozeß [8.53].
Energie wird sowohl in Form von Wärme auf hohem Temperaturniveau, als Dampf
sowie als elektrische Energie benötigt. Im wesentlichen sind drei Prozeßschritte notwendig: Im ersten Verfahrensschritt wird der Rohstoff Bauxit in Aluminiumoxyd
überführt, im nächsten erfolgt die Umwandlung von Aluminiumoxyd in Aluminium
in einem Elektrolyseverfahren, im letzten schließlich die Herstellung von Reinstaluminium durch Raffination. Speziell für den ersten Verfahrensschritt findet heute weltweit das BAYER-Verfahren Verwendung. Hierbei wird zunächst in einem Bauxit-
Aufschlußverfahren Aluminiumhydroxyd in Natronlauge gelöst, um Ballaststoffe wie
Eisenoxyd, Siliziumoxyd und Titanoxyd entfernen zu können. Danach erfolgt das
Auskristallisieren und Ausfiltern von Aluminiumhydroxyd-Kristallen. Im letzten Verfahrensschritt des BAYER-Prozesses wird Aluminiumhydroxyd durch Kalzinieren in
Aluminiumoxyd überführt. Abb. 8.52 zeigt ein Prinzipschema des Gesamtprozesses. Demnach wird in einem dampfbeheizten Autoklaven oder in einem Rohrreak-
tor, der z. B. mit Wärmeträgersalz beheizt werden kann, der feingemahlene Bauxit
mit 35 bis 38 %iger Natronlauge zur Reaktion gebracht. Hierbei löst sich lediglich
das Aluminiumoxyd auf, nicht dagegen das Eisenoxyd. Das Eisenoxyd wird in einem nachfolgenden Verfahrensschritt als Rotschlamm mit Filterpressen abgefiltert.
Die Ausfällung des Aluminiumhydroxyds Al(OH)$_3$ aus der konzentrierten heißen Al-
uminatlösung erfolgt durch starke Verdünnung. Die zum Aufschluß eingesetzte Natronlauge wird bei der Ausfällung des Aluminiumhydroxyds immer wieder zurückge-
wonnen. Verluste treten nur durch Verbindungen mit Eisen, Silizium und Titan auf.
Das ausgefällte Aluminiumhydroxyd wird abgefiltert, gewaschen und durch Glühen
im Drehrohrofen oder Wirbelbetten bei Temperaturen bis maximal 1 200 °C in was-
serfreies Aluminiumoxyd umgewandelt:

$$2\text{Al(OH)}_3 \rightarrow \text{Al}_2\text{O}_3 + 3\text{H}_2\text{O} \, . \tag{8.38}$$

Dieses Aluminiumoxyd wird zusammen mit Kryolith (Na_3AlF_6) in einem Schmelzbad
elektrolysiert. Das Schmelzbad wird bei einer Temperatur von etwa 950 °C unter Einsatz von Graphitelektroden betrieben. An der Kathode, d. h. am Boden der Elektro-
lyseeinrichtung bildet sich metallisches Aluminium. An der Anode entsteht Sauerstoff,
der sich mit dem Kohlenstoff der Elektrode zu CO bzw. CO$_2$ umsetzt. Als pauschale
Reaktion für das Schmelzbad kann die Umsetzung

$$\text{Al}_2\text{O}_3 + \text{C} + \text{elektrischeEnergie} \rightarrow 2\text{Al} + 3\text{CO} \tag{8.39}$$

angesehen werden. Dieser Verfahrensschritt der Schmelzflußelektrolyse erfordert den
Einsatz großer Mengen an elektrischer Energie. Im letzten Schritt schließlich, der

Raffination des Hüttenaluminiums (99,8 %) zu Reinstaluminium (99,99 %) in einem weiteren Elektrolyseschritt, werden zusätzliche Beträge an elektrischer Energie benötigt.

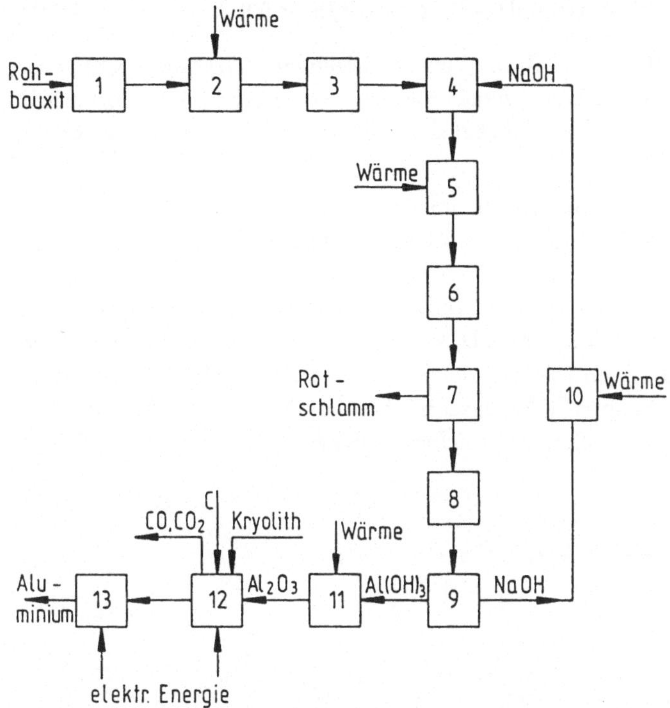

Abb. 8.52: Verfahrensprinzip der Aluminiumherstellung:
1. Brechen, Sieben, 2. Trocknen, 3. Mahlen, 4. Mischen von Bauxit und NaOH, 5. Aufschluß, 6. Entspannung, 7. Filterpressen, 8. Ausrührprozeß, 9. Hydratfilter, 10. Laugenkonzentration, 11. Kalzinieren, 12. Elektrolyse, 13. Elektrolyse, Hüttenaluminium in Reinaluminium

Die recht komplizierten Energiebilanzen können in folgender Form verkürzt wiedergegeben werden. Für die Herstellung von Aluminiumoxyd gilt:

$$2t \text{ Bauxit} + 7t \text{ Dampf} + 500 m_N^3 \text{ Heizgas} + 300 kWh_{el} \rightarrow 1t Al_2O_3 \quad . \qquad (8.40)$$

Das Heizgas kann bis zu einer Reaktionstemperatur von 850 °C durch Wärme aus dem Heliumkreislauf eines HTR substituiert werden, der Energiebetrag bis zu 1 200 °C Reaktionstemperatur wird durch Verbrennung von fossilen Brennstoffen aufgebracht. Für die Herstellung von Hüttenaluminium kann folgende Bilanz aufgestellt werden:

$$2t Al_2O_3 + 80 kg \text{ Kryolith} + 600 kg \text{ Graphit} + 15 000 kWh_{el} \rightarrow 1t \text{ Aluminium} \quad .(8.41)$$

Insgesamt kann somit eine 200 MW_{th}-Modulanlage zur Erzeugung von etwa 480 000 Jahrestonnen Aluminiumoxyd eingesetzt werden:

$$200MW_{th}(\text{Nuklear}) + 20MW_{th}(\text{fossil}) + 120t\,\text{Bauxit}/h \rightarrow 60t\,Al_2O_3/h \quad . \quad (8.42)$$

Für die Umwandlung von Al_2O_3 in Aluminium ist bei einem Wirkungsgrad für die Stromerzeugung von 40 % nochmals eine Reaktorleistung von 1 125 MW_{th} erforderlich. Die Gesamtproduktion des Komplexes beträgt dann 30 t/h oder 240 000 Jahrestonnen Aluminium.

Für die Einbindung der nuklearen Wärme insbesondere in die Prozeßschritte des BAYER-Verfahrens existieren bereits sehr detaillierte technische Vorstellungen [8.53]. Abb. 8.53 zeigt eine mögliche Nutzung der Wärme des Heliumkreislaufes für die einzelnen wärmeverbrauchenden Prozeßstufen. Technische Vorstellungen für entsprechende Wärmetauscher für die Aufwärmung von Salz oder Luft bzw. für die Einkopplung von Wärme in die Kalzinierung lassen sich aus der Technik von heliumbeheizten Dampferzeugern oder von Wasserdampf-Kohlevergasern ableiten. Die Wirtschaftlichkeit des nuklearen Gesamtverfahrens ist offenbar gesichert, sobald der Ölpreis oberhalb von 35 $/barrel liegt.

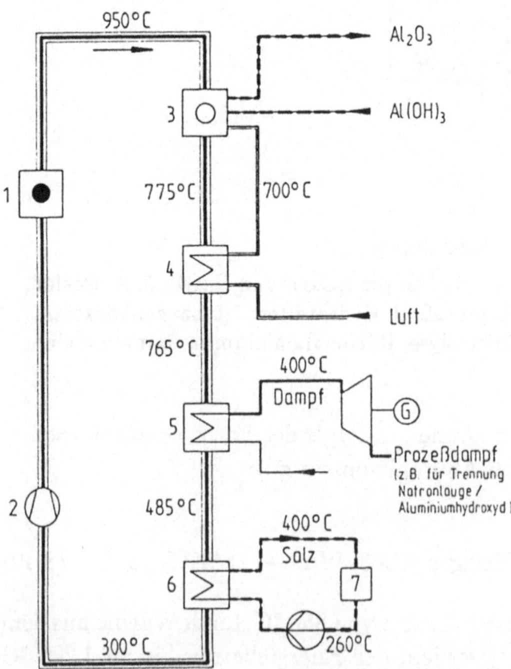

Abb. 8.53: Prinzip der Einkopplung von nuklearer Wärme in die Verfahrensschritte des BAYER-Verfahrens
1. Kernreaktor, 2. Gebläse, 3. Kalzinierapparat, 4. Luftvorwärmer, 5. Dampferzeuger, 6. Salzerhitzer, 7. Bauxitaufschluß

8.13 Technische Fragen bei der Realisierung von nuklearen Prozeßwärmeanlagen

Kernreaktoren und Hochtemperaturwärmetauscher, die mit Helium von rund 950 °C Spitzentemperatur betrieben werden, werfen einige besondere Fragen auf, die in diesem Abschnitt kurz behandelt werden sollen. Als Hochtemperaturwärmeaustauscher werden hier heliumbeheizte Röhrenspaltöfen [8.54, 8.55] und Helium-Helium-Zwischenwärmetauscher betrachtet [8.56, 8.57]. Für die nukleare Wärmequelle ergeben sich im Vergleich zu HTR-Anlagen zur Stromerzeugung, die mit einer maximalen Heliumaustrittstemperatur von 750 °C betrieben werden, insbesondere Anforderungen hinsichtlich der Auslegung der Brennelemente, der heißen Graphitstrukturbereiche, der Heißgasleitung sowie gegebenenfalls im Hinblick auf die Auslegung und Gestaltung des Abschaltsystems. Einleitend sei darauf hingewiesen, daß durch den 10jährigen erfolgreichen Betrieb des AVR-Reaktors bei einer mittleren Heliumaustrittstemperatur von 950 °C offenbar der deutliche Beweis, daß HTR-Anlagen für die erwähnten Bedingungen technisch auslegbar und ohne Probleme betreibbar sind, erbracht worden ist. Der bereits in Abb. 2.15 dargestellte Modulreaktor kann mit geringfügigen Änderungen als nukleare Wärmequelle in Kombination mit einem Röhrenspaltofen oder mit einem Helium-Helium-Zwischenwärmetauscher eingesetzt werden. Selbst bei Verwendung der MEDUL-Beschickung für die Brennelemente ergeben sich bei der Kernauslegung für diesen Reaktor (mittlere Kernleistungsdichte 3 MW/m³) bei Betrieb mit 950 °C Heliumaustrittstemperatur nur Brennstofftemperaturen von etwa 1 100 °C. Aus der Beziehung zwischen maximaler Brennstofftemperatur T_{max} und Kühlgastemperatur T_G, die in Kap. 4.1 hergeleitet wurde,

$$T_{max} - T_G = \frac{q_K}{4\pi} \left\{ \frac{1}{2\,\lambda r_i} + \frac{1}{\lambda} \left(\frac{1}{r_i} - \frac{1}{r_a} \right) + \frac{1}{\alpha\,r_a^2} \right\} \tag{8.43}$$

ergibt sich für die Abhängigkeit der Temperaturdifferenz von der Leistungsdichte $\bar{L}$ der in Abb. 8.54 wiedergegebene Verlauf. Eine Reduktion der Temperaturdifferenzen wird bei Verwendung eines Brennelementes mit innerer brennstofffreier Zone erreicht.

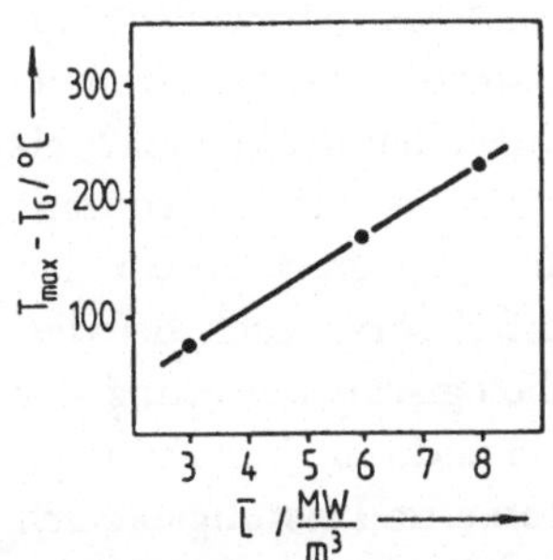

Abb. 8.54: Differenz zwischen maximaler Partikeltemperatur und Kühlgastemperatur in Abhängigkeit von der mittleren Kernleistungsdichte (ohne Peakfaktoren für die Leistungsdichte gerechnet)

Bekanntlich liegt heute die Spezifikationsgrenze für Brennelementteilchen und damit für Brennelemente bei 1250 °C. Somit könnten Leistungsdichten von 6 MW/m^3 wie beim THTR-Reaktor prinzipiell auch bei Prozeßwärmereaktoren angestrebt werden. Insbesondere um das Prinzip der passiven Nachwärmeabfuhr voll nutzen zu können und wegen einiger Gründe, die bereits in Abschn. 3.3 diskutiert wurden, ist jedoch eine Beschränkung auf 3 MW/m^3 sinnvoll.

Für die hier genannten Bedingungen sind die Brennelemente heute auch bis zu hohen Abbränden voll entwickelt. Die Kontamination des Kühlkreislaufs bleibt auch bei diesen hohen Kühlmitteltemperaturen sehr gering. Die Gasreinigung für den Heliumkreislauf von Prozeßwärmeanlagen wird so ausgelegt, daß die Korrosionsprobleme an den Brennelementen im Betrieb vergleichbar zu denen bei stromerzeugenden Anlagen sind. Bei Verwendung der OTTO-Beschickung für die Brennelemente sind die Abstände zwischen Brennstofftemperatur und Kühlgastemperatur im heißen Kernbereich noch erheblich geringer als bei MEDUL-Zyklen. Hier sei auf das Beispiel in Abschnitt 3.2 verwiesen. Die Auslegung und Gestaltung des heißen Corebodens bringt bei Prozeßwärmeanwendung des Reaktors keine grundsätzlich neuen Fragen im Vergleich zur stromerzeugenden Anlage mit sich.

Die strahlungsinduzierten Dimensionsänderungen des Graphits bleiben bei den hier gewählten Coreauslegungsparametern noch gut beherrschbar. Die Heißgasführung zwischen Reaktor und Hochtemperaturwärmeaustauscher wird, wie schon in Abb. 4.63 gezeigt, koaxial ausgeführt. Dadurch bedingt ist das Heißgasführungssystem im Betrieb nur sehr geringen Druckdifferenzen (kleiner 1 bar) ausgesetzt; somit ist im wesentlichen ein Isolationsproblem zu lösen. Keramische Isolierstoffe stehen heute für die hier zu fordernden Bedingungen auch für den Langzeiteinsatz zur Verfügung. Da beim Modulreaktor auf Corestäbe verzichtet wird und da alle Regel- und Abschaltelemente im Reflektor geführt werden, treten keine besonderen Beanspruchungen für die Stabspitzen durch hohe Temperaturen auf. Die keramischen Abschaltelemente, das KLAK-System in Bohrungen des Seitenreflektors, erweist sich bei erhöhten Betriebstemperaturen als sehr resistent. Wesentliche Sicherheitsfragen bei einer derartigen Prozeßwärmequelle sind durch die gewählte Form der Nachwärmeabfuhr bei Störfällen über die Druckbehälterwandung an ein einfaches äußeres Betonzellenkühlsystem oder den Beton selbst ähnlich überzeugend zu beantworten wie bei stromerzeugenden Anlagen. Auch das Problem der im Ablauf von Störfällen denkbaren Freisetzung von explosiblen Gasmischungen ins Containment verliert bei diesem Konzept der inhärenten Nachwärmeabfuhr an Bedeutung. Die Einhaltung einer maximalen Brennstofftemperatur von 1500 °C im hypothetischen Störfall sorgt auch bei dieser Anwendung des HTR dafür, daß keine unzulässige radiologische Belastung der Umgebung auftreten kann. Es kann auf der Basis des heute erreichten Entwicklungsstandes des HTR davon ausgegangen werden, daß Kernreaktoren im Leistungsbereich von 200 MW$_{th}$ bei Verwendung von zylindrischen Coregeometrien für die Erzeugung von nuklearer Prozeßwärme unter den hier geschilderten Bedingungen zur Verfügung stehen. Beim Übergang auf andere Kerngeometrien kann das gleiche Sicherheitskonzept sogar für Leistungen von 750 MW$_{th}$ realisiert werden. Zur technischen Ausführbarkeit von heliumbeheizten Röhrenspaltöfen [8.58 bis 8.60] läßt sich heute nach Durchführung umfangreicher Entwicklungs- und Qualifizierungsprogramme folgendes aussagen: Die bereits in Abb. 8.29 dargestellten Rohre können in dichter Anordnung zu Röhrenspaltöfen mit Leistungen bis zu etwa 100 MW/ Komponente zusammengesetzt werden. Abb. 8.55 zeigt ein Prinzipbild einer derartigen Anordnung.

Die Spaltrohre sind an einer Rohrplatte befestigt und so dicht angeordnet, daß eine genügend hohe Heliumgeschwindigkeit und damit eine hohe Wärmeübergangszahl auf der Heliumseite erreicht wird. Durch separate Führungsrohre für jedes Spaltrohr oder alternativ durch Baffle-Strukturen wird für einen guten Wärmeübergang bei vertretbarem Druckverlust gesorgt. Oberhalb der Tragplatte befinden sich Sammelkammern für das Spaltgut sowie für das Spaltgas.

Im Spaltofen kann die Wärme des Heliums im Temperaturintervall zwischen 950 °C und etwa 650 °C für die Durchführung des Spaltprozesses genutzt werden. Die verbleibende Wärme des Heliums zwischen 650 °C und 250 °C wird zur Dampferzeugung eingesetzt. In den meisten Anwendungsfällen wird dieser Dampf praktisch vollständig für die Prozeßführung benötigt. Der Dampferzeuger wird entweder dem Röhrenspaltofen als separater Apparat nachgeschaltet oder mit in den Druckbehälter des Spaltofens integriert.

Durch den jahrelangen erfolgreichen Betrieb zweier Großversuchsanlagen (1 Rohr bzw. 30 Rohre im Originalmaßstab mit Heliumbeheizung) kann heute die technische Ausführbarkeit von heliumbeheizten Röhrenspaltofen als gesichert bezeichnet werden. Aus der Vielzahl der Ergebnisse im Zusammenhang mit der Entwicklung dieses Verfahrens seien hier zwei besonders wichtige Aspekte genauer dargelegt. Wegen der guten Wärmeübertragung auf der Heliumseite (α-Zahlen von bis zu 500 W/m^{2}K) lassen sich hohe Wärmeflüsse durch die Rohrwände realisieren. Abb. 8.56 gibt die gemessenen Verläufe von Prozeß- und Heliumtemperaturen längs der Rohrachse wieder.

Bei α-Zahlen auf der Prozeßseite von rund 1 000 W/(m^2 K) sind Wärmeflüsse von im Mittel 60 kW/m^2 praktisch erreichbar. Damit ist die Auslegung genügend kompakter Röhrenspaltofen mit Leistungsdichten von rund 0,7 MW/m^3 möglich. Hinsichtlich der Festigkeitsfragen bei maximalen Rohrwandtemperaturen von etwa 900 °C, die im heißen Bereich der Rohre auftreten, können heute nach der Durchführung umfangreicher Werkstoffuntersuchungs- und Qualifizierungsprogramme folgende Aussagen gemacht werden [8.61 bis 8.68]: Im Betrieb werden die Rohre mit einer sehr geringen Druckdifferenz von 2 bar zwischen Helium- und Prozeßseite beansprucht. Angesichts von Festigkeitswerten der vorgesehenen Werkstoffe Incoloy 617, Incoloy 800 (Abb. 8.56, 8.57, 8.58) und der schon erwähnten Wandstärke von 10 mm für die Rohre besteht ein hoher Sicherheitsfaktor auch für eine Langzeitauslegung der Komponente für 10^{5}h Lebensdauer. Die im Normalbetrieb aufgrund des Wärmeflusses auftretenden Wärmespannungen werden durch Kriechvorgänge weitgehend abgebaut. Zusätzliche transiente Wärmespannungen beim An- und Abfahren der Anlage werden durch Begrenzung der zulässigen Transienten auf wenige °C/min auf vertretbare Werte begrenzt.

Im Rahmen der Entwicklungsarbeiten des vergangenen Jahrzehnts wurden technisch handhabbare Ansätze zur Beurteilung der Beanspruchungen von Spaltrohren, zur Schadensakkumulation sowie zu Versagensmodellen erarbeitet [8.64, 8.66].

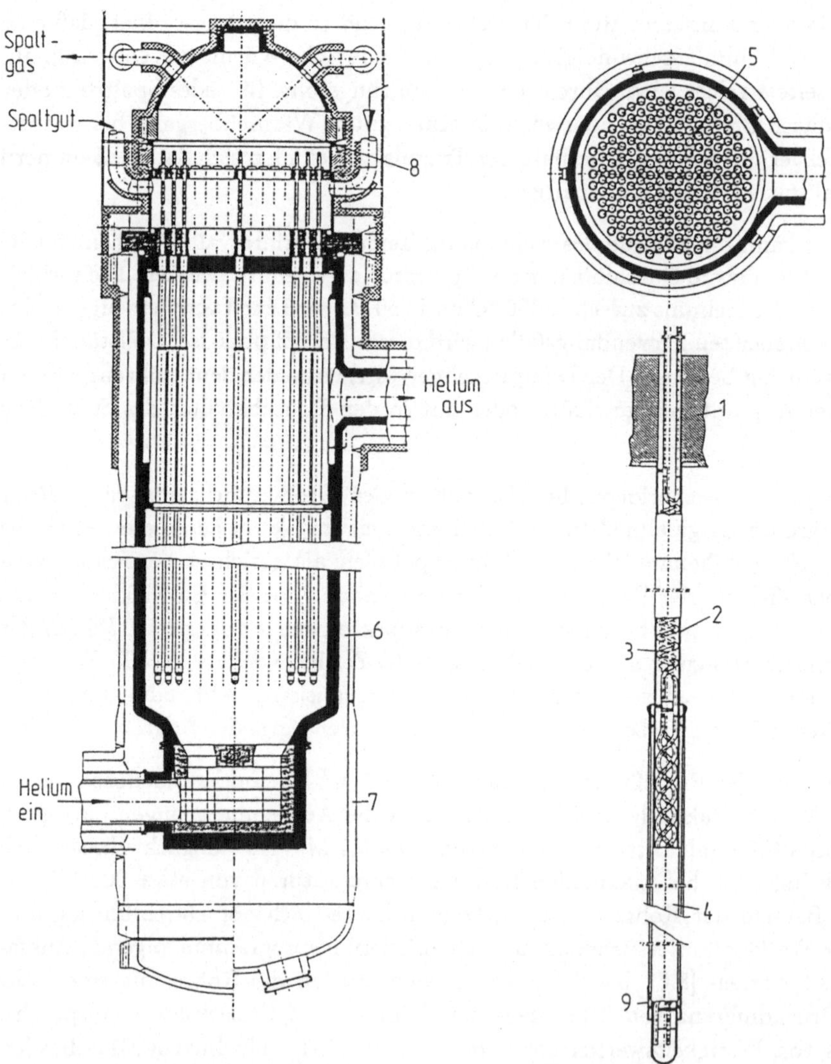

Abb. 8.55: Heliumbeheizter Röhrenspaltofen [8.58]:

1. Tragplatte, *2.* Spaltrohr, *3.* interner Rekuperator, *4.* Katalysatorschüttung, *5.* Rohrbündel, *6.* Strömungsmantel, *7.* Druckbehälter, *8.* Sammelkammer für Spaltgut bzw. Spaltgas, *9.* Führungsrohr für Spaltrohr

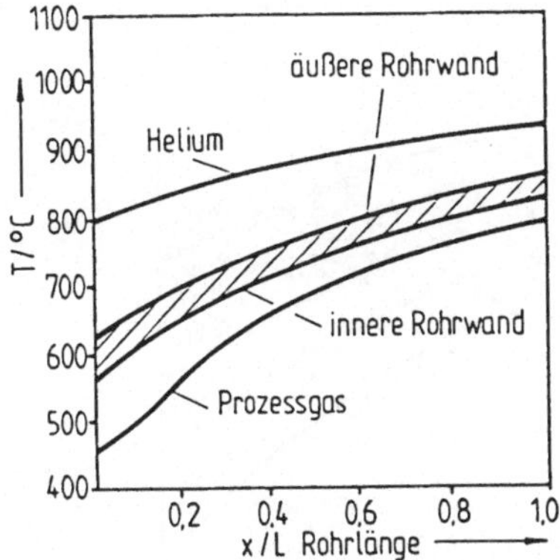

Abb. 8.56: Gemessene Verläufe der Prozeß- und Heliumtemperaturen sowie der Rohrwandtemperaturen längs der Rohrachse

Störfälle mit Druckentlastung auf einer Seite können für vergleichsweise kurze Zeiten mehrfach während der Lebensdauer von der Komponente ohne Beschädigung ertragen werden. Das Verhalten der Rohre bei Last- und damit Dehnungswechseln ist für einen praktischen Betrieb ausreichend gut, wie Abb. 8.59 zeigt. Eine verläßliche Auslegung für die heute bekannten Betriebsbedingungen ist damit möglich. Das Korrosionsverhalten der Spaltrohrwerkstoffe unter der Einwirkung von Prozeßgas sowie von Verunreinigungen auf der Heliumseite ist heute gut bekannt und kann als unproblematisch eingeschätzt werden. Wichtige Daten eines Röhrenspaltofens zur Ankopplung an einen Modulreaktor (Leistung 200 MW) sind in Tab. 8.5 wiedergegeben.

Tab. 8.5:   Daten eines heliumbeheizten Röhrenspaltofen

Parameter	Dimension	Wert
Leistung	MW	71
Heliumtemp.	° C	950 → 720
Spaltendtemp.	° C	810
Spaltgasmenge	kg/s	40,9
Rohranzahl	-	234
Rohrabmessungen	mm × mm	116 × 8
Rohrlänge	mm	14000
Bündeldurchmesser	mm	3400

Je nach Anwendungsfall für den steam reforming-Prozeß können die Daten etwas von den in Tab. 8.5 genannten abweichen, besonders die für den Spaltprozeß ausgenutzte Temperaturdifferenz im Heliumkreislauf.

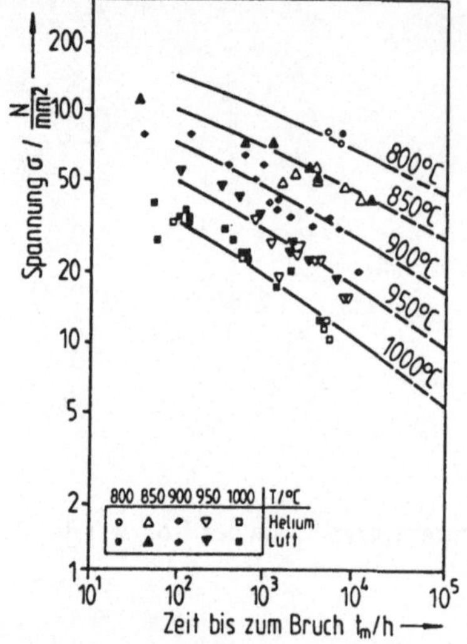

Abb. 8.57: Zeitstandfestigkeit des Werkstoffs Inconel 617 in Abhängigkeit von Temperatur und Zeit [8.62]

Abb. 8.58: Spannung für 1 % Kriechdehnung für den Werkstoff Inconel 617 in Abhängigkeit von Zeit und Temperatur [8.62]

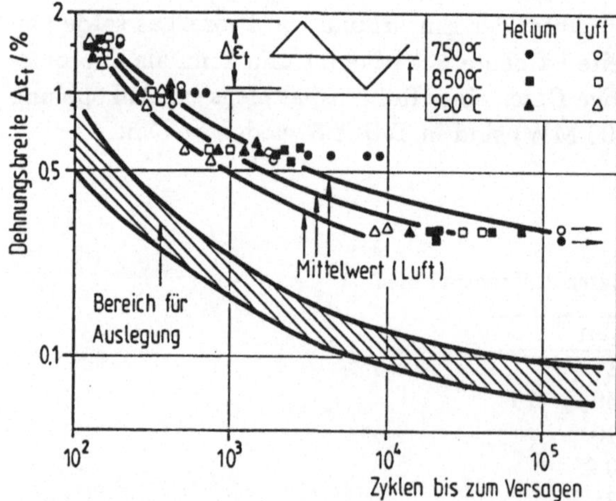

Abb. 8.59: Zulässige Dehnungsbreiten in Abhängigkeit von der Zyklenzahl für den Spaltrohrwerkstoff Inconel 617 [8.62]

Insgesamt bleibt festzustellen, daß heliumbeheizte Röhrenspaltöfen auch unter den Bedingungen eines kerntechnischen Genehmigungsverfahrens heute baubar und über einen wirtschaftlich vertretbaren Zeitraum betreibbar sind. Helium-Helium-Zwischenwärmetauscher sollen auf der Primärseite mit einer maximalen Heliumtemperatur von 950 °C und auf der Sekundärseite von 900 °C arbeiten. Die Druckdifferenz im Betrieb über der Rohrwand beträgt nur rund 2 bar. Nur im Störfall der Druckentlastung auf einer der Seiten steht für kurze Zeit der volle Betriebsdruck von etwa 40 bar an. Auch diese Apparate sollen möglichst kompakt ausgeführt sein und eine wirtschaftliche Lebensdauer von 10^5 Stunden erreichen. Ein technisches Konzept, welches diesen Ansprüchen genügt, ist in Abb. 8.59 und 8.60 wiedergegeben. Tab. 8.6 enthält einige wesentliche Daten für dieses neuartige Wärmetauschersystem.

Tab. 8.6:   Daten eines Helium/Helium - Zwischenwärmetauschers

Parameter	Dimension	Wert
Leistung	MW	170
Rohranzahl	-	2000
Rohrabmessungen	mm × mm	22 × 2
Rohrlänge	m	100
Bündelhöhe	mm	17700
Bündeldurchmesser	mm	3000

Hier wird ein Helixwärmetauschersystem verwendet, bei dem das Primärhelium im Außenraum des Rohrbündels und das Sekundärhelium durch die helissenförmig gebogenen Rohre strömt. Die Rohre sind in einer oberen Tragplatte, die gleichzeitig als Sammelkammer für das kalte Sekundärhelium fungiert, befestigt. Ein zentraler Rückführungskanal für das sekundäre heiße Helium ist im unteren Bereich als Sammler ausgebildet. In diesen Sammler sind die Wärmetauscherrohre eingeschweißt. Wie beim Konzept des Dampferzeugers in Abschn. 4.6 bereits näher erläutert wurde, sind die Wärmetauscherrohre in Tragsternen geführt und dort schiebbar befestigt. Das primäre heiße Helium strömt von unten in die Komponente ein und wird zwischen dem Druckbehälter und einem inneren Gasführungsmantel relativ kalt (300 °C) wieder aus der Komponente koaxial herausgeführt. Auch bei dieser Komponente können Wärmeflüsse von rund 50 kW/m^2 erreicht werden und folglich kompakt gestaltete Apparate realisiert werden. Die maximalen Rohrwandtemperaturen im Normalbetrieb liegen bei rund 920 °C und somit ist ein Werkstoff, wie in Abb. 8.57 dargestellt, einsetzbar. Durch den erfolgreichen Langzeitbetrieb eines großen Testbündels (10 MW-Leistung) mit einem im Originalmaßstab ausgeführten Sammler ist inzwischen die technische Ausführbarkeit auch dieser Komponente belegt. Auch die zu erwartenden Betriebs- und Störfalltransienten sind beherrschbar. Als ein wesentliches Kopplungsproblem bei der Prozeßwärmenutzung [8.69 bis 8.75] wurde der Übertritt von Tritium ins Prozeßgas angesehen. Es ist heute bekannt, daß durch Bildung von Oxydschichten auf den Wandungen etwa der Spaltrohre genügend hohe Hemmfaktoren für eine zuverlässige Begrenzung der Tritiumpermeationsrate erreicht werden. Die neuartige Frage der Handhabung von Prozeßgasen im Reaktorschutzgebäude wurde bereits angesprochen und ist bei Anwendung des neuartigen Sicherheitskonzeptes von Modulreaktoren für die Beurteilung der Reaktorsicherheit nicht von entscheidender Bedeutung. Die Kontamination von Komponenten durch abgelagerte Spaltprodukte wird sich voraussichtlich in einer Höhe bewegen, die Inspektionen und Reparaturen zuläßt. Insgesamt besteht heute die Einschätzung, daß die Kopplungsprobleme lösbar sind und daß damit die hier angesprochenen Verfahren technisch, sicherheitstechnisch und für hinreichend langen Dauerbetrieb realisiert werden können.

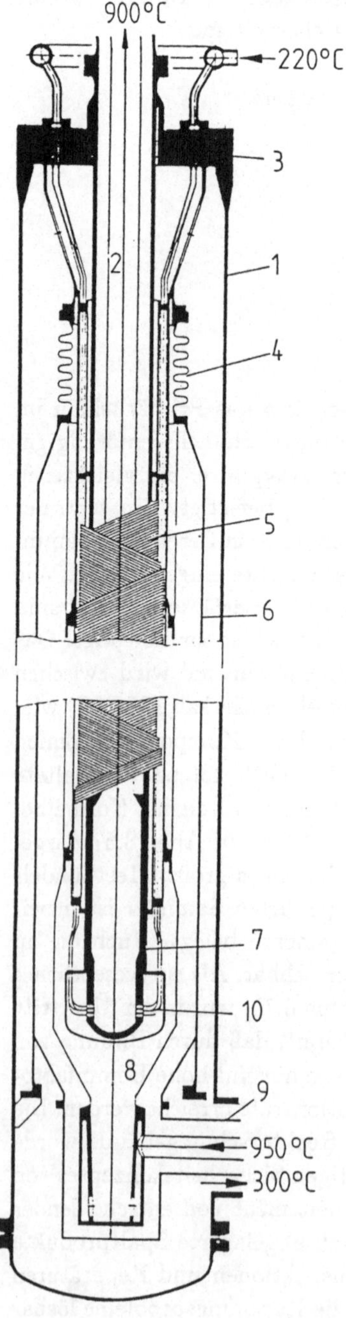

Abb. 8.60: Helium/Helium-Zwischenwärmetauscher [8.62]: *1*. Druckbehälter, *2*. Heißgasrohr mit innerer Isolierung, *3*. Tragplatte, *4*. Kompensator, *5*. Helixbündel, *6*. Strömungsmantel, *7*. heißer Sammler, *8*. Mischkammer, *9*. Koaxialleitung für Primärgas, *10*. Schockschutz für heißen Sammler

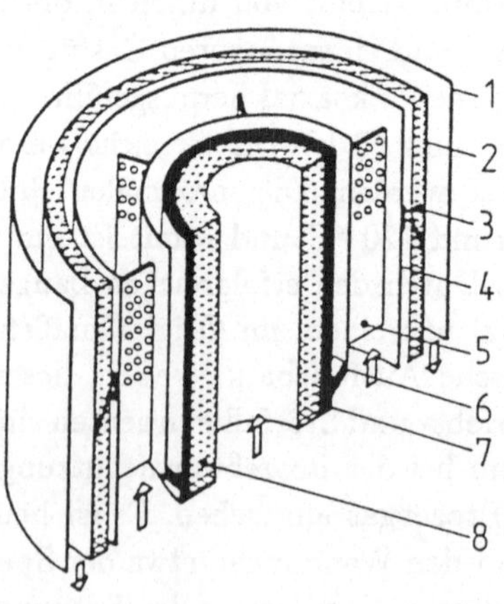

Abb. 8.61: Radialer Aufbau beim Helium/Helium - Zwischenwärmetauscher [8.62]: *1*. Druckbehälter, *2*. äußerer Strömungsmantel, *3*. Isolierung, *4*. innerer Strömungsmantel, *5*. Tragplatte, *6*. Tragzylinder, *7*. Heißgasrückführungsrohr, *8*. Isolierung

9 Brennstoffversorgung und -entsorgung bei HTR-Anlagen

9.1 Übersicht

Die heute gültige Brennstoffversorgungs- und Brennelemententsorgungskette für Hochtemperaturreaktoren mit kugelförmigen Brennelementen umfaßt, wie in Kapitel 1 bereits im Prinzip dargelegt wurde, folgende Stationen:

- Herstellung der beschichteten Brennstoffteilchen und der gesamten Brennelemente,

- Zwischenlagerung der abgebrannten Brennelemente auf dem Reaktorgelände bzw. in externen Zwischenlagern,

- Konditionierung von Brennelementen für die Endlagerung,

- Endlagerung der Brennelemente.

Die direkte Endlagerung von abgebrannten Brennelementen ist heute für alle HTR-Anlagen mit kugelförmigen Brennelementen (AVR, THTR, Nachfolgeanlagen) als alleiniger Entsorgungsweg vorgesehen. Dies ist sinnvoll, da Wiederaufbereitungsanlagen für HTR-Brennelemente heute nicht zur Verfügung stehen und sich angesichts des hohen Abbrandes und der gegenwärtigen Uranpreise bzw. Kosten der Wiederaufarbeitung eine solche Abfallbehandlung derzeit wirtschaftlich nicht vertreten läßt. Die günstigen Eigenschaften von abgebrannten HTR-Brennelementen wie die Einbettung in keramische Stoffe, die gute Rückhaltung der Spaltprodukte sowie die geringe Nachwärmeproduktion und das niedrige Spaltproduktinventar pro Volumeneinheit legen diese Vorgehensweise nahe.

Die Brennstoffmenge, die jährlich für eine HTR-Anlage bereitgestellt werden muß, läßt sich sehr einfach aus einer Energiebilanz für die thermische Arbeit ermitteln. Der jährliche Brennstoffbedarf folgt aus der Beziehung:

$$\dot{m}_B^0 = \frac{A_{th}}{B} = \frac{N_{th}^0 \cdot T}{B} = \frac{N_{el}^0 \cdot T}{\eta_{ges} \cdot B} \cdot 100 \qquad (9.1)$$

mit den Größen:

$$\dot{m}_B^0 \quad = \quad \text{jährlicher Brennstoffbedarf (t Schwermetall/a),}$$

$$N_{el}^0 \quad = \quad \text{elektrische Nettoleistung (MW}_{el}\text{),}$$

$$\eta_{ges} \quad = \quad \text{Nettowirkungsgrad (\%),}$$

$$T \quad = \quad \text{Vollastbetriebszeit (d/a),}$$

$$B \quad = \quad \text{Abbrand (MWd/t Schwermetall),}$$

$$A_{th} \quad = \quad \text{thermische Jahresarbeit (MWd/a).}$$

Die Natururanmenge, welche jährlich aufgewendet werden muß, um die Brennelemente entsprechend der Brennstoffmenge $\dot{m}_B^0$ zu produzieren, kann aus einer Mengenbilanz für einen Trennprozeß bestimmt werden zu:

$$\dot{m}_U = \dot{m}_B^0 \cdot \frac{a - a_T}{a_{nat} - a_T} \cdot f \cdot \frac{G(U^{235})}{G(U^{235}) + G(Th^{232})} \qquad (9.2)$$

$$\dot{m}_U \quad = \quad \text{jährliche Natururanmenge (t/a),}$$

$$a \quad = \quad \text{Anreicherung der frischen Brennelemente (\%),}$$

$$a_{nat} \quad = \quad \text{Anreicherung des Natururans (\%),}$$

$$a_T \quad = \quad \text{Anreicherung des Resturans aus der Anreicherungsanlage (\%),}$$

$$f \quad = \quad \text{technischer Faktor (-),}$$

$$G\,(U^{235}) \quad = \quad \text{Gewicht } U^{235} \text{ im Brennelement (g),}$$

$$G\,(Th^{232}) \quad = \quad \text{Gewicht } Th^{232} \text{ im Brennelement (g).}$$

Zur Charakterisierung von Brennstoffzyklen und bei Strategierechnungen wird oft der Begriff des spezifischen Uranverbrauchs ζ mit der Dimension (t Erz/(GW$_{el}$·a)) benutzt. Diese Größe kann auf der Basis der oben angegebenen Formeln zu

$$\zeta = \frac{\dot{m}_U}{N_{el}^0 \cdot T} = \frac{a - a_T}{a_{nat} - a_T} \cdot f \cdot \frac{100}{\eta_{ges} \cdot B} \qquad (9.3)$$

bestimmt werden. Hoher Wirkungsgrad der Anlage sowie hoher Brennstoffabbrand helfen demnach den spezifischen Uranverbrauch gering zu halten. Die hier diskutierten Größen seien für den Fall des THTR abgeschätzt. Mit $N_{el}^0 = 300$ MW, $\eta_{ges} = 40\,\%$, $B = 100\,000$ MWd/tSM, $a = 93\,\%$, $a_{nat} = 0,711\,\%$, $a_T = 0,2\,\%$, $f = 1,05$, $T = 300$ d/a folgt der jährliche Brennstoffbedarf zu $\dot{m}_B^0 = 2,25$ t Schwermetall/a. Wegen der speziellen Brennelementauslegung des THTR (≈ 1 g U^{235} + 10 g Th^{232} im Brennelement) bedeutet dies, daß jährlich rund 204 kg U^{235} dh. etwa 200 000 Brennelemente nachgeladen werden müssen. Die jährlich aufzuwendende Uranmenge für den THTR beträgt $\dot{m}_U = 39$ t U_{nat}. Der spezifische Uranverbrauch ζ liegt bei 160 t U_{nat}/(1 GW$_{el}$·a).

9.2   Herstellung von HTR-Brennelementen

Für alle kugelförmigen Brennelemente bestehen gemeinsame Merkmale, so der Durchmesser von 60 mm, der Aufbau aus einer inneren gepreßten Zone, die die beschichteten

Brennstoffteilchen enthält, sowie der äußeren Graphitschale von in der Regel 5 mm
Dicke. Innerhalb dieser Randbedingungen variieren die Daten der Brennelemente teils
erheblich. Brennelemente für den THTR weisen die Merkmale nach Tab. 9.1 auf. Im
langjährigen Leistungsbetrieb des AVR und in Tests in anderen Reaktoren sind diese
Elemente qualifiziert worden [9.1 bis 9.10].

Tab. 9.1:   Wesentliche Beanspruchungen der THTR - Brennelemente

Abbrand	14,1 % FIMA
schneller Neutronenfluß	$6,3 \cdot 10^{21}$ n/cm^2 (E > 0,1 MeV)
maximale Leistung (kurzzeitig)	3,8 kW/BE
maximale Brennelementober- flächentemperatur (kurzzeitig)	1000 °C
maximale Brennstoff- temperatur (kurzzeitig)	1200 °C

Hier soll beispielhaft auf die Herstellung des THTR-Brennelements [9.1 bis 9.6] näher
eingegangen werden. Um die verfahrenstechnischen Aspekte der Herstellung besser
beurteilen zu können, sei nochmals kurz auf den Aufbau und die Funktion der Be-
standteile der Brennelemente verwiesen. Der Brennstoff Uranoxid hat die Form kleiner
Kerne mit einem Durchmesser von rund 0,5 mm. Jeder dieser Brennstoffkerne wird
mehrfach mit Pyrokohlenstoff beschichtet (BISO-Partikel). Bei Brennelementen für
neue Anlagen wird eine zusätzliche Schicht aus Siliziumcarbid um die Partikel herum
vorhanden sein. Wie schon erwähnt, ist die innere Pyrokohlenstoffschicht porös und in
der Lage, insbesondere gasförmige Spaltprodukte aufnehmen zu können. Die äußere
sehr dichte, pyrolytische Kohlenstoffschicht ist die eigentliche Barriere, die die Spaltproduktrückhaltung in den Partikeln gewährleistet. Die zusätzliche Siliziumcarbid-
schicht erhöht die Zuverlässigkeit der Spaltproduktbarriere und ergibt besonders bei
hohen Störfalltemperaturen (bis zu 1 600 °C) eine praktisch vollständige Rückhaltung
der Spaltprodukte. Die beschichteten Brennstoffpartikel sind in der inneren Matrix
des Brennelements homogen verteilt angeordnet.

Äußere Graphitschale und innere Brennstoffmatrix bestehen aus dem gleichen Graphit, der, wie im folgenden noch dargelegt wird, aus Graphitpulver und einem
Harzbinder nach speziellen Verfahren hergestellt wird. Die Brennelemente eines Reaktors werden für maximale Betriebsbedingungen ausgelegt (siehe Tab. 9.1). Die
gleichmäßige Verteilung des Brennstoffs in der Graphitmatrix gewährleistet eine gute
Ableitung der Wärme, niedrige Temperaturgradienten und damit auch geringe Spannungen im Graphitkörper. Die Herstellung der Brennelemente beinhaltet drei Teilas-
pekte: die Herstellung von Kernen aus Brennstoff, die Herstellung vollständig be-
schichteter Teilchen und schließlich die Produktion von Brennelementen. Anhand
von Abb. 9.1 sei die Fertigung von unbeschichteten Brennstoffkernen beschrieben:
Zunächst wird angereichertes U^{235}, welches als UF$_6$ angeliefert wird, durch eine Zahl
von Prozeßschritten in ein nahezu fluoridfreies Oxid oder Carbid überführt. Po-
lyvinylalkohol (PVA) wird zu einer Uran- oder Uran-Thorium-Nitratlösung zugegeben. Nach dem sog. Gel-Fällungsverfahren wird dann durch Vibrationsvertropfung

der wässrigen Lösung eine Formgebung zu kleinen Partikeln erreicht. In einer nächsten Stufe werden die Tropfen durch chemische Reaktionen mit Ammoniak in einer Fallstrecke und abschließend in einem Fällbad verfestigt. Anschließend erfolgt eine Waschung in Isopropanol.

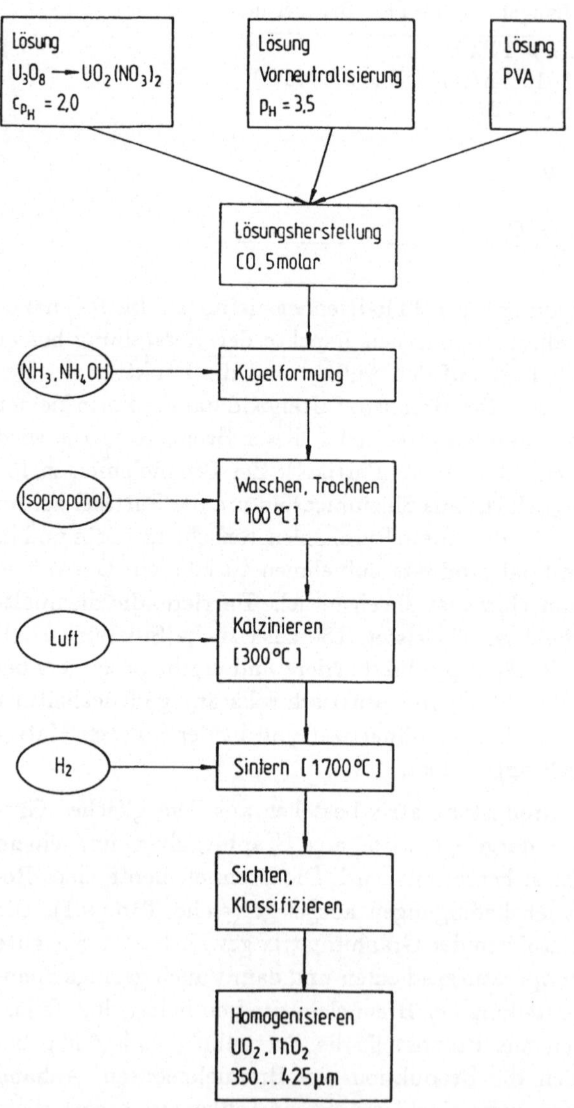

Abb. 9.1: Herstellung von Partikelkernen für kugelförmige Brennelemente des THTR

Die kleinen Partikeln werden in weiteren Verfahrensabläufen getrocknet und in Wasserstoff bei hohen Temperaturen gesintert. Danach erfolgt eine Klassifizierung und Homogenisierung der Kerne. Wesentlich für die Qualität der Kerne sind gute Rundheit, engbegrenzte Durchmesserverteilung sowie das annähernde Erreichen des Wertes der theoretischen Dichte.

Die Abweichungen von den Spezifikationen bei der Partikelherstellung sind heute relativ gering, wie folgende Daten belegen (Tab. 9.2):

Tab. 9.2:   Abweichung von der Spezifikation bei der Kernherstellung

Zahl der Teilchen im spezifizierten Durchmesserbereich	95 %
Partikeldichte (bezogen auf theoretisch erreichbare)	96 ... 99 %
Th/U -Verhältnis	$< \pm 0,3$ % des spezifizierten Wertes
Rundheit (d_{max}/d_{min})	$< 1,1$ für 90% der Partikeln

Auch andere Herstellungsverfahren, die andersartige Lösungsmittel benutzen, sind bekannt und erprobt. Es sei hier auf die diesbezügliche Literatur verwiesen [9.5].

Der zweite wesentliche Verfahrensschritt ist die Beschichtung der Brennstoffkerne mit geeigneten Coatingschichten. Diesen Verfahrensschritten kommt allergrößte Bedeutung zu, da von ihrer Qualität die Spaltproduktfreisetzung aus HTR-Brennelementen im Normalbetrieb und bei Störfällen entscheidend abhängt. Die Entwicklung von dichten und zuverlässigen Beschichtungen war die wesentliche Voraussetzung für die Ausführbarkeit des heutigen Konzeptes von HTR-Anlagen. Die Beschichtung der Brennstoffkerne erfolgt in Wirbelbettreaktoren (siehe Abb. 9.2, 9.4).

Je nach Typ der Schicht wird in diesen Wirbelbetten eine Pyrolyse von Acetylen, Methan oder aber auch Acetylen-Propylen-Gemischen durchgeführt. Die Abscheidung des Kohlenstoffs erfolgt im Temperaturbereich je nach Gas zwischen 1 000 und 2 100 °C. Wenn eine zusätzliche Schicht aus SiC bei TRISO-Partikeln aufgebracht werden soll, wird bei etwa 1 500 °C eine Zersetzung von Methyltrichlorsilan herbeigeführt. Die Abscheidungsprozesse hängen in komplizierter Weise von Parametern wie Aufenthaltszeit, Kerngröße, gewünschter Coatingdicke und Wirbelbettabmessungen ab. Hochdichte Schichten aus pyrolytischem Graphit werden besonders günstig bei hohen Temperaturen (bis 2000 °C) durch Pyrolyse von Methan, bei niedrigen Temperaturen (bis 1400 °C) durch Pyrolyse von Propylen oder Propan erzeugt.

Wesentliche Qualitätsmerkmale gut hergestellter Coatingschichten sind enge Bandbreiten für die Dicke und Dichte der einzelnen Schichten, hohe Isotropie der Schichtmaterialien, ein sehr niedriger Defektanteil von rund 10^{-5} sowie geringe Urankontamination der Schichten. Welch hoher Stand heute erreicht ist, sei durch Abb. 9.3 belegt, in der die Gasfreisetzung (Kr^{85m}) in Abhängigkeit von der Bestrahlungsdauer aufgetragen ist. Als Vergleichsmaßstab ist das Freisetzungsäquivalent eines einzigen defekten Teilchens eingezeichnet. Die Technik der Beschichtung in Wirbelbetten

ist heute ausgereift, ein Ausführungsbeispiel für eine derartige Anlage, welche die
Zuführung der einzelnen Medien zeigt, ist in Abb. 9.4 wiedergegeben.

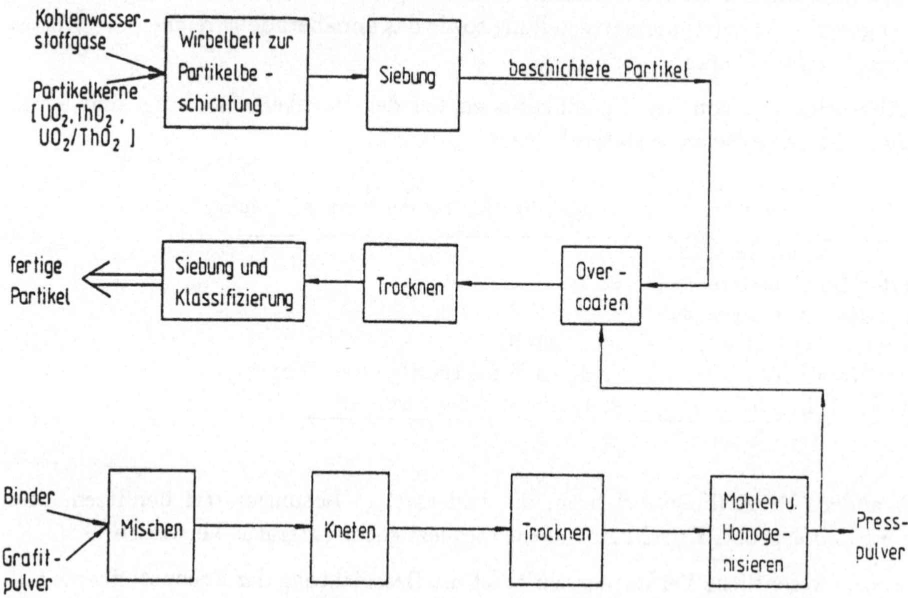

Abb. 9.2: Herstellung von beschichteten Kernbrennstoffpartikeln sowie von Preßpulver

Die fertigen beschichteten Partikel werden gesiebt, mit Preßpulver umhüllt, getrocknet und stehen nach abschließender Siebung und Klassifizierung zur Brennelementherstellung zur Verfügung. Das für die Brennelementherstellung erforderliche Preßpulver
wird aus einem Bindermaterial und Graphitpulver über Knet-, Trocken- und Mahl-
vorgänge hergestellt.

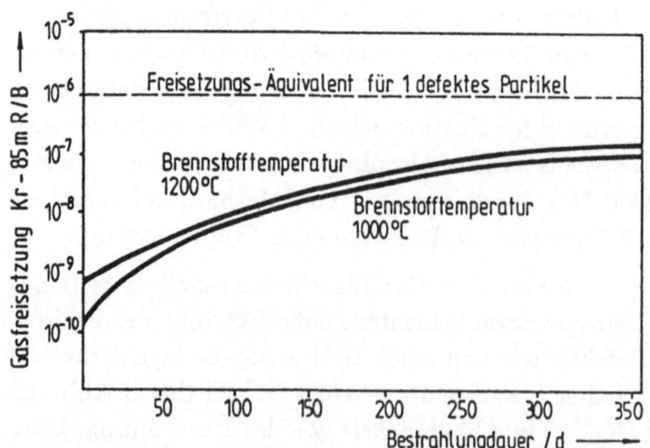

Abb. 9.3: Freisetzung aus bestrahlten TRISO-Partikeln [9.11]

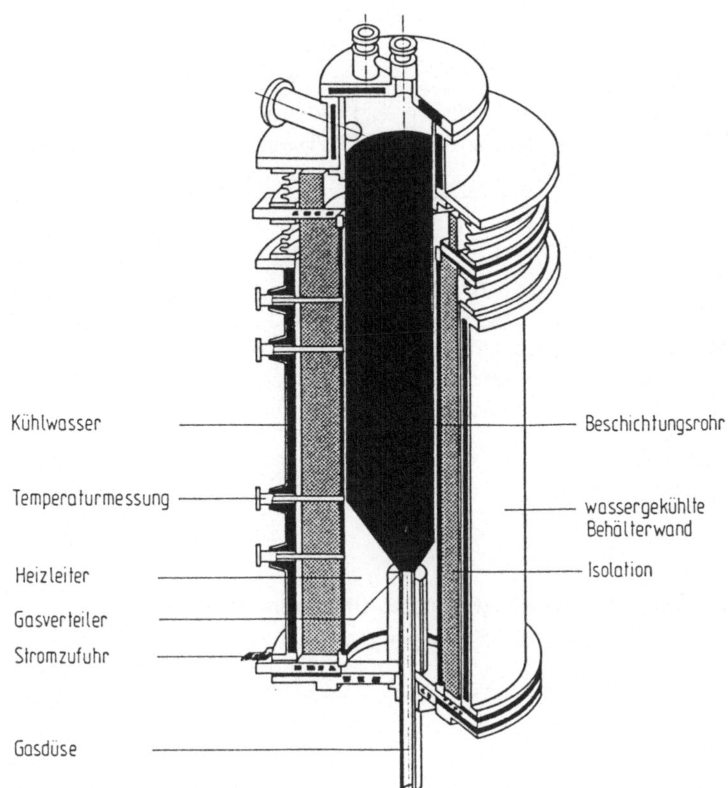

Abb. 9.4: Wirbelbett zur Beschichtung von Brennstoffkernen

Der erste Schritt zur Herstellung kugelförmiger Brennelemente (Abb. 9.5) ist die Bereitstellung des für den Kugelpreßvorgang notwendigen Preßpulvers. Aus einer Mischung von etwa 75 % Graphitpulver, 15 % Petrolkoks und 10 % Phenolharz wird durch Kneten, Trocknen und anschließendes Mahlen Preßpulver hergestellt. Diese Mischung ist so eingerichtet, daß im späteren Material optimale Festigkeit und hohe Korrosionsbeständigkeit erreicht werden. Verunreinigungen im Graphit (Spurenelemente wie Eisen, Chrom und Nickel), die bei Korrosionsvorgängen katalytisch wirken könnten, werden so gering wie möglich gehalten.

Ein Teil des Preßpulvers wird zum Umhüllen der fertigen beschichteten Brennstoffteilchen ("overcoaten") eingesetzt, ein anderer Teil wird zur endgültigen Herstellung der Matrix verwendet. Das Overcoating verhindert, daß beim späteren Preßprozeß Partikeln direkt in Kontakt kommen. Aus den umhüllten Partikeln wird zunächst der brennstoffhaltige Kern von 50 mm Durchmesser geformt. Um diese Brennstoffmatrix herum wird dann in einem zweiten Preßschritt die brennstofffreie Schale mit 5 mm Dicke gepreßt.

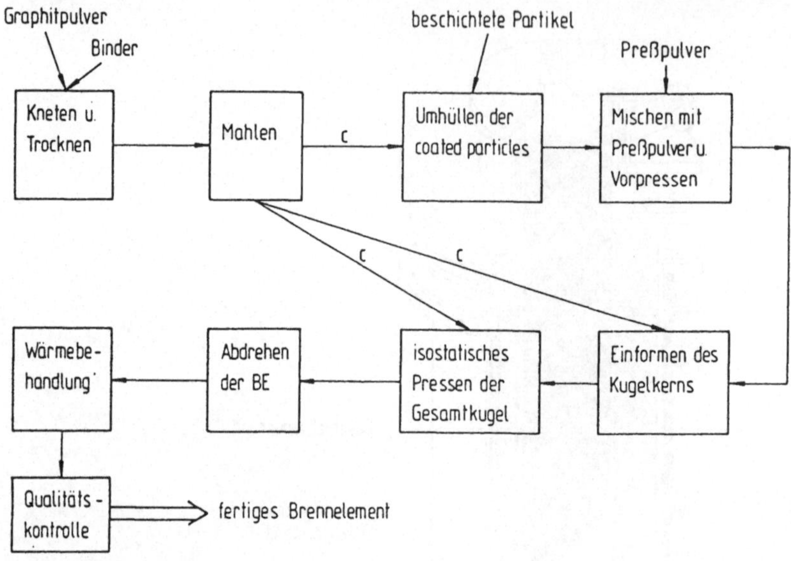

Abb. 9.5: Fließschema zur Herstellung von kugelförmigen Brennelementen

Die Preßvorgänge werden isostatisch bei einigen 1000 bar Druck in Gummiformen durchgeführt. Durch dieses Preßverfahren werden eine gleichmäßige Druckverteilung und fast isotrope Eigenschaften der Graphitstrukturen des Brennelements erreicht. Abb. 9.6 zeigt das Prinzip einer derartigen isostatischen Presse. Das fertig gepreßte Brennelement wird im nächsten Verfahrensschritt auf seinen Nominaldurchmesser abgedreht.

Zum Abschluß werden die Brennelemente einer Wärmebehandlung in Öfen bei rund 800 °C unter Inertgasatmosphäre unterzogen. Dabei wird das Bindemittel verkokt. Es schließt sich eine Hochtemperaturvakuumglühung an, durch die die Qualität des Binderkokses noch weiter verbessert wird.

In der abschließenden Qualitätskontrolle wird mit Hilfe eines umfangreichen Qualitätssicherungssystems für eine gleichbleibende Güte der Produkte Sorge getragen. Die gesamte Fertigung einschließlich der Bereitstellung der Rohstoffe wird bis zu den abschließenden Spezifikationsprüfungen an den fertigen Brennelementen lückenlos überwacht und dokumentiert. Spezifikationstests an fertigen Brennelementen umfassen etwa das chemische Verhalten (Standardkorrosion in Helium mit H_2O-Verunreinigungen bei 900 °C bzw. 1000 °C), Prüfung der richtigen Lage der Brennstoffzone im Brennelement, Messung der Fallfestigkeit, Überprüfung des integralen Bestrahlungsverhaltens sowie der Zerdrückfestigkeit. Die zuletzt genannte Größe ist beispielhaft in Abb. 9.7 mit ihrer Häufigkeitsverteilung wiedergegeben.

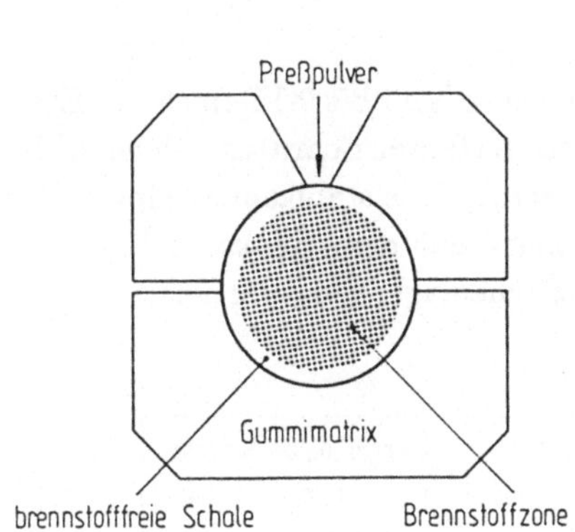

Abb. 9.6: Prinzip des isostatischen Pressens von kugelförmigen Brennelementen

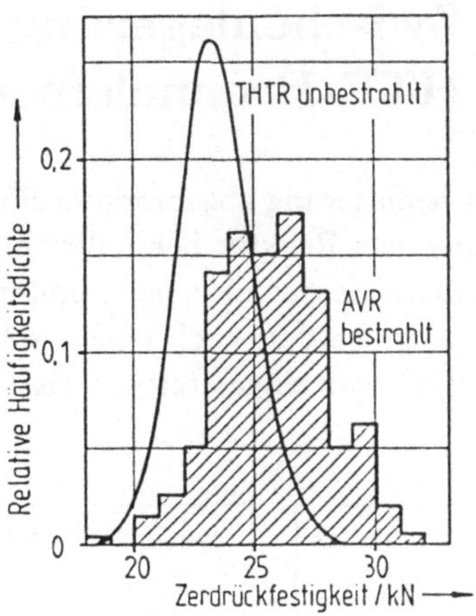

Abb. 9.7: Relative Häufigkeitsdichte für die Zerdrückfestigkeit von THTR- und AVR-Brennelementen

Insgesamt steht heute mit dem THTR-Brennelement sowie mit daraus abgeleiteten Varianten für Nachfolgeanlagen ein in großen Stückzahlen über viele Jahre im Reaktorbetrieb erfolgreich erprobtes Brennelement zur Verfügung. Zur Darlegung von Unterschieden sind in Tab. 9.3 nochmals in einer zusammenfassenden Übersicht wesentliche Auslegungsmerkmale von Brennelementen für die verschiedenen HTR-Anlagen zusammengestellt.

Tab. 9.3:   Wesentliche Auslegungsdaten für kugelförmige HTR-Brennelemente

Reaktor	THTR	Modul	HTR-100
Brennstoff	$UO_2 + ThO_2$	UO_2	UO_2
Anreicherung	93 %	8 %	9 %
Schwermetall-beladung	11,2 g/BE	7 g/BE	14,5 g/BE
Coating	BISO	TRISO	TRISO
maximale BE - Leistung	3 kW/BE	1,08 kW/BE	$\sim$ 3 kW/BE
Schnelle Dosis	$6,3 \cdot 10^{21}$ n/cm^2	$2,1 \cdot 10^{21}$ n/cm^2	$\sim 6 \cdot 10^{21}$ n/cm^2
Abbrand	100 000 MWd/t	80 000 MWd/t	$\sim$ 100 000 MWd/t

Auffällig ist im wesentlichen die unterschiedliche Beladung der Brennelemente mit Schwermetall, weiterhin sind für alle zukünftigen Anlagen TRISO-Brennstoffteilchen vorgesehen. Ein wesentlich unterschiedlicher Auslegungswert für HTR-Folgeprojekte ist auch die Schwermetallbeladung.

9.3 Zwischenlagerung von abgebrannten HTR-Brennelementen

Die Zwischenlagerung abgebrannter HTR-Brennelemente [9.11 bis 9.15] nach der Entnahme aus dem Reaktor beinhaltet eine Reihe von Verfahrensschritten (siehe Abb. 9.8). Zunächst werden die abgebrannten Brennelemente in Edelstahlkannen eingefüllt, diese Kannen werden nach einer ersten Abkühlphase auf dem Reaktorgelände in Transportbehälter eingesetzt und zum externen Zwischenlager transportiert.

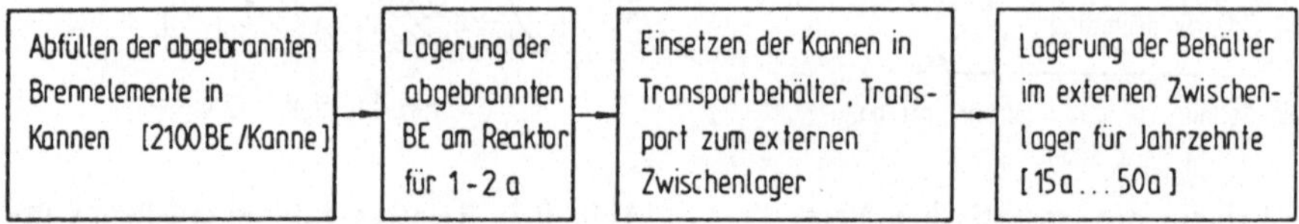

Abb. 9.8: Verfahrensschritte bei der Zwischenlagerung von abgebrannten HTR-Brennelementen

Diese Schritte vollziehen sich entsprechend den Daten der Brennelemente bei den einzelnen Reaktoren sowie dem Zustand und Spaltproduktinhalt der Brennelemente unter den im folgenden dargestellten Bedingungen:

Bei einer Auslastung der Anlagen von 85 % entsprechend 7 500 h/a fällt die in Tabelle 9.4 angeführte Menge an Brennelementen pro Jahr an. Bemerkenswert ist hier besonders, daß sich starke Unterschiede im Anfall an abgebrannten Brennelementen, bezogen auf die geleistete thermische Arbeit des Reaktors, ergeben (siehe letzte Zeile in Tab. 9.4). Diese Unterschiede schlagen sich natürlich auch in unterschiedlichen Kosten für die Zwischenlagerung nieder.

Während des Transportes sowie während der Zwischenlagerung der abgebrannten Brennelemente müssen bestimmte Sicherheitskriterien erfüllt sein. So muß die Nachzerfallswärme inhärent sicher abgeführt werden, die Anordnung muß hinreichend unterkritisch sein (z.B. $k_{eff} < 0,95$) und das Lagersystem muß gegen die auch bei Reaktoren unterstellten äußeren Einwirkungen sicher ausgelegt sein. Die Spaltproduktbarrieren müssen unter allen Bedingungen, die sich im Ablauf von Störfällen ergeben können, zuverlässig erhalten bleiben. Diese Forderung ist für die vorhandenen Barrieren, die Schichten der Brennstoffteilchen sowie die Kannen bzw. Gußbehälter, in denen die abgebrannten Brennelemente untergebracht werden, nachweislich erfüllt.

Die Nachzerfallswärme der abgebrannten Brennelemente nimmt im Laufe der Lagerzeit stark ab. Abb. 9.9 zeigt diese zeitliche Entwicklung der Wärmeproduktion. Nach 50 Jahren Zwischenlagerzeit weist z. B. ein abgebranntes Brennelement des THTR eine Leistung von weniger als 0,02 W auf. Für Modul-Reaktoren wird die Nachzerfallswärme nach 50 Jahren Zwischenlagerung sogar unter 0,01 W/BE liegen.

Tab. 9.4:   Angaben zu den abgebrannten Brennelementen bei verschiedenen HTR-Anlagen (Lastfaktor 0,8)

Reaktor	AVR	THTR	Modul	HTR-100	HTR-500
Thermische Leistung	46MW	750MW	200MW	250MW	1250MW
Elektrische Leistung	15MW	300MW	80MW	100MW	500MW
Mittlere Leistungs-dichte	$2,2\text{MW/m}^3$	6MW/m^3	3MW/m^3	$4,2\text{MW/m}^3$	$6,6\text{MW/m}^3$
Abbrand	140 000 MWd/t	100 000 MWd/t	70 000 MWd/t	100 000 MWd/t	100 000 MWd/t
Zahl der abgebr. BE	15 000 BE/a	180 000 BE/a	105 000 BE/a	52 000 BE/a	390 000 BE/a
Spezifische BE - Abgabe	410 BE/MWa	290 BE/MWa	650 BE/MWa	250 BE/MWa	350 BE/MWa

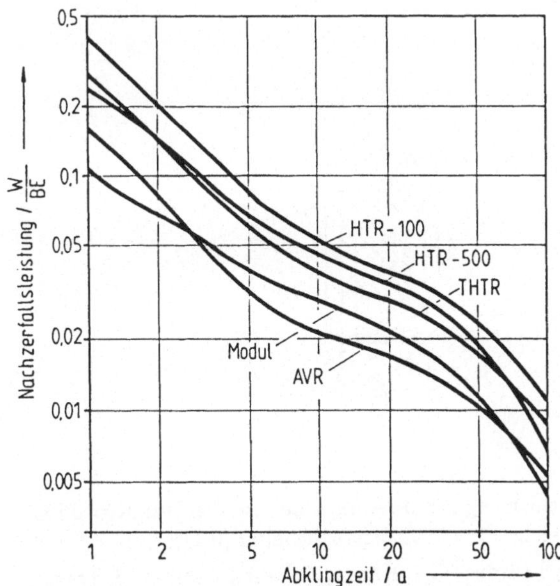

Abb. 9.9: Nachzerfallswärme von abgebrannten HTR-Brennelementen [9.11]

Insbesondere für die Auslegung der Zwischenlagereinrichtungen, in denen die Wärme durch natürlich ablaufende Prozesse abgeführt werden muß, sowie für die spätere Endlagerung ist das Faktum einer sehr niedrigen Wärmeproduktion entscheidend wichtig.

Der Spaltproduktgehalt und damit die Nachwärmeproduktion von abgebrannten Brennelementen verringert sich analog den Verläufen in Abb. 9.9. Nach rund einem

Jahr Abklingzeit liefern Cäsium und Strontium für rund 100 Jahre einen dominie-
renden Anteil, danach wird die Aktivität im wesentlichen durch langlebige Aktinide
bestimmt.

Nach der Entnahme aus dem Reaktor werden die abgebrannten Brennelemente in
Edelstahlkannen gefüllt. Eine 2 100 abgebrannte Brennelemente fassende Edelstahl-
kanne für den THTR-Reaktor ist in Abb. 9.10 dargestellt. Gezeigt ist hier auch
eine Transportabschirmung aus Gußeisen. Die Kanne hat einen lichten Durchmesser von 630 mm und eine lichte Höhe von rund 1700 mm. Die Kühlung erfolgt durch
Konvektion mit Hilfe von Luft, die auf der Außenseite der Kanne oder der Abschirmung strömt. Die äußere Gußwand von 370 mm Dicke gewährleistet eine ausreichende Abschirmung. Als Barrieren gegen den Austritt von Spaltprodukten in die
Umwelt sind bei diesem Konzept die Coatings der Brennstoffpartikel, die Kannen-
wand sowie der Gußbehälter anzusehen. Wesentlich für das Barrierenkonzept sind die
dichte Ausführung des Kannen- sowie des Behälterdeckels. Die Kanne ist aus Edel-
stahl hergestellt; nach dem Einfüllen abgebrannter HTR-Brennelemente treten keine
Korrosionsprobleme auf, da das System Edelstahl/Graphit unter den herrschenden
Temperaturbedingungen chemisch inert ist.

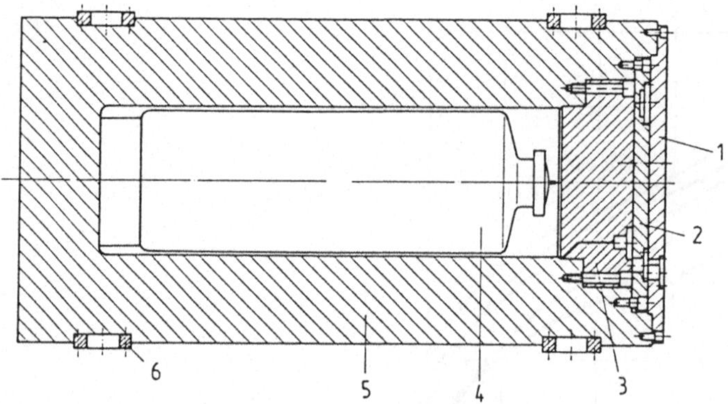

Abb. 9.10: Brennelementkanne mit Abschirmung für die Aufnahme von abgebrannten HTR
- Brennelementen. Das System dient gleichzeitig als Transportbehälter [9.11]:
1. Schutzplatte, 2. Sekundärdeckel, 3. Primärdeckel, 4. Kanne, 5. Behälterkörper, 6. Trans-
portring.

Der Deckel der Brennelementkanne wird bei dieser Konzeption unter Druck aufgepreßt
und mit einem Kupferring als Quetschdichtung abgedichtet.

Der Transportbehälter, der aus Sphäroguß besteht, wird mit zwei Deckeln verschraubt. Dabei werden jeweils eine Metall- und eine Graphitdichtung eingesetzt. Die
Leckraten beider Dichtungssysteme und der Druck im Raum zwischen den Deckeln
werden überwacht.

Die Lagerung abgebrannter Brennelemente für eine begrenzte Übergangszeit
(1 bis 2 Jahre) am Reaktor erfolgt in einem Lager entsprechend Abb. 9.11. Hier
sind 72 Lagerpositionen mit jeweils drei übereinandergestapelten Brennelementkannen installiert. Das Lager kann damit insgesamt 454 000 abgebrannte Brennelemente
aufnehmen.

Das Lager ist gegen Einwirkungen von außen in der schon in Kapitel 6 dargestellten
Weise durch eine 1,9 m dicke Betonschale geschützt.

Die Nachzerfallswärme der abgebrannten Brennelemente in diesem Lager wird durch
eine Umluftkühlanlage mit einem Auslegungswert von 230 kW abgeführt. Der Abluftstrom wird über Schwebstoff-Filter zum Kamin geführt.

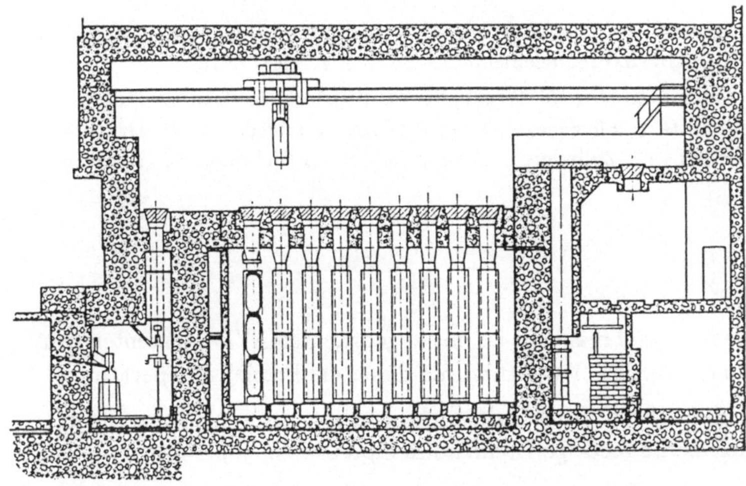

Abb. 9.11: Kannenlager für abgebrannte Brennelemente beim THTR [9.11]

Nach rund 2 Jahren Lagerung werden die Brennelementkannen in Transportbehälter
der in Abb. 9.10 gezeigten Bauart eingesetzt und zu einem externen Zwischenlager
gebracht. Dort erfolgt die Langzeitzwischenlagerung, wie auch aus der Leichtwasserreaktortechnik bekannt, in großen Gußbehältern. Die Behälter sind frei in einer Halle
aufgestellt und mit Hilfe von Luft über Naturkonvektion gekühlt (siehe Abb. 9.12).

Die Behälter sind beim Transport sowie im Zwischenlager gegen äußere Einwirkung
aufgrund ihrer Konstruktion ausreichend geschützt. Unterstellt werden bekanntlich
freier Fall aus 10 m Höhe auf einen Dorn und Feuer über eine halbe Stunde bei einer
Flammentemperatur von 800 °C bei Transportunfällen sowie die in Kap. 6 geschilderten äußeren Einwirkungen während der jahrzehntelangen Zwischenlagerzeit.

Aus Entwicklungsprogrammen, die im wesentlichen für den AVR-Reaktor durchgeführt wurden, ist bekannt, daß die radiologischen Belastungen oder gar Freisetzungen von Aktivitäten aus diesen Lagersystemen äußerst gering sind.

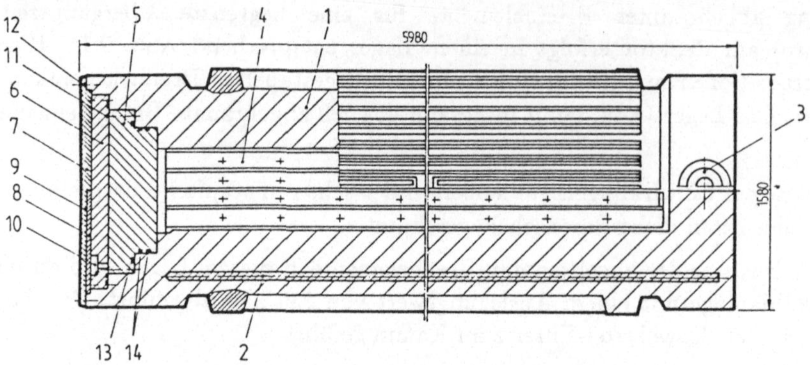

Abb. 9.12: Zwischenlagerung von abgebrannten HTR-Brennelementen in Behälterlagern (Behältertyp CASTOR für LWR-Brennelemente als Beispiel gezeigt) [9.15]:

1. Behälterkörper, *2.* Moderatorstäbe, *3.* Tragzapfen, *4.* Tragkorb, *5.* Primärdeckel, *6.* Sekundärdeckel, *7.* Schutzplatte, *8.* Fügedeckel, *9.* Schutzplatte zu Fügedeckel, *10.* Druckmeßgerät, *11.* Schraubenbolzen, *12.* Zylinderschrauben, *13.* Metall-Dichtung, *14.* Elastomer-Dichtung.

Abb. 9.13 zeigt einige Meßergebnisse, die an mit abgebrannten AVR-Elementen gefüllten Behältern gewonnen wurden. Variiert wurde dabei die Betriebstemperatur.

Diese Messungen zeigen sehr deutlich, wie wichtig es ist, bei der Langzeitlagerung abgebrannter Brennelemente niedrige Brennstofftemperaturen einzuhalten.

Die Neutronendosis an der Behälteroberfläche ist äußerst niedrig. Die Freisetzung von Kr^{85} aus einem derartigen Lagerbehälter zeigt Abb. 9.14, wobei auf 30 Jahre Lagerzeit hochgerechnet wurde. Man erreicht durch die hier gewählte Verschlußmaßnahme, daß offenbar nur ein praktisch verschwindend kleiner Anteil des vorhandenen Aktivitätsinventars freigesetzt werden wird. Ähnliche Betrachtungen mit allerdings erheblich reduzierten Freisetzungswerten gelten für andere Spaltisotope.

Beim HTR-Modulreaktor ist ein etwas modifiziertes Vorgehen zur Zwischenlagerung abgebrannter HTR-Elemente vorgesehen. Nach Entnahme aus dem Reaktor werden die Brennelemente direkt in einen großen Lagerbehälter (Abb. 9.15) eingefüllt. Dieser Lagerbehälter faßt 32 000 Brennelemente, so daß etwa drei derartige Behälter pro Jahr für einen Modulreaktor ($200\ MW_{th}$) ausreichen. Die Abmessungen des Behälters sind so gewählt, daß eine Abfuhr der Nachwärme von der Oberfläche durch Naturkonvektion möglich ist, ohne daß die Brennelementtemperatur einen Wert von etwa 300 °C übersteigen. Ein qualitativer Verlauf des Temperaturprofils im Gesamtsystem ist in Abb. 9.16 wiedergegeben, eine stark vereinfachte Abschätzung folgt. Kritikalitätssicherheit ist bei den gewählten Abmessungen auch für frische Elemente gegeben. Neutronenabsorber können bei diesem Behältertyp noch zusätzlich an den Oberflächen angebracht werden.

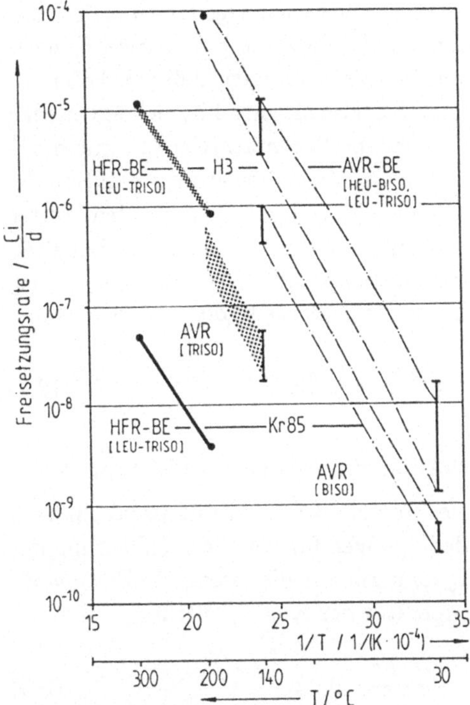

Abb. 9.13: Meßergebnisse für Freisetzungsraten von Tritium und Kr^{85} aus Kannen mit im
AVR bestrahlten Brennelementen [9.11]

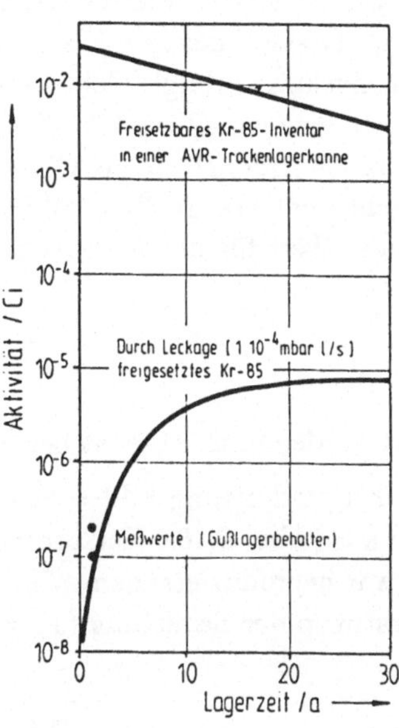

Abb. 9.14: Gemessene und vorausbe-
rechnete Freisetzung von Kr^{85} aus einem Lagersystem Kanne + Behälter
[9.11]

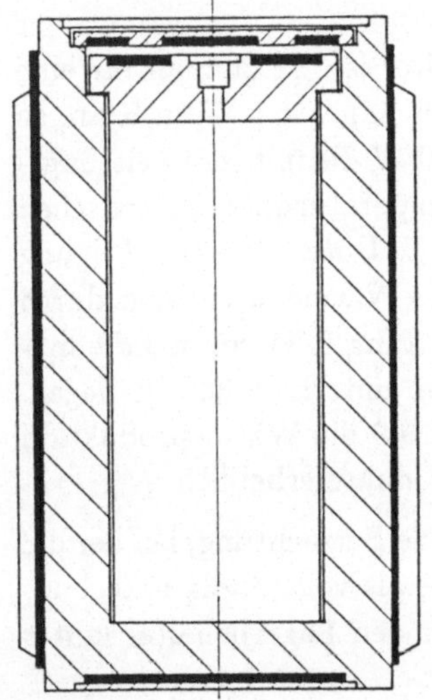

Abb. 9.15: Transport- und Zwischenlager-
behälter für den Modulreaktor (Fassungs-
vermögen 32 000 Brennelemente) [9.11]

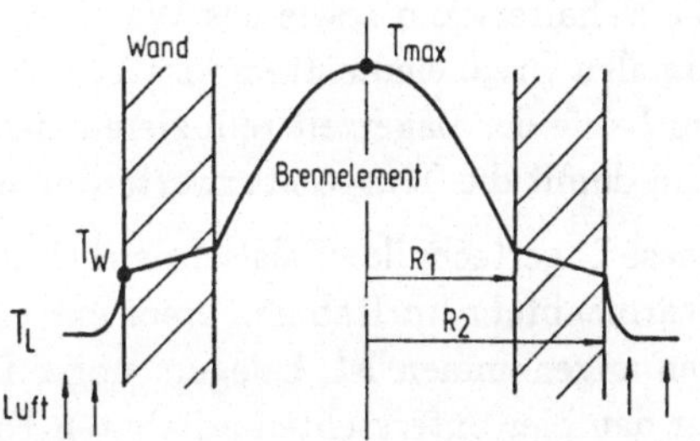

Abb. 9.16: Temperaturverteilung im Lagerbehälter in radialer Richtung (qualitativ)

Wenn der Behälter gefüllt ist, wird er zum externen Zwischenlager transportiert und dort aufgestellt. Auch hier erfolgt die Abfuhr der Nachwärme durch freie Konvektion von Luft. Es ist relativ einfach an diesem Beispiel zu zeigen, daß bei dieser Art der Lagerung sowohl die Temperaturen in der Kugelschüttung hinreichend niedrig bleiben, als auch, daß die Wärmeabfuhr von der Oberfläche ausreichend gut durch Naturkonvektion erfolgt. Geht man von einer maximalen Nachwärmeproduktion der Brennelemente von $\dot{Q} = 0{,}2$ W/BE aus (siehe Abb. 9.9), so ergibt sich mit den Werten ($z = 32\,000$ Brennelemente, Oberfläche $A = 60$ m² (mit Rippen), zulässige Behälteroberflächentemperatur $T_B = 80\,°C$, maximale Lufttemperatur $T_L = 40\,°C$), daß ein minimaler Wert für die Wärmeübergangszahl an der Außenseite des Behälters von

$$\alpha_L = \frac{\dot{Q} \cdot z}{A \cdot (T_B - T_L)} \approx 2,7 \ \text{W/m}^2\text{K} \tag{9.4}$$

erreicht werden muß. Dies ist bei freier Konvektion ohne weiteres realisierbar.

In der Kugelschüttung bildet sich ein radiales Temperaturprofil mit parabolischem Verlauf aus (Abb. 9.16). Entsprechend den Bedingungen für die Wärmeableitung aus einem wärmeproduzierenden zylindrischen System gilt für die maximale Brennstofftemperatur in der Schüttung ($T_R =$ Randtemperatur der Kugelschüttung):

$$T_{max} = T_R + \frac{1}{2} \cdot \frac{W \cdot R_1^2}{\lambda} \quad . \tag{9.5}$$

Die Leistungsdichte W in der Schüttung wird aus

$$W = \frac{\dot{Q} \cdot z}{\pi \cdot R_1^2 \cdot H} \tag{9.6}$$

bestimmt, wobei H die Schütthöhe der Kugeln im Behälter ist. Setzt man für eine Kugelschüttung bei tiefen Temperaturen (etwa 200 bis 300 °C) $\lambda = 1$ W/m K an, so berechnet sich mit $H = 6$ m, $R_1 = 0{,}6$ m und $\dot{Q} \cdot z = 6\,400$ W die mittlere Leistungsdichte in der Schüttung zu rund $1\,000$ W/m³ und die Temperaturdifferenz zwischen Mitte und Rand der Schüttung T_{max} - T_R zu rund 200 °C. Unter Berücksichtigung des Wärmeübergangs von der Behälterwand an die Luft, des Wärmedurchgangs durch die Behälterwand sowie des Wärmeübergangs in der Schüttung folgt so, daß die maximalen Brennelementtemperaturen in diesem Lagersystem unterhalb 300 °C liegen. Im Laufe der Lagerzeit reduzieren sich entsprechend Abb. 9.9 die Wärmeproduktion und damit die Temperaturwerte durch Zerfall der Spaltprodukte erheblich.

Diese Lagertechnik ist als sehr sicher anzusehen, wie folgende Betrachtung, bei der die Wärmeabfuhr im Rahmen einer extremen Störfallannahme als vollständig unterbunden angenommen ist, belegen möge. Die Wärmebilanz für den Lagerbehälter lautet für den hier unterstellten adiabaten Fall:

$$\int_0^\tau \dot{Q} \cdot dt \approx \dot{Q} \cdot \tau = m_C \cdot c_{p,C} \cdot \Delta T_C + m_G \cdot c_{p,G} \cdot \Delta T_G . \tag{9.7}$$

Es werde nun die Zeitspanne τ ermittelt, in der sich das Gesamtsystem aufgrund der Nachwärmeproduktion z. B. auf eine Temperatur von etwa 500 °C aufgeheizt habe. Mit den hier vorliegenden Werten (Graphitmasse $m_C = 6{,}4$ t, $c_{p,C}$ (Graphit) = 0,7 kJ/kg K, Gußmasse $m_G = 85$ t, $c_{p,G}$ (Guß) = 0,5 kJ/kg K und den Werten $\Delta T_C \approx 300$ K (mittlere Aufheizung des Graphits), $\Delta T_G \approx 400$ K) folgt ein Wert von $\tau \approx 800$ h. Nach derartig langen Zeiten ist eine Kühlung durch aktive Maßnahmen sicher durchführbar, so daß eine weitere Aufheizung unterbunden werden kann. Zudem würde in Wirklichkeit bei derartig hohen Temperaturen auch schon vorher die Wärmeabgabe an umgebende Strukturen für eine Temperaturstabilisierung sorgen.

9.4 Endlagerung von abgebrannten HTR-Brennelementen

Nach Ablauf der Zwischenlagerzeit werden die abgebrannten Brennelemente entsprechend dem Schema in Abb. 9.17 behandelt, um endlagerfähige Gebinde zu erhalten [9.16 bis 9.20], und sodann endgelagert.

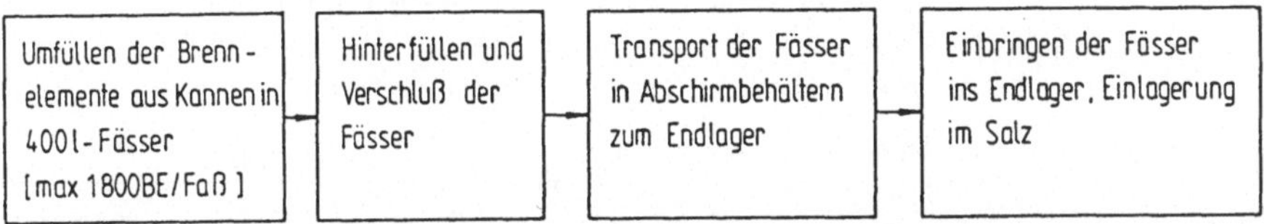

Abb. 9.17: Verfahrensschritte bei der Endlagerung abgebrannter THTR-Brennelemente

Ein Faß, welches nach Umfüllen maximal 1 800 Brennelemente aufnehmen kann, wird mit einem Deckel und einem Dichtungsring verschraubt. Eventuell wird der Leerraum in der Kugelschüttung mit einem geeigneten rieselfähigen Material verfüllt. In seiner Technik und seinen Anforderungen entspricht das für abgebrannte HTR-Brennelemente verwendete Faß den Behältnissen, die für wärmeerzeugende Abfälle bei der Aufarbeitung von Leichtwasserreaktor-Brennelementen (Hülsen, Brennelementbauteile, Feedklärschlämme) zum Einsatz kommen. Die Fässer sind hinreichend gasdicht und leicht im Endlagerbergwerk handhabbar. Pro Jahr sind die in Tabelle 9.5 ausgewiesenen Mengen an Fässern der Endlagerung zuzuführen.

Entsprechend den heute erarbeiteten Vorstellungen werden die Fässer ins Salzbergwerk eingebracht und in Bohrlöchern, wie in Abb. 9.18 dargestellt, untergebracht. Dabei werden die Fässer in ein hinreichend tiefes Bohrloch im Salz (bis zu 300 m) eingesetzt und nach Beendigung der Einlagerung oben mit Salz abgedeckt. Der zwischen Bohrloch und Fässern entstandene Ringspalt wird kontinuierlich mit Salzgruß gefüllt, um die Wärmeübertragung von den Fässern an das Salz zu verbessern.

Tab. 9.5:   Zahl der benötigten Fässer für die Endlagerung von HTR - Brennelementen

Reaktor	AVR	THTR	Modul	HTR-100	HTR-500
Zahl der BE/a	15 000	180 000	105 000	52 000	390 000
Zahl der Fässer/a	~ 8	100	~ 58	29	216

Der Abstand der Bohrlöcher voneinander wird voraussichtlich rund 10 bis 15 m betragen. Wesentliche Beanspruchungen der Endlagergebinde während der Endlagerphase sind mechanische Kräfte infolge Stapelung der Fässer und infolge des Gebirgsdrucks. Im Rahmen von Störfallanalysen wird eine Auslaugung der keramischen Elemente in Salzlauge unterstellt. Insbesondere der letztgenannte Gesichtspunkt sei durch einige experimentelle Erfahrungen etwas näher beleuchtet. Abb. 9.19 zeigt typische Zeitverläufe der Auslaugraten von Brennelementen, die BISO- bzw. TRISO-Partikeln enthalten, in Salzlauge.

Brennelemente mit TRISO-Partikeln sind demnach im Hinblick auf die Auslaugung günstiger als solche mit BISO-Partikeln zu beurteilen.

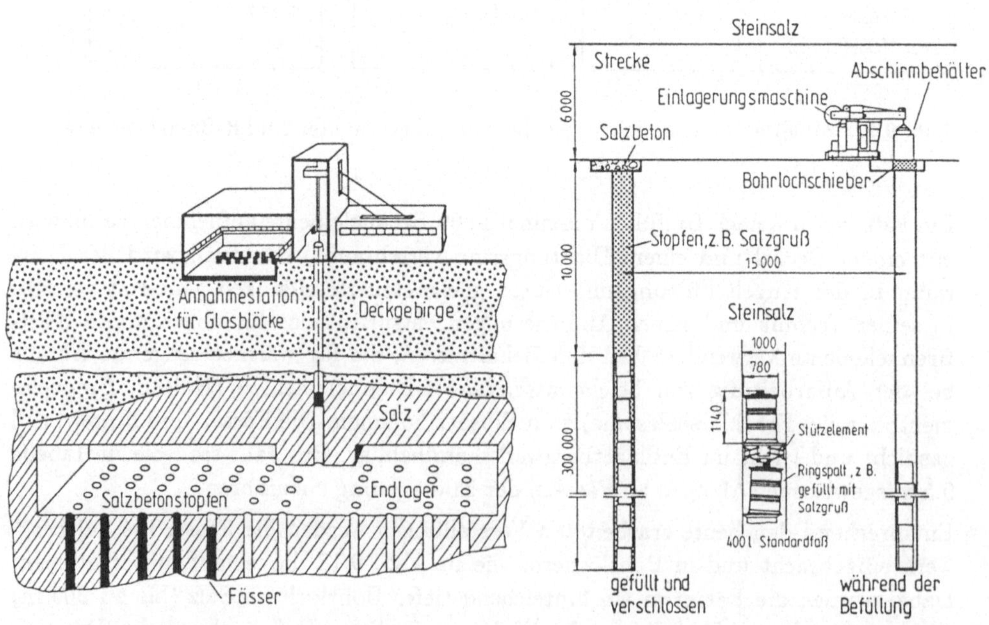

Abb. 9.18: Einlagerung von Fässern mit abgebrannten HTR-Brennelementen in Salzstöcken:
a. Prinzip, b. Detail (Maße in mm) [9.11]

Es wird beobachtet, daß zunächst im wesentlichen die im Matrixmaterial vorhandenen Spaltprodukte ausgelaugt werden und daß dann nur noch sehr geringe Auslaugraten auftreten, da die Spaltprodukte in den Partikeln verbleiben. Gezeigt sind hier Ergebnisse für das Spaltprodukt Cs^{137}. Auch hier wird erkennbar, daß möglichst niedrige Temperaturen im Interesse kleiner Auslaugraten anzustreben sind. Hiermit wird die Wichtigkeit einer mehrere Jahrzehnte dauernden Zwischenlagerung deutlich. Für weitere noch in den Gebinden enthaltene Nuklide (z. B. J^{129}, Tc^{99}, Np^{237}) werden teils wesentlich geringere Auslaugraten erwartet. Zusätzliche keramische Beschichtungen abgebrannter Brennelemente sind eventuell ein zukünftiger Weg, um die Auslaugraten noch weiter abzusenken. Die sehr geringe Wärmeproduktion abgebrannter HTR-Brennelemente im Salz hilft, die Probleme der Langzeitlagerung zu reduzieren. Geht man von einer Anordnung entsprechend Abb. 9.20 aus, so ergibt sich folgendes Bild für die Temperaturentwicklung im Salz. Die mittlere Erwärmung des Salzes kann aus einer einfachen Energiebilanz für die Wärmeproduktion und für die Verteilung der Wärme auf das zur Verfügung stehende Salzvolumen abgeschätzt werden.

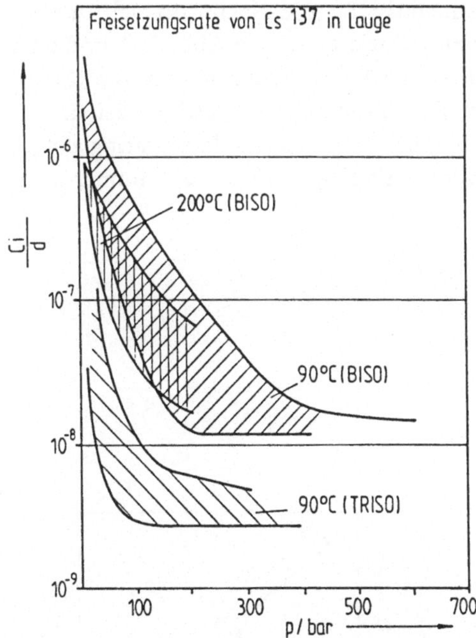

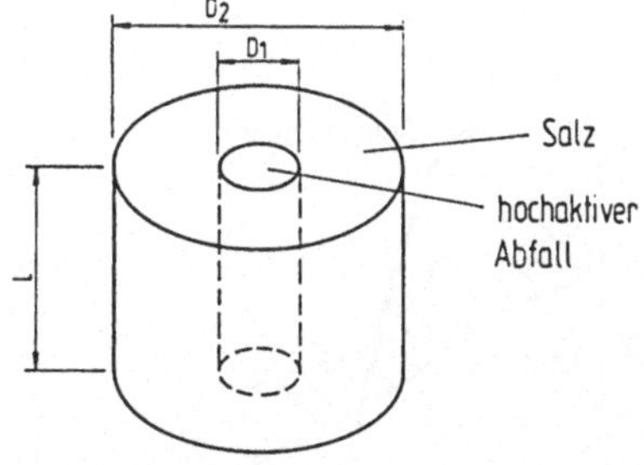

Abb. 9.19: Auslaugraten von Cs^{137} aus abgebrannten Brennelementen mit BISO- und TRISO-Beschichtung bei verschiedenen Laugentemperaturen [9.11]

Abb. 9.20: Übersicht zur Abschätzung der Temperaturerhöhung im Salz bei der Lagerung abgebrannter HTR-Brennelemente

Dabei fällt die Wärmeproduktion eines Fasses (Länge L) im Laufe der Zeit stark ab. Nimmt man z. B. als Mittelwert $\dot{Q}$ der Wärmeproduktion eines Fasses mit 1 800

Brennelementen einen Wert von rund 10 W an, der nach genügend langer Zwischenlagerung erreicht wird (siehe Abb. 9.9), so resultiert bei einem Wert von $L = 1,15$ m, $c_{p,S} = 0,9$ kJ/kg K, $\rho_S = 2\,100$ kg/m^3, $D_2 = 30$ m eine Temperaturerhöhung ΔT_S im Salz nach $\tau = 100$ a gemäß

$$\int\limits_0^\tau \dot{Q}(t) \cdot \mathrm{d}t = m_S \cdot c_{p,S} \cdot \Delta T_S \approx \frac{\pi}{4} \cdot D_2^2 \cdot L \cdot c_{p,S} \cdot \Delta T_S \cdot \rho_S \qquad (9.8)$$

von etwa 20 K. Da die Nachwärmeproduktion ständig abnimmt, werden die Salztemperaturen bei einer Dimensionierung, wie sie hier angedeutet wurde, niemals über etwa 100 °C ansteigen. Damit ist die Stabilität des Salzstockes gewährleistet. Die große Bedeutung des Wertes von D_2, d. h. des zur Verfügung gestellten Salzvolumens zur Aufnahme der Wärme wird unmittelbar deutlich. Eventuell können die Gebinde auch noch zusätzlich in keramische Stoffe eingebettet werden, um für eine gewisse Zeitdauer einen Korrosionsangriff im Salz, falls dort Wasser hinzutreten sollte, zu reduzieren. Denkbar wäre auch eine Endlagerung derartiger Gebinde in Granitformationen.

Bei der Endlagerung werden spezifische Radioaktivität und Nachwärmeleistung im Laufe der Zeit stark durch radioaktiven Zerfall reduziert, wie die Abb. 9.21 und 9.22 für sehr lange Zeiträume ausweisen. Nach rund 1000 Jahren ist in etwa die Radiotoxizität des Urans in Lagerstätten erreicht. Die Wanderungsgeschwindigkeiten von Radioisotopen aus großen Tiefen in die Ökosphäre wird als äußerst gering eingeschätzt. Nach Eintritt hypothetischer Störfälle an Endlagern sind daher immer noch gezielte wirksame Interventionen möglich.

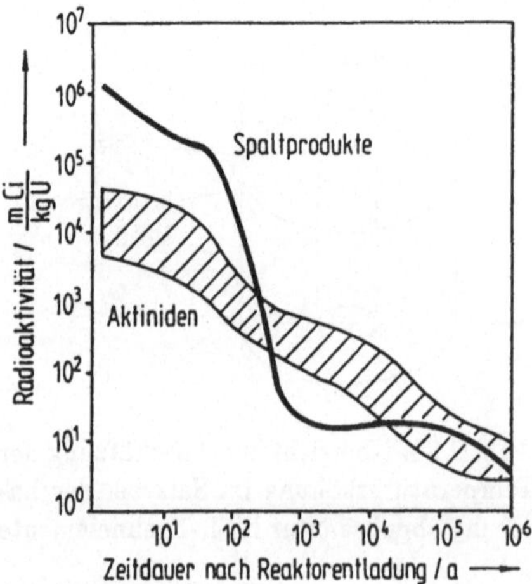

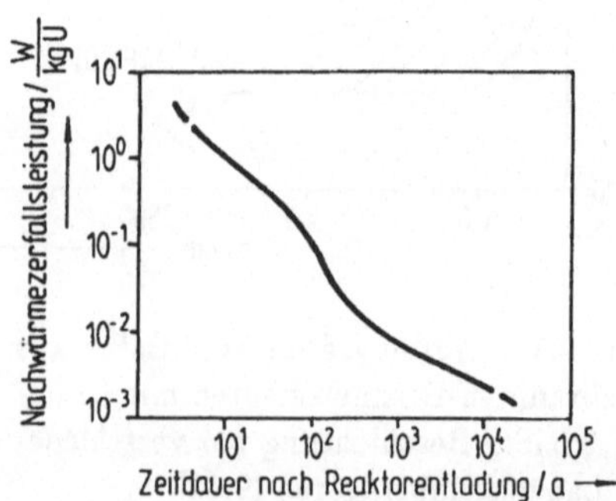

Abb. 9.21: Radioaktivität des endgelagerten Brennstoffs im Laufe der Zeit [9.18]

Abb. 9.22: Nachzerfallswärme des endgelagerten Brennstoffs im Laufe der Zeit [9.18]

9.5 Aspekte der Thoriumnutzung im HTR

Die Frage der Spaltstoffversorgung von Kernreaktorsystemen über lange Zeiträume hat von Beginn der Entwicklung der Kerntechnik an eine bedeutende Rolle gespielt. Wie bereits in Kap. 1 dargelegt wurde, sind für den HTR sehr verschiedenartige Brennstoffzyklen einsetzbar. Insbesondere ist auch Thorium, welches weltweit in ähnlichem Umfang wie Uran als Rohstoff verfügbar ist, als Brutstoff in HTR-Zyklen verwendbar [9.21 bis 9.26]. Die komplexe Brutkette für Thorium ist in Abb. 9.23 wiedergegeben.

Wichtig für die folgenden Betrachtungen ist hier, daß das Isotop Pa^{233} nicht nur zum gewünschten Spaltstoff U^{233} zerfallen kann, sondern auch durch (n, γ)-Reaktion mit hohem Wirkungsquerschnitt (110 barn) in Pa^{234} umgewandelt werden kann. Damit ist eine erhebliche Einbuße bei der Gewinnung neuen Spaltstoffs verbunden. Auf die große Bedeutung der Höhe des Neutronenflusses und der Brennelementauslegung, die in diesem Zusammenhang eine besondere Rolle spielen, sei hier bereits hingewiesen.

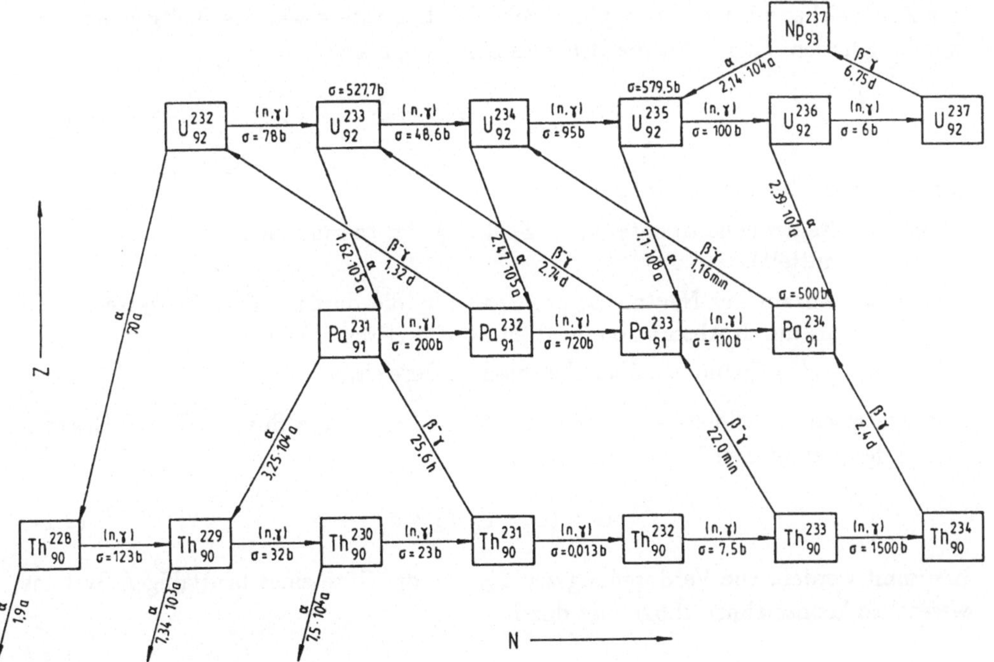

Abb. 9.23: Brutkette des Thoriums

Das beim Brutprozeß gewonnene U^{233} ist in thermischen Reaktoren ein sehr guter Spaltstoff und, wie Abb. 3.11 zeigt, wegen seines hohen η-Wertes den anderen Spaltstoffen U^{235} und Pu^{239} im thermischen Energiebereich überlegen. Definiert man mittlere η-Werte über die Beziehung

$$\bar{\eta} = \frac{\int_0^{E_0} \eta(E) \cdot \phi(E) \cdot dE}{\int_0^{E_0} \phi(E) \cdot dE} \,, \tag{9.9}$$

so ergibt sich mit $E_0 \sim 1$ eV folgendes Bild:

$$
\begin{array}{lcl}
\bar{\eta}\,(U^{235}) & = & 1{,}98 \\
\bar{\eta}\,(U^{233}) & = & 2{,}24 \\
\bar{\eta}\,(Pu^{239}) & = & 1{,}81
\end{array}
$$

Demnach bieten Zyklen bei der Verwendung von Th^{232} sowie der Produktion von U^{233} am ehesten die Möglichkeit, zu hochkonvertierenden oder gar zu brutfähigen Systemen mit thermischem Spektrum zu gelangen. Theoretisch ist Brüten mit $\bar{\eta} > 2{,}2$ möglich. Auch für Thoriumzyklen können die für Brütersysteme gebräuchlichen Formalismen zur Kennzeichnung der Verdopplungszeit, der Brutrate sowie des Brutgewinns Verwendung finden. Es gilt für die Brutrate C in vereinfachter Form:

$$C = \bar{\eta} - 1 - V \cdot \frac{1}{1 + \bar{\alpha}}\,. \tag{9.10}$$

Dabei sind die benutzten Größen gegeben durch:

$\bar{\eta}$ = Neutronenausbeute durch Spaltung (im thermischen Bereich gemittelt),

V = Anzahl der Neutronen pro Spaltung, die durch andere Prozesse als durch Absorption im Brennstoff verloren gehen,

$\bar{\alpha}$ = $\bar{\sigma}_a / \bar{\sigma}_f$ (gemittelt über thermischen Bereich).

Der Brutgewinn, definiert als Verhältnis des neu erzeugten Spaltstoffs zur Gesamtmenge des gespaltenen Materials, kann zu

$$G = (C - 1) \cdot (1 + \bar{\alpha}) \tag{9.11}$$

bestimmt werden. Die Verdopplungszeit T_D, die die Güte eines brutfähigen Systems wesentlich kennzeichnet, möge hier durch

$$T_D = \frac{m_{Sp}}{\Delta m_{Sp}} \cdot (1 + \epsilon) \tag{9.12}$$

definiert sein. Hierbei bedeutet m_{Sp} das Spaltstoffinventar des Reaktors, Δm_{Sp} den in der Zeit T_D überschüssig erzeugten Spaltstoff, während ϵ das Verhältnis des Außeninventars zum Kerninventar kennzeichnet. Es wird hier bereits sehr deutlich, daß dieses Verhältnis im Interesse kurzer Verdopplungszeiten so klein wie möglich sein sollte. Dies bedeutet kurze Zwischenlagerzeiten abgebrannter Brennelemente. Diese

Forderung erschwert natürlich die Wiederaufarbeitung, da hier dann Brennstoff mit sehr hoher Aktivität behandelt werden muß.

Der Spaltstoffüberschuß Δm_{sp} hängt von den Parametern Brutgewinn G, Auslastungszeit T, Gesamtwirkungsgrad η_{ges} sowie vom spezifischen Spaltstoffbedarf ζ ab:

$$\Delta m_{Sp} = G \cdot \frac{T}{\eta_{ges}} \cdot \zeta \, . \tag{9.13}$$

Damit gewinnt man für die Verdopplungszeit den endgültigen Ausdruck:

$$T_D = \frac{m_{Sp} \cdot (1 + \epsilon) \cdot \eta_{ges}}{T \cdot \zeta} \cdot \frac{1}{(1 + \bar{\alpha}) \cdot (\bar{\eta} - 2) - V} \, . \tag{9.14}$$

Um eine geringe Verdopplungszeit beim Brüten im Thoriumzyklus zu erreichen, sollten daher folgende Forderungen erfüllt werden: der Spaltstoffeinsatz sollte gering, die Anlagenauslastung sollte hoch, V möglichst gering und ϵ möglichst klein sein.

In umfangreichen Systemstudien zu offenen und geschlossenen Uran- und Thoriumzyklen ist das Potential von Hochtemperaturreaktoren im Hinblick auf das Erreichen hoher Konversionsfaktoren oder sogar auf Brutmöglichkeiten untersucht worden. Einige Ergebnisse seien hier vorgestellt: Die nuklearen Eigenschaften der Spaltstoff- und Brutstoffnuklide des Thoriumzyklus sind im thermischen Spektrum graphitmoderierter Hochtemperaturreaktoren besonders günstig. Offene Thoriumzyklen haben einen Erzbedarf, der vergleichbar ist demjenigen von offenen Uranzyklen. Abb. 9.24 zeigt dies jeweils bezogen auf 1 GW$_{el}\cdot$ a für verschiedene Zyklen im Vergleich.

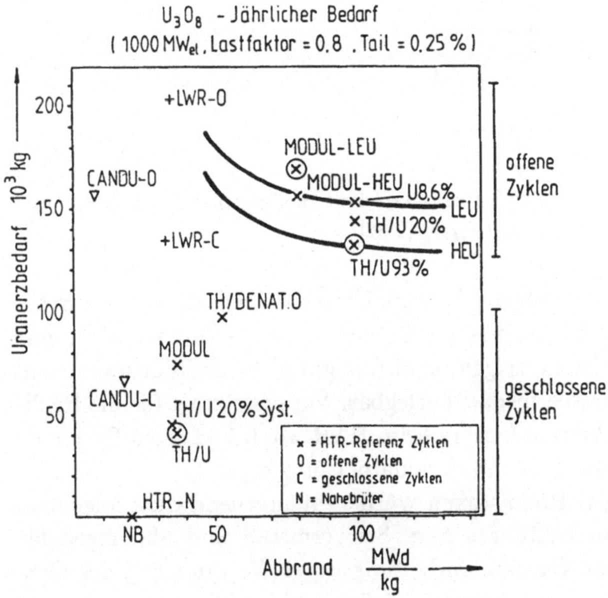

Abb. 9.24: Jährlicher Bedarf an Uranerz bezogen auf eine elektrische Arbeit von 1 GW$_{el}\cdot$ a in Abhängigkeit vom Abbrand für unterschiedliche Brennstoffzyklen [9.32]

Man ersieht aus dieser Abbildung, daß etwa bei offenen Zyklen gegenüber dem Leichtwasserreaktor ein Minderverbrauch an Erz um 30 % erreicht wird. Dies ist z. T. allerdings auch durch den besseren thermodynamischen Wirkungsgrad der Energieum-
wandlung im Kreisprozeß bedingt. Beim offenen Uranzyklus des HTR wird das im Betrieb erbrütete Plutonium zu rund 90 % in situ im Reaktor direkt abgebrannt. Folglich
ist der Plutoniumgehalt abgebrannter Brennelemente sehr gering und zudem durch
höhere Isotope denaturiert. Bei geschlossenen Thoriumzyklen sind Konversionsraten
von 0,8 bis 1 und bei noch weitergehender Reduktion des Abbrandes Brutfaktoren
C > 1 zu realisieren. Allerdings muß das Spaltstoffinventar im Reaktor zu diesem
Zweck stark erhöht werden. In diesen Fällen lassen sich, wie Abb. 9.25 ausweist, nur
Abbrände von rund 20 000 MWd/t Schwermetall erreichen. Der Erzbedarf derartiger Strategien kann jedoch drastisch gegenüber dem, der vorher etwa für den THTR
abgeschätzt wurde, reduziert werden. Es ist jedoch für derartige Zyklen eine Wiederaufarbeitung von HTR-Brennelementen und eine Refabrikationsstätte für bestrahlte
Brennstoffe vorzusehen. Erhöhte Brennelementfertigungskosten sind als Pönale für
derartige Brennstoffkreislaufkonzepte in die Überlegungen einzubeziehen.

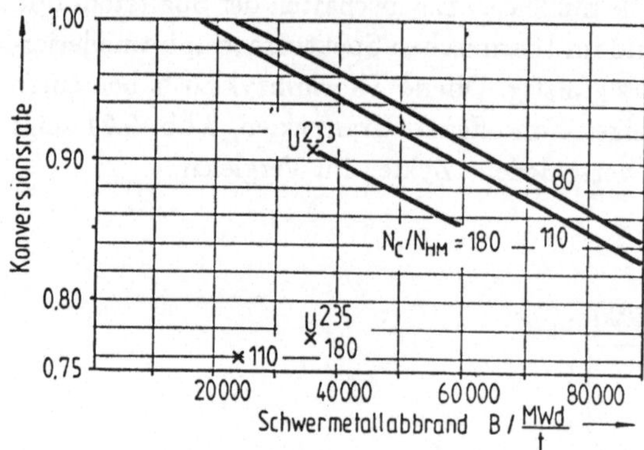

Abb. 9.25: Konversionsrate im geschlossenen Thoriumkreislauf als Funktion des Abbrandes
(Parameter ist das Moderationsverhältnis N_C/N_{HM}) [9.32]

Auch geschlossene Zyklen, die mit angereichertem Uran (20 %) und Thorium betrieben werden können und die, wie in Abschn. 9.6 noch näher erläutert wird, eine
besonders gute Proliferationsresistenz zeigen, sind mit guten Konversionsraten und
dementsprechend reduziertem Uranerzbedarf auslegbar. Voraussetzung für die Realisierung geschlossener Brennstoffkreisläufe wäre beim HTR wie bei anderen Systemen
auch die Verfügbarkeit kostengünstiger Wiederaufarbeitungskapazität. Die Wiederaufarbeitung von thoriumhaltigen Brennstoffen würde entsprechend dem folgenden
Verfahrensablauf [9.27, 9.28] durchzuführen sein: Schwermetall und Matrixgraphit
werden zunächst im Headend der Wiederaufarbeitung durch Verbrennung des Graphits getrennt. Dabei können die Brennelemente zunächst bis auf Stücke von kleiner
als 5 mm durch Hammermühlen zerkleinert werden. Die Verbrennung von Beschichtungen, auch die von SiC-Schichten, kann in Wirbelschichtöfen durchgeführt werden.

Die Schwermetallasche wird im darauf folgenden Schritt in THOREX-Reagenzlösung gelöst. Anschließend wird in einem Solvent-Extraktionsprozeß im chemischen Prozeßteil der Wiederaufarbeitungsanlage eine Trennung in Uran, Thorium und Spaltprodukte durchgeführt. Nach dem THOREX-Prozeß sind in der Vergangenheit in den USA bereits größere Mengen an bestrahltem Thorium aus Leichtwasserreaktoranlagen aufgearbeitet worden.

Der zurückgewonnene Spaltstoff wird in die Refabrikation zur Herstellung neuer Brennelemente eingesetzt. Die Refabrikation muß teilweise fernbedient durchgeführt werden, da einige der im rückgeführten Brennstoff enthaltenen Uranisotope γ-Strahlung emittieren.

Umfangreiche Anlagen zur Konditionierung hochaktiver Abfälle, zur Ausfilterung von gasförmigen Spaltprodukten und sonstigen Schadstoffen sind neben dem Headend und dem chemischen Prozeßteil zur Durchführung der Wiederaufarbeitung von HTR-Brennstoffen notwendig. Die bei der Aufarbeitung von LWR-Brennstoffen gewonnenen Erfahrungen können größtenteils genutzt werden.

Umfangreiche Entwicklungsarbeiten zur Realisierung der Wiederaufarbeitung von thoriumhaltigen Brennstoffen sind in den vergangenen Jahren durchgeführt worden; die grundsätzliche Durchführbarkeit des Prozesses wird als möglich angesehen.

Ein wirtschaftlicher Anreiz zur Schließung des Brennstoffkreislaufs beim HTR unter Einschaltung von Wiederaufarbeitung und Refabrikation wird erst gegeben sein, wenn relativ große Uranerzverteuerungen eintreten und Kostenreduktionen bei den Prozeßschritten der Wiederaufarbeitung durch Etablierung der Technik erreicht sein werden. Angesichts der Lage auf dem Uranmarkt, der Höhe der Uranreserven sowie der Zubaukapazität nuklearer Anlagen besteht heute die Meinung, daß diese Situation erst im nächsten Jahrhundert gegeben sein wird.

Ein kurzes Zahlenbeispiel zu den wirtschaftlichen Bedingungen möge diese Einschätzung verdeutlichen. Die Summe der Aufwendungen A_j, die bei der Wiederaufarbeitung getrieben werden müssen, müssen zumindest durch die Erlöse E_i für die Wertstoffe kompensiert werden. Es muß also gelten:

$$\sum_i E_i \geq \sum_j A_j \quad . \tag{9.15}$$

Hierfür kann näherungsweise für ein Brennelement geschrieben werden

$$m_{U^{238}} \cdot k_{U^{238}} + m_{U_{spalt}} \cdot k_{U_{spalt}} \geq m_{SM} \cdot k_{WAA} \quad . \tag{9.16}$$

Dabei haben die Größen folgende Bedeutung:

$$m_{U^{238}} \quad = \quad \text{rückgewinnbare } U^{238} \text{ (oder } Th^{232}) \text{ Menge pro Brennelement}$$
(g/BE),

$$k_{U^{238}} \quad = \quad \text{Gutschrift für } U^{238} \text{ (DM/g)},$$

$$m_{U_{spalt}} \quad = \quad \text{rückgewinnbare } U^{235}\text{-, } U^{233}\text{-Menge pro Brennelement (g/BE)},$$

$$k_{U_{spalt}} = \text{Gutschrift für Spaltstoff (DM/g),}$$

$$m_{SM} = \text{Schwermetalleinsatz pro Brennelement (g/BE),}$$

$$k_{WAA} = \text{Wiederaufarbeitungskosten pro Brennelement (DM/BE).}$$

Rechnet man mit Werten von $m_{U^{238}} = 16$ g/BE, $k_{U^{238}} \approx 0{,}2$ DM/g, $m_{U_{spalt}} \approx 0{,}5$ g/BE, $k_{U_{spalt}} \approx 50$ DM/g, $m_{SM} \approx 16$ g/BE, so ergibt sich für die Wiederaufarbeitungskosten $k_{WAA} \approx 1{,}8$ DM/g. Dieser Wert müßte entsprechend diesem Rechenbeispiel erreicht werden, um die Wiederaufarbeitung wirtschaftlich attraktiv zu machen.

Die für Leichtwasserreaktorelemente notwendigen Wiederaufarbeitungskosten werden heute im Bereich um 3 000 DM/kg Schwermetall erwartet. Eine Wiederaufarbeitung im Thoriumzyklus verbunden mit einer Erhöhung des Konversionsfaktors wird damit erst auf lange Sicht bei steigenden Uranpreisen von Interesse sein. Wegen der Höhe der Thoriumvorräte wird dann sicherlich diese Form der Energienutzung im HTR langfristig eine wichtige Option sein.

9.6 Proliferationsfragen bei Brennstoffzyklen des HTR

Es besteht die Befürchtung, daß bei einem weiteren weltweiten Ausbau der Kernenergie Spaltstoffe zum Bau von Kernwaffen mißbräuchlich benutzt werden könnten. Geeignete Spaltstoffe für Kernwaffen sind U^{235}, U^{233}, Pu^{239} und Pu^{241}. Während U^{235} durch Anreicherung von Natururan gewonnen wird, entstehen in jedem Kernreaktor, der U^{238} enthält, im Betrieb durch Brutprozesse die Isotope Pu^{239} und Pu^{241}. In Reaktoren mit Th^{232}-Einsatz wird dagegen U^{233} gebildet. Die Herstellung von reinem P^{239} und U^{233} setzt den Betrieb einer Wiederaufarbeitungsanlage sowie einer Anreicherungsanlage voraus. Es ist bekannt, daß hoch- bis mittelangereichertes Uran oder Plutonium in einem weiten Bereich der Isotopenzusammensetzung zur Durchführung von nuklearen Explosionen eingesetzt werden können. Bei der Durchführung umfangreicher Tests wurde festgestellt, welche Isotopenmischungen waffentauglich sind. Tab. 9.6 zeigt in einer Zusammenstellung Daten über kritische Massen [9.29 bis 9.31].

Bei Detonationsversuchen mit unterschiedlichen Isotopengemischen wurde ermittelt, daß offenbar Urangemische mit Anreicherungen von weniger als 20 % U^{235} bzw. weniger als etwa 12 % U^{233} praktisch als waffenuntauglich anzusehen sind. Plutonium eignet sich im Prinzip in einem weiten Bereich der Isotopenzusammensetzung zur Herstellung einer bei schnellem Neutronenspektrum kritischen Masse. Allerdings wird die Energieumsetzung, die bei der Detonation stattfindet, durch die Beimischung der nichtspaltbaren Isotope Pu^{240} und Pu^{242} erheblich herabgesetzt.

Wenn auch durch besondere Maßnahmen der Spaltstoffflußkontrolle in allen Stationen des Brennstoffkreislaufs eine genaue Kontrolle und Bilanzierung der spaltbaren Materialien durchgeführt wird, so muß die Möglichkeit der Entwendung derartiger

Tab. 9.6:   Übersicht über kritische Massen für verschiedene waffentaugliche Isotopen-
             gemische (Oxide vorausgesetzt)

Bezeichnung	Charakteri-sierung	Spaltstoff-Anteil (%)	Kritische Masse (kg Spaltstoff)	Bemerkung
Waffen-plutonium	$Pu^{239} + Pu^{241}$	100	~ 8	mit Reflektor (Beryllium)
Waffen-uran	U^{235}	93	~ 25	mit Reflektor (Beryllium)
Waffen-uran	U^{233}	100	~ 8	mit Reflektor (Beryllium)
Reaktor-plutonium	70% Pu-Anteil	~ 33	~ 60	Abbrand ~ 35.000 MWd/t
Reaktor-uran	$U^{238} + U^{235}$	~ 10	~ 1500	15 t Schwer-metall
Reaktor-uran	Uran + Plutonium 20% Anteil	~ 13	~ 250	äußerst geringe Energiefreisetzung

Stoffe durchdacht werden. In umfangreichen Studien ist für den Kugelhaufen-HTR
dieses Problem untersucht worden, insbesondere wurde nach Brennstoffzyklen ge-
sucht, die verbesserte Proliferationsresistenz aufweisen. Ein Zyklus dieser Art ist offenbar der sog. Th/U 20 % (MEU)-Zyklus. Bei diesem Brennstoffzyklus wird bei einer
Urananreicherung von 20 % eine mittlere Anfangsanreicherung von 7,76 % verwendet.
Als Partikelkerne werden (U, Th) O_2-Mischoxyde mit einem Urananteil zwischen 34
und 57 % eingesetzt. In diesem Zyklus werden die Plutoniumisotope entsprechend
Abb. 9.26 in Abhängigkeit vom Abbrand aufgebaut.

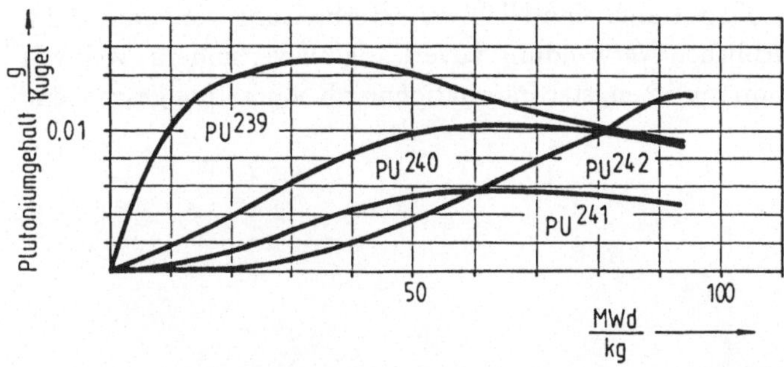

Abb. 9.26: Aufbau der Plutonium-Isotope im MEU-Zyklus [9.32]

Bemerkenswert am Th/U 20 % MEU-Zyklus ist die Tatsache, daß nach den vorliegenden Kenntnissen bei Erreichen des Zielabbrandes von 100 000 MWd/t Schwermetall offenbar kein Uran in waffenfähiger Anreicherung vorliegt. In den entladenen
Brennelementen beträgt der Spaltstoffgehalt in der Mischung der Uranisotope nur
5,8 % Plutonium, welches beim Durchlauf der Elemente durch den Reaktor aus U^{238}

erbrütet wird. Es enthält wesentliche Anteile an nichtspaltbarem Pu^{240} und Pu^{242}. Darüberhinaus enthalten die Brennelemente nur vergleichsweise geringe Plutoniummengen. Hohe Abbrände sind, wie aus Abb. 9.26 ersichtlich, besonders günstig, um einen Isotopenvektor, der nicht waffenfähiges Material darstellt, realisieren zu können.

Für den MEU-Zyklus werden folgende Schlüsse gezogen: Das frisch zugeführte Spaltmaterial ist nicht waffenfähig. Entladene Brennelemente enthalten nur rund 13 mg spaltbares Plutonium pro Brennelement.

Das prinzipiell gewinnbare Plutonium ist durch höhere Plutoniumisotope im sog. "denaturierten" Zustand, d. h. es enthält nur rund 37 % spaltbares Material, wie sich aus Abb. 9.26 ablesen läßt.

Wollte man aus diesem Material eine Kernwaffe bauen, müßte man nach Tab. 9.6 etwa 8 kg Spaltplutonium einsetzen. Dies bedeutet, daß bei einem Gehalt an spaltbarem Plutonium von 13 mg/Brennelement etwa 620 000 abgebrannte Brennelemente wiederaufgearbeitet und einer Isotopentrennung unterworfen werden müßten. Die Techniken der Wiederaufarbeitung von HTR-Brennelementen stehen weltweit noch nicht zur Verfügung.

Wollte man ohne den Schritt der Isotopentrennung das Plutoniumgemisch zur Detonation bringen, so wären die Aufwendungen hinsichtlich der Zahl der Brennelemente noch erheblich höher (siehe Tab. 9.6), zudem ist die Detonationswirkung äußerst gering.

Damit dürfte ein proliferationsresistenter Brennstoffzyklus für den HTR grundsätzlich möglich sein. Abschließend sei bemerkt, daß die Herstellung von waffenfähigem Material in dafür geeigneten und ausgelegten Produktionsreaktoren, die an einigen Stellen in der Welt in Betrieb sind, ungleich einfacher erfolgen kann als in jedem Leistungsreaktor. Insgesamt müssen die Anstrengungen, durch lückenlose Kontrollen in allen Schritten des Brennstoffkreislaufs eine Nichtweiterverbreitung von waffenfähigem Material zur mißbräuchlichen Verwendung zuverlässig zu verhindern, weltweit intensiviert werden. Dies kann nur in engster internationaler Kooperation geschehen.

10 Wirtschaftliche Fragen bei HTR-Anlagen

10.1 Allgemeine Übersicht

Um bei einer energieumwandelnden Anlage zu einer wirtschaftlichen Bewertung der Produkte und des Verfahrens zu gelangen, sind eine Reihe von Einflußgrößen zu berücksichtigen (Abb. 10.1).

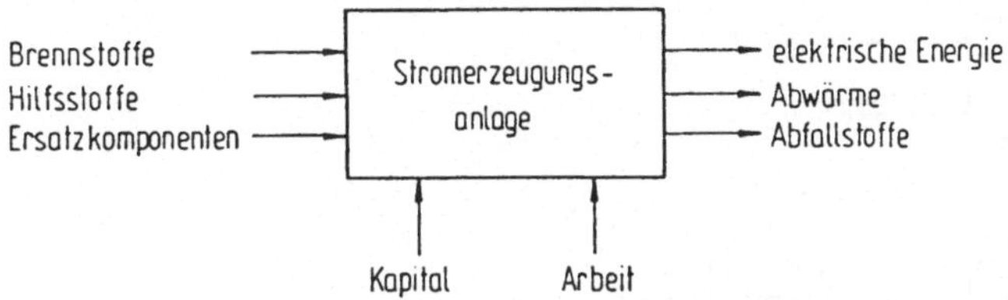

Abb. 10.1: Einflußgrößen bei der Bilanzierung einer Kraftwerksanlage

Weitere wichtige Parameter wie Größe und Typ der Anlage, Art der Brennstoffe, Standort und Zeitpunkt der Inbetriebnahme, Abschreibungsmodalitäten, Auslastung und nicht zuletzt Betriebsweise und Lebensdauer bestimmen das wirtschaftliche Ergebnis. Aus der industriellen Praxis sind heute sehr unterschiedliche Methoden bekannt, mit deren Hilfe Investitionen beurteilt und Produkterzeugungskosten bestimmt werden können [10.1, 10.2].

Insbesondere für Wirtschaftsgüter, die auch sehr langfristig Bedeutung haben, wie es bei der Erzeugung von elektrischer Energie der Fall ist, sind Bewertungsverfahren, die sich über lange Betriebszeiten erstrecken, von großer Bedeutung. Da es oft auf den Kostenvergleich für neu zu errichtende Anlagen ankommt, sei hier die Annuitätenmethode als Bewertungsmaßstab für die folgenden Ausführungen zugrundegelegt. Um auch Aussagen machen zu können, wenn über die Betriebsdauer von Anlagen stark veränderliche Einflußgrößen zu beachten sind, wird in einem späteren Abschnitt auch von der Methode der Life-Cycle-Kosten Gebrauch gemacht. Derartige Berechnungen sind immer mit erheblichen Unsicherheiten verbunden und dienen im wesentlichen der Orientierung. Für konkrete Betriebsabrechnungen von im Betrieb befindlichen Kraftwerken werden aufwendigere Methoden eingesetzt [10.2].

10.2   Kostenformel zur Berechnung von Stromerzeugungskosten

Die beim Betrieb einer Anlage entstehenden Kosten können zunächst in leistungs-
und arbeitsabhängige Kosten aufgeteilt werden (Abb. 10.2).

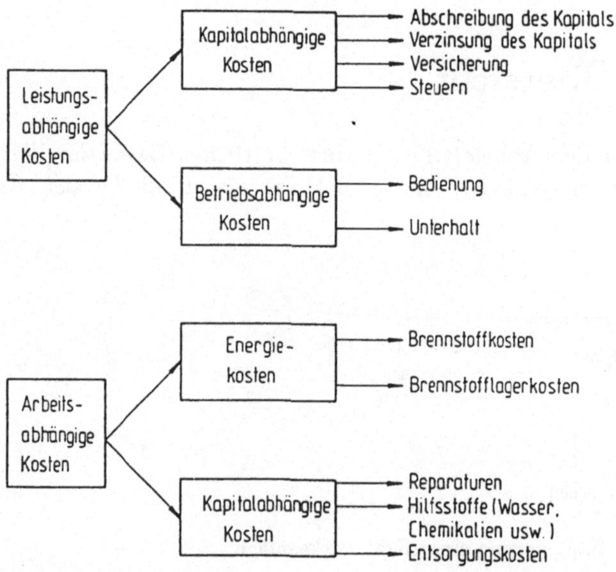

Abb. 10.2: Aufteilung der Kosten in einen leistungs- und arbeitsabhängigen Anteil

Die weitere Aufteilung dieser Kosten auf eine Vielzahl von Positionen ist unmittelbar
einsichtig. Ein wirtschaftlich erfolgreicher Betrieb wird dann zu erwarten sein, wenn
die Summe der Erlöse größer oder gleich im Verhältnis zur Summe der Aufwendungen
ist. Es gilt daher:

$$\sum_i E_i \geq \sum_j A_j \quad . \tag{10.1}$$

Für die Summe der Erlöse kann dann, wenn es sich nur um die Erzeugung von elektrischer Energie handelt, angesetzt werden:

$$\sum_i E_i = \int\limits_0^{1a} N_{el}(t) \cdot \mathrm{d}t \cdot X \quad . \tag{10.2}$$

Bei der Erzeugung mehrerer Produkte, z.B. von elektrischer Energie und Wärme, sind
erweiterte Ansätze zu verwenden (siehe Abschn. 10.9).

Für die Summe der Aufwendungen gilt:

$$\sum_j A_j = K_{inv} \cdot \bar{a} + P \cdot k_P + \int_0^{1a} \dot{m}_B(t) \cdot k_B \cdot \mathrm{dt} + \sum_m \int_0^{1a} \dot{m}_{Hi,m} \cdot k_{Hi,m} \cdot \mathrm{dt} + \int_0^{1a} \dot{m}_A(t) \cdot k_A \cdot \mathrm{dt} \quad .$$

$$(10.3)$$

Die Integration ist hier jeweils über eine Betriebszeit von 1 Jahr ausgeführt. Die Bedeutung der verwendeten Parameter geht aus der folgenden Aufstellung hervor:

$$
\begin{array}{lll}
N_{el}(t) & = & \text{Nettoleistung des Kraftwerks (zeitlich variabel),} \\
X & = & \text{Stromerzeugungskosten,} \\
K_{inv} & = & \text{Gesamtinvestition für die Anlage,} \\
\bar{a} & = & \text{Kapitalfaktor (schließt Abschreibung, Verzinsung,} \\
& & \text{Versicherung, Versteuerung des Kapitals und Reparaturen ein),} \\
\dot{m}_B(t) & = & \text{Brennstoffmenge / Zeit,} \\
k_B & = & \text{Brennstoffkosten,} \\
P & = & \text{Personenzahl für Bedienung,} \\
k_P & = & \text{Personalkostensatz,} \\
\dot{m}_{H,im} & = & \text{Hilfsstoffmengen (Chemikalien, usw.) / Zeit,} \\
k_{Hi,m} & = & \text{spez. Hilfsstoffkosten,} \\
\dot{m}_A(t) & = & \text{Abfallmenge / Zeit,} \\
k_A & = & \text{spez. Abfallentsorgungskosten.}
\end{array}
$$

Detaillierte Ausführungen zu den einzelnen Parametern finden sich im späteren Ablauf der Darstellung. Um zu einer leicht handhabbaren Kostenformel zu gelangen, werden die Integrale über die Definition von Vollaststunden umgeformt. So gilt z. B. für den jährlichen Brennstoffverbrauch:

$$\int_0^{1a} \dot{m}_B(t) \cdot k_B \cdot \mathrm{dt} = \dot{m}_B^0 \cdot k_B \cdot T , \qquad (10.4)$$

$$
\begin{array}{lll}
\dot{m}_B^0 & = & \text{Auslegungswert für Brennstoffeinsatz / Zeit,} \\
T & = & \text{Vollaststunden pro Jahr.}
\end{array}
$$

Insgesamt läßt sich nun die Kostenformel in folgender Weise anschreiben:

$$X = \frac{K_{inv} \cdot \bar{a}}{N_{el}^0 \cdot T} + \frac{P \cdot k_P}{N_{el}^0 \cdot T} + \frac{\dot{m}_B^0 \cdot k_B}{N_{el}^0} + \frac{\sum_m \dot{m}_{Hi,m}^0 \cdot k_m}{N_{el}^0} + \frac{\dot{m}_A^0 \cdot k_A}{N_{el}^0} \quad . \qquad (10.5)$$

In einer etwas modifizierten Schreibweise

$$X = X_K + X_{Bed} + X_{Br} + X_{Hi} + X_E \qquad (10.6)$$

ist diese Formel leicht auswertbar. Dabei haben die einzelnen Anteile folgende Bedeutung:

$$
\begin{aligned}
X_K &= \text{kapitalabhängige Kosten,} \\
X_{Bed} &= \text{Bedienungskosten,} \\
X_{Br} &= \text{Brennstoffkosten,} \\
X_{Hi} &= \text{Kosten für Hilfsstoffe,} \\
X_E &= \text{Entsorgungskosten.}
\end{aligned}
$$

Die kapitalabhängigen Kosten $X_K = (K_{inv} \cdot \bar{a})/(N_{el}^0 \cdot T)$ werden auch oft in der Form $X_K = k_{spez} \cdot \bar{a}/T$ mit k_{spez} als spezifische Investkosten verwendet. Für den Anteil X_{Br} kann $X_{Br} = C\, k_B/\eta$ geschrieben werden, wobei η den Wirkungsgrad der Anlage bezeichnet.

10.3 Kostenparameter

10.3.1 Gesamtinvestition

Die Gesamtinvestition für ein Kraftwerk enthält zunächst die direkten Investkosten für die Gesamtanlage. Hinzu kommen Aufwendungen für Verzinsung, Versteuerung und Versicherung des Kapitals während der Bauzeit sowie Anteile für Preisgleitungen aufgrund von Inflationseffekten. Auch Bauherreneigenleistungen, die die Positionen Grundstück, Infrastruktur, Genehmigungen, Prüfungen, Inbetriebnahme und ähnliche Aufwendungen umfassen, sind zusätzlich zu den direkten Investitionen zu berücksichtigen. Für die Stillegung nach Beendigung des Leistungsbetriebes sind gewisse Rückstellungen bereits bei der Inbetriebnahme der Anlage vorzunehmen. Auch diese können zu den Investitionskosten gerechnet werden. Insgesamt ergibt sich das schematische Bild in Abb. 10.3 zur Ermittlung der Gesamtinvestition für die Anlage.

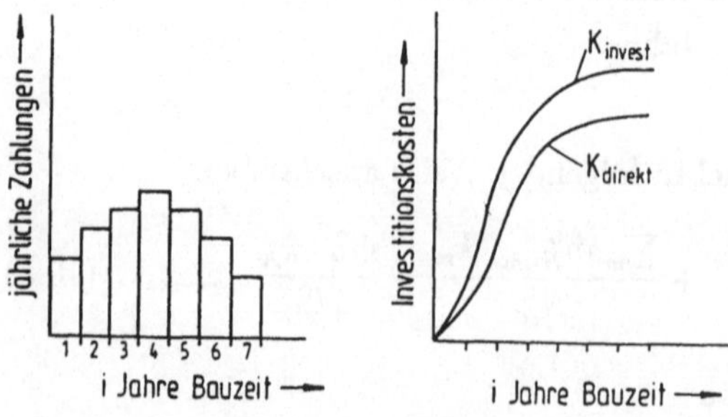

Abb. 10.3: Übersicht zur Bestimmung von direkten Investitionskosten

Da eine Vielzahl von Anlagenkomponenten mit direkten Investitionskosten K_i zu unterschiedlichen Zeitpunkten des Baugeschehens installiert werden und da unterschiedliche Zahlungsweisen mit den zugehörigen Finanzierungszeiträumen zu berücksichtigen sind, ist der Zusammenhang zwischen den direkten Investitionskosten für die Gesamtanlage

$$K_{direkt} = \sum_{i=1}^{N} K_i \tag{10.7}$$

und den endgültigen Investitionskosten K_{invest} kompliziert. Nach einer Bauzeit von N Jahren gilt für die Größe K_{invest}:

$$K_{invest} = \sum_{i=1}^{N} K_i \cdot \Phi_i(e,p,N) + \sum_{r} K_r \quad , \tag{10.8}$$

wobei die Funktion Φ_i Preisgleitungen, Inflationseffekten e, der Verzinsung p und Versteuerung des Kapitals bei der Erstellung der Anlage Rechnung trägt. $\sum_r K_r$ erfaßt alle erwähnten Zusatzkosten wie z. B. die Bauherreneigenleistungen. Die Berechnung der Investkosten K_{invest} nach dieser Formel wäre recht aufwendig, oft wird daher für Abschätzungen ein einfacher Ansatz der folgenden Form verwendet:

$$K_{invest} = K_{direkt} \cdot \left(1 + \frac{\alpha_1}{100} + \frac{\alpha_2}{100} + \frac{\alpha_3}{100} + \frac{\alpha_4}{100} + \frac{\alpha_5}{100}\right) . \tag{10.9}$$

Die in % ausgedrückten Anteile α_i haben dabei folgende Bedeutung:

α_1 = Zuschlag für Steuern und Zinsen während der Bauzeit,

α_2 = Zuschlag für Eskalation während der Bauzeit,

α_3 = Zuschlag für Bauherreneigenleistungen,

α_4 = Zuschlag für Inbetriebnahme,

α_5 = Zuschlag für spätere Stillegung der Anlage.

Diese Faktoren sind naturgemäß für verschiedene Kraftwerkstypen recht unterschiedlich, auf Zahlenwerte wird später in Abschnitt 10.4 hingewiesen.

10.3.2 Kapitalfaktor

Der Kapitalfaktor $\bar{a}$ setzt sich aus einem Anteil a für die Kapitalabschreibung und -verzinsung, einem Anteil b_1 für Steuern sowie einem Anteil b_2 für Versicherung zusammen. Oft wird ein Reparaturanteil als Wert b_3 hinzugefügt. Man kann folglich schreiben:

$$\bar{a} = a + b_1 + b_2 + b_3 \quad . \tag{10.10}$$

Die Größe a kann mit Hilfe der Zinseszinsrechnung als sogenannter Annuitätsfaktor hergeleitet werden und bringt zum Ausdruck, daß jährlich eine konstante Rate

ΔK bezogen auf das Anlagenkapital K_{inv} als kapitalabhängige Kosten für die Anlage aufzubringen ist. Der Verzinsungsfaktor q hängt vom Zinssatz ab:

$$q = 1 + \frac{p}{100} \quad . \tag{10.11}$$

Nach N Jahren Betrieb und Kapitalverzinsung muß folgende Äquivalenzrelation erfüllt sein:

$$K_{inv} \cdot q^N = \Delta K \cdot \left(1 + q + q^2 + \ldots + q^{N-1}\right) \quad . \tag{10.12}$$

Die Reihe kann aufsummiert werden und liefert als Ergebnis für a:

$$a = \frac{\Delta K}{K_{inv}} = \frac{q^N}{1 + q + q^2 + \ldots + q^{N-1}} = \frac{q^N \cdot (q-1)}{q^N - 1} \quad . \tag{10.13}$$

Der Annuitätsfaktor a ist somit eine Funktion vom Zinssatz p sowie von der Abschreibungsdauer N der Anlage. Zahlenwerte für a können aus dem Diagramm Abb. 10.4 entnommen werden. So kann für derzeitig übliche Bedingungen für ein Kraftwerk ($N = 17$ Jahre, $p = 8\ \%$/a) ein Wert von a $\approx$ 11 %/a abgelesen werden.

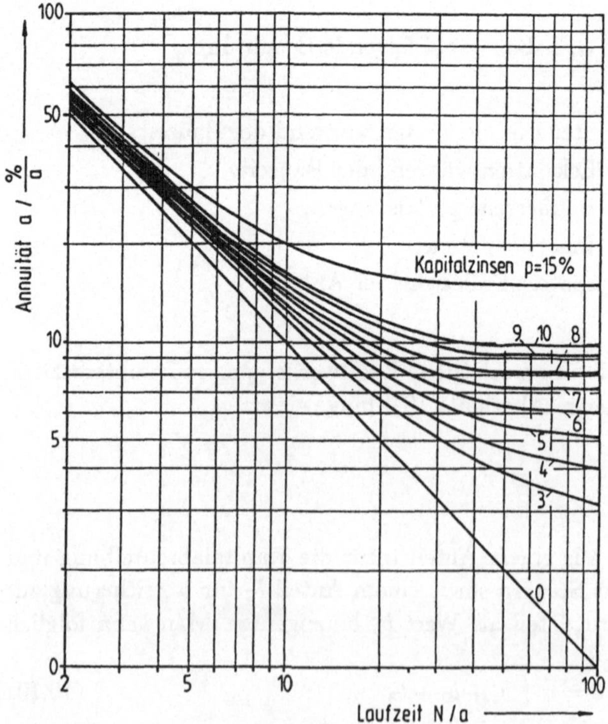

Abb. 10.4: Annuität a in Abhängigkeit vom Zinssatz p und von der Abschreibungsdauer N

In der Elektrizitätswirtschaft sind auch andere Abschreibungsmodalitäten, die sich nach den besonderen Bedingungen der Versorgungsunternehmen richten, üblich. Die Parameter für Steuern und Versicherungen (b_1, b_2) liegen in der Regel bei 1 bis 2 %/a. Für Reparaturen werden je nach Anlagentyp und Betriebsweise Werte für b_3 von 2 bis 3 %/a anzusetzen sein. Diese Werte können natürlich je nach Schadensverlauf und Alter der Anlage erheblich schwanken. Die genannten Werte sind als durch die bisherige Erfahrung gut bestätigte Langzeitmittelwerte anzusehen. Nachbesserungen an Anlagen, die aufgrund von Genehmigungsforderungen in der Vergangenheit oftmals durchgeführt wurden, können im Sinne von erhöhten Investitionskosten oder höheren Ansätzen für Reparaturkosten behandelt werden.

10.3.3 Vollaststundenzahl

Ausgehend vom Betriebsdiagramm einer Anlage ergibt sich die Vollaststundenzahl durch Konstruktion einer geordneten Jahresdauerlinie und dann durch Ausplanimetrieren dieser Kurve (Abb. 10.5). So gelten zum Beispiel folgende Beziehungen:

$$\int_0^{1a} N_{el}(t) \cdot \mathrm{d}t = N_{el}^0 \cdot T \quad , \tag{10.14}$$

$$\int_0^{1a} \dot{m}_B(t) \cdot \mathrm{d}t = \dot{m}_B^0 \cdot T \quad . \tag{10.15}$$

Die Größe T als Vollaststundenzahl kann auch zur Definition eines Lastfaktors benutzt werden, für den

$$l = \frac{T}{8760} \tag{10.16}$$

gilt.

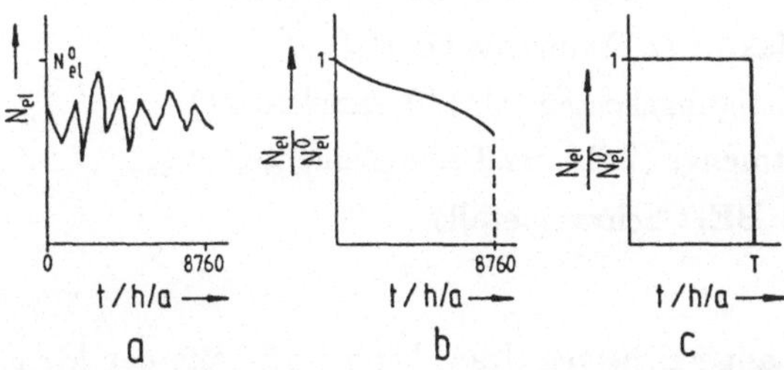

Abb. 10.5: Konstruktion einer geordneten Jahresdauerlinie:
a.tatsächlicher Verlauf der Kraftwerksleistung, **b.**geordnete Jahresdauerlinie, **c.**integrierte Belastungsfläche

10.3.4   Brennstoffkosten

Die Brennstoffkosten X_{Br} (DM/kWh) setzen sich bei Kernkraftwerken aus mehreren
Anteilen zusammen. Es sind dies:

$$X_{Br} = X_U + X_A + X_F = \frac{k_{Br}}{B \cdot \eta_{ges}/100} \tag{10.17}$$

mit

$\quad X_U \quad = \quad$ Kostenanteil für Natururan (DM/kWh),

$\quad X_A \quad = \quad$ Kostenanteil für die Urananreicherung (DM/kWh),

$\quad X_F \quad = \quad$ Anteil bedingt durch Fertigungskosten für die
$\qquad\qquad\qquad$ Brennelemente (DM/kWh),

$\quad k_{Br} \quad = \quad$ Kosten des einsatzbereiten Brennstoffs (DM/t Schwermetall),

$\quad B \quad = \quad$ Brennstoffabbrand (kWh/t Schwermetall),

$\quad \eta_{ges} \quad = \quad$ Kraftwerkswirkungsgrad (%).

Die Erstcorekosten, d. h. die Abschreibung und Verzinsung des in der Anlage über
die gesamte Betriebszeit eingesetzten Brennstoffeinsatzes können wahlweise bei den
Brennstoffzykluskosten oder aber auch bei den Investkosten berücksichtigt werden.
Hier sollen sie nach der letzteren Methode behandelt werden. Bei der Bestimmung
der Kostenanteile für Natururan sowie für die Anreicherung muß die genaue Anreicherung des verwendeten Brennstoffzyklus berücksichtigt werden. Die Kosten des
einsatzbereiten Brennstoffs können auch in der Form

$$k_{Br} = k_{Uran} \cdot M + k_{Anreich} \cdot A + k_{Fert} \cdot Z \tag{10.18}$$

geschrieben werden. Die Bedeutung der einzelnen Größen ist dabei:

$\quad k_{Uran} \quad = \quad$ Kosten des Natururans (DM/t U_{nat}),

$\quad M \quad = \quad$ Mengenfaktor für angereichertes Uran ($t\ U_{nat}/t\ U_{anger}$),

$\quad k_{Anreich} \quad = \quad$ spezifische Anreicherungskosten (DM/t Trennarbeit),

$\quad A \quad = \quad$ Trennarbeitsfaktor (t Trennarbeit$/t\ U_{anger}$),

$\quad k_{Fert} \quad = \quad$ spezifische Fertigungskosten (DM/Brennelement),

$\quad Z \quad = \quad$ Brennelementmenge (Zahl der Brennelemente/t U_{anger},
$\qquad\qquad\qquad$ oder Zahl der BE/t Schwermetall).

Die Größe M, der Mengenfaktor für angereichertes Uran, kann leicht aus der Men-
genbilanzierung einer Anreicherungsanlage [10.3, 10.4] zu

$$M = \frac{\xi_A - \xi_T}{\xi_N - \xi_T} \tag{10.19}$$

bestimmt werden. ξ sind dabei die Anreicherungsgrade: A sei der für den betrieblichen Einsatz erforderliche, N sei der des Natururans (0,7 %), T stehe für die Restanreicherung des abgereicherten Urans. Für technisch wichtige Anreicherungsgrade kann der Mengenfaktor aus Tab. 10.1 entnommen werden.

Tab. 10.1:   Mengenfaktor und Trennarbeitsfaktor für angereichertes Uran in Abhängigkeit vom Anreicherungsgrad (Restanreicherung des abgereicherten Urans: 0,2 % U^{235})

Anreicherungsgrad A Uran 235 (%)	Mengenfaktor M (t U_{nat}/t U_{ang})	Trennarbeitsfaktor A (t Trennarb./t U_{ang})
0,711	1	0
1	1,566	0,38
2	3,523	2,194
3	5,479	4,306
4	7,436	6,544
5	9,393	8,851
10	19,178	20,863
20	38,748	45,747
93	181,605	235,55

Der Trennarbeitsfaktor A ist aus der Theorie der Isotopentrennung zu

$$A = V(\xi_A) + \left(\frac{\xi_A - \xi_T}{\xi_N - \xi_T} - 1\right) \cdot V(\xi_T) - \frac{\xi_A - \xi_T}{\xi_N - \xi_T} \cdot V(\xi_N) \tag{10.20}$$

bekannt, wobei die Wertfunktion $V(\xi)$ durch

$$V(\xi) = (1 - 2 \cdot \xi) \cdot \ln\left(\frac{1 - \xi}{\xi}\right) \tag{10.21}$$

bestimmt ist. ξ_A, ξ_T und ξ_N haben die schon vorher erklärte Bedeutung. Praktische Werte für den Trennarbeitsfaktor sind ebenfalls in Tab. 10.1 vermerkt.

10.3.5 Entsorgungskosten

Zur Entsorgung zählen bei Kernkraftwerken, hier speziell bei HTR-Anlagen, die Aufwendungen, die zur Zwischenlagerung und Endlagerung der abgebrannten Brennelemente erforderlich sind, jedoch auch Kosten, die für die Beseitigung von schwachaktiven Abfällen zu erbringen sind. Insgesamt gilt:

$$X_E = X_{ZL} + X_{EL} + X_{Abf} \tag{10.22}$$

mit

$$
\begin{aligned}
X_{ZL} &= \text{Zwischenlagerkosten,} \\
X_{EL} &= \text{Endlagerkosten,} \\
X_{Abf} &= \text{Kosten für die Beseitigung von schwachaktiven Abfällen.}
\end{aligned}
$$

Für die Stillegung nuklearer Anlagen werden heute Rückstellungen vorgenommen, die in 20 Jahren Betrieb aufgezinst werden und danach zur Stillegung sowie zum späteren Abbruch der Anlage zur Verfügung stehen. Meist werden 10 % der Investkosten als notwendige zusätzliche Aufwendung für diesen Zweck als ausreichend erachtet. Diese Summe kann bereits in die Investsumme mit eingerechnet werden.

10.3.6 Personalkosten

Der Anteil dieser Position am Gesamtergebnis ist im allgemeinen besonders bei großen Kraftwerken gering. Bei Anlagen kleiner Leistung ist dieser Anteil jedoch je nach Betriebskonzept bedeutsamer und im Detail zu untersuchen. Während bei großen Kraftwerken mit etwa 0,2 Personen/MW_{el} gerechnet werden kann, steigt dieser Wert bei kleinen Anlagen (rund 100 MW_{el}) bis auf 2 Personen/MW_{el} an.

10.3.7 Hilfsstoffe

Für Hilfsstoffe werden aufgrund von langjährigen Erfahrungswerten prozentual auf das Investkapital bezogene Zuschläge gemacht. Hierzu zählen bei HTR-Anlagen z. B. auch Kosten für das Kühlmittel Helium. Während in den Anfangszeiten der kerntechnischen Entwicklung insbesondere diese Position bei gasgekühlten Reaktoren für bedeutsam gehalten wurde, ist dieser Kostenanteil bei den heute technisch erreichten Heliumleckagewerten von unter 0,1 % pro Tag des Heliuminventars sowie angesichts der heute relativ niedrigen Heliumkosten unbedeutend.

10.4 Stromerzeugungskosten bei HTR-Anlagen

Bei der Anwendung der Annuitätenmethode ergibt sich für HTR- Kernkraftwerke folgendes Bild (Stand 1986):

Die Brennstoffkosten hängen mit Verweis auf Tab. 10.2 im wesentlichen von den Herstellungskosten eines Brennelements, vom erreichbaren Abbrand und vom Nettowirkungsgrad der Kraftwerksanlage ab. Die Kosten eines Brennelements und damit die spezifischen Kosten des eingesetzten Schwermetalls berechnen sich nach Tab. 10.2 demnach zu etwa 180 DM/Brennelement für das THTR-Brennelement ($1\,g\;U^{235} + 10\,g\;Th^{232}$/BE). Die Brennstoffkosten sind bereits in Gl. 10.17 als Funktion von Urankosten, Anlagenwirkungsgrad und Brennstoffabbrand angegeben worden. Rechnet man mit einem Abbrand von 100 000 MWd/t Schwermetall, so produziert jedes Brennelement bei einem Schwermetalleinsatz von 11 g eine Arbeit von 26 400 kWh (thermisch) oder bei einem Anlagenwirkungsgrad von 40 % 10 560 kWh (elektrisch). Damit betragen die Brennstoffkosten für THTR-Elemente $\approx$ 0,68 Dpf/kWh (thermisch) oder $\approx$ 1,7 Dpf/kWh (elektrisch). Der vergleichsweise geringe Anteil der Rohstoffkosten an den Brennstoffkosten, der für nukleare Anlagen charakteristisch ist, kann direkt aus Tab. 10.2 abgelesen werden.

Tab. 10.2:   Kostenparameter für die Brennelementherstellung von THTR-Brennelementen (Stand 1986; 1 lb = 0,454 kg) [10.5]

Position	spezifische Bedarfszahl	spezifische Kosten	Brennelementkosten	Kostenanteil	Bemerkung
Natururan	$210\ \frac{g\ Erz}{BE}$	$35\ \frac{\$}{lbU_{238}}$	$30\ \frac{DM}{BE}$	16,7 %	Resturan 0,2 % U^{235}
Anreicherung + Konversion	$236\ \frac{kgTAE}{kgU_{anger}}$	$400\ \frac{DM}{kg\ TAE}$	$100\ \frac{DM}{BE}$	55,5 %	93 % U^{235}
Brennelementfertigung			$50\ \frac{DM}{BE}$	27,8 %	Coated particles + Matrix
gesamt			$180\ \frac{DM}{BE}$	100 %	

Tab. 10.3:   Kostenparameter für die Entsorgung von THTR - Brennelementen (Stand 1986) [10.5]

Position	spezifischer Raumbedarf (m^3/BE)	spezifische Kosten (DM/m^3)	Kosten (DM/BE)	Bemerkung
Brennelementzwischenlagerung	$2 \cdot 10^{-4}$	0,3 Mio	60	Lagerung in luftgekühlten Behältern
Brennelementendlagerung	$2 \cdot 10^{-4}$	0,1 Mio	20	Endlagerung von Kannen im Salz
gesamt	-	-	80	

Bei Einhaltung des Entsorgungsweges nach Kapitel 9 stellen sich die Kostenanteile für die Entsorgung wie in Tab. 10.3 wiedergegeben dar: Unter den gleichen Voraussetzungen hinsichtlich Abbrand, Schwermetallbeladung und Wirkungsgrad wie zuvor, verursacht die Entsorgung damit zusätzliche Kosten in Höhe von $\approx$ 0,4 Dpf/kWh (thermisch) bzw. 1 Dpf/kWh (elektrisch). Angesichts der noch bestehenden Unsicherheiten hinsichtlich der endgültigen Beseitigung radioaktiver Abfälle kann die Zahl für die Brennelementendlagerung nur als Anhaltswert angesehen werden. Sinnvoll ist sicher in jedem Fall eine möglichst lange Zwischenlagerung, die vom technischen und sicherheitstechnischen Standpunkt über viele Jahrzehnte verantwortet werden kann [10.6].

Eine Beurteilung der kapitalabhängigen Kosten ist ungleich schwieriger als die hier wiedergegebenen Abschätzungen zum Brennstoffkreislauf, da Erfahrungswerte für HTR-Anlagen noch nicht in hinreichendem Umfang vorliegen. Um ein Gesamtbild wiederzugeben, sei hier eine näherungsweise Betrachtung für die HTR-500-Anlage angeführt [10.7].

Rechnet man für die HTR-500-Anlage in Anlehnung an Herstellerangaben mit direkten Investkosten von rund 2 x 10^9 DM und zusätzlichen indirekten Kosten (entsprechend den Zuschlägen α_1 bis α_5) von zusammen rund 50 % bei üblichen Annahmen über Bauzeit, Zinsen, Steuern, Bauherreneigenleistungen, Eskalation und Stillegung, so resultieren spezifische Investkosten für diese Anlage von rund 5500 DM/kW$_{el}$. Rechnet man mit einer Abschreibungszeit von 17 Jahren und 8%/a Zinsen, so ergibt sich ein Annuitätsfaktor $a = 11\%$/a. Unter Berücksichtigung von $b_1 = 1$ %/a für Versicherung, $b_2 = 1\%$/a für Steuern und 3 %/a für Reparaturen ergibt sich ein Kapitalkostenfaktor $\bar{a} = 16$ %/a.

Addiert man noch rund 1 Dpf/kWh$_{el}$ für Bedienung und Hilfsstoffe ($X_{Bed} = 0,4$ Dpf/kWh$_{el}$ bei $P = 250$ Personen, $k_p = 60\,000$ DM/(P · a), $N_{el}^o = 550$ MW, $T = 6500$ h/a sowie rund 0,6 Dpf/kWh$_{el}$ für Hilfsstoffe), so ergibt sich für das erwähnte spezielle Beispiel das folgende Kostenbild in Abhängigkeit von der Anlagenauslastung (Abb. 10.6):

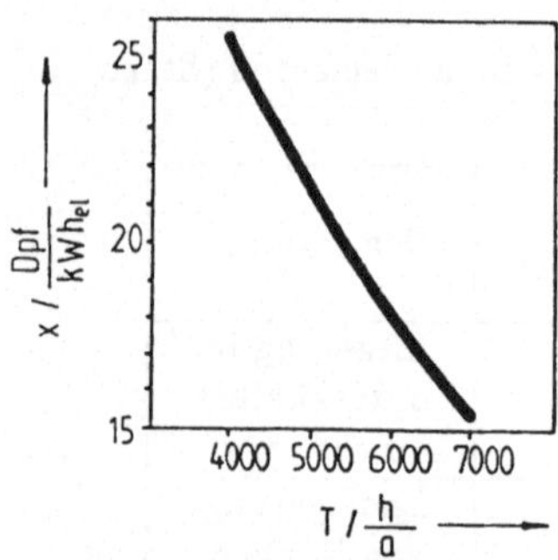

Abb. 10.6: Gesamte Stromerzeugungskosten einer großen HTR-Anlage in Abhängigkeit von der Auslastung

Die starke Abhängigkeit von der Auslastung ist erkennbar. Wie alle kerntechnischen Anlagen muß daher auch dieses Kraftwerk in der Grundlast eingesetzt werden.

Für kleinere Leistungen sind die spezifischen Investitionskosten naturgemäß höher, die Hersteller geben heute rund 30 bis 50 % höhere spezifische Kosten an, wenn die elektrische Leistung auf 100 MW reduziert wird. Im Vergleich zu Kohlekraftwerken auf der Basis von deutscher Steinkohle ist aber selbst unter diesen Bedingungen noch ein wirtschaftlicher Vorteil im Grundlastbereich realisierbar. Beim Aufbau von Kraftwerken mit größerer Leistung auf der Basis von Modulreaktoren lassen sich ähnlich günstige Kostenstrukturen wie bei HTR-Anlagen größerer Leistung erreichen [10.8].

Wesentliche Verbesserungen der Kostenstrukturen lassen sich bei Koppelprodukten von elektrischer Energie und von Wärme, z. B. von Fernwärme oder von Prozeßdampf erreichen, da in diesen Fällen eine verbesserte Gesamtnutzung der thermischen Energie erfolgt.

Für nachfolgende Betrachtungen wird die Kostencharakteristik in der Form

$$X(T) = \frac{C_1}{T} + C_2 \tag{10.23}$$

diskutiert. Die Bedeutung einer hohen Vollaststundenzahl ist evident.

10.5   Sensitivität der Kosten

Fehleinschätzungen der Kostenparameter oder Änderungen dieser Größen während
der Betriebszeit führen zu Änderungen in den Stromerzeugungskosten. Ausgehend
von der Kostenformel in der vereinfachten Form

$$X = \frac{K \cdot \bar{a}}{T} + X_B + X_E \qquad (10.24)$$

führt das totale Differential, unter der Annahme, daß die Stromerzeugungskosten X
als Funktion von variablen Größen ξ_i aufgefaßt werden, auf:

$$dX = \sum_i \frac{\partial X}{\partial \xi_i} \cdot d\xi_i \qquad (10.25)$$

bzw. ausführlich geschrieben auf den Ausdruck:

$$dX = \frac{dK \cdot \bar{a}}{T} + \frac{K \cdot d\bar{a}}{T} - \frac{K \cdot \bar{a} \cdot dT}{T^2} + dX_B + dX_E \quad . \qquad (10.26)$$

Diese Formel kann nun benutzt werden, um Kostenänderungen ΔX bei Abweichungen
von Parametern zu bestimmen. So ergibt sich etwa

$$\Delta X = \frac{\Delta K \cdot \bar{a}}{T} \qquad (10.27)$$

bei Fehleinschätzungen der Investkosten oder der Ausdruck

$$\Delta X = \frac{K \cdot \Delta \bar{a}}{T} \qquad (10.28)$$

bei Änderungen von Abschreibungsmodalitäten usw. Auch Äquivalenzrelationen, die
Parameteränderungen in ihrer Wirkung korrelieren, können aus dieser Gleichung abgeleitet werden. Z. B. gilt für $\Delta X = 0$, d. h. für unveränderte Stromerzeugungskosten,

$$\frac{\Delta K \cdot \bar{a}}{T} = -\Delta X_B \qquad (10.29)$$

als Zusammenhang zwischen einer Änderung der spezifischen Investkosten und Änderungen der Brennstoffkosten. So können z. B. Aussagen über Modifikationen des
Brennstoffkreislaufs, etwa durch Erhöhung des Konversionsfaktors, im Verhältnis zu
der hierzu notwendigen Erhöhung der Investkosten quantitativ beurteilt werden.

10.6 Vergleich verschiedener Kraftwerke

Werden verschiedene Kraftwerke in ihren Kostenstrukturen verglichen, so kann folgender Ansatz gemacht werden:

$$X_1 = \frac{K_1 \cdot \bar{a}}{T} + X_{B,1} + X_{E,1},$$

(10.30)

$$X_2 = \frac{K_2 \cdot \bar{a}}{T} + X_{B,2} + X_{E,2}.$$

(10.31)

Bei der Vollaststundenzahl T^* sind die Erzeugungskosten der beiden Anlagen gleich:

$$T^* = \frac{(K_1 - K_2) \cdot \bar{a}}{(X_{B,2} + X_{E,2}) - (X_{B,1} + X_{E,1})}.$$

(10.32)

Diese Betrachtung ist hilfreich, um eine Einordnung verschiedener Kraftwerke in den Spitzenlastbereich, den Mittellastbereich oder den Grundlastbereich vornehmen zu können. Entsprechend Abb. 10.7 stellt sich z. B. in der Energiewirtschaft der Bundesrepublik Deutschland die Situation so dar, daß Kernkraftwerke, so auch der HTR, wegen ihrer hohen Kapitalkosten und der relativ niedrigen Brennstoffkosten ihre Anwendung in der Grundlast finden.

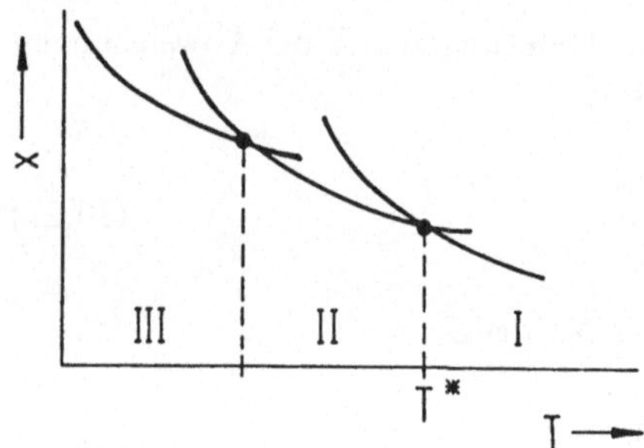

Abb. 10.7: Qualitativer Verlauf von Stromerzeugungskosten und Einordnung von Kraftwerken
I: Grundlast: Kernkraftwerke, Braunkohlekraftwerke, Laufwasserkraftwerke
II: Mittellast: Steinkohlekraftwerke
III: Spitzenlast: Pumpspeicherkraftwerke, Gasturbinenanlagen

10.7 Kosteneskalation

Insbesondere Brennstoffkosten können während der Laufzeit eines Kraftwerkes steigen. Für den Vergleich von zwei Kraftwerken, von denen das eine (Kernkraftwerk) kapitalkostenintensiv, das andere brennstoffkostenintensiv (z. B. Kohlekraftwerk) ist, ergibt sich folgende Kostendifferenz, wenn eine Eskalation der Brennstoffkosten (hier einschließlich Entsorgungskosten gerechnet) entsprechend

$$X_B = X_B^0 \cdot \left(1 + \frac{\varepsilon}{100}\right)^N$$

(10.33)

mit einer Eskalationsrate ε (%/a) angesetzt wird:

$$X_2 - X_1 = \frac{(K_2 - K_1) \cdot \bar{a}}{T} + \left(X_{B,2}^0 - X_{B,1}^0\right) \cdot \left(1 + \frac{\varepsilon}{100}\right)^N \quad . \tag{10.34}$$

Qualitativ gewinnt man damit Verläufe nach Abb. 10.8.

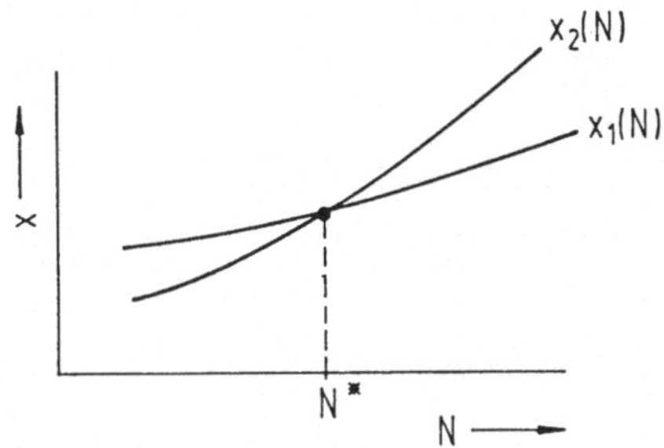

Abb. 10.8: Qualitativer Verlauf von Erzeugungskosten im Laufe des Betriebes für ein kapitalkostenintensives $(X_1(N))$ und ein brennstoffkostenintensives Kraftwerk $(X_2(N))$

Damit wird sofort klar, daß ein kapitalintensives Kraftwerk, welches zum Zeitpunkt der Inbetriebnahme Kostennachteile gegenüber einem brennstoffkostenintensiven Kraftwerk aufweist, nach N^* Betriebsjahren eine günstigere Erzeugungskostensituation erreicht. Durch einfache Umstellung der Gleichung findet man, daß dies nach N^* Jahren der Fall ist:

$$N^* = \log\left[\frac{(K_1 - K_2) \cdot \bar{a}}{\left(X_{B,2}^0 - X_{B,1}^0\right)} \cdot \frac{1}{T}\right] / \log\left[1 + \frac{\varepsilon}{100}\right] . \tag{10.35}$$

Nach dieser Zeit wirft die anfangs kostenungünstigere Anlage Gewinne ab. Ob diese späten Vorteile ausreichend hoch sind, um die ursprünglich aufgetretenen Verluste zu kompensieren, kann nur beurteilt werden, wenn alle Ausgaben sowie Einnahmen auf einen bestimmten Zeitpunkt - zweckmäßig ist hier das Inbetriebnahmedatum - zurückgerechnet werden.

10.8 Life-Cycle-Kosten-Methode

Die wünschenswerte Herstellung einer gemeinsamen Bezugsbasis erfolgt bei der Methode der Life-Cycle-Kosten. Mit Hilfe eines Ansatzes

$$K_{ges} = K_{inv} + K_{Betrieb} \cdot F(e, p, N) \tag{10.36}$$

werden die Gesamtausgaben für ein Kraftwerk über eine Betriebszeit von N Jahren beschrieben, wenn bei einem Zinssatz p und einer Eskalationsrate e gearbeitet wird.

$K_{Betrieb}$ beinhaltet alle Brennstoffkosten, Bedienungskosten sowie Kosten für Betriebs-
stoffe. Aus einer einfachen Betrachtung, bei der alle Betriebsausgaben mit einem Faktor

$$1/\left((1+e)/(1+p)^N\right) \tag{10.37}$$

auf den Zeitpunkt der Inbetriebnahme zurückgerechnet werden, folgt für die Funktion
$F(e,p,N)$:

$$F(e,p,N) = \frac{1+e}{1+p} \cdot \frac{1-\left(\frac{1+e}{1+p}\right)^N}{1-\left(\frac{1+e}{1+p}\right)} \quad . \tag{10.38}$$

Werden zwei Kraftwerkssysteme miteinander verglichen, so kann die Differenz

$$\Delta K_{ges} = (K_{inv,1} - K_{inv,2}) + (K_{Betr,1} - K_{Betr,2}) \cdot F(e,p,N) \tag{10.39}$$

gebildet und anhand dieser Größe beurteilt werden, ob die eine oder die andere Kraftwerksanlage, über N Jahre betrachtet, Vorteile erwarten läßt.

Insbesondere in Ländern mit hohen Eskalationsraten kann diese Methode helfen, ka-
pitalintensive und brennstoffkostenintensive Kraftwerkstechniken über die gesamte
Anlagenlebensdauer hinweg miteinander zu vergleichen.

10.9 Kostenbewertung bei Koppelproduktion

Im Falle der Prozeßwärmebereitstellung werden aus der Anlage zwei Produkte abgegeben, elektrische Energie und Prozeßwärme. Die Wärmeabgabe kann entweder auf
hohem oder niedrigem Temperaturniveau erfolgen. Bei der wirtschaftlichen Bewertung müssen dann auch zwei Produkte Berücksichtigung finden. Grundsätzlich sind
Methoden bekannt, bei denen die abgegebene Wärme kalorisch, entropisch oder thermodynamisch je nach der Höhe der Temperatur, bei der sie zur Verfügung gestellt
wird, bewertet wird [10.9]. Hier soll der Einfachheit wegen eine Gleichbewertung von
elektrischer Energie und Wärme vorausgesetzt werden.

Die Bilanzierung von Aufwendungen und Erlösen bei der Anlage liefert folgenden
Zusammenhang:

$$\sum_j A_j \le \sum_i E_i = \int_0^{1a} N_{el}(t) \cdot X_{el} \cdot \mathrm{d}t + \int_0^{1a} \dot{Q}_W(t) \cdot X_W \cdot \mathrm{d}t \quad . \tag{10.40}$$

$\dot{Q}_W(t)$ bedeutet dabei die Nutzwärmeleistung der Anlage, X_W die Wärmekosten und
X_{el} die Kosten für elektrische Energie. Die Summe der Aufwendungen bei einer installierten Anlage sei hier unabhängig von der Aufteilung auf die erzeugten Produkte
angesetzt. Dann kann die Gleichung 10.40 in der Form

$$C_1 = N_{el}^0 \cdot X_{el} \cdot T_1 + \dot{Q}_W^0 \cdot X_W \cdot T_2 \tag{10.41}$$

geschrieben werden. T_1 steht hierbei für die Vollaststundenzahl, die sich nach Ausplanimetrieren der Kurve für die Erzeugung von elektrischer Energie im Ablauf eines

Jahres ergibt, für die Erzeugung von Prozeßwärme gilt sinngemäß das Gleiche für T_2. Die Gesamtauslastungszeit der Anlage T wirkt sich im Wert C_1 aus. Es gilt:

$$C_1 = K_{inv} \cdot \bar{a} + \dot{m}_B^0 \cdot k_B \cdot T + P \cdot k_p + \sum_{\dot{m}} \dot{m}_{Hi,\dot{m}}^0 \cdot k_{Hi,\dot{m}} \cdot T \quad . \tag{10.42}$$

Eine anschauliche Darstellung der Kostenbewertung gelingt dann mit Hilfe eines Kostendreiecks (siehe Abb. 10.9), in dem die Wärmekosten in Abhängigkeit von den Stromkosten aufgetragen werden.

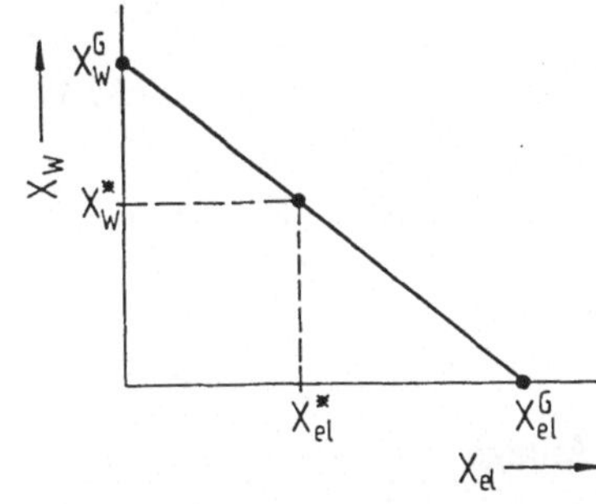

Abb. 10.9: Kostendreieck zur Bewertung von elektrischer Energie und von Prozeßwärme bei Koppelproduktion

Die Wärmekosten können somit in Abhängigkeit von der Höhe der erreichbaren Kosten für elektrische Energie durch

$$X_W = \frac{C_1(T)}{\dot{Q}_W^0 \cdot T_2} - \frac{N_{el}^0 \cdot T_1}{\dot{Q}_W^0 \cdot T_2} \cdot X_{el} \tag{10.43}$$

dargestellt werden. Die Grenzfälle, die sich als Schnittpunkte der Geraden mit der Ordinate bzw. der Abzisse ergeben, sind dadurch gekennzeichnet, daß die Aufwendungen wahlweise nur einem der Produkte zur Last gelegt werden:

$$X_W^G = \frac{C_1}{\dot{Q}_W^0 \cdot T_2} \quad , \quad X_{el}^G = \frac{C_1}{N_{el}^0 \cdot T_1} \quad . \tag{10.44}$$

In der Praxis wird entweder ein gewisser Wert für den Strom- oder Wärmepreis, X_{el}^* oder X_W^*, durch äußere Randbedingungen vorgegeben sein. Der entsprechende Wert für das Koppelprodukt ergibt sich dann aus der Kurve. Änderungen an der Steigung der Kurve ergeben sich durch Modifikation der Werte von T_1 und T_2, die im Betriebsablauf möglich sind.

Änderungen der Brennstoffkosten, der Abschreibungsmodalitäten, der Bedienungskosten oder der Vollaststundenzahl T der Gesamtanlage äußern sich in einer Veränderung des Wertes des Aufwandes C_1, so daß auch durch diese Effekte die Kurve erheblich modifiziert werden kann.

Wie schon anfangs erwähnt, sind jedoch auch thermodynamisch besser begründete Verfahren der Bewertung denkbar und in der Praxis in Gebrauch [10.9].

Insbesondere bei der Abgabe von Niedertemperaturwärme für Koppelprozesse wird dann eine Berücksichtigung des höheren Exergiewertes des Produktes elektrische Energie erreicht. Die Bewertung von nuklearer Prozeßwärme bei der Einkopplung von

Hochtemperaturwärme in verfahrenstechnische Prozesse, wie sie in Kap.8 dargestellt wurden, erfolgt wohl am einfachsten, wenn eine Bewertung des Endproduktes der Gesamtanlage mit Hilfe des schon erwähnten Kostendreiecks durchgeführt wird.

Sinngemäß zu den vorangehenden Betrachtungen kann für die Produkterzeugungskosten folgende einfache Beziehung hergeleitet werden:

$$X_P = \frac{C_1}{\dot{m}_P^0 \cdot T} - X_{el} \cdot \frac{N_{el}^0}{\dot{m}_P^0} \tag{10.45}$$

mit

$$C_1 = K_{inv}^* \cdot \bar{a} + P \cdot k_P + \dot{m}_R^0 \cdot k_R \cdot T + \sum_i \dot{m}_{Hi,j}^0 \cdot k_{Hi,j} \cdot T \tag{10.46}$$

Ergänzend zu den schon vorher definierten Größen sind hier folgende Parameter eingeführt:

X_P	$=$	Produkterzeugungskosten
$\dot{m}_P^0$	$=$	maximale Produktmenge/Zeit
N_{el}^0	$=$	Nettoleistung zur Abgabe aus der Anlage
$\dot{m}_R^0$	$=$	Rohstoffeinsatz/Zeit
k_R	$=$	spezifische Rohstoffkosten
K_{inv}^*	$=$	Gesamtinvestition (unter Einschluß der verfahrenstechnischen Anlage)

Literaturverzeichnis

[ ]   **Literatur zu Kap.1**

[1.1]   W. Oldekop: *Druckwasserreaktoren für Kernkraftwerke*; Verlag K. Thiemig, München (1974).

[1.2]   A. Ziegler: *Lehrbuch der Reaktortechnik Bd. 2, Bd. 3*; Springer Verlag, Berlin, Heidelberg, New York, Tokyo (1984).

[1.3.] *Das Kernkraftwerk Brokdorf*; Atomwirtschaft, Sonderheft (Aug./Sept. 1986).

[1.4]   M. Simon: *Fertigstellung des Kernkraftwerks Mülheim-Kärlich*; Atomwirtschaft, (Juli 1986).

[1.5]   W. Rysy: *Druckwasserreaktor-Kraftwerke, Sicherheitstechnische Auslegung, Handbuchreihe Energie, Bd. 10*; Technischer Verlag Resch, Verlag TÜV Rheinland (1986).

[1.6]   A. Sauer: *Siedewasserreaktoren für Kernkraftwerke, AEG-Telefunken-Handbücher Band 10*; (1969).

[1.7]   P. Banz et al.: *Das Kernkraftwerk Krümmel geht in Betrieb*; Atomwirtschaft, (Januar 1984).

[1.8]   Atomwirtschaft: *Siedewasserreaktoren*; Sonderheft (Dezember 1984).

[1.9]   KWU: *Kernkraftwerk Krümmel, Standort und Anlagenbeschreibung*; KWU, (Oktober 1981).

[1.10] ABB Atom: *BWR 90 - An introduction to a proven design*; Firmenschrift (1987).

[1.11] W. G. Morison: *Pickering Generating Station*; Journ. Brit. Nucl. Energy Soc. 14 (1975).

[1.12] *Pickering Generating Station (mehrere Artikel)*; Nuclear Engineering International 15 (1970).

[1.13] J. R. Candlish: *Candu 300-Advances in Constructability*; Small and medium sized Nuclear Reactors: Lausanne, (August 1987).

[1.14] P. Wenzel, G. Zabka: *Graphitmoderierte wassergekühlte Druckröhrenreaktoren in der UdSSR*; Kernenergie 17 (1974).

[1.15]   P. Wenzel: *Graphitmoderierte, wassergekühlte Druckröhrenreaktoren*; Kernenergie 8 (1965).

[1.16]   J. Wolters, G. Breitbach, W. Kröger: *Der sowjetische Druckröhren - Siedewasserreaktor*; Atomwirtschaft 31 (1986).

[1.17]   *The accident at the Chernobyl nuclear power plant and its consequences*; Information compiled for the IAEA Expert's Meeting (1986).

[1.18]   K. Kotthoff, U. Erven: *Stand der Analysen des Tschernobyl Unfalls*; Atomwirtschaft 32 (1987).

[1.19]   A. E. Waltar, A. B. Reynolds: *Fast Breeder Reactors*; Pergamon Press (1981).

[1.20]   W. Marth: *Entwicklungstendenzen beim Schnellen Brüter*; Atomwirtschaft (Juli 1984).

[1.21]   V. Efimenko, F. A. O'Hara, H. J. Laue: *World status of fast reactor development*; IAEA-Bulletin, Vol.26, No 4 (1984).

[1.22]   J. Vogel, R. Riethmüller: *Der SNR 300 vor der Inbetriebsetzung*; Atomwirtschaft (Aug./Sept. 1985).

[1.23]   Novatome: *Superphenix*; Firmenschrift (1985).

[1.24]   G. V. Watzel, G. H. Rasche: *Das Kernkraftwerk Kalkar*; Brennstoff-Wärme-Kraft 25 (1973).

[1.25]   I. G. Morozov: *Fortgeschrittene Brütersysteme - aktueller Stand und Entwicklungsaussichten*; Atomwirtschaft 28 (1983).

[1.26]   *Sonderheft über den Reaktor Dungeness B (mehrere Artikel)*; Nuclear Engineering 12 (1967).

[1.27]   G. B. Greenough et al.: *AGR- Fuel*; Nuclear Engineering 10 (1965).

[1.28]   *Heysham Power Station*; Schrift der CEGB/Großbritannien (1980).

[1.29]   *Britain's new AGR's*; Schrift der Nuclear Power Company Limited/GB (1985).

[1.30]   P. J. Cameron: *CO_2-Cooled Reactors in the UK*; 9. Internationale Konferenz über den Hochtemperaturreaktor VGB- TB 112, (Oktober 1987).

[1.31]   R. Schulten et al.: *Der Hochtemperaturreaktor von BBC/Krupp*; Die Atomwirtschaft 9 (1959).

[1.32]   W. Cautius: *Betriebserfahrungen mit dem AVR-Reaktor und ihre Anwendungen für das THTR-Projekt*; Energie und Technik, (September 1969).

[1.33] H. Harder, H. Oehme, J. Schöning: *Das 300 MW-Thorium-Hochtemperatur Kernkraftwerk*; Atomwirtschaft 16 (1971).

[1.34] *Referenzentwurf 300 MW$_{el}$-Prototypanlage*; THTR-Thorium-Hochtemperatur Assoziation, (1968).

[1.35] *Die Zukunft der HTR-Baulinie:* VGB-Kraftwerkstechnik 65 (Sonderdruck); Heft 1 (Jan. 1985), Heft 3 (März 1985).

[1.36] D. Bedenig: *Gasgekühlte Hochtemperaturreaktoren*; Verlag Thiemig (1972).

[1.37] R. Schulten: *Kohlevergasung mit Wärme aus Hochtemperaturreaktoren*; Vortrag vor der Akademie der Wissenschaften, Düsseldorf (Juli 1968).

[1.38] K. Kugeler, M. Kugeler: *Die Energiesituation in der Bundesrepublik Deutschland und zukünftige Entwicklungsmöglichkeiten*; Jül-576-RG (Jan. 1969).

[1.39] E. Gärtner, R. Schulten, W. Peters: *Vorträge zur Kohlevergasung mit nuklearer Prozeßwärme aus Hochtemperaturreaktoren*; Vorträge Juli 1970 vor der Akademie der Wissenschaften, Düsseldorf (Juli 1970).

[1.40] Sonderheft Nuclear Engineering and Design, Vol.34, No 1 (1975).

[1.41] Sonderheft Nuclear Engineering and Design, Vol.78, No 2 (1984).

[1.42] VGB-TB 112: *9. Internationale Konferenz über den Hochtemperaturreaktor-Kohle und Kernenergie für die Strom- und Gaserzeugung*; Dortmund (Oktober 1987).

[1.43] E. Merz: *Behandlung radioaktiver Abfälle im Kernbrennstoffkreislauf*; Jül-Spez.-394 (März 1987).

[1.44] E. Barnert: *MAW und HTR-BE-Versuchseinlagerung in Bohrlöchern*; Jül-Conf.-60 (Juli 1987).

[1.45] E. Merz et al.: *Die Wiederaufarbeitung von Kernbrennstoffen*; Jül-Spez.-207 (Mai 1983).

[1.46] E. Merz: *Wiederaufarbeitung im Thoriumbrennstoffkreislauf*; Jül-Spez.-239 (Jan. 1984).

[1.47] *Statusseminar Hochtemperaturreaktor-Brennstoffkreislauf*; Jül-Conf.-61 (August 1987).

[1.48] E. Teuchert: *Brennstoffzyklen des Kugelhaufen-Hochtemperaturreaktors in der Computersimulation*; Jül-2069 (Juni 1986).

[ ]   **Literatur zu Kap.2**

[2.1]   R. Schulten, W. Bellermann, H. Braun, H.W. Schmidt, A. Setzwein, W. Stürmer: *Der Hochtemperaturreaktor von BBC/Krupp*; Die Atomwirtschaft (1959).

[2.2]   M. Cautius, J. Engelhard, G. Ivens: *Der Betrieb des Versuchskraftwerks AVR und die HTR-Entwicklung*; Atomwirtschaft/Atomtechnik 8/9 (1974).

[2.3]   *Der AVR Reaktor*; Sonderdruck aus Atomwirtschaft (April 1968).

[2.4]   J. Engelhard: *Abschlußbericht über die Errichtung und den Anfahrbetrieb des AVR-Atomversuchskraftwerks*; K 72-23 (Dez. 1972).

[2.5]   H. Knüfer: *Preliminary operating experiences with the AVR at an average hot gas temperature of 950 °C*; Nucl. Engineering and Design 34 (1975).

[2.6]   E. Ziermann: *AVR-Experience;* International Atomic Energy Agency, Jülich (Oktober 1986).

[2.7]   R. Schulten, F. Schniedel: *Kurzbeschreibung des THTR-300 MW$_{el}$*; Ergebnisbericht des THTR-Projektes Jülich (Juli 1968).

[2.8]   *Das 300 MW Thorium-Hochtemperatur-Kernkraftwerk THTR*; Sonderdruck Atomwirtschaft 5 (Mai 1971).

[2.9]   BBC/HRB/NUKEM: *300 MW$_{el}$-Kernkraftwerk Hamm-Uentrop der HKG mit Thorium-Hochtemperaturreaktor im VEW-Kraftwerk Westfalen*; Druckschrift D HRB 1017 83 D.

[2.10]   Projektinformationen: *300 MW-THTR-Kerkraftwerk Hamm-Uentrop*; Druckschriften von HRB Mannheim (1975 bis 1986).

[2.11]   E. Baust: *Inbetriebnahme des THTR 300*; Atomwirtschaft (Aug./Sept. 1985).

[2.12]   D. Schwarz: *THTR Operation - The First Year;* International Atomic Energy Agency, Jülich (Oktober 1986).

[2.13]   H. Reutler, G. H. Lohnert: *Der modulare HTR - Ein neues Konzept für den Kugelhaufenreaktor*; Atomwirtschaft 27 (Januar 1982).

[2.14]   *Hochtemperaturreaktor - Modul - Kraftwerksanlage, Referenzkonzept Bd. 1 und 2*; KWU/Interatom (Januar 1984).

[2.15]   H. Reutler: *Plant Design and Safety concept of the HTR Modul:* Small and medium sized nuclear reactors: SMIRT, Lausanne (August 1987).

[2.16]   M. Andler, W. Jäger: *Anwendung und Aussichten des HTR-Moduls*; Atomwirtschaft (Aug./Sept. 1985).

[2.17] I. A. Weisbrodt, W. Steinwarz, W. Klein: *Status of the HTR-Module Plant Design*; International Atomic Energy Agency, Jül.(Oct. 1986).

[2.18] Kraftwerk Union: *Das Hochtemperaturreaktor-Modulkonzept der KWU-Gruppe*; (November 1981).

[2.19] W. Wachholz: *Safety concept of future nuclear power plants HTR 500 and HTR 100*; Atomkernenergie-Kerntechnik Vol.47, No 3 (1985).

[2.20] E. Baust, J. Schöning, W. Wachholz: *Status und Möglichkeiten des Hochtemperaturreaktors*; Atomwirtschaft 1 (1982).

[2.21] HTR-100 MW_{el}: *Konzeption-Technik-Termine-Kosten*; Firmenschrift BBC/HRB Mannheim (Juli 1981).

[2.22] S. Brandes, W. Kohl: *HTR 100 Industrial Nuclear Power Plant for Generation of Heat and Electricity*; International Atomic Energy Agency, Jülich (Oct. 1986).

[2.23] W. Kohl, S. Brandes: *Das HTR-100-Industriekernkraftwerk*; Jahrestagung Kerntechnik (1986).

[2.24] J. Schöning, D. Stölzl, W. Wachholz: *HTR 500 - Technisches und sicherheitstechnisches Konzept*; Atomwirtschaft (Aug./Sept. 1985).

[2.25] E. Baust, G. Wittchow: *HTR 500 für den Strom- und Wärmemarkt*; Atomwirtschaft 29 (Juni 1984).

[2.26] J. Schöning, D. Schwarz: *Die HTR-Baulinie und ihre Einsatzmöglichkeit*; VGB Kraftwerkstechnik, Heft 1 (1985).

[2.27] E. Baust: *Strom und Prozeßdampf aus einem 500MW - Hochtemperaturreaktor*; VGB Kraftwerkstechnik Heft 12 (1982).

[2.28] K. Knizia, D. Schwarz: *Der HTR 500 als nächster Hochtemperaturreaktor*; VGB Kraftwerkstechnik, Heft 3 (1985).

[2.29] G. E. Lockett, R. A. U. Huddle: *Development of the design of the high temperature Gas Cooled Reactor Experiment*; Dragon Report 1 (Jan. 1960).

[2.30] R. A. U. Huddle et al.: *Coated particle fuel for the Dragon Reactor Experiment*; Dragon Project Report 116 (Oct. 1962).

[2.31] L. W. Graham, H. Hick: *Performance limits of coated particle fuel*; Dragon Project Report 850 (Sept. 1973).

[2.32] L. W. Graham et al.: *HTR fuel development and testing in the Dragon Project*; Proc. ANS-Meeting on Gas Cooled Reactors, HTGR and GCFBR, Gatlinburg (Mai 1974).

[2.33] B. Chapman: *Operation and maintenance experience with the Dragon reactor experiment;* Proc. ANS Meeting on Gas Cooled Reactors: HTGR and GCFBR, Gatlinburg (Mai 1974).

[2.34] R. B. Duffield: *Development of the high temperature Gas cooled reactor and the Peach Bottom high temperature Gas cooled reactor prototype*; J. Brit. Nucl. Energy Soc., 5 (1966).

[2.35] W. C. Birely: *Operating experience of the Peach Bottom atomic power station*; Proc. ANS Meeting on Gas Cooled Reactors: HTGR and GCFBR, Gatlinburg (Mai 1974).

[2.36] K. R. van Howe, J. R. Browns: *Peach Bottom - initial loading to criticality*; USAEC-Report GAMD-7351 (Oct. 1966).

[2.37] H. G. Olson, H. L. Brey, F. E. Swart: *The Fort St. Vrain high temperature gascooled reactor*; Nuclear Engin. and Design 72 (1982).

[2.38] H. L. Brey, H. G. Olson: *Fort St. Vrain experience*; Nucl. Energy 22, No 2 (1983).

[2.39] R. O. Williams, H. L. Brey: *Fort St. Vrain Update*; 9. Internationale Konferenz über den Hochtemperaturreaktor VGB-TB 112 (Oktober 1987).

[2.40] R. E. Walker, T. A. Johnston et al.: *Fort St. Vrain Nuclear Power Station*; Nuclear Engineering International, Sonderheft (Dezember 1969).

[2.41] F. A. Silady, A. C. Millunci, A. P. Kelley Jr, J. Cunliffe: *Safety and licensing of MHTGR*; First International Seminar Small and Medium Sized Nuclear Reactors (August 1987).

[2.42] J. E. Jones Jr, P. R. Kasten: *Overview of US MHTGR Base Technology Development Program*; IAEA Techn. Com. Meeting, Jülich (Oct. 1986).

[2.43] R. F. Turner, O. M. Stansfield, R. E. Vollman: *Annular Core for Modular High Temperature Gas Cooled Reactor*; First International Seminar on Small and Medium Sized Nuclear Reactors (August 1987).

[2.44] V. S. Boger et al.: *Fulton Station HTGR*; Nuclear Engineering International (August 1974).

[2.45] AIPA-Studie: *HTGR-Accident Initiation and Progression Analysis*; Status Report GA A 13617 (Januar 1976).

[2.46] J. M. Waage et al.: *General Atomics 1500 MW$_{el}$ Hightemperature Gas Cooled Reactor*; Proc. of the American Power Conf., Vol.34 (1974).

[2.47] S. Yasukawa et al.: *The Study on the Role of very High Temperature Reactor and Nuclear Process Heat Utilization in Future Energy Systems*; JAERI-M-86-165 (1986).

[2.48] V. N. Grebenik: *Status of works on Gas-cooled-Reactors in the UdSSR*; 7th International Conference on the HTR, Germany, Dortmund (September 1985).

[ ] **Literatur zu Kap.3**

[3.1] A. M. Weinberg, E. P. Wigner: *The Physical Theory of Neutron Chain Reactors*; University of Chicago Press (1958).

[3.2] S. Glasstone, M.C. Edlund: *Kernreaktortheorie*; Springer Verlag, Wien (1961).

[3.3] B. Davison, J.B. Sykes: *Neutron Transport Theory*; Oxford at the Clarendon Press (1958).

[3.4] M. M. R. Williams: *The Slowing Down and Thermalization of Neutrons*; North Holland Publishing Company-Amsterdam (1966).

[3.5] A. Ziegler: *Lehrbuch der Reaktortechnik, Band 1, Reaktortheorie*; Springer, Berlin, Heidelberg, New York, Tokyo (1983).

[3.6] L. Dresner: *Resonance Absorption in Nuclear Reactors*; Pergamon Press (1960).

[3.7] R. Meghreblian, D. Holmes: *Reactor analysis*; Mc Graw Hill, New York (1960).

[3.8] BNL 325: *Neutron Cross Sections*; Brookhaven National Laboratory, 3rd Ed, Suppl. No2, Vol.1-3.

[3.9] W. Oldekopp: *Einführung in die Kernreaktor- und Kernkraftwerkstechnik, Teil I und II*; Verlag Karl Thiemig, (1975).

[3.10] L. Massimo: *Physics of high temperature Reactors*; Pergamon Press (1976).

[3.11] D. Emendörfer, K. H. Höcker: *Theorie der Kernreaktoren*; Bibliographisches Institut Mannheim/Wien/Zürich, BI- Wissenschaftsverlag (1982).

[3.12] G. J. Bell, S. Glasstone: *Nuclear Reactor Theory*; Van Nostrand Reinhold Co (1970).

[3.13] K. M. Case, F. de Hoffmann, G. Placzek: *Introduction to the Theory of Neutron Diffusion*; Los Alamos Scientific Laboratory (1953).

[3.14] K. H. Beckurtz, K. Wirtz: *Neutron Physics*; Springer (1964).

[3.15] H. Etherington: *Nuclear Engineering Handbook*; Mc Graw Hill Book Company (1958).

[3.16] H. Soodak (Edit.).: *Reactor Handbook, Vol.III, Part A, Physics*; Interscience Publishers (1962).

[3.17] D. Smidt: *Reaktortechnik*; G. Braun, Karlsruhe (1971).

[3.18] E. R. Cohen: *A Survey of neutron thermalization theory, Vol.5*; Proc. Int. Conf., Geneva (1955).

[3.19] J. R. Lamarsh: *Nuclear Reactor Theory*; Addison-Wesley (1966).

[3.20] H. S. Isbin: *Introductory Nuclear Reactor Theory*; Reinhold, New York (1963).

[3.21] H. Werner, A. Bergerfurth, F. Thomas, B. Geskes: *Zusammenstellung der reaktorphysikalischen Daten des AVR- Atomversuchskraftwerkes für das Jahr 1983*; AVR (Juni 1985).

[3.22] D. J. Wahl: *Der Einsatz von Plutonium in thermischen Hochtemperaturreaktoren mit kugelförmigen Brennelementen dargestellt am Beispiel des THTR*; Jül-970-RG (Juli 1973).

[3.23] E. Teuchert: *Brennstoffzyklen des Kugelhaufen-Hochtemperaturreaktors in der Computersimulation*; Jül-2069 (Juni 1986).

[3.24] D. Bedenig: *Experimentelle Untersuchung zum Fließverhalten eines Kugelhaufens im Hinblick auf den Brennelementkreislauf im Core eines Kugelhaufenreaktors*; EUR 3284. d.

[3.25] C. B. von der Decken: *Mechanical Problems of a Pebble Bed Reactor Core*; Nuclear Engin. and Design 18 (1972).

[3.26] D. Bedenig: *Ein theoretisches Modell zur Berechnung des Fließverhaltens eines Kugelhaufens und seine Anwendung auf das Core des THTR- Prototyps*; BBK, Exper. Entwicklungsabt., Jülich (1968).

[3.27] C. Elter: *Festigkeit des Reflektors des Kugelhaufenreaktors*; Diss. RWTH Aachen (1973).

[3.28] C. B. von der Decken, R. Schulten: *High Temperature Gas Cooled Reactor Development and its Mechanical-Structural Requirements and Problems*; First Intern. Conf. on Struct. Mechanics in Reactor Technology, Berlin (Sep. 1971).

[3.29] E. Teuchert, U. Hansen, K. A. Haas: *VSOP-Computer Code System for Reactor and Fuel Cycle Simulation*; Jül-1649 (März 1980).

[3.30] U. Hansen: *The VSOP System Present Worth Fuel Cycle Calculation, Methods and Codes*; KPD, Dragon Report 915 (1975).

[3.31] E. Teuchert: *Once Through Cycles in the Pebble Bed HTR*; Jül 1470 (Dez. 1977).

[3.32] L. Massimo: *Physics of High Temperature Reactors*; Pergamon Press (1976).

[3.33] F. R. Barclay, G. F. Griggs: *AEEW-M1134*; (1972).

[3.34] *VDI-Wärmeatlas*; 4. neubearb. und erweiterte Auflage (1984).

[3.35] A. Banerjea et al.: *Thermodynamische Stoffwerte von Helium im Bereich von 20 bis 1500°C und 1 bis 100bar*; Jül-1562 (Dez. 1978).

[3.36] J. Banaschek: *Berechnungsmethoden und Analysen zum dynamischen Verhalten von Kraftwerksanlagen mit Hochtemperaturreaktoren*; Jül-1841 (April 1983).

[3.37] M. Schürenkrämer: *Theoretische und experimentelle Untersuchung der Naturkonvektion im Kern des Kugelhaufen-Hochtemperaturreaktors*; Jül-1912 (April 1984).

[3.38] G. Breitbach: *Wärmetransportvorgänge in Kugelschüttungen unter besonderer Berücksichtigung der Strahlung*; Jül-1564 (Dez. 1978).

[3.39] H. Brauer: *Grundlagen der Einphasen- und Mehrphasenströmungen*; Sauerländer, Aarau/Frankfurt (1971).

[3.40] E. Teuchert, L. Bohl, H. J. Rütten, K. A. Haas: *The Pebble Bed High Temperature Reactor as a Source of Nuclear Process Heat, Vol.2, Core Physics Studies*; Jül-1114-RG (Okt. 1974).

[3.41] H. S. Carlslaw, J. C. Jaeger: *Conduction of Heat in Solids*; Oxford University Press (1959).

[3.42] U. Grigull, H. Sandner: *Wärmeleitung*; Springer (1979).

[3.43] Gröber, Erk, U. Grigull: *Grundgesetze der Wärmeübertragung*; Springer (1963).

[3.44] H. Gerwin: *Das zweidimensionale Reaktordynamikprogramm TINTE, Teil 1: Grundlagen und Lösungsverfahren*; Jül-2167 (Nov. 1987).

[3.45] *Auslegung der Reaktorkerne von gasgekühlten Hochtemperaturreaktoren, Thermohydraulisches Berechnungsmodell für stationäre und quasistationäre Zustände im Kugelhaufen*; KTA-Regel 3102.4, Fassung 11/84.

[3.46] W. Hahn, E. Achenbach: *Bestimmung des Wandwärmeübergangs-Koeffizienten von durchströmten Kugelschüttungen*; Jül-2093 (Okt. 1986).

[3.47] *Auslegung der Reaktorkerne von gasgekühlten Hochtemperaturreaktoren, systematische und statistische Fehler bei der thermohydraulischen Kernauslegung des Kugelhaufenreaktors*; KTA-Regel 3102.5, Fassung 6/86.

[3.48] Th. Grotkamp: *Aufbau eines zweidimensionalen Simulationsverfahrens zur corephysikalischen Beschreibung von Kugelhaufenreaktoren mit Mehrfachdurchlauf am Beispiel des AVR*; Jül-1888 (Jan. 1984).

[3.49] K. Verfondern, K. Petersen: *THERMIX-3D, ein Programm zur Berechnung der stationären Temperatur- und Strömungsfelder im Kern des Kugelhaufenreaktors*; Int. Bericht KFA-IRE-IB-15/81 (1981).

[3.50] K. Verfondern: *Numerische Untersuchung der 3-dimensionalen stationären Temperatur- und Strömungsverteilung im Core eines Kugelhaufen- Hochtemperaturreaktors*; Jül-1826 (1983).

[3.51] *Auslegung der Reaktorkerne von gasgekühlten Hochtemperaturreaktoren, Wärmeübertragung im Kugelhaufen*; KTA-Regel 3102.2, Fassung 6/83.

[3.52] *Auslegung der Reaktorkerne von gasgekühlten Hochtemperaturreaktoren, Reibungsdruckverlust im Kugelhaufen*; KTA-Regel 3102.3, Fassung 3/81.

[3.53] W. Patscher, U. Weicht, B. Kuckartz: *THTR 300 - Vergleich von gerechneten und gemessenen Auslegungsdaten des Primärkreislaufs*; Atomwirtschaft (Feb. 1988).

[3.54] E. Teuchert, V. Maly, K. A. Haas: *Basisstudie zum Kugelhaufenreaktor in OTTO-Beschickung*; Jül-858-RG (Mai 1972).

[3.55] E. Teuchert, L. Wolf: *Das OTTO-Konzept für Hochtemperaturreaktoren*; Energie und Technik 25 (1973).

[3.56] V. Maly, R. Schulten, E. Teuchert: *500MWth-Kugelhaufenreaktor für Prozeßwärme in Einwegbeschickung*; Atomwirtschaft, 17 (April 1972).

[3.57] *Auslegung der Reaktorkerne von gasgekühlten Hochtemperaturreaktoren, Berechnung von Heliumstoffwerten*; KTA-Regel 3102.1, Fassung 6/78.

[ ] **Literatur zu Kap. 4**

[4.1] H. Nickel, E. Balthesen: *Stand und Möglichkeiten der Brennelemententwicklung für fortgeschrittene Hochtemperaturreaktoren in der BRD*; Jül-1159 (Jan. 1975).

[4.2] M. Wimmers: *Das Verhalten kugelförmiger HTR-Brennelemente bei der Massenerprobung im AVR-Reaktor*; AVR, Hauptabteilung T1 (Jan. 1977).

[4.3] *NUKEM, Entwicklung von Brennelementen für das 300MWe-THTR- Kernkraftwerk*; Jahresbericht 1972 (1973).

[4.4] L. Wolf, G. Ballensiefen, W. Fröhling: *Fuel elements of the High Temperature Pebble bed reactor*; Nuclear Engineering and Design, Vol.34, No1 (1975).

[4.5] T. D. Gulden, H. Nickel: *Coated particle Fuel*; Nucl. Technology 35 (1977).

[4.6] K. G. Hackstein: *Herstellung von Brennelementen für den THTR und AVR-Reaktor*; Atomwirtschaft 16 (1971).

[4.7] K. G. Hackstein, W. Heit, W. Theymann, G. Kaiser: *Stand der Brennelementtechnologie für Hochtemperatur- Kugelhaufenreaktoren*; Atomenergie-Kerntechnik, Vol.47, No3 (1985).

[4.8]   M. G. Hrovat, G. Spener: *Gepreßte Graphitkugelbrennelemente für Hochtem-peraturreaktoren*; Ber. Dtsch. Keram. Ges. 43 (1966).

[4.9]   J. W. Prados, J. L. Scott: *Analysis of stress and strain in spherical shells of pyrolytic carbon*; ORNL-3553 (Juni 1964).

[4.10] H. Nabielek et al.: *Performance Limits of coated particle Fuel, part III, fission product migration in HTR-Fuel*; Dragon Projekt Report 828 (Juni 1974).

[4.11] E. Balthesen, H. Ragoß: *Irradiation behaviour of fuel elements for pebble bed reactors*; Int. Conf. on physical metallurgy of reactor fuel elements (Sept. 1973).

[4.12] R. E. Schulze, H. A. Schulze, W. Rind: *Graphitic matrix materials for spherical HTR fuel elements*; Jül-Spez.-167 (Juli 1982).

[4.13] W. Heit, H. Huschka, W. Rind, G. Kaiser: *Status of qualification of high temperature reactor-fuel element spheres*; Nucl. Technology 69 (1985).

[4.14] H. Nabielek, G. Kaiser, H. Huschka, H. Ragoß, M. Wimmers, W. Theymann: *Fuel for pebble bed HTRs*; Nucl. engin. design 78 (1984).

[4.15] NUKEM: *HTR-Brennelemente*; Firmenschrift (1984).

[4.16] H. Nickel: *Long term testing of HTR fuel elements in the federal republic of Germany*; Jül-Spez.-383 (Dez. 1986).

[4.17] W. Burck: *Das HTR-Brennelement - Entwicklung und Erprobung*; Jahresbe-richt 1977/78 KFA Jülich

[4.18] W. Burck, H. Nabielek, G. Pott, W. E. Ragoss, W. Rind, K. Röllig: *Performance of spherical fuel elements for advanced HTRs*; Trans. ENC' Conf. Europ. Nucl. Soc. (1979).

[4.19] AVR: *Zusammenstellung der Reaktorphysikalischen Daten des AVR- Atomversuchskraftwerks für die Jahre 1985, 1986,1987*.

[4.20] G. Kleist, H. Schiffers, H. Schuster: *High temperature Irradiation behaviour and creep of graphite matrix material in a low neutron flux*; Inter. Kohlen-stofftagung Carbon 80 (Juni 1980).

[4.21] F. Pascal et al.: *Structures internes du reacteur THTR de Schmehausen*; RGN-1978, No4.

[4.22] C. Elter: *Konstruktion der Reaktoreinbauten des THTR 300 MWe-Prototyp-Kernkraftwerks*; First Int. Conf. on structural Mechanics in Reactor Technology, Vol.1, Part D, Berlin (Sept.1971).

[4.23] W. Delle, K. Koizlik, H. Nickel: *Graphitische Werkstoffe für den Einsatz in Kernreaktoren Teil 1 und 2*; Verlag Karl Thiemig, München (1979/1983).

[4.24] J. Budke, W. Theymann: *Reaktorstrahlenschäden an Graphit*; Atomkernenergie, Bd. 29 (1977).

[4.25] *Auslegungskriterien für HTR-Anlagen*; Jül-Spez.-347 (Feb. 1986).

[4.26] W. Delle: *Stand der Entwicklung von Werkstoffen für fortgeschrittene Reaktoren, Werkstoffe für Coreeinbauten*; KFA-IRW-IB-18/83 (Dez. 1983).

[4.27] A. Bergerfurth: *Spannungsanalyse eines HTR-Deckenreflektors am Beispiel des AVR-Reaktors*; Jül-2147 (Juli 1987).

[4.28] W. Theymann, W. Delle, H. Nickel: *Auslegung des inneren Graphitreflektors eines Hochtemperaturreaktors*; Jül-1906 (März 1984).

[4.29] C. Elter: *Über die Konstruktion der Reaktoreinbauten bei größeren Hochtemperaturreaktoren mit kugelförmigen Brennelementen*; Habilitationsschrift, RWTH Aachen (1985).

[4.30] J. Schöning, W. Theymann: *Graphit als Strukturmaterial für HTR*; Atomkernenergie-Kerntechnik, Vol.43 (1983).

[4.31] W. Fröhling: *Beiträge zur Neutronenphysik des Kugelhaufenreaktors*; Jül-771-RG (Juni 1971).

[4.32] Projektinformation 9 für das THTR 300MW-Kernkraftwerk Uentrop: *Corestäbe und Corestabantrieb*; (Nov. 1975).

[4.33] E. Baust, J. Rautenberg, J. Wohler: *Results and experience from the commissioning of the THTR 300*; Atomkernergie-Kerntechnik, Vol.47, No3 (1985).

[4.34] THTR-Sicherheitsbericht: *Absorberstabeinrichtungen*; (1968).

[4.35] H. Haas, M. Fleischer: *Auslegung des spindelangetriebenen Drehstabs für den Kugelhaufenreaktor*; Reaktortagung 1978.

[4.36] G. Rohark et al.: *Stabantrieb für gasgekühlte Reaktoren*; BBC-Nachrichten, Heft 3 (1978).

[4.37] W. Scherer, H. Gerwin, H. Vogel: *Ein Vergleich von Absorberstabmodellen in zwei- und dreidimensionaler Geometrie am Beispiel des 300MW$_{el}$-THTR-Kernkraftwerkes Schmehausen*; Jül-1383 (Feb. 1977).

[4.38] H. J. Neef: *Berechnung der Wirksamkeit von Absorberstäben in Hochtemperaturreaktoren unter Verwendung transporttheoretisch bestimmter Randbedingungen mit einem dreidimensionalen Diffusionsprogramm*; Jül-980-RG (Juli 1973).

[4.39] G. Lange, D. Böhlo, H. Heim, A. Kleine-Tebbe: *The experimental development and performance test of the pneumatic control rod drive for THTR*; IAEA-SM-200/44 (Okt. 1975).

[4.40]	A. Kleine-Tebbe, H. Ragoss: *Beeinflussung der Festigkeit kugelförmiger Brennelemente durch Bedingungen des Reaktorbetriebs*; Carbon Conference 72 (1972).

[4.41]	*Beschickungsanlage THTR:* Sicherheitsbericht THTR (1969).

[4.42]	*Beschickungsanlage AVR Abschlußbericht über die Errichtung und den Anfahrbetrieb des AVR-Atomversuchskraftwerks*; K 72-23 (Dez. 1972).

[4.43]	D. Bedenig: *Gasgekühlte Hochtemperaturreaktoren*; Thiemig Verlag, München (1972).

[4.44]	*Das 300MW-Thorium-Hochtemperatur-Kraftwerk THTR*; Atomwirtschaft 16 (1971).

[4.45]	H. Haas: *Lebensdauerversuche an Kugellagern bei 120°C in Helium- Atmosphäre*; Jül-1911 (April 1984).

[4.46]	M. Fleischer, H. Haas, M. Dick: *Untersuchung von Reibung und Verschleiß im Hochvakuum*; KFA-Jülich, ZAT Bericht 54-III.1-22 (1977).

[4.47]	R. Schulten et al.: *Beschickungsanlage für OTTO-Zyklus, in: Industrie-Kernkraftwerk mit Hochtemperaturreaktor PR500-OTTO-Prinzip- zur Erzeugung von Prozeßdampf*; Jül-941-RG (1973).

[4.48]	K. Knizia, M. Simon: *Betriebserfahrungen mit dem THTR300 und Zukunftsaussichten für Hochtemperaturreaktoren*; Atomwirtschaft (Aug./Sept. 1988).

[4.49]	G. Heinrich: *Heißgasleitungen in nuklearen Hochtemperaturanlagen*; IRW-IB-20/76 (Aug. 1976).

[4.50]	P. Bröckerhoff: *Testisolierungen für die Heißgasleitungen der HHV-Anlage*; Jül-1334 (1976).

[4.51]	*HTR-Komponenten, Stand der Entwicklungen auf dem Gebiet der wärmeführenden und wärmetauschenden Komponenten*; Band 16/II, Sammelband mit Beiträgen zur Heißgasführung.

[4.52]	P. Bröckerhoff: *Insulation Systems for the hot gas ducts of high temperature reactors and their behaviour at high pressures and temperatures*; Journal of Non-Equilibrium Thermodynamics, Vol.3 (1978).

[4.53]	A. Bobletter, M. Chiron, R. Grossin, P. Nandin: *THTR-300 MW$_{el}$ Darchem Insulation Tests*; Société Bertin + Cie, Final Report (1970).

[4.54]	P. G. Cowap, B. N. Farber: *The performance of stainless steel foil insulation in a helium atmosphere*; Dragon Project Report 462 (1967).

[4.55] G. Jones et al.: *Mechanical properties of fibrous insulation materials considered for the thermal barrier for a prestressed concrete reactor vessel*; Gulf General Atomic, GAMD-9074 (Aug. 1969).

[4.56] P. Bröckerhoff, F. Scholz: *Wärmedämmverhalten von dichtgestopften Faserisolierungen bei hohen Temperaturen und Drücken*; Verfahrenstechnik 11, Nr. 4 (1977).

[4.57] W. Kälin: *The steam Generator of Fort St. Vrain Nuclear power Plant, USA*; Sulzer Technical Review 52, No3 (1970).

[4.58] K. Schleifheimer: *Das Betriebsverhalten des gekoppelten Systems Spaltzone-Dampferzeuger beim AVR-Reaktor*; Techn. Mitt. aus Krupp Forschungsberichten, Band 27 (1969).

[4.59] U. Bachmann: *Dampferzeuger für Hochtemperaturreaktoren - Auswirkungen der Konstruktion auf die Systeme*; Techn. Rundschau Sulzer, Sonderheft Nuclex 1975.

[4.60] H. W. Fricker: *Design and Manufacturing experience for the German Thorium High temperature Reactor $300MW_{el}$ steam Generator*; Nuclear Technology, Vol.28 (März 1976).

[4.61] W. Rosenbaum: *Die Dampferzeuger für das Kernkraftwerk Schmehausen THTR $300MW_{el}$*; EVT Register 27 (1974).

[4.62] R. N. Quade, P. S. Hunt, W. G. Schützendübel: *The design of the Fort St. Vrain steam generators*; Nuclear Engineering and Design 26 (1974).

[4.63] M. Mondry, J. Singh: *Thermodynamische Untersuchungen für den AVR Dampferzeuger bei Teillast*; KFA-IRE-IB-16/84 (Aug. 1984).

[4.64] P. V. Gilli, A. Edler, H. Halozan, P. Schaub: *Probleme des Wärmeübergangs, Druckverlusts und Strömungsstabilität in thermisch hochbeanspruchten Dampferzeugerrohren*; VGB Kraftwerkstechnik 55, Nr. 9 (1975).

[4.65] D. P. Carosella: *Steam generator thermal performance model verification by use of Fort St. Vrain nuclear Generating station test data*; The American Society of Mechanical Engineers (1979).

[4.66] P. Burgsmüller, G. Sarlos: *Steam generators and heat exchangers for gas cooled reactors*; Meeting of the IAEA, Minsk (1981).

[4.67] P. Burgsmüller: *Fabrication Experiments for large Helix heat exchangers*; Sulzer Technical Review, Nuclex (1978).

[4.68] M. Weber, H. Frei, O. Profos: *Erfahrungen aus Forschung, Herstellung und Betrieb von gasbeheizten Dampferzeugern für Kernkraftwerke*; Mitteilungen der VGB 57, Heft 8 (Dez. 1971).

[4.69]   M. Simon: *Umwälzgebläse für gasgekühlte Reaktoren*; Kerntechnik, 11. Jahrg. (1969).

[4.70]   *Referenzentwurf 300 MW$_{el}$-Prototypanlage*; THTR-Thorium-Hochtemperatur Assoziation, (1968).

[4.71]   E. Houert, H. Knüfer: *Gesichtspunkte für Planung, Bau und Betrieb von Gebläsen für Dampferzeuger*; VGB-Fachtagung Dampfkessel und Dampfkesselbetrieb (1970).

[4.72]   C. F. Mc Donald, M. K. Nichols: *Helium circulator design considerations for modular high temperature gas cooled reactor plant*; GA-A18566 (Dez. 1986).

[4.73]   H. Cramer et al.: *Components of the THTR 300 Heat transfer System*; Proc. on Compon. Design in high temp. Reactor using Helium as coolant, Instit. of Mechan. Engineers (Juni 1972).

[4.74]   I. Kosmowski, G. Schramm, G. Sörgel: *Turbomaschinen*; VEB Verlag Technik, Berlin (1987).

[4.75]   J. S. Yampolsky: *Circulators for helium cooled reactors*; Nuclear Engineering International (Dez. 1971).

[4.76]   E. G. Foster et al.: *The application of active magnetic bearings to a natural gas pipeline compressor*; ASME paper No86-GT-61 (1986).

[4.77]   H. Habermann, M. Brunet: *The active magnetic bearing enables optimum dumping of flexible Rotor*; ASME paper No84-GT-117 (1984).

[4.78]   W. M. Fraser: *A Review of submerged gas circulators as applied to advanced gas cooled reactors*; Nuclear Energy (Okt. 1985).

[4.79]   H. Zintl: *Bautechnische Gesichtspunkte bei Reaktordruckbehältern aus Spannbeton und deren Hauptkomponenten hinsichtlich ihrer Auslegung, Fertigung und Kosten*; Jül-Spez.-3 (März 1978).

[4.80]   G. Schnellenbach, W. Zerna: *Der THTR-Spannbeton-Reaktordruckbehälter - Konzeption und Entwurfsgrundlagen*; Reaktortagung (1973).

[4.81]   G. Huber: *Besondere bautechnische Probleme bei der Erstellung eines Spannbetondruckbehälters. Vergleich französischer, englischer und deutscher Techniken*; Techn. Mitt. Krupp Forsch. Ber., Bd. 31, Heft 2 (1973).

[4.82]   *BBRV Tendons of large capacity with wires or strands for nuclear reactor vessel*; BBRV-Report, No 6901 (1969).

[4.83]   R. D. Browne, R. Blundell: *The behaviour of concrete in prestressed concrete pressure vessels*; Nuclear Engineering and Design 20 (1972).

[4.84]   J. Schöning: *Der Spannbetonbehälter des THTR 300, Ablauf und Ergebnisse der Druckprüfung.*; Atom + Strom, Heft 6 (1982).

[4.85]   R. Dörling: *Linerkonstruktion und Ausführung beim THTR und die Sicherheitsumschließung des KKW Grafenheimfeld II*; VGB Kraftwerkstechnik 57, Heft 2 (Feb. 1977).

[4.86]   W. G. Schützendübel: *Reaktordruckkörper aus vorgespanntem Beton*; Energie, Jg. 23, Nr. 1 (Jan. 1971).

[4.87]   K. Schäfer, H. G. Schwiers, J. D. Brunton, R. Crowder: *Experience of design and construction of PCPV'S for AGR'S and HTR'S in Europe*; European Nuclear Conference (April 1975).

[4.88]   R. E. D. Burrow, A. J. Williams: *Reactor pressure vessel*; Nuclear Engineering International (1969).

[4.89]   A. J. Neylan: *The multicavity PCRV*; Nuclear Engineering International (Aug. 1974).

[4.90]   E. P. Warnke, C. Elter, P. Mitterbacher: *Ergebnisse der Druckprüfung des VGD-Behälters für das Steuergassystem des THTR 300MW$_{el}$*; Firmenschrift Siempelkamp (1982).

[4.91]   K. H. Hammelmann, M. Kugeler, W. Fröhling: *Experiment zum vorgespannten Stahlgußbehälter - Abschlußbericht über die warmgehenden Versuche zum VSGD*; KFA-IRE-IB-1/87 (März 1987).

[4.92]   J. Engelhard, K. Krüger, H. Gottaut: *Investigation of the impurities and fusion products in the AVR coolant gas at an average hot gas temperature of 950° C*; Nuclear Engineering and Design 34 (1975).

[4.93]   M. Reif: *Heliumverunreinigungen in einem PNP-Primär-Kreislauf*; Internes Papier des PNP-Projektes (1980).

[4.94]   *Die Gaskreisläufe des THTR 300*; Projektinformation 12 des THTR 300MW-Kraftwerks (Sept. 1978).

[4.95]   M. Schulenburg: *Auslegung der Gasreinigungsanlage des Prozeßwärmereaktors PR500*; IRE-5-72 (Jan. 1972).

[4.96]   *Molekularsiebe*; Grace Information MS (1971).

[4.97]   K. Verfondern, K. Petersen: *Untersuchung der Temperatur- und Strömungsfelder für den Corebereich des THTR im 5-Stunden Fall*; KFA-IRE-12-77 (Dez. 1977).

[4.98]   W. Wachholz: *Das Nachwärmeabfuhr-Konzept des THTR 300MW$_{el}$-Kernkraftwerks Uentrop*; Reaktortagung 1974.

[4.99] J. Singh: *Untersuchungen über thermodynamische Transienten im Core eines Hochtemperaturreaktors*; Jül-937-RG (1973).

[4.100] H. Knüfer: *Abschaltvorgänge beim AVR-Hochtemperaturreaktor*; Brennstoff-Wärme-Kraft 26 (1974).

[4.101] W. Rehm: *Temperaturtransienten in einem Kugelhaufen- Hochtemperaturreaktor bei einer extrem gestörten Nachwärmeabfuhr*; Brennstoff-Wärme-Kraft 33, Nr. 7/8 (1981).

[4.102] W. R. Gall: *Review of Containment Philosophy and design practice*; Nuclear Safety, Vol.7, No 1 (1965).

[4.103] *Containment and Siting of Nuclear Power Plants*; IAEA Sympos. 1973.

[4.104] W. Kröger: *Schutzbehälter für Hochtemperaturreaktoren unter Berücksichtigung von Umwelt- und Sicherheitsaspekten*; Jül-1089-RG (Aug. 1974).

[4.105] THTR-Projektinformation 11 (Juni 1977).

[4.106] KWU/Interatom: *Hochtemperaturreaktor - Modul - Kraftwerksanlage, Beschreibung des Referenzkonzeptes*; Band II (Jan. 1984).

[4.107] L. Musil: *Die Gesamtplanung von Dampfkraftwerken*; Springer (1948).

[4.108] Druckschrift D HRB 1261 81 DE: *Der Wasser-Dampf-Kreislauf des THTR 300*; Konsortium THTR/Hochtemperatur-Reaktorbau GmbH.

[4.109] S. Kriese: *Grundlagen der Kraftwerksenergetik*; Vulkan Verlag, Dr. W. Classen, Essen (1968).

[4.110] H. Harder, H. Oehme, J. Schöning, K. Thurnher: *Das 300MW-Thorium-Hochtemperatur-Kernkraftwerk (THTR)*; Atomwirtschaft 5 (Mai 1971).

[4.111] G. Hirschfelder: *Der Trockenkühlturm des 300MW-THTR-Kernkraftwerks in Schmehausen-Uentrop*; VGB Kraftwerkstechnik 53 (1973).

[4.112] U. Renz, N. Becker: *Vergleich von Kühlsystemen für Trockenkühltürme*; BWK 30 (1978).

[ ]   **Literatur zu Kap. 5**

[5.1] E. Teuchert, U. Hansen, K. A. Haas: *VSOP-Computer Code System for Reactor and Fuel Cycle Simulation*; Jül-1649 (März 1980).

[5.2] AVR GmbH: *Zusammenstellung der reaktorphysikalischen Daten des AVR-Atomversuchskraftwerkes für das Jahr 1986*.

[5.3] E. Teuchert, R. Berger-Rossa, K. A. Haas, K. J. Rütten, L. Wolf, G. Wuttke: *Physics of the HTR for process heat*; Nuclear Engineering and Design 78 (1984).

[5.4]   E. Teuchert, H. J. Rütten, H. Werner: *Reducing the world's uranium require-ment by the thorium fuel cycle in high temperature reactors* ; Nuclear Techno-logy 58 (Sept. 1982).

[5.5]   S. Brandes, W. Theymann: *Wahlmöglichkeiten beim HTR-Brennstoff-Zyklus*; Atomwirtschaft 1 (1982).

[5.6]   R. Schulten, W. Güth: *Reaktorphysik Bd. 1 und 2*; Bibliographisches Institut, Mannheim (1962).

[5.7]   E. Teuchert, L. Bohl, H. J. Rütten, K. A. Haas: *The pebble bed high temperature reactor as a source of nuclear process heat*; Core Physics Studie, Vol.2, Jül-1114-RG (1974).

[5.8]   L. Massimo: *Physics of high temperature reactors*; Verlag Pergamon Press, Oxford (1976).

[5.9]   A. Lauer: *Einführung in die Grundlagen der Xenon-Schwingungen*; KFA-IRE-IB-3/77 (April 1977).

[5.10] A. Ziegler: *Lehrbuch der Reaktortechnik, Band 1*; Springer (1983).

[5.11] A. Lauer: *Zur Stabilität und Regelung der räumlichen Leistungsverteilung großer Hochtemperaturreaktorcores*; Atomkernenergie 22 (1981).

[5.12] J. Mertens: *Untersuchungen zur Leistungsverteilungsregelung und Beherr-schung von Xenon-Schwingungen beim Kugelhaufen- Hochtemperaturreaktor PNP 3000*; Jül-Spez.-127 (1981).

[5.13] H. D. Heckhoff: *Untersuchung von Betriebsstörungen ohne Reaktorschnellab-schaltung (ATWS) beim Hochtemperaturreaktor*; Jül-1743 (Okt. 1981).

[5.14] H. Engelbrecht: *Analysen zur Dynamik von Kugelhaufen-Hochtemperaturreak-toren*; Jül-Spez.-123 (Aug. 1981).

[5.15] H. J. Scharf: *Untersuchungen zur Kurzzeitdynamik von OTTO-Kugelhaufen-reaktoren*; Jül-1169 (Feb. 1975).

[5.16] K. H. Schultes: *Untersuchungen zum Temperaturkoeffizienten und zur Kurzzeitdynamik am Kugelhaufen-Hochtemperaturreaktor PNP-3000*; Dissert. RWTH Aachen (1978).

[5.17] J. Banaschek: *Berechnungsmethoden und Analysen zum dynamischen Verhal-ten von Kraftwerksanlagen mit Hochtemperaturreaktor*; Jül-1841 (April 1983).

[5.18] K. Holzkamp: *Thermohydraulische Untersuchungen zum Primärkreis des HTR's für die Nachwärmeabfuhr mit Naturumlauf am Beispiel eines HTR 500*; Jül-2187 (März 1988).

[5.19] H. J. Scharf, J. Vigassy: *DYNOTTO, ein axial- eindimensionales Programm zur Untersuchung des Raum-Zeit-Verhaltens von Hochtemperaturreaktoren mit kugelförmigen Brennelementen*; Jül-1246 (Okt. 1975).

[5.20] M. A. Schultz: *Control of Nuclear Reactors and Power Plants*; 2nd ed., Mc Graw Hill (1961).

[5.21] K. Friedrich, U. Weicht: *Regelkonzept und Lastfolgeverhalten des THTR 300-Kernkraftwerkes Uentrop*; VGB Kraftwerkstechnik, Heft 5 (1977).

[5.22] U. Hansen: *Studie zum Lastverhalten des THTR 300MW- Prototypkraftwerkes*; Jül-571-RG (Jan. 1969).

[5.23] W. Scherer: *AIREK-JUEL, ein Programm zur Beschreibung von Kurz- und Langzeittransienten in Kugelhaufen-Hochtemperaturreaktoren*; KFA-IRE-IB 9/79.

[5.24] P. Profos: *Die Regelung von Dampfanlagen*; Springer Verlag (1962).

[5.25] U. Weicht: *Langfristiger Ausfall der Nachwärmeabfuhr beim THTR*; HRB-Bericht 750-200.70 (1975).

[5.26] J. Singh, K. U. Schneider: *Berechnung der Wärmeabfuhr durch Naturkonvektion im stationären Bereich bei gasgekühlten Reaktoren mit Hilfe des Computerprogramms NAKOSTA*; Jül-770-RG (1971).

[5.27] M. Takano, L. Wolf, W. Scherer: *Simulation Study of AVR-U Nuclear Process Heat Plant*; Journal of Nuclear Science and Technology 24 (1987).

[5.28] K. Petersen, H. Bartels, G. Breitbach: *Die Naturkonvektion im Core des Kugelhaufenreaktors*; Reaktortagung (1976).

[5.29] *HKG 300 MWel Nuclear Power Plant Hamm-Uentrop with Thorium High-Temperature Reactor*; Firmenschrift (Juni 1985).

[ ] **Literatur zu Kap. 6**

[6.1] *Reactor Physics Constants*; US Atomic Energy Commission Report, ANL-5800, 2nd ed. (1963).

[6.2] Y. Liu: *Zur Behandlung der Spaltprodukte in Abbrandrechnungen unter Berücksichtigung neuer nuklearer Daten angewandt auf Graphitreaktoren*; Dissertation RWTH Aachen (1970).

[6.3] M. J. Bell: *Origen-ORNL Isotope Generation and Reflection Code*; OAK Ridge-Report, ORNL-4628 (May 1973).

[6.4] A. G. Herrmann: *Radioaktive Abfälle*; Springer (1983).

[6.5] H. Kiefer, W. Koelzer: *Strahlen und Strahlenschutz*; Springer (1986).

[6.6]   R. Stephenson: *Introduction to nuclear engineering*; Mc Graw Hill Book Company (1958).

[6.7]   K. H. Lindackers: *Praktische Durchführung von Abschirmberechnungen*; Verlag K. Thiemig KG (München 1962).

[6.8]   E. Hering, W. Schulz: *Kernkraftwerke, Radioaktivität und Strahlenwirkung*; VDI-Verlag (1987).

[6.9]   A. Müller: *Freisetzung gasförmiger Spaltprodukte (Kr, Xe, J) aus Brennelementen für gasgekühlte Hochtemperaturreaktoren*; Jül-1295 (Mai 1976).

[6.10] L. Uhlenbusch: *Anwendung von Zwei-Phasendiffusion zur Beschreibung der Freisetzung von Caesium aus kugelförmigen HTR-Brennelementen*; Jül-1323 (Juli 1976).

[6.11] M. Helmbold: *Rechnungen zur Freisetzung metallischer Spaltprodukte aus HTR-Cores verschiedener Auslegungsvarianten*; Jül-1674 (Aug. 1980).

[6.12] C. Marnet, E. Ziermann: *AVR Operation and Experience*; 7th Int. Conf. on High Temp. Gas. Cooled Reactors, Dortmund (1985).

[6.13] K. G. Hackstein, H. Huschka: *Fuel Element development*; 7th. Int. Conf. on High Temperatur Gas Cooled Reactors, Dortmund (1985).

[6.14] W. Heit, H. Huschka, W. Rind, G. Kaiser: *Status of Qualification of high temperature reactor fuel element spheres*; Nuclear Technology 69 (1985).

[6.15] K. Verfondern, H. Nabielek: *PANAMA, ein Rechenprogramm zur Vorhersage des Partikelbruchanteils von TRISO-Partikeln unter Störfallbedingungen*; Jül-Spez.-298 (Feb. 1985).

[6.16] K. Röllig: *Release of Rare Fission Gases from Spherical Fuel Elements with Coated Particle*; Nuclear Technology 35 (1977).

[6.17] R. Moormann, K. Verfondern: *Methodik umfassender probabilistischer Sicherheitsanalysen für zukünftige HTR Anlagekonzepte, Bd. 3 Spaltprodukt freisetzung*; Jül-Spez.-388/Bd.3 (Mai 1987).

[6.18] H. Bastek: *Zur Spaltproduktrückhaltung im Hochtemperaturreaktorcore kleiner Leistung unter Störfallbedingungen*; Jül-1886 (Jan. 1984).

[6.19] G. Mielken, M. Will: *Plate out evaluation as a basic criterion for plant design and safety analysis in indirect and direct cycle HTR-systems*; IAEA/SM-169/39.

[6.20] H. Krohn, R. Finken: *Fresco II, ein Rechenprogramm zur Berechnung der Spaltproduktfreisetzung aus kugelförmigen HTR-Brennelementen in Bestrahlungs- und Ausheizexperimenten*; Jül-Spez.-212 (Juni 1983).

[6.21] N. Iniotakis, C. B. von der Decken: *The retardation effect of structural graphite on the release of fission products in case of hypothetical accidents of HTR's*; Gas cooled Reactors today, BNES, London (1982).

[6.22] Th. A. Batalas, N. Iniotakis, C. B. von der Decken: *Theoretische Untersuchungen zur Spaltproduktfreisetzung aus dem Core eines Hochtemperaturreaktors bei hypothetischen Coreaufheizungsstörfällen am Beispiel von Caesium*; Jül-2045 (März 1986).

[6.23] W. Schenk, A. Naoumidis, H. Nickel: *The behaviour of spherical HTR-fuel elements under accidents conditions*; Journal of Nuclear materials 124 (1984).

[6.24] W. Schenk: *Untersuchungen zum Verhalten von beschichteten Brennstoffteilchen und Kugelbrennelementen bei Störfalltemperaturen*; Jül-1490 (Mai 1978).

[6.25] D. T. Goodin, H. Nabielek, W. Schenk: *Fission Product Release Data from KFA High temperature Annealing Experiments with HTR Spherical fuel elements*; HBK-TN-11/85 (May 1985).

[6.26] K. Verfondern, K. Hilpert, R. Moormann: *Sorption of fission products on graphite and its influence on their release behaviour in a pebble bed HTR under accident conditions*; IAEA Specialists meeting on fission product release and transport in gas cooled reactors, Gloucester (1985).

[6.27] W. Schenk, D. Pitzer, H. Nabielek: *Spaltproduktfreisetzungsverlauf von Kugelbrennelementen bei Störfalltemperaturen*; Jül-2091 (Okt. 1986).

[6.28] K. Hilpert, H. Gerads, D. Koberts: *Sorption of Strontium by Graphitic Materials*; Ber. Bunsen Ges. Phys. Chem. 89 (1985).

[6.29] D. Smidt: *Reaktor-Sicherheitstechnik*; Springer (1979).

[6.30] W. Kröger: *Safety characteristic of current HTR:* IAEA gas cooled reactors and their applications; Jülich (Okt. 1986).

[6.31] E. Schmidt, *Ausströmen von Gasen aus Behältern hohen Innendrucks:* Chemie Ing. Techn. 37. Jahrgang., Nr. 11 (Okt. 1965).

[6.32] M. Schäfer: *Untersuchung zum Druckentlastungsvorgang im Primärkreis eines Kugelhaufen-Hochtemperaturreaktors nach Abriß einer Hauptkühlmittelleitung*; Dissert. RWTH Aachen (1976).

[6.33] L. J. Ybarroudo, C. W. Solbrig, H. S. Isbin: *The Calculated Loss of Coolant Accident, A Review*, AICHE Monograph Series, Nr. 7 (1972).

[6.34] P. Kubaschewski, B. Heinrich, W. Heit: *Korrosion graphitischer Reaktorkomponenten im Betrieb und bei Störfällen*; Reaktortagung (1984).

[6.35] R. Wischnewsky: *Untersuchungen zur Wassergasbildung bei Störfällen an HTR- Reaktoren am Beispiel einer geplanten Heißgastemperaturerhöhung auf 950° C am AVR Reaktor*; Dissertation RWTH Aachen (1974).

[6.36] U. Wawrzik: *Numerische Simulation des Anlagenverhaltens eines Hochtemperaturreaktors bei Wassereinbruchstörfällen am Beispiel des AVR*; Dissertation RWTH Aachen (1983).

[6.37] R. Moormann: *Untersuchungen zu Störfällen mit massivem Wassereinbruch am Beispiel des Kugelhaufenreaktors PNP-500*; Jül-Spez.-333 (Okt. 1985).

[6.38] J. Wolters, F. D. Ashworth, G. Meister, W. Jahn, W. Rehm, J. Terkessidis: *Untersuchung hypothetischer Wassereinbruchstörfälle beim THTR 300*; KFA-ISF-IB-8/82 (Juni 1982).

[6.39] H. Hübel, G. Lohnert: *Das Sicherheitskonzept des HTR-Modul, veranschaulicht am Beispiel des Wassereinbruchs in den Primärkreislauf*; KTG-Fachtagung Sicherheit von Hochtemperaturreaktoren, Jülich (März 1985).

[6.40] M. Rossberg, E. Wicke: *Transportvorgänge und Oberflächenreaktionen bei der Verbrennung graphitischen Kohlenstoffs*; Chemie Ing. Technik 28 (1956).

[6.41] K. H. Hinssen, W. Katscher, R. Moormann: *Kinetik der Graphit/Sauerstoff Reaktion im Porendiffusionsbereich*; Jül-2052 (April 1986).

[6.42] P. Kubatschewski, B. Heinrich: *Korrosion graphitischer Reaktorkomponenten im Betrieb und bei Störfällen*; Reaktortagung (1984).

[6.43] R. Moormann, K. Petersen: *REACT/THERMIX - Ein Computercode zur Berechnung der störfallbedingten Graphitkorrosion in Kugelhaufenreaktoren*; Jül-1782 (April 1982).

[6.44] R. Moormann: *Effect of delays in afterheat removal on consequences of massive air ingress accidents in high temperature gas cooled reactors*; Journal of Nuclear Science and Technology, Vol.21, No11 (Nov. 1984).

[6.45] Hobeg: *Hochtemperatur-Sicherheitssofortprogramm*; Abschlußbericht (Juli 1983).

[6.46] J. Wolters, G. Breitbach, R. Moormann: *Air and water ingress accidents in a HTR-Modul of side-by-side concept*; Proc. Spec. Meeting, Oakridge (1985).

[6.47] K. Kugeler, P. Schreiner, Ch. Epping: *Untersuchungen zur Graphitkorrosion durch Luft*; Kerntechnik 53 (1988).

[6.48] J. Zelkowski: *Kohleverbrennung*; VGB Technische Vereinigung der Großkraftwerksbetreiber (1986).

[6.49] K. Petersen, K. Kugeler, H. Haque: *Zur Nachwärmeabfuhr beim 3 000 MW$_t$h nuklearen Prozeßwärmereaktor bei plötzlichem Ausfall des Hauptkühlsystems*; Reaktortagung (1980).

[6.50] W. Rehm: *Temperaturtransienten in einem Kugelhaufen- Hochtemperaturreaktor bei einer extrem gestörten Nachwärmeabfuhr*; Brennstoff-Wärme-Kraft 33, Nr. 7/8 (1981).

[6.51] K. Verfondern, K. Petersen: *Untersuchung der Temperatur- und Strömungsfelder für den Corebereich des THTR im 5-Stundenfall*; KFA-IRE-IB-12/77 (Dez. 1977).

[6.52] H. Barthels, M. Schürenkrämer: *Die effektive Wärmeleitfähigkeit in Kugelschüttungen unter besonderer Berücksichtigung des Hochtemperturreaktors*; Jül-1893 (Feb. 1984).

[6.53] Interatom, Kraftwerksunion AG: *Hochtemperaturreaktor - Modulkraftwerksanlage, Band 1. Anlagen- und Sicherheitskonzept*; (Jan. 1984).

[6.54] H. Reutler, G. H. Lohnert: *Advantages of going modular in HTR's*; Nuclear Engineering and Design 78 (1984).

[6.55] H. Reutler: *Konzept des modularen HTR in Zwei-Behälterbauweise*; Atomwirtschaft (Aug./Sept. 1985).

[6.56] K. W. Otto: *Untersuchungen zum Sicherheitstechnischen Potential des Hochtemperaturreaktors bei Ausfall der Nachwärmeabfuhr*; Diss. RWT Aachen (1978).

[6.57] J. Lukaszewicz: *Das Temperaturverhalten eines Hochtemperaturreaktors nach Ausfall der gesamten Kühlung*; Jül-1112-RG (Okt. 1974).

[6.58] K. Petersen: *Zur Sicherheitskonzeption des Hochtemperaturreaktors mit natürlicher Wärmableitung aus dem Kern im Störfall*; Jül-1872 (Okt. 1983).

[6.59] W. Rehm et al.: *Sicherheitsanalyse der Kernkühlungsstörfälle kleiner und mittlerer HTR*; BWK, Bd. 37 (1985).

[6.60] U. Fricke: *Untersuchungen zur Leistungssteigerung von inhärent sicheren Hochtemperaturreaktoren durch Optimierung der Coreauslegung*; Diss. UNI GH Duisburg (1987).

[6.61] W. Scherer, H. Gerwin, T. Kindt, W. Patcher: *Analysis of reactivity and temperature transient experiments at the AVR high temperature reactor*; Nuclear Science and Engineering 97 (1987).

[6.62] H. Breitenfelder, W. Wachholz, U. Weicht: *Accident analysis and accident control for the THTR-Power plant*; IAEA Spezialists Meeting, Lausanne (Sept. 1980).

[6.63] R. Nabbi, W. Jahn, G. Meister, R. Rehm: *Safety analysis of the reactivity transient, resulting from water ingress into a high temperature pebble bed reactor*; Nuclear Technology Vol.62, (Aug. 1983).

[6.64] R. Nabbi: *Analyse des Reaktivitätsverhaltens des HTR 500 bei Coreaufheizstörfällen*; Reaktortagung (1984).

[6.65] E. H. Koch: *Grundzüge der erdbebensicheren Auslegung von Kernkraftwerken*; VGB Kraftwerkstechnik 59 (Jan. 1979).

[6.66] G. Schnellenbach, F. Stangenberg: *Neue Entwicklungen bei der Auslegung von Kernkraftwerken gegen Flugzeugabsturz*; VGB Kraftwerkstechnik 59 (Jan. 1979).

[6.67] *Richtlinie für den Schutz von Kernkraftwerken gegen Druckwellen aus chemischen Reaktionen durch Auslegung der Kernkraftwerke hinsichtlich ihrer Festigkeit und induzierten Schwingungen sowie durch Sicherheitsabstände*; Bekanntmachung des Bundesministers des Inneren vom 1.August 1976, RS I4-513 145/1

[6.68] D. Smidt: *Reaktor-Sicherheitstechnik*; Springer (1979).

[6.69] R. Dietrich, W. Fürste: *Beanspruchung und Bemessung von Kraftwerksgebäuden bei den äußeren Einwirkungen Flugzeugabsturz und Druckwelle*; Techn. Mitt. Krupp. Forsch.Ber., Bd. 31 (1973).

[6.70] *Sicherheitsstudie für HTR-Konzepte unter deutschen Standortbedingungen Phase IB, Fachband IV*; Jül-Spez.-136/Bd. 5 (Dez. 1981).

[6.71] *Sicherheitsbericht des THTR-Prototyp 300MWel Bd. I und II*; Euratom Nr. 003-63-1 RGAD (1969).

[6.72] W. Kröger, J. Wolters et al.: *Zum Störfallverhalten des HTR 500 - Eine Trendanalyse*; Jül-Spez.-220 (Sept. 1983).

[6.73] J. Faßbender, W. Kröger, W. Rehm, J. Wolters, K. Verfondern, H. Geiß: *Ermittlung von Strahlendosen in der Umgebung des THTR 300 infolge eines angenommenen Coreaufheizunfalls*; Jül-Spez.-275 (Sept. 1984).

[6.74] J. Wolters, W. Kröger et al.: *Zum Störfall des HTR-Modul - Eine Trendanalyse*; Jül-Spez.-260 (Juni 1984).

[6.75] J. Mertens et al.: *Sicherheitstechnische Untersuchungen zum Störfallverhalten des HTR-Modul*; Jül-Spez.-335 (Nov. 1985).

[ ] **Literatur zu Kap. 7**

[7.1] *HHT-Projekt: Ergebnisse der Entwicklung und Planung des Hochtemperaturreaktors mit Heliumturbine von 1969 bis 1982*; HHT 43, BA 4267 (März 1983).

[7.2] G. Dibelius: *Elektrische Energie und Wärme aus Gasturbinenprozessen für Hochtemperaturreaktoren*; Arbeitsgem. für Forschung des Landes NRW, Heft 185.

[7.3] E. Arndt et al.: *HHT-Demonstration Power Plant*; ENC 79, Vol.31 (1979).

[7.4] H. Oehme, J. Schlösser: *Weiterentwicklung des Hochtemperaturreaktors*; Atomwirtschaft (Sept. 1978).

[7.5] *HHT-Projekt: Forschungs- und Entwicklungsarbeiten, 1978-1981*; HHT 42 (April 1982).

[7.6] T. Bohn: *Handbuchreihe Energie Band 7*; Technischer Verlag Resch, Verlag TÜV Rheinland (1984).

[7.7] K. H. Krieb, W. Ratzeburg: *Übersicht über neue Kraftwerkstechnologien*; Technische Mitteilungen, Heft 3, Jg. 7 (März 1978).

[7.8] K. Knizia: *Die Thermodynamik des Dampfkraftprozesses Bd. 1*; Springer 3.Auflage.

[7.9] A. Wunsch: *Kombinierte Gas/Dampfturbinen - Kraftwerke: Gegenwärtiger Stand und zukünftige Entwicklung*; Brown Boveri Mitt. 65 (1978).

[7.10] K. Knizia: *Zur Entwicklung kombinierter Gasturbinen- Dampfturbinenprozesse für unterschiedliche Primärenergie*; VGB-Kraftwerkstechnik (1986).

[ ] **Literatur zu Kap. 8**

[8.1] *Die Zukunft des Hochtemperaturreaktors*; VGB-TB 801, HTR-Symposium, Hamm-Uentrop (Okt. 1982).

[8.2] *9. Internationale Konferenz über den Hochtemperaturreaktor - Kohle und Kernenergie für die Strom- und Gaserzeugung*; VGB-TB 112, VGB Sondertagung, Dortmund (Okt. 1987).

[8.3] *The High Temperature Reactor and Process Applications, Sessions I and II*; British Nuclear Energy Society International Conference (Nov. 1974).

[8.4] K. H. Schüller: *Fernwärmeentnahme aus Kernkraftwerken*; BBC-Druckschrift Nr. DKW 60449 D.

[8.5] *Nuclear heat application*; Proceedings of a Technical committee meeting and workshop, IAEA, Cracow (Dez. 1983).

[8.6] *Low temperature nuclear heat (Gesamtes Heft).*; Nuclear technology Vol.38, No 2 (1978).

[8.7] *Working Papers*; First world congress on desalination and water reuse, Italy, Florence (May 1983).

[8.8] M. d'Orival: *Waterdesalting and nuclear Energy*; Verlag K. Thiemig, München (1967).

[8.9] HDW/Interatom: *Autarkic Barge-mounted Energy station with High-Temperature Reactor Module, Technical concept, Safety, costs and economy*; (1985).

[8.10] J. Stolz: *Heat from nuclear power Stations of Nordwestdeutsche Kraftwerke AG (NWK)*; Nuclear heat application, IAEA, Cracow (Dez. 1983).

[8.11] *Einsatzmöglichkeiten neuer Energiesysteme*; BMFT, Bonn (1975).

[8.12] W. L. Nelson: *Petroleum Refinery Engineering*; Mc Graw Hill Book Company (1985).

[8.13] S.M.F. Ali: *Oil recovery by steam injection*; Producers Publishing Co, Bradfort Pa (1970).

[8.14] J. R. Ballard: *Thermal Recovery in the Venezuelan Heavy Oil Belt*; JCPT (April 1977).

[8.15] B. Höfling: *Das Potential von tertiären Erdölgewinnungsverfahren in der Bundesrepublik Deutschland* ; Erdöl-Erdgas-Zeitschrift 95 (1979).

[8.16] *EOR Thermal Processes*; Fossil Energy Report IV - I Annex IV (USA-DOE, April 1983).

[8.17] *Entwicklung von Verfahren zur Nutzung von Ölschiefer mit Nuklearer Prozeßwärme und/oder nuklearem Prozeßdampf*; Projektstudie KFA Jülich/KWU Erlangen/RBW Köln (August 1979).

[8.18] R. T. Pessine, R. Y. Hukai: *Nuclear for shale extraction*; IEA-Brazil, persönl. Mitt.

[8.19] G. Zürn, K. Hedden, J. Weitkamp, K. Kohlhaase: *Raffinerietechnik, Presentation at the 50th anniversary of the GGMK*; Berlin (Nov. 1983).

[8.20] J. Voogd: *Hydrogen by steam reforming*; Proc. of the 8. world Petroleum Congress, PD11(3) (1971).

[8.21] R. Schulten, K. Kugeler: *Methanspaltung mit Hilfe von Kernreaktor-Wärme*; Chemie Ingen. Technik 41, Heft 20 (1969).

[8.22] H. Neis: *Rechnungen und Analysen zur Dampfreformierung von Methan mit Hochtemperaturreaktoren*; Dissertation RWTH Aachen.

[8.23] H. Fedders, E. Riensche: *EVA I-Versuch zur Kinetik der Methan-Dampf-Reformierung in einer Katalysatorschüttung*; Jül-Spez.-180 (1982).

[8.24] R. W. Fontaine, J. H. King, D. C. Morse, D. D. Petermann: *Hydrocarbon reforming using an HTGR*; 1. Nat. Top. Meeting on Nuclear Process Heat Application, Los Alamos (Oct. 1974).

[8.25] G. Breitbach, S. Krage, M. Roedig, H. J. Penkalla: *Zur Berechnung von Kriechverformungen und Spannungen in dickwandigen Rohren*; Jül-Spez.-373 (Sept. 1986).

[8.26] R. Kammel: *Beitrag zur otimalen Auslegung von Röhrenspaltöfen für nukleare Prozeßwärmeanlagen mit Hochtemperaturreaktoren*; Dissertation Univ. GH Duisburg (1988).

[8.27] R. Hüttner, H. Teggers: *Die hydrierende Vergasung von Braunkohle mit Hilfe von Wärme aus HTR*; Braunkohle, Heft 4 (1971).

[8.28] P. Speich: *Kohlevergasung mit nuklearer Prozeßwärme*; VGB-Kraftwerkstechnik 54 (Juli 1974).

[8.29] L. Schrader, H. Teggers, K. H. Theis: *Hydrierende Vergasung von Kohle*; Chemie Ingen. Technik 52 (1980).

[8.30] H. J. Scharf, L. Schrader, H. Teggers: *Results from the operation of a semitechnical test plant for Brown coal hydrogasification*; Nuclear Engineering and Design 78, No 2 (1984).

[8.31] H. G. Eickhoff: *Technologische und wirtschaftliche Möglichkeiten, die sich durch den Einsatz des Hochtemperaturreaktors für die zukünftige Mineralölversorgung der BRD ergeben*; Jül-1017-RG (Nov. 1973).

[8.32] H. G. Eickhoff, K. Kugeler: *Nukleare Prozeßwärme für die Wasserstofferzeugung*; Erdöl und Kohle-Erdgas-Petrochemie vereinigt mit Brennstoffchemie, Bd. 27, Heft 9 (Sept. 1974).

[8.33] W. L. Nelson: *Petroleum Refinery Engineering*; Mc Graw Hill Book Company (1985).

[8.34] B. Strobel, I. Romey, K. H. van Heek: *Liquefaction and Gasification of Coal*; Jahrbuch der europäischen Erdölindustrie, OTTO VIETH Verlag (Hamburg 1981).

[8.35] K. C. Hellwig, S. B. Albert, E. S. Johanson, R. H. Walv: *H-Oil and H-Coal-Verfahren*; Brennstoff-Chemie 50 (1969).

[8.36] *Development studies on selected conversion of synthetics gas from coal to high octane gasoiline*; Quaterly report FE-2276-9 (March 1979).

[8.37] J. Szekely: *Alternative Energy sources for the steel industry*; Proc. of the sixth C. C. Furnas Memorial Conf., M. Dekker (1977).

[8.38] H. D. Pandtke, G. H. Lange: *Direktreduktion von Eisenerzen mit Gas*; Thyssen-Forschung, 4. Jg., Heft 1+2 (1972).

[8.39] T. Yasuno: *Research and development of nuclear steelmaking technology*; Proc. of IAEA Technical Committee Meeting on Nuclear Heat Applic., Cracow (Dez. 1983).

[8.40] H. Hilberath, H. Teggers: *Deutsches Bundespatent No 1289 233, 1968 und H. W. Nürnberg, G. Wolff., Vorschlag Äthan-Athylen-Kreisprozess*; Jahresbericht, KFA Jülich (1969).

[8.41] Th. Bohn, G. Dietrich, K. Kugeler, M. Kugeler, H. F. Nießen, H. V. Schlenker: *Nukleare Fernwärme und Nukleare Fernergie*; Jül-1077 (Juni 1974).

[8.42] H. Fedders, B. Höhlein: *Operating a pilot plant circuit for energy transport with hydrogen rich gas*; Intern. J. Hydrogen Energy 7, No 10 (1982).

[8.43] Projektleitung Nukleare Fernenergie: *Zusammenfassender Bericht zum Projekt NFE*; Jül-Spez.-303 (1985).

[8.44] K. H. van Heek, H. Jüntgen, W. Peters: *Wasserdampfvergasung von Kohle mit Hilfe von Prozeßwärme aus Hochtemperatur-Kernreaktoren*; Atomenergie/Kerntechnik 40 (1982).

[8.45] H. Jüntgen, K. H. van Heek: *Kohlevergasung, Grundlagen und technische Anwendung*; Verlag K. Thiemig, München (1981).

[8.46] K. H. van Heek, H. Jüntgen, W. Peters: *Fundamental studies on coal gasification in the utilization of thermal energy from nuclear high temperature reactors*; Journ. Inst. of Fuel 249 (1973).

[8.47] R. Kirchhoff, K. H. van Heek, H. Jüntgen, W. Peters: *Operation of a semitechnical pilot plant for nuclear aided gasification of coal*; Nuclear Engineering and Design 78, No 2 (1984).

[8.48] D. Wiegand: *Stand der Wirtschaftlichkeit der Herstellung von Synthesegas und Synthesegasfolgeprodukten durch Kohlevergasung*; Stahl und Eisen, 102, Nr. 21 (Okt. 1982).

[8.49] PNP-Projekt: *Wasserdampfvergasung von Kohle - Bericht zum Abschluß der Referenzphase, April 1981*; Bericht der Bergbauforschung GmbH, Essen.

[8.50] Mannesmann Edelstahlrohr: *AC66 - ein austenitischer Stahl mit guter Beständigkeit gegen Hochtemperaturkorrosion*; Ausgabe 1987.

[8.51] K. F. Knoche: *Thermische Erzeugung von Wasserstoff mit Hilfe von Hochtemperaturreaktoren*; VGB-Kraftwerkskonferenz, Dortmund (Juli 1974).

[8.52] W. Weirich, K. F. Knoche, F. Behr, H. Barnert: *Thermochemical Processes for watersplitting - status and outlook*; Nuclear Engineering and Design 78, (1984).

[8.53] M. Schad et. al.: *Projektstudie HTR-Prozeßwärmeeinkopplung*; BMFT-Studie O3 LUR 3O1/3O2 (Oktober 1988).

[8.54] K. Kugeler, M. Kugeler, H. F. Niessen, K. H. Hammelmann: *Steam reformers heated by helium from high temperature reactors*; Nuclear Engineering and Design, Vol.34, No 1 (1975).

[8.55] J. Singh et. al.: *The nuclear heated steam reformer - design on semitechnical operating experiences*; Nuclear Engineering and Design 78 (1984).

[8.56] M. Podhorsky, R. Exner: *Helium - Helium/Zwischenwärmetauscher für nukleare Prozeßwärmeanlage*; CAV (Nov. 1983).

[8.57] W. Maus et. al.: *The He/He heat exchanger - Design and semitechnical Testing*; Nuclear Engineering and Design 78 (1984).

[8.58] H. Hesse, Zentis, H. F. Nießen, A. T. Bhattachryga: *Erprobung und Versuchsergebnisse des PNP- Teströhrenspaltofens in der EVA II-Anlage*; Interatom-Bericht (Juni 1988).

[8.59] H. Fedders, E. Riensche: *Wärmeübergang und Kinetik bei der Methanreformierung mit H_2O-CO_2-Gemischen in EVA I*; Jül-Spez.-419 (Okt. 1987).

[8.60] H. Fedders, R. Harth, B. Höhlein: *Experiments for combining nuclear heat with the methane steam reforming process*; Nuclear Engineering and Design 34 (1975).

[8.61] H. Nickel, F. Schubert, H. Schuster: *Status and development of the German materials program for the HTGR*; IAEA-meeting, Jülich, (Okt. 1986).

[8.62] *Metallische Werkstoffe für HTR, Editor: Der Minister für Wirtschaft, Mittelstand und Verkehr des Landes NRW, Band 14*; Schriftreihe "Energietechnik in Nordrhein-Westfalen" (1982).

[8.63] M. Rödig, H. J. Penkalla, K. Franzke, F. Schubert, H. Nickel: *Untersuchungen an Rohrproben aus INCOLOY 800H bei einachsiger und mehrachsiger Beanspruchung*; Jül-1979 (1985).

[8.64] H. Nickel, F. Schubert, H. Schuster: *Very High Temperature Design Criteria for nuclear heat exchanger in advanced high temperature Reactors*; Nuclear Engineering and Design 94 (1986).

[8.65] H. Schuster, W. J. Quadakkers: *Corrosion of high temperature alloys in the primary circuit helium of high temperature gas cooled reactors*; Werkstoffe und Korrosion 36 (1985).

[8.66] *Auslegungskriterien für hochtemperaturbelastete metallische und keramische Komponenten sowie des Spannbetonreaktordruckbehälters zukünftiger HTR-Anlagen*; Jül-Spez.-347 (Feb. 1986).

[8.67] R. J. Kwasny: *Bruchmechanische Untersuchungen an hochwarmfesten Legierungen im Temperaturbereich von Raumtemperatur bis 900° C*; Dissert. RWTH Aachen (1986).

[8.68] K. Bienussa, G. Breitbach, H. Over, H. Penkalla, H. J. Seehafer: *Lifetime and creep ratcheting calculation of two typical HTR-Components*; 2nd int. Sem. on Standards and structural Analysis in elevated temp. applications for reactor technology, Venice (Okt. 1986).

[8.69] *Erarbeitung von Grundlagen zu einem Regelwerk über die Auslegung von HTR-Komponenten für Anwendungstemperaturen oberhalb 800° C*; Jül-Spez.-248 (März 1984).

[8.70] W. Steinwarz: *Tritium in HTR-Anlagen*; Jül-2138 (Juli 1987).

[8.71] Schäfer, Stöver, Hecker: *Terms and results of hydrogen permeation testing of oxide scaled high temperature alloys*; Nucl. Technology 66 (Sept. 1984).

[8.72] PNP-Projekt: *Sicherheitseinschluß und brennbare Gase im Sicherheitsbehälter einer PNP-Anlage*; (Mai 1979).

[8.73] W. Jansing, H. Breitling, R. Candeli, H. Teubner: *KVK and Status of the high temperature Component development*; IAEA-Meeting (Okt. 1986).

[8.74] PNP-Projekt: *Bericht über die Gaserzeugungsanlagen der Prototypanlage Nukleare Prozeßwärme*; (Mai 1979).

[8.75] *Nukleare Prozesswärmeanlage mit Hochtemperaturreaktor-Modul zur Kohleveredlung*; Technischer Bericht 78.06067.2 GHT (Sept. 1982).

[ ]   **Literatur zu Kap. 9**

[9.1] T. D. Gulden, H. Nickel: *Coated Particle Fuel*; Nuclear Techn. 35 (1977).

[9.2] H. Huschka, P. Vygen: *Coated Fuel Particles: Requirements and Status of Fabrication Technology*; Nuclear Techn. 35 (1977).

[9.3] H. Kadner, J. Baier: *Über die Herstellung von Brennstoffkernen für Hochtemperaturreaktor-Brennelemente*; Kerntechnik 18 (1976).

[9.4] K. G. Hackstein: *Herstellung von Brennelementen für den THTR und AVR-Reaktor*; Atomwirtschaft 16 (1971).

[9.5] K. G. Hackstein, W. Heit, W. Theymann, G. Kaiser: *Stand der Brennelementtechnologie für HTR-Kugelhaufenreaktoren*; Atomkernenergie-Kerntechnik 47 (1985).

[9.6]   D. F. Leushacke, G. Kaiser: *HTR fuel cycle program in the FRG*; Trans. ENC 31 (1979).

[9.7]   W. Heit, H. Huschka, W. Rind, G. Kaiser: *Status of Qualification of High Temperature Reactor Fuel Element Spheres*; Nucl. Techn. 69 (1985).

[9.8]   R. E. Schulze, H. A. Schulze, W. Rind: *Graphite Matrix Materials for Spherical HTR Fuel Elements*; Jül-Spez.-167 (1982).

[9.9]   H. Nickel, E. Balthesen: *Stand und Möglichkeiten der Brennelemententwicklung für fortgeschrittene Hochtemperaturreaktoren in der BRD*; Jül-1159 (Jan. 1975).

[9.10] H. J. Becker, W. Heit: *Fabrication, Fuel Loading and Exposed Heavy Metal of Spherical HTR Fuel Elements*; ENC 79, Vol.31 (Mai 1979).

[9.11] *Hochtemperaturreaktor-Brennstoffkreislauf, Statusseminar, Jülich Mai 1987*; Jül-Conf.-61 (Aug. 1987).

[9.12] S. Storch: *Erfahrungen und Ergebnisse bei der Lagerung von abgebrannten AVR-Brennelementen und ihre technische Nutzung für die Zwischen- und Endlagerung*; Jül-2064 (Mai 1986).

[9.13] R. Duwe, U. Brinkmann: *Freisetzung gasförmiger Radionuklide aus lagernden HTR- Brennelementen*; Jahrestagung Kerntechnik (1985).

[9.14] R. Duwe, H. Müller: *Lagerverhalten abgebrannter HTR-Brennelemente in Transport- und Lagerbehältern aus Sphäroguß*; Jül-Spez.-254 (Mai 1984).

[9.15] *DWK: Castor, der Transport- und Lagerbehälter*; Firmenschrift (Mai 1984).

[9.16] E. Merz: *Behandlung radioaktiver Abfälle im Kernbrennstoffkreislauf*; Jül-Spez.-394 (März 1987).

[9.17] E. Barnert (Herausgeber).: *MAW- und HTR-BE-Versuchseinlagerung in Bohrlöchern*; 1. Statusbericht, Jül-Conf.-60 (Juli 1987).

[9.18] A. G. Herrmann: *Radioaktive Abfälle - Probleme und Verantwortung*; Springer, Berlin, Heidelberg, New York (1983).

[9.19] A. Matting: *Nukleare Entsorgung in der Bundesrepublik Deutschland, 8. GRS-Fachgespräche "Sicherheitstechnik bei der Entsorgung radioaktiver Abfälle"* ; Köln 1984, GRS-58 (1985).

[9.20] H. Röthemeyer: *Endlagerung radioaktiver Abfälle in der Bundesrepublik Deutschland, Jahrbuch der Atomwirtschaft 1985*; Verlagsgruppe Handelsblatt, Düsseldorf (1985).

[9.21] D. F. Leushacke, G. G. Kaiser: *The HTR-Fuel Cycle Program in the Federal Republic of Germany*; ENC 79, Trans. Am. Nucl. Soc. 31 (1979).

[9.22] P. Engelmann et al.: *Potential der Thoriumnutzung im Hochtemperaturreaktor*; Jül-1612 (Aug. 1979).

[9.23] E. Teuchert et al.: *Closed Thorium Cycles in the Pebble Bed HTR*; Jül-1569 (Jan. 1979).

[9.24] INFCE: *Internationale Bewertung des Kerbrennstoffkreislaufs, Zusammenfassende Übersicht*; IAEA, STI/PUB/534, Vienna (1980).

[9.25] E. Teuchert et al.: *Kugelhaufen HTR im geschlossenen Brennstoffzyklus mit Th und 20% angereichertem Uran*; Jahrestagung Kerntechnik (1982).

[9.26] P. Naefe, E. Zimmer: *Auswirkungen des Brennstoffkonzeptes auf den Brennstoffkreislauf des Thorium-Hochtemperaturreaktors*; Jül-1286 (April 1976).

[9.27] E. Merz et al.: *Die Wiederaufarbeitung von Kernbrennstoffen*; Jül-Spez.-207 (Mai 1983).

[9.28] E. Merz: *Wiederaufarbeitung im Thorium-Brennstoff-Kreislauf - ein Problemkatalog*; Jül-Spez.-239 (Jan. 1984).

[9.29] R. C. Dahlberg, W. V. Goeddel: *Proliferation Concerns and the HTGR, General Atomic Comp.*; GA-A14756 (Nov. 1977).

[9.30] G. Hildenbrand: *Kernenergie, Nuklearexporte und Nichtverbreitung von Kernwaffen*; Atomwirtschaft (Juli/Aug. 1977).

[9.31] P. J. van der Hulst, P. Mostert: *Proliferatiegevaar en Kernenergie*; Energiespectrum (Feb. 1979).

[9.32] E. Teuchert: *Brennstoffzyklen des Kugelhaufen-Hochtemperaturreaktors in der Computersimulation*; Jül-2069 (Juni 1986).

[ ] **Literatur zu Kap. 10**

[10.1] U. Hansen: *Kernenergie und Wirtschaftlichkeit*; Verlag TÜV Rheinland GmbH (1983).

[10.2] L. C. Wilbur: *Handbook of energy systems engineering* Wiley Series in mechanical engineering practice, A Wiley-Interscience Publication: John Wiley + Sons Inc. (1985).

[10.3] C. Keller, H. Möllinger: *Kernbrennstoffkreislauf*; D T. A. Hüthig Verlag Heidelberg (1978).

[10.4] R. Schütte: *Diffusionstrennverfahren*; Ullmanns Encyklopädie der technischen Chemie, 4. Auflage, Band 2, Verlag Chemie Weinheim (1972).

[10.5] *Private Mitteilungen der Reaktoranbieter in der BRD*; HRB, KWU/IA) (1986).

[10.6] *Statusseminar Hochtemperaturreaktorbrennstoff-Kreislauf, Jülich Mai 1987*; Jül-Conf, ISSN 0344-5798 (Aug. 1987).

[10.7] G. Wittchow, K. H. Bode, V. Schrumpf: *HTR 500, Alternative zum Druckwasserreaktor;* Energiewirtschaftliche Tagesfragen: Heft 5 (Mai 1985).

[10.8] I. A. Weisbrodt, W. Steinwarz, W. Klein: *Status of the HTR-Module Plant design*; International Atomic Energy Agency, Jülich, FRG (Okt.1986).

[10.9] W. Riesner, W. Sieber: *Wirtschaftliche Energieanwendung*; VEB Deutscher Verlag für Grundstoffindustrie, Leipzig (1978).

Verzeichnis der Abkürzungen

ABB	Asea Brown Boveri
AGR	Advanced Gas Cooled Reactor
AVR	Arbeitsgemeinschaft Versuchsreaktor
BBC	Brown Boveri und Cie
BE	Brennelement
BISO	Zweifachbeschichtete Brennstoffkerne
CANDU	Kanadischer Schwerwasserreaktor vom Druckröhrentyp
DE	Dampferzeuger
DES	Druckentlastungsstörfall des Primärkreislaufs
DIDO Nickeläquiv.	Äquivalenter DIDO Nickel Fluß
DRAGON	Dragon Reaktor Projekt, Winfrieth, Großbritannien
DWR	Druckwasserreaktor
EDNF	Equivalent Dido Nickel Fluß
EOR	Enhanced oil recovery (Tertiäre Ölgewinnungsverfahren)
EVA I	Einzelrohrversuchsspaltungsanlage
EVA II	Versuchsspaltanlage (Bündel)
FIFA	Fissions per initial fertile atoms
FIMA	Fissions per initial metal atoms
Fort St. Vrain	Fort St. Vrain Reaktor, Colorado, USA
GAC	General Atomic Comp., San Diego, USA
GUD	Gas- und Dampfturbinenprozeß (Kombiverfahren)
HEU	High Enriched Uranium
HE/HE-WT	Helium-Helium-Wärmetauscher
HFR-Petten	Hochflußreaktor, Petten, Niederlande
HGL	Heißgasleitung
HHT	Projekt Hochtemperaturreaktor mit Heliumturbine
HKV	Hydrierende Kohlevergasung
HRB	Hochtemperatur-Reaktor-Bau GmbH
HTR	Hochtemperaturreaktor
HTR-Modul	Hochtemperatur-Modulreaktor, 200 MW_{th}, KWU
HTR-100	Hochtemperaturreaktor, Industriereaktor 250 MW_{th}, HRB
HTR-350	Hochtemperaturreaktor mit blockförmigem BE, 350 MW_{th}, GAC

HTR-500	Hochtemperaturreaktor mit 550 MW_{el}, 1390 MW_{th}, ABB
HTR-2200	Hochtemperaturreaktor mit blockförmigen BE, 2200 MW_{th}, GAC
IA	Fa. Interatom, Bensberg
KAZR	Kugelabzugsrohr
KFA	Kernforschungsanlage Jülich
KLAK	Kleinkugelabsorbersystem
KWU	Kraftwerkunion
LEU	Low Enriched Uranium
LWR	Leichtwasserreaktor
MEDUL	Mehrfachdurchlauf der Brennelemente durch das Core
MEU	Medium Enriched Uranium
MSF	Mehrfachentspannungsverdampfung
NFE	Nukleare Fernenergie
NPW	Nukleare Prozeßwärme
NUKEM	Fa. NUKEM, Hanau
NWA-System	Nachwärmeabfuhrsystem
OECD	Organization for Economic Cooperation and Development
OTTO	Once Through Then Out (Einmaldurchlauf der BE durchs Core)
PEACH-Bottom	Peach Bottom Reaktor
PNP	Projekt Prototyp Nukleare Prozeßwärme
PuO_2	Plutoniumoxyd
R/B-Faktor	Release/Birth-Verhältnis
RBMK	Siedewasserreaktor als graphitmoderierter Druckröhrenreaktor, UdSSR
RDB	Reaktordruckbehälter
RSG	Reaktorschutzgebäude
RSO	Röhrenspaltofen
SBB	Spannbetonbehälter
SNR	Schneller Natriumgekühlter Reaktor
SWR	Siedewasserreaktor
TAE	Trennarbeitseinheit
ThO_2	Thoriumoxyd
THTR	Thorium Hochtemperaturreaktor
TRISO	Dreifachbeschichtete Brennstoffkerne
UO_2	Urandioxyd
VSOP	Very Superior Old Programms
WKV	Wasserdampf-Kohlevergasung

Umrechnung von Einheiten

Da in Lehrbüchern oder Veröffentlichungen älteren Datums veraltete, heute nicht
mehr zugelassene Einheiten verwendet werden, ist hier eine Tabelle mit Umrech-
nungsfaktoren zu einigen wichtigen Einheiten angefügt.

Mechanische Größen

Größe	neue Einheit	alte Einheit	Umrechnung
Arbeit	J, Nm, Ws	kpm	$1\ J = 1\ Nm = 1\ Ws = 0{,}102\ kpm$ $1\ J = 2{,}39 \cdot 10^{-4}\ kcal = 2{,}78 \cdot 10^{-7}\ kWh$
Impuls	Ns	kps	$1\ Ns = 1\ kg\ m/s,\ 1\ kp\ s = 9{,}806\ Ns$
Dichte	kg/m^3	kps^2/m^4	$1\ kps^2/m^4 = 9{,}806\ Ns^2/m^4 = 9{,}806\ kg/m^3$
Druck	Pa	bar	$1\ Pa = 1\ N/m^2 = 10^{-5}\ bar = 0.102\ kp/m^2$ $1\ Pa = 0{,}987 \cdot 10^{-5}\ atm = 7{,}5 \cdot 10^{-3}\ Torr$
Elastizitäts- modul	N/m^2	kp/cm^2	$1\ kp/cm^2 = 9{,}806\ Pa$
Gewicht	kg	kp	$1\ kp = 1\ kg$
Kraft	N	kp	$1\ kp = 9{,}806\ N$
Leistung	W	PS	$1\ W = 1\ Nm = 1\ J/s$ $1\ W = 0{,}86\ kcal/h = 0{,}102\ kpm/s = 0{,}00136\ PS$
Massenstrom	kg/s	kp/s	$1\ kp/s = 1\ kg/s$
Viskosität (dynamisch)	Pa s	$kp\ s/m^2$	$1\ Pa\ s = 1\ Ns/m^2 = 1\ kg/m\ s$ $1\ kp\ s/m^2 = 9{,}806\ N\ s/m^2$
Viskosität (kinematisch)	m^2/s	m^2/s	$1\ m^2/s = 1\ Pa\ s\ m^3/kg$
Wichte	N/m^3	kp/m^3	$1\ kp/m^3 = 9{,}806\ N/m^3$

Wärmetechnische Größen

Größe	neue Einheit	alte Einheit	Umrechnung
Brennwert, Heizwert	J/kg, J/m^3	kcal/kg, kcal/m^3	1 kcal/kg = 4,187 kJ/kg = 1,163 Wh/kg
spezifische Enthalpie	J/kg, J/m^3	kcal/kg, kcal/m^3	1 kcal/kg = 4,187 kJ/kg = 1,163 Wh/kg
spezifische Entropie	$J/(kg\ K)$	kcal/(kg grd)	1 kcal/(kg grd) = 1,163 Wh/(kg K) = 4,187 kJ/(kg K)
Verdampfungswärme	J/kg	kcal/kg	1 kcal/kg = 1,163 Wh/kg = 4,187 kJ/kg
Wärmeübergangskoeffizient	$W/(m^2 K)$	kcal/(m^{2}h grd)	1 kcal/(m^{2}h grd) = 1,163 W/(m^{2}K) = 4,187 kJ/(m^{2}h K)
Wärmdurchgangskoeffizient	$W/(m^2 K)$	kcal/(m^{2}h grd)	1 kcal/(m^{2}h grd) = 1,163 W/(m^{2}K) = 4,187 kJ/(m^{2}h K)
spezifische Wärmekapazität	$J/(kg\ K)$ $J/(m^3\ K)$	kcal/(kg grd) kcal/(m^3 grd)	1 kcal/(kg grd) = 1,163 Wh/(kg K) = 4,187 kJ/(kg K)
Wärmeleitfähigkeit	$W/(m\ K)$	kcal/(m h grd)	1 kcal/(m h grd) = 1,163 W/(m K) = 4,187 kJ/(m h K)
Wärmemenge	J	kcal	1 kcal = 4 187 J
Wärmestrom	W, kJ/h	kcal/h	1 kcal/h = 1,163 W = 4,187 kJ/h
Wärmestromdichte	$kJ/(m^2\ h)$ W/m^2	kcal/(m^2 h)	1 kcal/(m^2 h) = 1,163 W/m^3 = 4,187 kJ/(m^2 h)

Spezielle kerntechnische Größen

Größe	neue Einheit	alte Einheit	Umrechnung
Aktivität	Bq = 1/s	Ci	$1\ \text{Ci} = 3{,}7 \cdot 10^{10}\ 1/s$ $1\ \text{Bq} = 2{,}7 \cdot 10^{-11}\ \text{Ci}$
Energie-dosis	Gy	rad	$1\ \text{Gy} = 1\ \text{J/kg} = 100\ \text{rad}$ $1\ \text{rad} = 0{,}01\ \text{J/kg}$
Äquivalent-dosis	Sv	rem	$1\ \text{Sv} = 1\ \text{J/kg} = 100\ \text{rem}$
Ionen-dosis	C/kg	R	$1\ \text{C/kg} = 3876\ \text{R}$ $1\ \text{R} = 2{,}58 \cdot 10^{-4}\ \text{C/kg}$
Qualitäts-faktor Q für Strahlung	-	-	$Q = \text{Äquivalentdosis/Energiedosis}$ $Q = 1$ für Röntgen-, γ-Strahlung, Elektronen $Q = 10$ für Neutronen, Protonen, einfach geladene Teilchen $Q = 20$ für α-Teilchen, mehrfach geladene Teilchen
Wirkungs-querschnitt	$10^{-28}\ \text{m}^2$	barn	$1\ \text{barn} = 10^{-28}\ \text{m}^2 = 10^{-24}\ \text{cm}^2$
Reaktivitäts-werte	%	ct, \$	$1\ \$ = 100\ \%\ (K{=}1)$ $1\ \text{ct} = 0{,}01\ \$ = 1\ \%$
spezielle Energieeinheiten	J, eV	sonstige	$1\ \text{eV} = 1{,}602 \cdot 10^{-19}\ \text{J} = 1{,}602 \cdot 10^{-12}\ \text{erg}$ $= 1{,}634 \cdot 10^{-20}\ \text{mkp} = 3{,}826 \cdot 10^{-17}\ \text{kcal}$ $= 4{,}45 \cdot 10^{-26}\ \text{kWh}$

Sachverzeichnis

A. Ziegler

Lehrbuch der Reaktor- technik

Band 1

Reaktortheorie

Unter Mitarbeit von J. Heithoff

1983. XI, 242 S. 63 Abb. Brosch. DM 58,– ISBN 3-540-12198-6

Inhaltsübersicht: Einleitung. – Struktur der Materie. – Kernreaktionen. – Kernspaltung. – Neutronenreaktionen. – Kritische Anordnung. – Neutronenbremsung. – Resonanzabsorption. – Neutronenspektrum des thermischen Reaktors. – Transporttheorie. – Die monoenergetische Diffusionsgleichung. – Lösung der Diffusionsgleichung. – Multigruppendiffusionstheorie. – Störungsrechnungen. – Das Zeitverhalten des nahezu kritischen thermischen Reaktors. – Literaturverzeichnis. – Sachverzeichnis.

Band 2

Reaktortechnik

Unter Mitarbeit von J. Heithoff

1984. XII, 295 S. 101 Abb. Brosch. DM 58,– ISBN 3-540-13180-9

Inhaltsübersicht: Reaktortypen. – Reaktorwärmetechnik. – Brennelemente. – Druckwasserreaktor. – Siedewasserreaktor. – Schwerwasserreaktoren. – Gasgekühlte Reaktoren. – Schneller Brutreaktor. – Reaktorkernauslegung. – Primärkühlkreislauf des Druckwasserreaktors. – Hauptkreislauf des Siedewasserreaktors. – Primärkühlsystem der gasgekühlten Reaktoren. – Hauptkühlsystem des natriumgekühlten Schnellen Brüters. – Brennstoffabbrand. – Reaktormeßtechnik. – Reaktordynamik. – Literaturverzeichnis. – Sachverzeichnis.

Band 3

Kernkraftwerkstechnik

Unter Mitarbeit von J. Heithoff

1985. XIV, 341 S. 104 Abb. Brosch. DM 78,– ISBN 3-540-15473-6

Inhaltsübersicht: Einrichtungen zum Brennelementwechsel. – Reaktorhilfs- und Nebenanlagen. – Dampfkraftanlage. – Elektrische Anlagen. – Gesamtanordnung der Kernkraftwerksanlage. – Sicherheit der Kernkraftwerke. – Strahlenschutz. – Sicherheitseinrichtungen. – Sicherheitsanalyse und Risikoabschätzung. – Genehmigungsverfahren. – Bau von Kernkraftwerken. – Kernkraftwerksbetrieb. – Brennstoffzyklus. – Wirtschaft und Kernenergie. – Weltenergiewirtschaft. – Literaturverzeichnis. – Sachverzeichnis.

Springer-Verlag Berlin
Heidelberg New York London
Paris Tokyo Hong Kong

U. Hauptmanns, M. Herttrich, W. Werner

Technische Risiken

Ermittlung und Beurteilung

Geleitwort von Bundesminister K. Töpfer

Hrsg.: Bundesministerium für Umwelt, Naturschutz und Reaktorsicherheit

1987. XIII, 253 S. 45 Abb. Geb. DM 74,–
ISBN 3-540-18185-7

Inhaltsübersicht: Einleitung. – Methoden der Risikoanalyse. – Studien auf dem Gebiet der Kerntechnik. – Risikostudien für Chemieanlagen. – Risikovergleiche nuklearer und konventioneller Energiewandlungssysteme. – Anwendung probabilistischer Methoden und Kriterien für die Sicherheitsbeurteilung von Kernkraftwerken. – Anhang: Risikowerte. – Sachverzeichnis.

D. Smidt

Reaktor-Sicherheitstechnik

Sicherheitssysteme und Störfallanalyse für Leichtwasserreaktoren und schnelle Brüter

1979. VIII, 291 S. 148 Abb. 30 Tab. Geb. DM 168,–
ISBN 3-540-09286-2

Inhaltsübersicht: Einleitung. – Das Kernkraftwerk als System. – Wichtige Untersysteme des Druckwasserreaktors. – Besondere Systemeigenschaften des Siedewasserreaktors. – Sicherheitstechnische Besonderheiten des natriumgekühlten schnellen Reaktors. – Transienten bei funktionierenden Sicherheitssystemen. – Transienten ohne Schnellabschaltung (Reaktoren mit einfachen Schnellabschaltsystemen). – Verlust des Reaktorkühlmittels. – Einwirkungen von außen. – Zerstörung des Reaktorkerns. – Sicherheitstechnisch bedeutsame Vorkommnisse an Kernkraftwerken. – Sachverzeichnis.

Springer-Verlag Berlin
Heidelberg New York London
Paris Tokyo Hong Kong